全国高职高专教育“十二五”规划教材

AutoCAD 实用教程

主　编：张书红　张春芳
副主编：马玉清　张晓娟　李　侠
　　　　王素真
参　编：林影丽　刘　韬　吴贤桂
　　　　杨　会　谭宇硕

东南大学出版社
·南京·

图书在版编目(CIP)数据

AutoCAD实用教程 / 张书红,张春芳主编. —南京 :
东南大学出版社，2015.9
ISBN 978-7-5641-4982-6

Ⅰ. ①A… Ⅱ. ①张… ②张… Ⅲ. ①AutoCAD软件—
教材 Ⅳ. ①TP391.72

中国版本图书馆CIP数据核字(2014)第104314号

AutoCAD实用教程

出版发行：东南大学出版社
社　　址：南京四牌楼2号　邮编：210096
出 版 人：江建中
网　　址：http://www.seupress.com
经　　销：全国各地新华书店
印　　刷：南京玉河印刷厂
开　　本：787mm×1092mm　1/16
印　　张：25.75
字　　数：613千字
版　　次：2015年9月第1版
印　　次：2015年9月第1次印刷
印　　数：1—3000册
书　　号：ISBN 978-7-5641-4982-6
定　　价：46.00元

AutoCAD 软件自由美国 Autodesk 公司开发以来，一直深受广大工程人士欢迎，其使用范围极其广泛，主要应用于机械、建筑、电子、家具、服务、广告等行业中。该软件具有非常明显的优点：易于掌握、实用方便、设备平台开放，可以简单快捷地进行二维、三维造型设计和二次开发等。

目前，在高等学校中，AutoCAD 也是工程类专业的一门重要的专业课程，同时它也是各工程领域中必备的基本工具，因此，一本好的入门指导书籍就成了十分必要的。本书的几位编者也是基于此种前提条件下，共同编写了这本书。

在本书的编写过程中，我们针对教学及学习特点，对 AutoCAD 进行了模块化的内容编排。整体内容分为三大块：第一篇章为基础篇，本篇内容目的在于使初学者对 AutoCAD 有一个最基本的了解；第二篇章为绘图篇，本篇内容目的在于使初学者对于 AutoCAD 的基本功能有所掌握；第三篇章为综合篇，本篇内容目的在于综合第一、二篇章的内容所学进一步提高，从而培养学习人员能够尽快地进入到实战当中，内容主要涵盖了二维综合绘图的机械工程、建筑工程和电子工程领域以及三维造型的使用。本书在内容安排中加入了大量的例题讲解和绘图练习。这些均可以使读者能够进一步加深对各任务的学习理解，从而快速、全面、准确地运用 AutoCAD 解决工程中遇到的实际问题。

本书的编写具有以下几个特点：

专业性强。本书编者均为各专业类人才，且从事多年的 AutoCAD 教学工作，大量的例题和习题也均来自于实际应用。

学习针对性强。本书编写时按照教学特点做了有针对性的划分，即便社会人士亦能够快速理清学习顺序，并能够快速掌握。

讲解详细。本书配备的所有案例均做了详细解答，能够有效帮助读者掌握知识点。本书同时还配备了大量针对性练习题供读者学习。

本书参考学时为 64 学时，其中上机操作为 30—36 学时。

本书由合肥财经职业学院张书红、安徽工商职业技术学院张春芳担任主编。第一章、第八章由安徽工商职业技术学院张春芳编写，第二章、第三章由合肥财经职业学院张书红编写，第四章、第五章由合肥财经职业学院李侠编写，第六章由安徽工商职业技术学院马玉清编写，第七章和第九章任务二十四、任务二十五由合肥财经职业学院王素真编写，第九章任务二十二、任务二十三和第十章由安徽工商职业技术学院张晓娟编写，林影丽、刘韬、吴贤桂、杨会、谭宇硕参与了本书的相关编写和修改工作。本书在编写过程中得到了诸多专家领导以及同仁的大力支持，并提出了很多宝贵意见，在此表示诚挚的感谢！

由于编者水平有限，书中存在的不妥之处，敬请广大读者批评指正。

编 者
2014 年 3 月

目录

第一章　基础知识

AutoCAD是Autodesk(欧特克)公司开发的一款通用计算机辅助绘图和设计软件,它已成为业界标准,被广泛应用于机械、建筑、电子、航天、造船、石油化工、土木工程、冶金、气象、纺织、轻工等领域。由于其功能强大,操作方便,容易掌握,因此作为绘图工具在当今的各个领域已经有了无可替代的作用,而且AutoCAD的版本还在不断更新,其功能也在不断提升。

我们要用的AutoCAD 2008就在以往版本的基础上改善了多处特性,但是核心功能和工作流程依然一致。这里将主要学习和使用的是AutoCAD 2008,拥有这款软件任一版本的用户将发现AutoCAD 2008 Essential Training是一份可贵的资源。它除具有自己独特的界面外,还保留了AutoCAD 2004的经典界面,使用户的绘图更加方便、快捷。

AutoCAD 2008是Autodesk公司的升级产品,在界面、工作空间、面板、选项板、图形管理、图层、标注等各方面进行了修改,增加和增强了部分功能。AutoCAD 2008具有良好的用户界面,通过交互菜单或命令行方式便可以进行各种操作。AutoCAD 2008的多文档设计环境,让非计算机专业人员也能很快地学会使用。用户可在不断实践的过程中更好地掌握它的各种应用和开发技巧,从而不断提高工作效率。

任务一　工作界面、图层及文件管理

学习目标:本任务以学习AutoCAD 2008的基本操作和绘图环境的设置为主要目标,要求学生掌握CAD不同的启动方法、基本操作和绘图环境的设置,并能够熟练地设置不同图纸的环境。熟悉AutoCAD 2008的工作界面与工作空间以便于绘图。

任务重点:AutoCAD 2008的基本操作和绘图环境设置;图层的建立

任务难点:不同图纸的环境设置

一、AutoCAD 2008的工作界面

AutoCAD英文全称为Auto Computer Aided Design,简称CAD,是美国Autodesk公司首次于1982年生产的自动计算机辅助设计软件,用于二维绘图、详细绘制、设计文档和基本三维设计,现已经成为国际上广为流行的绘图工具。.dwg文件格式是二维绘图的标准格式。

1. AutoCAD 的启动

1）直接双击（鼠标左键）桌面上的 AutoCAD 2008 图标可以直接启动。

2）选中桌面上的 AutoCAD 2008 图标，右键鼠标打开可以启动。

图 1-1　AutoCAD 图标

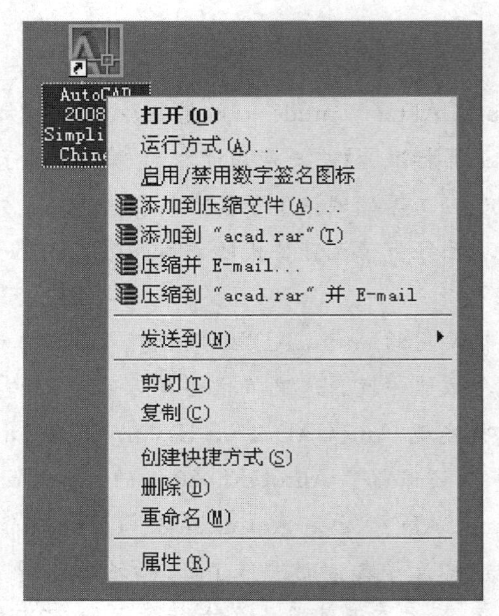

图 1-2　从桌面打开程序

3）从开始程序中也可以打开 AutoCAD 2008。

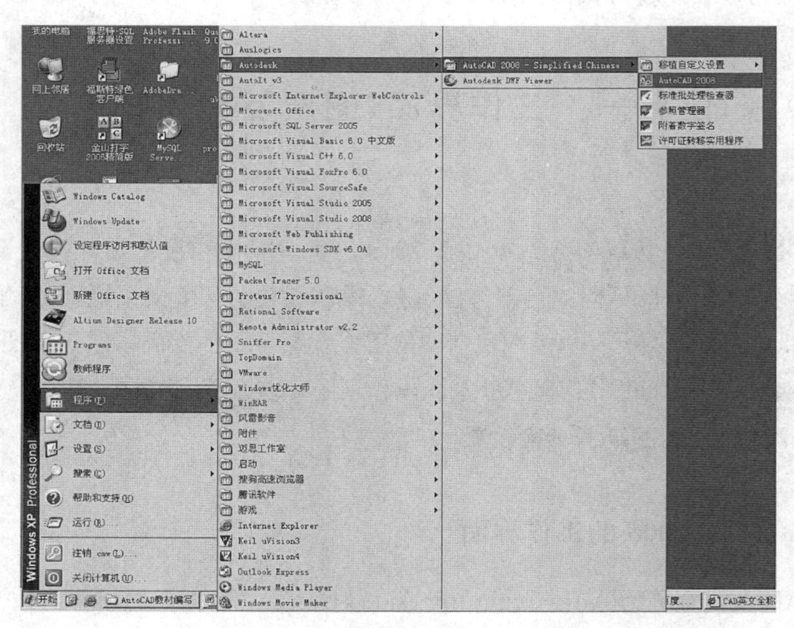

图 1-3　从电脑开始菜单打开程序

2. 界面介绍

打开 AutoCAD 以后，就是工作界面了。主要由标题栏、绘图窗口、菜单栏、工具栏、命令提示窗口和状态栏等部分组成。

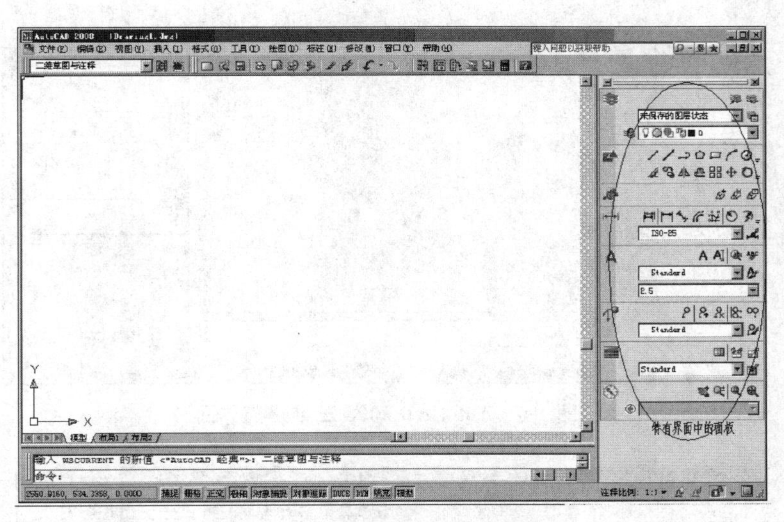

图 1-4　AutoCAD 2008 特有界面

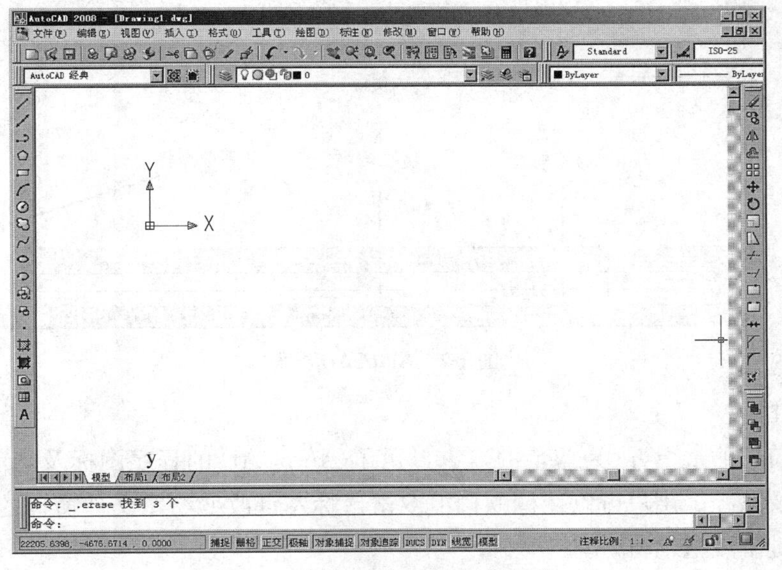

图 1-5　AutoCAD 2008 经典界面

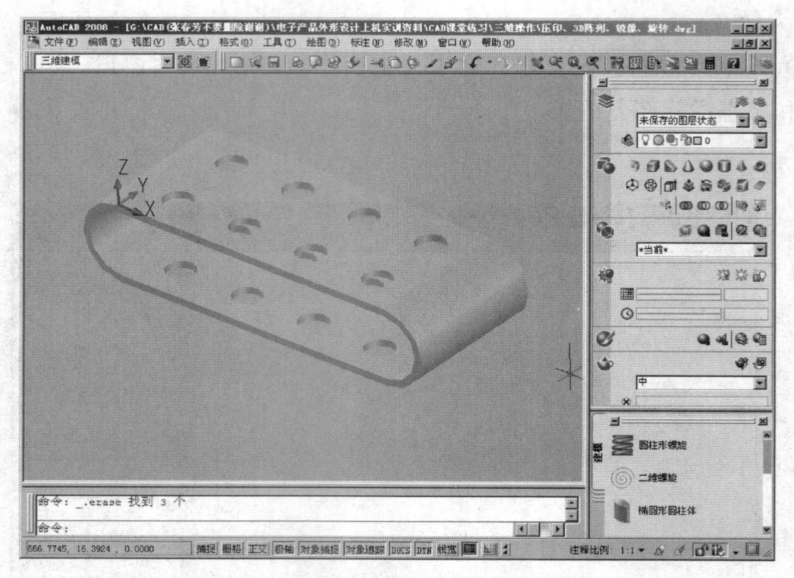

图 1-6　AutoCAD 2008 三维建模界面

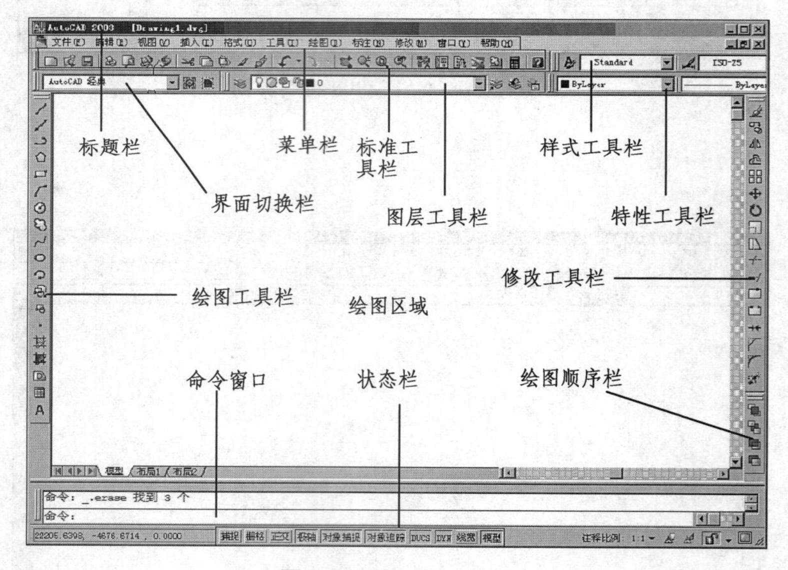

图 1-7　AutoCAD 界面

1）标题栏

在程序窗口的最上方(为蓝色的)，它显示了 AutoCAD 的程序图标及当前所操作的图形文件名称及路径。用户可以在标题栏上双击鼠标左键改变绘图文件窗口的大小，也可以按住鼠标左键不放拖动窗口。

★**小提示**：在窗口为最大化的时候不能拖动。

2）菜单栏

AutoCAD 的菜单栏有下拉菜单和光标菜单两种。

(1) 下拉菜单

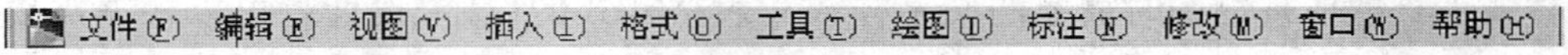

文件(F)　编辑(E)　视图(V)　插入(I)　格式(O)　工具(T)　绘图(D)　标注(N)　修改(M)　窗口(W)　帮助(H)

图 1-8　下拉菜单

单击菜单栏中任一项都会弹出相应的下拉菜单。AutoCAD 菜单选项一般有以下 3 种形式：

◉单独的菜单项，选择后直接执行此命令。

◉菜单选项后面带有三角形标记，选择这种菜单项后，将会弹出新菜单，用户可做进一步选择。

◉菜单选项后面带有省略号标记"…"，选择这种菜单项后，AutoCAD 打开一个对话框，通过此对话框用户可进一步操作。

(2) 光标菜单

当单击鼠标右键时，在光标的位置上将会出现快捷菜单。

在绘图区域点击鼠标右键会出现如图 1-9 所示的菜单。

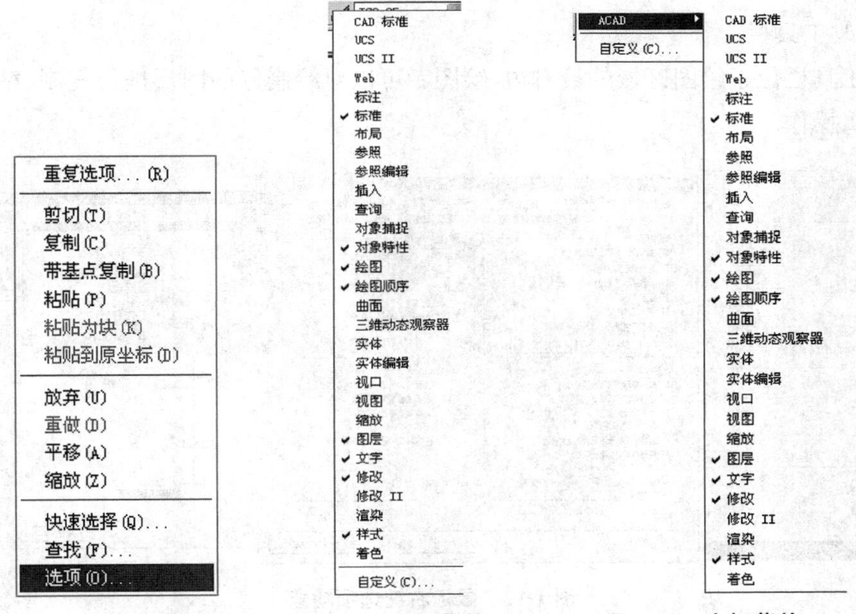

图 1-9　光标菜单 1　　图 1-10　光标菜单 2　　图 1-11　光标菜单 3

在其他区域如标准工具栏、样式工具栏、图层工具栏等地方右键会出现如图 1-10 所示光标菜单。

在工具栏的空白处右键鼠标会出现如图 1-11 所示菜单。

3) 标准工具栏

在标准工具栏里，用户可以对文件进行快捷的新建、打开或者保存等操作，也可以执行简单的编辑命令，对图像的缩放控制功能，还有设计中心等。

4）样式工具栏

样式工具栏体现绘图时需要的文字样式和表格样式的设定，设计者可以根据需要选择自己的文字和表格样式。

5）图层工具栏和对象特性工具栏

图层工具栏和对象特性工具栏里面可以设定绘图对象中线的颜色、线宽以及线型，也可以通过图层对图形进行管理，更好地方便绘图。

6）绘图区

绘图区是用户绘图的工作区域，该区域无限大，其左下方有一个表示坐标系的图标，此图标指示了绘图区的方位，图标中的箭头分别指示 x 轴和 y 轴的正方向。绘图区的默认背景色是黑色，用户可以在绘图区右键鼠标找选项即可打开选项窗口，之后在选项中点击显示，修改工作区域颜色。

7）绘图工具栏

绘图工具栏位于绘图区域的最左边，用户可以绘制简单的二维图形，对图形进行图案填充和文字的输入等。

8）修改工具栏

修改工具栏位于绘图区域的最右边，绘图者可以对绘制好的图形进行复制、粘贴、镜像、偏移等编辑操作。

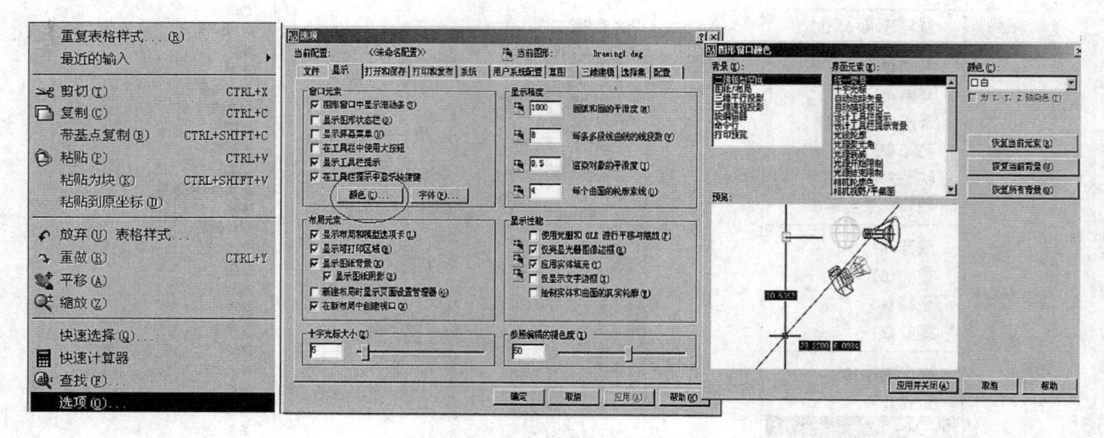

图 1-12　鼠标右键选项功能

9）绘图次序工具栏

绘图次序工具栏可以对对象的显示顺序进行不同的设置。

10）命令窗口

位于 AutoCAD 程序窗口的底部，主要用来显示已使用过的历史命令和输入命令，是用户与 AutoCAD 进行命令交互的窗口。用户可以通过窗口右边的滚动条来阅读，或是按 F2 键打开 AutoCAD 文本窗口，如图 1-13 所示，若再次按 F2 键又可关闭此窗口。

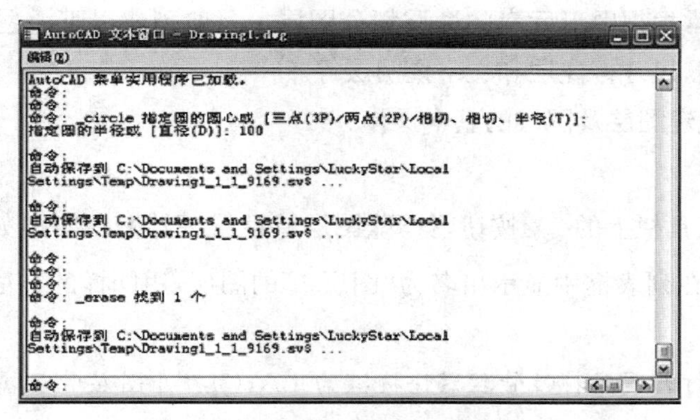

图 1-13　AutoCAD 文本窗口

★**小提示**：命令窗口关闭时可用 Ctrl＋9 重新打开。

11）状态栏

状态栏位于用户界面的左下角，默认状态下显示"＋"字光标的三维动态坐标值（x，y，z），在二维图形空间绘图时，Z 轴坐标值显示为 0.0000，坐标右侧的工具按钮主要用来显示用户精确绘图设置选项，从左往右依次是捕捉、栅格、正交、极轴、对象捕捉、对象追踪、DUCS、DYN、线宽和模型，我们可以单击鼠标左键来打开和关闭这些按钮，也可以通过如下的快捷键来实现，按钮中具体内容的设置可以右键鼠标来完成。

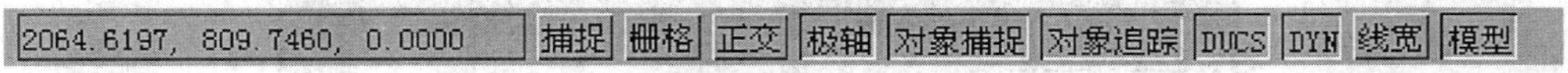

2064.6197, 809.7460, 0.0000　捕捉　栅格　正交　极轴　对象捕捉　对象追踪　DUCS　DYN　线宽　模型

图 1-14　状态栏

表 1-1　控制按钮及相应的快捷键

按钮功能	快捷键	按钮	快捷键
帮助	F1	AutoCAD 文本窗口	F2
对象捕捉	F3	打开数字化仪之前进行校准	F4
等轴测平面切换	F5	DUCS	F6
栅格	F7	正交	F8
捕捉	F9	极轴	F10
对象捕捉追踪	F11	DYN	F12

二、图层

为了更好地管理和控制复杂的图形而引进图层。我们可建立无数个图层，并可以为每个图层指定相应的名称、线型和颜色等属性。绘图时应考虑将图样划分为哪些图层以及按什么样的标准进行划分。若图层的划分较合理且采用了较好的命名，则会使图形信息更清晰、更有序，会给以后修改、观察及打印图样带来很大方便。

绘制图形时，常根据图形元素的性质划分图层。一般创建以下一些图层：粗实线、细实线、中心线、虚线层、尺寸标注层和文字说明层等。

【例题 1-1】 创建图层及图层的基本操作。

(1) 新建图层

单击【图层】工具栏上的按钮，打开【图层特性管理器】对话框，如图 1-15 所示，再单击新建(N) 按钮，在列表框中显示出名为“图层 1”的图层，用同样的方法我们可以新建图层 2、图层 3 等。

★**小提示**：①打开图层特性管理器快捷键为 LA；②打开图层管理器后新建图层快捷键为 Alt+N。

(2) 命名图层

为便于区分不同图层，用户应取一个能表示图层上图形特性的新名字。例如，直接输入“粗实线”，或点击显示细节(D) 图 1-15 变为图 1-16 所示，在【详细信息】区域的【名称】文本框中输入新图层名。对这些图层的名字修改可直接在【图层特性管理器】对话框中选中要重新命名的图层名字，点击鼠标左键可以重新命名；或者对图层名字可以直接双击左键进行修改，选择图层名称然后在【详细信息】区域的【名称】文本框中输入新名称也可以修改。输入完成后，注意不要按 Enter 键，若按此键，AutoCAD 又建立一个新层。

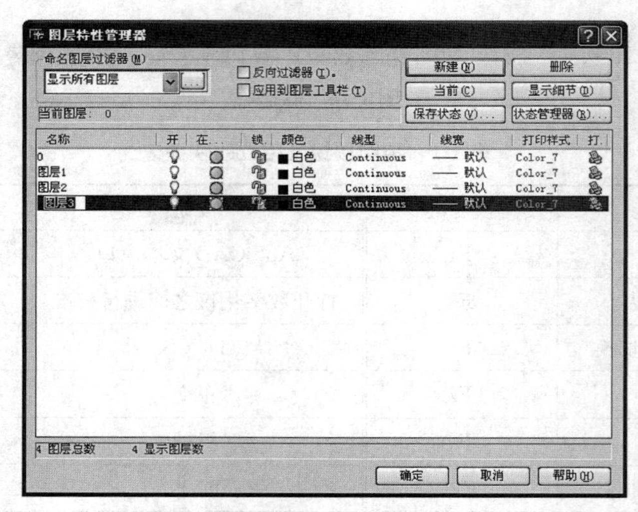

图 1-15 【图层特性管理器】对话框

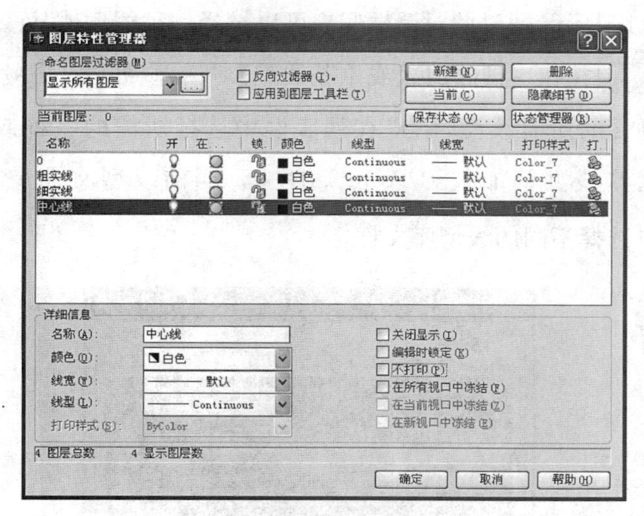

图 1-16　设置图层

【图层特性管理器】对话框右上角的隐藏细节(D)按钮，单击此按钮，【详细信息】区域就关闭，再次单击此显示细节(D)按钮，该区域又打开。

(3) 图层状态控制

图层名字后面有、、三个图标，分别表示打开/关闭图层、解冻/冻结图层、解锁/锁定图层，用户可以通过点击它们来控制图层状态。

◉单击图标，就关闭或打开某一图层。打开的图层是可见的，而关闭的图层则不可见，也不能被打印。当图形重新生成时，被关闭的图层将一起被生成。

◉单击图标，将冻结或解冻某一图层。解冻的图层是可见的，若冻结的某个图层，则该层变为不可见，也不能被打印出来。当重新生成时，系统不再生成该层上的对象。

★**小提示**：当前图层不能冻结。

◉单击图标，就锁定或解锁图层。被锁定的图层是可见的，但图层上的对象不能被编辑。用户可以将锁定的图层设置为当前层，并能在其中添加图形对象。

◉打印/不打印：单击图标，就可设定图层是否打印。

(4) 图层中图形颜色、线型和线宽设置

图层特性管理中图标后面是图层中图形颜色、线型和线宽设置；在【图层特性管理器】对话框中选中图层，直接在颜色或者线型和线宽区域直接双击鼠标左键或者在该对话框【详细信息】区域的【颜色】、【线型】和【线宽】下拉列表中直接选择某种颜色、线型和线宽。

◉颜色的选择对话框如图 1-17 所示。

◉在图层特性管理器中，图层线型是“Continuous”。单击“Continuous”，打开【选择线型】对话框，如图 1-18 所示，通过此对话框用户可以选择一种线型或从线型文件中加载更多线型。单击 加载(L)... 按钮，打开【加载或重载线型】对话框，如图 1-19 所示，该对话框中列出了线型文件中包含的所有线型，用户在列表框中选择所需的一种或几种线型，再单击 确定 按钮，这些线型就加载到 AutoCAD 中。当前线型文件是"Acadiso. lin"单击 文件(F)... 按钮，可选择不同的线型库文件。

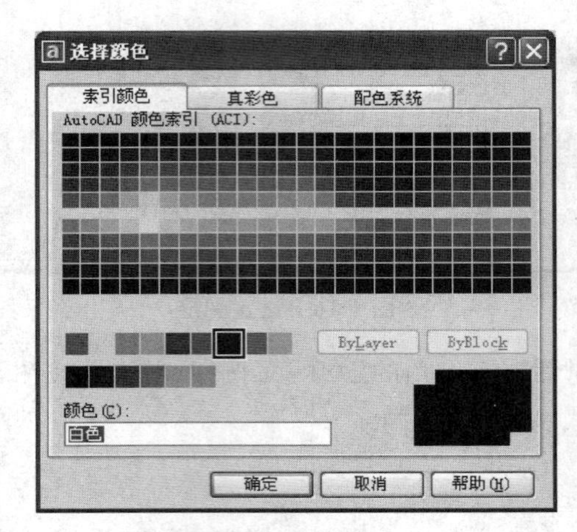

图 1-17　选择颜色

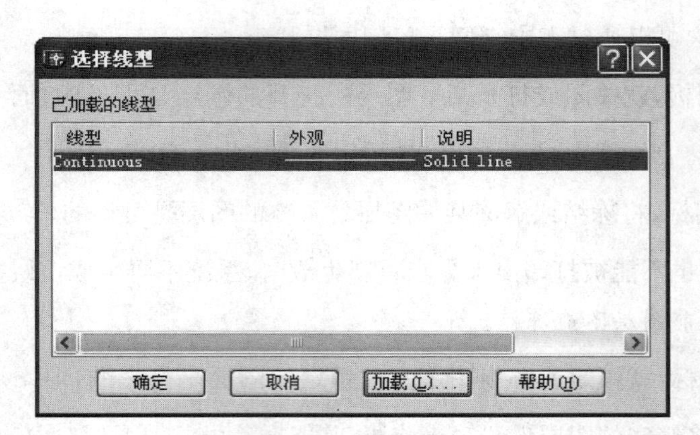

图 1-18　选择线型

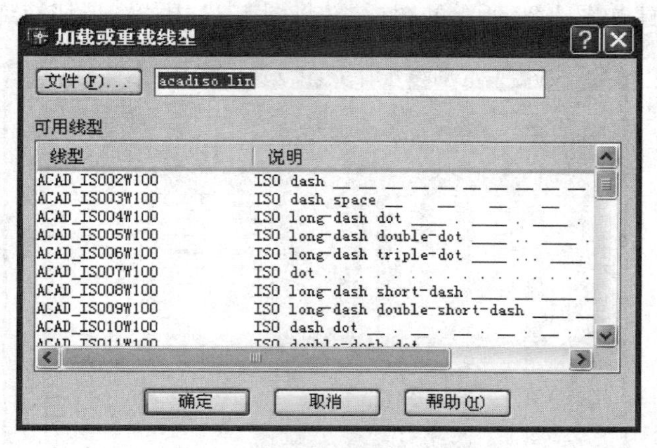

图 1-19　加载或重载线型

◉设定线宽，在该对话框【详细信息】区域的【线宽】下拉列表中选择线宽值，或单击图层列表【线宽】列中的图标"——默认"，打开【线宽】对话框，如图 1-20 所示，通过此对话框用户也可设置线宽。

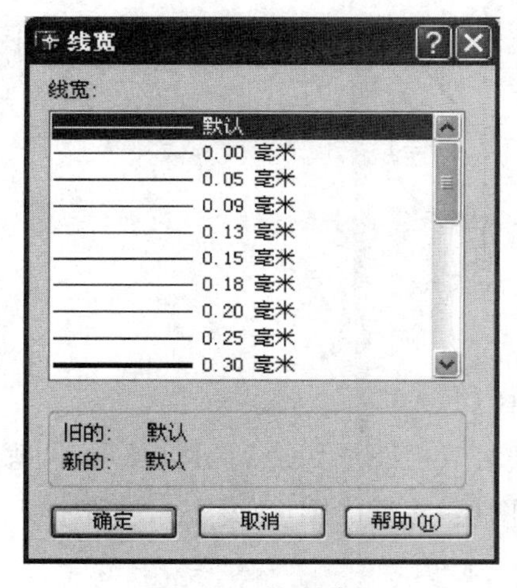

图 1-20　线宽选择

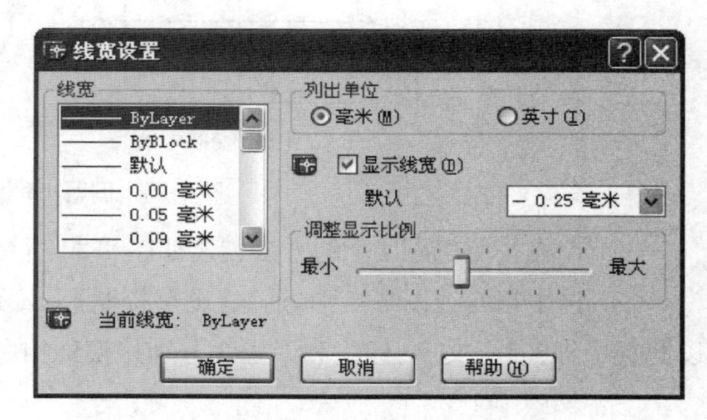

图 1-21　线宽调整比例

需要提出的是，如果要使对象的线宽在模型空间中显示得更宽或更窄一些，可以调整线宽比例。在状态栏的 线宽 按钮上单击鼠标右键，弹出快捷菜单，然后选择【设置】命令，打开【线宽设置】对话框，如图 1-21 所示，在此对话框的【调整显示比例】区域中移动滑块就可以改变显示比例值。

(5) 图层的删除

图层的删除方法是：在【图层特性管理器】对话框中选择图层名称，再单击 删除 按钮，就可将此图层删除。但是当前层、0 层、定义点层(Defpoints)及包含图形对象的层不能被删除。

【例题 1-2】 创建如图 1-22 所示的图层，并将图 1-23 中的图形切换到相应的图层。

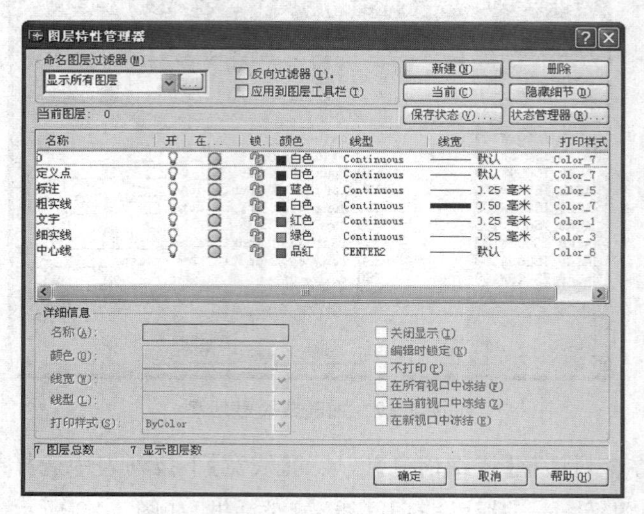

图 1-22　例题 1-2 图 1

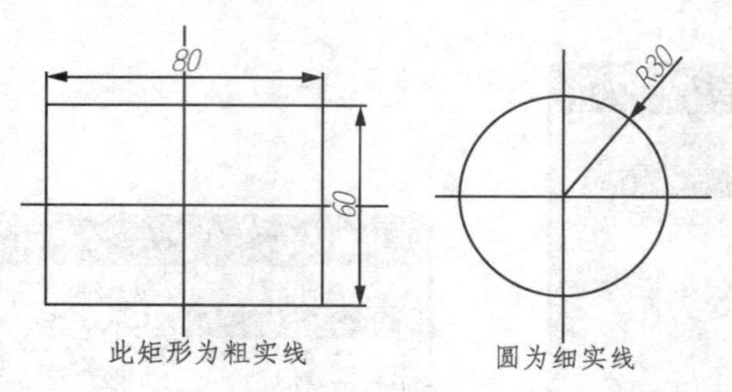

图 1-23　例题 1-2 图 2

(1) 首先按照例题 1-1 的方法创建如图 1-22 所示的图层。

(2) 选中粗实线图形矩形，通过【图层控制】下拉列表可以把图形切换到粗实线层；同理以此选中细实线、文字、标注和中心线分别切换到相应的图层，之后的图形如图 1-24 所示。

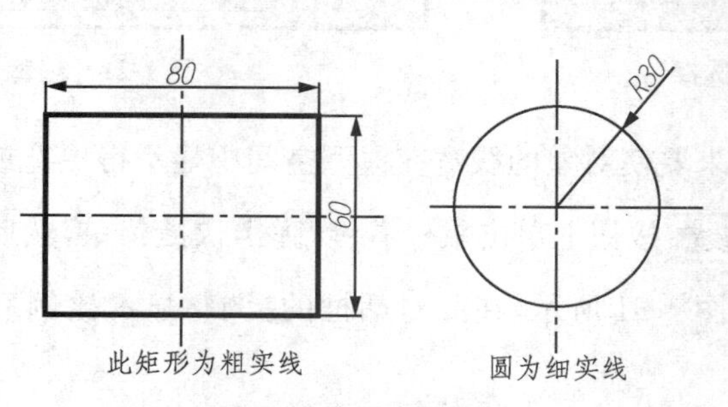

图 1-24　绘制粗实线

(3) 观察线的宽度，可以打开状态栏中的线宽按钮进行显示。

捕捉 栅格 正交 极轴 对象捕捉 对象追踪 线宽 模型

(4) 可以在命令栏输入 ltscale 来观察不连续线线型比例因子的改变对图形的影响,图 1-24比例因子为 1∶1,图 1-25 比例因子为 1∶2。

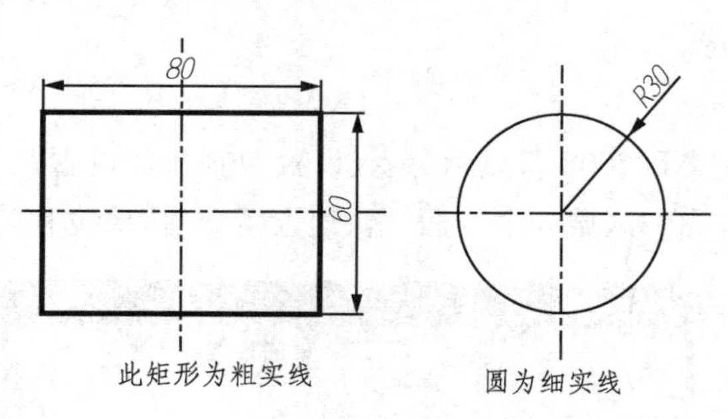

图 1-25　调整比例因子

(5) 切换当前图层,通过【图层控制】下拉列表,我们可以快速地切换当前层,单击【图层控制】下拉列表右边的箭头,打开列表,选择欲设置当前层的图层名称;我们可以设置粗线线或者细实线层为当前层等。

(6) 使任一图形对象所在图层成为当前层,有以下两种方法:

首先使图 1-24 中的矩形层为当前图层,先选择矩形对象,在点击的【图层控制】工具栏右侧的按钮,AutoCAD 就将该对象所在的粗实线层设定成为当前层;

其次设定图 1-24 中的圆形所在层为当前图层,先选择圆形,发现圆在【图层控制】工具栏上为细实线层,再按下 Esc 键取消选择,然后通过【图层控制】下拉列表切换当前层。

三、文件管理

1. 新建图形(有启动对话框)

1) “创建新图形”对话框

2) 从草图开始

AutoCAD 2008 显示“英制”和“公制”两个选项,以供用户选择。

图 1-26　从草图开始

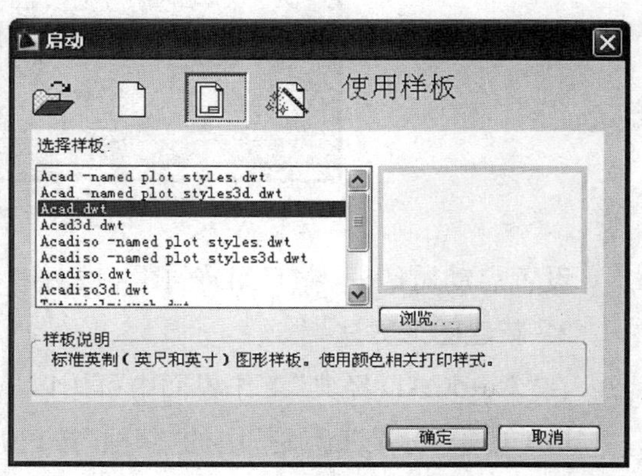

图 1-27　使用样板

3）使用样板

选择该项后，AutoCAD 2008 显示样板文件，待用户选择其中一个后，以用户选择的样板图为基础，创建新图形。

4）使用向导

选择该项后，AutoCAD 2008 将显示“高级设置”与“快速设置”。“高级设置”包含单位、角度、角度测量、角度方向和区域 5 个方面，“快速设置”包括单位和区域 2 个方面。

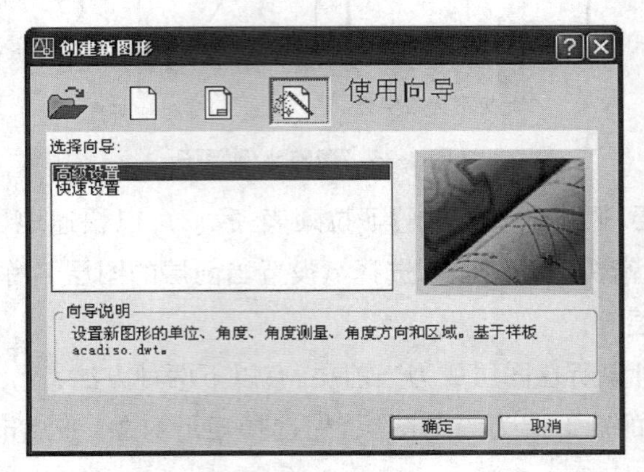

图 1-28　使用向导

★**小提示**：启动对话框的显示与否设置见图 1-29。

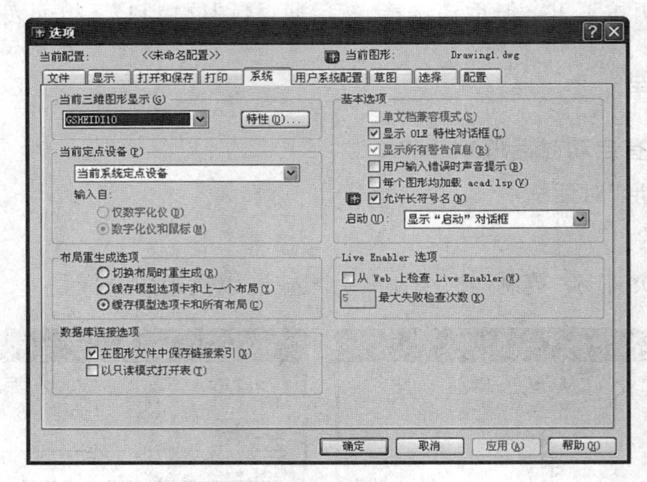

图 1-29　选项设置结果

设置启动对话框，在 CAD 绘图区域右键——选项——系统。

2. 新建图形方法

在“AutoCAD 经典”工作界面中可用以下方法当中的任何一种方法。

（1）单击“标准工具栏”中的“新建”按钮。

（2）下拉菜单中的[文件(F)]——[新建(N)…]。

(3) 在命令窗口中输入 new 或 qnew。

★**小提示**:新建图形快捷键为 Ctrl+N。

3. 打开已有图形

1) 启动 AutoCAD 2008 时,系统将显示“创建新图形”对话框。单击启动面板中的“浏览”按钮,在弹出的“选择文件”对话框中选择已有图形文件。

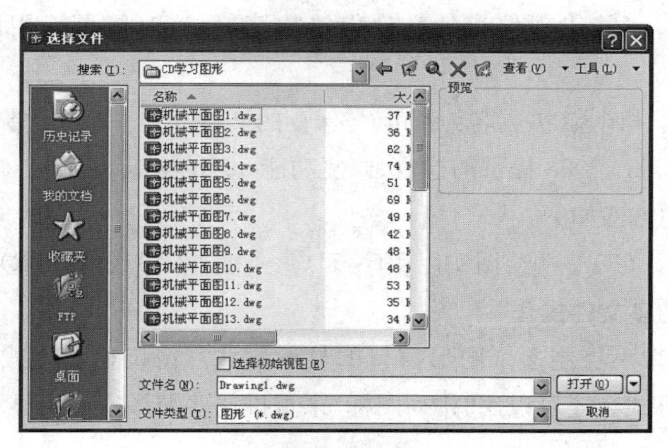

图 1-30　选择文件

2) 打开文件的方法

可用以下方法当中的任何一种方法:

(1) 点击标准工具栏按钮

(2) 下拉菜单:[文件(F)]——[打开(O)]

(3) 命令窗口:OPEN↙

4. 保存文件

1) 调用“保存”命令

(1) 标准工具栏

(2) 下拉菜单:[文件(F)]——[保存(S)]

(3) 命令窗口:QESAVE↙

2) 调用“另存为…”命令

(1) 下拉菜单:[文件(F)]——[另存为(A)…]

(2) 命令窗口:SAVE 或 SAVEAS

★**小提示**:第一次保存文件时保存和另存为一样。

5. 退出 AutoCAD

1) 直接单击 AutoCAD 主窗口右上角的按钮

2) 选择菜单[文件(F)]——[退出(X)]

3）在命令行中输入：quit（或别名 exit）

如果在退出 AutoCAD 时，当前的图形文件没有被保存，则系统将弹出提示对话框，提示用户在退出 AutoCAD 前保存或放弃对图形所做的修改。

★**小提示**：退出 CAD 快捷键为 Alt＋F4。

6．检查、修复文件

因为某些原因，可能出现保存的文件出错的情况，这时候可以用以下的方法来加以解决：

1）将备份的文件调入（扩展名为 bak，与保存的文件在同一个文件夹中）

2）使用 AutoCAD 2008 提供的检查、修复功能 audit 与 recover

3）调用命令的方法如下：

下拉菜单：[文件（F）]→[绘图实用程序（U）]→[检查（A）或修复（R）]

7．AutoCAD 的多文件操作

利用“窗口”菜单可控制多个图形窗口的显示方式。窗口显示方式有“层叠”、“垂直平铺”和“水平平铺”方式。还可以用“排列图标”来重排这些图形窗口的显示位置。

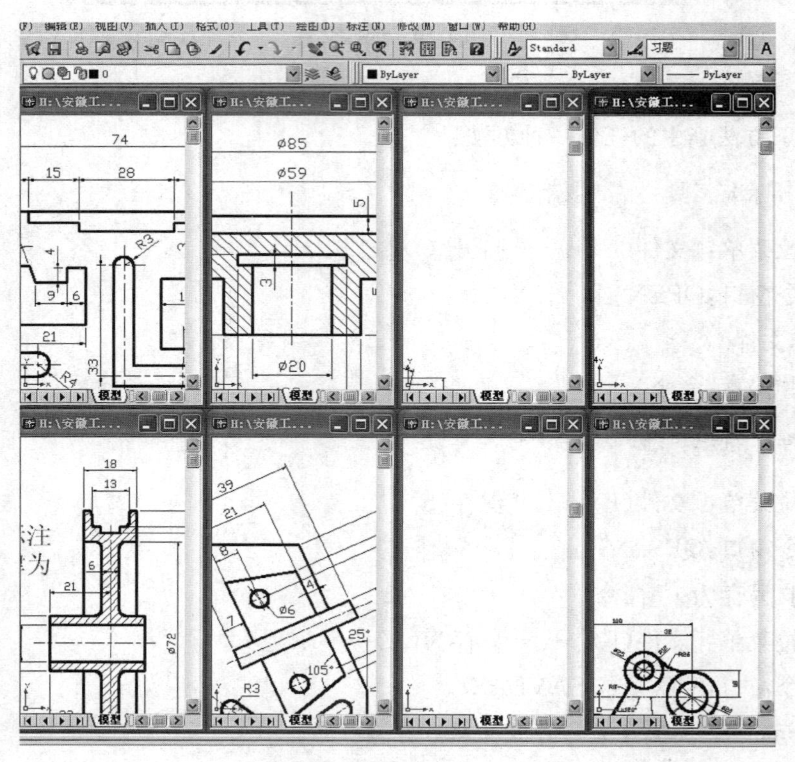

图 1-31　垂直平铺窗口图形

综合练习题

【练习 1-1】熟悉 CAD 的基本界面和基本操作。

【练习 1-2】建立如练习题图 1-1 所示的图层。

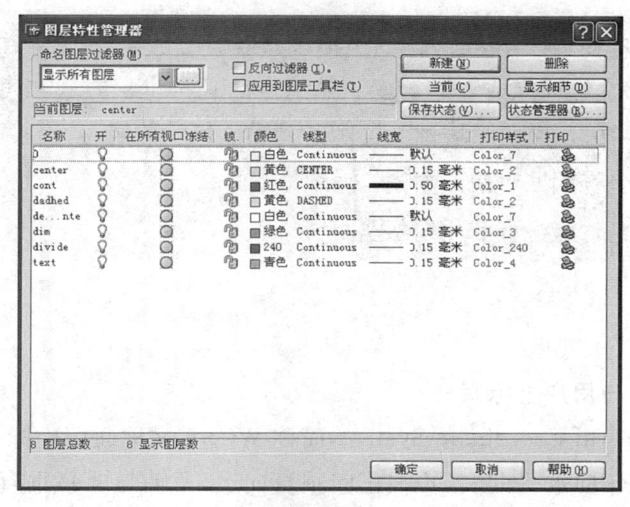

练习题图 1-1

【练习 1-3】建立如练习题 1-2 所示的图层，并将练习题图 1-3 中对应的图形设置到相应的图层中。

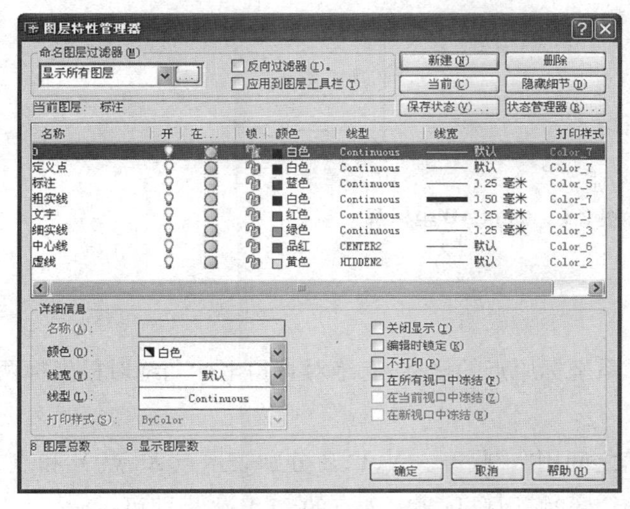

练习题图 1-2

矩形粗实线

直线为中心线

五边形细实线

圆为虚线

练习题图 1-3

【练习 1-4】练习文件的新建、保存、打开与关闭。

【练习 1-5】练习窗口的多文件操作。

任务二　坐标系、工具及鼠标使用

学习目标：本任务以学习 CAD 的坐标系和坐标为目标，要求学生掌握不同坐标的使用方法，并能够熟练地完成课后习题。熟悉点的几种坐标方式和灵活运用这些坐标以便于辅助绘图需求。熟练掌握辅助绘图工具和鼠标的使用。

任务重点：坐标的四种表示方法

任务难点：绝对极坐标和相对极坐标

一、坐标系

1．世界坐标系与用户坐标系

世界坐标系（World Coordinate System，简称 WCS），又称通用坐标系。AutoCAD 默认的世界坐标系 X 轴正向水平向右，Y 轴正向垂直向上，Z 轴与屏幕垂直，正向由屏幕向外。用户坐标系（User Coordinate System，简称 UCS），是一种相对坐标系。与世界坐标系不同，用户坐标系可选取任意一点为坐标原点，也可以选取任意方向为 X 轴正方向。

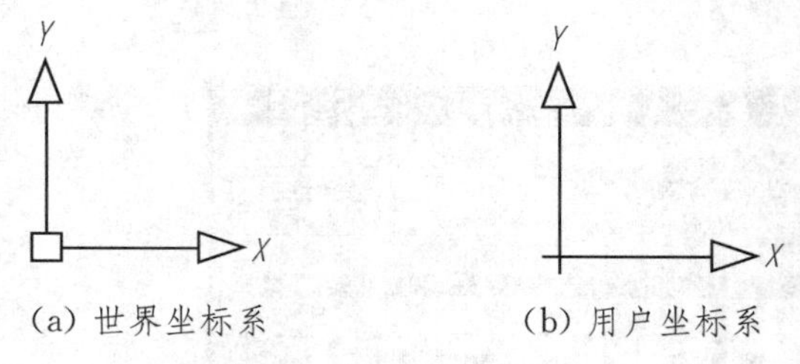

(a) 世界坐标系　　(b) 用户坐标系

图 2-1　AutoCAD 坐标系

2．坐标的表示方法

1）绝对坐标

绝对坐标是指相对于世界坐标系坐标原点的坐标，有绝对直角坐标和绝对极坐标两种。

(1) 绝对直角坐标

输入格式为：X,Y,Z，两坐标值之间用“，”隔开。X、Y、Z 分别表示点 X、点 Y 和点 Z 到世界坐标系原点的坐标值。当二维绘图时，用户只要输入点的 X,Y 坐标即可。

(2) 绝对极坐标

输入格式为：$\gamma<\alpha$。γ 表示当前点到世界坐标系原点的距离，α 表示当前点与世界坐标系原点的连线与 X 轴正向间的夹角。若从 X 轴正向逆时针旋转到极轴方向，则 α 角为正，否则 α 角为负。

2）相对坐标

相对坐标是指下一点相对于上一点的坐标值，有相对直角坐标和相对极坐标两种，相对坐标前面在输入的时候要加上@符号。

（1）相对直角坐标

相对直角坐标是指下一点相对于上一点的坐标增量。相对直角坐标前加一“@”符号，输入形式为：@X，Y；例如图 2-2，A 点的绝对坐标为“15，10”，B 点相对 A 点的相对直角坐标为“@5，－6”，则 B 点的绝对直角坐标为 “20，4”。

（2）相对极坐标

相对极坐标用“@γ<α”表示，例如 “@15<60” 表示当前点到下一点的距离为 15，当前点与下一点的连线与 X 轴正向夹角为 60°。

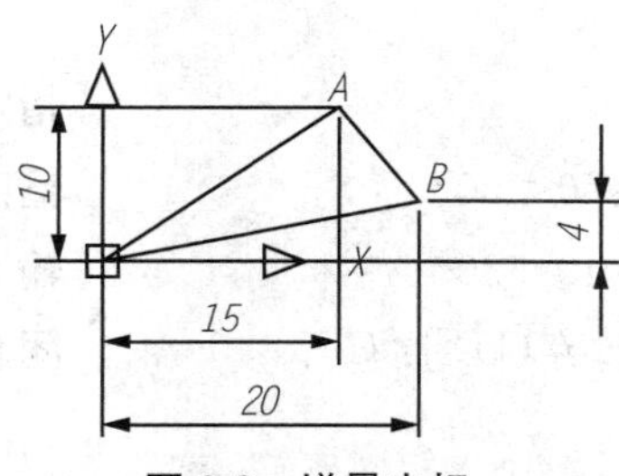

图 2-2　增量坐标

注意：如果状态栏上的“动态输入” 功能开启的话，对于一个点相对于前一个点输入的坐标值默认情况都是相对坐标，系统会自动在前面加@符号。如果用户想使用绝对坐标点输入功能定位的话，可以把状态栏上的“动态输入”功能关掉，若没有关掉又想通过绝对坐标输入的话，可以右键“动态输入”点击设置把相对坐标改为绝对坐标也可以，这样“动态输入”开启之后两点之间还是绝对坐标的形式。

【例题 2-1】使用上述四种坐标表示法，创建如图 2-3 所示的三角形。

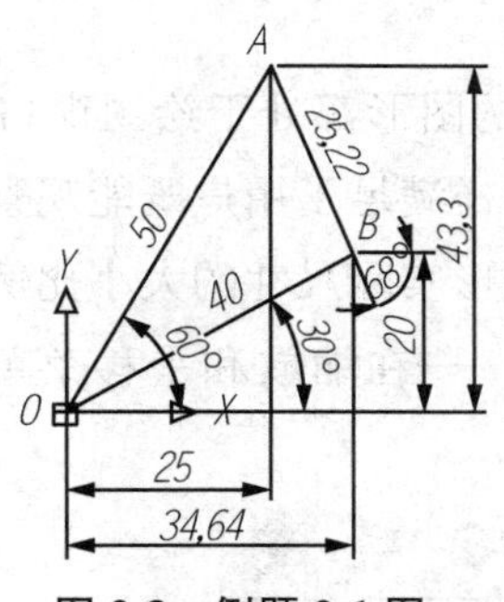

图 2-3　例题 2-1 图

方法 1. 使用绝对直角坐标

命令：_line

指定第一点：0,0　　　　指定第一点为坐标原点 O

指定下一点或［放弃(U)］：25,43.3　　输入 A 点的绝对直角坐标

指定下一点或［放弃(U)］:34.64,20　　输入 B 点的绝对直角坐标

指定下一点或［闭合(C)/放弃(U)］：C　　闭合图形

方法 2. 使用相对直角坐标

命令：_line

指定第一点：0,0　　指定第一点为坐标原点 O

指定下一点或［放弃(U)］：@25,43.3　　输入 A 点的相对直角坐标

指定下一点或［放弃(U)］：@9.64,－23.3　　输入 B 点的相对直角坐标

指定下一点或［闭合(C)/放弃(U)］：C　　闭合图形

方法 3. 使用绝对极坐标

命令：_line

指定第一点：0<0　　指定第一点为坐标原点 O

指定下一点或［放弃(U)］:50<60　　输入 A 点的绝对直角坐标

指定下一点或［放弃(U)］:40<30　　输入 B 点的绝对直角坐标

指定下一点或［闭合(C)/放弃(U)］：C　　闭合图形

方法 4. 使用相对极坐标

命令：_line

指定第一点:@0<0　　指定第一点为坐标原点 O

指定下一点或［放弃(U)］：@50<60　　输入 A 点的相对直角坐标

指定下一点或［放弃(U)］：@25.22<－68　　输入 B 点的相对直角坐标

指定下一点或［闭合(C)/放弃(U)］：C　　闭合图形

二、辅助工具

1. 图形的缩放和平移

在 CAD 绘图时，用户所看到的图形都处于绘图窗口中，使用缩放命令可以放大或缩小图形在绘图窗口中的显示比例，这样满足了用户既能观察图形中复杂的细部结构，又能观察图形全貌的需求，并且不会改变图形实际尺寸的大小比例，执行缩放和平移的方式如下：

1）菜单命令：视图——缩放——在缩放和平移菜单中可以选择相应的命令，如图 2-4 所示。

2）快速缩放和移动图形

(1) 通过实时平移按钮平移图形

单击按钮，按住鼠标左键并拖动光标，就可以平移视图。或按住鼠标的中键拖动光标也可以平移视图。

(2) 通过实时缩放按钮缩放图形(也可以滚动滚轮放大或缩小)

单击按钮,光标变成放大镜形状,此时按住鼠标左键并向上拖动光标,就可以放大视图,每向上移动光标视图一次就放大为原来的 2 倍,向下拖动光标就缩小视图,向下移动光标一次视图就缩小为原来的一半,退出可按 ESC 键、Enter 键或单击鼠标右键打开快捷菜单,然后选择[退出]命令。

3) 利用窗口缩放可以不同的方式放大视图

点击三角形如图 2-5 所示,从上往下依次是窗口缩放、动态缩放、比例缩放、中心缩放、放大、缩小、全部缩放和范围缩放。

(1) 窗口缩放:使用此命令用户可以输入一个矩形窗口的两个对角点来确定要放大观察的图形区域,这两个对角点的指定可以通过鼠标选择也可以通过键盘输入坐标。

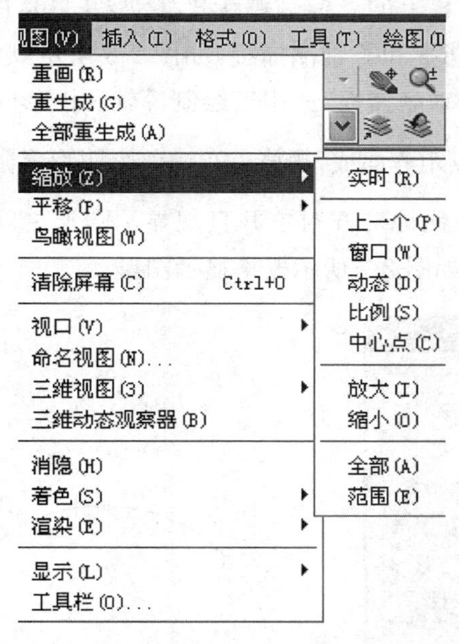

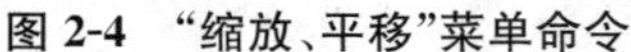
图 2-4 “缩放、平移”菜单命令

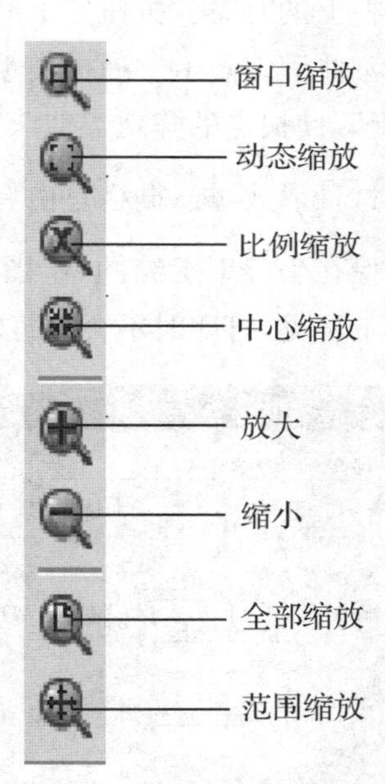

图 2-5 标准工具栏缩放按钮

(2) 动态缩放:使用动态缩放命令时,会显示一个可移动的视图框,再点击鼠标左键可以调节此视图框的大小,根据图形大小确定放大的图形范围,最后按确认键就可。

(3) 比例缩放:使用该命令时用户可以输入新的比例因子来缩放图形。若输入的因子为 nx 表示显示比当前视图放大 n 倍的视图,因子为 nxp 则是相对于图纸空间放大 n 倍的比例缩放。

(4) 中心缩放:使用中心缩放命令时会提示用户指定中心点,我们可以直接在屏幕上选择一个点作为新的中心点,确定中心点之后,可以输入放大系数或新视图的高度。输入的数值后面有 X 表示放大系数,否则表示高度。

(5) 放大和缩小:用户使用一次放大命令,图形将以 2 倍的比例进行放大;使用一次缩小命令,图形将以 0.5 倍的比例进行缩小。

(6) 全部缩放:执行全部缩放命令后,此命令会根据图形界限或者图形范围的尺寸,所有图形将全部显示在绘图区域内。

(7) 范围缩放:范围缩放命令执行后将所有图形全部显示在屏幕上,与全部缩放命令不同的是范围缩放命令将最大限度地充满整个屏幕,与图形的边界无关。

4) 通过按钮返回上一次的显示

单击按钮,AutoCAD 将显示上一次的视图,若用户连续单击此按钮,则系统将恢复前几次显示过的图形(最多 10 次)。

2. “捕捉”与“栅格”方式

当状态栏上的“捕捉”按钮按下时,此时屏幕上的光标呈跳跃式移动,并总是被“吸附”在屏幕上的某些固定点上。捕捉类型分矩形捕捉和等轴测捕捉,如图 2-6 所示默认状态下为“矩形捕捉”,捕捉点的阵列类似于栅格,“等轴测捕捉”适用于绘制等轴测图形时用的,此时光标变成这种形式;栅格是由有规则的点矩阵而成,栅格点布满整个图形界限的区域,使用栅格就像在坐标纸上绘图,绘图时可以方便地对齐对象并直观显示图形之间的距离。栅格在屏幕上可见,打印时不会被打印出来。如图 2-7 所示栅格显示图形。

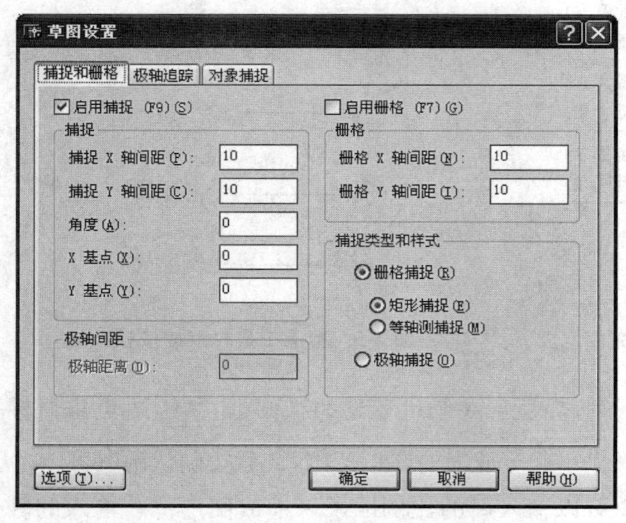

图 2-6 捕捉和栅格设置

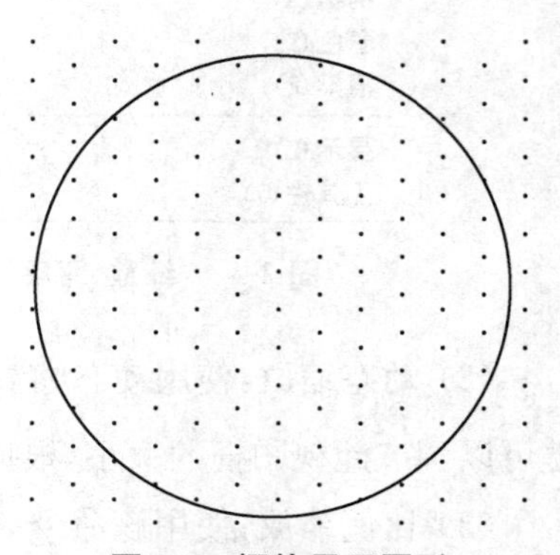

图 2-7 栅格显示图形

★**小提示**:捕捉快捷键为 F9,栅格快捷键为 F7。

3. “正交”方式

按下“正交”按钮,启动正交方式,正交方式可以将定点设备的输入限制为水平或者垂

直，在正交模式下，可以方便地绘出与 X 轴和 Y 轴平行的线段，这种模式下不能控制键盘输入点的位置，只能控制光标拾取点的方向。此时如果在绘制直线命令状态，屏幕上的光标只能水平或垂直移动，绘制水平和垂直线。

这种方式为绘制水平和垂直线提供了方便。

★小提示：正交快捷键为 F8。

4．"极轴"模式

极轴追踪模式用于控制自动追踪设置，启用此模式时在绘制直线和角度时会有一条虚线提示，若用户在绘图时发现没有提示虚线时就要想到可能是极轴关掉了。

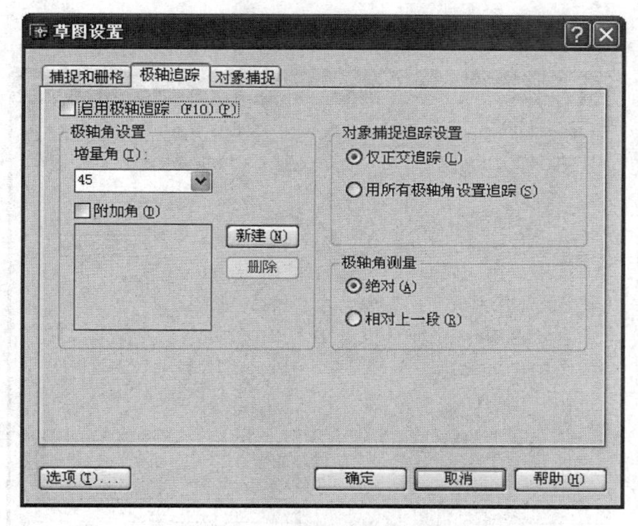

图 2-8　极轴追踪设置

极轴追踪设置对话框中选项的意义：

1）启用极轴追踪：用于控制极轴追踪的打开和关闭。

2）极轴角设置区域用于设置极轴追踪角度的追踪方向。

（1）增量角：用于设置极轴夹角的增量值，增量角有 5°、10°、15°、18°、22.5°、30°、45°、90°，只要极轴夹角为这些增量角的倍数时，都会显示辅助的虚线。

（2）附加角：当绘制需要的角度不是以上增量角的整数倍时，我们就可以选中附加角，然后通过新建命令来增加新的极轴夹角，附加角可以根据需要建立许多个。

另外需注意正交模式和极轴模式是不能同时开启的。

【例题 2-2】使用"极轴"功能，绘制一定角度的直线。如图 2-9 所示我们要绘制一个有 60°角的三角形。

（1）打开"极轴追踪" 选项卡，在增量值设置列表中选择 30 或输入需要的值，然后单击"确定"按钮。

（2）执行线的命令 L，输入长度 40。

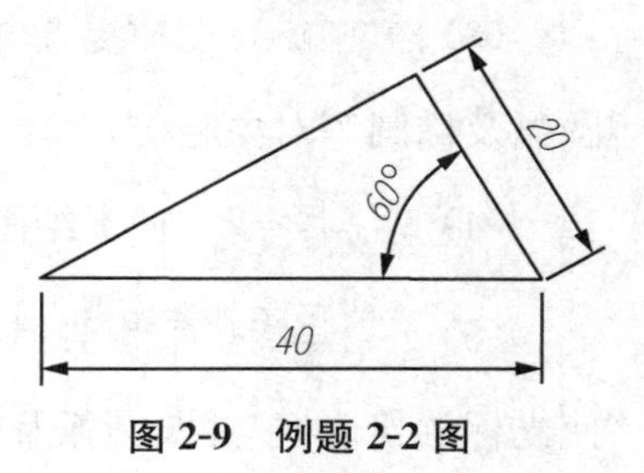

图 2-9　例题 2-2 图

(3) 根据极轴追踪提示角当角度为120时，沿着此提示线输入长度20。

(4) 闭合三角形即可。

5. 对象捕捉

AutoCAD给所有的图形对象都定义了特征点，通过捕捉这些特征点，可以精确的绘制图形，对象捕捉是控制对象捕捉的设置。

1) 对象捕捉设置

用鼠标右键单击状态栏上的 对象捕捉 按钮，弹出快捷菜单，选择[设置]命令，就可以打开[草图设置]对话框，如图2-10为对象捕捉设置，在此对话框的[对象捕捉]选项卡中设置捕捉点的类型。

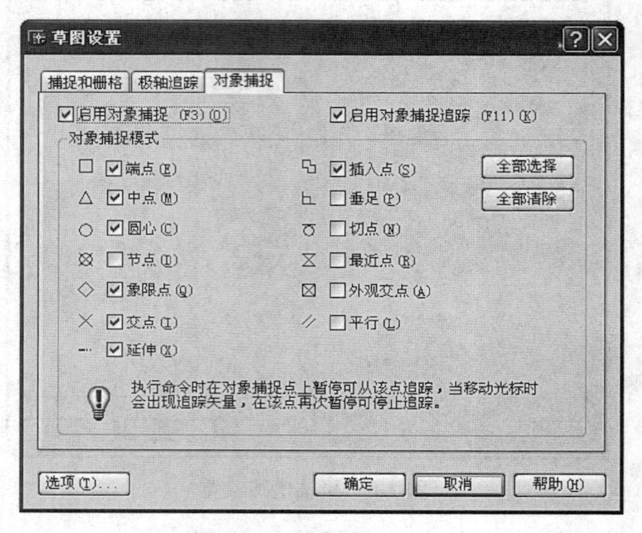

图2-10 对象捕捉设置

图2-10中对象捕捉模式中的种类如下：

(1) □ ☑端点(E)：捕捉直线、圆弧或者多段线等对象的端点，启用端点捕捉后，将光标移动到目标点的附近，AutoCAD就自动捕捉该点。

(2) △ ☑中点(M)：捕捉直线、圆弧或者多段线等对象的中点，启用中点捕捉后，使光标的拾取框与直线、圆弧或者多段线等对象相交，AutoCAD就自动捕捉这些对象的中点。

(3) ○ ☑圆心(C)：捕捉圆、圆弧及椭圆等的中心，启用圆点捕捉后，使光标的拾取框与圆、圆弧及椭圆等对象相交，AutoCAD就自动捕捉这些对象的中心点。

(4) ⊠ □节点(D)：捕捉绘图中执行Point命令绘制的点。

(5) ◇ ☑象限点(Q)：捕捉圆或椭圆上0°、90°、180°、270°位置点。启用象限点捕捉后，使光标的拾取框与圆、圆弧及椭圆等对象相交，AutoCAD就显示出与拾取框最近的象限点。

(6) ☑交点(I)：捕捉对象间真实的或延伸的交点，启用交点捕捉后，使光标移动到目标点的附近，AutoCAD 就自动捕捉该点。若两个对象没有直接相交，可先将光标的拾取框放在其中一个对象上，单击左键，然后把拾取框移到另一对象上，再单击左键，AutoCAD 就自动捕捉到延伸后的交点。

(7) ☑延伸(X)：捕捉延伸点，启用延伸后，用户把光标从对象端点开始移动，此时系统沿对象显示出捕捉辅助线和捕捉点的相对极坐标，输入捕捉距离，CAD 会定位一个新点。

(8) ☑插入点(S)：捕捉块、文字和属性的插入点。

(9) □垂足(P)：捕捉已绘制线段与其他线段的垂足点。启动垂足捕捉后，AutoCAD 就自动捕捉垂足点。

(10) □切点(N)：捕捉圆和圆、圆和圆弧或者圆和直线相切的点。启动切点捕捉后，AutoCAD 就显示出相切点。

(11) □最近点(R)：捕捉距离光标中心最近的几何对象点。

(12) □外观交点(A)：捕捉在二维视图中看上去相交而三维中并不相交的点。在二维视图中与交点功能相同，该捕捉方式还可以在三维空间中捕捉两个对象的视图交点。

(13) □平行(L)：捕捉与已知直线平行的点。

对于这些捕捉类型，根据捕捉需要进行开启，如果捕捉全部选择则会出现捕捉干扰的现象。

2）对象捕捉快捷工具栏

在绘图时我们也可以在工具栏的空白处右键鼠标可以打开如图 2-11 所示的对象捕捉快捷工具栏。

图 2-12 对象捕捉快捷工具栏

在快捷工具栏中有两个非常有用的对象捕捉工具临时追踪点 和捕捉自 ，这两个工具的打 开也可以按住 Shift，同时在绘图区域的空白处右键鼠标弹出。

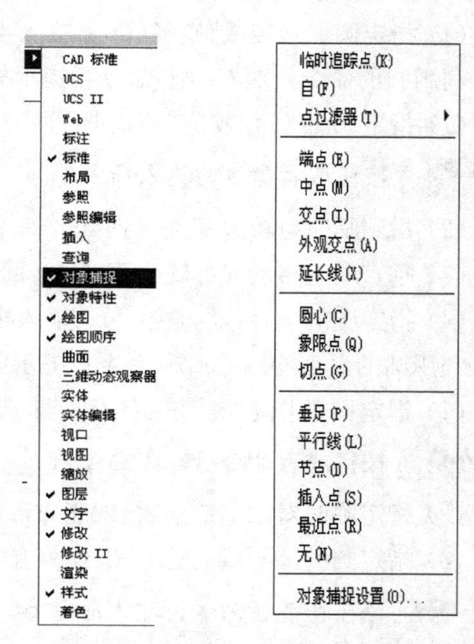

图 2-11 打开快捷工具栏　图 2-13 临时对象捕捉

【例题 2-3】用临时追踪点和捕捉自绘制如图 2-14 所示的图形。

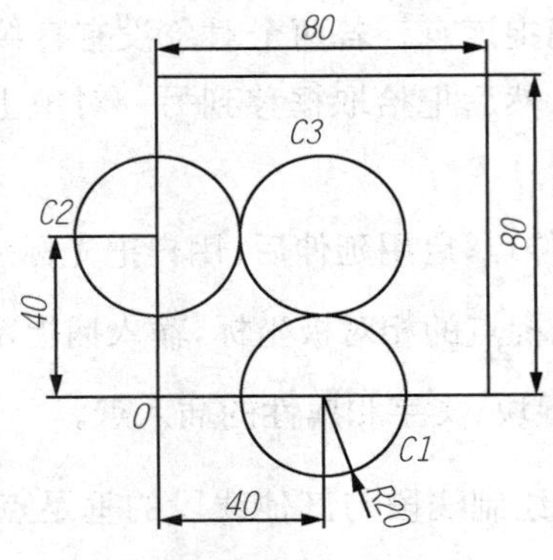

图 2-14　例题 2-3 图

用临时追踪点操作步骤如下：

1）利用矩形命令先绘制 80×80 的正方形。

2）利用圆的命令绘制 C1 圆，命令行提示如下：

（1）指定圆的圆心或[三点(3P)/两点(2P)/相切、相切、半径(T)]：点击捕捉工具栏 按钮或者命令行输入命令 tt。

（2）指定临时对象追踪点：拾取正方形左下角点 O。

（3）向右水平移动光标输入距离 40，回车确认。

（4）指定圆的半径或[直径(D)]：输入半径值 20，回车确认。

利用圆的命令绘制 C2 圆，命令行提示如下：

（1）指定圆的圆心或[三点(3P)/两点(2P)/相切、相切、半径(T)]：点击捕捉工具栏 按钮或者命令行输入命令 tt。

（2）指定临时对象追踪点：拾取正方形左下角点 O。

（3）垂直向上移动光标输入距离 40，回车确认。

（4）指定圆的半径或[直径(D)]：输入半径值 20，回车确认。

利用圆的命令绘制 C3 圆，命令行提示如下：

（1）指定圆的圆心或[三点(3P)/两点(2P)/相切、相切、半径(T)]：点击捕捉工具栏 按钮或者命令行输入命令 tt。

（2）指定临时对象追踪点：拾取正方形左下角点 O。

（3）指定圆的圆心或[三点(3P)/两点(2P)/相切、相切、半径(T)]：再次点击捕捉工具栏 按钮或者命令行输入命令 tt。

（4）指定临时对象追踪点：向右水平移动光标输入距离 40，回车确认。

（5）指定圆的圆心或[三点(3P)/两点(2P)/相切、相切、半径(T)]：

垂直向上移动光标输入距离 40，回车确认。

(6) 指定圆的半径或[直径(D)]:输入半径值 20,回车确认。

用捕捉自操作步骤如下:

捕捉自命令可以提示输入基点,并将该点作为临时参照点,使用相对坐标指定下一个应用点。

利用矩形命令先绘制 80×80 的正方形。

利用圆的命令绘制 $C1$ 圆,命令行提示如下:

(1) 指定圆的圆心或[三点(3P)/两点(2P)/相切、相切、半径(T)]:点击捕捉工具栏按钮或者命令行输入命令 from。

(2) 指定基点:拾取正方形左下角点 O。

(3) ＜偏移＞:输入@40,0,回车确认。

(4) 指定圆的半径或[直径(D)]:输入半径值 20,回车确认。

利用圆的命令绘制 $C2$ 圆,命令行提示如下:

(1) 指定圆的圆心或[三点(3P)/两点(2P)/相切、相切、半径(T)]:点击捕捉工具栏按钮或者命令行输入命令 from。

(2) 指定基点:拾取正方形左下角点 O。

(3) ＜偏移＞:输入@0,40,回车确认。

(4) 指定圆的半径或[直径(D)]:输入半径值 20,回车确认。

利用圆的命令绘制 $C3$ 圆,命令行提示如下:

(1) 指定圆的圆心或[三点(3P)/两点(2P)/相切、相切、半径(T)]:点击捕捉工具栏按钮或者命令行输入命令 from。

(2) 指定基点:拾取正方形左下角点 O。

(3) ＜偏移＞:输入@40,40,回车确认。

(4) 指定圆的半径或[直径(D)]:输入半径值 20,回车确认。

6. 动态输入

启用动态输入功能后,当执行某个命令时,光标旁边会显示工具栏提示信息,此信息会随着光标的移动而动态更新就是所谓的动态提示。动态输入开启时用户可以在工具栏提示框中输入坐标值或者其他的操作。动态输入有指针输入和标注输入两种,指针输入用于输入坐标值,标注输入用于输入距离和角度,动态提示是配合这两种输入使用的。

1) 动态输入功能的启用

按下状态栏的 DYN 按钮或者按下快捷键 F12 均可打开动态功能。

2) 动态输入功能的设置

在状态栏 DYN 按钮的地方右键点击设置,打开草图设置对话框,在动态输入选项卡中有三个功能:指针输入、标注输入和动态提示,如图 2-15 所示。

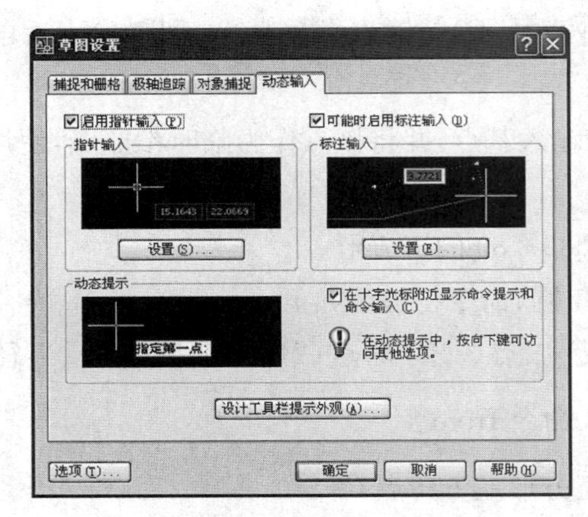

图 2-15 动态输入设置

(1) 启用指针输入

(2) 标注输入

三、鼠标使用

使用鼠标发出命令:即用鼠标选择一个菜单项或单击工具栏中的命令按钮

1. 利用鼠标左右键

左键:拾取键。

右键:单击右键相当于回车,或是弹出快捷菜单。

中键:滚动中键,放大或缩小图形。按住滚轮鼠标变成一个小手拖动鼠标则可以平移图形,松开中键拖动图形结束。

2. 选择对象的常用方法

1) 用鼠标左键逐个地拾取对象

2) 用矩形窗口选择对象

用户在绘图区域的左上角或左下角单击一点,然后向右拖动鼠标得到一个实线矩形窗口。此方法只有矩形窗口中的所有对象被选中。

3) 用交叉窗口选择对象

用户在绘图区域的右上角或右下角单击一点,然后向左拖动鼠标得到一个虚线矩形框。此方法会将框内的对象和与框边相交的对象全部选中。

4) 在选择集中添加或去除对象

添加对象:可直接选取或利用矩形窗口、交叉窗口选择要加入的图形对象。

去除对象:可先按住 Shift 键,再从选择集中点击鼠标左键选择要清除的图形对象。

5) 全选图形可以使用快捷键 Ctrl+A。

3．删除对象

对于要删除的对象可以先选择对象再选删除命令，也可以先发出删除命令，再选择要删除的对象。删除对象的方式有以下几种：

1）通过 ERASE 命令来删除对象。

2）通过修改菜单或者修改工具栏里的删除命令来删除对象。

3）选中要删除的对象以后右键鼠标删除对象。

★**小提示**：删除的快捷键为 E。

4．重复和撤销命令

1）重复刚刚执行过的命令

当执行完一条命令后，还想再次使用该条命令，直接按一下空格键或回车键，就可重复这个命令；或者单击鼠标右键，在弹出的快捷菜单中选择“重复……”命令选项

2）撤销命令

在命令执行过程中，撤销命令可按 Esc 键；单击鼠标右键，选择“取消”也可终止命令。

5．取消已执行的操作

1）编辑菜单下的“放弃(U)”，执行一次撤销一次操作。

2）命令行输入“U”，执行一次撤销一次操作。

3）点击工具栏上的撤销按钮。

4）使用快捷键 Ctrl+Z。

5）在命令行输入 UNDO 命令，然后再输入要放弃的命令的数目，可一次撤销前面输入的多个命令。

当用户取消一个或多个操作后，又想恢复原来的效果，可使用 REDO 命令或单击[标准]工具栏上的按钮。

【练习 2-1】使用直角坐标输入法绘制长 50，宽 30 的矩形。

【练习 2-2】使用极坐标输入法绘制如练习题图 2-1 所示的边长为 20 的正六边形。

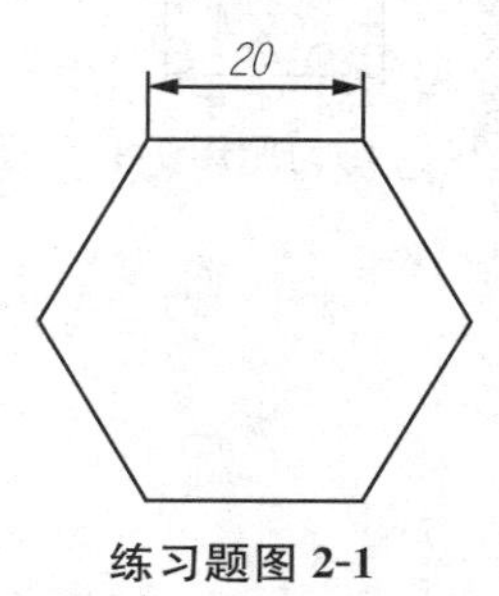

练习题图 2-1

【练习 2-3】用坐标法绘制练习题图 2-2。

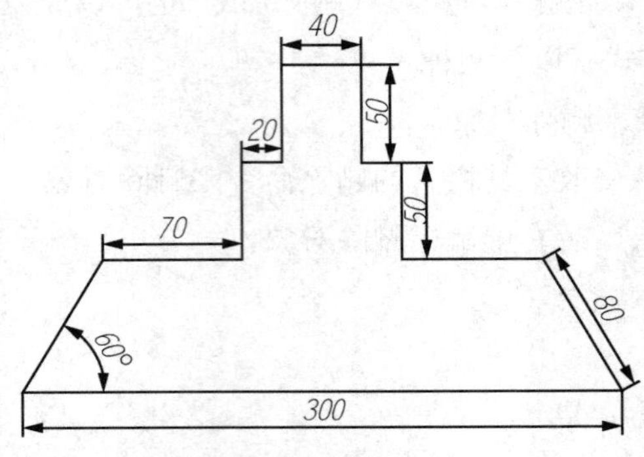

练习题图 2-2

【练习 2-4】利用极轴追踪命令绘制练习题图 2-3。

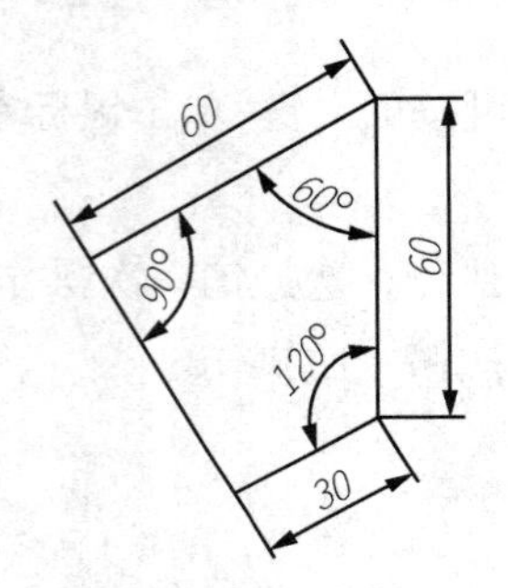

练习题图 2-3

【练习 2-5】利用临时追踪点或者捕捉自命令绘制练习题图 2-4。

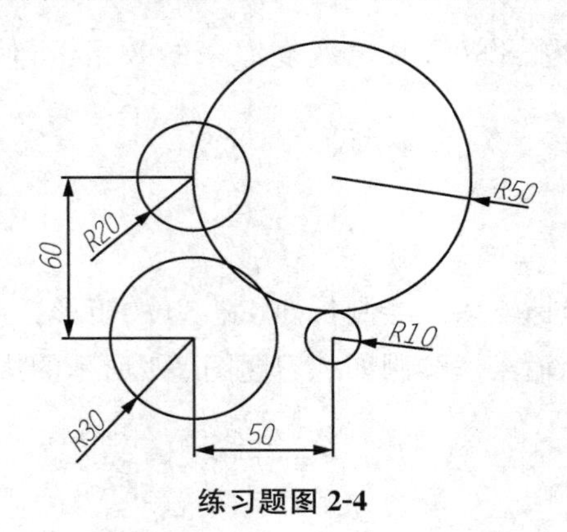

练习题图 2-4

第二章　绘图功能

绘图功能是 AutoCAD 最强大的基础功能，它是实现工程制图中二维图形的基本途径。AutoCAD 提供了很多的绘制图形的命令，可以通过菜单【绘图】、【标注】、【修改】等调用这些功能指令，也可以在工具栏中调用，或者从命令行中输入。

任务三　点及直线的绘制

学习目标：以学习各种直线绘制方法为目标，要求学生掌握不同直线的绘制方法，并能够熟练地完成课后习题。熟悉点的几种绘制方式和灵活运用点的样式以便于辅助绘图需求。

任务重点：直线绘制方法

任务难点：有角度的直线绘制和点的样式选用

一、直线

直线是构成各种平面图形的基本组成对象之一，直线的绘制也是一个图形的基础，可以使用【Line】绘图指令完成基本操作。

1. 功能

固定长度直线段的绘制。

2. 指令调用

1）绘图工具栏中，单击图标即可。

2）下拉菜单：单击执行菜单中【绘图】→【直线】命令即可。

3）键盘输入：在命令行区域输入功能“L ↙”或“Line ↙”即可。

3. 指令格式

直线指令的使用是确定直线的两个端点位置，第一个点的位置确定方法有四种：

（1）在绘图区域中任意位置用鼠标拾取一点。

（2）在命令行区域输入点的坐标，如：0，0 ↙，则直线起点的位置为绘图空间坐标系中0，0的位置。

(3) 打开对象捕捉功能，利用捕捉端点等方式拾取端点。

(4) 在有圆或圆弧为已知条件下，输入“Tan↙”指令可自动捕捉到与其相切的切点。

直线的第二个点确定方法有六种：

(1) 指定下一点或[放弃(U)]：(利用鼠标在绘图区域任意拾取或捕捉到端点方式。)

(2) 指定下一点或[放弃(U)]：(输入终点坐标值，如 50,50↙，则直线终点的位置为绘图空间坐标系中 50,50 的位置。)

(3) 指定下一点或[放弃(U)]：(输入“@长度<角度↙”，如“@100<30↙”，则输入直线长度为 100 mm，极轴角度为 30°。)

(4) 指定下一点或[放弃(U)]：(用鼠标给出方向，在命令行中输入长度，如鼠标放置不动，输入“30↙”，即可得到一条长度为 30 mm，方向为沿第一点朝向鼠标所在方向的直线。)

(5) 指定下一点或[闭合(C)/放弃(U)]：(输入“C↙”，可以得到一个闭合图形。此功能使用一般要连续绘制直线，并且已经连续绘制了两条及以上直线情况使用。)

(6) 指定下一点或[闭合(C)/放弃(U)]：(输入“U↙”，即放弃直线指令。)

【例题 3-1】绘制下列图形。

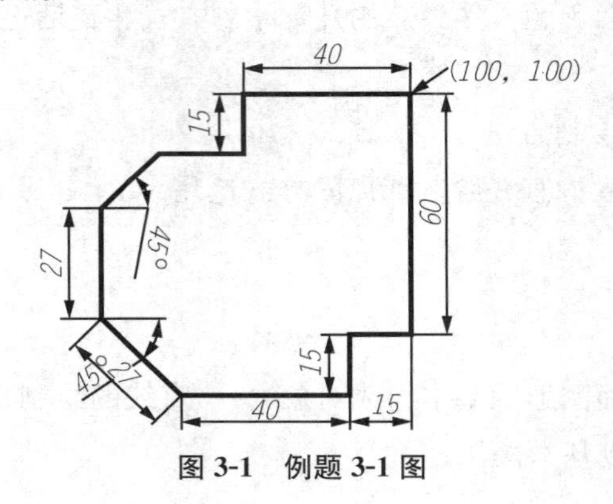

图 3-1　例题 3-1 图

绘图步骤如下：

(1) 调用直线指令，命令行提示：

指定第一点：100,100↙

指定下一点或[放弃(U)]：60↙(开启极轴追踪，并设置增量较为 90°，鼠标放置在竖直向下的方向，再进行数值输入)

指定下一点或[放弃(U)]：15↙(操作步骤同前，鼠标放置位置为点上一点左侧水平方向)

指定下一点或[闭合(C)/放弃(U)]：15↙(操作步骤同前，鼠标放置位置为点上一点竖直向下方向)

指定下一点或[闭合(C)/放弃(U)]：40↙(操作步骤同前，鼠标放置位置为点上一点左侧水平方向)

指定下一点或[闭合(C)/放弃(U)]:@27<135↙

指定下一点或[闭合(C)/放弃(U)]:27↙(操作步骤同前,鼠标放置位置为点上一点竖直向上方向)

指定下一点或[闭合(C)/放弃(U)]:@40<45↙(该长度为随意指定,绘制完图形后修改长度)

指定下一点或[闭合(C)/放弃(U)]:U↙

(2) 调用直线指令,命令行提示:

指定第一点:(开启捕捉端点功能,捕捉到绘图第一点,即100,100位置点)

指定下一点或[放弃(U)]:40↙(开启极轴追踪,并设置增量较为90°,鼠标放置在水平向左的方向,再进行数值输入)

指定下一点或[放弃(U)]:15↙(操作步骤同前,鼠标放置位置为点上一点竖直向下方向)

指定下一点或[闭合(C)/放弃(U)]:(开启捕捉交点功能,沿水平向左方向点击与刚才绘制的40长度极轴角度45°直线的交点即可)

指定下一点或[闭合(C)/放弃(U)]:U↙

(3) 单击40长度极轴角度45°直线,拾取多余直线段,将其拉至交点处即可。

★小提示:在AutoCAD中的↙可以用空格(Space)代替。且指令输入时大写与小写含义相同。

二、点及点的样式

1. 点

点是一个虚拟的存在,一般在图形绘制过程中是一个辅助元素。

1) 功能

根据点的样式和大小绘制,还可以进行线段的等分和块的插入。

2) 指令调用

(1) 绘图工具栏中,单击图标 · 即可。

(2) 下拉菜单:单击执行菜单中【绘图】→【点】→【多点】/【定数等分】/【定距等分】命令即可。

(3) 键盘输入:在命令行区域输入功能“Point↙”或“Divide↙”(定数等分)或Measure(定距等分)即可。

3) 指令格式

(1) 指定点:(用鼠标在绘图区域拾取点。)

(2) 指定点:(在命令行中输入点的坐标。)

(3) 选择要定数等分的对象:(拾取等分直线或圆(圆弧)等。(该方式为定数等分点功

能))

输入线段数目或[块(B)]:(数字↙,如 4 ↙,则将直线等分成四段。)

(4) 指定线段长度或[块(B)]:(数字↙,如 4 ↙,则两点之间的距离为 4mm。)

2. 点的样式和大小的设置

点的含义本身是没有大小和形状的,其表达只有坐标位置,为了能够正确判断和利用点的位置,可以人为进行设置点的大小和形状,即设置点的样式。

1) 功能

设置点的大小和样式。

2) 指令调用

下拉菜单:【格式】→【点样式】。

3) 指令格式

调用点样式命令后,会弹出图 3-2 所示对话框,该对话框给出了 20 个点不同样式,被选中的显示为黑色。默认为 PDMODE=0,形状为小圆点,无大小。显示屏下方可以输入点样式相对屏幕大小的百分数(默认为 5%)。可以按照需要进行点的样式和大小修改,然后点击"确定"确认。

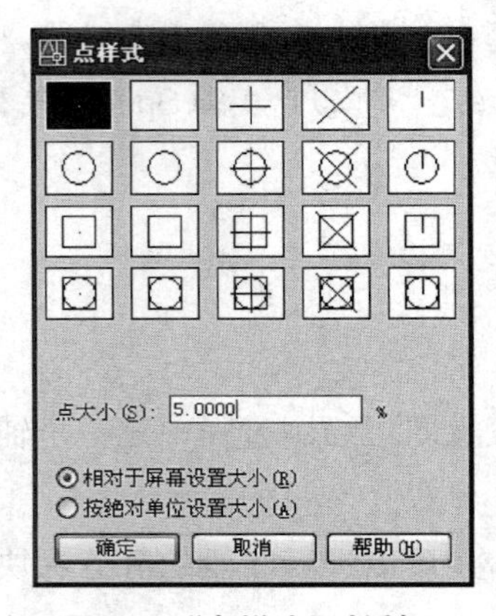

图 3-2 "点样式"对话框

【例题 3-2】将一直线进行 5 等分,并用圆圈方式标记等分点。

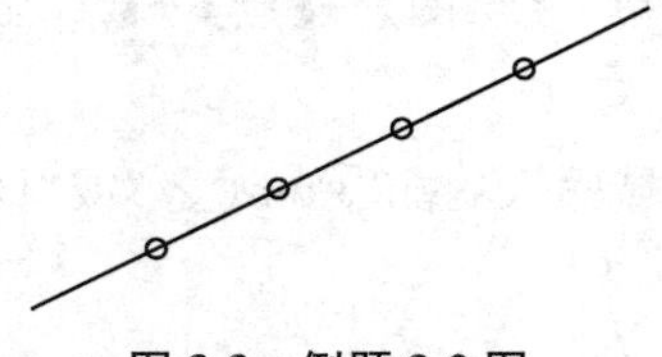

图 3-3 例题 3-2 图

(1) 调用点指令,【绘图】→【点】→【定数等分】

输入线段数目或[块(B)]:5 ↙

(2) 调用点样式指令,【格式】→【点样式】

选择点样式中“圆圈”样式，确定。

★**小提示**：在 AutoCAD 中，点击空格(Space)可重复上一次命令。

【练习 3-1】利用点的绝对或相对坐标系绘制练习题图 3-1，提示使用极轴追踪、自动捕捉等功能。

【练习 3-2】绘制练习题图 3-2，提示使用极轴追踪、自动捕捉、目标捕捉等功能。

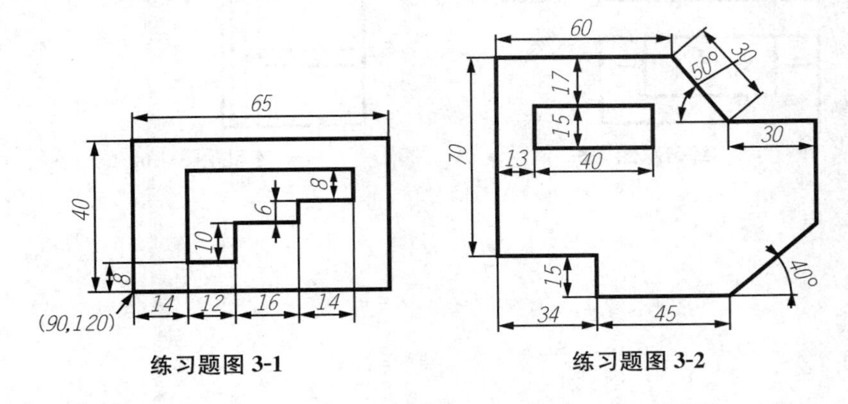

练习题图 3-1　　**练习题图 3-2**

【练习 3-3】绘制练习题图 3-3，提示利用相对坐标及极轴坐标功能。

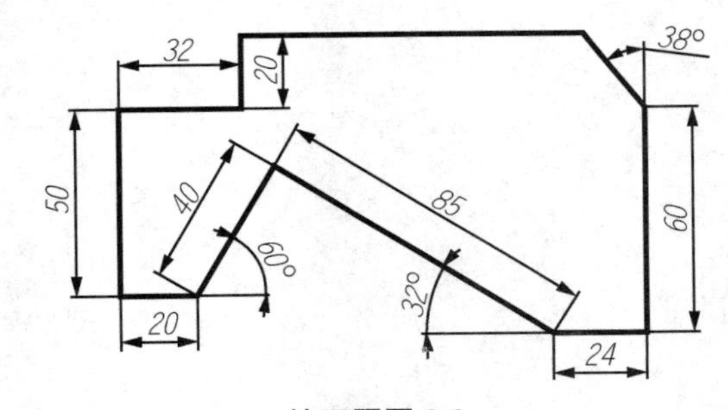

练习题图 3-3

【练习 3-4】绘制练习题图 3-4，提示利用极轴追踪、自动捕捉、目标捕捉等功能。

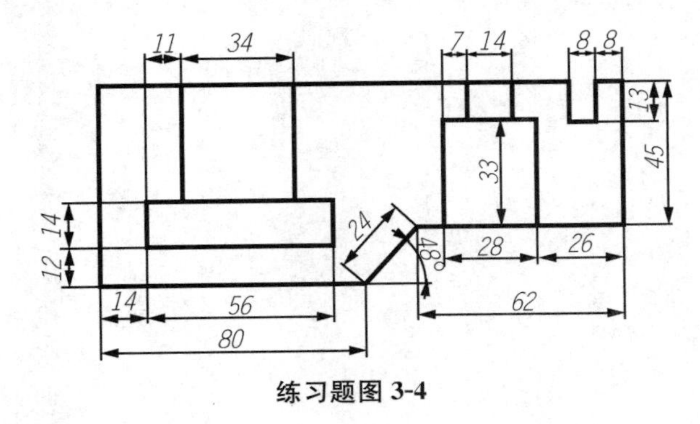

练习题图 3-4

【练习 3-5】绘制练习题 3-5 所示三视图，尺寸可以自行确定。

【练习 3-6】绘制练习题图 3-6 三视图，尺寸可以自行设定。

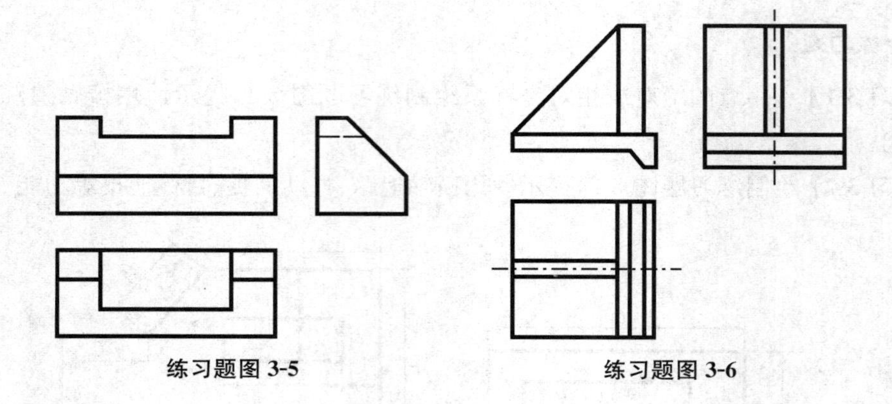

练习题图 3-5　　练习题图 3-6

任务四　圆、圆弧、椭圆及样条曲线的绘制

学习目标：以学习各种曲线绘制方法为目标，要求学生熟练掌握不同圆、圆弧的绘制方法，并能够熟练地完成课后习题。理解椭圆和样条曲线的几种绘制方法。要求能够绘制直线与曲线相结合的各类图形。

任务重点：圆、圆弧绘制方法

任务难点：圆弧绘制、椭圆绘制

一、圆

圆是构成各种平面图形的另一种基本组成对象之一，圆的绘制也是一个图形的基础，可以使用【Circle】绘图指令完成基本操作。

1. 功能

圆的绘制。

2. 指令调用

1）绘图工具栏中，单击图标⊙即可。

2）下拉菜单：单击执行菜单中【绘图】→【圆】命令，然后根据需要选择圆的绘制方式即可。

3）键盘输入：在命令行区域输入功能“C↙”或“Circle↙”即可。

3. 指令格式

1）指定圆的圆心或[三点(3P)/两点(2P)/相切、相切、半径(T)]：（在屏幕上拾取圆心点或者在命令行中输入圆心坐标后回车。）

指定圆的半径或[直径(D)]：（在命令行中输入半径数值回车或在屏幕上拾取圆上一点即可。（如在命令行中输入“D↙”，则再输入的数值为该圆的直径。））

2）指定圆的圆心或[三点(3P)/两点(2P)/相切、相切、半径(T)]：3P↙（括弧中的数字或字符为该种方式的切换，此次切换转换为利用圆上的三个点来确定圆）

指定圆上的第一点：（拾取圆上的点或者输入点的坐标回车。）

指定圆上的第二点：（拾取圆上的点或者输入点的坐标回车。）

指定圆上的第三点：（拾取圆上的点或者输入点的坐标回车。）

3）指定圆的圆心或[三点(3P)/两点(2P)/相切、相切、半径(T)]：2P↙（此种方法指定的圆上的两个点连线默认为是该圆的一条直径）

指定圆上的第一个端点：（拾取圆上的点或者输入点的坐标回车。）

指定圆上的第二个端点:(拾取圆上的点或者输入点的坐标回车。)

4) 指定圆的圆心或[三点(3P)/两点(2P)/相切、相切、半径(T)]:T↙

指定对象与圆的第一个切点:(用鼠标拾取相切对象,可以是直线、圆、圆弧等。)

指定对象与圆的第二个切点:(用鼠标拾取相切对象,可以是直线、圆、圆弧等。)

指定圆的半径:(输入圆半径数值回车,或在屏幕中拾取两点,以两点之间的距离长度作为其半径值。)

5) 指定圆的圆心或[三点(3P)/两点(2P)/相切、相切、半径(T)]:3P 指定圆上的第一点:Tan 到(拾取屏幕上的相切对象,该种方法的调用有两种,一种下拉菜单中【绘图】→【圆】→【相切、相切、相切】,另一种是切换成 3P 状态后,在命令行中每个点的选择前均输入"Tan↙"。)

指定圆上的第二点:Tan 到(拾取屏幕上的相切对象)

指定圆上的第三点:Tan 到(拾取屏幕上的相切对象)

【例题 4-1】 绘制如图 4-1 所示图形。

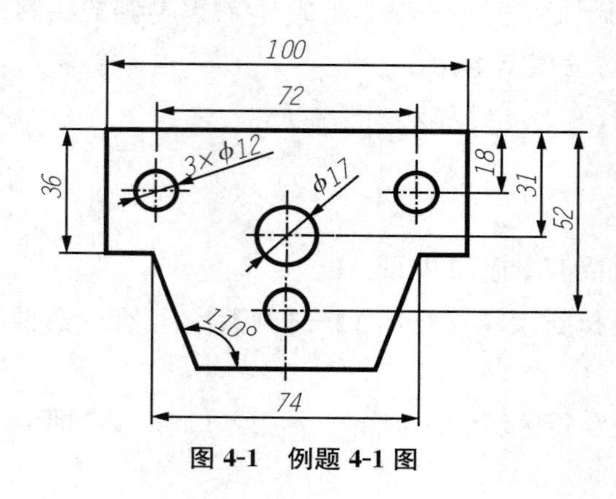

图 4-1 例题 4-1 图

绘图步骤如下:

(1) 绘制整图竖直方向中心线,使用中心线图层,调用直线指令,同时打开正交模式,命令提示行提示:

指定第一点:在屏幕合适位置选择第一个定位中心线的位置点击

指定下一点或[放弃(U)]:鼠标方向向下,键盘输入 70↙

指定下一点或[放弃(U)]:键入空格键

(2) 绘制 ϕ17 mm 圆的水平中心线,打开对象捕捉功能,再次调用直线指令,选择前一直线中心大约中心点位置由左侧至右侧按照(1) 步骤绘制一条约 25 mm 左右的直线。

(3) 同理绘制其余 3 个 ϕ12 mm 圆的中心线。

(4) 调用直线指令,命令行提示:

指定第一点:打开对象捕捉功能,将鼠标移至 ϕ17 mm 圆的中心点位置,出现捕捉交点标志后,沿竖直向上方向缓慢移动鼠标,至该方向屏幕出现一捕捉虚线时,键盘输入 31↙

指定下一点或[放弃(U)]：鼠标放置水平向右方向，键盘输入 50↙(此前两步完成图形外框最上端 100 直线的右一半绘制)

指定下一点或[放弃(U)]：(其余外框直线可按照任务三中的提示方式继续完成，此处省略讲解)

(5) 调用圆绘制指令，命令行提示：

指定圆的圆心或[三点(3P)/两点(2P)/相切、相切、半径(T)]：鼠标选择 ϕ17 mm 圆的中心点

指定圆的半径或[直径(D)]：输入 8.5↙

(6) 同理调用圆绘制指令，绘制 3 个 ϕ12 mm 圆。

★小提示：在 AutoCAD 中，直线绘制结束可用 Enter 键，也可以用 Space 键或者 Esc 键。重复调用前次指令亦可以使用 Space 键。

二、圆弧

圆弧是构成各种平面图形中各线条的过渡结构，可以使用【Arc】绘图指令完成基本操作。

1. 功能

多种方式圆弧的绘制。

2. 指令调用

1) 绘图工具栏中，单击图标 即可。

2) 下拉菜单：单击执行菜单中【绘图】→【圆弧】命令，然后根据需要选择圆弧的绘制方式即可。

3) 键盘输入：在命令行区域输入功能“A↙”或“Arc↙”即可。

3. 指令格式

1) 指定圆弧的起点或[圆心(C)]：(输入圆弧起点)

指定圆弧的第二点或[圆心(C)/端点(E)]：(输入圆弧上的第二个点)

指定圆弧的端点：(输入圆弧端点)

2) 指定圆弧的起点或[圆心(C)]：(输入圆弧起点)

指定圆弧的第二点或[圆心(C)/端点(E)]：c↙(指定圆弧的圆心：输入圆心点)

指定圆弧的端点或[角度(A)/弦长(L)]：(输入圆弧端点/或者输入 A↙(指定包含角：输入角度或者在屏幕指定)/或者输入 L↙(指定弦长：输入弦长或者在屏幕上拾取两点用以确定长度))

★小提示：此种方式绘制圆弧只能按照逆时针方向绘制，故在绘制时起点和终点方向不能出错。如果在指定圆弧起点时切换成 C↙，则与此方式类似。

3) 指定圆弧的起点或[圆心(C)]：(输入圆弧起点)

指定圆弧的第二点或[圆心(C)/端点(E)]:e↙

指定圆弧的端点:(输入圆弧端点)

指定圆弧的圆心或[角度(A)/方向(D)/半径(R)]:(输入圆弧圆心/或者输入 A↙,同步骤 2 中/或者输入 D↙(指定圆弧起点的切向:用鼠标确定切向方向即可)/或者输入 R↙(指定圆弧的半径:输入圆弧的半径,按照逆时针绘制圆弧,当输入半径值为负值时,其为圆心角大于 180°的劣弧。))

【例题 4-2】利用圆弧绘图指令,绘制如图 4-2 所示图形。

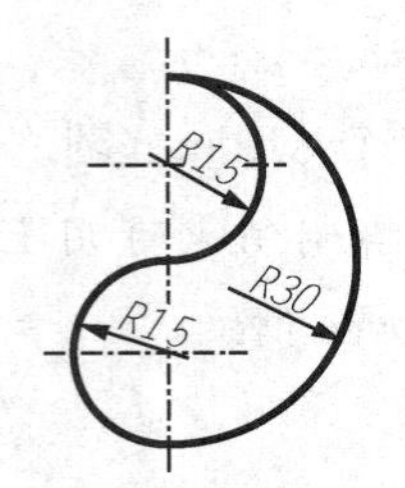

图 4-2 例题 4-2 图

绘图步骤如下:

(1) 调用直线指令,绘制三条中心线。水平线之间距离为 30。

(2) 调用圆弧指令,选用【起点、端点、角度】方式,命令行提示:

指定圆弧的起点或[圆心(C)],捕捉到上侧中心线交点后沿向上方向输入 15↙

指定圆弧的第二个点或[圆心(C)/端点(E)]:e↙

指定圆弧的端点:捕捉到上侧中心线交点后沿向下方向输入 15↙

指定圆弧的圆心或[角度(A)/方向(D)/半径(R)]:点击上侧中心线交点

(3) 调用圆弧指令,选用【起点、端点、角度】方式,命令行提示:

指定圆弧的起点或[圆心(C)],捕捉到下侧中心线交点后沿向下方向输入 15↙

指定圆弧的第二个点或[圆心(C)/端点(E)]:e↙

指定圆弧的端点:捕捉到第一个圆弧下端点

指定圆弧的圆心或[角度(A)/方向(D)/半径(R)]:点击下侧中心线交点

(4) 调用圆弧指令,选用【起点、端点、角度】方式,命令行提示:

指定圆弧的起点或[圆心(C)],捕捉到上侧圆弧上面端点

指定圆弧的第二个点或[圆心(C)/端点(E)]:e↙

指定圆弧的端点:捕捉到下侧圆弧下端点

指定圆弧的圆心或[角度(A)/方向(D)/半径(R)]:点击两 R15 圆弧交点

三、椭圆

1. 功能

绘制椭圆或者椭圆弧。

2. 指令调用

1）绘图工具栏中，单击图标 或 即可。

2）下拉菜单：单击执行菜单中【绘图】→【椭圆】命令，然后根据需要选择椭圆的绘制方式即可。

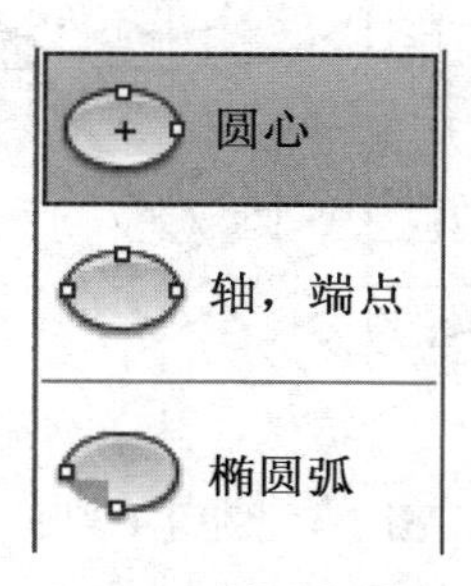

图 4-3　椭圆指令

3）键盘输入：在命令行区域输入功能“el↙”即可。

3. 指令格式

（1）调用椭圆指令，指定椭圆的轴端点或[圆弧(A)/中心点(C)]：(选择轴端点)

指定轴的另一个端点：(选择轴端点)

指定另一条半轴长度或[旋转(R)]：(键盘输入另一半轴长度或者拾取另一半轴端点(或者输入 R↙，提示指定绕长轴旋转的角度：输入角度↙。注明：此种方式并不常用。))

（2）调用椭圆指令，指定椭圆的轴端点或[圆弧(A)/中心点(C)]：A↙

指定椭圆弧的轴端点或[中心点(C)]：(选择轴端点)

指定轴的另一个端点：(选择轴端点)

指定另一条半轴长度或[旋转(R)]：(键盘输入另一半轴长度或者拾取另一半轴端点(或者输入 R↙，提示指定绕长轴旋转的角度：输入角度↙。注明：此种方式并不常用。))

指定起始角度或[参数(P)]：(拾取椭圆弧起始点位置(或输入 P↙：指定起始参数或[角度(A)]：指定参数))

指定终止角度或[参数(P)/包含角度(I)]：(拾取椭圆弧终点位置(或者输入 I↙：指定弧的包含角度：输入椭圆弧圆心角度值↙))

（3）调用椭圆指令，指定椭圆的轴端点或[圆弧(A)/中心点(C)]：C↙

指定椭圆弧的中心点：(拾取椭圆中心点)

指定轴的端点：(拾取长轴或短轴的一个端点)

指定另一条半轴端点或[旋转(R)]：(拾取另一条短轴或长轴的一个端点)

【例题 4-3】利用椭圆绘图指令，绘制如图 4-4 所示图形。

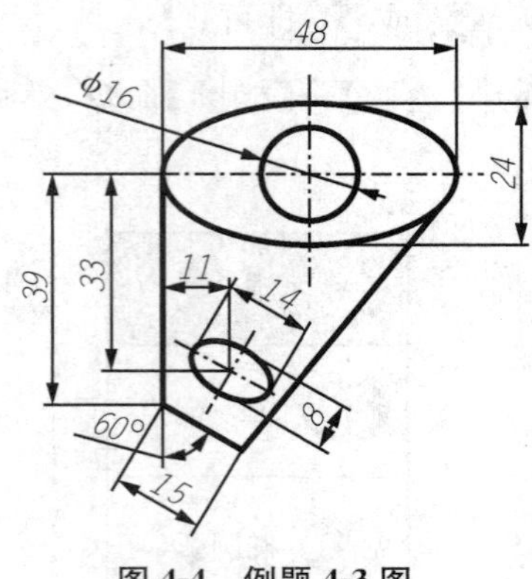

图 4-4　例题 4-3 图

绘图步骤如下：

（1）在中心线图层下调用直线指令，绘制 ϕ16 mm 圆的中心线。

（2）在粗实线图层下调用圆指令绘制 ϕ16 mm 圆。

（3）调用椭圆指令，命令行提示，指定椭圆的轴端点或[圆弧(A)/中心点(C)]：C↙

指定椭圆弧的中心点：拾取 ϕ16 mm 圆心点

指定轴的端点：开启极轴功能，将鼠标放置水平中心线方向，键盘输入 24↙

指定另一条半轴端点或[旋转(R)]：键盘输入 12↙

（4）调用直线指令，绘制三段直线。

（5）在中心线图层下调用直线指令分别绘制 ϕ16 圆水平中心线向下 33 的直线及竖直 39 长度直线向右方向距离 11 的直线各一条。（本处亦可使用偏移指令完成）

（6）开启对象捕捉中平行选项，调用直线指令，命令行提示：指定直线第一点：选定步骤(5)中绘制的两直线的交点

指定直线下一点：鼠标扫过 15 长度直线，当该直线上显示有平行标志时，鼠标移至接近平行 15 长度直线时，界面显示该方向亦有平行标志时，可在适当长度位置点击鼠标。

（7）开启对象捕捉中垂足选项，调用直线指令，命令行提示：指定直线第一点：选定步骤(5)中绘制的两直线的交点

指定直线下一点：鼠标沿接近垂直于步骤(6)所绘直线方向，在 15 长度直线上会显示垂足标志，点击鼠标。

（8）删除步骤(5)所绘两条中心线。

（9）在粗实线图层中，同步骤(3)方法以步骤(6)(7)所绘两直线交点为中心点绘制椭圆。

解析：本题难点在于寻找长轴 14 短轴 8 的椭圆中心点位置。

★**小提示**：偏移指令的使用方法，在编辑快捷工具条中选择偏移指令，键盘输入需要偏

移的距离回车，鼠标点击需要偏移的直线，在需要偏移的一侧单击鼠标即可。

四、样条曲线

在计算机绘图中，样条曲线功能是将一系列点通过数学计算拟合成光滑曲线的过程，这种曲线具有很好的形状定义特性，通常用在绘制波浪线、相贯线、等高线和展开图等自由曲线。

1. 功能

通过输入一系列点绘制一条光滑的样条曲线。

2. 指令调用

1）绘图工具栏中，单击图标 即可。

2）下拉菜单：单击执行菜单中【绘图】→【样条曲线】命令。

3）键盘输入：在命令行区域输入功能“spl↙”即可。

3. 指令格式

(1) 指定第一个点或[对象(O)]：(拾取样条曲线的起始点)

指定下一点：(拾取样条曲线第二个点)

指定下一点或[闭合(C)/拟合公差(F)]：(拾取样条曲线第三点)

指定下一点或[闭合(C)/拟合公差(F)]：(拾取样条曲线第四点或回车)

(如直接回车，提示行显示)指定切点切向：(回车为默认方向/鼠标拾取切点方向)

指定端点切向：(同上)

(2) 指定第一个点或[对象(O)]：O↙

选择对象：(拾取第一个线条)

选择对象：(拾取第二个线条)

选择对象：(继续拾取或回车)

(如直接回车，则所选取线条合并为一个整体样条曲线。注明：本方法仅适用于样条曲线拟合的多段线可以转换为样条曲线。)

【例题 4-4】 利用样条曲线指令，绘制如图 4-5 所示图形。(剖面线不需要绘制)

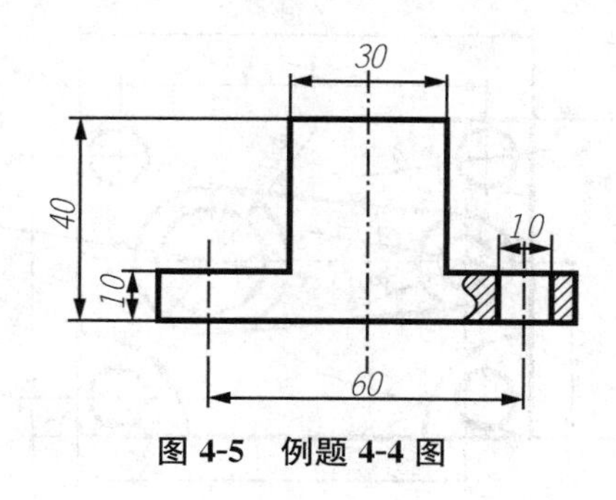

图 4-5　例题 4-4 图

绘图步骤如下：

(1) 在中心线图层下，调用直线指令，绘制三条中心线。

(2) 在粗实线图层下，调用直线指令绘制图形外轮廓，并绘制 10 孔。

(3) 调用样条曲线指令，命令行提示，指定第一个点或[对象(O)]：在右侧台阶水平直线上拾取一点

指定下一点：在台阶中间空白区域合适位置拾取第二点

指定下一点或[闭合(C)/拟合公差(F)]：在台阶中间空白区域合适位置拾取第三点

指定下一点或[闭合(C)/拟合公差(F)]：在右侧台阶另一水平线上拾取第四点

指定下一点或[闭合(C)/拟合公差(F)]：↙

指定切点切向：↙

指定端点切向：↙

综合练习题

【练习 4-1】 利用圆及直线功能绘制练习题图 4-1，提示使用极轴追踪、自动捕捉等功能，尺寸可以自行拟定。

【练习 4-2】 利用圆及椭圆功能绘制练习题图 4-2，本题难点在于椭圆绘制。

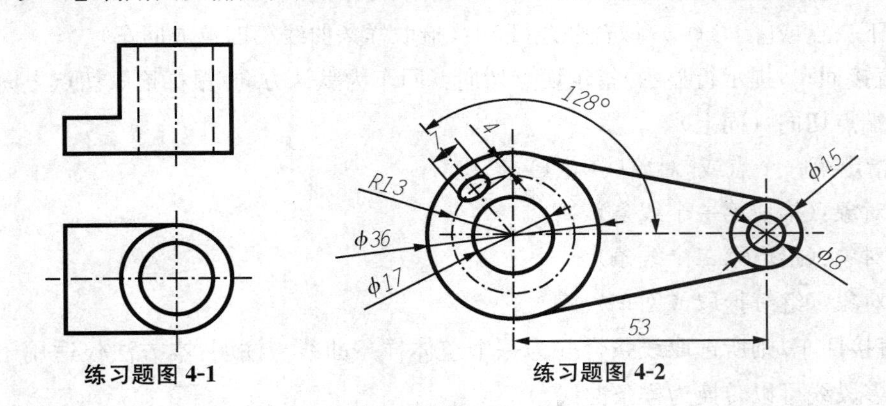

练习题图 4-1 **练习题图 4-2**

【练习 4-3】 利用圆及圆弧功能绘制练习题图 4-3，注意各圆及圆弧位置关系。

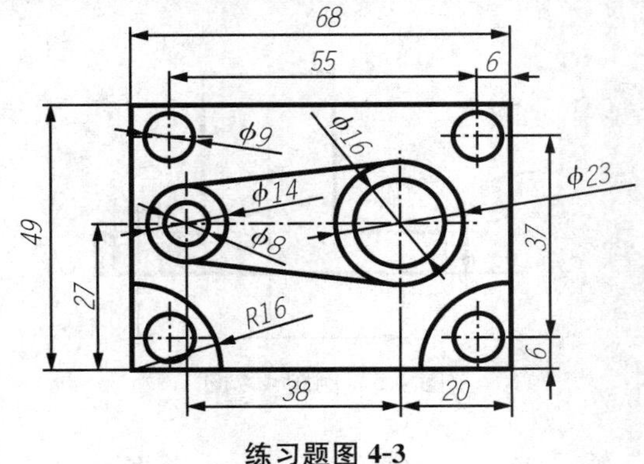

练习题图 4-3

【练习 4-4】 利用圆的相切/相切/半径方式绘制练习题图 4-4，提示选择切点时尽量靠近实际切点。

【练习 4-5】 利用圆的相切/相切/相切方式绘制练习题图 4-5，提示选择切点时尽量靠近实际切点。

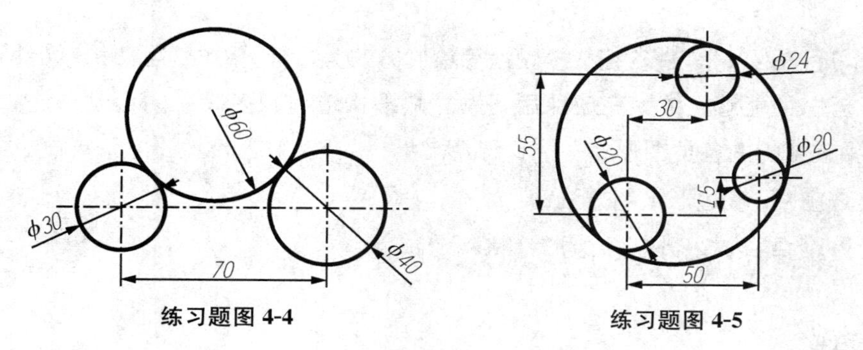

练习题图 4-4　　　　练习题图 4-5

【练习 4-6】 利用圆及圆弧指令等绘制练习题图 4-6，提示注意主视图和俯视图的对应关系。

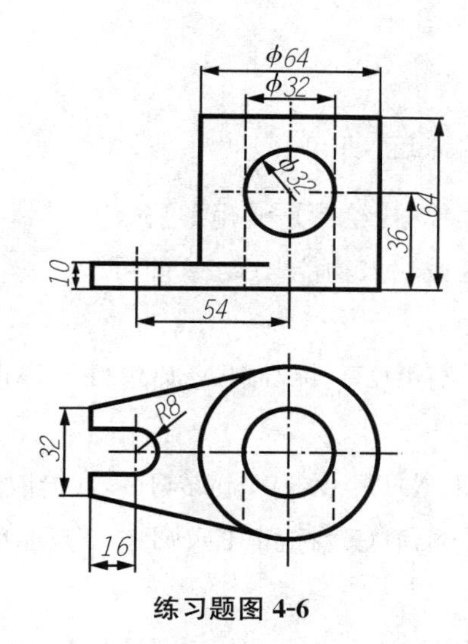

练习题图 4-6

任务五　多边形、构造线、多段线的绘制

学习目标：以学习多边形、多段线等绘制方法为目标，要求学生熟练掌握两种多边形绘制方法，并能够熟练地完成课后习题。熟悉构造线和多段线的绘制方法。要求能够绘制相应结构的各类图形。

任务重点：多边形绘制方法

任务难点：内接、外切多边形绘制

一、矩形

1. 功能

矩形的绘制。

2. 指令调用

1）绘图工具栏中，单击图标 即可。

2）下拉菜单：单击执行菜单中【绘图】→【矩形】命令。

3）键盘输入：在命令行区域输入功能“rec↙”即可。

3. 指令格式

（1）指定第一个角点或［倒角（C）/标高（E）/圆角（F）/厚度（T）/宽度（W）］：（拾取矩形一个顶点位置）

指定另一个角点或［面积（A）/尺寸（D）/旋转（R）］：（拾取前一顶点的对角点）

（2）指定第一个角点或［倒角（C）/标高（E）/圆角（F）/厚度（T）/宽度（W）］：（拾取矩形一个顶点位置）

指定另一个角点或［面积（A）/尺寸（D）/旋转（R）］：A↙

输入以当前单位计算的矩形面积：（输入即将绘制矩形面积大小↙）

计算矩形标注时依据［长度（L）/宽度（W）］<长度>：（输入矩形长度值↙）

（3）指定第一个角点或［倒角（C）/标高（E）/圆角（F）/厚度（T）/宽度（W）］：（拾取矩形一个顶点位置）

指定另一个角点或［面积（A）/尺寸（D）/旋转（R）］：D↙

指定矩形的长度：（输入矩形长度值↙）

指定矩形的宽度：（输入矩形宽度值↙）

（4）指定第一个角点或［倒角（C）/标高（E）/圆角（F）/厚度（T）/宽度（W）］：（拾取矩形

一个顶点位置）

指定另一个角点或［面积（A）/尺寸（D）/旋转（R）］：R↙

指定旋转角度或［拾取点（P）］：（输入需要旋转的角度值（极轴角度）或者在屏幕上拾取点）

指定另一个角点或［面积（A）/尺寸（D）/旋转（R）］：（拾取矩形第二角点）

说明：调用矩形指令后，命令行提示：指定第一个角点或［倒角（C）/标高（E）/圆角（F）/厚度（T）/宽度（W）］，其中：

倒角（C）——用于设置矩形各倒角的距离

标高（E）——用于设置在三维图形中的高度位置，其正负方向与 Z 坐标相同

圆角（F）——用于设置矩形倒圆角的半径值

厚度（T）——用于设置实体的厚度值，即高度方向的延伸距离

宽度（W）——仅用于设置矩形的线宽值

【例题 5-1】 利用矩形绘制指令，绘制如图 5-1 所示图形。

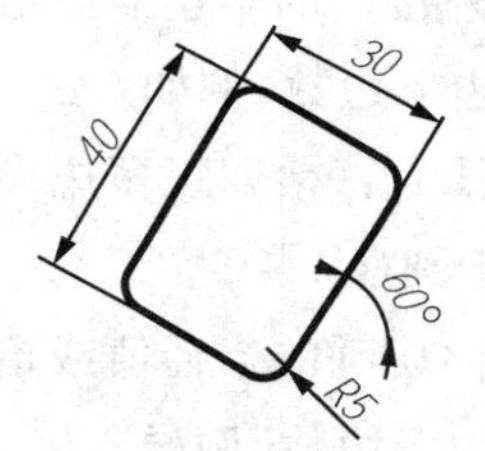

图 5-1　例题 5-1 图

绘图步骤如下：

在粗实线图层下调用矩形指令

指定第一个角点或［倒角（C）/标高（E）/圆角（F）/厚度（T）/宽度（W）］：F↙

指定矩形的圆角半径：5↙

指定第一个角点或［倒角（C）/标高（E）/圆角（F）/厚度（T）/宽度（W）］：在屏幕拾取第一个角点位置

指定另一个角点或［面积（A）/尺寸（D）/旋转（R）］：R↙

指定旋转角度或［拾取点（P）］：60↙

指定另一个角点或［面积（A）/尺寸（D）/旋转（R）］：D↙

指定矩形的长度：30↙

指定矩形的宽度：40↙

指定另一个角点或［面积（A）/尺寸（D）/旋转（R）］：（在屏幕上拾取方向点，因为同样的矩形会有对称两个方向各一个）

二、正多边形

1. 功能

边数为 3～1024 的正多边形的绘制。

2. 指令调用

1) 绘图工具栏中，单击图标 即可。

2) 下拉菜单：单击执行菜单中【绘图】→【正多边形】命令。

3) 键盘输入：在命令行区域输入功能“po ↙”即可。

3. 指令格式

(1) 输入边的数目：(输入正多边形边数，例如 5 ↙)
指定正多边形的中心点或 [边(E)]：(拾取正多边形的中心点)
输入选项 [内接于圆(I)/外切于圆(C)]：I ↙
指定圆的半径：(输入正多边形外接圆的半径值或拾取外接圆上一点)
(2) 输入边的数目：(输入正多边形边数，例如 5 ↙)
指定正多边形的中心点或 [边(E)]：(拾取正多边形的中心点)
输入选项 [内接于圆(I)/外切于圆(C)]：C ↙
指定圆的半径：(输入正多边形内切圆的半径值或拾取内切圆上一点)
(3) 输入边的数目：(输入正多边形边数，例如 5 ↙)
指定正多边形的中心点或 [边(E)]：E ↙
指定边的第一个端点：(拾取正多边形一条边的一个顶点)
指定边的第二个端点：(拾取正多边形一条边的另一个顶点)

【例题 5-2】 利用正多边形绘制指令，绘制如图 5-2 所示图形。

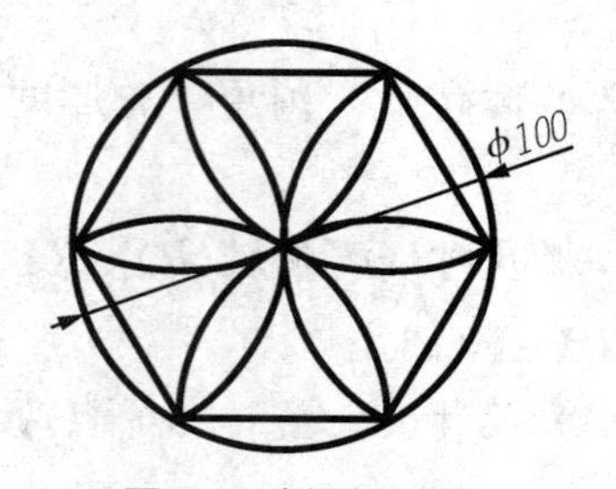

图 5-2　例题 5-2 图

绘图步骤如下：

(1) 在粗实线图层下调用圆绘图指令，绘制 ϕ100 mm 的外圆

(2) 调用正多边形指令

输入边的数目：6 ↙

指定正多边形的中心点或［边(E)］:拾取 ϕ100 mm 圆心

输入选项［内接于圆(I)/外切于圆(C)］:I↙

指定圆的半径:鼠标点击水平线与 ϕ100 mm 圆交点

(3) 调用圆弧指令

指定圆弧的起点或［圆心(C)］:拾取正六边形一个角点

指定圆弧的第二个点或［圆心(C)/端点(E)］:拾取 ϕ100 mm 圆心

指定圆弧的端点:拾取正六边形与前面角点相隔一个的角点

(4) 重复(3) 步骤将另外五条圆弧画出来

三、多段线

1. 功能

用来绘制连续直线和圆弧组成的线段组,且此线段组为一个整体要素,可以用来作面域等。

2. 指令调用

1) 绘图工具栏中,单击图标 即可。

2) 下拉菜单:单击执行菜单中【绘图】→【多段线】命令。

3) 键盘输入:在命令行区域输入功能"pl↙"即可。

3. 指令格式

指定起点:(拾取多段线起始点)

当前线宽为 0.0000(显示当前线宽)

指定下一个点或［圆弧(A)/半宽(H)/长度(L)/放弃(U)/宽度(W)］:(拾取下一个端点,当前默认为直线模式)

指定下一点或［圆弧(A)/闭合(C)/半宽(H)/长度(L)/放弃(U)/宽度(W)］: a↙

指定圆弧的端点或［角度(A)/圆心(CE)/闭合(CL)/方向(D)/半宽(H)/直线(L)/半径(R)/第二个点(S)/放弃(U)/宽度(W)］:(可拾取圆弧终点,其半径大小自行计算,该圆弧为与前一线条相切的逆圆弧)

指定圆弧的端点或［角度(A)/圆心(CE)/闭合(CL)/方向(D)/半宽(H)/直线(L)/半径(R)/第二个点(S)/放弃(U)/宽度(W)］:CL↙(执行前一线段形式,如前面为圆弧,此处仍为圆弧连接,并与第一点形成一个封闭的图形)

说明:调用矩形指令后,命令行提示:指定下一点或［圆弧(A)/闭合(C)/半宽(H)/长度(L)/放弃(U)/宽度(W)］,其中:

圆弧(A)——切换为圆弧绘制模式

闭合(C)——当有两条或以上线条时,绘制下一线条可以与起点重合

半宽(H)——指定下一线段宽度的一半数值

长度(L)——将上衣直线段延长至指定长度

放弃(U)——结束命令

宽度(W)——指定下一线段的宽度值

指定圆弧的端点或[角度(A)/圆心(CE)/闭合(CL)/方向(D)/半宽(H)/直线(L)/半径(R)/第二个点(S)/放弃(U)/宽度(W),其中:角度(A)/圆心(CE) /方向(D)/半径(R)/第二个点(S)为圆弧绘制方式,可以参照前面所讲圆弧绘制内容,直线(L)——切换为直线绘制。

【例题 5-3】 利用多段线绘制指令,绘制如图 5-3 所示图形。

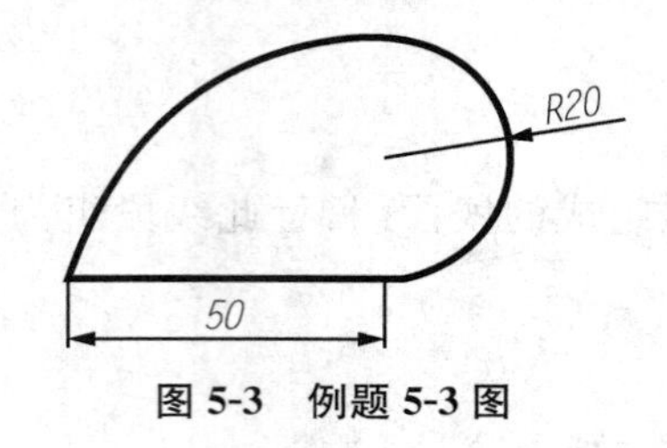

图 5-3　例题 5-3 图

绘图步骤如下:

指定起点:屏幕拾取一点

当前线宽为 0.0000

指定下一个点或 [圆弧(A)/半宽(H)/长度(L)/放弃(U)/宽度(W)]: 50↙

指定下一点或 [圆弧(A)/闭合(C)/半宽(H)/长度(L)/放弃(U)/宽度(W)]: a↙

指定圆弧的端点或[角度(A)/圆心(CE)/闭合(CL)/方向(D)/半宽(H)/直线(L)/半径(R)/第二个点(S)/放弃(U)/宽度(W)]: 40↙

指定圆弧的端点或[角度(A)/圆心(CE)/闭合(CL)/方向(D)/半宽(H)/直线(L)/半径(R)/第二个点(S)/放弃(U)/宽度(W)]: cl↙

四、构造线

1. 功能

用来绘制双向无限长的直线,没有起点和终点,一般用来绘制辅助线。

2. 指令调用

1) 绘图工具栏中,单击图标 即可。

2) 下拉菜单:单击执行菜单中【绘图】→【构造线】命令。

3) 键盘输入:在命令行区域输入功能"xl↙"即可。

3. 指令格式

指定点或 [水平(H)/垂直(V)/角度(A)/二等分(B)/偏移(O)]:(屏幕拾取起点)

指定通过点:(拾取第二点)

指定通过点:(拾取第二条构造线的第二点,第一点与前一构造线相同)

指定通过点:(回车/空格/Esc,结束构造线命令)

说明:调用矩形指令后,命令行提示:指定点或[水平(H)/垂直(V)/角度(A)/二等分(B)/偏移(O)],其中:

水平(H)——绘制一条水平构造线

垂直(V)——绘制一条垂直构造线

角度(A)——绘制有一定倾斜角度的构造线,角度为极轴角度

二等分(B)——绘制一个角度二等分构造线

偏移(O)——将一条直线或构造线偏移一定距离并形成构造线

综合练习题

【练习 5-1】利用正多边形功能和多段线功能绘制练习题图 5-1。

【练习 5-2】利用正多边形功能绘制练习题图 5-2。

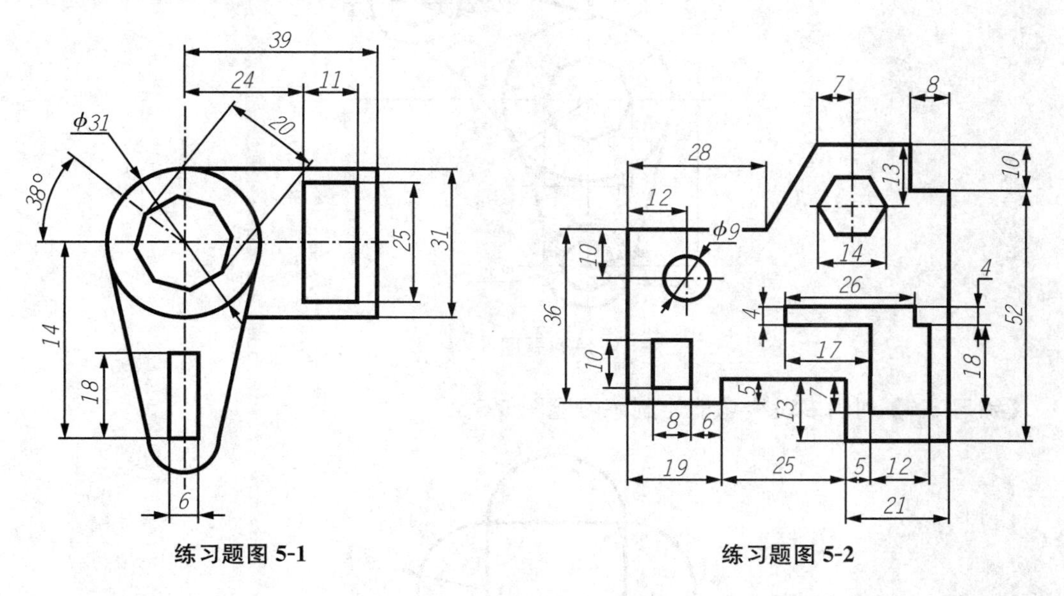

练习题图 5-1　　　　练习题图 5-2

【练习 5-3】利用正多边形功能绘制练习题图 5-3,提示此处 R50 圆弧可以画整圆作为辅助线,然后绘制圆弧。

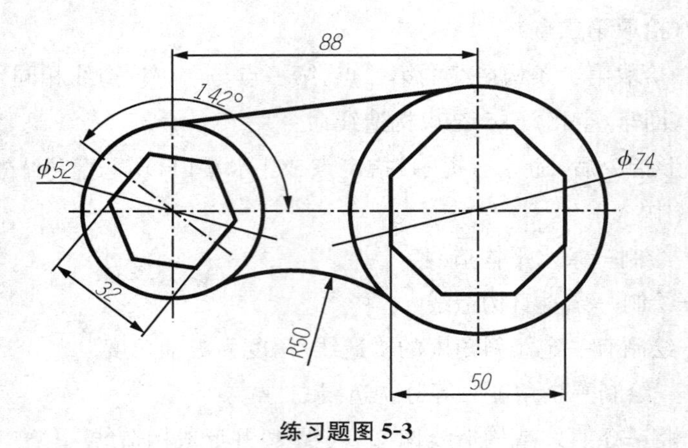

练习题图 5-3

【练习 5-4】 利用正多边形功能绘制练习题图 5-4。

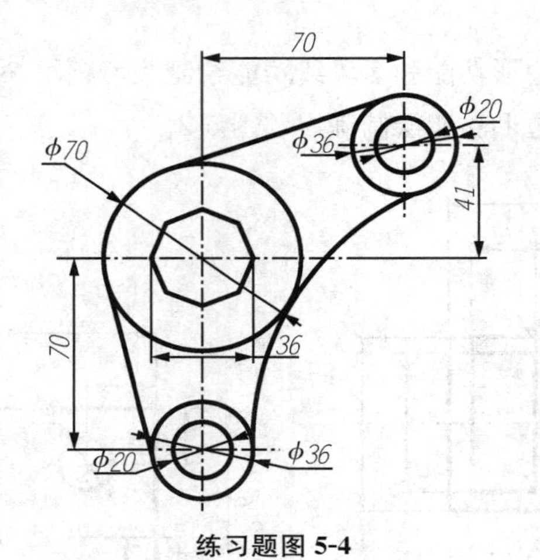

练习题图 5-4

【练习 5-5】 利用多段线功能绘制练习题图 5-5。

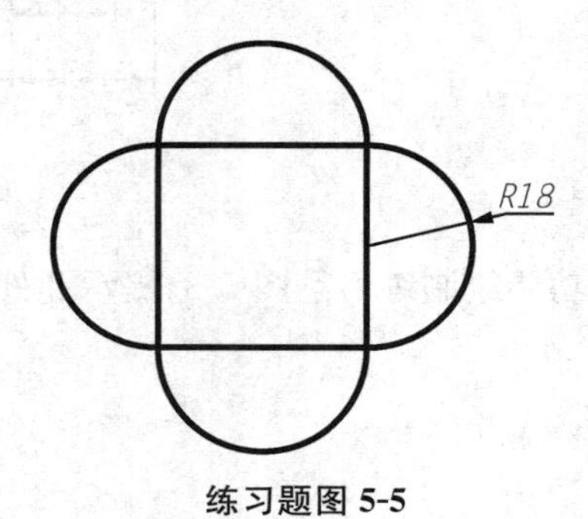

练习题图 5-5

第三章　编辑功能

编辑功能是AutoCAD另一个最强大的基础功能，它是实现工程制图中二维图形多样化和绘图方便化的重要途径。在AutoCAD提供了多种的编辑图形的功能指令，通过这些指令的合理运用，能够大大节约绘图者的工作时间和工作效率，可以通过菜单【绘图】、【标注】、【修改】等调用这些功能指令，也可以在快捷工具栏中调用，或者从命令行中输入。

任务六　修剪、延伸、倒角及倒圆角功能

学习目标：以学习修剪、延伸、倒角和倒圆角四种编辑指令为目标，要求学生掌握不同状态下四种指令的使用方式，能够灵活运用于实际绘图中，并能够熟练地完成课后习题。理解CAD的不同框选图形效果。

任务重点：修剪、延伸、倒角、倒圆角功能

任务难点：修剪、倒圆

一、修剪

1. 功能

用以修剪线条的一部分，该图形必须有其他图形将其分成两部分或以上时方可实现。

2. 指令调用

1）编辑工具栏中，单击图标 -/-- 即可。

2）下拉菜单：单击执行菜单中【修改】→【修剪】命令即可。

3）键盘输入：在命令行区域输入功能“tr↙”即可。

3. 指令格式

（1）选择剪切边：（拾取被修剪线条的边界线，如此处不选直接回车进入下一程序，则系统默认屏幕中所有线条都可以作为其他线条的边界线）

选择对象或 <全部选择>：找到1个（此处为系统自动给出）

选择对象：（继续选择边界线，如不需增加回车即可）

选择要修剪的对象，或按住Shift键选择要延伸的对象，或[栏选（F）/窗交（C）/投影

(P)/边(E)/删除(R)/放弃(U)]:(拾取需要被剪掉的部分,当按住 Shift 键时为该方向的延伸)

选择要修剪的对象,或按住 Shift 键选择要延伸的对象,或[栏选(F)/窗交(C)/投影(P)/边(E)/删除(R)/放弃(U)]:(继续前一步骤操作,当结束修剪指令时,此处回车)

(2) 选择剪切边:(拾取被修剪线条的边界线,如此处不选直接回车进入下一程序,则系统默认屏幕中所有线条都可以作为其他线条的边界线)

选择对象或 <全部选择>:找到 1 个(此处为系统自动给出)

选择对象:(继续选择边界线,如不需增加回车即可)

选择要修剪的对象,或按住 Shift 键选择要延伸的对象,或[栏选(F)/窗交(C)/投影(P)/边(E)/删除(R)/放弃(U)]:(输入 F/C/P/E/R/U↙,可以切换到相应模式下,相应功能见下面说明)

说明:

栏选(F)——用栏选的方式确定需要被擦除的部分,即选择与选择栏相交的所有对象

窗交(C)——用窗交的方式确定需要被擦除的部分,即选择区域(由鼠标确定两点为对角线的矩形区域)内部或与之相交的所有对象

投影(P)——用于指定剪切时系统使用的投影方式

边(E)——用于决定被剪切对象是否需要使用剪切边延长线上的虚拟边界

删除(R)——选择需要删除的对象

放弃(U)——放弃刚刚被选择的修剪对象

★**小提示**:1. 用鼠标进行框选区域时,如果是从左向右的方向,则被选择上的图线必须是整体都在区域内,而方向是从右向左时,则只要该线条有一部分在区域内,即被选上。

2. 使用修剪指令时,剪切边也可以作为被修剪对象。删除对象仍然可以作为修剪边。

3. 在修剪中,如果线条与修剪边界不相交,则不能擦除。

【例题 6-1】绘制如图 6-1 所示图形。

绘图步骤如下:

(1) 在粗实线图层下,调用圆指令,绘制 ϕ80 圆。

(2) 调用正多边形指令,绘制 ϕ80 圆的内接正五边形。

(3) 调用直线指令,绘制五角星。

(4) 调用修剪指令:

当前设置:投影=UCS,边=无

选择剪切边:↙(此处可以用所有图线作为边界线更方便)

选择对象或 <全部选择>:(系统自动提示)

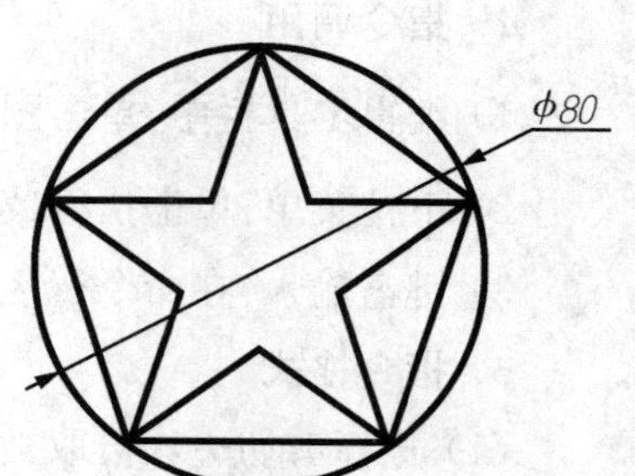

图 6-1　例题 6-1 图

选择要修剪的对象,或按住 Shift 键选择要延伸的对象,或[栏选(F)/窗交(C)/投影(P)/边(E)/删除(R)/放弃(U)]:(拾取五角星内部正五边形的一条边)

选择要修剪的对象，或按住 Shift 键选择要延伸的对象，或［栏选(F)/窗交(C)/投影(P)/边(E)/删除(R)/放弃(U)］：(拾取五角星内部正五边形的第二条边)

选择要修剪的对象，或按住 Shift 键选择要延伸的对象，或［栏选(F)/窗交(C)/投影(P)/边(E)/删除(R)/放弃(U)］：(拾取五角星内部正五边形的第三条边)

选择要修剪的对象，或按住 Shift 键选择要延伸的对象，或［栏选(F)/窗交(C)/投影(P)/边(E)/删除(R)/放弃(U)］：(拾取五角星内部正五边形的第四条边)

选择要修剪的对象，或按住 Shift 键选择要延伸的对象，或［栏选(F)/窗交(C)/投影(P)/边(E)/删除(R)/放弃(U)］：(拾取五角星内部正五边形的第五条边)

选择要修剪的对象，或按住 Shift 键选择要延伸的对象，或［栏选(F)/窗交(C)/投影(P)/边(E)/删除(R)/放弃(U)］：↙

二、延伸

1. 功能

用以延长线条的一部分，指令使用时需要有延长的界限。

2. 指令调用

1) 编辑工具栏中，单击图标--/即可。

2) 下拉菜单：单击执行菜单中【修改】→【延伸】命令即可。

3) 键盘输入：在命令行区域输入功能“ex↙”即可。

3. 指令格式

(1) 当前设置：投影＝UCS，边＝无(系统显示)

选择边界的边：(拾取线条延长的边界线，直接回车则默认所有图线均为边界线。)

选择对象或＜全部选择＞：找到 1 个(系统自动显示)

选择对象：(继续选择边界线，或者回车结束)

选择要延伸的对象，或按住 Shift 键选择要修剪的对象，或［栏选(F)/窗交(C)/投影(P)/边(E)/放弃(U)］：(点击直线或圆弧等需要延长的一端，如点击另一端则无法延长。或按住 Shift 键转换为修剪。)

选择要延伸的对象，或按住 Shift 键选择要修剪的对象，或［栏选(F)/窗交(C)/投影(P)/边(E)/放弃(U)］：(继续延长其他线条或回车结束指令)

(2) 当前设置：投影＝UCS，边＝无(系统显示)

选择边界的边：(拾取线条延长的边界线，直接回车则默认所有图线均为边界线。)

选择对象或＜全部选择＞：找到 1 个(系统自动显示)

选择对象：(继续选择边界线，或者回车结束)

选择要延伸的对象，或按住 Shift 键选择要修剪的对象，或［栏选(F)/窗交(C)/投影(P)/边(E)/放弃(U)］：(输入 F/C/P/E/U↙，含义与修剪相同)

【例题 6-2】绘制下列图形，由图 6-2(a)图转换为图 6-2(b)图。

绘图步骤如下：

(1) 在粗实线图层中，调用直线指令，分别绘制如图 6-2(a)所示的两条直线。

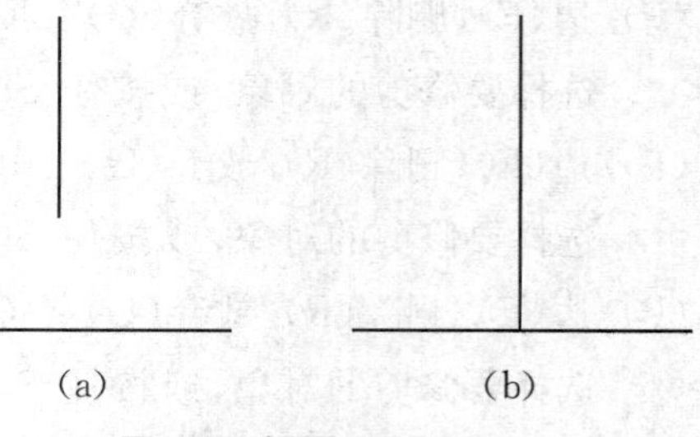

图 6-2　例题 6-2 图

(2) 调用延伸指令：

当前设置：投影＝UCS，边＝无(系统显示)

选择边界的边：(拾取水平直线)

选择对象或 ＜全部选择＞：找到 1 个(系统自动显示)

选择对象：↙

选择要延伸的对象，或按住 Shift 键选择要修剪的对象，或[栏选(F)/窗交(C)/投影(P)/边(E)/放弃(U)]：(点击垂直直线的下端)

选择要延伸的对象，或按住 Shift 键选择要修剪的对象，或[栏选(F)/窗交(C)/投影(P)/边(E)/放弃(U)]：↙

三、倒角

1．功能

将选定的两条非平行直线，从交点处(也可是延伸交点处)各自裁剪掉指定的长度，并用斜线连接两个裁剪端。

2．指令调用

1）编辑工具栏中，单击图标即可。

2）下拉菜单：单击执行菜单中【修改】→【倒角】命令即可。

3）键盘输入：在命令行区域输入功能“cha↙”即可。

3．指令格式

(“修剪”模式) 当前倒角距离 1 ＝ 0.0000，距离 2 ＝ 0.0000(系统提示当前状态)

选择第一条直线或［放弃(U)/多段线(P)/距离(D)/角度(A)/修剪(T)/方式(E)/多个(M)］：d↙

指定第一个倒角距离 ＜0.0000＞：(数字↙，例如 2↙，输入倒角距离)

指定第二个倒角距离 ＜2.0000＞：↙(直接回车是默认倒角距离与前一次相同)

选择第一条直线或［放弃(U)/多段线(P)/距离(D)/角度(A)/修剪(T)/方式(E)/多个(M)］：(拾取需要倒角直线的一端，点击端为裁剪掉的一端)

选择第二条直线，或按住 Shift 键选择要应用角点的直线：(拾取需要倒角的第二条直线的一端)

说明：选择第一条直线或［放弃(U)/多段线(P)/距离(D)/角度(A)/修剪(T)/方式

(E)/多个(M)]，其中：

放弃(U)——放弃刚刚进行的操作

多段线(P)——可以对各种多段线图形进行倒角，提高效率

距离(D)——输入倒角距离

角度(A)——以一边距离及边夹角设定方式设定倒角距离

修剪(T)——可以设定两条原线段是否修剪掉

方式(E)——设定在距离(D)/角度(A)之间转换

多个(M)——可以连续进行多个倒角的操作

【例题 6-3】绘制如图 6-3 所示图形。

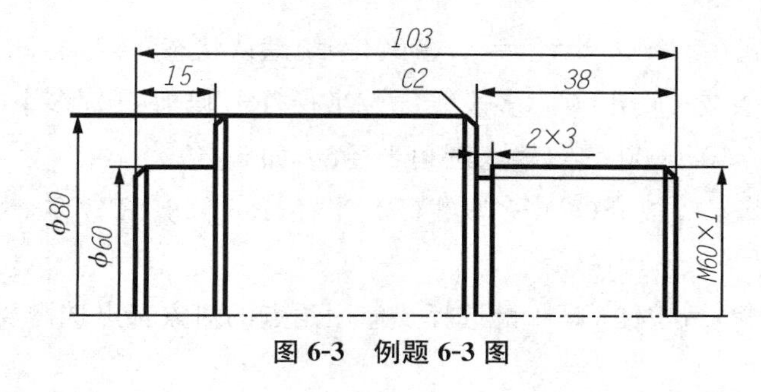

图 6-3　例题 6-3 图

绘图步骤如下：

(1) 在中心线图层下，调用直线指令，绘制中心线，长度约 120 mm。

(2) 在粗实线图层下，调用直线指令，绘制阶梯轴边框，倒角和倒角后的轮廓线不必画出，如图 6-4 所示。

(3) 调用倒角指令：

("修剪"模式) 当前倒角距离 1 ＝0. 0000，距离 2 ＝ 0. 0000

选择第一条直线或 [放弃(U)/多段线(P)/距离(D)/角度(A)/修剪(T)/方式(E)/多个(M)]：d

指定第一个倒角距离 ＜2. 0000＞：2↙

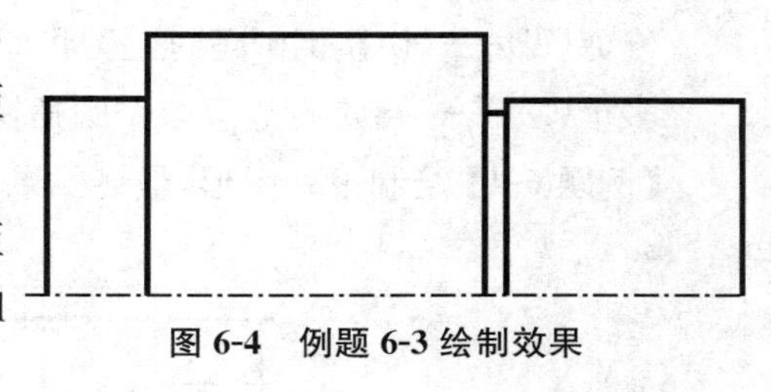

图 6-4　例题 6-3 绘制效果

指定第二个倒角距离 ＜2. 0000＞：↙

选择第一条直线或 [放弃(U)/多段线(P)/距离(D)/角度(A)/修剪(T)/方式(E)/多个(M)]：(点选需要倒角第一条直线，可从最左端开始)

选择第二条直线，或按住 Shift 键选择要应用角点的直线：(点选需要倒角的第二条直线)

(4) 重新调用倒角指令，继续完成其余倒角。

(5) 调用直线指令，将倒角后的轮廓线完成即可。

四、倒圆角

1. 功能

倒圆角功能是与对象相切并且具有指定半径的圆弧连接两个对象。

2. 指令调用

1）编辑工具栏中，单击图标 即可。

2）下拉菜单：单击执行菜单中【修改】→【圆角】命令即可。

3）键盘输入：在命令行区域输入功能“f↙”即可。

3. 指令格式

当前设置：模式 ＝ 修剪，半径 ＝ 0.0000（系统默认状态）

选择第一个对象或［放弃(U)/多段线(P)/半径(R)/修剪(T)/多个(M)］：r↙

指定圆角半径 ＜0.0000＞：（输入圆角半径↙，如5↙）

选择第一个对象或［放弃(U)/多段线(P)/半径(R)/修剪(T)/多个(M)］：（点选需要倒圆角线条的一端）

选择第二个对象，或按住 Shift 键选择要应用角点的对象：（点选需要倒圆角另一线条的一端）

说明：本指令可根据需要来选择倒角功能选项。

放弃(U)——放弃刚刚进行的操作

多段线(P)——可对多段线进行倒圆角

半径(R)——输入倒圆角的圆角半径

修剪(T)——切换倒圆角时是否将原线段进行修剪

多个(M)——可进行连续多个圆角操作

【例题 6-4】绘制下列图形，最终效果为图 6-5(b)。

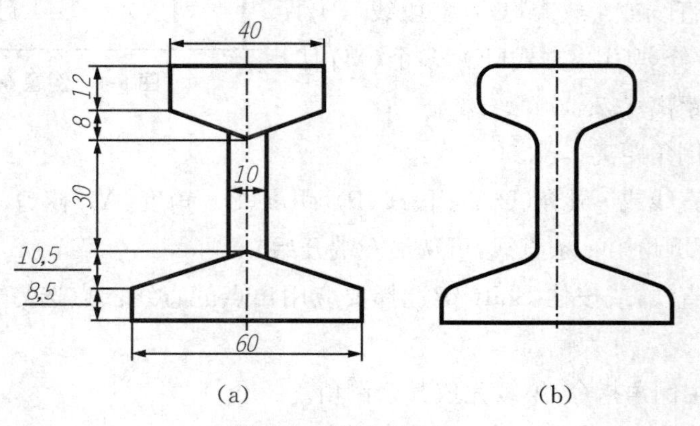

图 6-5　例题 6-4 图

绘图步骤如下：

(1) 绘制如图 6-5(a)所示的原图。

(2) 调用倒圆角指令：

当前设置：模式 ＝ 修剪，半径 ＝ 0.0000

选择第一个对象或［放弃(U)/多段线(P)/半径(R)/修剪(T)/多个(M)］：r↙

指定圆角半径 ＜0.0000＞：5↙

选择第一个对象或［放弃(U)/多段线(P)/半径(R)/修剪(T)/多个(M)］：m↙（此处为切换成在一次圆角指令下，可进行多次倒圆角操作，如没有切换，可以采用多次调用圆角指令完成）

选择第一个对象或［放弃(U)/多段线(P)/半径(R)/修剪(T)/多个(M)］：(选择第一个欲倒圆角的第一条直线一端)

选择第二个对象，或按住 Shift 键选择要应用角点的对象：(选择第一个欲倒圆角的第二条直线一端)

选择第一个对象或［放弃(U)/多段线(P)/半径(R)/修剪(T)/多个(M)］：(重复上面动作，进行第二个圆角操作)

选择第二个对象，或按住 Shift 键选择要应用角点的对象：(重复上面动作，进行第二个圆角操作，直至将所有倒圆角全部完成)

选择第一个对象或［放弃(U)/多段线(P)/半径(R)/修剪(T)/多个(M)］：↙

综合练习题

【练习 6-1】利用圆角或修剪功能绘制练习题图 6-1。

【练习 6-2】利用修剪功能绘制练习题图 6-2。

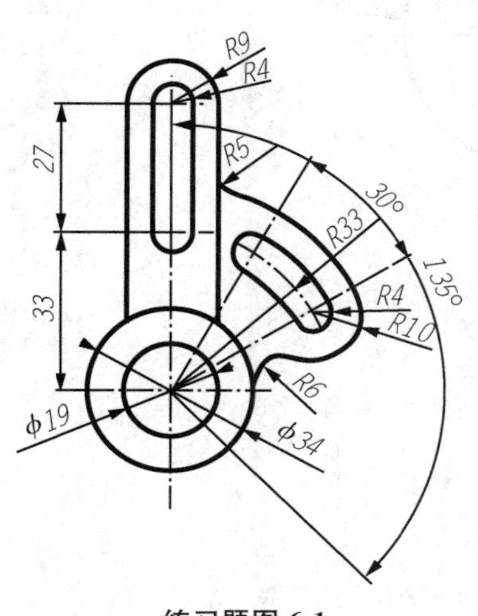

练习题图 6-1

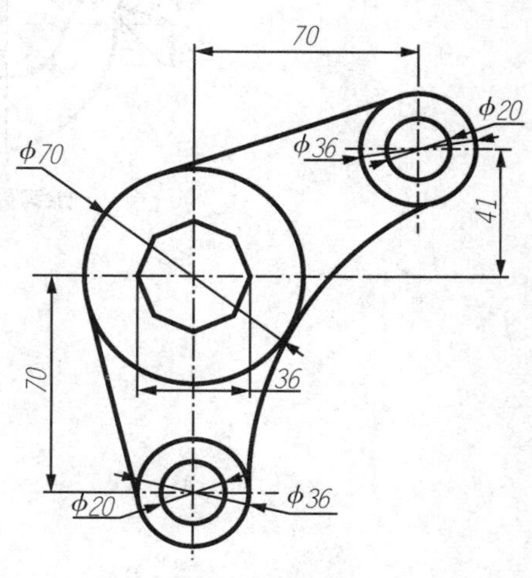

练习题图 6-2

【练习 6-3】利用圆角或剪切功能绘制练习题图 6-3。

【练习 6-4】利用圆角或剪切功能绘制练习题图 6-4。

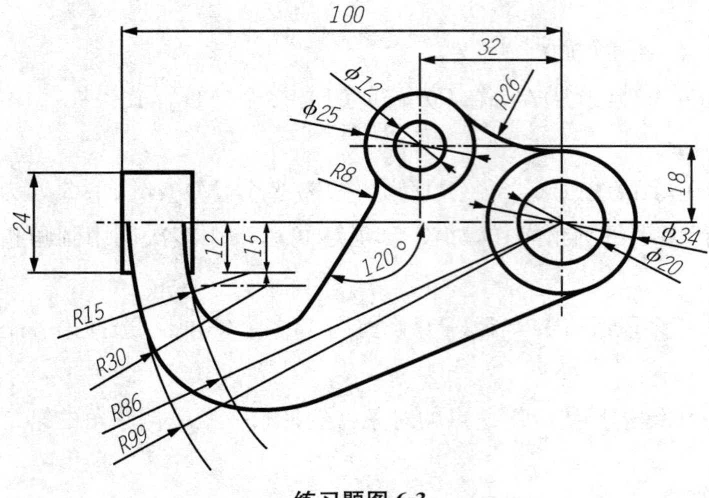

练习题图 6-3

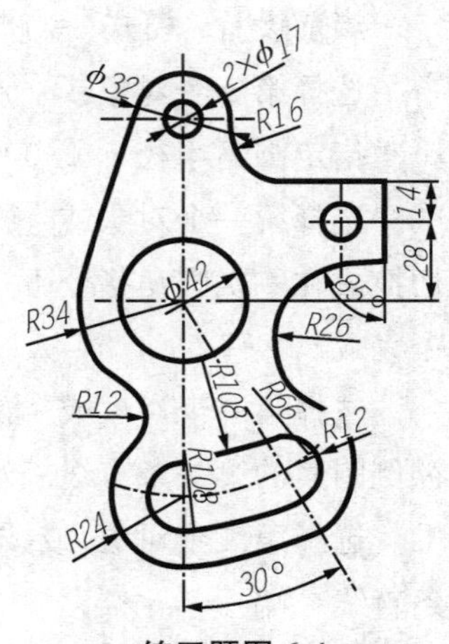

练习题图 6-4

【练习 6-5】利用倒角、圆角或剪切功能绘制练习题图 6-5。

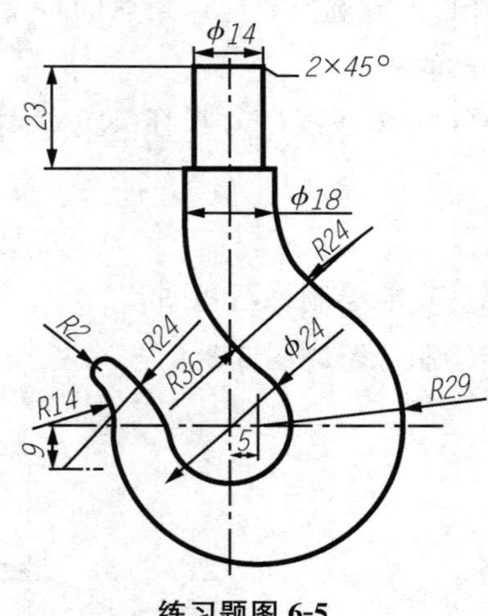

练习题图 6-5

任务七　复制、偏移及移动功能

学习目标：以学习复制、偏移及移动功能编辑指令为目标，要求学生掌握不同状态下三种指令的使用方式，能够灵活运用于实际绘图中，并能够熟练地完成课后习题。

任务重点：复制、偏移及移动功能功能

任务难点：复制、偏移

一、复制

1. 功能

在指定方向上按照指定距离复制对象。

2. 指令调用

1）编辑工具栏中，单击图标 即可。

2）下拉菜单：单击执行菜单中【修改】→【复制】命令即可。

3）键盘输入：在命令行区域输入功能“co↙”或“cp↙”即可。

3. 指令格式

选择对象：(选择需要进行复制的对象)

指定对角点：找到 1 个(系统自动提示)

选择对象：(可以进行多个选择对象，如选择完毕，输入↙)

当前设置：复制模式 = 多个(系统自动提示)

指定基点或［位移(D)/模式(O)］<位移>：o↙

输入复制模式选项［单个(S)/多个(M)］<多个>：(切换复制个数，如 m↙即为可以连续复制多个)

指定基点或［位移(D)/模式(O)］<位移>：(选取移动基点，即你选取的固定移动点位置)

指定第二个点或 <使用第一个点作为位移>：(选取基点需要落点位置)

指定第二个点或［退出(E)/放弃(U)］<退出>：(继续复制，如结束可以↙，选择单个复制时没有该行提示)

★**小提示**：如果在屏幕中拾取需要复制对象后，使用键盘“Ctrl＋C”即为复制功能，“Ctrl＋V”即为粘贴功能。此时复制基点则默认为可以将图形框起来的矩形框左下角点。

【例题 7-1】绘制如图 7-1 所示图形。

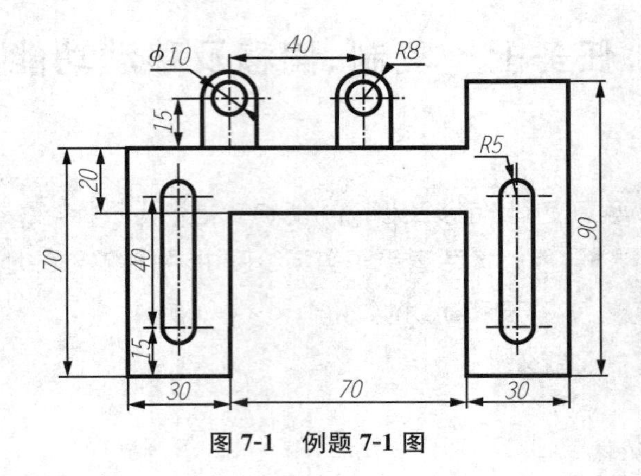

图 7-1　例题 7-1 图

绘图步骤如下：

(1) 在粗实线图层下，调用直线指令，将外边框绘制出来。

(2) 在中心线图层下，调用直线指令，将圆环和环形轨迹中心线绘制出来，此处仅需绘制一个即可。

(3) 在粗实线图层下，绘制圆环和环形轨迹各一个，如图 7-2 所示。

(4) 调用复制指令，复制环形轨迹。

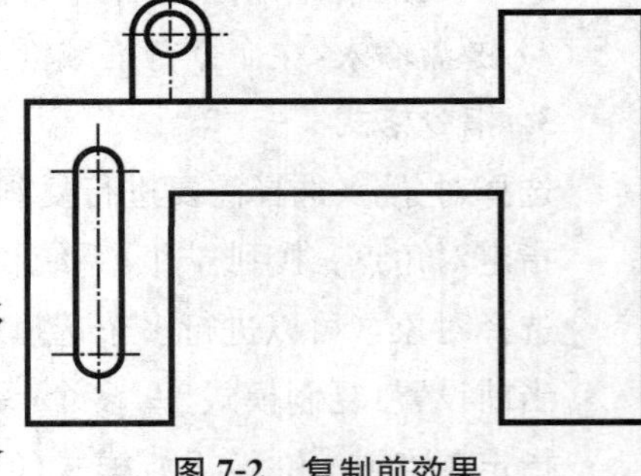

图 7-2　复制前效果

选择对象：(选择环形轨迹及其中心线)

指定对角点：找到 7 个(系统提示)

选择对象：↙

当前设置：复制模式 = 多个

指定基点或［位移(D)/模式(O)/多个(M)］<位移>：o↙

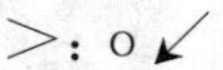

输入复制模式选项［单个(S)/多个(M)］<单个>：s↙

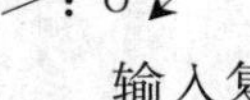

指定基点或［位移(D)/模式(O)/多个(M)］<位移>：(此处可以选择环形轨迹左下角直线边框角点作为基点)

指定第二个点或 <使用第一个点作为位移>：(选择基点移动位置)

(5) 调用复制指令，复制圆环轨迹。

选择对象：(选择圆环轨迹和中心线)

指定对角点：找到 6 个(系统提示)

选择对象：↙

当前设置：复制模式 = 单个(默认前一次，因此不需再次切换)

指定基点或［位移(D)/模式(O)/多个(M)］<位移>：(选择圆环上某一点)

指定第二个点或 <使用第一个点作为位移>：(鼠标放置在水平右侧)40↙

二、偏移

1．功能

偏移对象以创建其造型与原始对象造型平行的新对象。偏移圆或圆弧可以创建更大或更小的圆或圆弧，取决于向哪一侧偏移。

2．指令调用

1）编辑工具栏中，单击图标即可。

2）下拉菜单：单击执行菜单中【修改】→【偏移】命令即可。

3）键盘输入：在命令行区域输入功能"o↙"即可。

3．指令格式

(1) 当前设置：删除源＝否　图层＝源　OFFSETGAPTYPE＝0(系统默认)

指定偏移距离或［通过(T)/删除(E)/图层(L)］＜12.0000＞：e↙

要在偏移后删除源对象吗？［是(Y)/否(N)］＜否＞：n↙(如需要删除源对象，则输入y↙)

指定偏移距离或［通过(T)/删除(E)/图层(L)］＜通过＞：l↙

输入偏移对象的图层选项［当前(C)/源(S)］＜源＞：s↙(如果偏移对象需在当前图层状态绘制，则输入c↙)

指定偏移距离或［通过(T)/删除(E)/图层(L)］＜12.0000＞：(输入指定对象需要偏移的距离，如6↙)

选择要偏移的对象，或［退出(E)/放弃(U)］＜退出＞：(选择需要偏移的对象)

指定要偏移的那一侧上的点，或［退出(E)/多个(M)/放弃(U)］＜退出＞：(在需要偏移的一侧点击鼠标)

选择要偏移的对象，或［退出(E)/放弃(U)］＜退出＞：(如需继续偏移，则可以重复前面动作，如不需则↙)

(2) 当前设置：删除源＝否　图层＝源　OFFSETGAPTYPE＝0(系统默认)

指定偏移距离或［通过(T)/删除(E)/图层(L)］＜12.0000＞：t↙

选择要偏移的对象，或［退出(E)/放弃(U)］＜退出＞：(选择需要偏移的对象)

指定通过点或［退出(E)/多个(M)/放弃(U)］＜退出＞：(在屏幕拾取一点，则偏移对象通过该点)

选择要偏移的对象，或［退出(E)/放弃(U)］＜退出＞：↙

【例题7-2】绘制如图7-3所示图形，利用偏移指令，且基础对象为ϕ40 mm的圆。

绘图步骤如下：

当前设置：删除源＝否　图层＝源　OFFSETGAPTYPE＝0(系统默认)

指定偏移距离或［通过(T)/删除(E)/图层(L)］＜12.0000＞：6

选择要偏移的对象，或[退出(E)/放弃(U)] <退出>：(选择 ϕ40 mm 的圆)

指定要偏移的那一侧上的点，或[退出(E)/多个(M)/放弃(U)] <退出>：(鼠标点击圆的外侧)

选择要偏移的对象，或[退出(E)/放弃(U)] <退出>：(选择 ϕ40 mm 的圆)

指定要偏移的那一侧上的点，或[退出(E)/多个(M)/放弃(U)] <退出>：(鼠标点击圆的内侧)

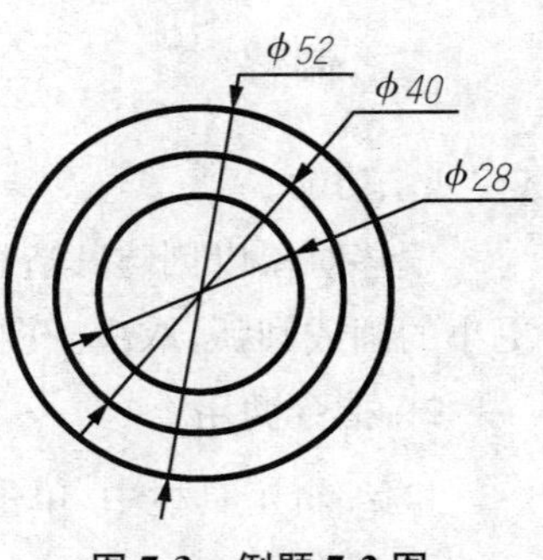

图 7-3　例题 7-2 图

选择要偏移的对象，或[退出(E)/放弃(U)] <退出>：↙

三、移动

1．功能

可以在指定方向上按指定距离移动对象。该指令功能与复制功能中单个复制删除源对象的功能效果一样。

2．指令调用

1）编辑工具栏中，单击图标 ✥ 即可。

2）下拉菜单：单击执行菜单中【修改】→【移动】命令即可。

3）键盘输入：在命令行区域输入功能“m↙”即可。

3．指令格式

(1) 选择对象：(选择需要移动的对象)

指定对角点：找到 6 个(系统提示).

选择对象：(如需继续选择，可以重复动作，如果不需要则输入↙)

指定基点或[位移(D)] <位移>：(选择对象移动基点)

指定第二个点或 <使用第一个点作为位移>：(选择基点移动终点位置)

(2) 选择对象：(选择需要移动的对象)

指定对角点：找到 6 个(系统提示)

选择对象：(如需继续选择，可以重复动作，如果不需要则输入↙)

指定基点或[位移(D)] <位移>：d↙

指定位移 <0.0000，0.0000，0.0000>：(输入移动后位置与当前位置的增量坐标，顺序为 X,Y,Z 轴，如 1,1,1↙)

综合练习题

【练习 7-1】 利用复制功能绘制练习题图 7-1。

【练习 7-2】 利用复制功能绘制练习题图 7-2。

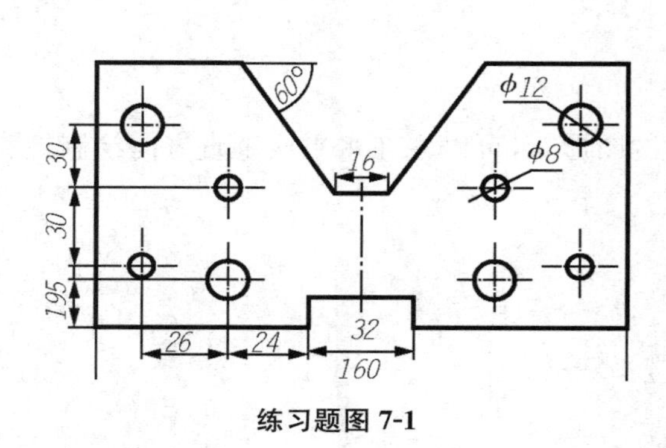

练习题图 7-1

练习题图 7-2

【练习 7-3】 利用偏移功能绘制练习题图 7-3。

【练习 7-4】 利用偏移功能绘制练习题图 7-4。

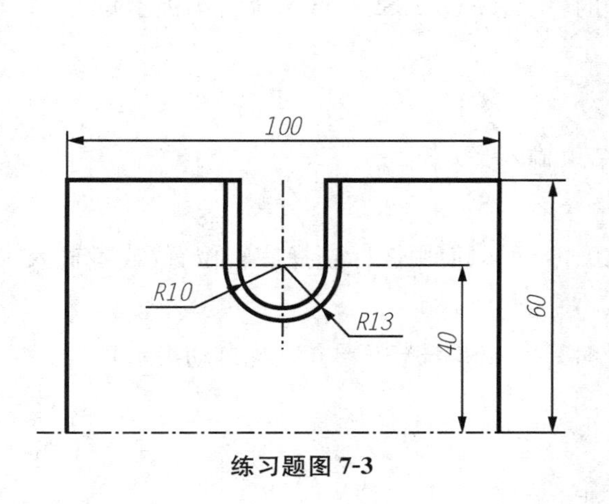

练习题图 7-3

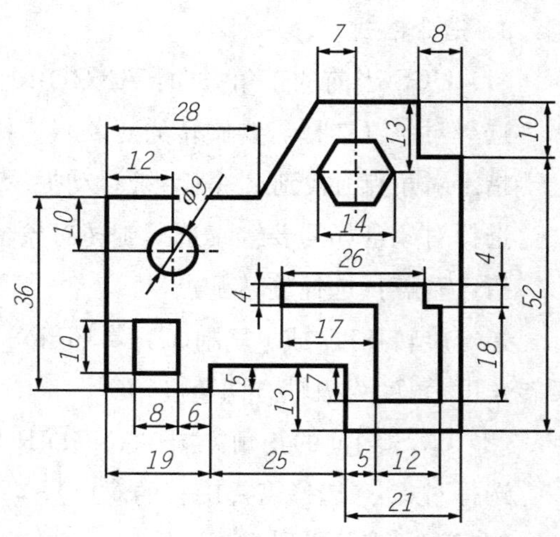

练习题图 7-4

任务八　旋转、阵列及镜像功能

学习目标：以学习旋转、阵列及镜像功能编辑指令为目标，要求学生掌握不同状态下三种指令的使用方式，能够灵活运用于实际绘图中，并能够熟练地完成课后习题。

任务重点：旋转、阵列及镜像功能

任务难点：旋转、阵列及镜像

一、旋转

当在 AutoCAD 中需要绘制具有一定角度的图形时，可以先在水平或垂直方向绘制，然后利用旋转功能将图形旋转至需要位置。

1. 功能

绕指定基点进行图形旋转。

2. 指令调用

1）编辑工具栏中，单击图标即可。

2）下拉菜单：单击执行菜单中【修改】→【旋转】命令即可。

3）键盘输入：在命令行区域输入功能“ro↙”即可。

3. 指令格式

(1) UCS 当前的正角方向：ANGDIR＝逆时针　ANGBASE＝0(系统自动提示)

选择对象：(选择需要旋转的对象)

指定对角点：找到 2 个(系统自动提示)

选择对象：(如需要继续选择旋转对象，如结束输入↙)

指定基点：(选择旋转基点)

指定旋转角度，或［复制(C)/参照(R)］＜0＞：(可以使用鼠标选择旋转位置，或者输入旋转角度，角度为极轴方向角度。)

(2) UCS 当前的正角方向：ANGDIR＝逆时针　ANGBASE＝0(系统自动提示)

选择对象：(选择需要旋转的对象)

指定对角点：找到 2 个(系统自动提示)

选择对象：(如需要继续选择旋转对象，如结束输入↙)

指定基点：(选择旋转基点)

指定旋转角度，或［复制(C)/参照(R)］＜29＞：r↙

指定参照角 <0>：(可以选择一条直线作为旋转参考，则其余对象旋转角度同此直线，选择该直线第一点，注明一般第一点会参照在基点上。)

指定第二点：(选择参考直线第二点)

指定新角度或［点(P)］<0>：(选择参照直线第二点的目标位置，或者输入该直线旋转角度。)

说明：在该指令运用过程中，如果切换成"复制(C)"模式，则表示在旋转的同时，原图仍然存在。且系统提示 ANGDIR＝逆时针　ANGBASE＝0。当 ANGBASE＝0，角度为逆时针，ANGBASE＝1，角度为顺时针。输入角度可为正负不同方式。

【例题 8-1】利用旋转指令绘制如图 8-1 所示图形。

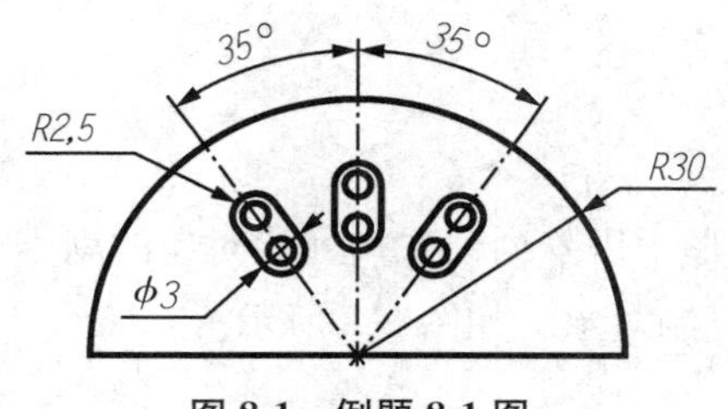

图 8-1　例题 8-1 图

绘图步骤如下：

(1) 在中心线图层下，调用直线指令绘制 R30 半圆中心线。

(2) 在粗实线图层下，绘制半圆及半圆直线。

(3) 绘制 R2.5 半圆在内的环形及两个 ϕ3 圆。结果如图 8-2 所示。

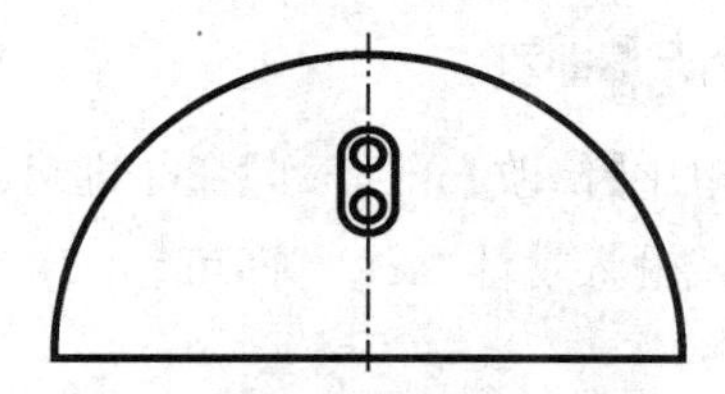

图 8-2　步骤(3)效果图

(4) 调用旋转指令：

UCS 当前的正角方向：ANGDIR＝逆时针　ANGBASE＝0(系统自动提示)

选择对象：(选择需要旋转的图形，即步骤(3)所绘图形)

指定对角点：找到 7 个(系统自动提示)

选择对象：↙

指定基点：(选择 R30 圆心)

指定旋转角度，或［复制(C)/参照(R)］<325>：c↙

旋转一组选定对象(系统自动提示)

指定旋转角度，或［复制(C)/参照(R)］<325>：35↙

(5) 再次调用旋转指令：

UCS 当前的正角方向：ANGDIR＝逆时针　ANGBASE＝0(系统自动提示)

选择对象：(选择需要旋转的图形，即步骤(3)所绘图形)

指定对角点：找到 7 个(系统自动提示)

选择对象：↙

指定基点：(选择 R30 圆心)

指定旋转角度，或［复制(C)/参照(R)］＜35＞：c↙

旋转一组选定对象(系统自动提示)

指定旋转角度，或［复制(C)/参照(R)］＜35＞：－35↙

二、阵列

1. 功能

创建在二维或者三维图形中以阵列模式排列的对象的副本。在阵列实用中可以方便地按矩形、路径和环形来进行复制对象。如图 8-3 所示。

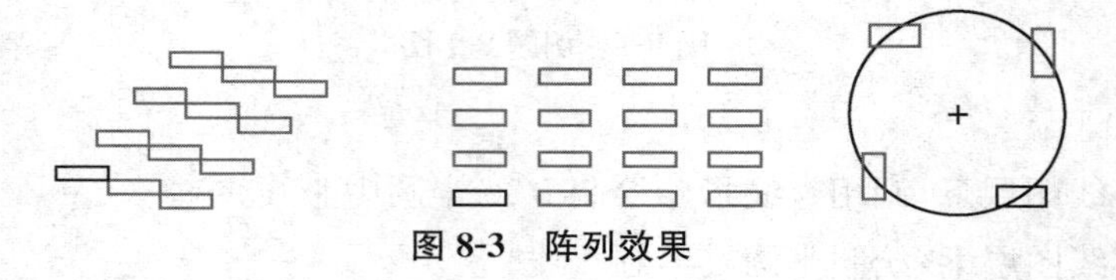

图 8-3　阵列效果

2. 指令调用

1) 编辑工具栏中，单击图标即可。

2) 下拉菜单：单击执行菜单中【修改】→【阵列】命令即可。

3) 键盘输入：在命令行区域输入功能"ar↙"即可。

3. 指令格式

(1) 矩形阵列

调用旋转指令，出现如图 8-4 所示对话框。在该对话框中选择所需阵列数据。

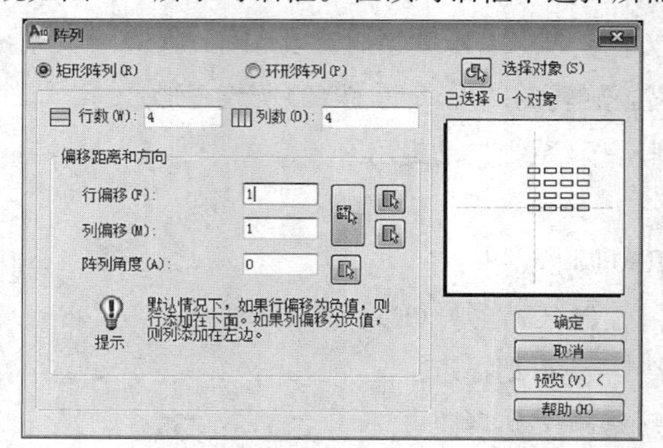

图 8-4　"阵列"对话框(矩形阵列)

说明：矩形阵列表示阵列后的多个图形组合起来形成一个矩形方阵。

行数、列数则表示阵列后包含原始对象的行数和列数。或者点击图标后在AutoCAD绘图界面上拾取。

行偏移、列偏移则表示纵向及横向每两个对象的距离(此处距离为相同要素距离，即同一基点计算。例如阵列后两个相同圆的圆心距离)。或者点击图标后在AutoCAD绘图界面上拾取。

阵列角度非0状态下阵列后对象组合为平行四边形方阵。或者点击图标后在AutoCAD绘图界面上拾取。

选择对象前面的选项窗口点击后，屏幕界面返回到AutoCAD绘图界面中，可以用来选择需要阵列的对象。

当参数设置完毕后，可以点击对话框右下角的 确定 按钮，如需预览，则点击 预览(V) < 按钮，效果确认后再点击 确定 按钮。

(2) 环形阵列

调用旋转指令，出现如图8-5所示对话框。在该对话框中选择所需阵列数据。

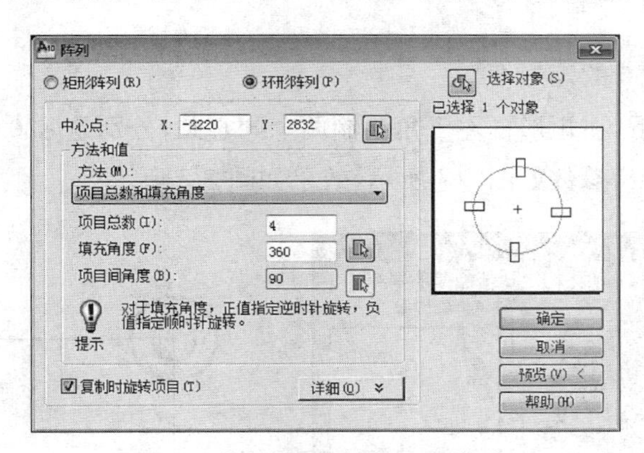

图8-5　“阵列”对话框(环形阵列)

说明：环形阵列表示阵列后的多个图形组合起来形成一个圆形。

中心点表示阵列后对象组成圆形的中心点，可以通过输入坐标值或者点击图标后在AutoCAD绘图界面上拾取。

构成环形阵列方法中包含多种方式。如选择 项目总数和填充角度 方式，则需要输入包含原始对象在内最终阵列后的个数，和所有对象构成扇形或圆形的包含角度(该角度可以手动输入，也可以在屏幕上拾取)。如选择 项目总数和项目间的角度 方式，则需要输入包含原始对象在内最终阵列后的个数，和每相邻两个对象构成扇形包含角度(该角度可以手动输入，也可以在屏幕上拾取)。如选择 填充角度和项目间的角度 方式，则需要输入所有对象构成扇形或圆形的包含角度，和每相邻两个对象构成扇形包含角度(该角度可以手动输入，也可以在屏幕上拾取)。

选择对象前面的选项窗口点击后,屏幕界面返回到 AutoCAD 绘图界面中,可以用来选择需要阵列的对象。

当参数设置完毕后,可以点击对话框右下角的 确定 按钮,如需要预览,则点击 预览(V) < 按钮,效果确认后再点击 确定 按钮。

【例题 8-2】 利用阵列指令绘制如图 8-6 所示图形。

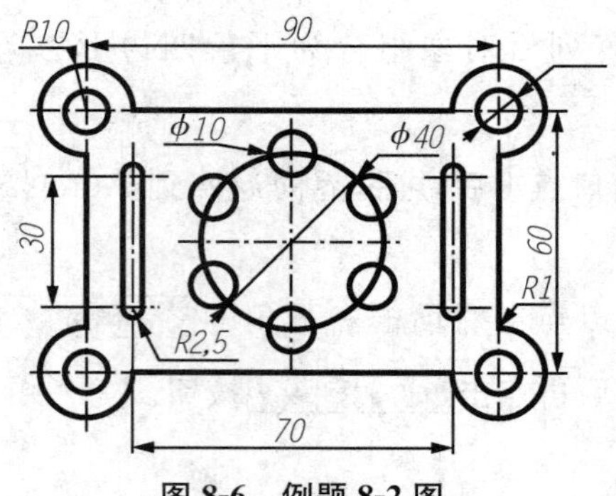

图 8-6　例题 8-2 图

绘图步骤如下:

(1) 绘制一 90 * 60 的矩形框。

(2) 粗实线图层下,在矩形框左下角绘制两个同心圆,分别是 ϕ20 mm 和 ϕ10 mm。

(3) 调用阵列指令,参数如图 8-7 所示,效果如图 8-8 所示。

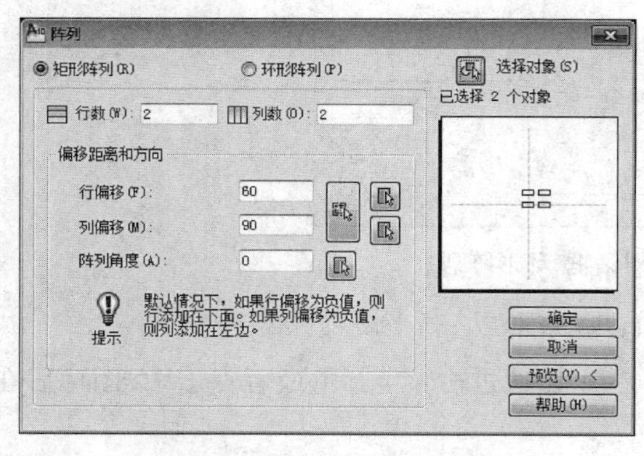

图 8-7　同心圆阵列参数

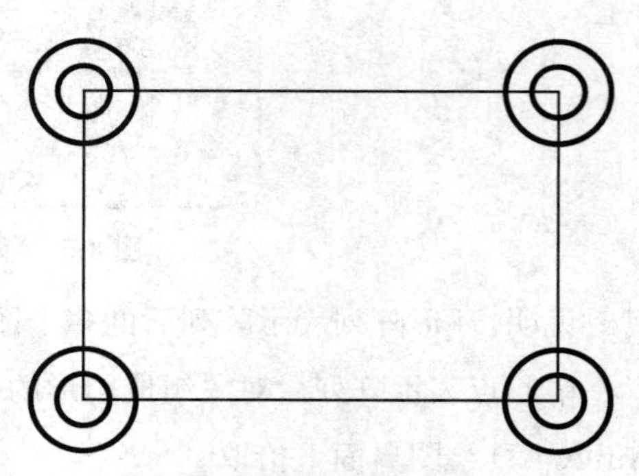

图 8-8　同心圆阵列效果图

(4) 调用修剪指令,将 ϕ20 mm 圆在方框内部部分剪掉,将方框在 ϕ20 mm 圆内部部分剪掉。

(5) 调用倒圆角指令,将外围边框进行 R1 倒角。

(6) 在中心线图层绘制所有中心线和对称线。

(7) 在粗实线图层绘制 ϕ40 mm 圆,并在 ϕ40 mm 圆上绘制一个 ϕ10 mm 的圆,绘制左侧环形。如图 8-9 所示。

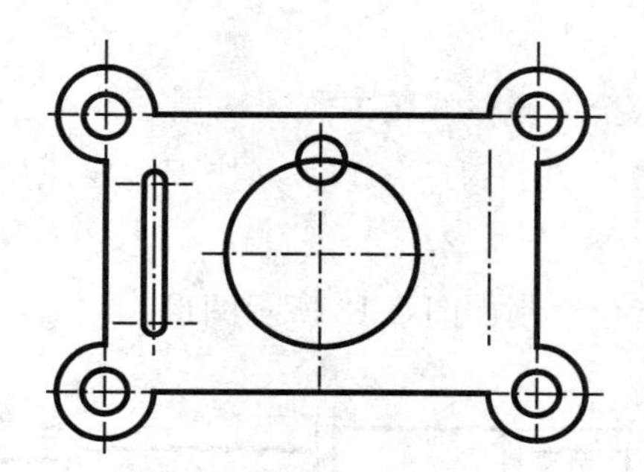

图 8-9　绘制第二次阵列基础

（8）调用阵列指令，阵列环形。参数如图 8-10 所示。

（9）调用阵列指令，阵列圆。参数如图 8-11 所示。

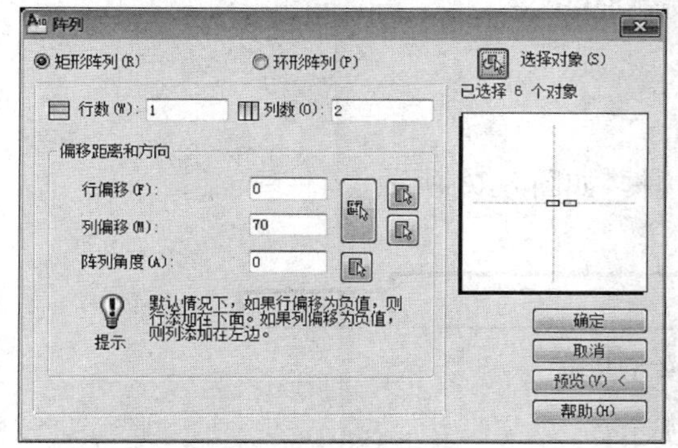

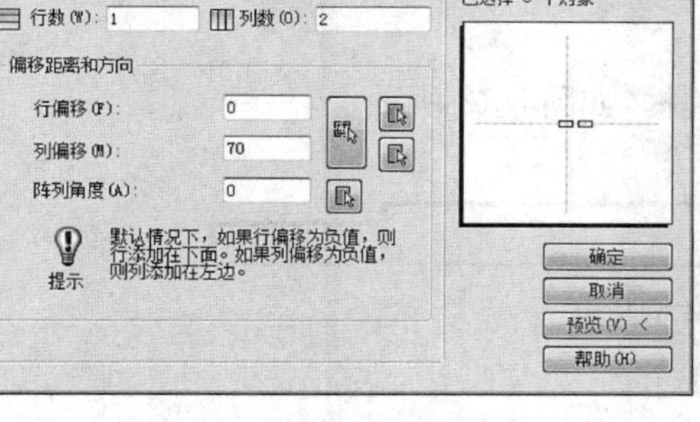

图 8-10　环形图案阵列参数

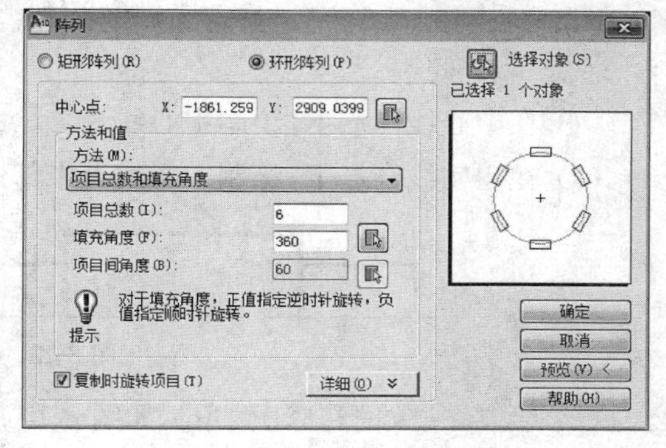

图 8-11　圆的阵列参数

三、镜像

可以绕指定轴翻转对象创建对称的镜像图形。

1．功能

对选定的对象进行对称复制，并可以根据需要保留或者删除原始对象。

2．指令调用

1）编辑工具栏中，单击图标 即可。

2）下拉菜单：单击执行菜单中【修改】→【镜像】命令即可。

3）键盘输入：在命令行区域输入功能“mi↙”即可。

3．指令格式

选择对象：（选择需要进行镜像的对象，可以多选）

找到 1 个（系统自动提示）

选择对象：（如需继续选择，可以在屏幕多次拾取，如果不需要则↙）

指定镜像线的第一点：(在屏幕上拾取一条镜像线，此处为该镜像线第一点，镜像线不一定需要实际绘制出来)

指定镜像线的第二点：(拾取镜像线第二点)

要删除源对象吗？[是(Y)/否(N)] <N>：(如不需要原始对象输入 Y↙，如果需要保留原始对象输入 N↙)

【例题 8-3】利用镜像指令绘制如图 8-12 所示图形。

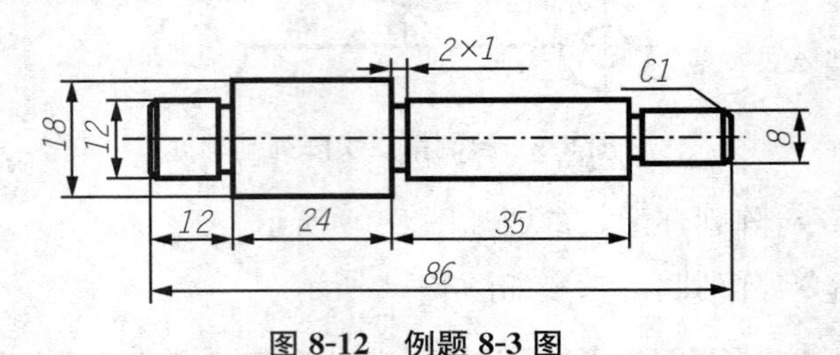

图 8-12 例题 8-3 图

绘图步骤如下：

(1) 在中心线图层下，绘制中心线。

(2) 在粗实线图层下，绘制中心线上半部边框，如图 8-13 所示。

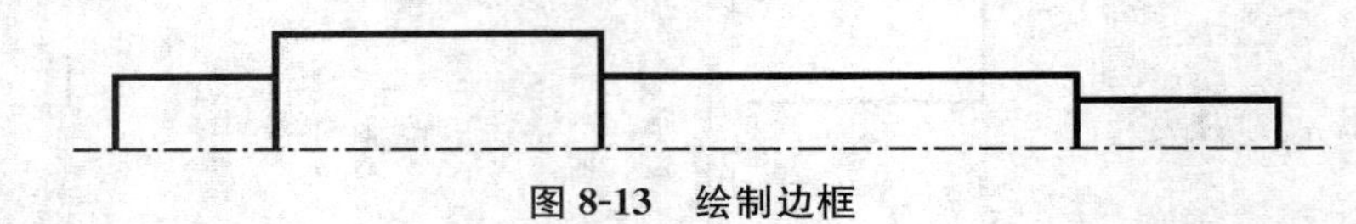

图 8-13 绘制边框

(3) 绘制 2 * 1 槽和 C1 倒角。如图 8-14 所示。

图 8-14 绘制槽和倒角

(4) 调用镜像指令：

选择对象：(选择除中心线以外所有对象，即步骤(2)和(3)所绘制内容)

指定对角点：找到 19 个(系统自动提示)

选择对象：↙

指定镜像线的第一点：(拾取中心线一端)

指定镜像线的第二点：(拾取中心线另一端)

要删除源对象吗？[是(Y)/否(N)] <N>：↙

综合练习题

【练习 8-1】利用旋转功能绘制练习题图 8-1。

【练习 8-2】利用旋转功能绘制练习题图 8-2。

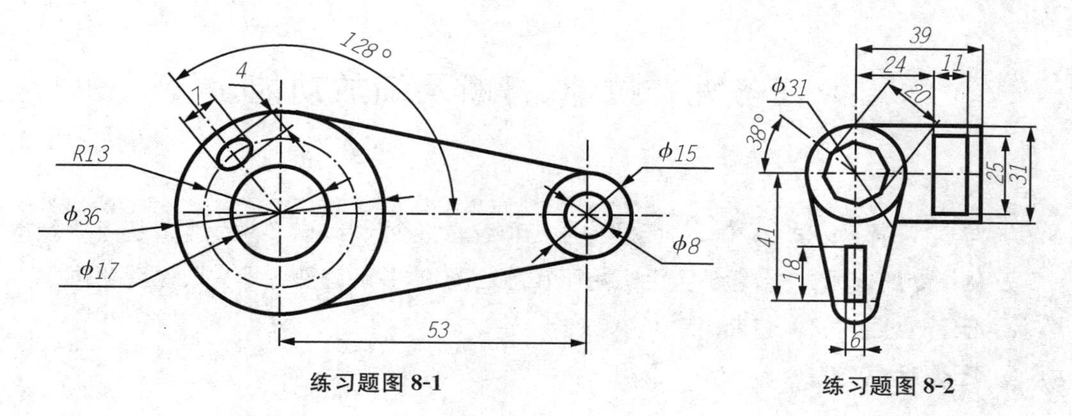

练习题图 8-1　　练习题图 8-2

【练习 8-3】利用阵列功能绘制练习题图 8-3。

【练习 8-4】利用阵列和镜像功能绘制练习题图 8-4。

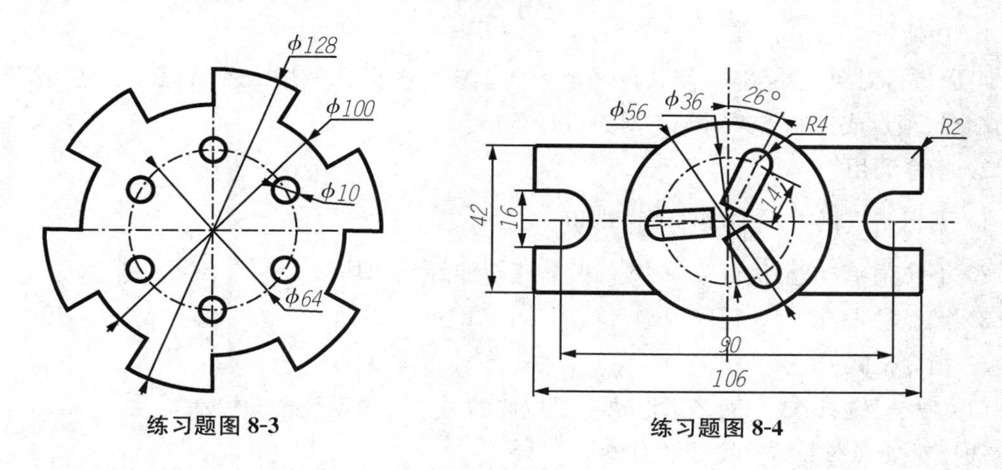

练习题图 8-3　　练习题图 8-4

【练习 8-5】利用镜像功能绘制练习题图 8-5。

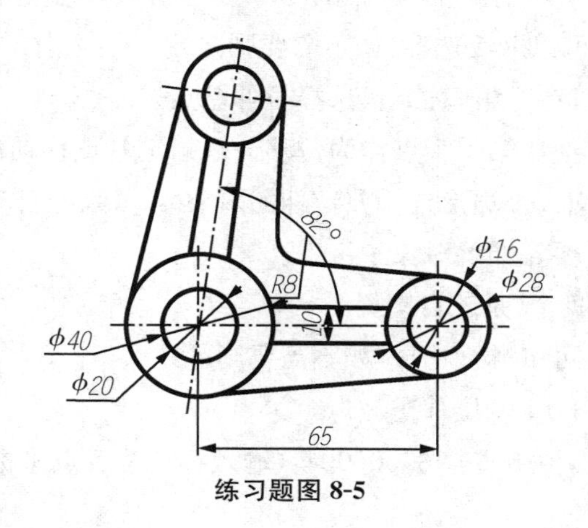

练习题图 8-5

任务九　拉伸、打断及缩放功能

学习目标：以学习拉伸、打断及缩放三种编辑指令为目标，要求学生掌握不同状态下三种指令的使用方式，能够灵活运用于实际绘图中，并能够熟练地完成课后习题。

任务重点：拉伸、打断、缩放功能

任务难点：缩放

一、拉伸

1．功能

可以进行对象大小调整，使其在一个方向上或是按照比例增大或者缩小。还可以通过移动端点、顶点或控制点来对某些对象进行延伸。

2．指令调用

1）编辑工具栏中，单击图标 即可。

2）下拉菜单：单击执行菜单中【修改】→【拉伸】命令即可。

3）键盘输入：在命令行区域输入功能“s↙”即可。

3．指令格式

(1) 以交叉窗口或交叉多边形选择要拉伸的对象...（系统自动提示）

选择对象：（选择需要拉伸的对象）

指定对角点：找到 2 个（系统自动提示）

选择对象：（如需要可以继续选择，如不需要则↙）

指定基点或［位移(D)］＜位移＞：（选择拉伸基点）

指定第二个点或 ＜使用第一个点作为位移＞：（指定基点移动位置）

(2) 以交叉窗口或交叉多边形选择要拉伸的对象...（系统自动提示）

选择对象：（选择需要拉伸的对象）

指定对角点：找到 2 个（系统自动提示）

选择对象：（如需要可以继续选择，如不需要则↙）

指定基点或［位移(D)］＜位移＞：d↙

指定位移 ＜0.0000，0.0000，0.0000＞：（输入移动位置点坐标）

【例题 9-1】 利用拉伸指令绘制如图 9-1 所示图形，由图 9-1(a)图转变成图 9-1(b)图，尺寸可以自行拟定。

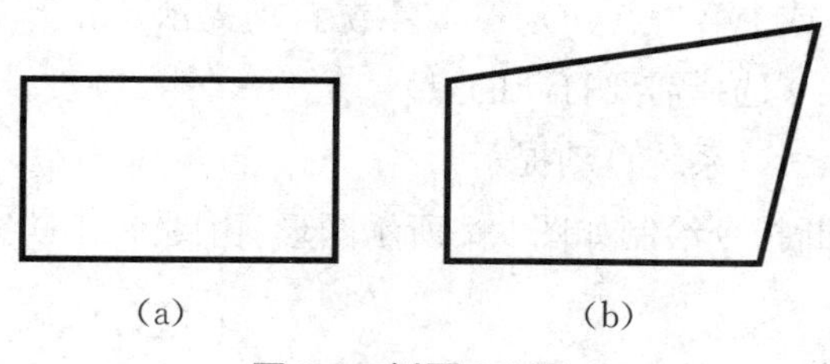

图 9-1　例题 9-1 图

绘图步骤如下：

以交叉窗口或交叉多边形选择要拉伸的对象...(系统自动提示)

选择对象：(选择矩形框右边和上边直线)

指定对角点：找到 2 个(系统自动提示)

选择对象：↙

指定基点或 [位移(D)] <位移>：(选择拉伸基点为右边与上边直线交点)

指定第二个点或 <使用第一个点作为位移>：(指定基点移动位置)

二、打断

1. 功能

可以将一个对象打断成为两个对象，对象之间可以具有一定间隔，也可以没有间隔。同时还可以将多个对象合并为一个对象。通常用于为块或文字创建空间。

2. 指令调用

1) 编辑工具栏中，单击图标 即可，如需将对象打断于一点，则单击图标 。

2) 下拉菜单：单击执行菜单中【修改】→【打断】命令即可。

3) 键盘输入：在命令行区域输入功能"br↙"即可。

3. 指令格式

(1) 打断(该种方式旨在将对象去掉一段)

选择对象：(选择需要打断的对象)

指定第二个打断点或 [第一点(F)]：(指定对象上一点作为打断点，这是第一点系统默认)

(2) 打断(该种方式旨在将对象去掉一段)

选择对象：(选择需要打断的对象)

指定第二个打断点 或 [第一点(F)]：f↙

指定第一个打断点：(指定对象上一点作为第一打断点)

指定第二个打断点：(指定对象上一点作为第二打断点)

(3) 打断于点(该种方式旨在将对象分成两段,但不会删除对象)

选择对象:(选择需要打断的对象)

指定第二个打断点 或 [第一点(F)]: _f(系统自动提示)

指定第一个打断点:(选择需要打断的点)

指定第二个打断点:@(系统自动提示)

【例题 9-2】 利用打断指令绘制如图 9-2 所示图形,由图 9-2(a)图变成图 9-2(b)。

绘图步骤如下:

选择对象:(选择圆)

指定第二个打断点 或 [第一点(F)]: f↙

指定第一个打断点:(指定圆上一点)

指定第二个打断点:(指定圆上第二点)

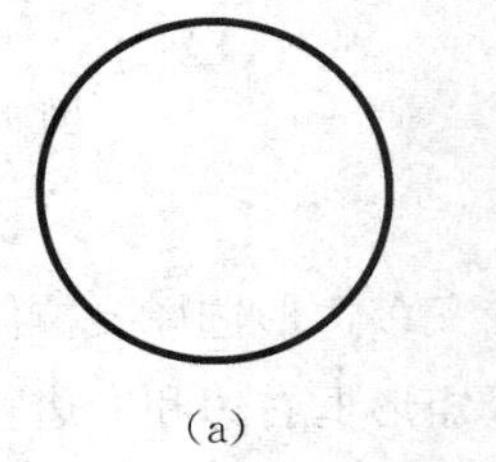

(a)

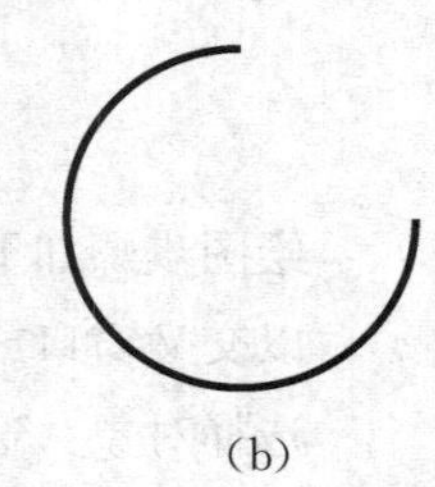

(b)

图 9-2 例题 9-2 图

三、缩放

1. 功能

对指定对象进行放大或缩小操作。

2. 指令调用

1) 编辑工具栏中,单击图标 即可。

2) 下拉菜单:单击执行菜单中【修改】→【缩放】命令即可。

3) 键盘输入:在命令行区域输入功能“sc↙”即可。

3. 指令格式

(1) 选择对象:(选择需要进行缩放的对象)

指定对角点: 找到 5 个(系统自动提示)

选择对象:(如果需要继续选择,如不需要↙)

指定基点:(选择比例缩放基点)

指定比例因子或 [复制(C)/参照(R)] <1.0000>:(输入缩放比例,如 2↙)

(2) 选择对象:(选择需要进行缩放的对象)

指定对角点: 找到 5 个(系统自动提示)

选择对象:(如果需要继续选择,如不需要↙)

指定基点:(选择比例缩放基点)

指定比例因子或 [复制(C)/参照(R)] <1.0000>: c↙(该方式在缩放基础上保留原始图形)

缩放一组选定对象(系统自动提示)

指定比例因子或 [复制(C)/参照(R)] <1.0000>: r↙

指定参照长度 <1.0000>:(选择一条直线作为整体缩放比例参照,如果在屏幕指定参

照直线缩放长度，第一点最好为基点）

指定第二点：（选择参照直线第二点）

指定新的长度或［点(P)］＜1.0000＞：（输入参照直线的长度，或在屏幕指定参照直线第二点缩放位置）

【例题 9-3】利用缩放指令绘制如图 9-3 所示图形。

绘图步骤如下：

（1）调用圆指令：

指定圆的圆心或［三点(3P)/两点(2P)/切点、切点、半径(T)］：（指定一点作为圆心）

指定圆的半径或［直径(D)］＜8.0443＞：20↙（也可以随意指定半径）

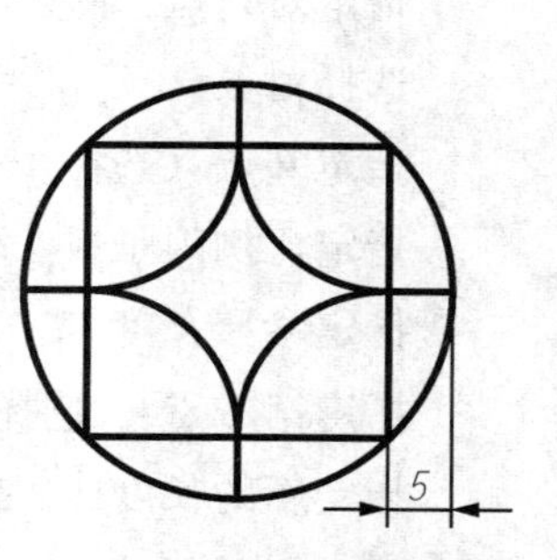

图 9-3　例题 9-3 图

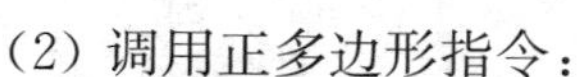

（2）调用正多边形指令：

输入边的数目＜4＞：↙

指定正多边形的中心点或［边(E)］：（选择第一步绘制的圆心）

输入选项［内接于圆(I)/外切于圆(C)］＜I＞：↙

指定圆的半径：（选择圆上一点，注意正四边形放置方向）

（3）调用圆指令，同时对象捕捉打开中点捕捉

指定圆的圆心或［三点(3P)/两点(2P)/切点、切点、半径(T)］：（选择正四边形一个端点）

指定圆的半径或［直径(D)］＜20.0000＞：（选择正四边形作为圆心端点相邻任一边中点）

（4）重复步骤(3)绘制共 4 个圆

（5）调用剪切指令：

当前设置：投影＝UCS，边＝无（系统自动提示）

选择剪切边...（选择步骤(1) 所绘制圆）

选择对象或＜全部选择＞：找到 1 个（系统自动提示）

选择对象：↙

选择要修剪的对象，或按住 Shift 键选择要延伸的对象，或［栏选(F)/窗交(C)/投影(P)/边(E)/删除(R)/放弃(U)］：（选择步骤(3) 绘制圆需要剪切部分）

选择要修剪的对象，或按住 Shift 键选择要延伸的对象，或［栏选(F)/窗交(C)/投影(P)/边(E)/删除(R)/放弃(U)］：（选择步骤(4) 绘制圆需要剪切部分）

选择要修剪的对象，或按住 Shift 键选择要延伸的对象，或［栏选(F)/窗交(C)/投影(P)/边(E)/删除(R)/放弃(U)］：（选择步骤(4) 绘制圆需要剪切部分）

选择要修剪的对象，或按住 Shift 键选择要延伸的对象，或［栏选(F)/窗交(C)/投影(P)/边(E)/删除(R)/放弃(U)］：（选择步骤(4) 绘制圆需要剪切部分）

(6) 调用直线指令绘制四条直线,分别连接正四边形中点和步骤(1) 水平或垂直方向的交点。

(7) 调用比例缩放指令:

选择对象:(选择前面绘制所有图形)

指定对角点:找到 10 个(系统自动提示)

选择对象:↙

指定基点:(选择步骤(1) 圆心)

指定比例因子或［复制(C)/参照(R)］＜1. 1935＞: r↙

指定参照长度 ＜10. 8900＞:(选择步骤(6) 所绘的一条直线第一点)

指定第二点:(选择步骤(6) 所绘的一条直线第二点)

指定新的长度或［点(P)］＜8. 1227＞: 5↙

注意:步骤(3) (4) (5) 可以合并用圆弧指令完成。

综合练习题

【练习 9-1】利用比例缩放功能绘制练习题图 9-1。

【练习 9-2】利用比例缩放功能绘制练习题图 9-2。

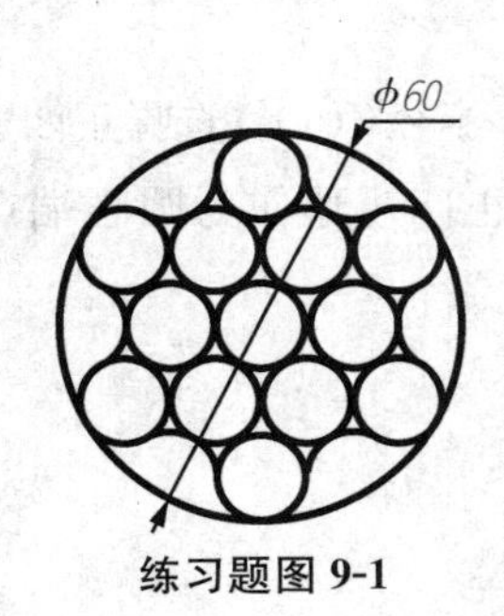

练习题图 9-1

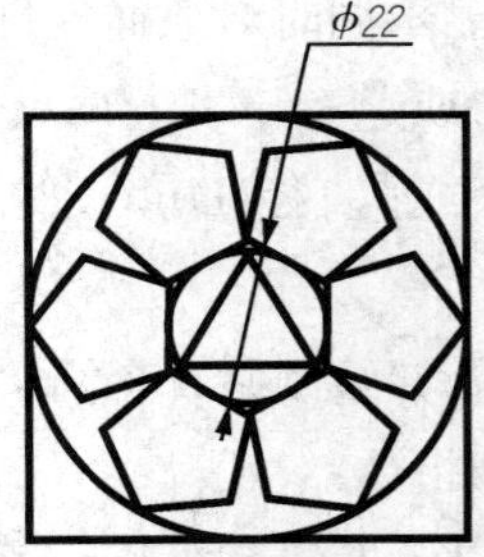

练习题图 9-2

【练习 9-3】利用拉伸功能绘制练习题图 9-3,由(a)图绘制成(b)图,尺寸自拟。

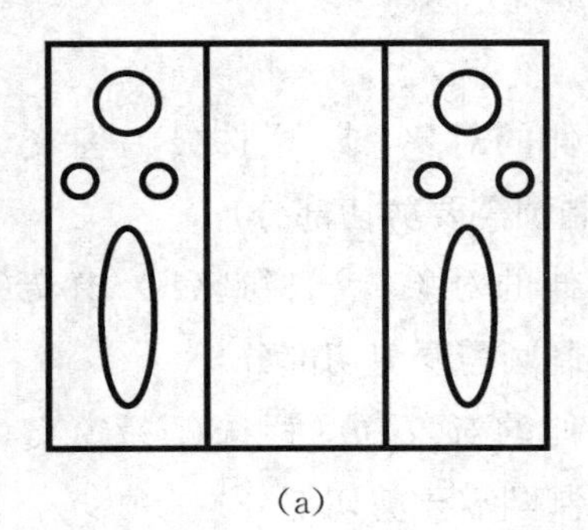

(a)

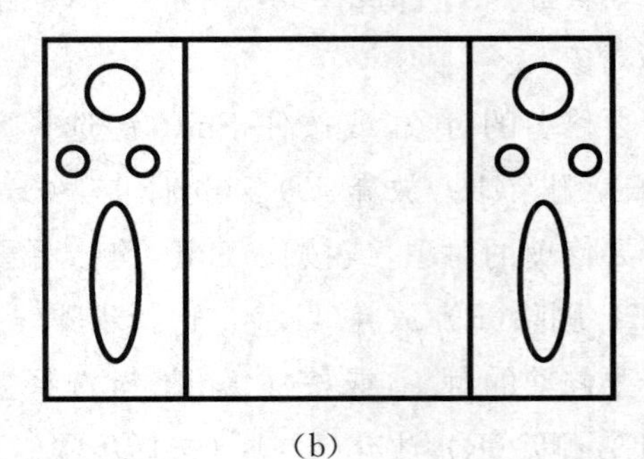

(b)

练习题图 9-3

任务十　图案填充、创建图表及面域功能

学习目标：学习 AutoCAD 图案填充和创建图表功能，掌握两种指令的不同使用方式，并能熟练地运用到实际中。

任务重点：图案填充、创建图表、面域

任务难点：图案填充

一、图案填充

在机械、建筑等工程制图中，经常需要对指定的区域进行图案填充。AutoCAD 中，系统提供了多种不同的符号供用户选择，并提供有专门的命令和面板用于各种图案和渐变颜色。

1．功能

通过"图案填充"命令，还可以为图形填充各式各样的图案效果。用户可使用"预定义"和"用户定义"两种图案类型为图形填充图案，而且可以对"预定义"的图案进行编辑。

2．指令调用

1）绘图工具栏中，单击图标即可。

2）下拉菜单：单击执行菜单中【绘图】→【图案填充】命令即可。

3）键盘输入：在命令行区域输入功能"bh↙"即可。

3．指令格式

1）调用图案填充指令后，会弹出如图 10-1 所示对话框。

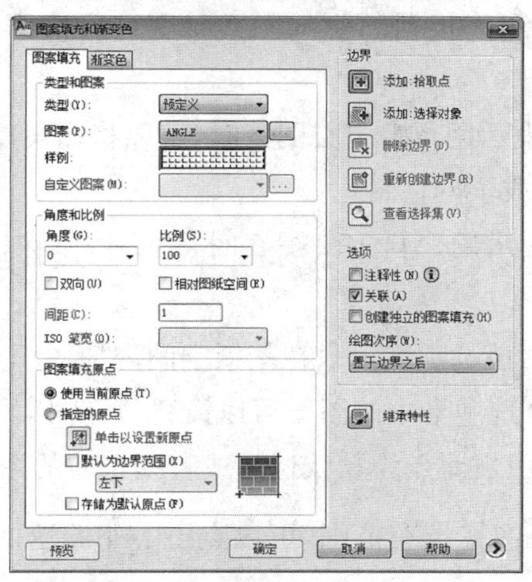

图 10-1　"图案填充"对话框

在该对话框中，对于各区域说明如下：

(1) 图案填充 渐变色：可以用来切换图案填充或渐变色功能，渐变色功能也可以在快捷工具条中图标调用。

(2) 类型(Y)：预定义：单击类型选项右边的翻页箭头，从中选取图案填充的类型。

(3) 图案(P)：ANGLE 或样例：可以选择填充图案类型，图案选择可以点选下三角标在已知类型中选择，或者点击 ... 图标进行选择(点击此处会弹出如图 10-2 所示对话框)，样例则可以直接点击后面图案根据需要进行选择。

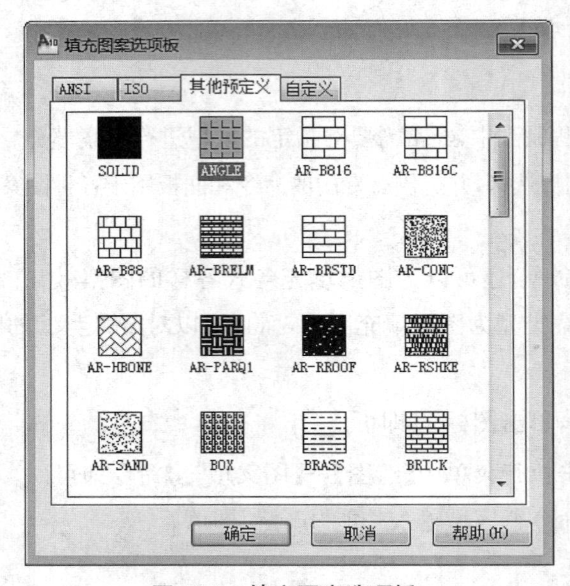

图 10-2 填充图案选项板

(4) 角度(G)：和比例(S)：可以根据图示的图案状态选择图案填充效果，图示默认角度为 0，比例为 1 倍。

(5) 双向(U)：该选项表示用户自定义图案时，可以将图案复制旋转 90°。如果是一组平行图案，则选择双向后就变成了网格。

(6) 间距(C)：该选项表示用户自定义图案时，用户可以在输入框内输入线与线之间的距离用来确定图案的疏密。

(7) 相对图纸空间(E)：该选项表示只在图纸空间内使用填充图案。

(8) ISO 笔宽(O)：ISO 选项卡中的图案可以设置填充图案的线宽。

(9) 图案填充远点：使用当前点为默认选项或者指定新的图案填充远点。

(10) 添加：拾取点：选择图案填充范围，可以点击后返回绘图界面，在需要填充范围内部点击即可将该范围选中。注意，该范围必须由封闭轮廓构成。

(11) 添加:选择对象 :选择图案填充范围,可以点击后返回绘图界面,点选构成需要填充范围所有对象。注意,该范围必须由封闭轮廓构成。

(12) 需要进行删除或者修改填充边界时可以在删除边界(D) 或重新创建边界(R)进行操作。

(13) 查看选择集(V) :暂时关闭对话框,并使用当前的图案填充或者填充设置显示当前定义的边界。

(14) 注释行、关联(A)、创建独立的填充图案(H):可以根据需要进行选择。

(15) 绘图次序(W):用来指定图形绘制次序。

(16) 继承特性 :点选图标,用于选择当前图形中一个已有的填充和作为当前填充图案。

所有选项完毕后,可以点击 确定 。

2) 渐变色选项卡,如图 10-3 所示。

图 10-3　渐变色选项卡

(1) 可以选择单色或双色进行渐变颜色填充。

(2) :用以选定填充颜色,可以点击 ... 进行选择。

(3) :用以选择渐变色明暗程度。

(4) 点选中间九种图案选项可以选择渐变效果。

(5) 方向:渐变配置形式。

所有选项完毕后,可以点击 确定 。

★**小提示**:图案填充完毕后,可在图中双击填充的图案进行修改。

【**例题 10-1**】利用图案填充指令绘制如图 10-4 所示图形。

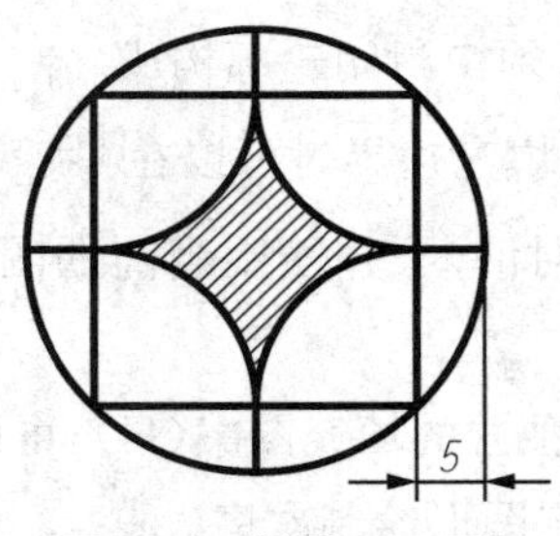

图 10-4　例题 10-1 图

绘图步骤如下：

(1) 调出例题 9-3 所绘图形，或者按照例题 9-3 所示方法将原始图形绘制出来。

(2) 在细实线图层下，调用图案填充指令，参数如图 10-5 所示。添加拾取点时点击中心区域的一点。填充图案选择如图 10-6 所示。

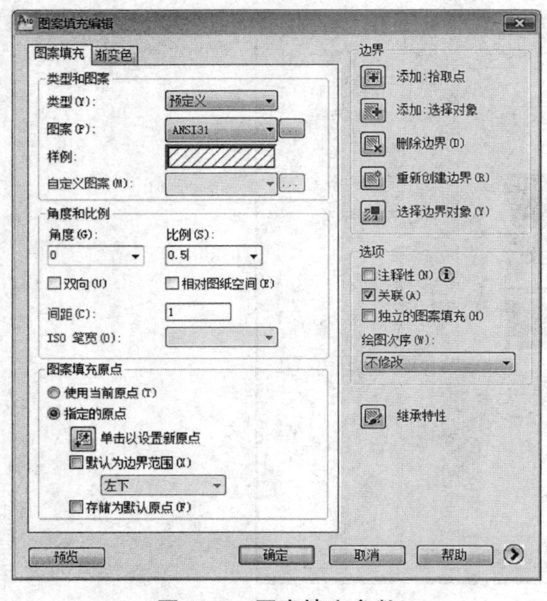

图 10-5　图案填充参数

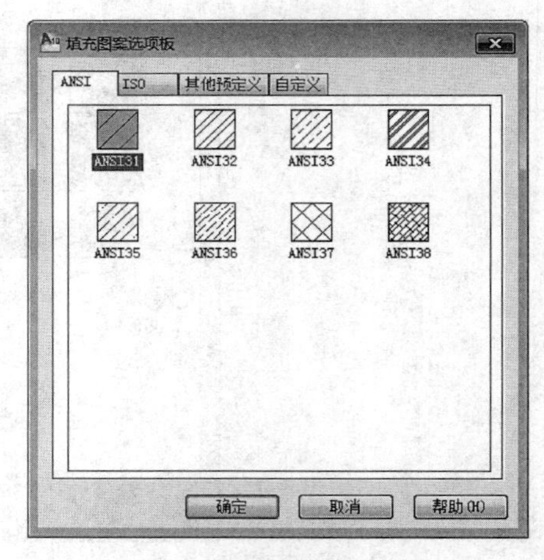

图 10-6　图案类型选择

二、创建图表

表格在 AutoCAD 绘图中经常会用到，表格是在行和列中包含数据的对象，可以定义表格样式。

1. 功能

指定表格的基本形式。

2. 指令调用

1) 绘图工具栏中,单击图标即可。

2) 下拉菜单:单击执行菜单中【格式】→【表格】命令即可,表格样式执行菜单中【格式】→【表格样式】命令即可。

3) 键盘输入:在命令行区域输入功能"Table↙"即可,表格样式在命令行区域输入功能"Tablestyle↙"即可。

3. 指令格式

调用创建表格指令后,弹出如图 10-7 所示对话框。

在该对话框中,对于各区域说明如下:

(1) Standard:可以选择表格创建的样式,也可以通过图表选择,在该模式下会弹出表格样式对话框,如图 10-8 所示。在该状态下也可以对表格样式进行新建或者修改、删除等操作。

(2) 插入选项:选择插入表格形式,如需新建空白,则选择从空白表格开始。

(3) 预览:可以对表格效果进行预览。

(4) 插入方式:可以选择插入点或插入区域来确定表格位置。

(5) 列和行设置:此处可以分别设置插入表格的行数和列数以及大小。

(6) 设置单元样式:可以指定表格中数据类型作用。

所有选项完毕后,可以点击确定。

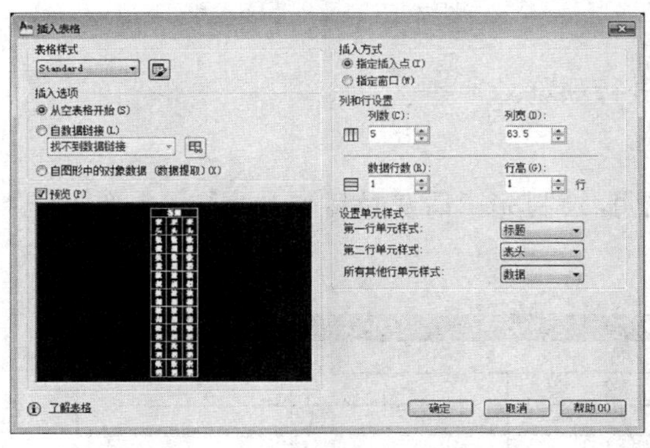

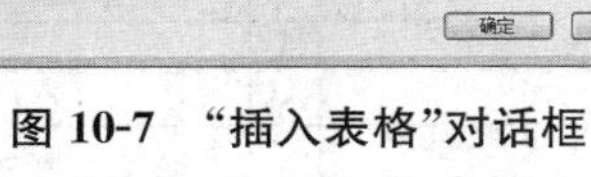

图 10-7　"插入表格"对话框

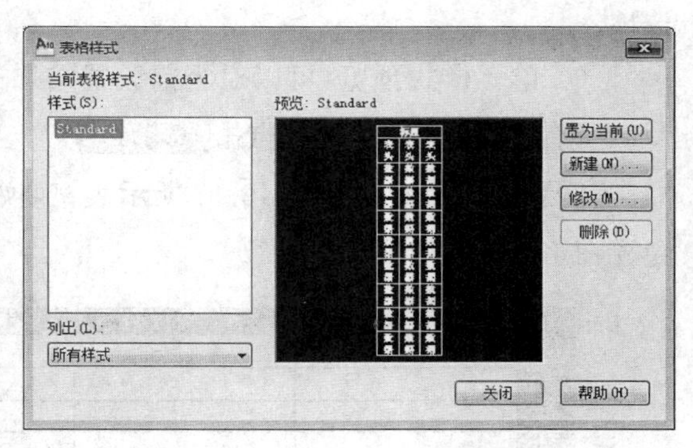

图 10-8　"表格样式"对话框

返回绘图界面后,可以在表格中填入相应的文字。在需要填充文字的表格区域双击鼠标即可进入文字输入状态。

4. 设置表格样式

调用表格样式指令后弹出如图 10-8 所示对话框。

说明:

(1) 置为当前(U) 和 删除(D) :分别用于将在“样式”列表框中的表格样式置为当前或者删除对应表格样式。

(2) 新建(N)... 和 修改(M)... :分别用于新建表格样式和修改已有的表格样式。如需新建样式,则弹出如图 10-9 所示对话框,在该处可以设置样式的名称和基础样式。对于新建或修改表格样式会弹出如图 10-10 所示对话框。

(3) 起始表格:可以在图形中选定一个表格作为样例来设置新表格样式,也可以将所选表格从前面指定的表格样式中删除。

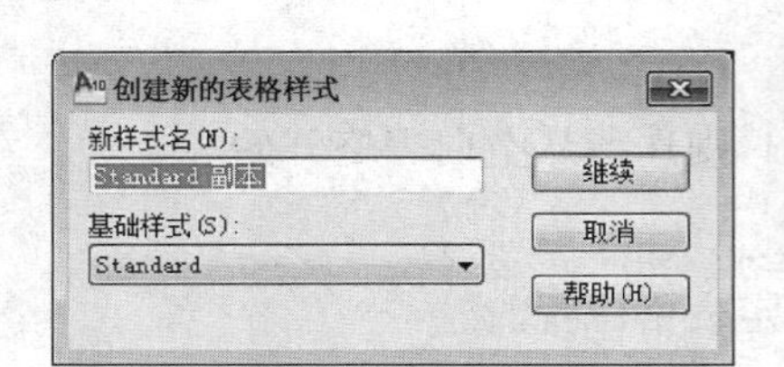

图 10-9　创建表格样式

图 10-10　“表格样式修改或创建”对话框

(4) 常规选项区:用于更改表格的方向。

(5) 单元样式:用于设置表中各种数据单元所用的文字外观。数据、标题、表头三个选项。

(6) 单元样式预览:可以对当前设置结果进行预览。

所有选项完毕后,可以点击 确定 。

【例题 10-2】绘制如图 10-11 所示表格,说明,绘制完毕后灰色区域 A、B、1、2 等部分不会存在。

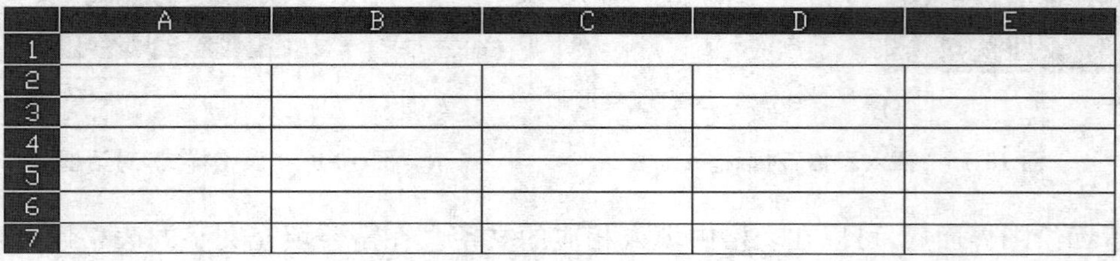

	A	B	C	D	E
1					
2					
3					
4					
5					
6					
7					

图 10-11　例题 10-2 图

绘图步骤如下:

调用绘制表格指令,参数如图 10-12 所示。

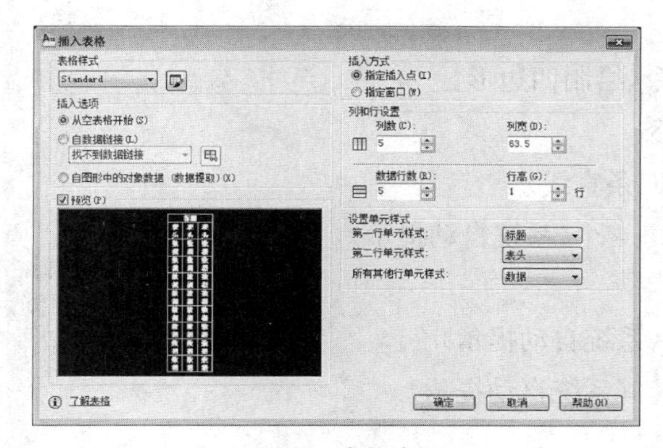

图 10-12　表格参数

三、面域

面域是具有物理特征的二维封闭区域。可以将现有的面域合并到单个复杂面域。

1．功能

(1) 使用 MASSPROP 提取设计信息。

(2) 应用填充和着色。

(3) 创建复杂对象，使用布尔运算将简单对象合并为复杂对象。

2．指令调用

1) 绘图工具栏中，单击图标即可。

2) 下拉菜单：单击执行菜单中【绘图】→【面域】命令即可。

3) 键盘输入：在命令行区域输入功能“region ↙”即可。

3．指令格式

选择对象：(拾取用来创建面域的对象)

指定对角点：找到 4 个(系统自动提示)

选择对象：(如需要继续选择，如结束则↙)

已提取 1 个环。(系统自动提示)

已创建 1 个面域。(系统自动提示)

【例题 10-3】 绘制如图 10-13 所示图形，并创建面域。

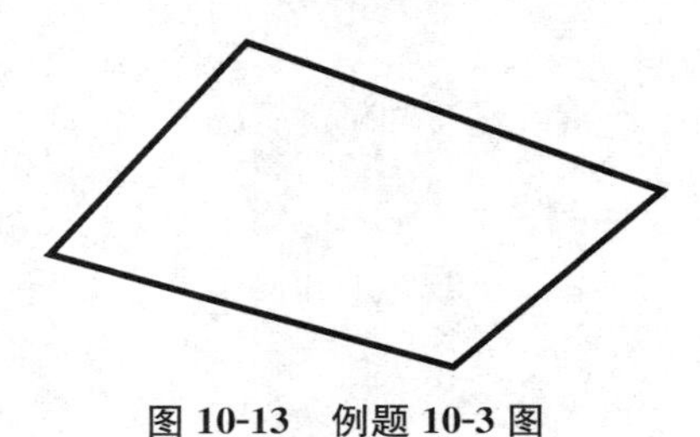

图 10-13　例题 10-3 图

绘图步骤如下：

(1) 调用直线指令，绘制四边形。

(2) 调用面域指令

选择对象：(拾取四条直线)

指定对角点：找到 4 个(系统自动提示)

选择对象：↙

已提取 1 个环。(系统自动提示)

已创建 1 个面域。(系统自动提示)

综合练习题

【练习 10-1】 利用图案填充功能绘制练习题图 10-1。

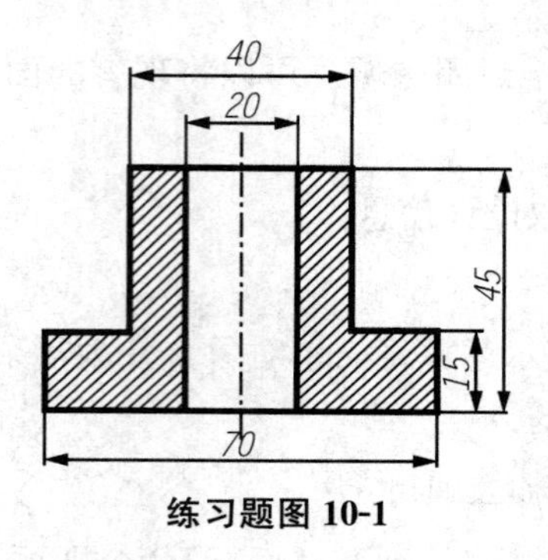

练习题图 10-1

【练习 10-2】 利用图案填充功能绘制练习题图 10-2。

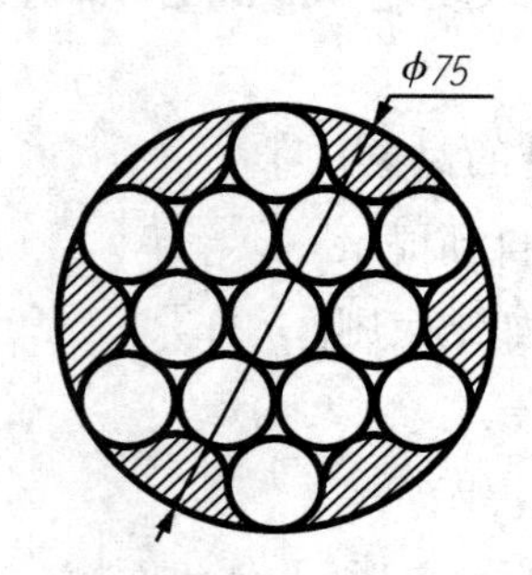

练习题图 10-2

【练习 10-3】 利用图案填充功能绘制练习题图 10-3。

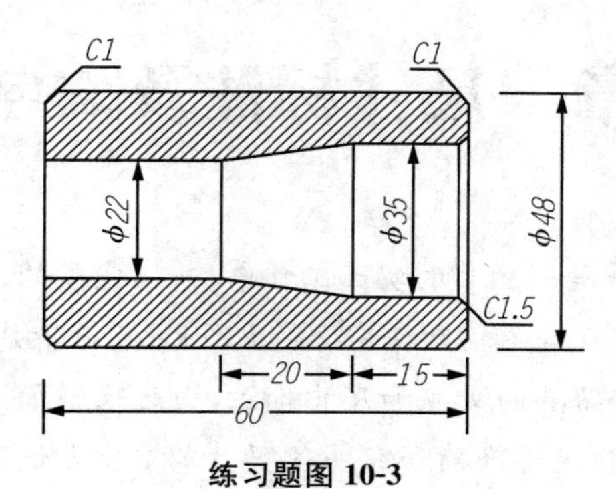

练习题图 10-3

【练习 10-4】 利用表格功能绘制练习题图 10-4。

明细表			
序号	名称	件数	备注
1	螺栓	4	GB27-88
2	螺母	4	GB41-76
3	压板	2	发蓝
4	压块	2	发蓝

练习题图 10-4

第四章　尺寸标注及文字编辑

在用AutoCAD设计和绘制图形的实际工作中，一幅完整的工程图样，不仅需要使用相关的绘图命令、编辑命令以及绘图辅助工具绘制出图形，用以清楚表达设计者的总体思想和意图，另外还需要加注一些必要的文字和尺寸标注，由此来增加图形的可读性，使图形本身不易表达的内容与图形信息变得准确和容易理解。本章重点讲解尺寸样式的设置、线性尺寸的标注、角度标注、弧长标注、直径和半径尺寸的标注、连续及基线尺寸标注、引线标注、形位公差的标注以及创建文字样式、创建单行文字和多行文字、输入特殊字符、文字修改、文字查找与检查、表格应用等内容。

任务十一　尺寸标注

学习目标：本节任务以学习不同尺寸标注方法为目标，要求学生掌握基本的尺寸标注方式并能够自行完成课后习题。在绘图过程中快速有效地对所绘工程图进行尺寸标注。

任务重点：尺寸标注

任务难点：基本尺寸标注(线性尺寸、圆或圆弧尺寸、角度、公差等)

一、尺寸标注概述

1. 尺寸标注的组成

尽管尺寸标注在类型和外观上多种多样，但一个完整的尺寸标注都是由尺寸线、尺寸界限线、尺寸箭头和尺寸文字4部分组成，如图11-1所示。

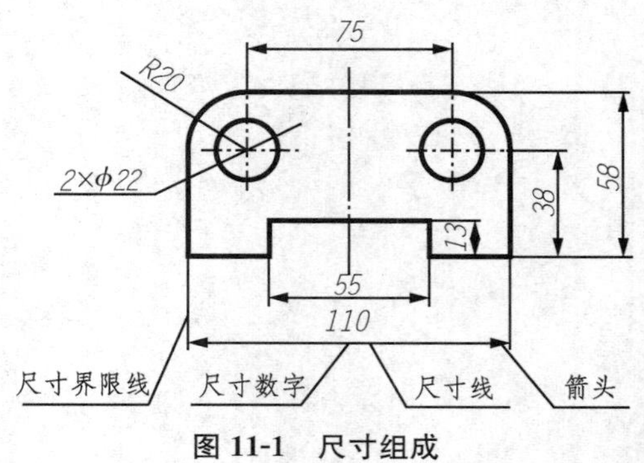

图11-1　尺寸组成

(1) 尺寸线　尺寸线表示尺寸标注的范围。通常是带有箭头且平行于被标注对象的单线段。标注文字沿尺寸线放置。对于角度标注，尺寸线可以是一段圆弧。

(2) 尺寸界限线　尺寸界限线表示尺寸线的

开始和结束。通常从被标注对象延长至尺寸线，一般与尺寸线垂直。有些情况下，也可以选用某些图形对象的轮廓线或中心线代替尺寸界限线。

(3) 尺寸箭头　尺寸箭头在尺寸线的两端，用于标记尺寸标注的起始和终止位置。AutoCAD 提供了多种形式的尺寸箭头，包括建筑标记、小斜线箭头、点和斜杠标记。读者也可以根据绘图需要创建自己的箭头形式。

(4) 尺寸数字　尺寸数字用于表示实际测量值。可以使用由 AutoCAD 自动计算出的测量值，提供自定义的文字或完全不用文字。如果使用生成的文字，则可以附加"加/减公差、前缀和后缀"。

在 AutoCAD 中，通常将尺寸的各个组成部分作为块处理，因此，在绘图过程中，一个尺寸标注就是一个对象。

2. 尺寸标注规则

(1) 尺寸标注的基本规则

◆ 图形对象的大小以尺寸数值所表示的大小为准，与图线绘制的精度和输出时的精度无关。

◆ 一般情况下，采用毫米为单位时不需要注写单位，否则，应该明确注写尺寸所用单位。

◆ 尺寸标注所用字符的大小和格式必须满足国家标准。在同一图形中，同一类终端应该相同，尺寸数字大小应该相同，尺寸线间隔应该相同。

◆ 尺寸数字和图线重合时，必须将图线断开。如果图线不便于断开来表达对象时，应该调整尺寸标注的位置。

(2) AutoCAD 中尺寸标注的其他规则

一般情况下，为了便于尺寸标注的统一和绘图的方便，在 AutoCAD 中标注尺寸时应该遵守以下的规则。

◆ 为尺寸标注建立专用的图层。建立专用的图层，可以控制尺寸的显示和隐藏，和其他的图线可以迅速分开，便于修改、浏览。

◆ 为尺寸文本建立专门的文字样式。对照国家标准，应该设定好字符的高度、宽度系数、倾斜角度等。

◆ 设定好尺寸标注样式。按照我国的国家标准，创建系列尺寸标注样式，内容包括直线和终端、文字样式、调整对齐特性、单位、尺寸精度、公差格式和比例因子等。

◆ 保存尺寸格式及其格式簇，必要时使用替代标注样式。

◆ 采用 1∶1 的比例绘图。由于尺寸标注时可以让 AutoCAD 自动测量尺寸大小，所以采用 1∶1 的比例绘图，绘图时无须换算，在标注尺寸时也无须再键入尺寸大小。如果最后统一修改了绘图比例，相应应该修改尺寸标注的全局比例因子。

◆ 标注尺寸时应该充分利用对象捕捉功能准确标注尺寸，可以获得正确的尺寸数值。

尺寸标注为了便于修改，应该设定成关联的。

◆ 在标注尺寸时，为了减少其他图线的干扰，应该将不必要的层关闭，如剖面线层等。

3. 尺寸标注图标位置

在已经打开的工具栏上任意位置右击鼠标，在系统弹出的光标菜单上选择"标注"选项，系统弹出尺寸"标注"工具栏，工具栏中各图标的意义如图 11-2 所示。

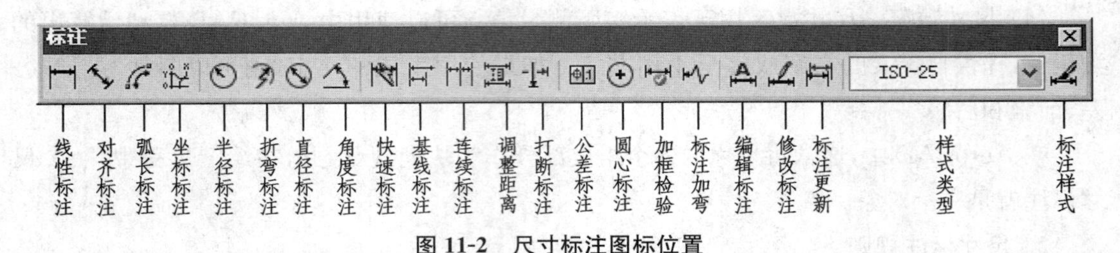

图 11-2　尺寸标注图标位置

4. 尺寸标注的类型

AutoCAD 中的尺寸标注可以分为以下类型：直线标注、角度标注、径向标注、坐标标注、引线标注、公差标注、中心标注以及快速标注等。

(1) 直线标注　直线标注包括线性标注、对齐标注、基线标注和连续标注。

◆ 线性标注：线性标注是测量两点间的直线距离。按尺寸线的放置可分为水平标注、垂直标注和旋转标注三个基本类型。

◆ 对齐标注：对齐标注是创建尺寸线平行于尺寸界线起点的线性标注。

◆ 基线标注：基线标注是创建一系列的线性、角度或者坐标标注，每个标注都从相同原点测量出来。

◆ 连续标注：连续标注是创建一系列连续的线性、对齐、角度或者坐标标注，每个标注都是从前一个或者最后一个选定的标注的第二尺寸界线处创建，共享公共的尺寸界线。

(2) 角度标注　角度标注用于测量角度。

(3) 径向标注　径向标注包括半径标注、直径标注和弧长标注。

◆ 半径标注：半径标注是用于测量圆和圆弧的半径。

◆ 直径标注：直径标注是用于测量圆和圆弧的直径。

◆ 弧长标注：弧长标注是用于测量圆弧的长度。

(4) 坐标标注　使用坐标系中相互垂直的 X 和 Y 坐标轴作为参考线，依据参考线标注给定位置的 X 或者 Y 坐标值。

(5) 引线标注　引线标注用于创建注释和引线，将文字和对象在视觉上链接在一起。

(6) 公差标注　公差标注用于创建形位公差标注。

(7) 中心标注　中心标注用于创建圆心和中心线，指出圆或者是圆弧的中心。

(8) 快速标注　快速标注是通过一次选择多个对象，创建标注排列。例如：基线、连续和坐标标注。

二、尺寸标注样式设置

1. 创建尺寸样式

缺省情况下，在 AutoCAD 中创建尺寸标注时使用的尺寸标注样式是"ISO-25"，用户可以根据需要创建一种新的尺寸标注样式。

AutoCAD 提供的"标注样式"命令即可用来创建尺寸标注样式。启用"标注样式"命令后，系统将弹出"标注样式"对话框，从中可以创建或调用已有的尺寸标注样式。在创建新的尺寸标注样式时，用户需要设置尺寸标注样式的名称，并选择相应的属性。

启用"标注样式"命令有三种方法。

★选择→【格式】→【标注样式】菜单命令

★单击【样式】工具栏中的"标注样式管理器"按钮

★输入命令：DIMSTYLE

启用"标注样式"命令后，系统弹出如图 11-3 所示的"标注样式管理器"对话框，各选项功能如下：

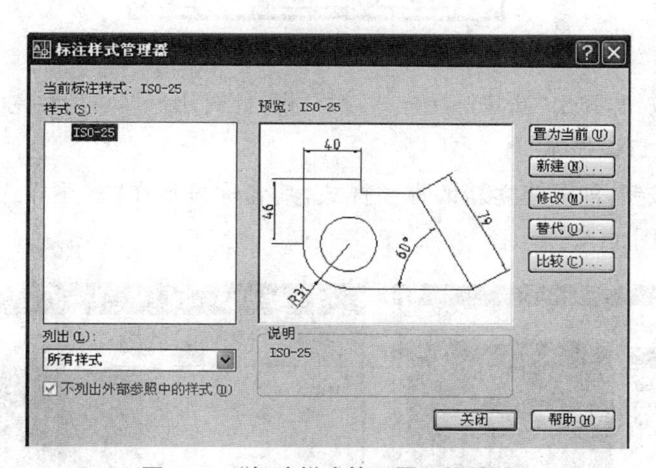

图 11-3　"标注样式管理器"对话框

◎【样式】选项：显示当前图形文件中已定义的所有尺寸标注样式。

◎【预览】选项：显示当前尺寸标注样式设置的各种特征参数的最终效果图。

◎【列出】选项：用于控制在当前图形文件中是否全部显示所有的尺寸标注样式。

◎ 置为当前(U) 按钮：用于设置当前标注样式。对每一种新建立的标注样式或对原式样的修改后，均要置为当前设置才有效。

◎ 新建(N)... 按钮：用于创建新的标注样式。

◎ 修改(M)... 按钮：用于修改已有标注样式中的某些尺寸变量。

◎ 替代(O)... 按钮：用于创建临时的标注样式。当采用临时标注样式标注某一尺寸后，再继续采用原来的标注样式标注其他尺寸时，其标注效果不受临时标注样式的影响。

◎ 比较(C)... 按钮：用于比较不同标注样式中不相同的尺寸变量，并用列表的形式显示出来。

创建尺寸样式的操作步骤如下：

①利用上述任意一种方法启用“标注样式”命令，弹出“标注样式管理器”对话框，在“样式”列表下显示了当前使用图形中已存在的标注样式，如图 11-3 所示。

②单击新建按钮，弹出“创建新标注样式”对话框，在“新样式名”选项的文本框中输入新的样式名称；在“基础样式”选项的下拉列表中选择新标注样式是基于哪一种标注样式创建的；在“用于”选项的下拉列表中选择标注的应用范围，如应用于所有标注、半径标注、对齐标注等，如图 11-4 所示。

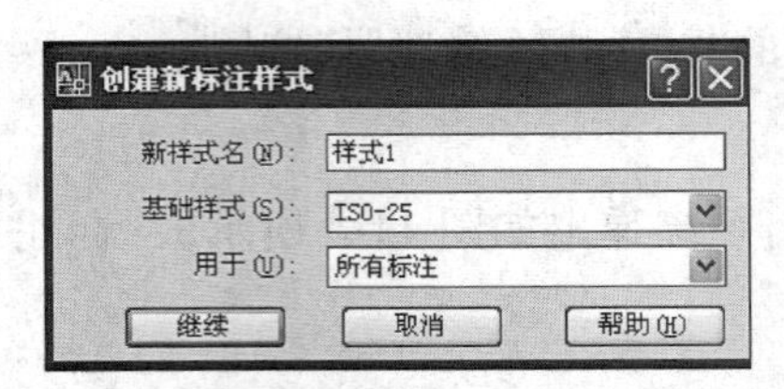

图 11-4 “创建新标注样式”对话框

③单击继续按钮，弹出“新建标注样式”对话框，此时用户即可应用对话框中的 7 个选项卡进行设置，如图 11-5 所示。

④单击确定按钮，即可建立新的标注样式，其名称显示在“标注样式管理器”对话框的“样式”列表下，如图 11-6 所示。

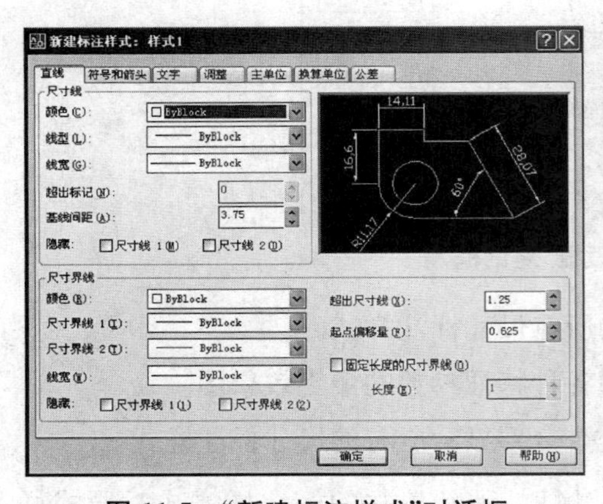

图 11-5 “新建标注样式”对话框

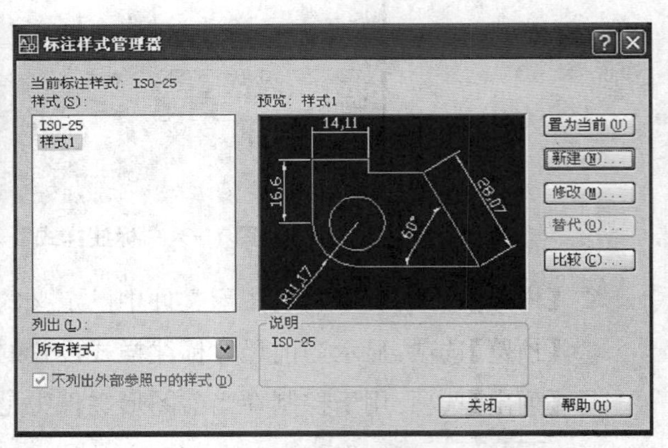

图 11-6 “标注样式管理器”对话框

⑤在“样式”列表内选中刚创建的标注样式，单击“置为当前”按钮，即可将该样式设置为当前使用的标注样式。

⑥单击“关闭”按钮，即可关闭对话框，返回绘图窗口。

2．控制尺寸线和尺寸界线

在前面创建标注样式时，在图 11-5 所示的“新建标注样式”对话框中有 7 个选项卡来设置标注的样式，在“线”选项卡中，可以对尺寸线、尺寸界线进行设置，如图 11-7 所示。

(1) 调整尺寸线　在“尺寸线”选项组中可以设置影响尺寸线的一些变量。

◎【颜色】下拉列表框：用于选择尺寸线的颜色。

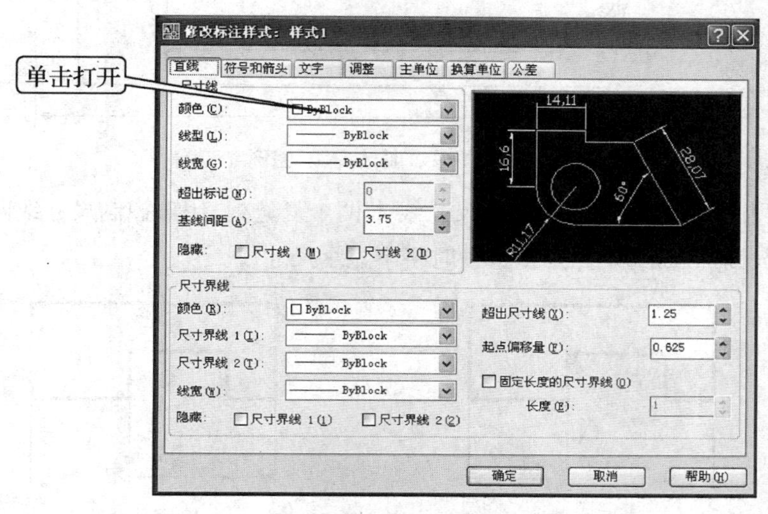

图 11-7　“尺寸线和尺寸界线”直线选项

◎【线型】下拉列表框：用于选择尺寸线的线型，正常选择为连续直线。

◎【线宽】下拉列表框：用于指定尺寸线的宽度，线宽建议选择 0.25。

◎【超出标记】选项：指定当箭头使用倾斜、建筑标记、积分和无标记时尺寸线超过尺寸界线的距离，如图 11-8 所示。

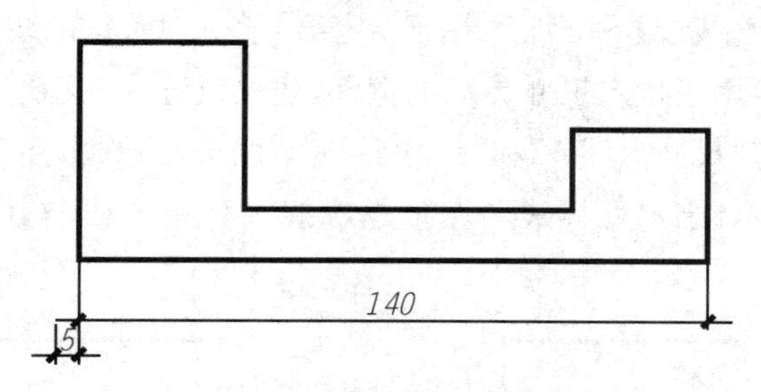

图 11-8　“超出标记”图例

◎【基线间距】选项：决定平行尺寸线间的距离。如：创建基线型尺寸标注时，相邻尺寸线间的距离由该选项控制，如图 11-9 所示。

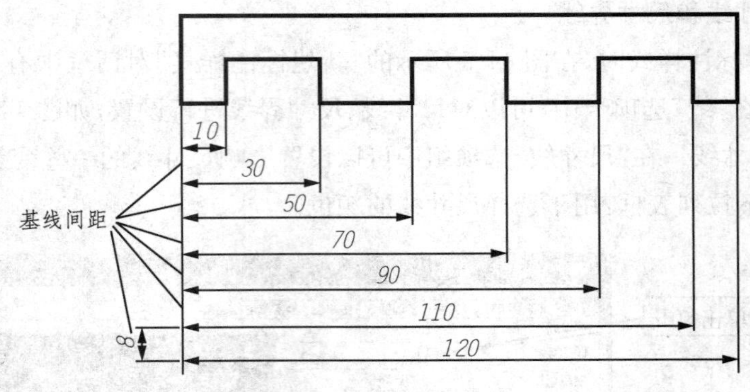

图 11-9 “基线间距”图例

◎【隐藏】选项:有“尺寸线 1”和“尺寸线 2”两个复选框,用于控制尺寸线两端的可见性,如图 11-10 所示。同时选中两个复选框时将不显示尺寸线。

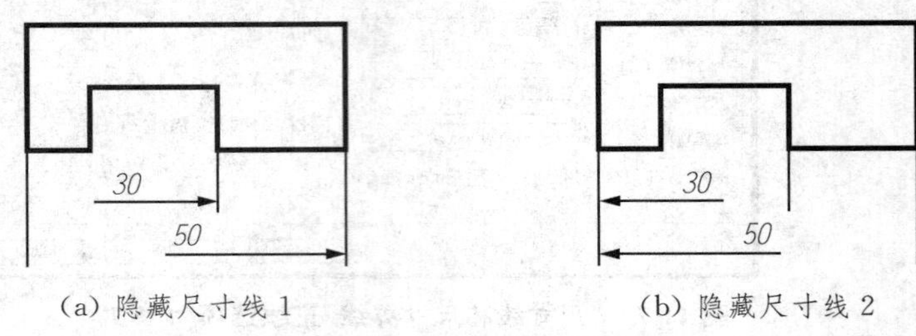

(a) 隐藏尺寸线 1　　(b) 隐藏尺寸线 2

图 11-10 “隐藏尺寸线”图例

(2) 控制尺寸界线　在“尺寸界线”选项组中可以设置尺寸界线的外观。

◎【颜色】列表框:用于选择尺寸界线的颜色。

◎【线型尺寸界线 1 线型】下拉列表:用于指定第一条尺寸界线的线型,正常设置为连续线。

◎【线型尺寸界线 2 线型】下拉列表:用于指定第二条尺寸界线的线型,正常设置为连续线。

◎【线宽】列表框:用于指定尺寸界线的宽度,建议设置为 0.25。

◎【隐藏】选项:有“尺寸界线 1”和“尺寸界线 2”两个复选框,用于控制两条尺寸界线的可见性,如图 11-11 所示;当尺寸界线与图形轮廓线发生重合或与其他对象发生干涉时,可选择隐藏尺寸界线。

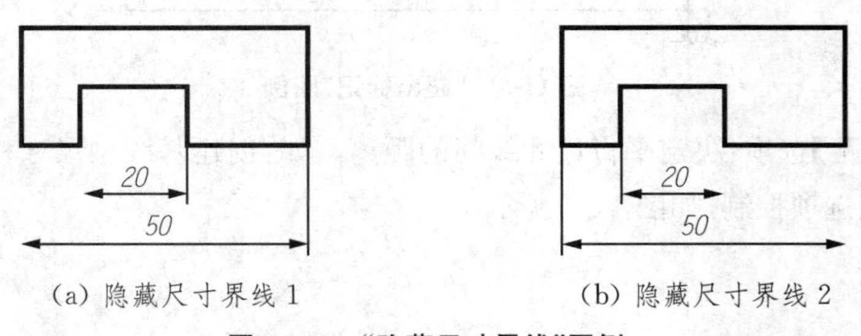

(a) 隐藏尺寸界线 1　　(b) 隐藏尺寸界线 2

图 11-11 “隐藏尺寸界线”图例

◎【超出尺寸线】选项:用于控制尺寸界线超出尺寸线的距离,如图 11-12 所示,通常规定尺寸界线的超出尺寸为 2—3mm，使用 1∶1 的比例绘制图形时，设置此选项为 2 或 3。

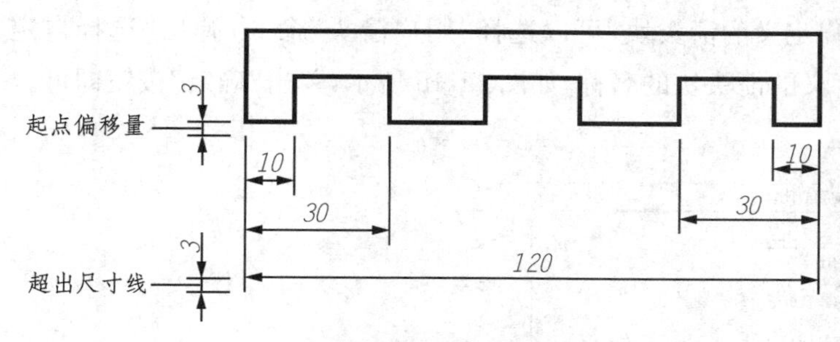

图 11-12 “超出尺寸线和起点偏移量”图例

◎【起点偏移量】选项：用于设置自图形中定义标注的点到尺寸界线的偏移距离，如图 11-12 所示。通常尺寸界线与标注对象间有一定的距离，能够较容易地区分尺寸标注和被标注对象。

◎【固定长度的尺寸界线】复选框：用于指定尺寸界线从尺寸线开始到标注原点的总长度。

3．控制符号和箭头

在“符号和箭头”选项卡中，可以对箭头、圆心标记、弧长符号和折弯半径标注的格式和位置进行设置，如图 11-13 所示。下面分别对箭头、圆心标记、弧长符号和半径标注、折弯的设置方法进行详细的介绍。

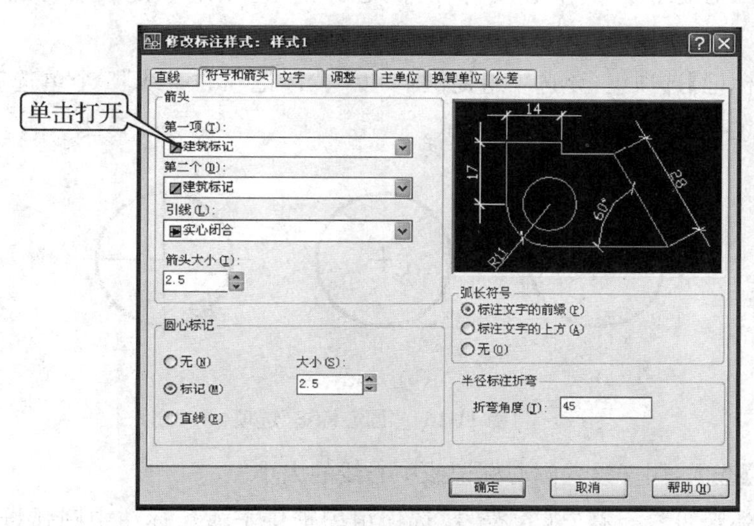

图 11-13 “符号和箭头”选项

(1) 箭头的使用　在“箭头”选项组中提供了对尺寸箭头的控制选项。

◎【第一项】下拉列表框：用于设置第一条尺寸线的箭头样式。

◎【第二个】下拉列表框：用于设置第二条尺寸线的箭头样式。当改变第一个箭头的类型时，第二个箭头将自动改变以同第一个箭头相匹配。

AutoCAD 提供了 19 种标准的箭头类型，如图 11-14 所示，可以通过滚动条来进行选取。要指定用户定义的箭头块，可以选择“用户箭头”命令，弹出“选择自定义箭头块”对话框，选择用户定义的箭头块的名称，如图 11-15 所示，单击“确定”按钮即可。

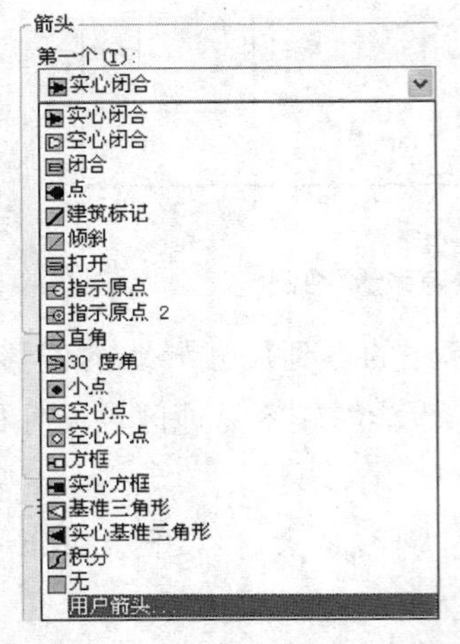

图 11-14　“19 种标准的箭头”类型

图 11-15　选择自定义箭头块

◎【引线】下拉列表框：用于设置引线标注时的箭头样式。

◎【箭头大小】选项：用于设置箭头的大小。

(2) 设置圆心标记及圆中心线　在“圆心标记”选项组中提供了对圆心标记的控制选项。

◎【圆心标记】选项组：该选项组提供了“无”、“标记”和“直线”3 个单选项，可以设置圆心标记或画中心线，效果如图 11-16 所示。

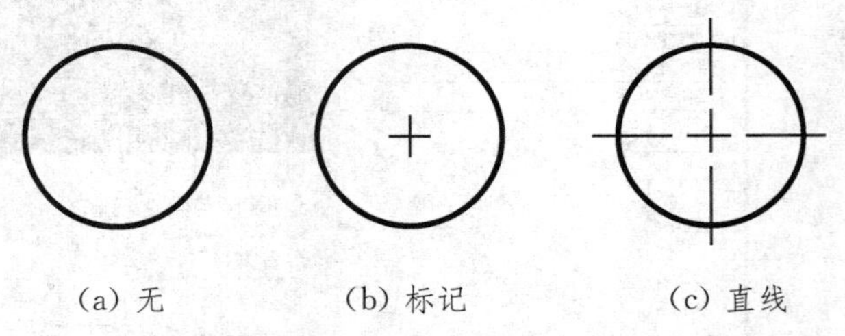

(a) 无　　(b) 标记　　(c) 直线

图 11-16　“圆心标记”选项

◎【大小】选项：用于设置圆心标记或中心线的大小。

(3) 设置弧长符号　在“弧长符号”选项组中提供了弧长标注中圆弧符号的显示控制选项。

◎【标注文字的前缀】单选项：用于将弧长符号放在标注文字的前面。

◎【标注文字的上方】单选项：用于将弧长符号放在标注文字的上方。

◎【无】单选项：用于不显示弧长符号。

三种不同方式显示如图 11-17 所示。

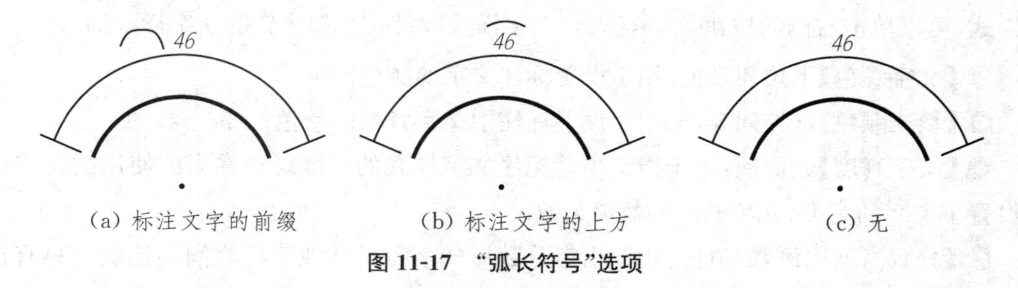

图 11-17　“弧长符号”选项

(4) 设置半径标注折弯　在“半径标注折弯”选项组中提供了折弯(Z 字型)半径标注的显示控制选项。

◎【折弯角度】数值框：确定用于连接半径标注的尺寸界线和尺寸线的横向直线的角度，如图 11-18 所示折弯角度为 45°。

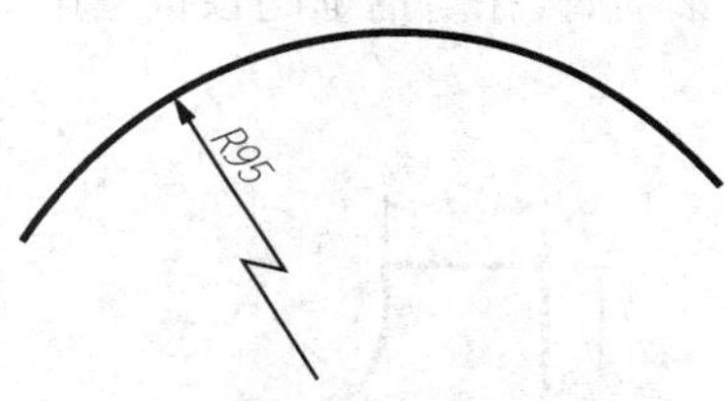

图 11-18　“折弯角度”数值

4．控制标注文字外观和位置

在“新建标注样式”对话框的“文字”选项卡中，可以对标注文字的外观和文字的位置进行设置，如图 11-19 所示。下面对文字的外观和位置的设置进行详细的介绍。

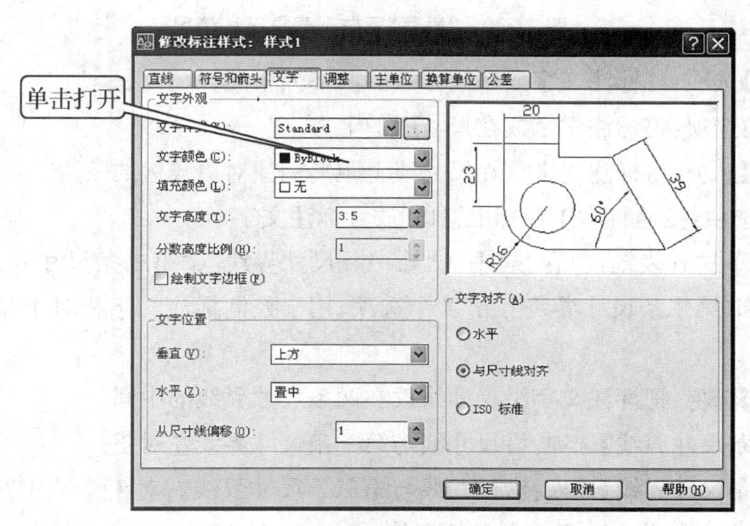

图 11-19　“文字”选项

(1) 文字外观　在“文字外观”选项组中可以设置控制标注文字的格式和大小。

◎【文字样式】下拉列表框：用于选择标注文字所用的文字样式。如果需要重新创建文字样式，可以单击右侧的按钮...，弹出“文字样式”对话框，创建新的文字样式即可。

◎【文字颜色】下拉列表框：用于设置标注文字的颜色。

◎【填充颜色】下拉列表框：用于设置标注中文字背景的颜色。

◎【文字高度】数值框：用于指定当前标注文字样式的高度。若在当前使用的文字样式中设置了文字的高度，此项输入的数值无效。

◎【分数高度比例】数值框：用于指定分数形式字符与其他字符之间的比例。只有在选择支持分数的标注格式时，才可进行设置。

◎【绘制文字边框】复选框：用于给标注文字添加一个矩形边框。

(2) 文字位置　在“文字位置”选项组中，可以设置控制标注文字的位置。

在“垂直”下拉列表框：包含“居中”、“上方”、“外部”和“JIS”4 个选项，用于控制标注文字相对尺寸线的垂直位置。选择某项时，在对话框的预览框中可以观察到标注文字的变化，如图 11-20 所示。

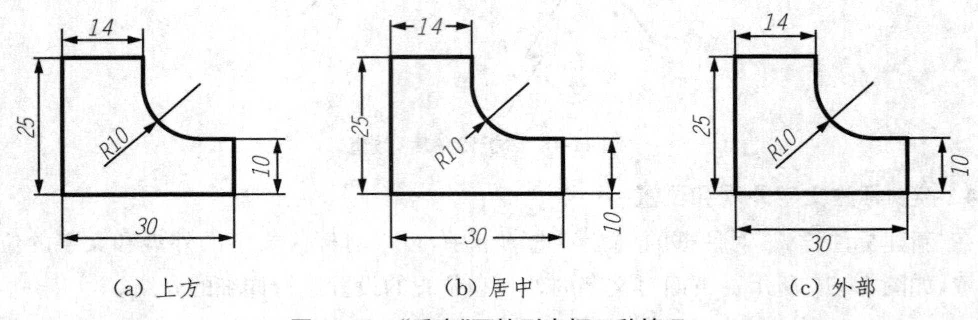

图 11-20　“垂直”下拉列表框三种情况

◎【居中】选项：将标注文字放在尺寸线的两部分中间。

◎【上方】选项：将标注文字放在尺寸线的上方。

◎【外部】选项：将标注文字放在尺寸线上距离标注对象较远的一边。

◎【JIS】选项：按照日本工业标准“JIS”放置标注文字。

在“水平”下拉列表框：包含“居中”、“第一条尺寸界线”、“第二条尺寸界线”、“第一条尺寸界线上方”和“第二条尺寸界线上方”5 个选项，用于控制标注文字相对于尺寸线和尺寸界线的水平位置。

◎【居中】选项：把标注文字沿尺寸线放在两条尺寸界线的中间。

◎【第一条尺寸界线】选项：沿尺寸线与第一条尺寸界线左对正。

◎【第二条尺寸界线】选项：沿尺寸线与第二条尺寸界线右对正。尺寸界线与标注文字的距离是箭头大小加上文字间距之和的两倍，如图 11-21 所示。

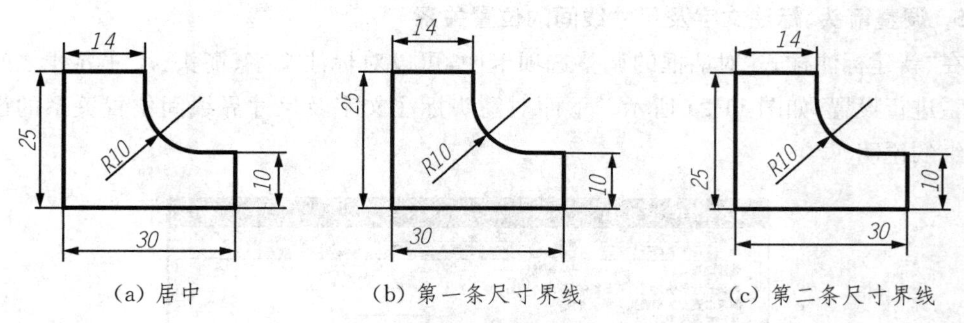

(a) 居中　　(b) 第一条尺寸界线　　(c) 第二条尺寸界线

图 11-21　“水平”下拉框的三种情况

◎【第一条尺寸界线上方】选项：沿着第一条尺寸界线放置标注文字或把标注文字放在第一条尺寸界线之上。

◎【第二条尺寸界线上方】选项：沿着第二条尺寸界线放置标注文字或把标注文字放在第二条尺寸界线之上，如图 11-22 所示。

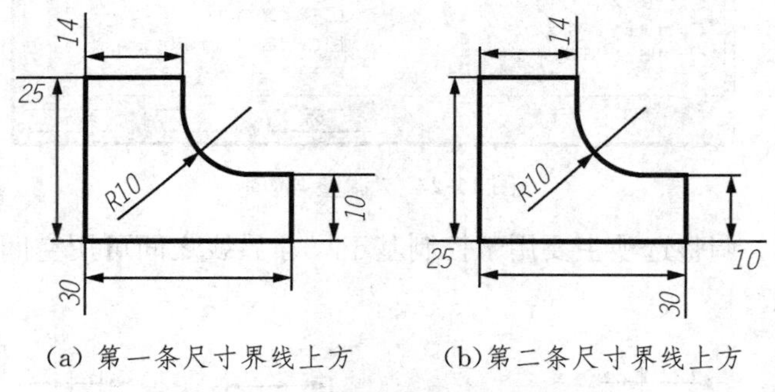

(a) 第一条尺寸界线上方　　(b)第二条尺寸界线上方

图 11-22　“水平”下拉框的两种情况

◎【从尺寸线偏移】数值框：用于设置当前文字与尺寸线之间的间距，如图 11-23 所示。AutoCAD 也将该值用作尺寸线线段所需的最小长度。

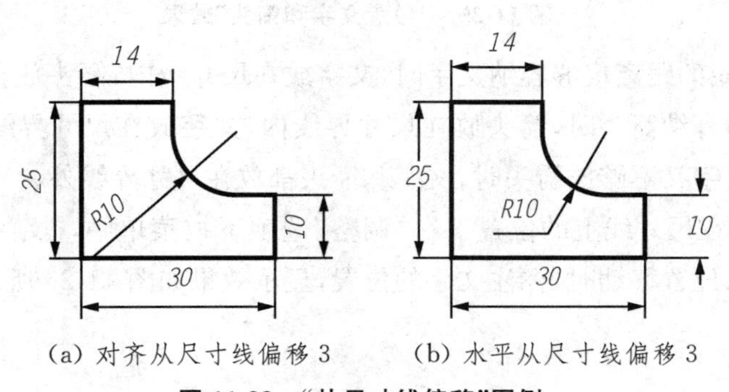

(a) 对齐从尺寸线偏移 3　　(b) 水平从尺寸线偏移 3

图 11-23　“从尺寸线偏移”图例

注意：仅当生成的线段至少与文字间距同样长时，AutoCAD 才会在尺寸界线内侧放置文字。仅当箭头、标注文字以及页边距有足够的空间容纳文字间距时，才将尺寸上方或下方的文字置于内侧。

5. 调整箭头、标注文字及尺寸线间的位置关系

在“新建标注样式”对话框的调整选项卡中，可以对标注文字、箭头、尺寸界线之间的位置关系进行设置，如图 11-24 所示。下面对箭头标注文字及尺寸界线间位置关系的设置进行详细的说明。

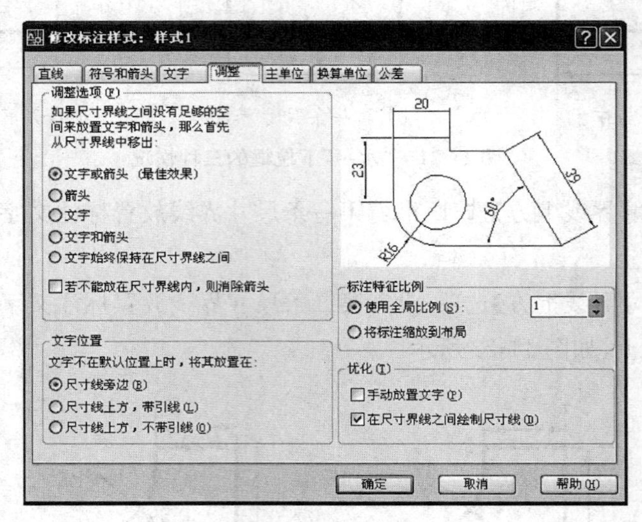

图 11-24 “调整”选项

(1) 调整选项　调整选项主要用于控制基于尺寸界线之间可用空间的文字和箭头的位置，如图 11-25 所示。

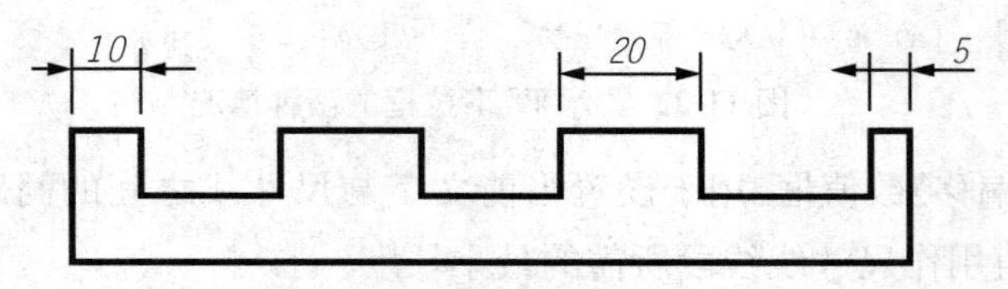

图 11-25 “放置文字和箭头”效果

注意：当尺寸间的距离仅够容纳文字时，文字放在尺寸线内，箭头放在尺寸线外；当尺寸界线间的距离仅够容纳箭头时，箭头放在尺寸界线内，文字放在尺寸界线外；当尺寸界线间的距离既不够放文字又不够放箭头时，文字和箭头都放在尺寸界线外。

(2) 调整文字在尺寸线上的位置　在“调整”选项下拉菜单中，“文字位置”选项用于设置标注文字从默认位置移动时，标注文字的位置，显示效果如图 11-26 所示。

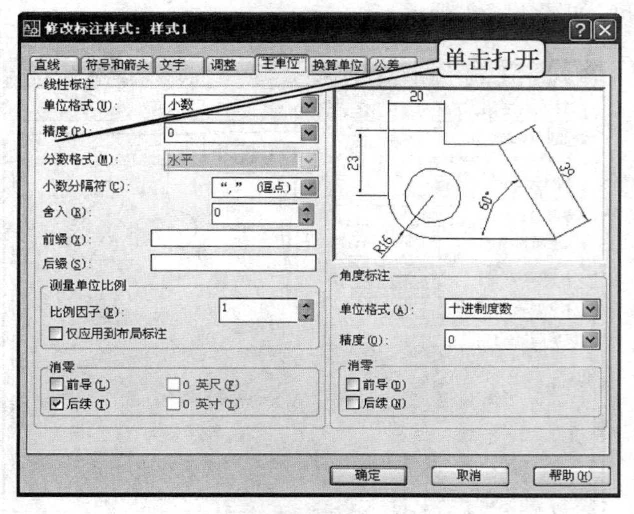

图 11-26　调整文字在尺寸线上的位置

(3) 调整标注特征的比例

在“调整”选项下拉菜单中，“标注特征比例”选项组用于设置全局标注比例值或图纸空间比例。

6．设置文字的主单位

在“新建标注样式”对话框的“主单位”选项卡中，可以设置主标注单位的格式和精度，并设置标注文字的前缀和后缀，如图 11-27 所示。

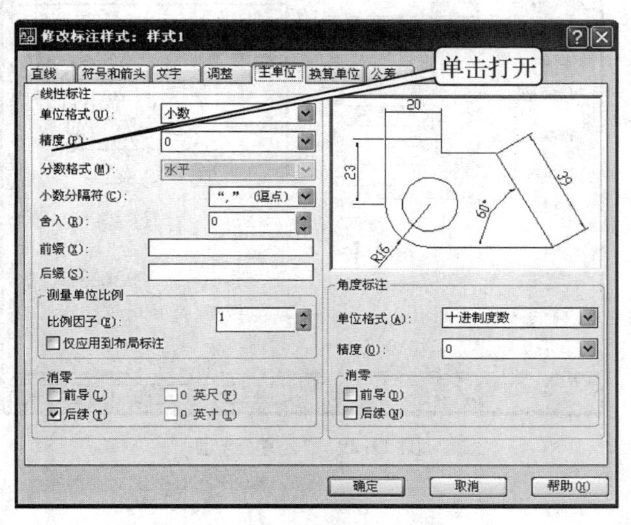

图 11-27　“主单位”选项

7．设置不同单位尺寸间的换算格式及精度

在“新建标注样式”对话框的“换算单位”选项卡中，选择“显示换算单位”复选框，当前对话框变为可设置状态。此选项卡中的选项可用于设置文件的标注测量值中换算单位的显示并设置其格式和精度，如图 11-28 所示。

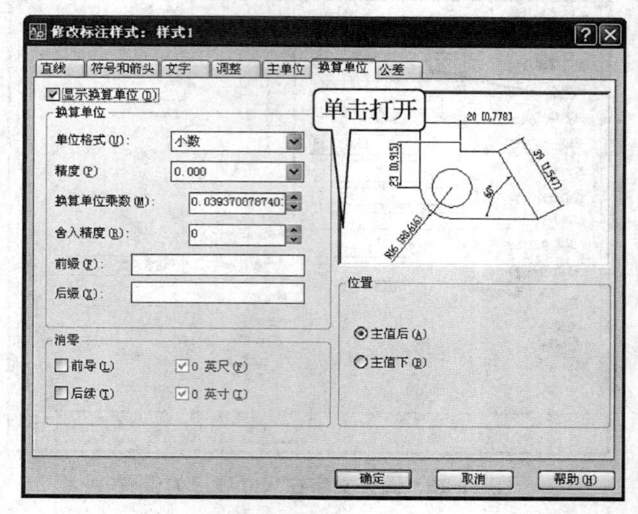

图 11-28 “换算单位”选项

8. 设置尺寸公差

在“新建标注样式”对话框的“公差”选项卡中，可以设置标注文字中公差的格式及显示，如图 11-29 所示。

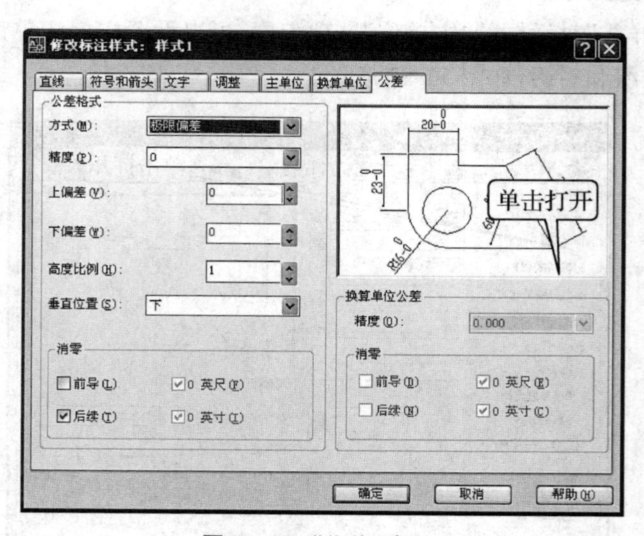

图 11-29 “公差”选项

三、尺寸标注

在设定好“尺寸样式”后，即可以采用设定好的“尺寸样式”进行尺寸标注。按照标注尺寸的类型，可以将尺寸分成长度尺寸、半径、直径、坐标、指引线、圆心标记等，按照标注的方式，可以将尺寸分成水平、垂直、对齐、连续、基线等。下面按照不同的标注方法介绍标注命令。

1．线性尺寸标注

线性尺寸标注指两点可以通过指定两点之间的水平或垂直距离尺寸，也可以是旋转一定角度的直线尺寸。定义可以通过指定两点、选择直线或圆弧等能够识别两个端点的对象来确定。

启用“线性尺寸”标注命令有三种方法。

★ 选择→【标注】→【线性】菜单命令

★ 单击标注工具栏上的“线性标注”按钮

★ 输入命令：DIMLINEAR

【例题 11-1】 图 11-30 标注为边长尺寸。

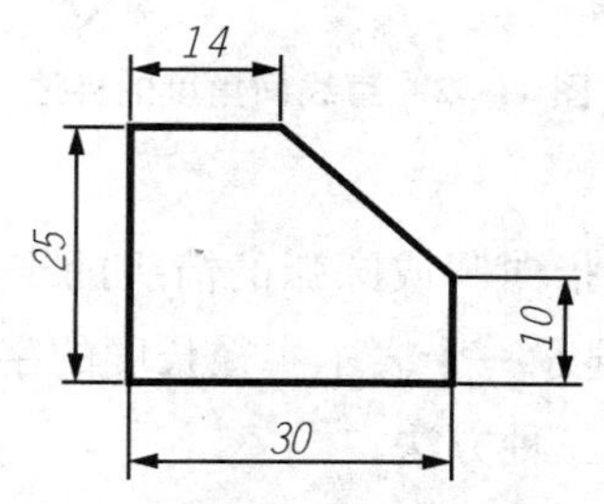

图 11-30　“线性尺寸标注”图例

2．对齐标注

对倾斜的对象进行标注时，可以使用【对齐】命令。对齐尺寸的特点是尺寸线平行于倾斜的标注对象。

启用“对齐”命令有三种方法。

★ 选择→【标注】→【对齐】菜单命令

★ 单击【标注】工具栏中的“对齐标注”按钮

★ 输入命令：DlMALIGNED

【例题 11-2】 采用对齐标注方式标注图 11-31 所示的边长。

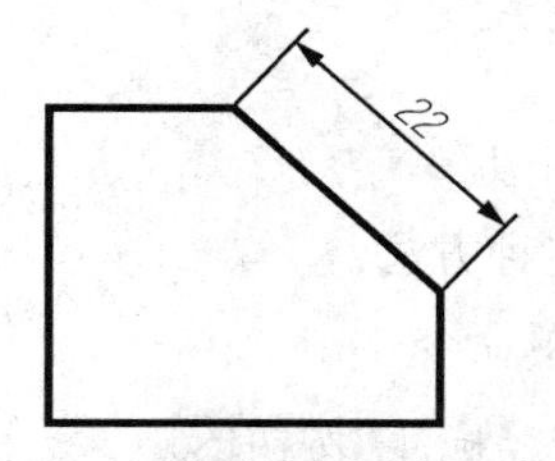

图 11-31　“对齐标注”图例

3．角度尺寸标注

角度尺寸标注用于标注圆或圆弧的角度、两条非平行直线间的角度、3 点之间的角。

AutoCAD 提供了“角度”命令，用于创建角度尺寸标注。

启用“角度”命令有三种方法。

★ 选择→【标注】→【角度】菜单命令

★ 单击【标注】工具栏中的【角度标注】按钮

★ 输入命令：DIMANGULAR

【例题 11-3】 标注图 11-32 所示的角的不同方向尺寸。

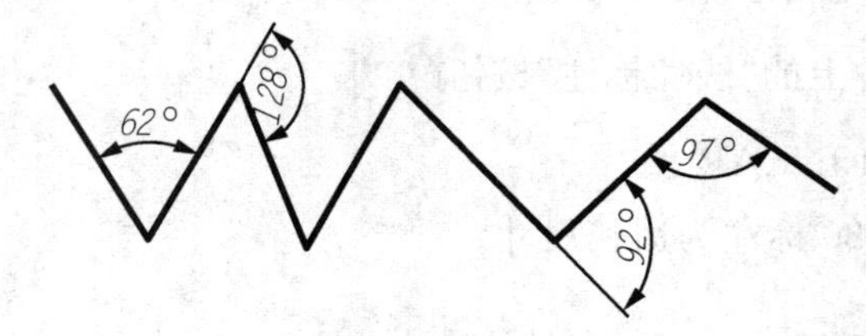

图 11-32　直线间角度的标注

4. 半径尺寸标注

半径尺寸标注是由一条具有指向圆或圆弧的箭头的半径尺寸线组成，测量圆或圆弧半径时，自动生成的标注文字前将显示一个表示半径长度的字母“R”。

启用“半径尺寸标注”命令有三种方法。

★ 选择→【标注】→【半径】菜单命令

★ 单击【标注】工具栏中的“半径尺寸标注”按钮

★ 输入命令：DIMRADIUS

【例题 11-4】 标注图 11-33 所示圆弧和圆的半径尺寸。

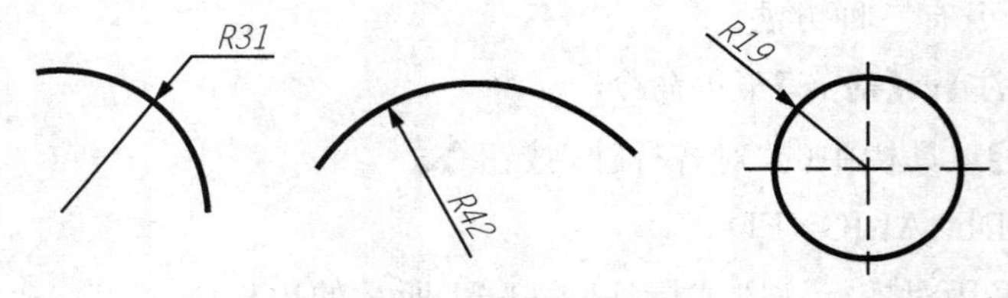

图 11-33　半径尺寸标注图例

5. 直径尺寸标注

与圆或圆弧半径的标注方法相似。

启用“直径尺寸标注”命令有三种方法。

★ 选择→【标注】→【直径】菜单命令

★ 单击【标注】工具栏中的“直径标注”按钮

★ 输入命令：DIMDIAMETER

【**例题 11-5**】标注图 11-34 所示圆和圆弧的直径。

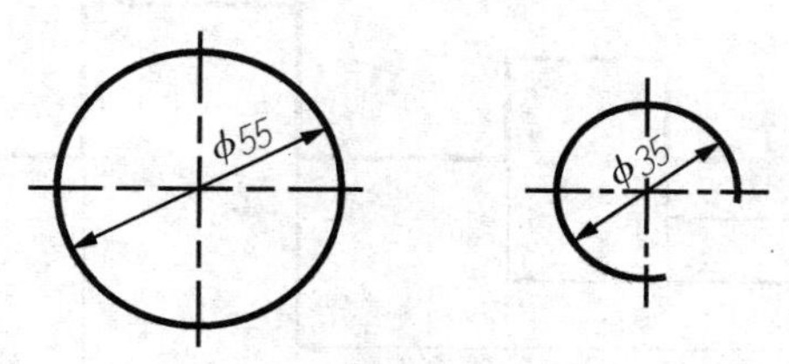

图 11-34　直径尺寸标注图例

6. 连续尺寸标注

连续尺寸标注是工程制图(特别是多用于建筑制图)中常用的一种标注方式,指一系列首尾相连的尺寸标注。其中,相邻的两个尺寸标注间的尺寸界线作为公用界线。

启用“连续标注”命令有三种方法。

★ 选择→【标注】→【连续】菜单命令

★ 单击【标注】工具栏中的“连续”按钮

★ 输入命令:DCO(DIMCONTINUE)

【**例题 11-6**】对图 11-35 中的图形进行连续标注。

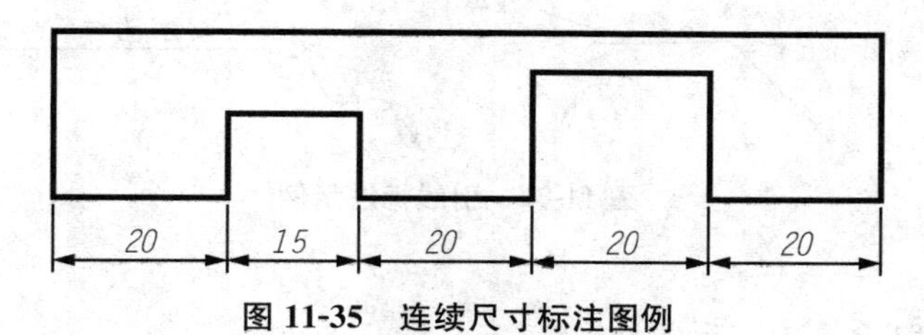

图 11-35　连续尺寸标注图例

7. 基线尺寸标注

对于从一条尺寸界线出发的基线尺寸标注,可以快速进行标注,无须手动设置两条尺寸线之间的间隔。

启用“基线尺寸标注”命令有三种方法。

★ 选择→【标注】→【基线】菜单命令

★ 单击【标注】工具栏中的“基线”按钮

★ 输入命令:DIMBASELINE

【**例题 11-7**】采用基线尺寸标注方式标注图 11-36 中的尺寸。

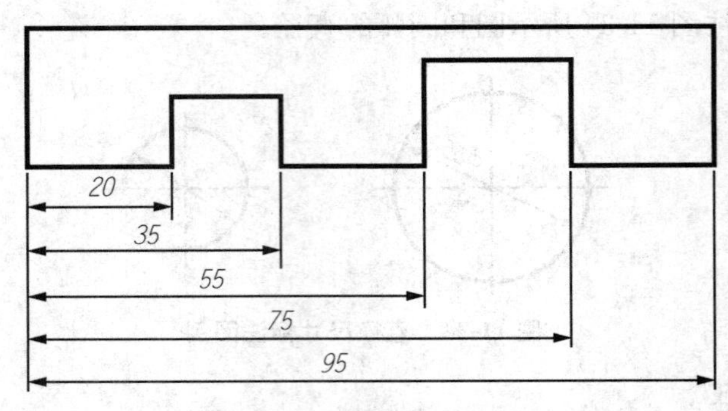

图 11-36　基线标注图例

★**小提示**：在使用连续标注和基线标注时，首先第一个尺寸要用线性标注，然后才可以用连续和基线标注，否则无法使用这两种标注方法。

8. 快速引线标注

在 AutoCAD 中，可使用快速引线标注命令(QLEADER)对尺寸标注中的一些特例进行标注。引线不能测量距离，通常由带箭头的直线和样条曲线组成，注释文字写在引线末端，如图 11-37 所示。

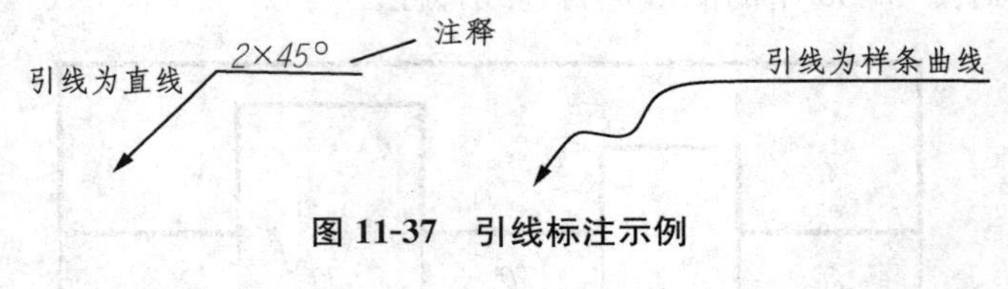

图 11-37　引线标注示例

创建快速引线：

启用“快速引线”命令有三种方法。

★ 选择→【标注】→【快速引线】菜单命令

★ 单击【标注】工具栏中的“快速引线”按钮

★ 输入命令：QLEADER

AutoCAD 提示如下：

指定第一个引线点或[设置(S)]<设置>：↙

输入“S↙”，出现如图 11-38 所示“引线设置”对话框。

标注的格式。执行该选项时，可通过弹出的“引线设置”对话框进行“注释”、“注释类型”和“多行文字选项”中有关内容的设置。

(1) 注释选项　用来设置引线标注的注释类型、多行文字选项、确定是否重复使用注释。

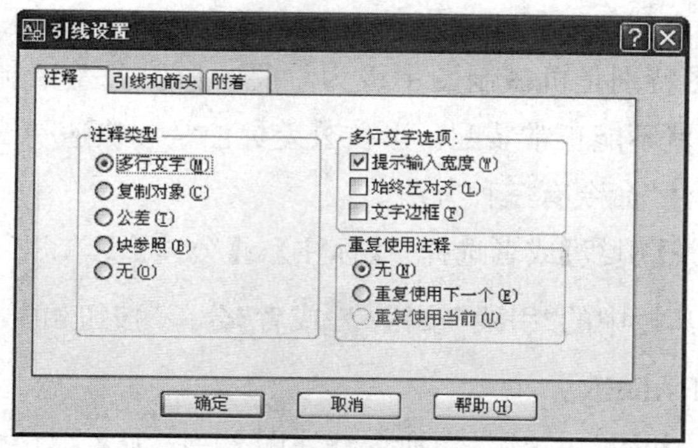

图 11-38　“引线设置”对话框

注释类型　设置引线标注的注释类型。

◎【多行文字】调用多行文字编辑器输入注释文字。

◎【复制对象】从图形的其他部分拷贝文字至当前旁注指引线的终止端。

◎【公差】标注尺寸公差。

◎【块参照】把块以参照形式插入。

◎【无】在该引出标注中只画指引线，不采用注释文字。

(2) 引线和箭头选项　通过对话框设置引线和箭头的格式，如图 11-39 所示。

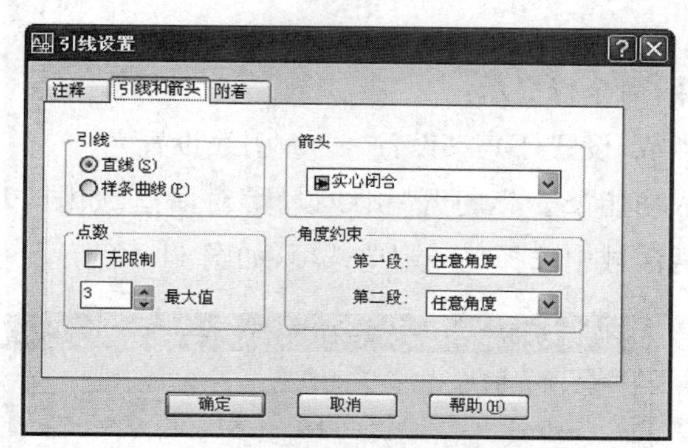

图 11-39　“引线和箭头设置”对话框

(3) 附着选项卡　通过对话框确定多行文字注释相对于引线终点的位置，如图 11-40 所示。

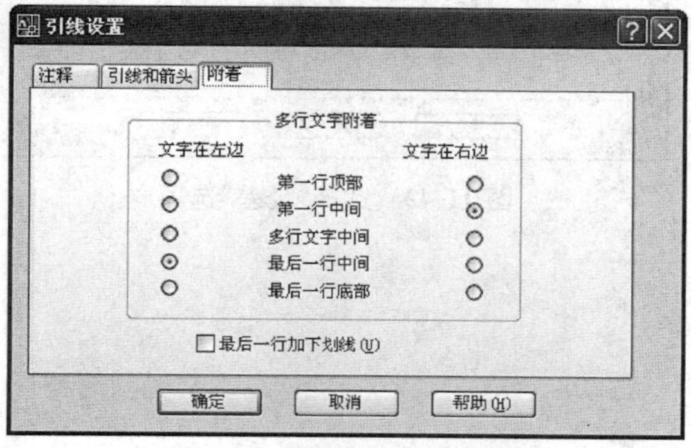

图 11-40　“附着设置”对话框

9. 形位公差标注

形位公差在工程图特别是机械制图中极为重要。形位公差控制不好,零件就会失去正常的使用功能,装配件就不能正常装配。形位公差标注常和快速引线标注结合使用。

启用"形位公差标注"命令有三种方法。

★ 选择→【标注】→【引线】或者选择→【标注】→【公差】菜单命令

★ 单击【标注】工具栏中的"引线"按钮或者"公差"按钮

★ 输入命令:QLEADER

【例题 11-8】 例如,利用"快速引线"命令标注图 11-41 所示形位公差的标注。

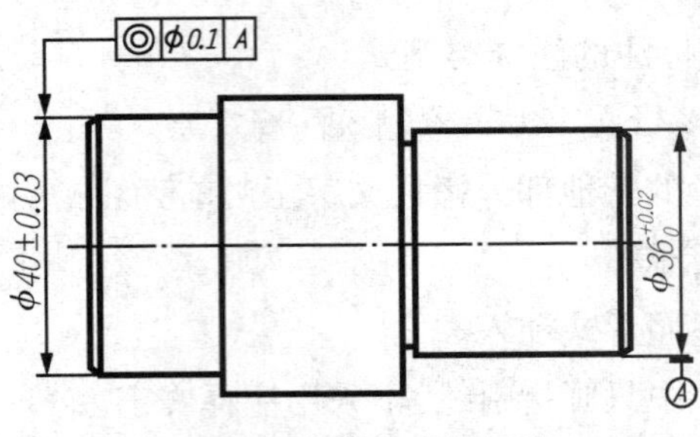

图 11-41　形位公差的标注

绘图步骤:

调用快速引线指令,命令行提示:

指定第一个引线点或[设置(S)]<设置>://引线设置

在命令行区域输入功能"S↙",打开"引线设置"对话框,如图 11-38 所示。在"注释"选项卡的"注释类型"设置区域中选择"公差"单选项,如图 11-42 所示。

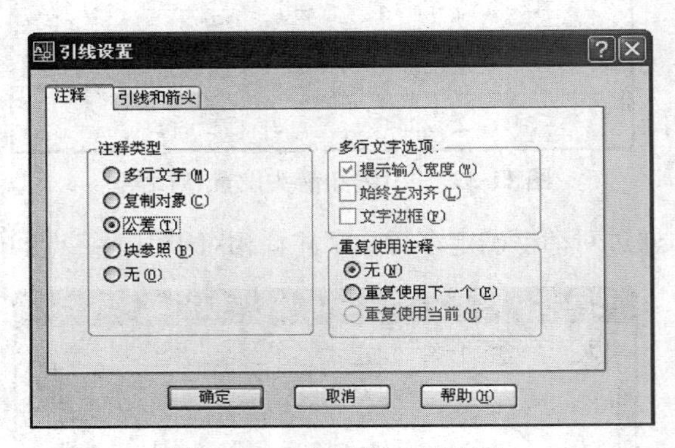

图 11-42　选择"公差"选项

在“引线和箭头”选项卡的“箭头”下拉列表中选取箭头样式，如图 11-43 所示。

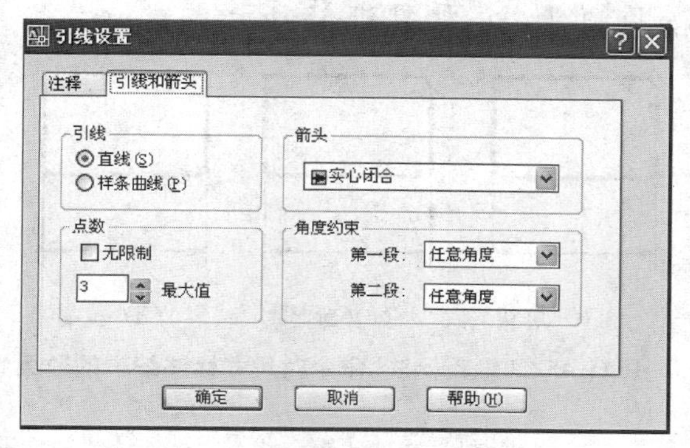

图 11-43 “引线和箭头设置”对话框

然后单击“确定”按钮，在图形中创建引线，这时将自动打开“形位公差”对话框，如图 11-44 所示。单击“符号”框，打开“特征符号”对话框，选择形位公差符号◎，在“公差 1”文本框中单击出现符号∅并且填写形位公差值“0.01”，在“基准 1”文本框中填写基准“A”。

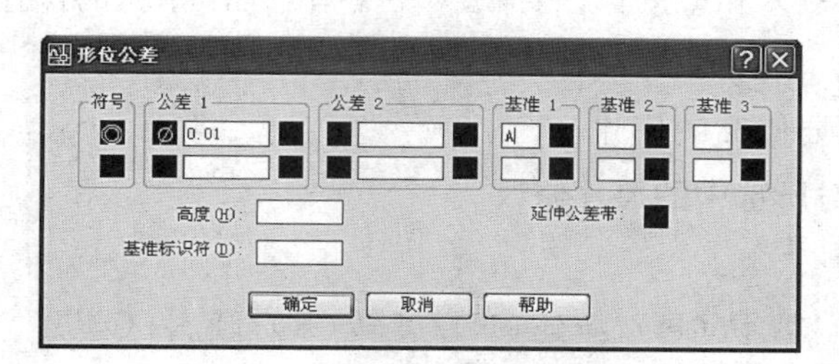

图 11-44 “形位公差”对话框

单击“确定”按钮，则标注结果如图 11-41 所示。

四、编辑修改尺寸标注

对尺寸的样式设置后，有时发现所标注尺寸并不理想，如字体太大或太小、位置太偏等，此时如何来编辑修改呢？在 AutoCAD 中，编辑尺寸标注及其文字的方法主要有三种：

(1) 使用“标注样式管理器”中的“修改”按钮，可通过“修改标注样式”对话框来编辑图形中所有与被修改标注样式相关联的尺寸标注。

(2) 使用尺寸标注编辑命令，可以对已标注的要修改的尺寸进行全面的修改编辑，这是编辑尺寸标注的主要方法。

(3) 使用夹点编辑。由于每个尺寸标注都是一个整体对象组，因此使用夹点编辑可以快速编辑尺寸标注的位置。

1. 利用尺寸标注工具栏中的“编辑标注 A”命令

1) 功能：“编辑标注”命令，可以修改原尺寸为新文字，调整文字到默认位置、旋转文字和倾斜尺寸界线。默认情况下，AutoCAD创建与尺寸线垂直的尺寸界线。如果尺寸界线过于贴近图形轮廓线时，允许倾斜标注，如图11-45所示。

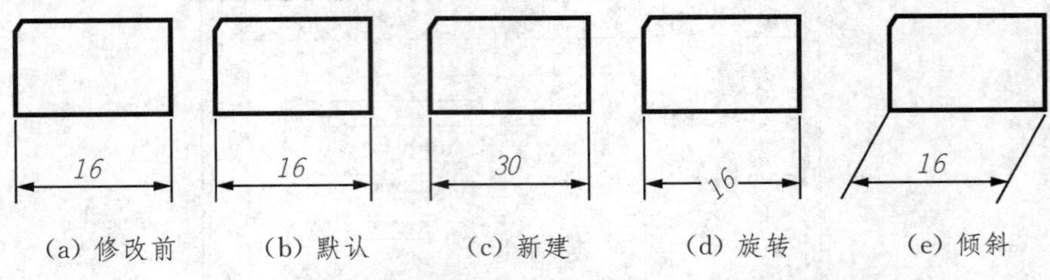

(a) 修改前　(b) 默认　(c) 新建　(d) 旋转　(e) 倾斜

图11-45　“编辑标注”命令对尺寸标注编辑的效果

2）操作步骤

①启动“编辑标注”命令，方法有两种：

★ 工具栏：单击标注工具栏中的编辑标注图标

★ 输入命令：DIMEDIT

②按命令行提示键入相应的修改标注类型字母，并作相应的操作，如选“默认”，则直接回车。

③单击或窗选所要修改的尺寸。

④回车，即完成对所选中的尺寸修改。

3）标注编辑类型

标注编辑类型有“默认(H)/新建(N)/旋转(R)/倾斜(O)”4个选项，其含义及操作如下：

①默认(H)：使曾经改变过位置的标注文字恢复到默认位置。

操作步骤：

a. 单击标注工具栏的编辑标注图标

b. 在命令行输入“H↙”

c. 单击被修改的尺寸(或窗选)↙，即所标文字恢复到默认位置，如图11-45(b)所示。

②新建(N)：用在位多行文字编辑器来修改指定尺寸对象的尺寸文字。

操作步骤：

a. 单击标注工具栏的编辑标注图标。

b. 在命令行输入“N↙”。

c. 弹出在位多行文字编辑器，在文本框中输入尺寸文字，单击“确定”按钮

d. 单击被修改的尺寸(或窗选)↙，即所标尺寸文字被修改了，如图11-45(c)所示。

③旋转(R)：将尺寸数字按指定角度旋转。

操作步骤：

a. 单击标注工具栏的编辑标注图标

b. 在命令行输入“R↙”

c. 在命令行键入适当的角度，回车

d. 单击被修改的尺寸(或窗选)↙，即所标尺寸文字旋转适当角度，如图 11-45(d)所示。

④倾斜(O)：用于调整线性标注的尺寸界线的倾斜角度。

a. 单击标注工具栏的编辑标注图标

b. 在命令行输入“O↙”

c. 单击被修改的尺寸(或窗选)↙

d. 在命令行键入适当的角度，回车，即所标尺寸的两条尺寸界线同时旋转适当角度，如图 11-45(e)所示。

注：输入的角度值表示尺寸界线与 X 方向的夹角。输入的角度值为正值，表示与水平为基准线，逆时针转过一个角度，反之，则表示顺时针转过一个角度，如图 11-46 所示。

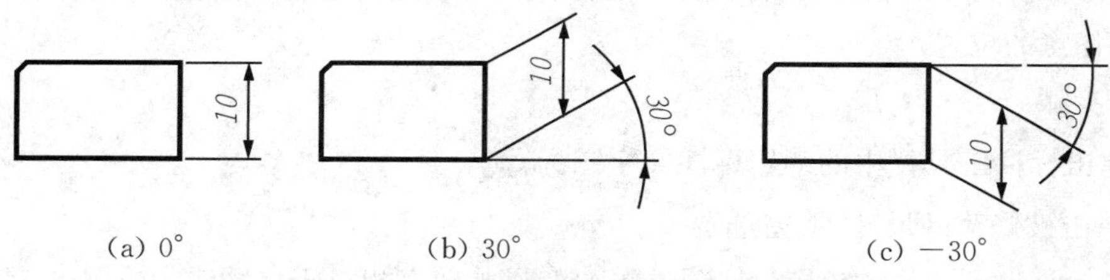

图 11-46　输入正负倾角对尺寸界线倾斜方向的影响

2. 利用尺寸标注工具栏中的“编辑标注文字”命令

1) 功能：用于调整尺寸数字相对于尺寸线的位置和角度，如图 11-47 所示。

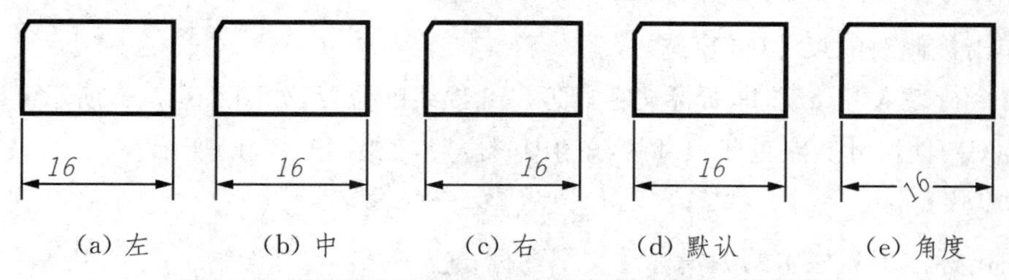

图 11-47　“编辑标注文字”命令对尺寸标注编辑的效果

2) 操作步骤

①启动“编辑标注文字”命令，方法有三种：

★ 选择→【标注】→【对齐文字】→弹出级联式菜单，如图 11-48 所示。

★ 工具栏：单击标注工具栏中的编辑标注文字图标

★ 输入命令：DIMTEDIT

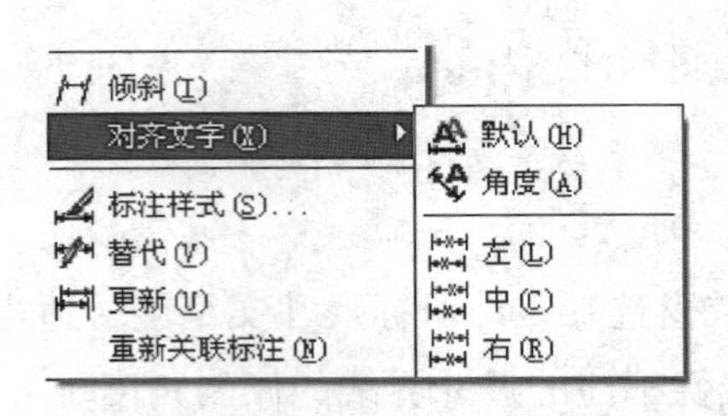

图 11-48 "编辑标注文字"级联式菜单

②单击或窗选所要修改的尺寸。

③按命令行提示键入相应的修改标注类型字母。

④回车,即完成对所选中的尺寸数字修改。

3) 标注编辑类型

标注编辑类型有"指定标注文字的新位置或[左(L)/右(R)/中心(C)/默认(H)/角度(A)]"6 个选项,其含义及操作如下:

①指定标注文字的新位置:标注文字随光标移动而改变相应的位置,即用户可以为标注文字指定任意的位置。

操作步骤:

a. 单击标注工具栏中的编辑标注文字图标

b. 单击被修改的尺寸(或窗选)

c. 光标移动到适当的位置,单击,即可改变尺寸数字相对于尺寸线的位置。

②左(L):使尺寸数字处于靠近左侧尺寸界线的位置,如图 11-47(a)所示。

操作步骤:

a. 单击标注工具栏中的编辑标注文字图标

b. 单击被修改的尺寸(或窗选)

c. 命令行键入"L↙",即所标文字靠近尺寸界线的位置,如图 11-47(a)所示。

③中(C):使尺寸数字处于尺寸界线的中间位置,如图 11-47(b)所示。

操作步骤:

a. 单击标注工具栏中的编辑标注文字图标

b. 单击被修改的尺寸(或窗选)

c. 命令行键入"C↙",即所标文字处于尺寸界线的中间位置,如图 11-47(b)所示。

④右(R):使尺寸数字处于靠近右侧尺寸界线的位置,如图 11-47(c)所示。

操作步骤:

a. 单击标注工具栏中的编辑标注文字图标

b. 单击被修改的尺寸(或窗选)

c. 命令行键入"R↙",即所标文字靠近右侧尺寸界线的位置,如图 11-47(c)所示。

⑤默认(H):使曾经改变过位置的标注文字恢复到改变前的位置。

操作步骤:

a. 单击标注工具栏中的编辑标注文字图标

b. 单击被修改的尺寸(或窗选)

c. 命令行键入"H↙",即所标文字恢复到改变前的位置,如图 11-47(d)所示。

⑥角度(A):改变尺寸数字的角度(倾角),如图 11-47(e)所示。

操作步骤:

a. 单击标注工具栏中的编辑标注文字图标

b. 单击被修改的尺寸(或窗选)

c. 命令行键入"A↙"

d. 命令行键入适当角度,并回车,即所标尺寸数字旋转适当角度,如图 11-47(e)所示。

3. 利用"标注更新"命令

1) 功能:用于更新已标注的尺寸,使其与当前设置的尺寸标注样式相一致,如图 11-49 所示。

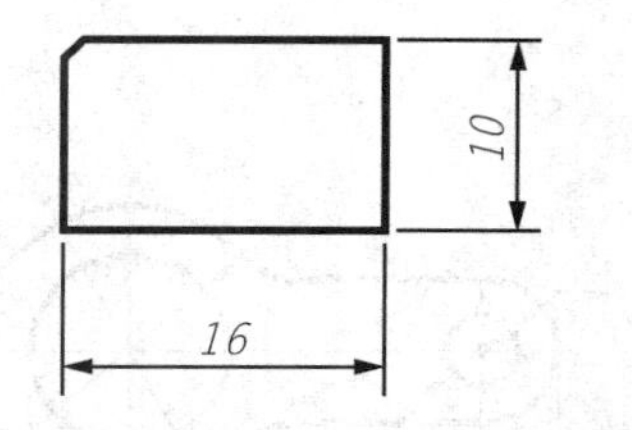

(a) 更新前标注样式为 ISO-25

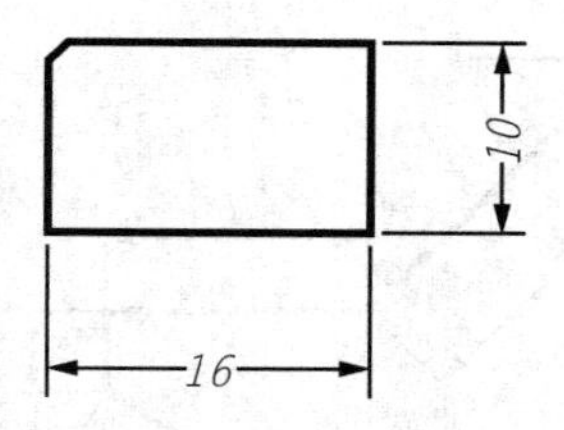

(b) 更新后标注样式为"文字水平置中"

图 11-49　"标注更新"前后对照

2) 操作步骤

①在标注工具栏中将需要更新的标注样式名置为当前。

②启动"标注更新"命令,方法有两种:

★ 选择→【标注】→【更新】

★ 工具栏:单击标注工具栏中的更新标注图标

③单击或窗选所要修改的尺寸。

④回车,即完成对所选中的尺寸标注更新。

4. 利用"夹点"、"分解"命令

1) 功能:在 AutoCAD 中,所标注尺寸是一个整体,即尺寸默认状态是"块"状的,选中尺寸后,利用"分解"命令可将"尺寸界线、尺寸线、箭头、尺寸数字"分解成独立的要素,可以不改变整个尺寸标注样式。

2) 操作步骤

①单击(或窗选)尺寸,出现若干个夹点。

②启动“分解”命令，方法有 3 种：

★ 选择→【修改】→【分解】

★ 工具栏：单击标注工具栏中的分解图标

★ 输入命令：EXPLODE

③尺寸块被分解，可单独对尺寸要素进行相应的修改。

综合练习题

【练习 11-1】如何设置尺寸标注样式（步骤）？

【练习 11-2】尺寸标注有哪些步骤？

【练习 11-3】怎样调整尺寸界线起点与标注对象间的距离？

【练习 11-4】怎样修改标注文字内容及调整标注数字的位置？

【练习 11-5】根据实际尺寸按 1∶1 比例绘制练习题图 11-1 至练习题图 11-3 所示图形，并标注尺寸。

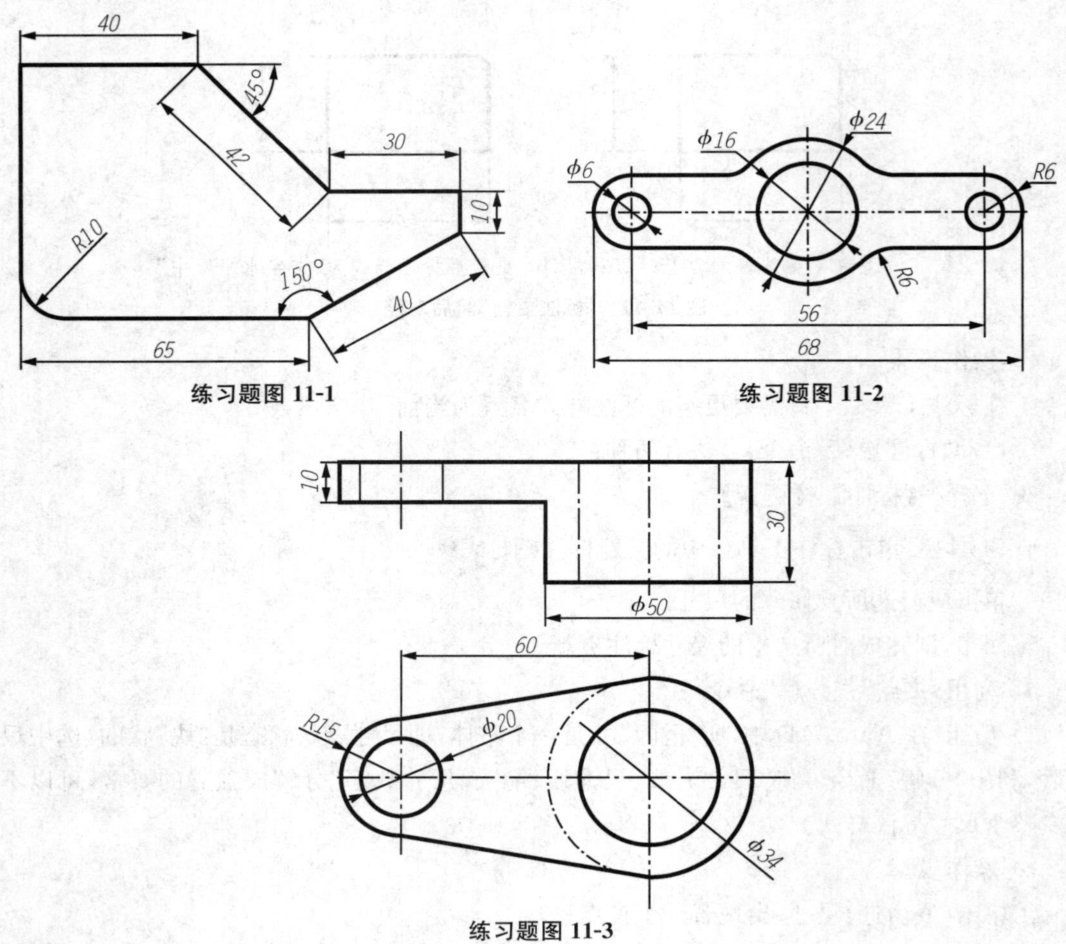

练习题图 11-1　　练习题图 11-2

练习题图 11-3

【练习题 11-6】根据实际尺寸按 1∶2 比例绘制练习题图 11-4 所示图形，标注尺寸，字体选：Gbeitc. shx，字高为：3. 5 mm，完成图形。

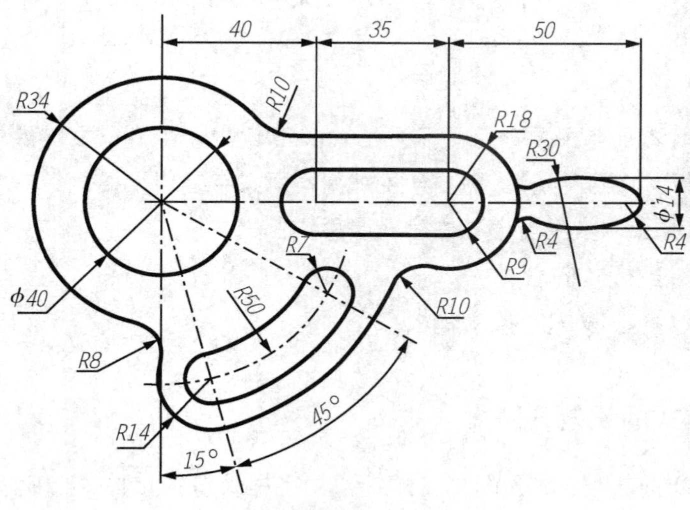

练习题图 11-4

任务十二　文字编辑

学习目标：本任务主要学习目标为在AutoCAD文件中进行文字编辑，其中包括了单行文字和多行文字两种情况，需要学生掌握不同文字编辑需要的编辑方法，字形字号的修改等内容，并要求学生能够独立完成课后作业。

任务重点：多行文字

任务难点：复杂形式文字的编辑

一、文字样式的设置

在输入文字之前，首先要设置文字样式。文字样式包括字体、字高、宽度比例、倾斜比例、倾斜角度以及反向、颠倒、垂直、对齐等内容。

1．创建文字样式

启用“文字样式”命令有三种方法：

★ 选择→【格式】→【文字样式】菜单命令

★ 单击【样式】工具栏上【文字样式管理器】按钮

★ 输入命令：STYLE

启用“文字样式”命令后，系统弹出“文字样式”对话框，如图12-1所示。

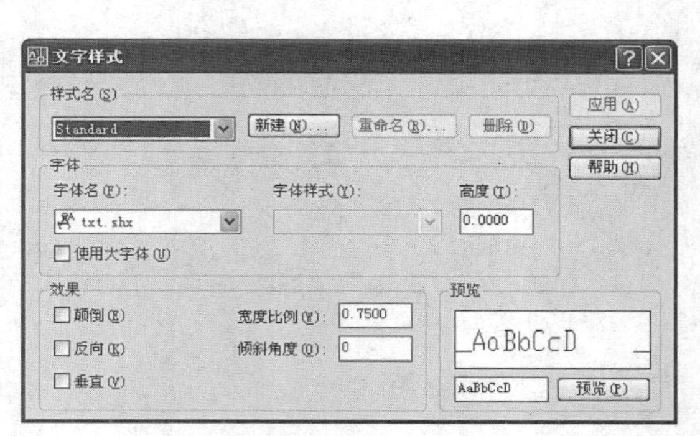

图12-1　“文字样式”对话框

在“文字样式”对话框中，各选项组的意义如下：

(1)“按钮区”选项组　在“文字样式”对话框的右侧和下方有若干按钮，它们用来对文字样式进行最基本的管理操作。

◎ 置为当前(U)：将在“样式”列表中选择的文字样式设置为当前文字样式。

◎ 新建(N)...：该按钮是用来创建新字体样式的。单击该按钮，弹出“新建文字样式”对话框，如图 12-2 所示。在该对话框的编辑框中输入用户所需要的样式名，单击 确定 按钮，返回到“新建文字样式”对话框，在对话框中对新命名的文字进行设置。

◎ 删除(D)：该按钮是用来删除在“样式”列表区选择的文字样式，但不能删除当前文字样式，以及已经用于图形中文字的文字样式。

◎ 应用(A)：在修改了文字样式的某些参数后，该按钮变为有效。单击该按钮，可使设置生效，并将所选文字样式设置为当前文字样式。此时 取消 按钮将变为 关闭(C) 按钮。

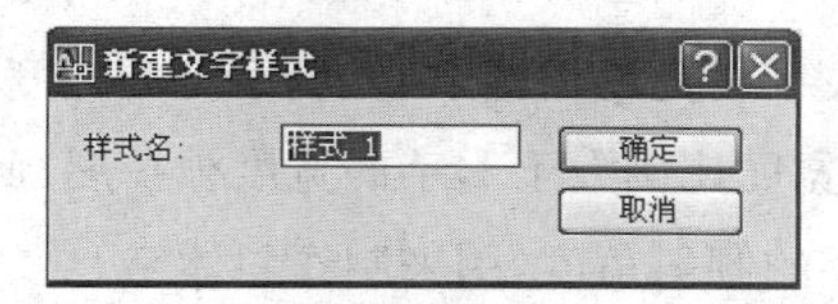

图 12-2　“新建文字样式”对话框

(2) “字体设置”选项组　该设置区用来设置文字样式的字体类型及大小。

◎ SHX 字体(X)：下拉列表：通过该选项可以选择文字样式的字体类型。默认情况下，☑使用大字体(U) 复选框被选中，此时只能选择扩展名为“. shx”的字体文件。

◎ 大字体(B)：下拉列表：选择为亚洲语言设计的大字体文件，例如，gbcbig. txt 代表简体中文字体，chineseset. txt 代表繁体中文字体，bigfont. txt 代表日文字体等。

◎ □使用大字体(U) 复选框：如果取消该复选框，“SHX 字体”下拉列表将变为“字体名”下拉列表，此时可以在其下拉列表中选择“. shx”字体或“TrueType 字体”(字体名称前有“T”标志)，如宋体、仿宋体等各种汉字字体，如图 12-3 所示。

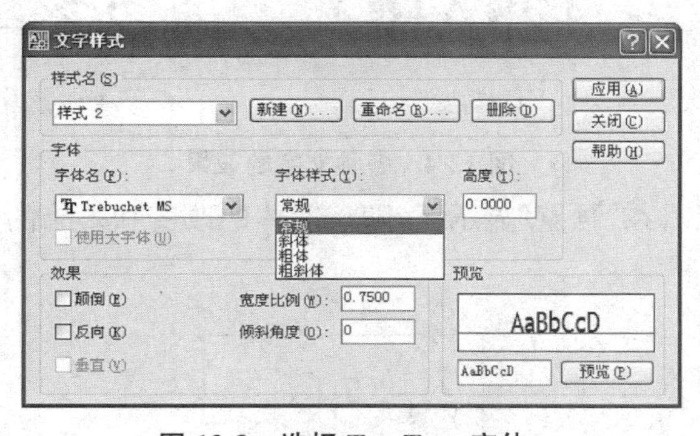

图 12-3　选择 TrueType 字体

★**小提示**：一旦在“字体名”下拉列表中选择“TrueType 字体”，☑使用大字体(U) 复选框将变为无效，而后面的“字体样式”下拉列表将变为有效，利用该下拉列表可设置字体的样式(常规、粗体、斜体等，该设置只对英文字体有效，并且字体不同，字体样式下拉列表的内容也不同）。

◎ 高度(T) 编辑框：设置文字样式的默认高度，其缺省值为 0。如果该数值为 0，则在创建单行文字时，必须设置文字高度；而在创建多行文字或作为标注文本样式时，文字的默认高度均被设置为 2.5，用户可以根据需求情况进行修改。如果该数值不为 0，无论是创建单行、多行文字，还是作为标注文本样式，该数值将被作为文字的默认高度。

(3)“效果”设置选项组　“效果”设置用来设置文字样式的外观效果，如图 12-4 所示。

◎ □颠倒(E)：颠倒显示字符，也就是通常所说的“大头向下”。

◎ □反向(K)：反向显示字符。

◎ □垂直(V)：字体垂直书写，该选项只有在选择“.shx”字体时才可使用。

◎ 宽度因子(W)：在不改变字符高度情况下，控制字符的宽度。宽度比例小于 1，字的宽度被压缩，此时可制作瘦高字；宽度比例大于 1，字的宽度被扩展，此时可制作扁平字。

◎ 倾斜角度(O)：控制文字的倾斜角度，用来制作斜体字。

注意：设置文字倾斜角 α 的取值范围是：$-85° \leqslant \alpha \leqslant 85°$。

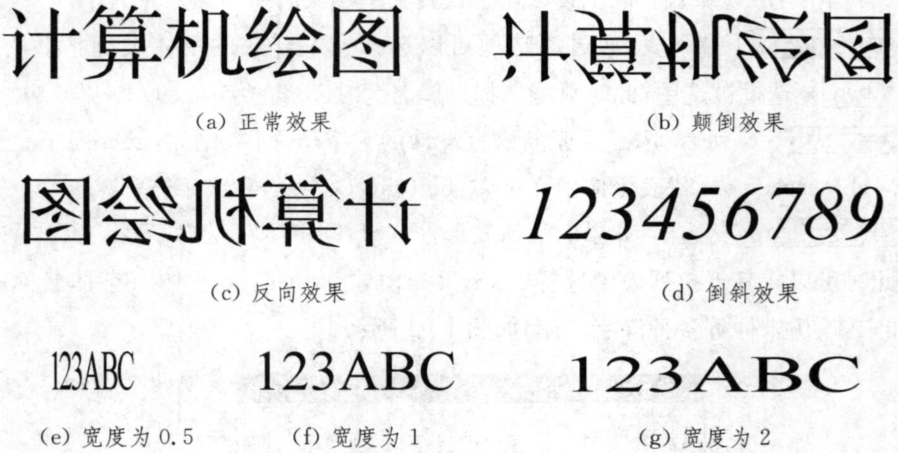

计算机绘图

(a) 正常效果　　(b) 颠倒效果

123456789

(c) 反向效果　　(d) 倒斜效果

123ABC　　123ABC　　123ABC

(e) 宽度为 0.5　　(f) 宽度为 1　　(g) 宽度为 2

图 12-4　各种文字的效果

(4)“预览”显示区　在“预览”显示区，随着字体的改变和效果的修改，动态显示文字样例如图 12-5 所示。

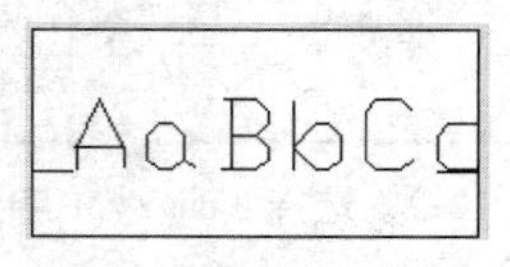

图 12-5　“预览”显示

2. 选择文字样式

在图形文件中输入文字的样式是根据当前使用的文字样式决定的。将某一个文字样式设置为当前文字样式有两种方法。

(1) 使用“文字样式”对话框　打开“文字样式”对话框,在“样式名”选项的下拉列表中选择要使用的文字样式,单击 关闭 按钮,关闭对话框,完成文字样式的选择,如图 12-6 所示。

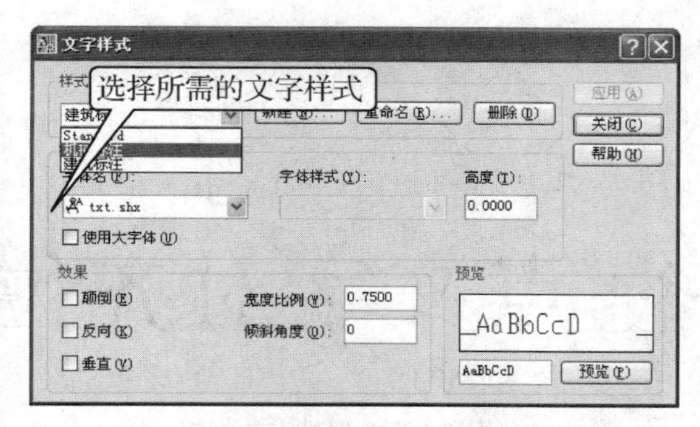

图 12-6　使用“文字样式”对话框选择文字样式

(2) 使用“样式”工具栏　在“样式”工具栏中的“文字样式管理器”选项的下拉列表中选择需要的文字样式即可,如图 12-7 所示。

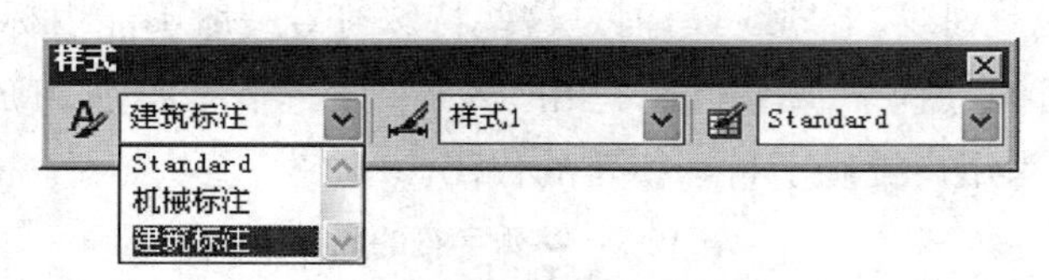

图 12-7　选择需要的文字样式

二、单行文字

添加到图形中的文字可以表达各种信息。它可以是复杂的规格说明、标题块信息、标签文字或图形的组成部分,也可以是最简单的文本信息。对于不需要使用多种字体的简短内容,可使用“Text”或“Dtext”命令创建单行文字。单行文字标注方式可以为图形标注一行或几行文字,而每行文字都是一个独立的对象,可以对其重定位、调整格式或进行其他修改。

1. 创建单行文字

调用“单行文字”命令有三种方式:

★ 菜单栏→【绘图】→【文字】→【单行文字】菜单命令

★ 工具栏:单击文字工具栏单行文字图标 AI

★ 输入命令:Text 或 Dtext

◎【指定文字的起点】:该选项为默认选项,输入或拾取注写文字的起点位置。

◎【对正(J)】:该选项用于确定文本的对齐方式。在 AutoCAD 系统中,确定文本位置采用 4 条线,即顶线、中线、基线和底线,如图 12-8 所示。

字体定位四线

顶线
中线
基线
底线

图 12-8　文本排列位置的基准线

各项基点的位置如图 12-9 所示。

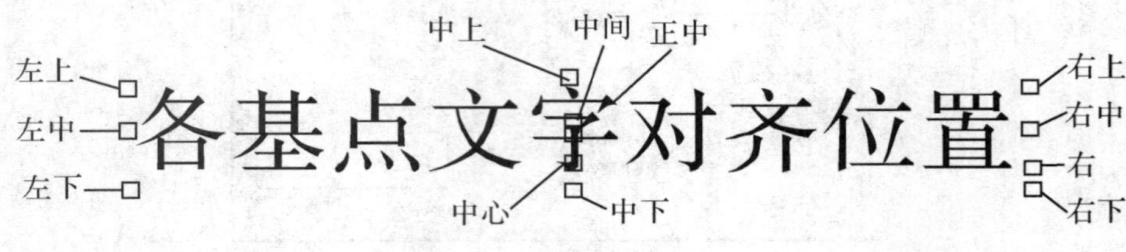

图 12-9　各项基点的位置

2. 输入特殊字符

创建单行文字时，用户还可以在文字中输入特殊字符，例如直径符号 ϕ、百分号％、正负公差符号±、文字的上划线、下划线等，但是这些特殊符号一般不能由标注键盘直接输入，为此系统提供了专用的代码。每个代码是由“％％”与一个字符所组成，如％％C、％％D、％％P 等。表 12-1 为用户提供了特殊字符的代码。

表 12-1　特殊字符的代码

输入代码	对应字符	输入效果
％％O	上划线	$\overline{\text{文字说明}}$
％％U	下划线	$\underline{\text{文字说明}}$
％％D	度数符号“°”	90°
％％P	公差符号“±”	±100
％％C	圆直径标注符号“ϕ”	ϕ80
％％％	百分号“％”	98％
\U＋2220	角度符号“∠”	∠A
\U＋2248	几乎相等“≈”	X≈A
\U＋2260	不相等“≠”	A≠B
\U＋00B2	上标 2	X^2
\U＋2082	下标 2	X_2

三、多行文字

当需要标注的文字内容较长、较复杂时，可以使用“Mtext”命令进行多行文字标注。多行文字又称为段落文字，它是由任意数目的文字行或段落所组成。与单行文字不同的是，在一个多行文字编辑任务中创建的所有文字行或段落将被视作同一个多行文字对象，可以对其进行整体选择、移动、旋转、删除、复制、镜像、拉伸或比例缩放等操作。另外，与单行文字相比较，多行文字还具有更多的编辑选项，如对文字加粗、增加下划线、改变字体颜色等。

1. 创建多行文字

调用“多行文字”命令有三种方法：

★ 选择→【绘图】→【文字】→【多行文字】菜单命令

★ 单击绘图工具栏上的“多行文字”按钮 A

★ 输入命令：Mtext

启动“多行文字”命令后，光标变为如图 12-10 所示的形式，在绘图窗口中，单击指定一点并向下方拖动鼠标绘制出一个矩形框，如图 12-11 所示。绘图区内出现的矩形框用于指定多行文字的输入位置与大小，其箭头指示文字书写的方向。

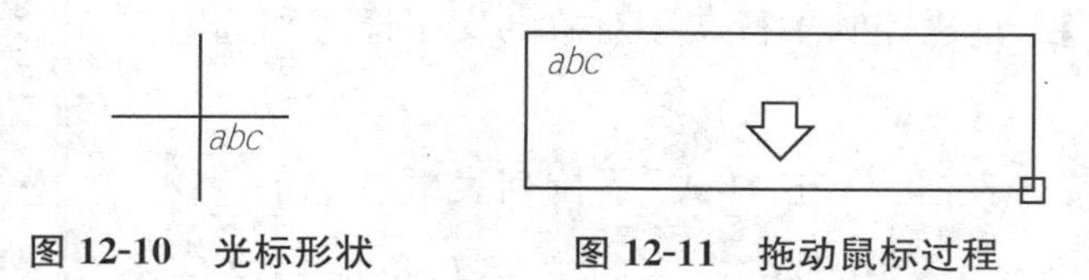

图 12-10　光标形状　　　图 12-11　拖动鼠标过程

拖动鼠标到适当位置后单击，弹出“在位文字编辑器”，它包括一个顶部带标尺的“文字输入”框和“文字格式”工具栏，如图 12-12 所示。

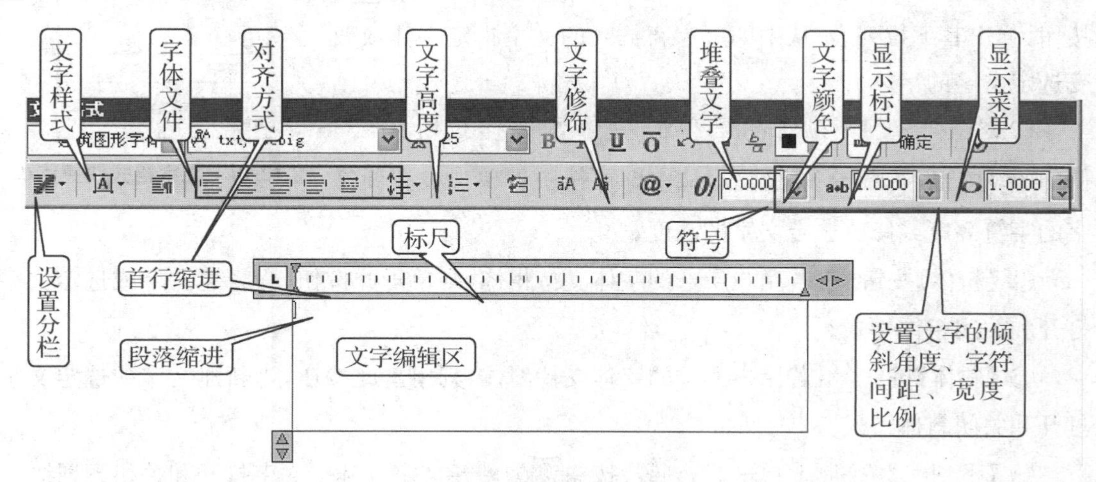

图 12-12　在位文字编辑器

在“文字输入”框输入需要的文字，当文字达到定义边框的边界时会自动换行排列，如图 12-13(a)所示。输入完成后，单击 确定 按钮，此时文字显示在用户指定的位置，如图 12-13(b)所示。

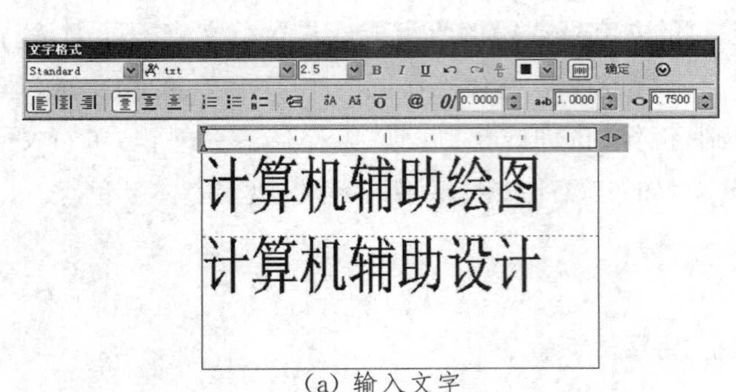

(a) 输入文字

计算机辅助绘图
计算机辅助设计

(b) 图形文字显示

图 12-13　文字输入

2. "文字格式"对话框的设置

要显示"文字格式"对话框，其操作方法如下：光标移动到文本框内，单击右键，弹出快捷菜单，如图 12-14 所示，光标移到"显示工具栏"，单击，即可显示"文字格式"对话框。

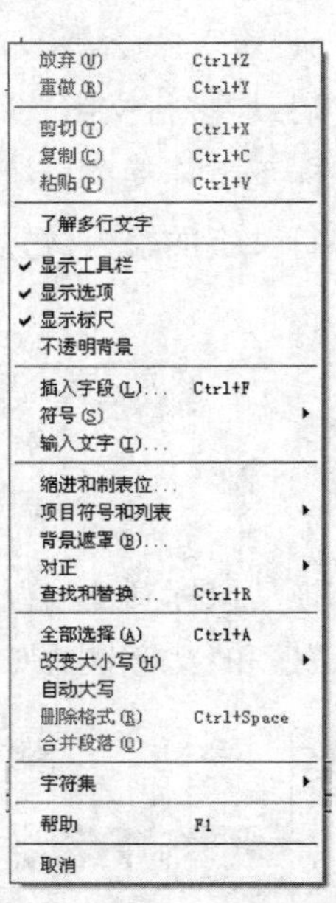

图 12-14　文字格式快捷菜单

◎【文字格式】工具栏控制多行文字对象的文字样式和选定文字的字符格式。

◎【样式】下拉列表框：单击"样式"下拉列表框右侧的按钮，弹出其下拉列表，从中即可向多行文字对象应用文字样式。

◎【字体】下拉列表框：单击"字体"下拉列表框右侧的按钮，弹出其下拉列表，从中即可为新输入的文字指定字体或改变选定文字的字体。

◎【字体高度】下拉列表框：单击"字体高度"下拉列表框右侧的按钮，弹出其下拉列表，从中即可按图形单位设置新文字的字符高度或修改选定文字的高度。

◎【粗体】按钮**B**：若用户所选的字体支持粗体，则单击此按钮，为新建文字或选定文字打开和关闭粗体格式。

◎【斜体】按钮*I*：若用户所选的字体支持斜体，则单击此按钮，为新建文字或选定文字打开和关闭斜体格式。

◎【下划线】按钮U：单击"下划线"按钮U为新建文字或选定文字打开和关闭下划线。

◎【放弃】按钮与【重做】按钮：用于在"在位文字编辑器"中放弃和重做操作。

◎【堆叠】按钮$\frac{a}{b}$：用于创建堆叠文字(选定文字中包含堆叠字符：插入符(^)、正向斜杠(/)和磅符号(#)时)，堆叠字符左侧的文字将堆叠在字符右侧的文字之上。如果选定堆叠文字，单击【堆叠】按钮$\frac{a}{b}$，则取消堆叠。

◎【文字颜色】下拉列表框：用于为新输入的文字指定颜色或修改选定文字的颜色。

◎【标尺】按钮：用于在编辑器顶部显示或隐藏标尺。拖动标尺末尾的箭头可更改多行文字对象的宽度。

◎【左对齐】按钮：用于设置文字边界左对齐。

◎【居中对齐】按钮：用于设置文字边界居中对齐。

◎【右对齐】按钮：用于设置文字边界右对齐。

◎【对正】按钮：用于设置文字对正。

◎【分布】按钮：用于设置文字均匀分布。

◎【底部】按钮：用于设置文字边界底部对齐。

◎【编号】按钮：用于使用编号创建带有句点的列表。

◎【项目符号】按钮：用于使用项目符号创建列表。

◎【插入字段】按钮：单击“插入字段”按钮，弹出“字段”对话框，如图 12-15 所示。从中可以选择要插入到文字中的字段。关闭该对话框后，字段的当前值将显示在文字中。

◎【大写】按钮aA：用于将选定文字更改为大写。

◎【小写】按钮Aa：用于将选定文字更改为小写。

◎【上划线】按钮：用于将直线放置到选定文字上。

◎【符号】按钮@：用于在光标位置插入符号或不间断空格，单击@按钮，弹出图 12-15 所示“字段”对话框，选择最下面 其他(O)... 选项，弹出图 12-16“字符映射表”对话框，可从中选择所需要的符号。

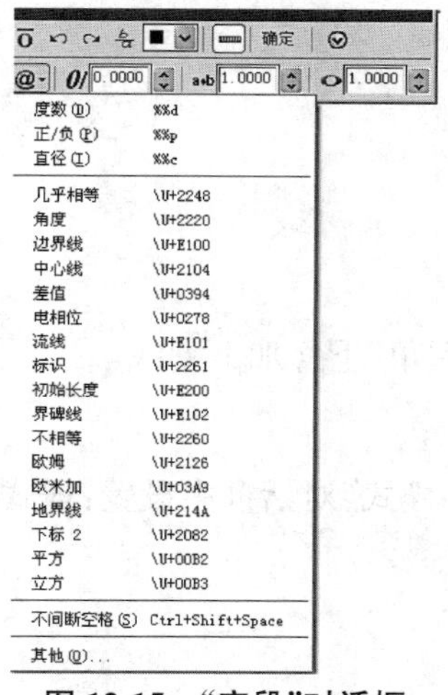

图 12-15　“字段”对话框

图 12-16　“字符映射表”对话框

◎【倾斜角度】列表框 0/ 0.0000 :用于确定文字是向右倾斜还是向左倾斜。倾斜角度表示的是相对于90°角方向的偏移角度。输入一个−85°到85°之间的数值使文字倾斜。

◎【追踪】列表框 a•b 1.0000 :用于增大或减小选定字符之间的空间。默认值为1.0是常规间距。设置值大于1.0可以增大该宽度,反之减小该宽度。

◎【宽度比例】列表框 a•b 1.0000 :用于扩展或收缩选定字符。默认值为1.0设置代表此字体中字母的常规宽度。设置大于1.0可以增大该宽度,反之减小该宽度。

【例题12-1】用单行文字命令书写字符串"计算机辅助绘图"。要求字高5,旋转角度15°,如图12-17所示。

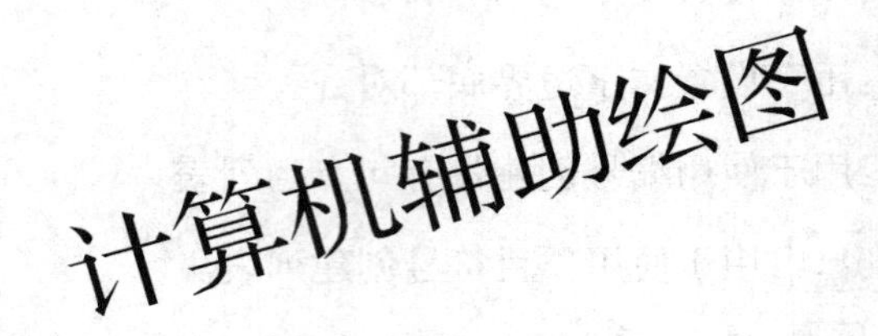

图12-17 用单行文字命令书写

操作步骤:

①建立文字样式并置为当前。文字样式名为:楷体,字体设置:楷体。

②菜单栏:→【绘图】→【文字】→【单行文字】。

③光标在指定位置单击。

④键入:5,回车。

⑤键入:15,回车。

⑥键入:计算机辅助绘图。

⑦回车,光标在文本框外单击,结束命令。

【例题12-2】用多行文字命令按要求书写以下字符串。

技术要求:

1. 倒角45°

2. 配合尺寸 $\phi30\,\frac{H8}{f7}$

要求:文字水平,宋体,字高10,虚拟文本框宽度100,"倒角"下面加下划线。

操作步骤:

①设置"文字样式",单击"文字样式"图标,在"文字样式"对话框中设置:样式名、文字水平、宋体,并置为当前样式。

②工具栏:单击绘图工具栏文字图标 A 。

③光标移到适当位置,单击。

④光标移到右上角适当位置，单击。

⑤对“在位行文字编辑器”，按要求进行设置：

字高设置为 10；光标移到标尺的右边，单击◁▷并按住左键移动，将宽度调整为 100。

⑥设置文字输入方法：拼音输入法。

⑦在文本框中输入文字。输入直径时将字体名称改为：Txt；使用：特殊字符（%%C）、堆叠（$\frac{a}{b}$）及下划线（U）。

⑧单击“文字格式”中的“确定”，即完成文字输入，如图 12-18 所示。

技术要求：

1. 倒角45°

2. 配合尺寸$\phi 30\frac{H8}{f7}$。

图 12-18　用多行文字命令书写

四、编辑文字

编辑文字的功能是对文字或文字特性进行更改或删除等。编辑文字的方法有多种，常用的编辑操作方法有三种。

1. 双击编辑文字

无论是单行文字还是多行文字，均可直接通过双击来编辑，此时实际上是执行了 DDEDIT 命令，该命令的特点如下：

（1）编辑单行文字时，文字全部被选中，因此，如果此时直接输入文字，则文本原内容均被替换，如图 12-19 所示。如果希望修改文本内容，可首先在文本框中单击。如果希望退出单行文字编辑状态，可在其他位置单击或按【Enter】键。

计算机辅助绘图

图 12-19　编辑单行文字

（2）编辑多行文字时，将打开“文字格式”工具栏和文本框，如图 12-20 所示的在位文字编辑器。

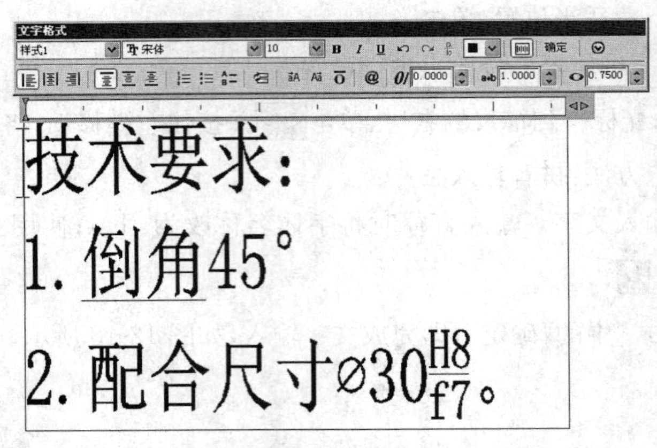

图 12-20 “在位文字编辑器”对话框

(3) 退出当前文字编辑状态后,可单击编辑其他单行或多行文字。

(4) 如果希望结束编辑命令,可在退出文字编辑状态后按【Enter】键。

2. 利用“特性”命令修改文字

操作步骤:

1) 选取被编辑的文字:单选或窗选。

2) 启动“特性”命令,弹出如图 12-21 所示的“特性”对话框,方法有三种:

①菜单栏:【修改】→【特性】。

②工具栏:单击标准工具栏特性图标 。

③命令行:PROPERTIES。

3) 单击文字中的“内容”。

4) 单击“内容”右边的按钮 ...,弹出编辑文本框,如图 12-19 或图 12-20 所示。

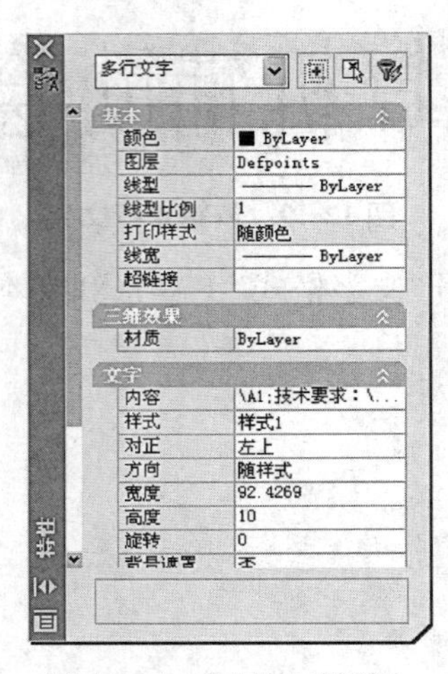

图 12-21 “特性”对话框

5）利用编辑文本框修改文字。

6）光标在文本框外单击，文本框消失。

7）按 ESC 键，即完成编辑。

3．利用鼠标左右键的操作

操作步骤：

1）选取被编辑的文字：单选或窗选。

2）光标停留在夹点内，单击鼠标右键，弹出快捷菜单，如图 12-22 和图 12-23 所示。

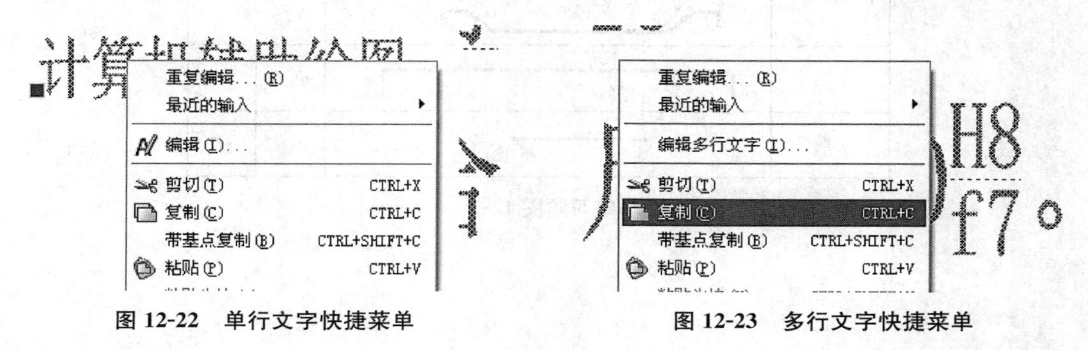

图 12-22　单行文字快捷菜单　　　**图 12-23　多行文字快捷菜单**

3）单击“编辑(I)…”或“编辑多行文字(I)…”，弹出编辑文本框，如图 12-19 或图 12-20 所示。

4）利用编辑文本框修改文字。

5）光标在文本框外单击，即完成编辑。

综合练习题

【练习 12-1】如何创建文字样式？

【练习 12-2】在图样中怎样编辑单行文字和多行文字？

【练习 12-3】如何创建分数、公差及上下标形式的文字？

【练习 12-4】根据实际尺寸按 1∶1 比例绘制图练习题图 12-1 所示图形，并填写文字。要求：字体为宋体，宽度比例因子为 0.75，“图名”和“校名班级”字高为 8，其余字高为 3.5。

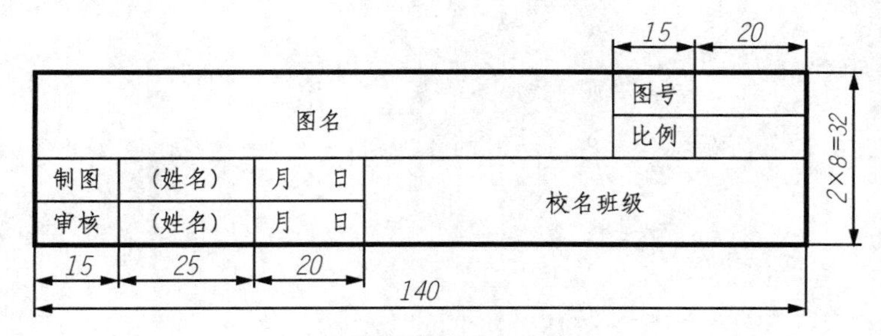

练习题图 12-1

【练习 12-5】绘制图示钢筋表，并标注尺寸及钢筋编号，如练习题图 12-2 所示。要求：字体为宋体，宽度比例因子为 0.75，“钢筋编号”“直径”“根数”和“钢筋简图”字高为 8，其余字高为 5。

钢筋编号	钢筋简图	直径	根数
1	3800	φ16	2
2	100 275 423 2650 423 275 100	φ16	1
3	100 3800 100	φ18	4
4	1000 50	φ6	20

练习题图 12-2

第五章　块及外部参照

块，指一个或多个对象的集合，是一个整体即单一的对象。利用块可以简化绘图过程并可以系统地组织任务。如一张装配图，可以分成若干个块，由不同的人员分别绘制，最后通过块的插入及更新形成装配图。通过本章的学习，我们将掌握建立块、插入块，以及对块操作，定义块的属性等各种知识，为提高绘图效率打下良好的基础。此外，还介绍了实际工作中经常用到的外部引用。

任务十三　块的创建及编辑

学习目标：通过学习块的创建及编辑功能，以便于日后工作中更加有效快捷地绘制所需工程图形。要求学生掌握块的使用。

任务重点：块的创建和插入

任务难点：外部块的创建

一、块的创建和插入

1. 块的概念

保存图的一部分或全部，以便在同一个图或其他图中使用，这个功能对用户来说是非常有用的。这些部分或全部的图形或符号（也称为块）可以按所需方向、比例因子放置（插入）在图中任意位置。块需命名（块名），并用其名字参照（插入）。块内所有对象均视作单个对象。可像对单个对象一样对块使用 MOVE、ERASE 等命令。也就是说，可以简单地通过选择块中的一个点选中整个块。如果块的定义改变了，所有在图中对于块的参照都将更新，以体现块的变化。

块可用 BLOCK 命令建立，也可以用 WBLOCK 命令建立图形文件。两者之间的主要区别是一个“写块（WBLOCK）”，可被插入到任何其他图形文件中，一个是“块（BLOCK）”，只能插入到建立它的图形文件中。

AutoCAD 的另一个特征是除了将块作为一个符号插入外（这使得参照图形成为它所插入图形的组成部分），还可以作为外部参照图形（Xref）。这意味着参照图形的内容并未加入当前图形文件中，尽管在屏幕上它们成为图形的一部分。

2．块的优点

块有很多优点，这里只介绍一部分。

1）图形经常有一些重复的特征。可以建立一个有该特征的块，并将其插入到任何所需地方，从而避免重复绘制同样的特征。这种工作方式有助于减少制图时间，并可提高工作效率。

2）使用块的另一个优点，是可以建立与保存块以便以后使用。因此，可以根据不同的需要建立一个定制的对象库。例如，如果图形与齿轮有关，就可以先建立齿轮的块，然后用定制菜单集成这些块。以这种方式，可以在 AutoCAD 中建立自己的应用环境。

3）当向图形中增加对象时，图形文件的容量会增加。AutoCAD 会记下图中每一个对象的大小与位置信息，譬如点、比例因子、半径等。如果用 BLOCK 命令建立块，把几个对象合并为一个对象，对块中的所有对象就只有单个比例因子、旋转角度、位置等，因此节省了存储空间。每一个多次重复插入的对象，只需在块的定义中定义一次即可。

4）如果对象的规范改变了，图形就需要修改。如果需要查出每一个发生变化的点，然后单独编辑这些点，那将是一件很繁重的工作。但如果该对象被定义为一个块，就可以重新定义块，那么无论块出现在哪里，都将自动更正。

5）属性（文本信息）可以包含在块中。在每一个块的插入时，可定义不同属性值。

3．块的创建

块的创建就是将图形中选定的一个或多个对象组合成一个整体，为其命名保存，并在以后使用过程中将它视为一个独立、完整的对象进行调用和编辑。定义图块时需要执行“Block”命令，用户可以通过以下方法调用该命令：

★ 选择→【绘图】→【块】→【创建】菜单命令

★ 单击“绘图”工具栏上的“创建块”按钮

★ 输入命令：B(BLOCK)

启用“块”命令后，系统弹出“块定义”对话框，如图 13-1 所示。在该对话框中对图形进行块的定义，然后单击 确定 按钮就可以创建图块。

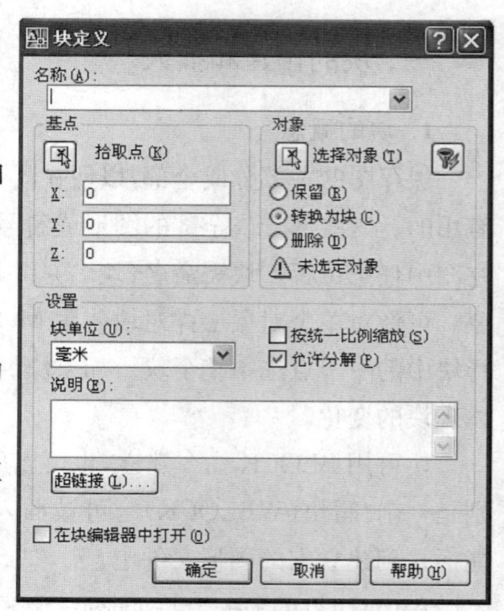

图 13-1 “块定义”对话框

在“块定义”对话框中各个选项的意义如下：

（1）名称(N): 列表框：用于输入或选择图块的名称。

（2）基点 选项组：用于确定图块插入基点的位置。用户可以输入插入基点的 X、Y、Z 坐标；也可以单击【拾取点】按钮，在绘图窗口中选取插入基点的位置。

（3）对象 选项组：用于选择构成图块的图形

对象。

◎ [按钮]按钮：单击该按钮，即可在绘图窗口中选择构成图块的图形对象。

◎ [按钮]按钮：单击该按钮，打开"快速选择"对话框，如图 13-2 所示。可以通过该对话框进行快速过滤来选择满足条件的实体目标。

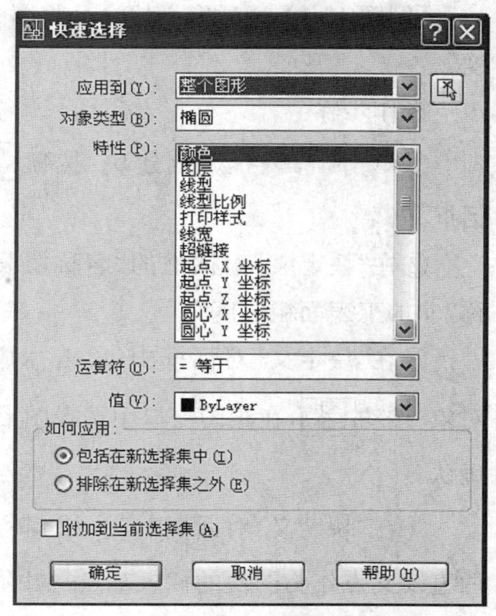

图 13-2 "快速选择"对话框

◎ [○保留(R)]单选项：选择该选项，则在创建图块后，所选图形对象仍保留并且属性不变。

◎ [⊙转换为块(C)]单选项：选择该选项，则在创建图块后，所选图形对象转换为图块。

◎ [○删除(D)]单选项：选择该选项，则在创建图块后，所选图形对象将被删除。

(4) [设置]选项组：用于指定块的设置。

◎ [块单位(U):]下拉列表框：指定块参照插入单位。

◎ [超链接(L)...]按钮：将某个超链接与块定义相关联，单击该按钮，弹出"插入超链接"对话框，如图 13-3 所示，从列表或指定的路径，可以将超链接与块定义相关联。

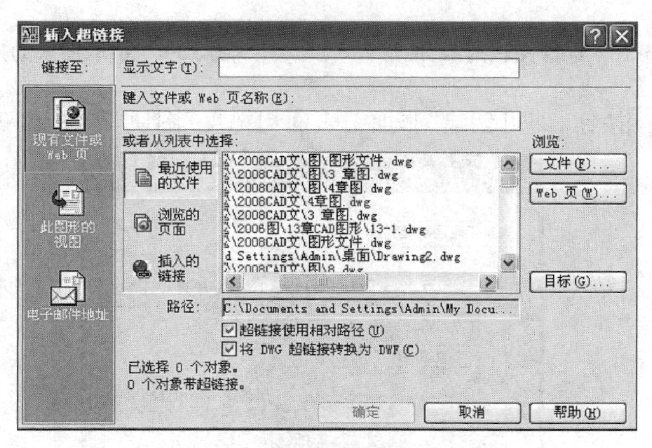

图 13-3 "插入超链接"对话框

◎ [□在块编辑器中打开(O)]复选框：用于在块编辑器中打开当前的块定义，主要用于创建动态块。

(5) [方式]选项组：用于块的方式设置。

◎ [□按统一比例缩放(S)]复选框：指定块参照是否按统一比例缩放。

◎ [☑允许分解(P)]复选框：指定块参照是否可以被分解。

◎ 说明文本框：用于输入图块的说明文字。

【例题 13-1】通过定义块命令将图 13-4 所示的图形创建成块，名称为“非加工表面粗糙度”。

操作步骤：

①单击工具栏上“创建块”按钮，弹出“块定义”对话框。

②在“块定义”对话框的“名称”列表框中输入图块的名称“非加工表面粗糙度”。

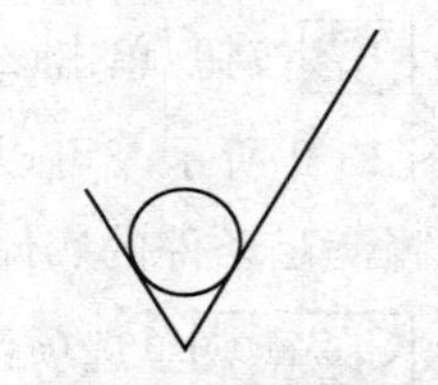

图 13-4　非加工表面粗糙度符号

③在“块定义”对话框中，单击“对象”选项组中的“选择对象”按钮，在绘图窗口中选择图形，此时图形以虚线显示，如图 13-5 所示，按【Enter】键确认。

④在“块定义”对话框中，单击“基点”选项组中的“拾取点”按钮，在绘图窗口中选择两直线交点作为图块的插入基点，如图 13-6 所示。

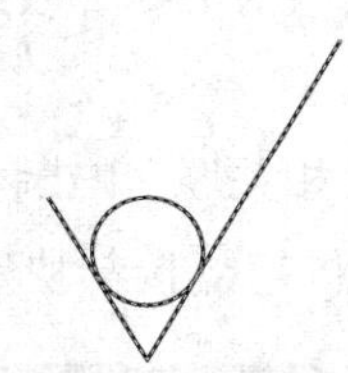

图 13-5　“选择图块对象”图形

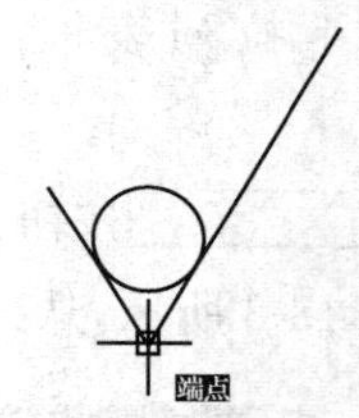

图 13-6　拾取图块的插入基点

⑤单击 确定 按钮，即可创建“非加工表面粗糙度”图块，如图 13-7 所示。

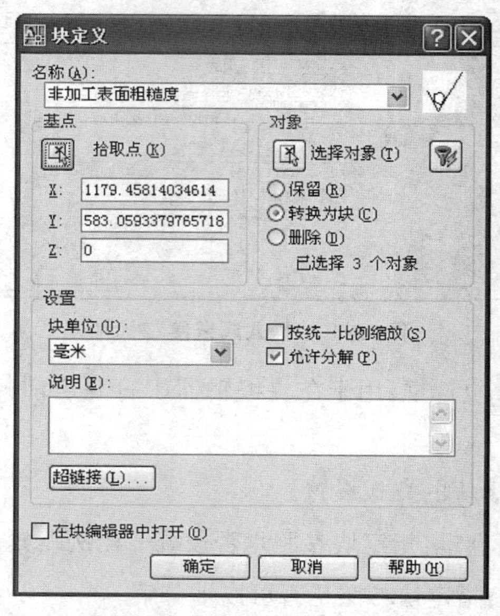

图 13-7　创建完成后的“块定义”对话框

4. 用块创建文件

BLOCK 命令定义的块只能在同一张图形中使用，而有时用户需要调用别的图形中所定义的块。AutoCAD 提供一个 WBLOCK 命令来解决这个问题。把定义的块，作为一个独立图形文件写入磁盘中。创建块文件的方法如下：

在命令行中输入 WBLOCK 或 W，AutoCAD 会出现如图 13-8 所示的“写块”对话框。

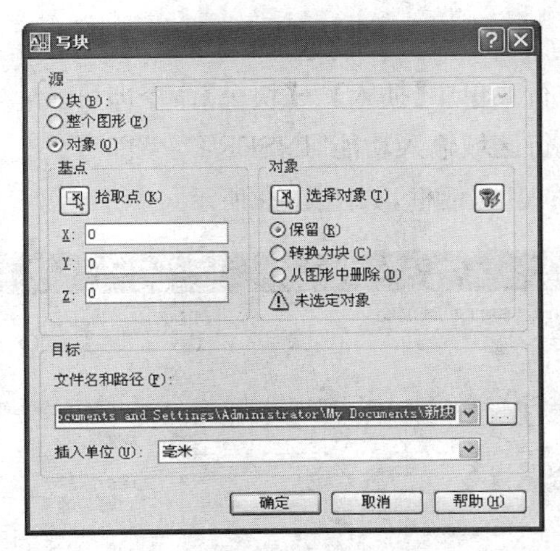

图 13-8　“写块”对话框

下面介绍该对话框中各选项的含义：

◎ 源 选项组：用于选择图块和图形对象，将其保存为文件并为其指定插入点。

◎ ○块(B): 单选项：用于从列表中选择要保存为图形文件的现有图块。

◎ ○整个图形(E) 单选项：将当前图形作为一个图块，并作为一个图形文件保存。

◎ ⊙对象(O) 单选项：用于从绘图窗口中选择构成图块的图形对象。

◎ 目标 选项组：用于指定图块文件的名称、位置和插入图块时使用的测量单位。

◎ 文件名和路径(F): 列表框：用于输入或选择图块文件的名称、保存位置。单击右侧的 ... 按钮，弹出“浏览图形文件”对话框，即可指定图块的保存位置，并指定图块的名称。

设置完成后，单击 确定 按钮，将图形存储到指定的位置，在绘图过程中需要时即可调用。

注意：用户在执行 WBLOCK 命令时，不必先定义一个块，只要直接将所选的图形实体作为一个图块保存在磁盘上即可。当所输入的块不存在时，AutoCAD 会显示“AutoCAD 提示信息”对话框，提示块不存在，是否要重新选择。在多视窗中，WBLOCK 命令只适用于当前窗口。

二、插入块

用户可以使用 INSERT 命令在当前图形或其他图形文件中插入块，无论块或所插入的图形多么复杂，AutoCAD 都将它们作为一个单独的对象，如果用户需编辑其中的单个图形元素，就必须分解图块或文件块。

在插入块时，需确定以下几组特征参数，即要插入的块名、插入点的位置、插入的比例系数以及图块的旋转角度。

用户可以通过如下几种方法来启动“插入”对话框：

1) 绘图工具栏：。

2) 下拉菜单：单击执行菜单中【插入】→【块…】命令即可。

3) 命令窗口：在命令行区域输入功能“INSERT ↙”即可。

AutoCAD 将弹出“插入”对话框，如图 13-9 所示。

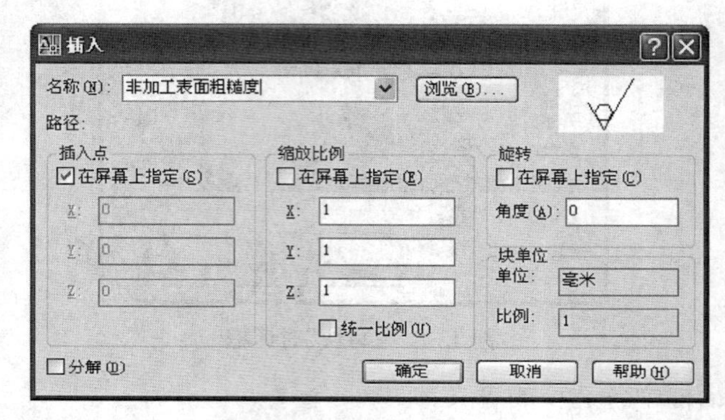

图 13-9 “插入”对话框

下面介绍该对话框中各选项的含义：

(1) 名称(N): 列表框：用于输入或选择需要插入的图块名称。

若需要使用外部文件(即利用“写块”命令创建的图块)，可以单击 浏览(B)... 按钮，在弹出的“选择图形文件”对话框选择相应的图块文件，单击 确定 按钮，即可将该文件中的图形作为块插入到当前图形。

(2) 插入点 选项组：用于指定块的插入点的位置。用户可以利用鼠标在绘图窗口中指定插入点的位置，也可以输入 X、Y、Z 坐标。

(3) 比例 选项组：用于指定块的缩放比例。用户可以直接输入块的 X、Y、Z 方向的比例因子，也可以利用鼠标在绘图窗口中指定块的缩放比例。

(4) 旋转 选项组：用于指定块的旋转角度。在插入块时，用户可以按照设置的角度旋转图块。也可以利用鼠标在绘图窗口中指定块的旋转角度。

(5) □分解(D) 复选框：若选择该选项，则插入的块不是一个整体，而是被分解为各个单独的图形对象。

三、分解块

当在图形中使用块时，AutoCAD 将块作为单个对象处理，只能对整个块进行编辑。如果用户需要编辑组成块的某个对象时，需要将块的组成对象分解为单一个体。

将图块分解，有以下几种方法：

（1）插入图块时，在“插入”对话框中，选择“分解”复选框，再单击 确定 按钮，插入的图形仍保持原来的形式，但可以对其中某个对象进行修改。

（2）插入图块对象后，使用“分解”命令，单击工具栏中的按钮，将图块分解为多个对象。分解后的对象将还原为原始的图层属性设置状态。如果分解带有属性的块，属性值将丢失，并重新显示其属性定义。

四、块的属性

在 AutoCAD 中，可以使块附带属性，属性类似于商品的标签，包含了图块所不能表达的其他各种文字信息，如材料、型号和制造者等。存储在属性中的信息一般称为属性值。当用 BLOCK 命令创建块时，将已定义的属性与图形一起生成块，这样块中就包含属性了，当然，用户也能仅将属性本身创建成一个块。属性是块中的文本对象，它是块的一个组成部分，它有如下特点：

（1）一个属性包括属性特征和属性值两个内容。例如，可以把“班级名”规定为属性特征，而具体的学生姓名，如“张三”“李四”等就属于属性值。

（2）在定义块前，每个属性要先进行定义。属性定义设置对话框由模式、属性、插入点和文本选项等组成，如图 13-10 所示。属性定义后，该属性特征在图形中显示出来，并把有关的信息保留在图形文件中。

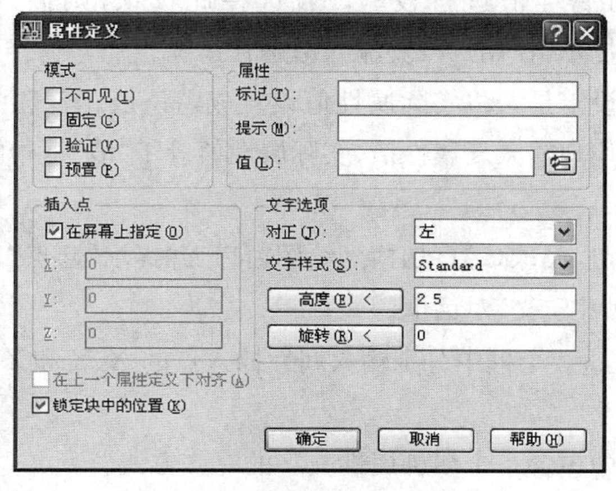

图 13-10　“属性定义”对话框

（3）在定义块前，对作出的属性定义可以用 CHANGE 命令修改。它不仅可以修改属性特征，还可以修改属性提示和属性的缺省值。

(4) 在块插入时，AutoCAD 在命令行中用属性特征（如“班级名”）提示用户输入属性值（如“张三”，也可以用缺省值）。插入块后，属性特征用属性值显示，如显示“张三”而“班级名”则不显示。因此，同一定义块，在不同插入时可以有不同的属性值。如果属性设置为固定常量，则不询问属性值。

(5) 在块插入后，对于属性值，可以用 ATTDISP（属性显示）等命令改变它们显示可见性。用 ATTEDIT（属性编辑）等命令，对各属性进行修改。可以用 ATTEXT（属性提取）等命令，把属性单独提取出来写入文件。

1. 创建块属性

创建块属性的方法：

1) 下拉菜单：单击执行菜单中【绘图】→【块】→【定义属性…】命令即可。

2) 命令窗口：在命令行区域输入功能“ATTDEF ↙”即可。

打开“属性定义”对话框，如图 13-10 所示，用户利用此对话框创建块属性。

下面介绍对话框中常用的选项。

(1) 属性

标记：属性的标志。

提示：输入属性提示。

值：属性的缺省值。

(2) 模式

不可见：控制属性值在图形中的可见性。如果想使图中包含属性信息，但不想使其在图形中显示出来，就选中这个选项。

固定：选中该选项，属性值将为常量。

验证：设置是否对属性值进行校验。若选择此选项，则插入块并输入属性值后，AutoCAD 将再次给出提示，让用户校验输入值是否正确。

预置：该选项用于设定是否将实际属性值设置成默认值。若选中此选项，则插入块时，AutoCAD 将不在提示用户输入新属性值，实际属性值等于“值”框中的默认值。

(3) 插入点

拾取点：单击此按钮，AutoCAD 切换到绘图窗口，并提示“起点”。用户指定属性的放置点后，按回车键返回“属性定义”对话框。

X、Y、Z 文本框：在这 3 个框中分别输入属性插入点的 X、Y 和 Z 坐标值。

(4) 文字选项

对正：该下拉列表中包含了十多种属性文字的对齐方式。

文字样式：从该下拉列表中选择文字样式。

高度：用户可直接在文本框中输入属性文字高度，或单击“高度”按钮切换到绘图窗口，在绘图区中拾取两点以指定高度。

旋转：设定属性文字旋转角度。

【例题 13-2】创建带有属性的表面粗糙度图块，要求如下：属性为：A（粗糙度），属性值为：3.2，提示为：粗糙度值，并以“加工表面的粗糙度”名保存在 D 盘。

操作步骤：

①绘制粗糙度符号，如图 13-11 所示。

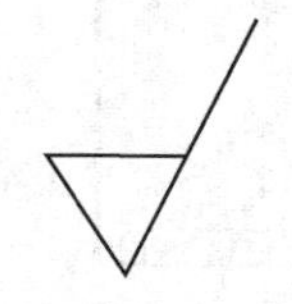

图 13-11　粗糙度符号

②菜单栏：【绘图】→【块】→【属性定义（D）…】或命令行：ATTDEF

弹出“属性定义”对话框，如图 13-12 所示。

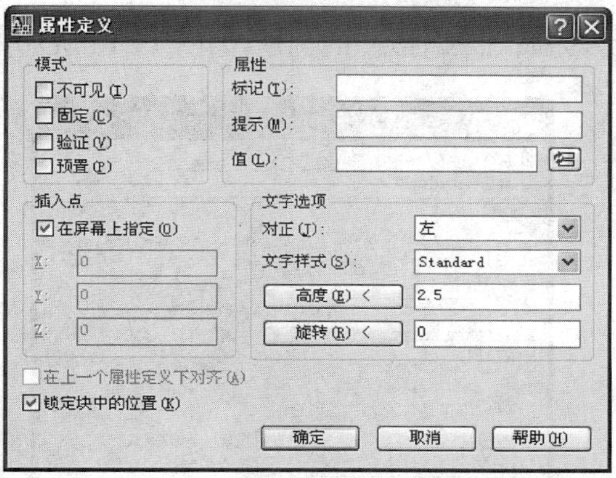

属性定义
模式
不可见(I)
固定(C)
验证(V)
预置(P)
属性
标记(T)：
提示(M)：
值(L)：
插入点
在屏幕上指定(O)
X：0
Y：0
Z：0
文字选项
对正(J)：左
文字样式(S)：Standard
高度(E) <　2.5
旋转(R) <　0
在上一个属性定义下对齐(A)
锁定块中的位置(K)
确定　取消　帮助(H)

图 13-12　“属性定义”对话框

③在属性选项组的“标记”文本框中输入“A”，它主要用来标记属性，也可用来显示属性所在的位置。在“提示”文本框中输入提示文字“粗糙度的值”，它是插入块时命令行显示的输入属性的提示。在“值”文本框中输入表面粗糙度参数值“3.2”，这是属性值的默认值，一般把最常出现的数值作为默认值。设置好的“属性定义”对话框如图 13-13 所示。

④单击“属性定义”对话框中的 确定 按钮，在绘图窗口中指定属性的插入点，如图 13-14(a)所示，在文本的左下角单击鼠标，完成图形效果如图 13-14(b)所示。

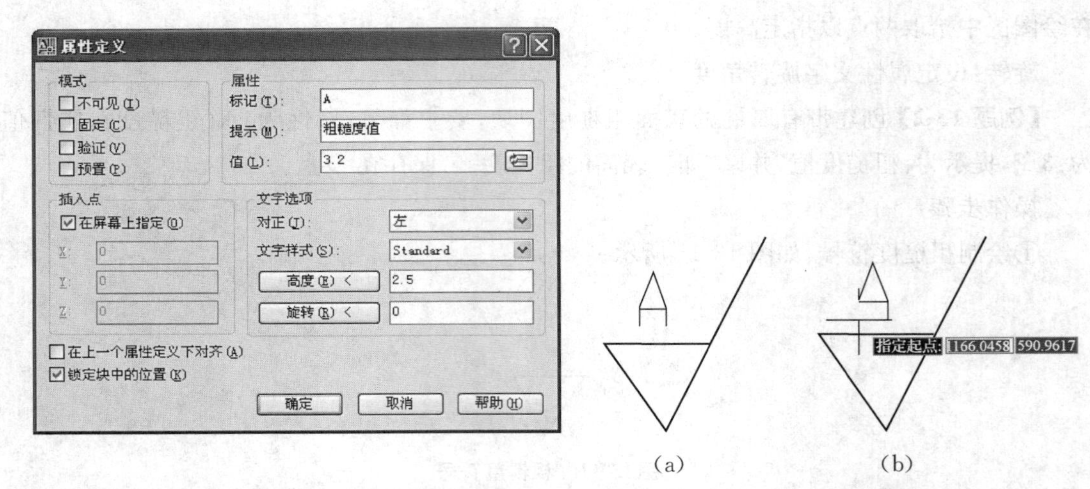

图 13-13　设置好的“属性定义”对话框　　　　图 13-14　完成属性定义

⑤选择→【绘图】→【块】→【创建】菜单命令，弹出“块定义”对话框，在“名称”文框中输入块的名称“加工表面粗糙度”，单击“选择对象”按钮，在绘图窗口选择如图 13-14(b)所示的图形，并单击鼠标右键，完成“带属性块”的创建，如图 13-15 所示。

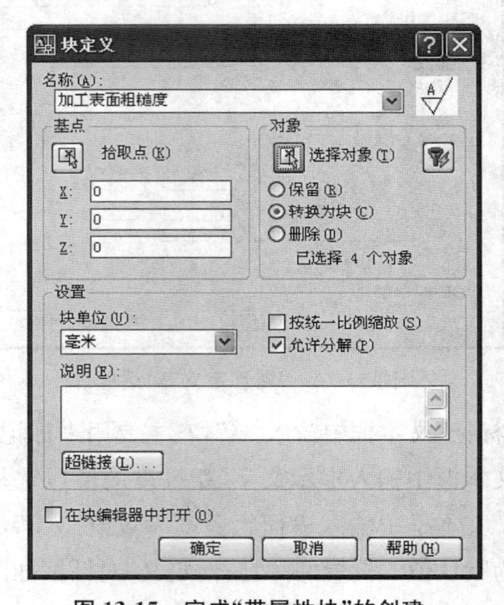

图 13-15　完成“带属性块”的创建

⑥单击【基点】选项组中的“拾取点”按钮，并在绘图窗口中选择三角形的底端顶点处作为图块的基点，如图 13-16 所示。

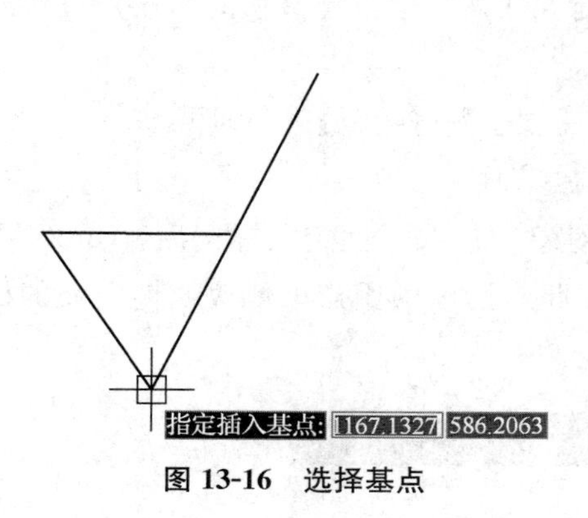

图 13-16　选择基点

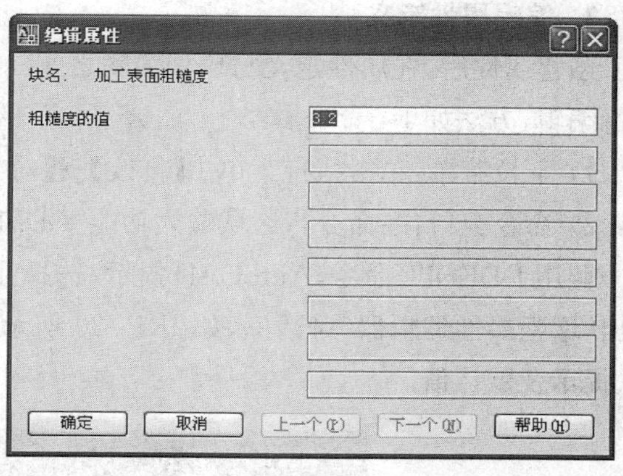

图 13-17　“编辑属性”对话框

⑦单击【块定义】对话框中的 确定 按钮，弹出“编辑属性”对话框，如图 13-17 所示，直接单击该对话框中的 确定 按钮即可。完成后图形效果如图 13-18 所示。

⑧在命令行中输入：“WBLOCK ↙”，弹出“写块”对话框，并作相应的设置，如图 13-19 所示。

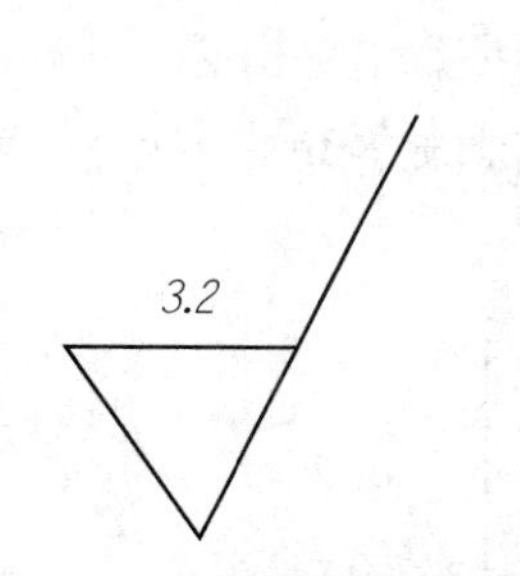

图 13-18　完成后带属性的图块

图 13-19　设置“写块”

源：选中“块(B)”，单击右边的下拉列表框选中带属性的图块名“加工表面粗糙度”。

目标：把带有属性的图块保存在 D 盘下。

⑨单击“确定”，即保存了具有属性的表面粗糙度代号，为零件图上标注 R_a 值不同的粗糙度代号做好了准备。

2. 编辑属性定义

创建属性后，在属性定义与块相关联之前（即只定义了属性但没定义块时），用户可对其进行编辑，方法如下：

1）下拉菜单：单击执行菜单中【修改】→【对象】→【文字】→【编辑】命令即可。

2）命令窗口：在命令行区域输入功能"DDEDIT ↙"即可。

调用 DDEDIT 命令，AutoCAD 提示"选择注释对象"，选取属性定义标记后，AutoCAD 弹出"增强属性编辑器"对话框，如图 13-20 所示。在此对话框中用户可修改属性定义的标记、提示及默认值。

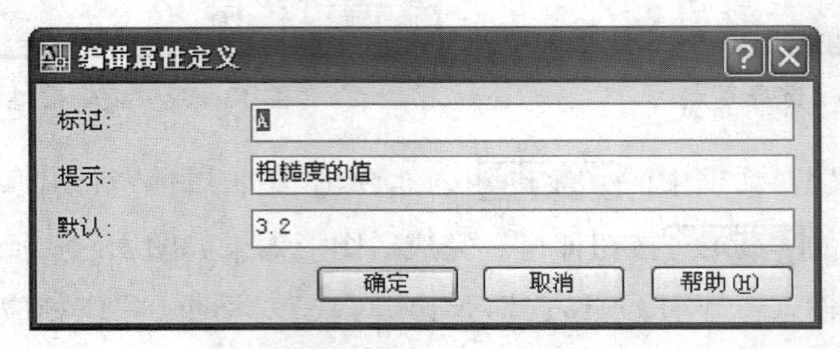

图 13-20 "编辑属性定义"对话框

此外，可以用 DDMODIFY 命令启动"特性"对话框，可修改属性定义的更多项目，方法如下：

1）标准工具栏：

2）在命令行区域输入功能"DDEDIT ↙"即可。

然后单击选择对象按钮，AutoCAD 打开"特性"对话框，如图 13-21 所示。该对话框的"文字"区域中列出了属性定义的标记、提示、默认值、字高和旋转角度等项目，用户可在此对话框进行修改。

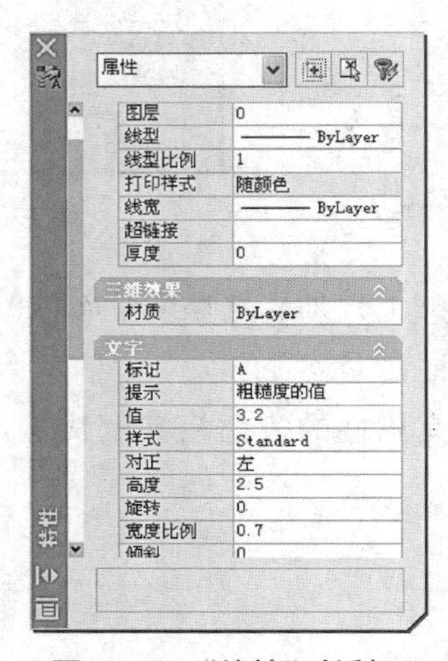

图 13-21 "特性"对话框

3. 编辑块的属性

1) DDATTE

用户可以通过在命令窗口输入 DDATTE 来调用，选择块以后，AutoCAD 弹出如图 13-22 所示的“编辑属性”对话框。

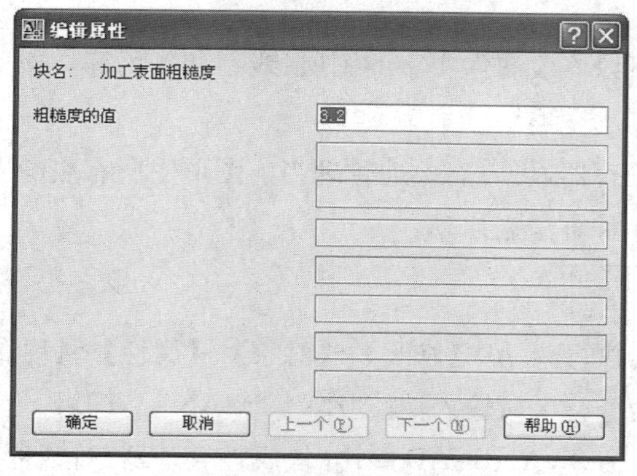

图 13-22　“编辑属性”对话框

2) ATTEDIT

若属性已被创建为块，则用户可用 ATTEDIT 命令来编辑属性值及属性的其他特性。可用以下的任意一种方法来启动：

(1) 下拉菜单：单击执行菜单中【修改】→【对象】→【属性】→【单个】命令即可。

(2) 命令窗口：在命令行区域输入功能“ATTEDIT↙”即可。

(3) 修改Ⅱ工具栏：

AutoCAD 提示“选择块”，用户选择要编辑的图块后，AutoCAD 打开“增强属性编辑器”对话框，如图 13-23 所示。在此对话框中用户可对块属性进行编辑。

“增强属性编辑器”对话框有 3 个选项卡：属性、文字选项和特性，它们有如下功能：

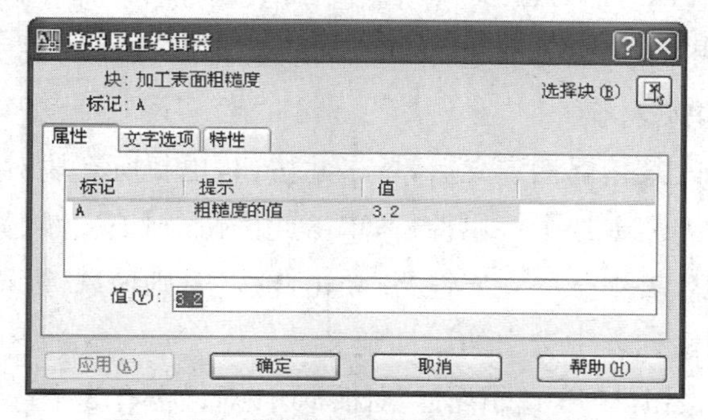

图 13-23　“增强属性编辑器”对话框

● “属性”选项卡

在该选项卡中，AutoCAD 列出当前块对象中各个属性的标记、提示和值。选中某一属性，用户就可以在"值"框中修改属性的值。

● "文字选项"选项卡

该选项卡用于修改属性文字的一些特性，如文字样式、字高等。选项卡中各选项的含义与"文字样式"对话框中同名选项含义相同。

● "特性"选项卡

在该选项中用户可以修改属性文字的图层、线型和颜色等。

4. 块属性管理器

用户通过块属性管理器，可以有效地管理当前图形中所有块的属性，并能进行编辑。

可用以下的任意一种方法来启动：

1）修改Ⅱ工具栏：

2）下拉菜单：单击执行菜单中【修改】→【对象】→【属性】→【块属性管理器】命令即可。

3）命令窗口：在命令行区域输入功能"BATTMAN↙"即可。

启动BATTMAN命令，AutoCAD弹出"块属性管理器"对话框，如图13-24所示。

该对话框常用选项有如下功能。

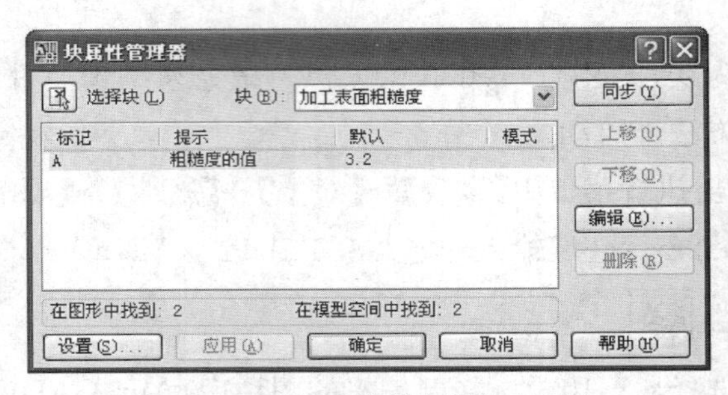

图13-24 "块属性管理器"对话框

(1) 选择块：通过此按钮选择要操作的块。单击该按钮，AutoCAD切换到绘图窗口，并提示："选择块"，用户选择块后，AutoCAD又返回"块属性管理器"对话框。

(2) "块"下拉列表：用户也可通过此下拉列表选择要操作的块。该列表显示当前图形中所有具有属性的图块名称。

(3) 同步：用户修改某一属性定义后，单击此按钮，更新所有块对象中的属性定义。

(4) 上移：在属性列表中选中一属性行，单击此按钮，则该属性行向上移动一行。

(5) 下移：在属性列表中选中一属性行，单击此按钮，则该属性行向下移动一行。

(6) 删除：删除属性列表中选中的属性定义。

(7) 编辑：单击此按钮，打开"编辑属性"对话框，该对话框有3个选项卡：属性、文字选项、特性。这些选项卡的功能与"增强属性管理器"对话框中同名选项卡功能类似，这里不再赘述。

(8) 设置：单击此按钮，弹出"设置"对话框。在该对话框中，用户可以设置在"块属性管理器"对话框的属性列表中显示哪些内容。

五、外部参照

外部参照是把已有的其他图形文件链接到当前图形文件中，这样就可以非常方便地实现资源共享。使用外部参照不但可以随时参照最新的资源，而且还可以节省存储空间。

1. 附着外部参照

在 AutoCAD 中为图形附着外部参照可以在一幅图形中使用多个图形的效果。执行附着外部参照的操作步骤如下：

1）执行“插入”→“外部参照”命令，弹出“外部参照”选项板，如图 13-25 所示。

2）单击该选项板工具栏中的“附着 DWG”按钮，弹出“选择参照文件”对话框，如图13-26所示。

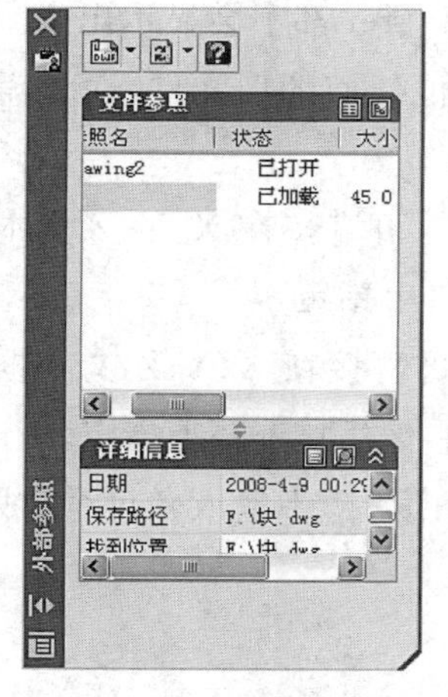

图 13-25　“外部参照”选项板

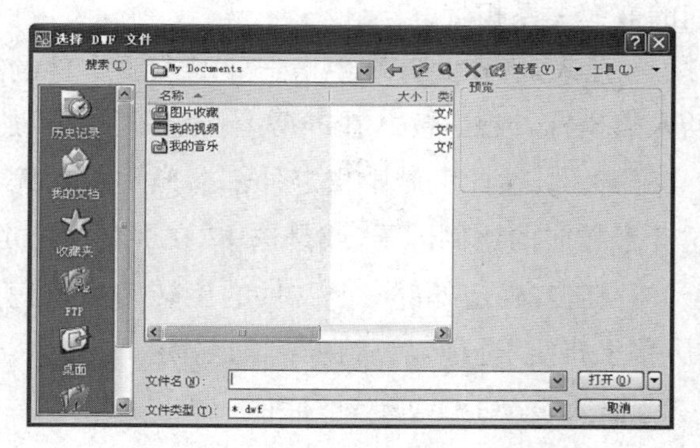

图 13-26　“选择参照文件”对话框

3）在“选择参照文件”对话框中选择参照文件，然后单击“打开”按钮，弹出“外部参照”对话框，如图 13-27 所示。

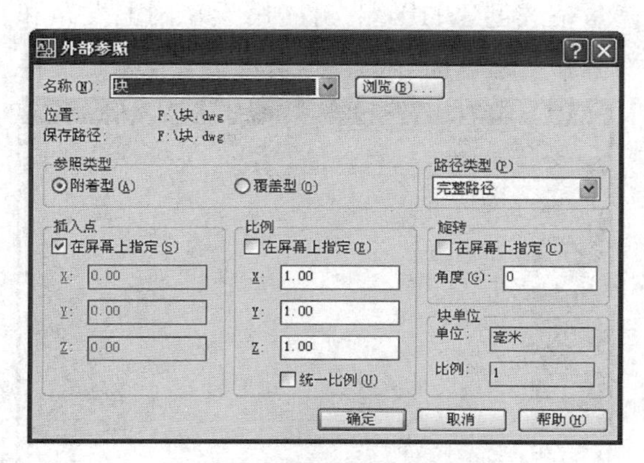

图 13-27　“外部参照”对话框

4）在“外部参照”对话框中设置外部参照文件的参照类型、路径类型、插入点、比例和旋转角度，最后单击“确定”按钮即可将选中的文件以外部参照的形式插入到当前图形中。

该对话框中各选项有如下功能：

（1）名称：该列表显示了当前图形中包含的外部参照文件名称，用户可在列表中直接选取文件，或是单击浏览按钮查找其他参照文件。

（2）附着型：图形文件A嵌套了其他的Xref，而这些文件是以“附着型”方式被引用的，当新文件引用图形A时，用户不仅可以看到A图形本身，还能看到A图中嵌套的Xref。附加方式的Xref不能循环嵌套，即如果A图形引用了B图形，而B又引用了C图形，则C图形不能再引用图形A。

（3）覆盖型：图形A中有多层嵌套的Xref，但它们均以“覆盖型”方式被引用，即当其他图形引用A图时，就只能看到A图形本身，而其包含的任何Xref都不会显示出来。覆盖方式的Xref可以循环引用，这使设计人员可以灵活地查看其他任何图形文件，而无需为图形之间的嵌套关系担忧。

（4）插入点：在此区域中指定外部参照文件的插入基点，可直接在X、Y、Z文本框中输入插入点坐标，或是选中“在屏幕上指定”复选项，然后在屏幕上指定。

（5）比例：在此区域中指定外部参照文件的缩放比例，可直接在X、Y、Z文本框中输入沿这3个方向的比例因子，或是选中“在屏幕上指定”复选项，然后在屏幕上指定。

（6）旋转：确定外部参照文件的旋转角度，可直接在“角度”框中输入角度值，或是选中“在屏幕上指定”选项，然后在屏幕上指定。

2. 插入DWG、DWF参照底图

在AutoCAD中，用户还可以插入DWG、DWF参照底图，选择“插入”→“DWG参照”命令或“插入”→“DWF参考底图”命令，在弹出的“选择参照文件”对话框或“选择DWF文件”对话框中选择需要插入的参照底图文件，如图13-26和图13-28所示。

DWF文件是基于矢量格式创建的压缩文件，用于在网上发布和查看。在AutoCAD中选择“文件”→“网上发布”命令，根据向导的提示可以创建DWF文件。

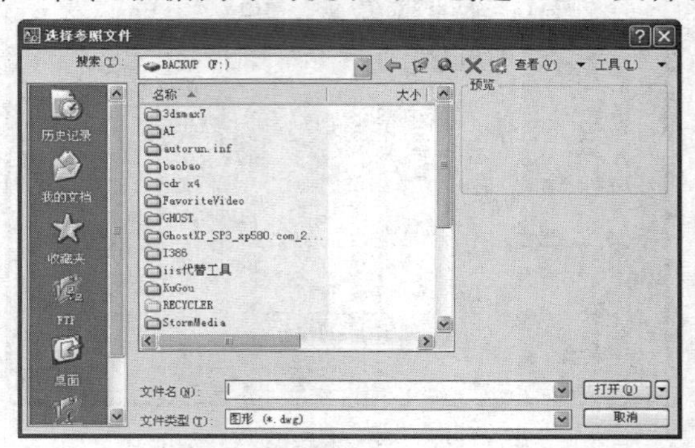

图13-28 “选择参照文件”对话框

3. 管理外部参照

如果一个工程图形中插入了多个参照文件，用户还可以利用“外部参照”选项板对这些外部参照进行编辑和管理。打开“外部参照”选项板，单击该选项板工具栏中“附着 DWG”按钮右边的下三角按钮，在弹出的下拉菜单中选择相应的命令即可在当前图形中附着 DWG 文件、图像文件和 DWF 文件。当在图形中插入参照文件后，在外部参照列表框中就会显示出当前图形中插入的所有参照文件的名称，如图 13-29 所示。在该列表中选中一个参照文件后，就可以在“外部参照”选项板下方的“详细信息”选项组中显示该参照文件的名称、加载状态、文件大小、参照类型、参照日期及参照文件的保存路径等内容。

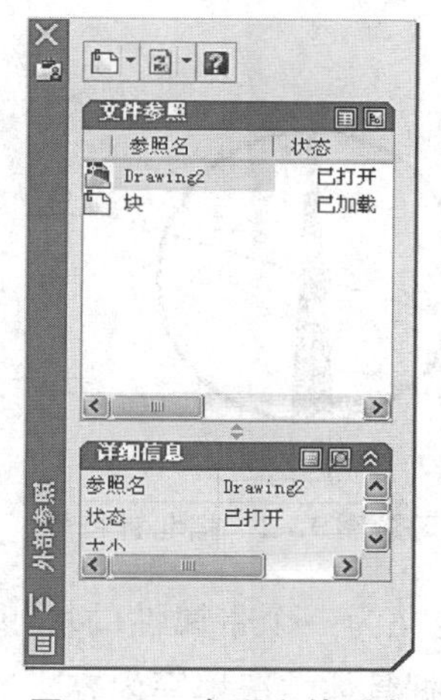

图 13-29　参照文件列表

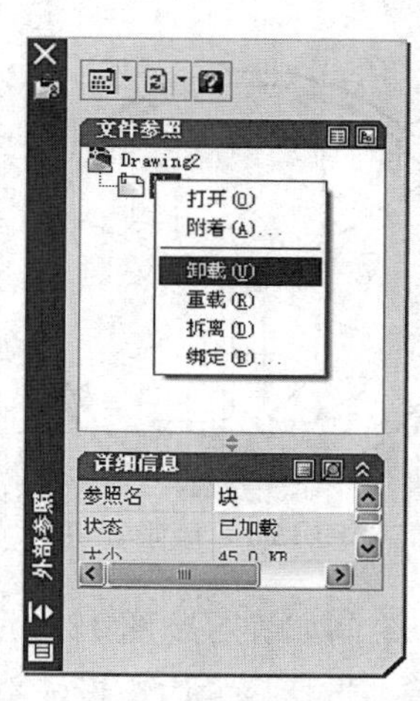

图 13-30　参照文件列表中的快捷菜单

如果当前图形文件中的外部参照太多，以至影响了用户查看或绘制图形，还可以将多余的参照文件卸载，在“外部参照”选项板的参照文件列表中单击鼠标右键，在弹出的快捷菜单中选择“卸载”命令即可，如图 13-30 所示。

4. 参照管理器

参照管理器可以独立于 AutoCAD 运行，帮助用户对计算机中的参照文件进行编辑和管理。使用参照管理器，用户可以修改保存的参照路径而不必打开 AutoCAD 图形文件。选择“开始”→“所有程序”→“Autodesk”→“AutoCAD－Smplfied Chinese”→“参照管理器”命令，打开“参照管理器”窗口，如图 13-31 所示。

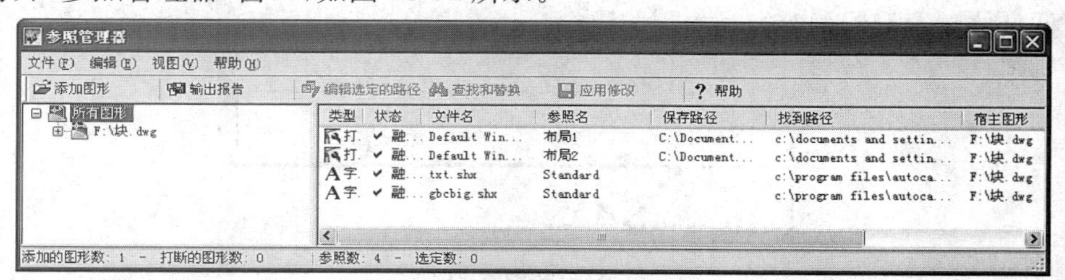

图 13-31　“参照管理器”窗口

在“参照管理器”窗口的图形列表框中选中参照图形文件后，在该窗口右边的列表框中就会显示该参照文件的类型、状态、文件名、参照名、保存路径等信息。用户可以利用该窗口中的工具栏对选中的参照文件的信息进行修改。

综合练习题

【练习 13-1】 如何定义块属性？“块属性”有何用途？

【练习 13-2】 绘制工程图时，把重复使用的标准件制成图块，有何好处？

【练习 13-3】 按给定尺寸绘制如练习题图 13-1、13-2 的图形，定义为一个块，并且保存为外部块在 F 盘下。

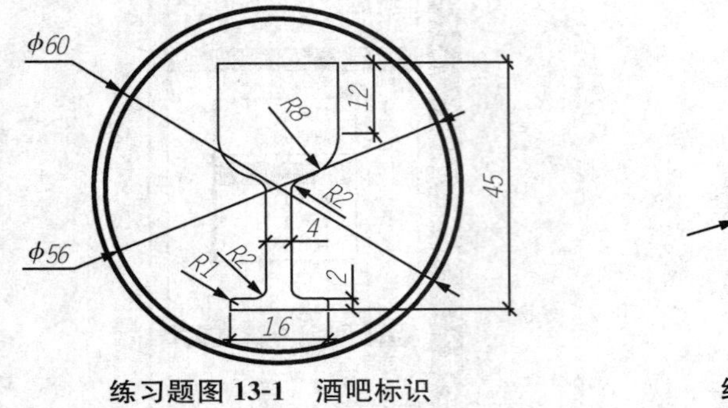

练习题图 13-1　酒吧标识

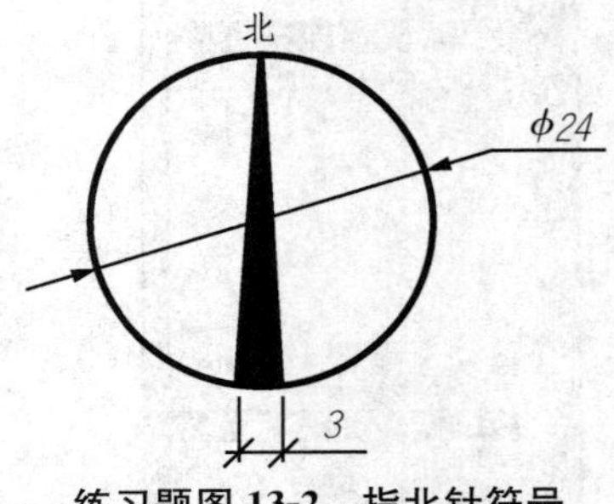

练习题图 13-2　指北针符号

【练习 13-4】 绘制如练习题图 13-3 所示标题栏，把它定义为一个带属性的块，基点取标题栏的右下角点。(带括号的内容设成有属性，插入时可根据具体情况填写内容)

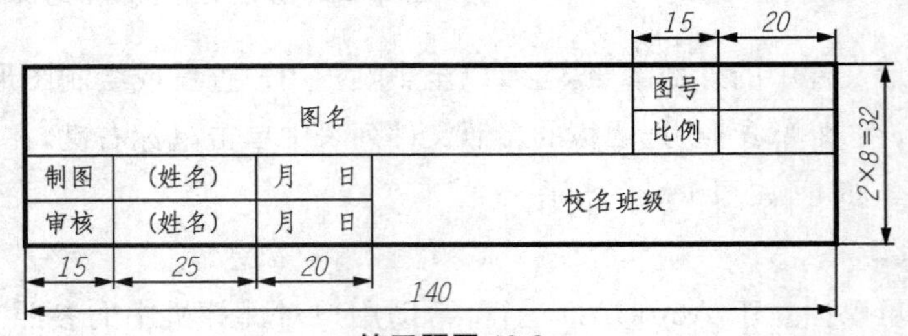

练习题图 13-3

【练习 13-5】 按给定尺寸绘制如练习题图 13-4 所示建筑标高符号，把它定义为一个带属性的块，基点取三角形顶点 A 点，并且保存为外部块在 D 盘下。(标高值设成有属性，插入时可根据具体情况填写内容)

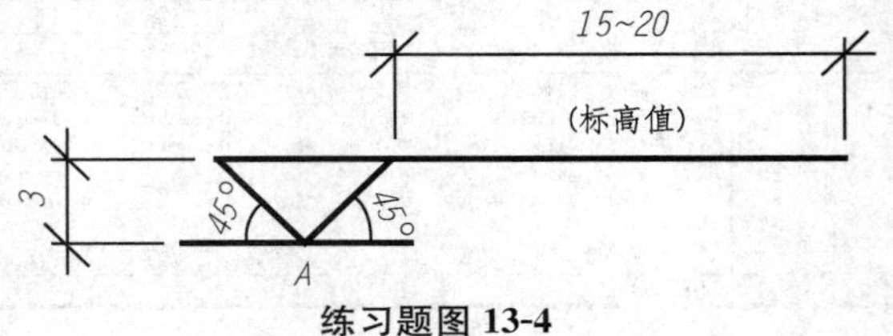

练习题图 13-4

第六章　机械制图绘制(适合机械类专业)

机械制图包括零件图和装配图的绘制,机器或部件都是由许多零件装配而成,制造机器或部件必须首先制造零件。零件图是表示单个零件的图样,它是制造和检验零件的主要依据。

1. 零件图是生产中指导制造和检验该零件的主要图样,它不仅仅是把零件的内、外结构形状和大小表达清楚,还需要对零件的材料、加工、检验、测量提出必要的技术要求。零件图必须包含制造和检验零件的全部技术资料。因此,一张完整的零件图一般应包括以下几项内容:

(1) 一组图形　用于正确、完整、清晰和简便地表达出零件内外形状的图形,其中包括机件的各种表达方法,如视图、剖视图、断面图、局部放大图和简化画法等。

(2) 完整的尺寸　零件图中应正确、完整、清晰、合理地标注出制造零件所需的全部尺寸。零件图上的尺寸是加工和检验零件的重要依据,是零件图的重要内容之一,是图样中指令性最强的部分。在零件图上标注尺寸,必须做到:正确、完整、清晰、合理。

(3) 技术要求　零件图中必须用规定的代号、数字、字母和文字注解说明制造和检验零件时在技术指标上应达到的要求。如表面粗糙度,尺寸公差,形位公差,材料和热处理,检验方法以及其他特殊要求等。技术要求的文字一般注写在标题栏上方图纸空白处。

(4) 标题栏　标栏应配置在图框的右下角。它一般由更改区、签字区、其他区、名称以及代号区组成。填写的内容主要有零件的名称、材料、数量、比例、图样代号以及设计、审核、批准者的姓名、日期等。标题栏的尺寸和格式已经标准化,可参见有关标准。

2. 在机械设计和机械制造的过程中,装配图是不可缺少的重要技术文件。它是表达机器或部件的工作原理及零件、部件间的装配、联接关系的技术图样。

在产品或部件的设计过程中,一般是先设计画出装配图,然后再根据装配图进行零件设计,画出零件图;在产品或部件的制造过程中,先根据零件图进行零件加工和检验,再按照依据装配图所制定的装配工艺规程将零件装配成机器或部件;在产品或部件的使用、维护及维修过程中,也经常要通过装配图来了解产品或部件的工作原理及构造。

一张完整的装配图应具备以下内容:

(1) 一组视图

根据产品或部件的具体结构,选用适当的表达方法,用一组视图正确、完整、清晰地表达产品或部件的工作原理、各组成零件间的相互位置和装配关系及主要零件的结构形状。

(2) 必要的尺寸

装配图中必须标注反映产品或部件的规格、外形、装配、安装所需的必要尺寸,另外,在设计过程中经过计算而确定的重要尺寸也必须标注。

(3) 技术要求

在装配图中用文字或国家标准规定的符号注写出该装配体在装配、检验、使用等方面的要求。

(4) 零、部件序号、标题栏和明细栏

按国家标准规定的格式绘制标题栏和明细栏，并按一定格式将零、部件进行编号，填写标题栏和明细栏。

任务十四　绘制机械零件图

学习目标：熟悉机械制图标准的图纸及制图规范。掌握典型零件的表达方法。掌握零件图中的尺寸标注。能读懂零件图中的技术要求。掌握读零件图和画零件图的方法和步骤。

任务重点：典型零件的表达方法；零件图中的尺寸标注；零件图中的技术要求；读零件图和画零件图的方法和步骤。

任务难点：零件图中尺寸基准的选择和合理地标注尺寸；典型零件的视图选择。

一、图纸的幅面和格式

1．图纸的幅面

绘制图样时，图纸幅面尺寸应优先采用下表 14-1 中规定的的基本幅面。

表 14-1　图纸的基本幅面及图框尺寸　　代号 B×L　a c e　单位:mm

<table>
<tr><td>幅面代号</td><td>A0</td><td>A1</td><td>A2</td><td>A3</td><td>A4</td></tr>
<tr><td>B×L</td><td>841×1189</td><td>594×841</td><td>420×594</td><td>297×420</td><td>210×297</td></tr>
<tr><td>a</td><td colspan="5">25</td></tr>
<tr><td>c</td><td colspan="3">10</td><td colspan="2">5</td></tr>
<tr><td>e</td><td colspan="2">20</td><td colspan="3">10</td></tr>
</table>

其中：a、c、e 为留边宽度。图纸幅面代号由“A”和相应的幅面号组成，即 A0～A4。基本幅面共有五种，其尺寸关系如图 14-1 所示。

幅面代号的几何含义，实际上就是对 0 号幅面的对开次数。如 A1 中的“1”，表示将全张纸（A0 幅面）长边对折裁切一次所得的幅面；A4 中的“4”，表示将全张纸长边对折裁切四次所得的幅面，如图 14-1 所示。

必要时，允许沿基本幅面的短边成整数倍加长幅面，但加长量必须符合国家标准

GB/T14689-93 中的规定。

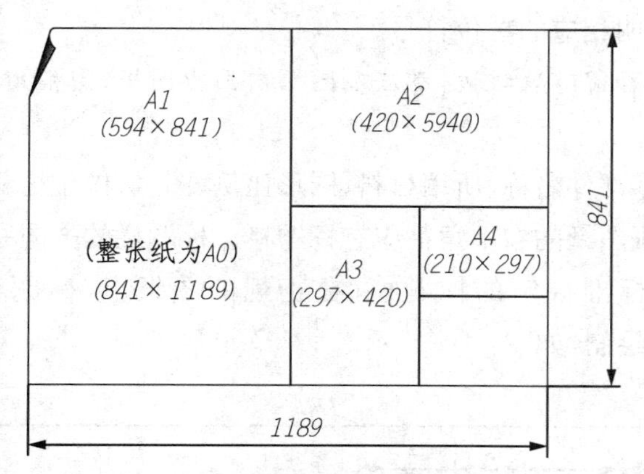

图 14-1　基本幅面的尺寸关系

图框线必须用粗实线绘制。图框格式分为留有装订边和不留装订边两种,如图 14-2 和图 14-3 所示。两种格式图框的周边尺寸 a、c、e 见表 14-1。但应注意,同一产品的图样只能采用一种格式。

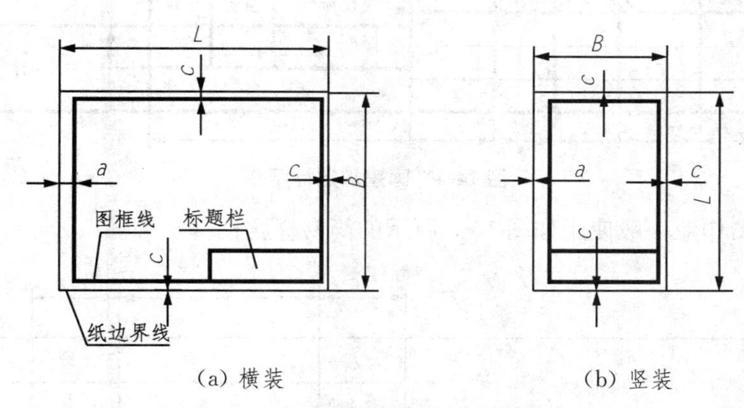

(a) 横装　　(b) 竖装

图 14-2　留有装订边图样的图框格式

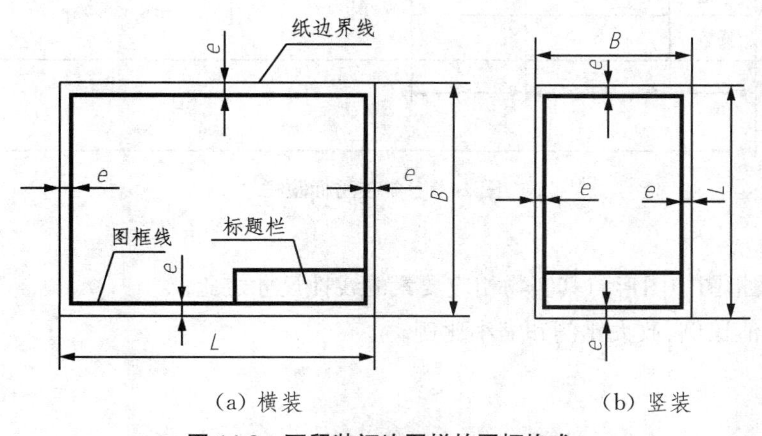

(a) 横装　　(b) 竖装

图 14-3　不留装订边图样的图框格式

国家标准规定，工程图样中的尺寸以毫米为单位时，不需标注单位符号（或名称）。如采用其他单位，则必须注明相应的单位符号。

★**小提示**：无论是否留有装订边，都应在图幅内画出图框，图框用粗实线绘制。

2．标题栏

标题栏用来填写零部件名称、所用材料、图形比例、图号、单位名称及设计、审核、批准等有关人员的签字。每张图纸的右下角都应有标题栏。标题栏的方向一般为看图的方向。

机械制图中国家标准规定的标题栏，在正规的图纸上，标题栏的格式和尺寸应按GB10609.1-89的规定绘制，如图14-4所示。

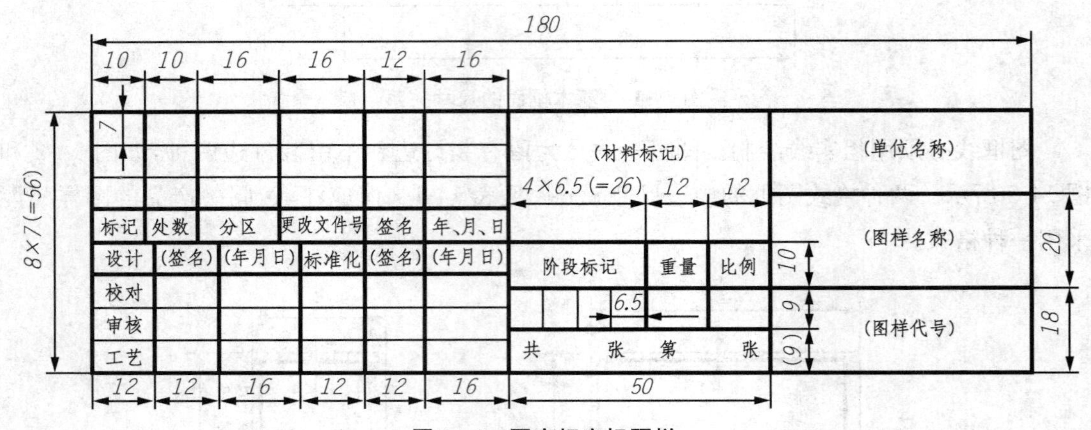

图 14-4　国家规定标题栏

学校的制图作业一般使用如图14-5所示的简易标题栏。

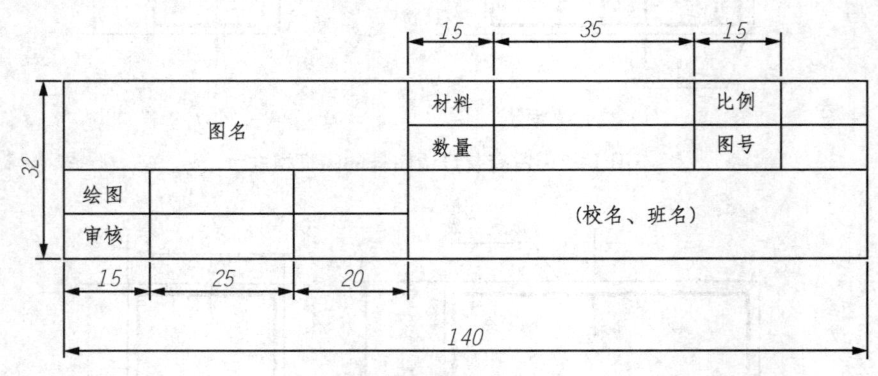

图 14-5　学校用标题栏

3．比例

1）比例是指图中图形与其实物相应要素的线性尺寸之比。

比例分原值比例、放大比例和缩小比例。

表 14-2　比例系列，n 为正整数

种类	比例系列一	比例系列二
原值比例	1∶1	1∶1
放大比例	2∶1　5∶1 1×10^n∶1　2×10^n∶1　5×10^n∶1	2.5∶1　4∶1 2.5×10^n∶1　4×10^n∶1
缩小比例	1∶2　1∶5　1∶10 1∶2×10^n　1∶5×10^n　1∶1×10^n	1∶1.5　1∶2.5　1∶3　1∶4　1∶6 1∶1.5×10^n　1∶2.5×10^n　1∶3×10^n 1∶4×10^n　1∶6×10^n

2）比例的选用

(1) 为了在图样上直接获得实际机件大小的真实概念，应尽量采用 1∶1 的比例绘图。

(2) 如不宜采用 1∶1 的比例时，可选择放大或缩小的比例。但标注尺寸一定要注写实际尺寸。

(3) 应优先选用"比例系列一"中的比例。

4．字体

在图样上除了要用图形来表达机件的结构形状外，还必须用数字及文字来说明它的大小和技术要求等其他内容。

1）字体的一般要求

国家标准对图样中的汉字、拉丁字母、希腊字母、阿拉伯数字、罗马数字的形式做了规定。图样上所注写的汉字、数字、字母必须做到：字体工整、笔画清楚、间隔均匀、排列整齐。这样要求的目的是使图样清晰，文字准确，便于识读，便于交流，给生产和科研带来方便。

2）字体的具体规定

字体的字号规定了八种：20，14，10，7，5，3.5，2.5，1.8。字体的号数即是字体高度。如 10 号字，它的字高为 10 mm。字体的宽度一般是字体高度的 2/3 左右。

(1) 汉字应写成长仿宋体字，并应采用中华人民共和国国务院正式公布推行的《汉字简化方案》中规定的简化字。汉字的高度不应小于 3.5mm。

(2) 字母和数字分斜体和直体两种。斜体字的字体头部向右倾斜 15°。字母和数字各分 A 型和 B 型两种字体。A 型字体的笔画宽度为字高的 1/14，B 型为 1/10。

3）汉字举例

10号字　字体工整　笔画清楚　间隔均匀　排列整齐

7号字　横平竖直　注意起落　结构均匀　填满方格

5号字　技术制图　机械电子　汽车船舶　土木建筑

3.5号字　螺纹齿轮　航空工业　施工排水　供暖通风　矿山港口

4）字母和数字举例

（1）A 型字母和数字举例

（2）B 型字母和数字举例

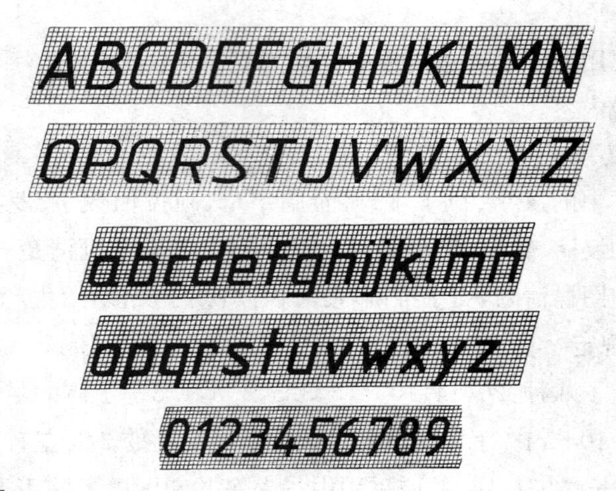

5. 图线及其画法

机械图样中的图形是用各种不同粗细和型式的图线画成的，不同的图线在图样中表示不同的含义。绘制图样时，应采用如表 14-3 中规定的图线型式来绘图。

表 14-3　机械制图的图线及画法

图线名称	代码 No.	线型	线宽	一般应用
细实线	01. 1		$d/2$	1 过渡线 2 尺寸线　3 尺寸界线 4 指引线和基准线 5 剖面线
波浪线	01. 1		$d/2$	断裂处边界线，视图与剖视图的分界线

续表

图线名称	代码 No.	线型	线宽	一般应用
双折线	01. 1		$d/2$	断裂处边界线,视图与剖视图的分界线
粗实线	01. 2	d	d	1 可见棱边线 2 可见轮廓线 3 相贯线 4 螺纹牙顶线
细虚线	02. 1	4~6　1	$d/2$	1 不可见棱边线 2 不可见轮廓线
粗虚线	02. 2	4~6　1	d	允许表面处理的表示线
细点画线	04. 1	15~30　3	$d/2$	1 轴线　2 对称中心线 3 分度圆(线)
粗点画线	04. 2	15~30　3	d	1 限定范围表示线
细双点画线	05. 1	15~20　5	$d/2$	1 相邻辅助零件的轮廓线 2 可动零件的极限位置的轮廓线

对于绘图时线宽的选择,粗实线优先选择 0.5 mm 和 0.7 mm 的,细实线选择 0.25 mm 和 0.35 mm 的。

二、轴类零件图的绘制

1. 轴类零件的结构特点　对于轴类零件常见的有各种轴、丝杠、套筒、衬套等,它们的结构特点大多数由位于同一轴线上数段直径不同的回转体组成,轴向尺寸一般比径向尺寸大。常有键槽、销孔、螺纹、退刀槽、越程槽、中心孔、油槽、倒角、圆角、锥度等结构。

2. 轴类零件的表达方法　根据轴类零件的结构特点我们一般采用以下几种表达方法。

1) 非圆视图水平摆放作为主视图。

2) 用局部视图、局部剖视图、断面图、局部放大图等作为补充。

3) 对于形状简单而轴向尺寸较长的部分常断开后缩短绘制。

4) 空心套类零件中由于多存在内部结构,一般采用全剖、半剖或局部剖绘制。

【例题 14-1】选择适当的图幅和合适比例绘制如图 14-6 所示的轴类零件图。要求:布图匀称,图形正确,线型符合国家标准,标注尺寸和公差。填写“技术要求”及标题栏,粗糙度不标。

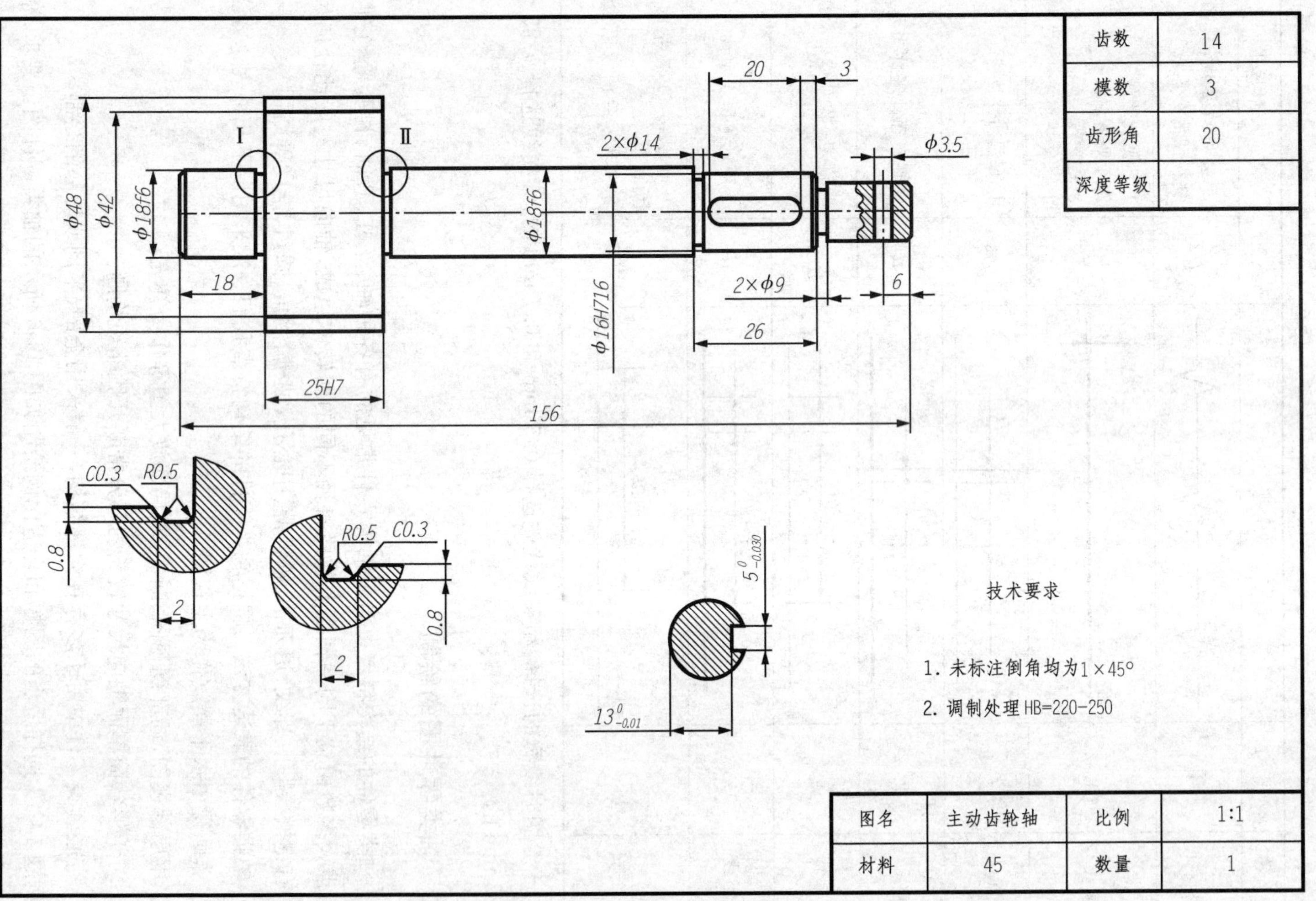

图14-6 轴类零件主动齿轮轴

绘图步骤如下：

1）机械样板文件的建立与调用

(1) 样板文件的建立

①设置绘图环境

②设置图层

根据机械图的一般需求，样板文件的建立需创建 6 个常用图层即粗实线、细实线、虚线、中心线、文字、尺寸等。

③设置文字样式

创建“标注”“汉字”两种文字样式。“标注”样式选用“gbenor. shx”字体；“汉字”样式选用“gbenor. shx”字体，并选择大字体复选框，大字体样式为“gbcbig. shx”。

④设置机械制图尺寸标注样式

⑤绘制图纸的图框和标题栏

⑥保存为样板文件

(2) 样板文件的调用

样板文件建好后，每次绘图都可以调用样板文件开始绘制新图。

2）设置极限公差标注

(1) 设置公差标注样式后用【线性标注】命令进行标注

(2) 利用【文字格式】编辑器的“堆叠功能”进行标注

(3) 利用“特性”选项板标注尺寸公差

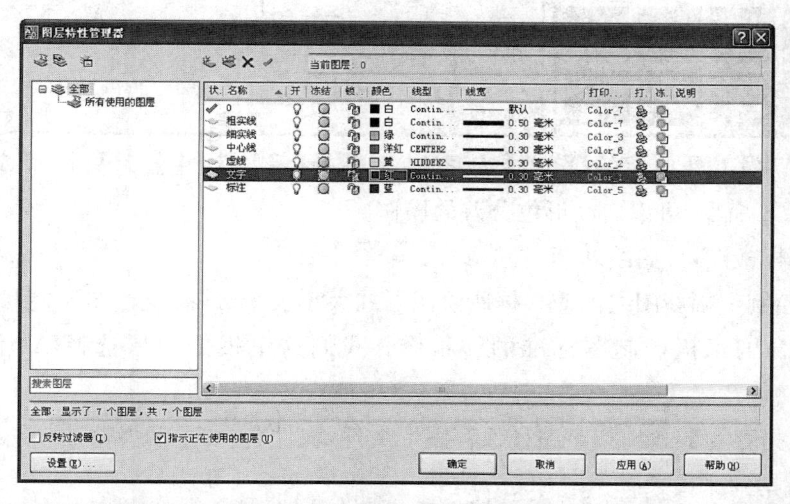

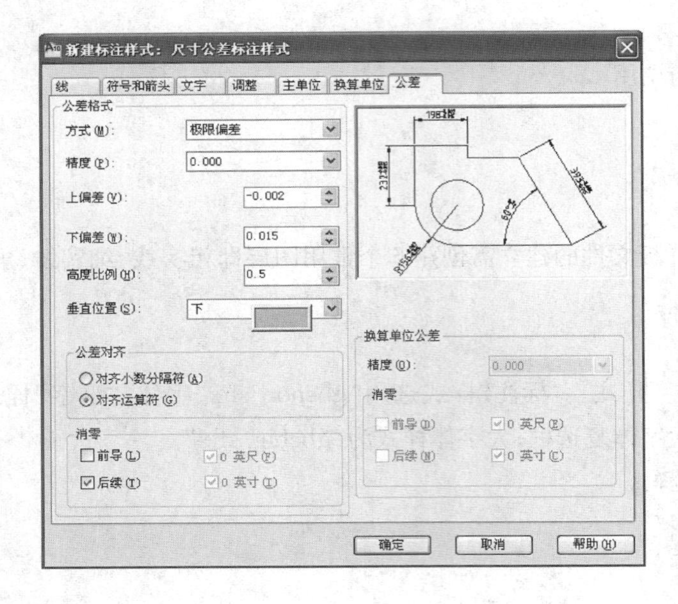

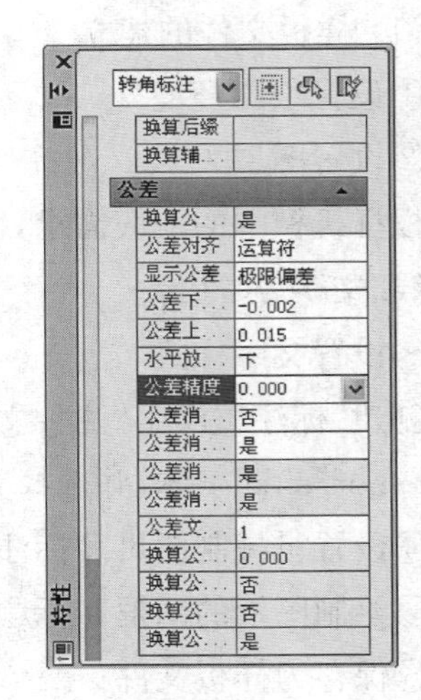

3）形位公差标注设置

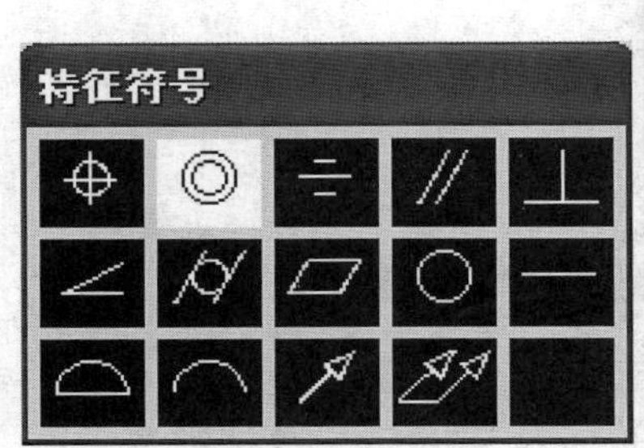

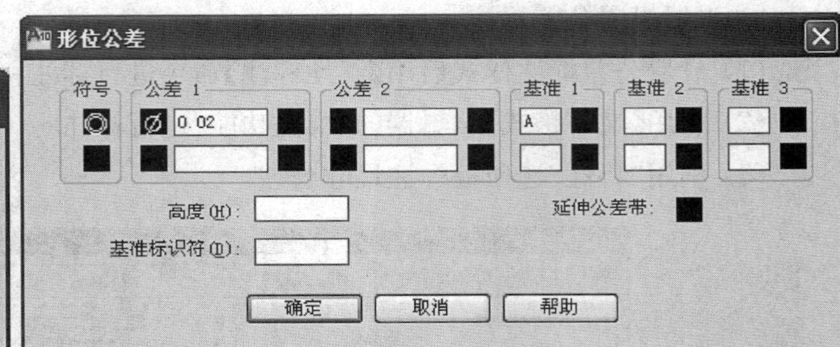

单击【标注】工具栏上的【公差】按钮，或者选择【标注】→【公差】命令，或者直接执行TOLERANCE命令，可以启动形位公差的操作。

4）调用样板图，开始绘新图

(1) 在绘制一幅新图之前应根据所绘图形的大小及个数，确定绘图比例和图纸尺寸，建立或调用符合国家机械制图标准的样板图。我们这里根据图形选择A4图纸，比例选用1∶1。

(2) 用【另存为】命令，指定路径保存图形文件，文件名为“主动齿轮轴.dwg”。

(3) 绘制主视图

①用直线命令L，结合辅助绘图功能先画出主动齿轮轴的上半部分外部轮廓线

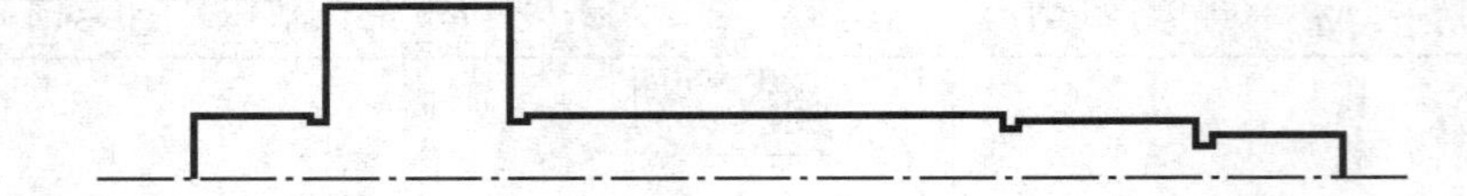

②用倒角快捷命令 CHA 绘制轴端倒角,用圆角快捷命令 F 绘制轴肩

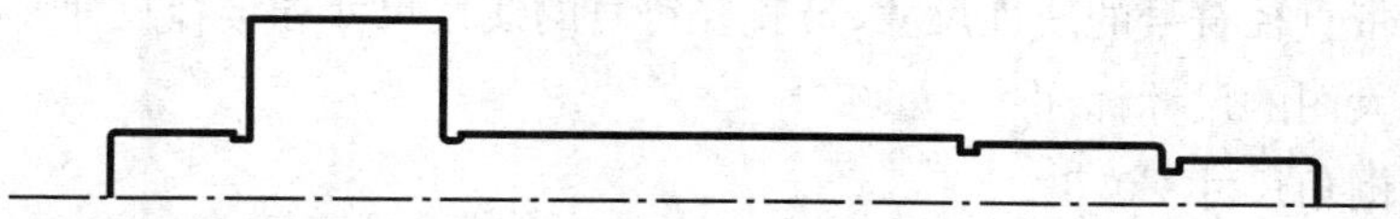

③用直线快捷命令 L 捕捉端点连接直线

④用镜像快捷命令 MI 镜像图形

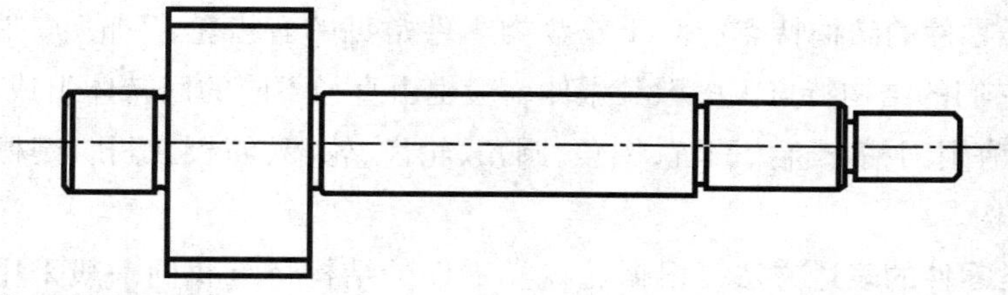

⑤绘制键槽和右侧的孔

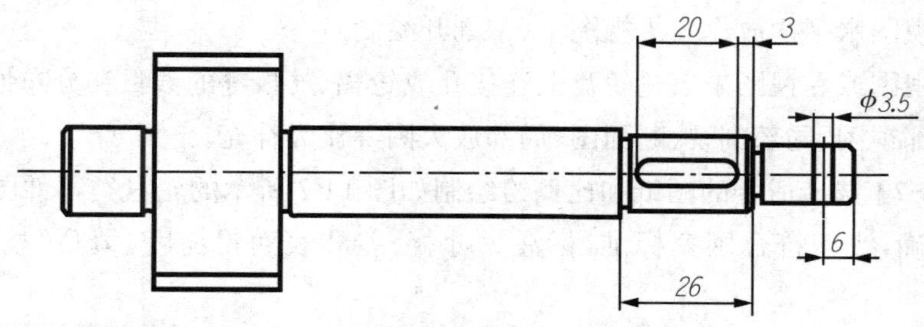

(4) 绘制键槽移出断面图、局部放大图和孔的局部剖视图

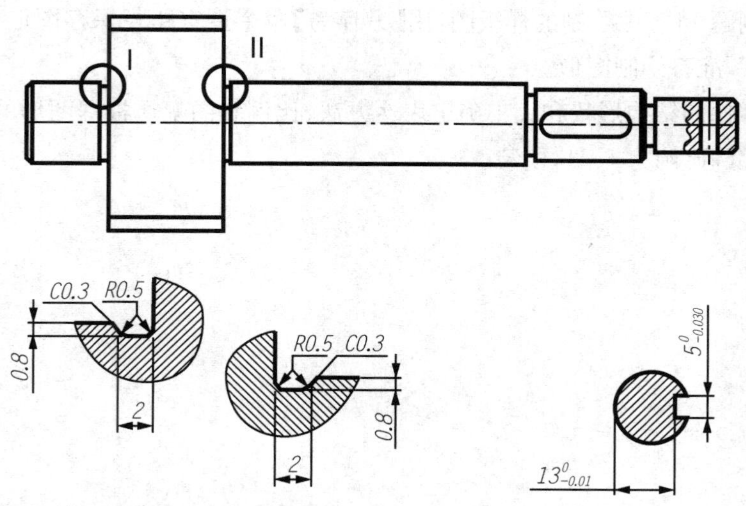

(5) 整理图形,将图形调整至合适位置

(6) 标注尺寸

①标注不带直径符号的线性尺寸、带直径符号的线性尺寸和半径尺寸

②局部放大图的尺寸标注

③用标注倒角尺寸 C0.3

④标注极限公差$13^{0}_{-0.01}$和 $5^{0}_{-0.030}$

(7) 调用文字命令 T 书写技术要求等相关文字，检查图形没有问题时保存图形绘制完毕。

三、轮盘类零件图的绘制

1. 轮盘类零件的结构特点　对于轮盘类零件常见的有齿轮、手轮、皮带轮、飞轮、法兰盘、端盖等。它们的结构特点大多数其主体一般也由直径不同的回转体组成，径向尺寸比轴向尺寸大。常有退刀槽、凸台、凹坑、倒角、圆角、轮齿、轮辐、筋板、螺孔、键槽和作为定位或连接用孔等结构。

2. 轮盘类零件的表达方法　根据轮盘类零件的结构特点我们一般采用以下几种表达方法：

1) 非圆视图水平摆放作为主视图。(常剖开绘制)

2) 用左视图或右视图来表达轮盘上连接孔或轮辐、筋板等的数目和分布情况。

3) 用局部视图、局部剖视、断面图、局部放大图等作为补充。

【例题 14-2】选择适合的图纸和比例绘绘制如图 14-7 所示的轮盘类零件图。要求：布图匀称，图形正确，线型符合国家标准，标注尺寸、公差和表面粗糙度，填写“技术要求”及标题栏。

绘图步骤如下：

1) 调用例题 14-1 中绘制的样板图，用【另存为】命令指定路径保存图形文件，文件名为“油封盖.dwg”，准备绘制图形。

2) 根据零件的结构形状和大小确定表达方法、比例和图幅。根据图形的大小和布局我们采用 A3 图纸，比例为 1∶1，横装。

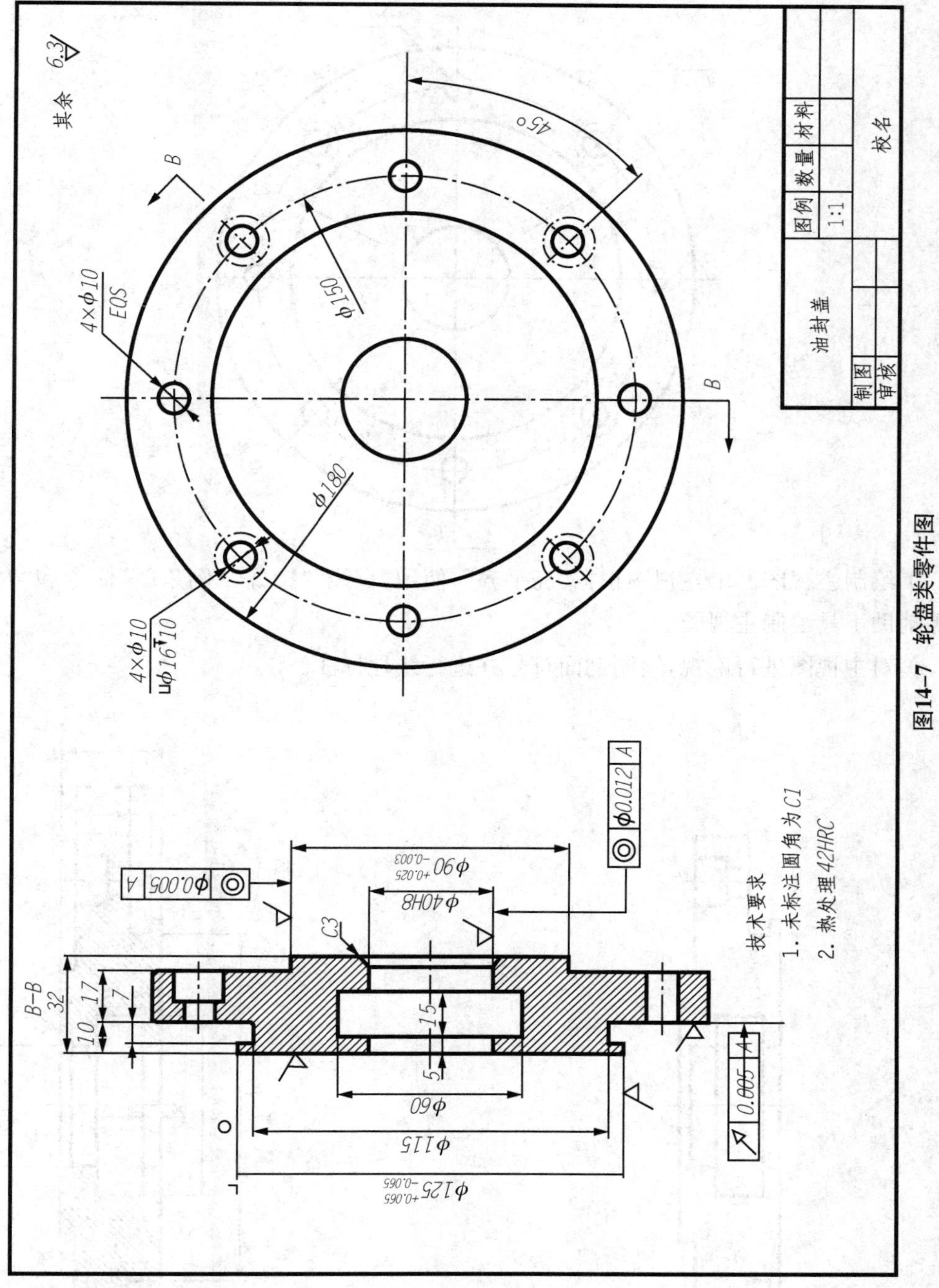

图14-7　轮盘类零件图

3）绘制视图

（1）绘制左视图。根据轮盘类结构特点我们可以先绘制出左视图比较方便，使用“直线”“圆”“阵列”等命令和“追踪” 等辅助工具绘制左视图及剖切符号

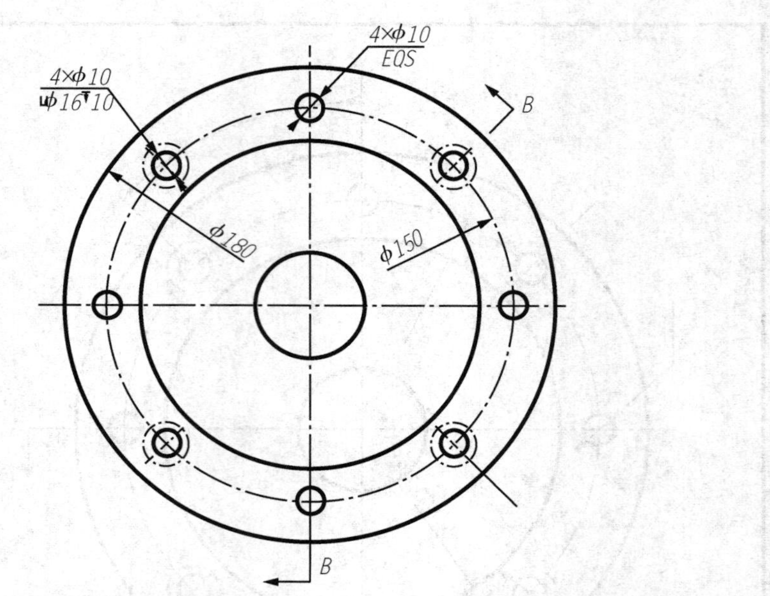

(2) 绘制主视图。由左视图根据“高平齐”,使用“直线”“镜像”“倒角”等命令和“对象捕捉”等辅助工具绘制主视图。

(3) 对主视图进行剖视,绘制剖面符号并进行线性标注。

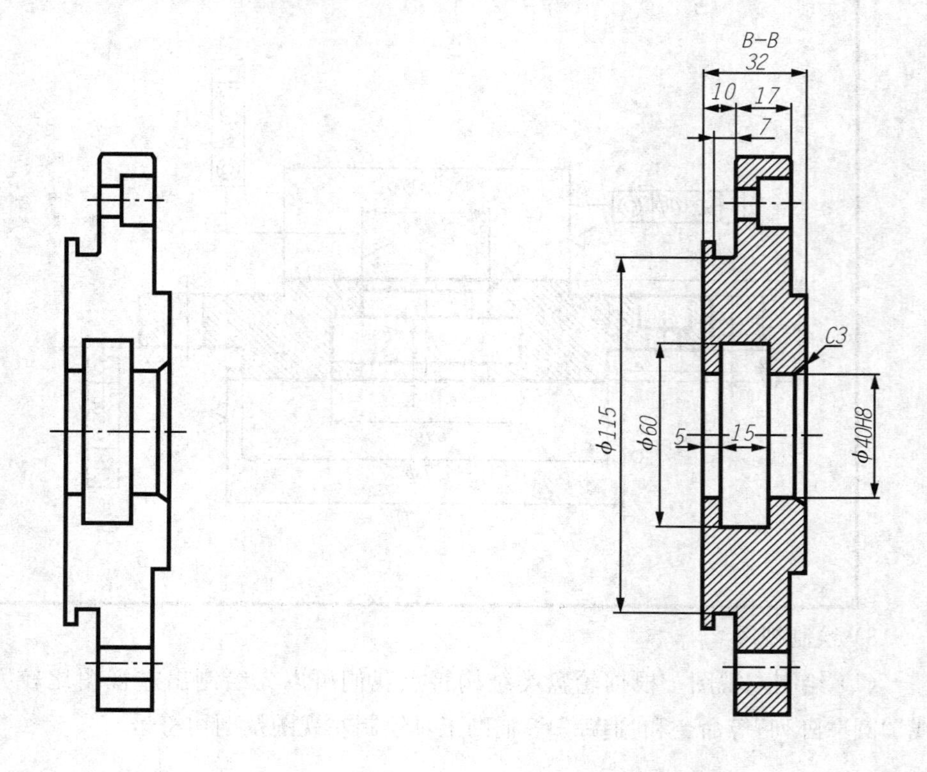

(4) 标注极限公差、形位公差,输入技术要求。

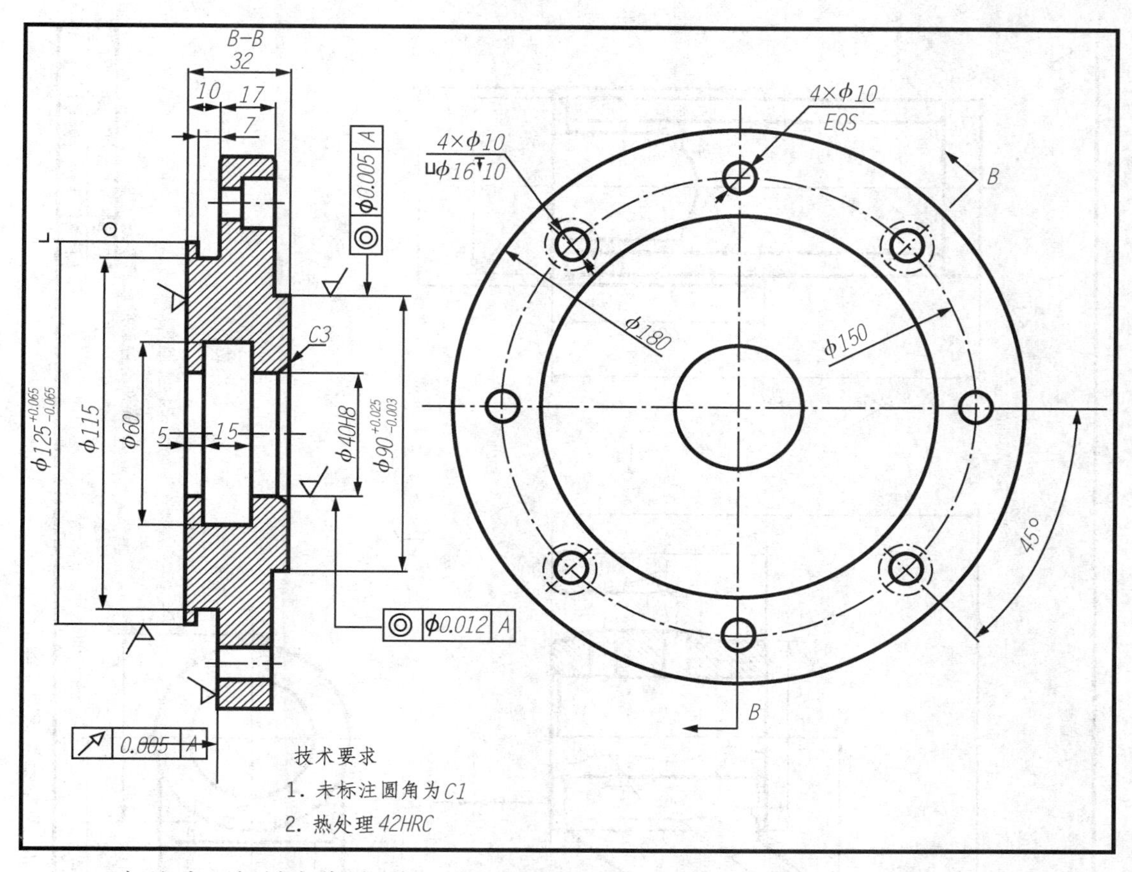

(5) 标注表面粗糙度代号,检查图形,调整布局保存图形绘制完毕。

四、叉架类零件图的绘制

1. 叉架类零件的结构特点　对于叉架类零件常见的有各种拔叉、连杆、摇杆、支架、支座等。此类零件多数由铸造或模锻制成毛坯,经机械加工而成。结构大都比较复杂,一般分为工作部分(与其他零配合或连接的套筒、叉口、支承板等)和联系部分(高度方向尺寸较小的棱柱体,其上常有凸台、凹坑、销孔、螺纹孔、螺栓过孔和成型孔等结构)。

2. 叉架类零件的表达方法　根据叉架类零件的结构特点我们一般采用以下几种表达方法。

1) 零件一般水平放置,选择零件形状特征明显的方向作为主视图的投影方向。

2) 除主视图外,一般还需 1～2 个基本视图才能将零件的主要结构表达清楚。

3) 常用局部视图、局部剖视图表达零件上的凹坑、凸台等。筋板、杆体常用断面图表示其断面形状。用斜视图表示零件上的倾斜结构。

【例题 14-3】绘制下列图形,选择合适的图纸和比例绘制图 14-8 所示的叉架类零件图。要求:布图匀称,图形正确,线型符合国家标准,标注尺寸、公差和表面粗糙度,书写标题栏及

“技术要求”。

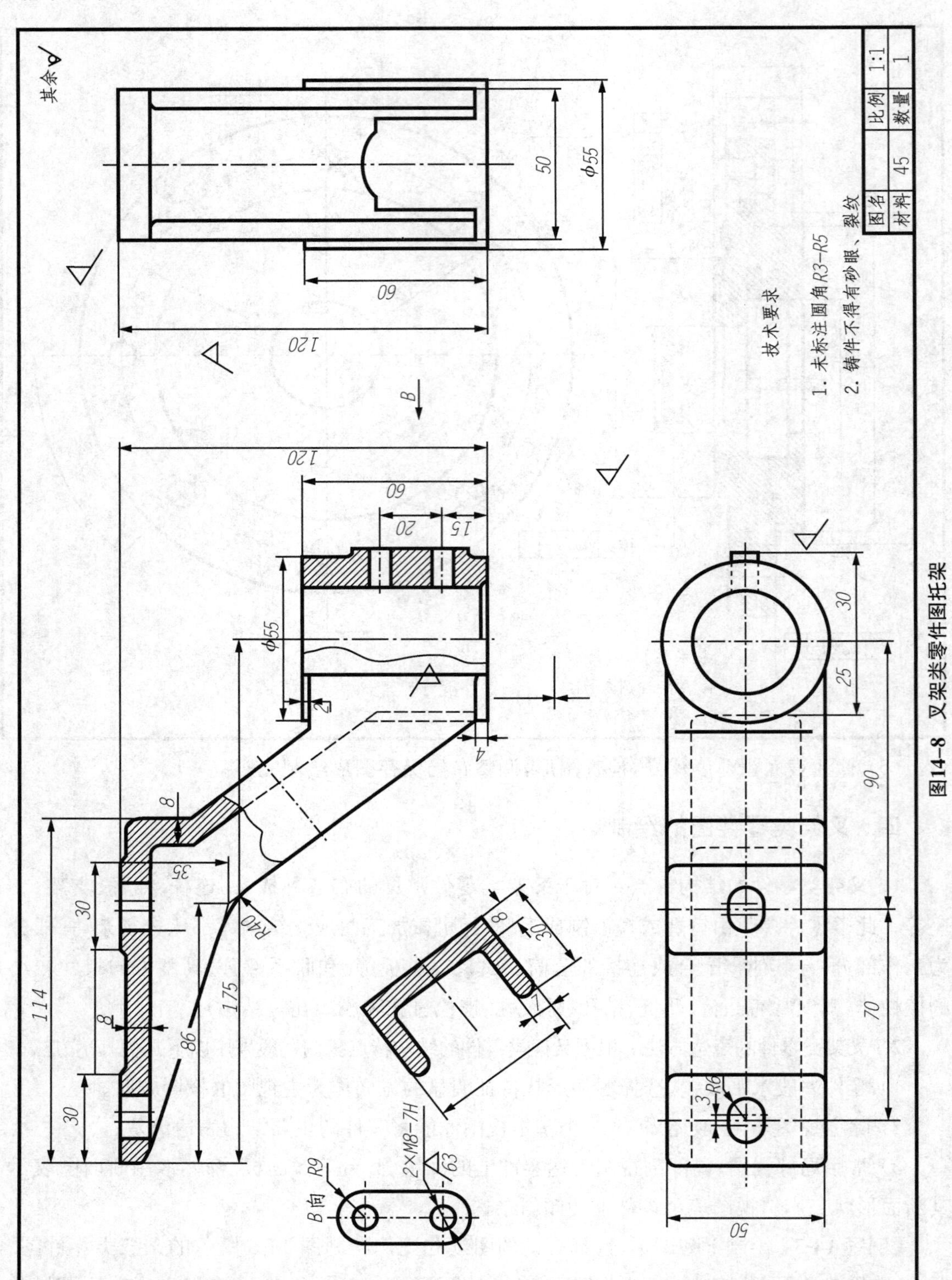

图14-8 叉架类零件图托架

绘图步骤如下：

1）调用本章例题 14-1 中建立好的样板图另存为“托架.dwg”开始绘制图形。

2）根据零件的结构形状和大小确定表达方法、比例和图幅。本题采用 A2 图纸，1∶1 绘制，横装。

3）绘制视图

(1) 根据已给图形尺寸绘制托架的俯视图，并标注尺寸把图线切换到相应的图层。

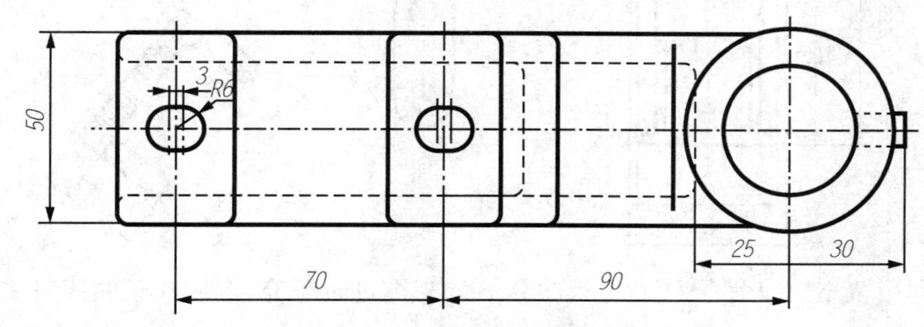

(2) 根据绘制好的托架俯视图绘制其主视图并标注尺寸。

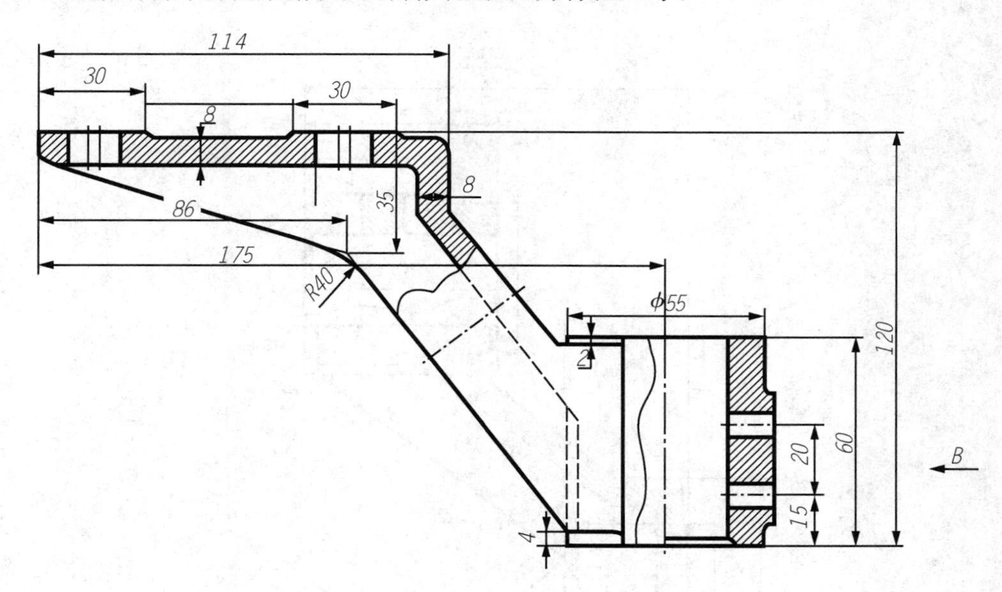

(3) 根据绘制好的托架俯视图、主视图绘制其左视图并标注尺寸。

(4) 绘制B向视图并标注尺寸。

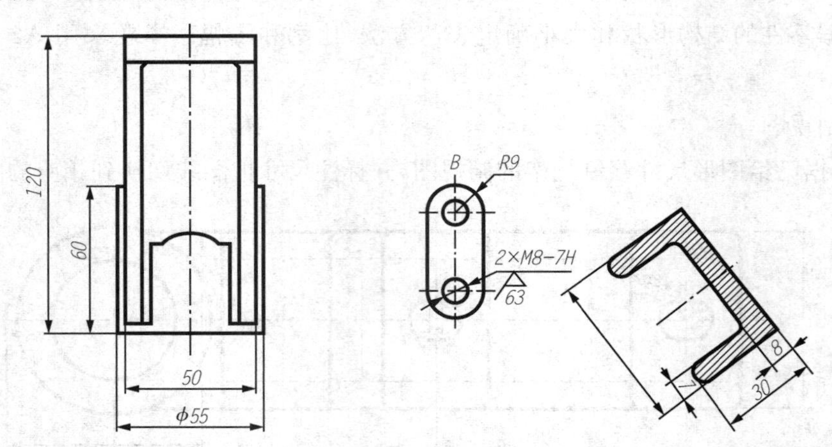

(5) 利用填充快捷命令H对主视图和B向视图进行填充，调用样条曲线对主视图画局部剖视线。

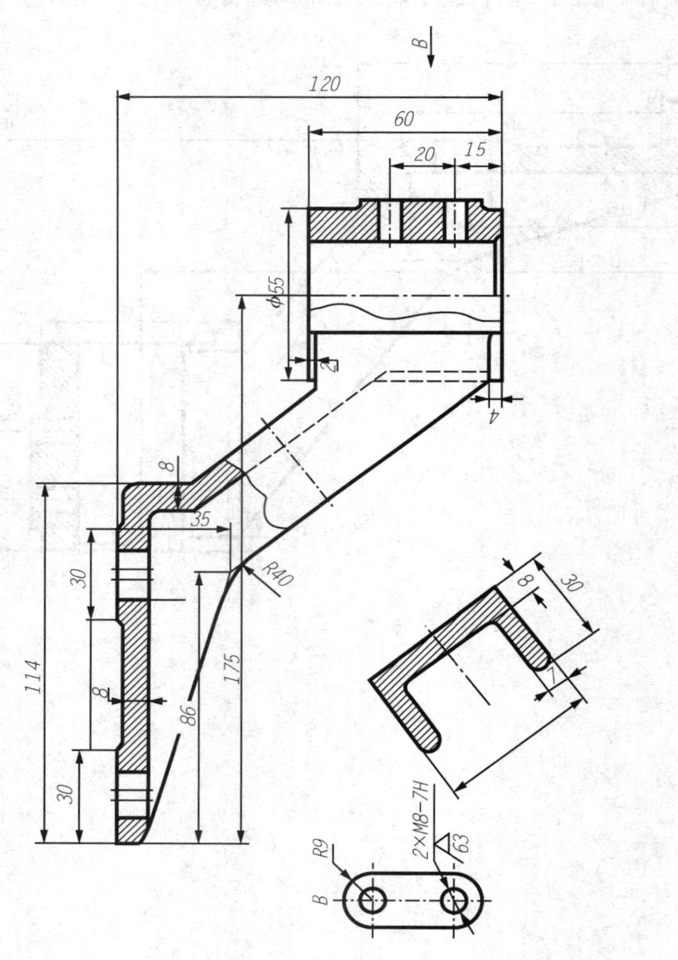

4) 标注极限公差、形位公差及表面粗糙度代号

5) 调用文字命令 T 书写技术要求等相关文字,检查图形没有问题时保存图形绘制完毕。

五、箱壳类零件图的绘制

1. 箱壳类零件的结构特点　对于箱壳类零件常见的有各种箱体、外壳、座体等。箱壳类零件大致由以下几个部分构成:容纳运动零件和贮存润滑液的内腔,由厚薄较均匀的壁部组成;其上有支承和安装运动零件的孔及安装端盖的凸台(或凹坑)、螺孔等;将箱体固定在机座上的安装底板及安装孔;加强筋、润滑油孔、油槽、放油螺孔等。

2. 箱壳类零件的表达方法　根据箱壳类零件的结构特点我们一般采用以下几种表达方法。

1) 通常以最能反映其形状特征及结构间相对位置的一面作为主视图的投影方向。以自然安放位置或工作位置作为主视图的摆放位置。

2) 一般需要两个或两个以上的基本视图才能将其主要结构形状表示清楚。

3) 常用局部视图、局部剖视图和局部放大图等来表达尚未表达清楚的局部结构。

【例题 14-4】选择合适的图纸和比例绘制图 14-9 所示的箱壳类零件图。要求:布图匀称,图形正确,线型符合国家标准,标注尺寸、公差和表面粗糙度,书写标题栏及“技术要求”。

绘图步骤如下:

1) 调用本章例题 14-1 中建立好的样板图另存为“底座. dwg”开始绘制图形。

2) 根据零件的结构形状和大小确定表达方法、比例和图幅。题中采用 A2 图纸,1∶1 绘制,横装。

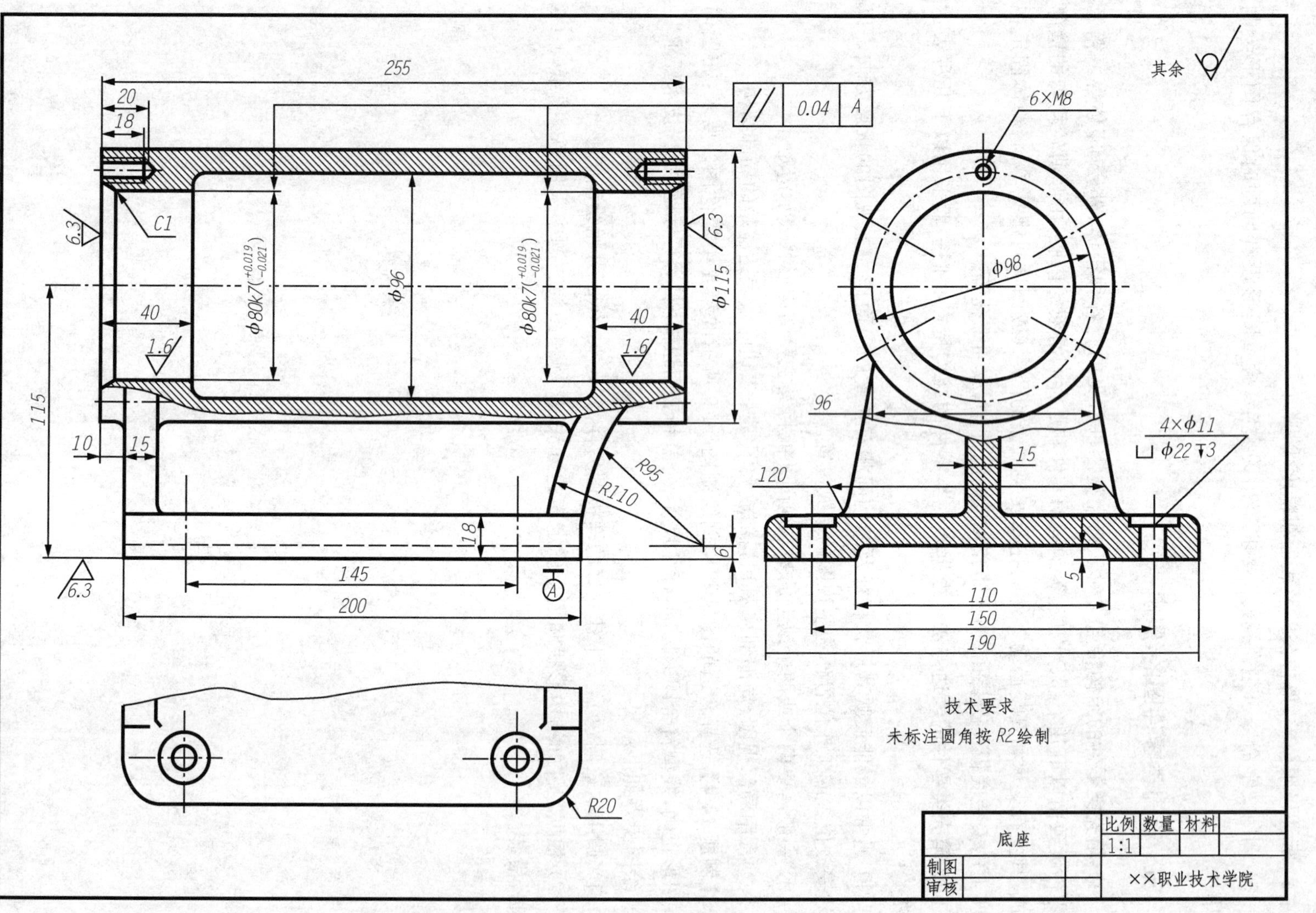

255
20
18
0.04
A
其余
6×M8
C1
6.3
φ80k7(+0.019 -0.021)
φ96
φ115
φ98
40
1.6
115
96
10
15
R95
R110
120
4×φ11
⌴φ22↧3
18
6
5
145
200
110
150
190
R20
技术要求
未标注圆角按R2绘制
底座
比例
数量
材料
1:1
制图
审核
××职业技术学院

图14–9　箱壳类零件图

3) 绘制视图

(1) 根据图形特征先绘制主视图和左视图上半部分的图形。

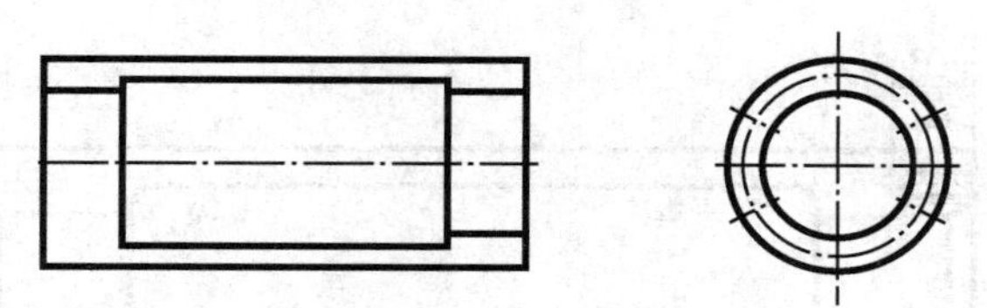

(2) 绘制主视图和左视图下半部分的图形。

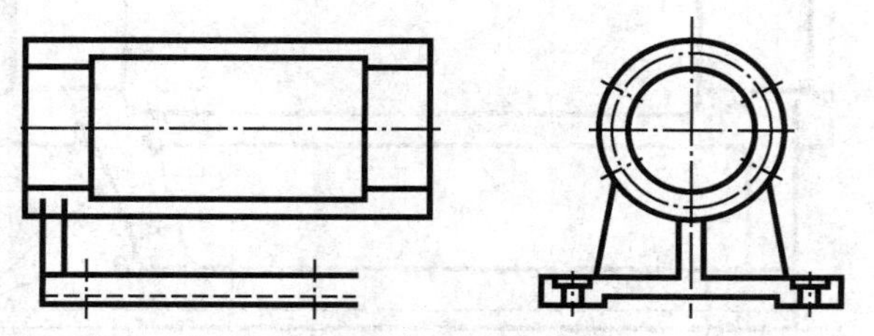

(3) 由主视图绘制俯视图,绘制倒角、圆角,没有注明的圆角都按 2 mm 绘制,用样条曲线绘俯视图和左视图波浪线。

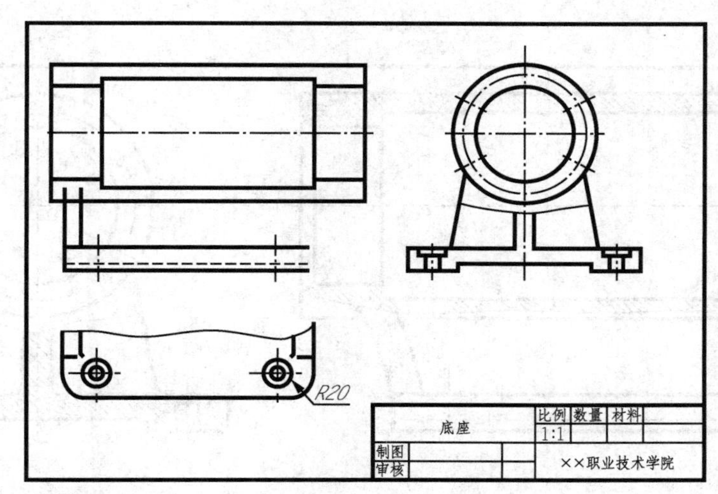

(4) 绘制 M8 的螺纹孔。

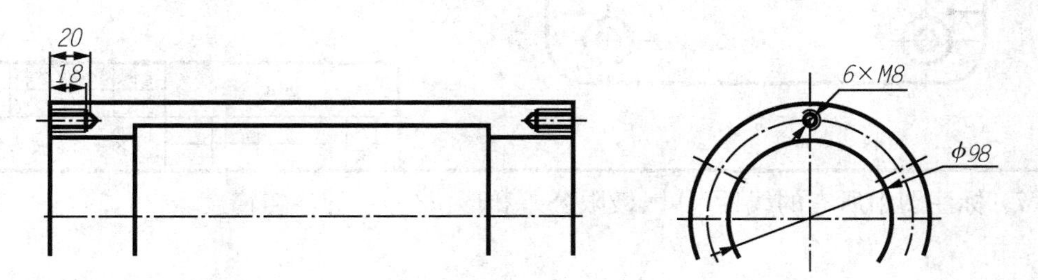

（5）作辅助线 AB，将 AB 线向上偏移 6 毫米，以 C 点为圆心，以 $R95$ 为半径作辅助圆，确定圆心 O。以 O 点为圆心，分别绘制 $R110$、$R95$ 的圆弧。

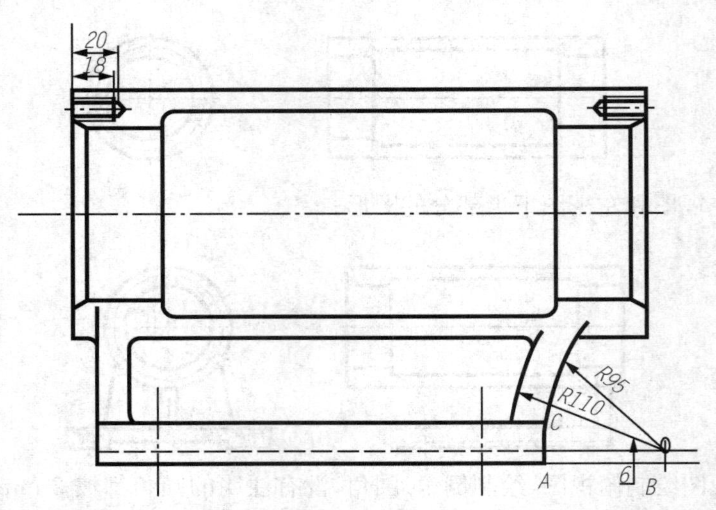

（6）用样条曲线快捷命令 SPL 绘制主视图波浪线，填充快捷命令 H 填充主视图和左视图剖面线。

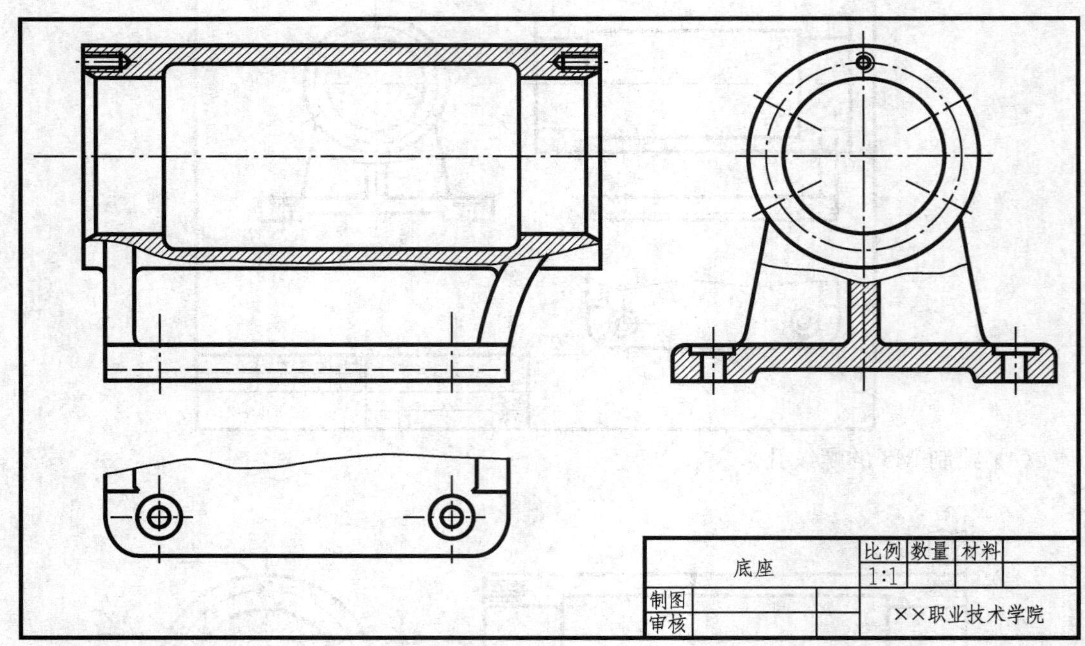

（7）标注图中所有的线性尺寸、极限公差和形位公差，标注粗糙度。

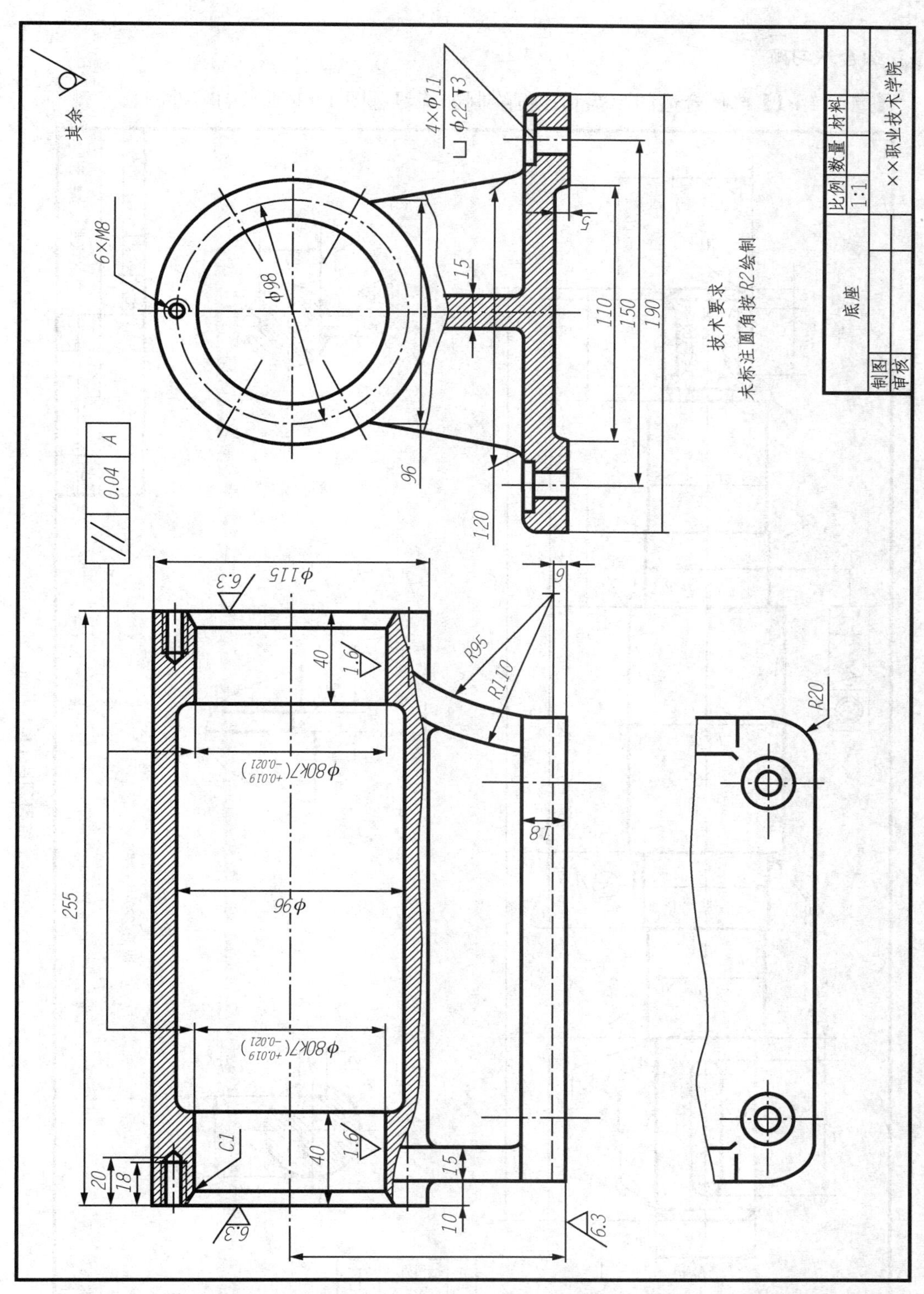

(8) 调用文字命令 T 书写技术要求等相关文字,检查图形没有问题时保存图形绘制完毕。

综合练习题

【练习 14-1】选择合适的图幅和比例绘制如练习题图 14-1 所示的零件图。

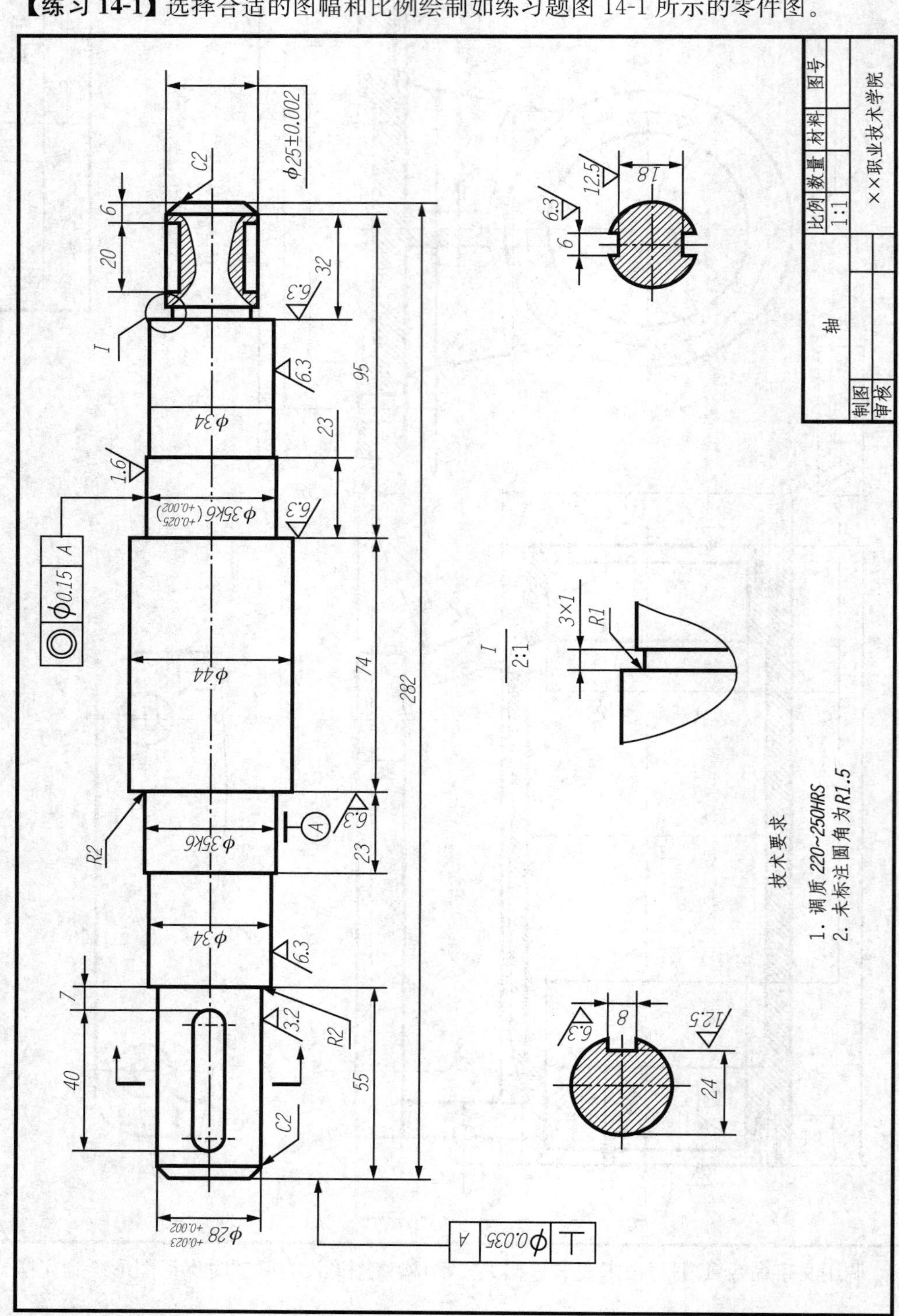

练习题图14-1

要求:布图匀称,图形正确,线型符合国家标准,标注尺寸、公差和表面粗糙度代号,书写“技术要求”及标题栏。

【练习 14-2】选择合适的图幅和比例绘制如练习题图 14-2 所示的零件图。要求:布图匀称,图形正确,线型符合国家标准,标注尺寸、公差和表面粗糙度代号,书写“技术要求”及标题栏。

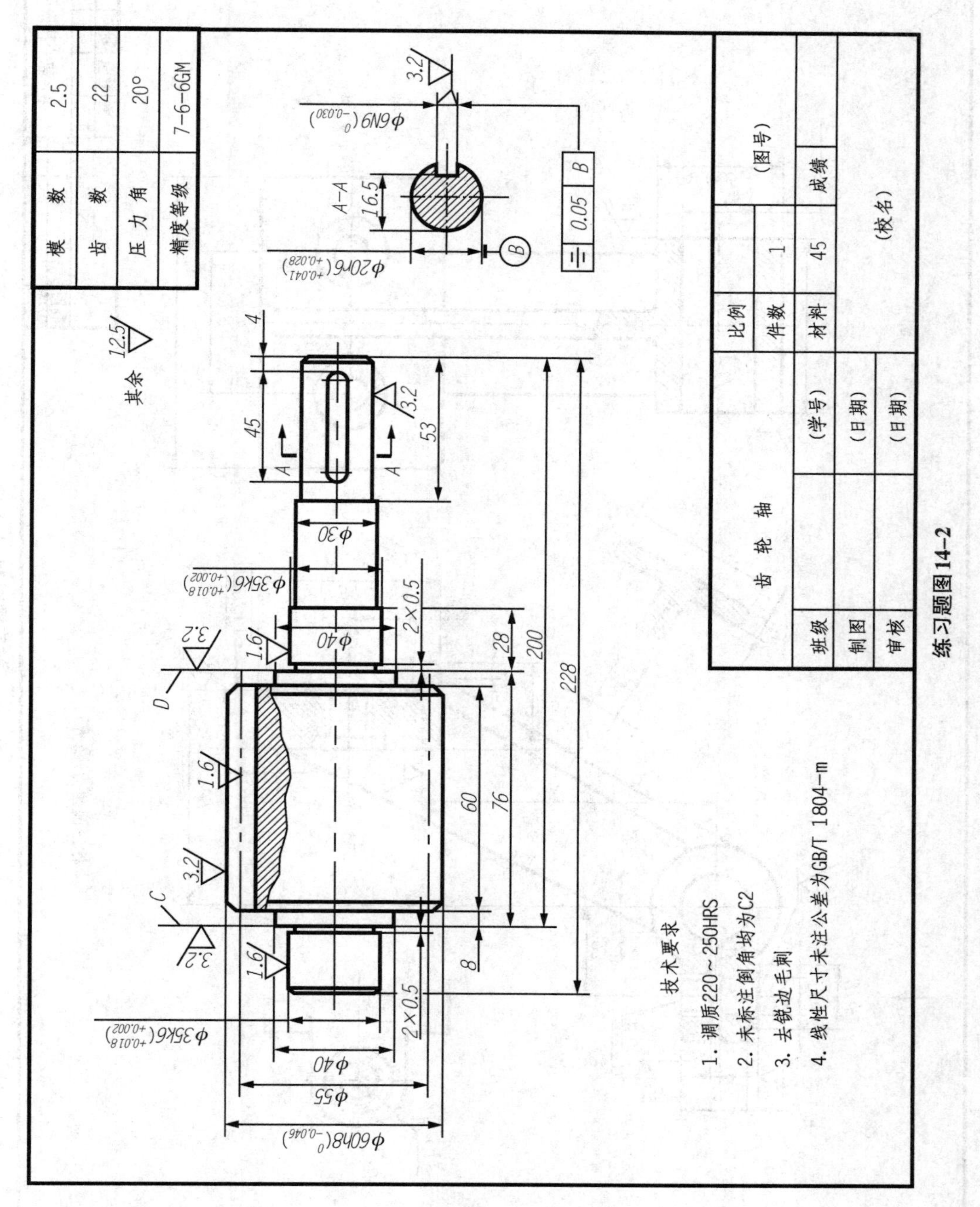

练习题图 14-2

【练习 14-3】选择合适的图幅和比例绘制如练习题图 14-3 所示的零件图。要求：布图匀称，图形正确，线型符合国家标准，标注尺寸、公差和表面粗糙度代号，书写“技术要求”及标题栏。

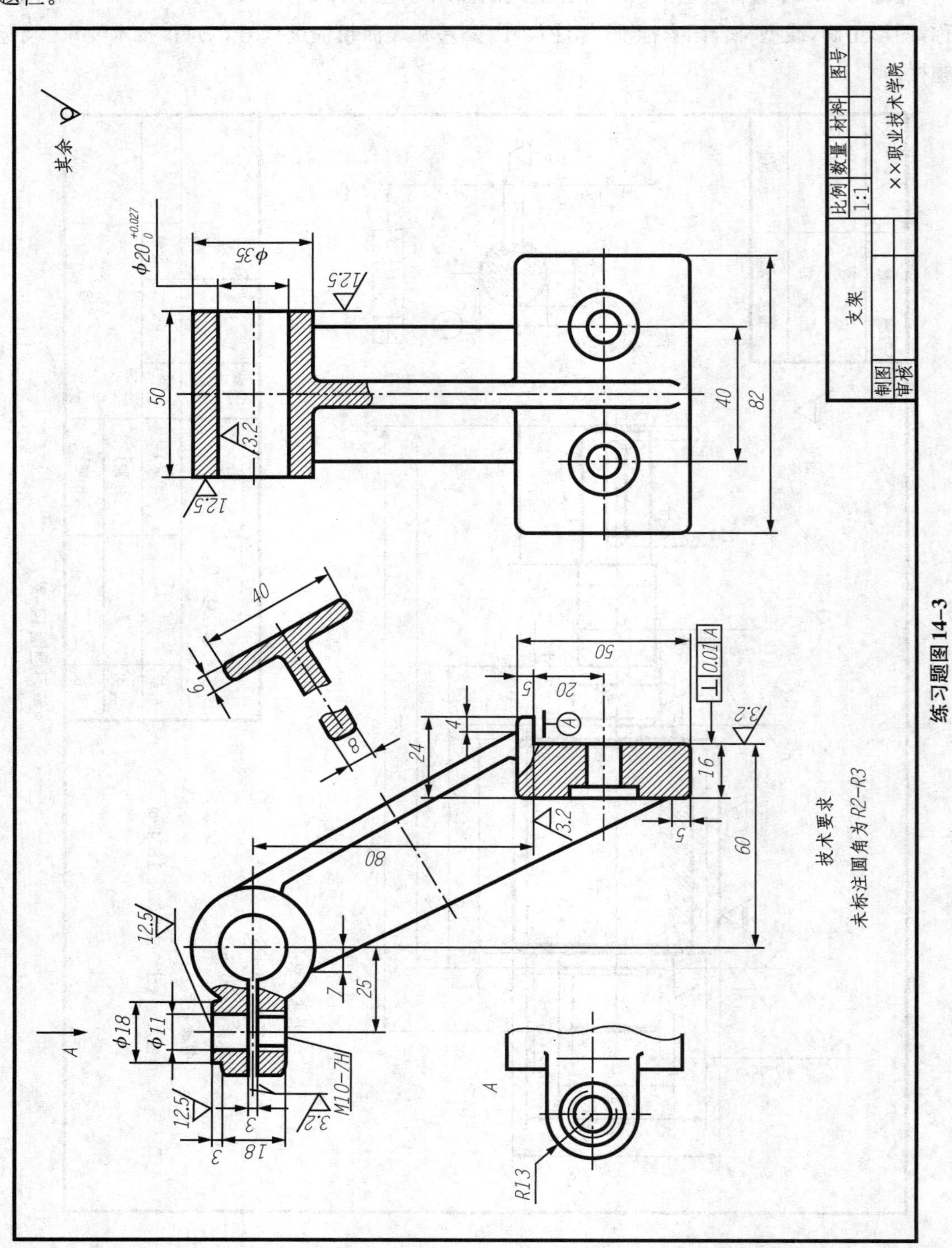

练习题图 14-3

【练习 14-4】 选择合适的图幅和比例绘制如练习题图 14-4 所示的零件图。要求：布图匀称，图形正确，线型符合国家标准，标注尺寸、公差和表面粗糙度代号，书写“技术要求”及标题栏。

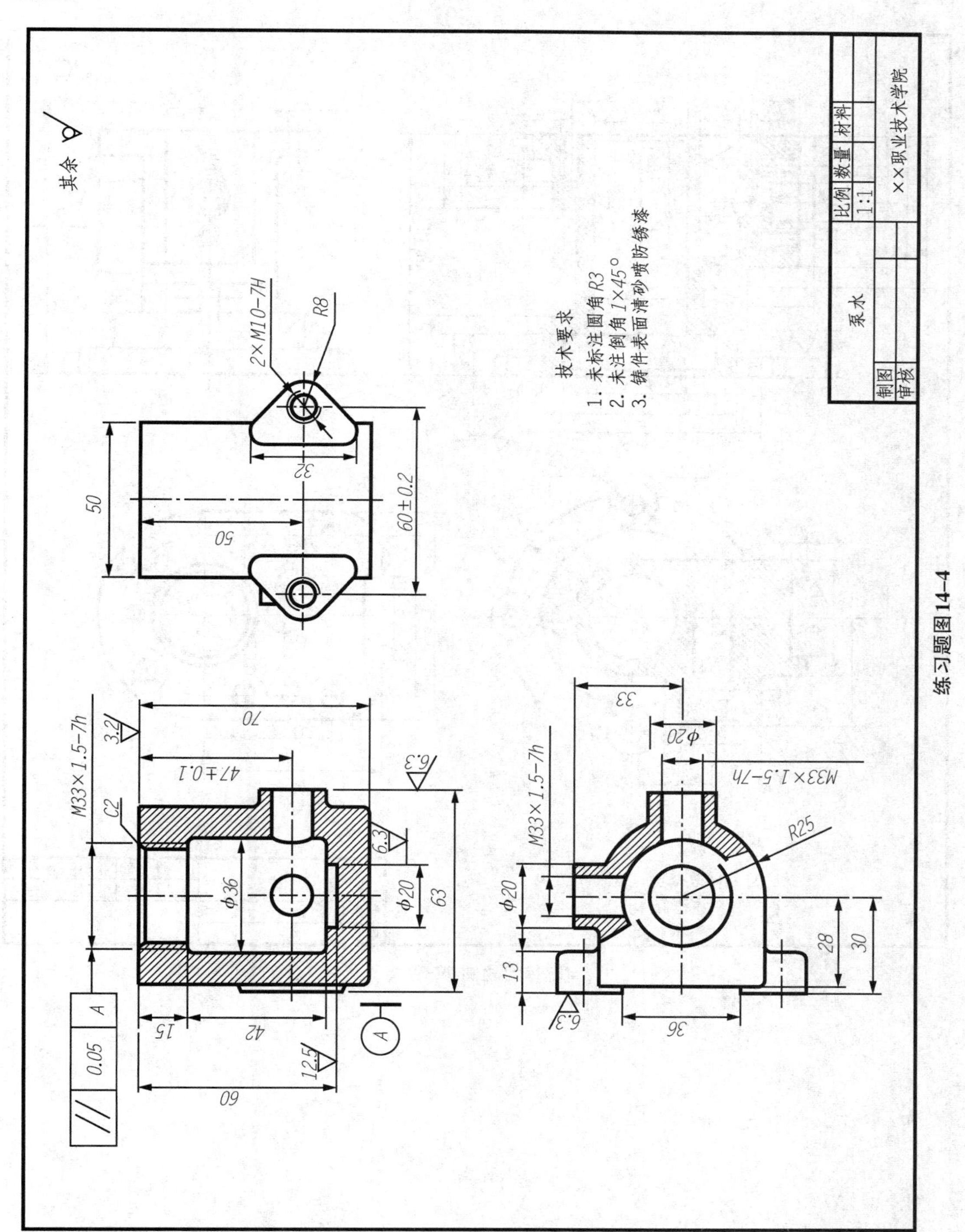

练习题图14-4

【练习 14-5】选择合适的图幅和比例绘制如练习题图 14-5 所示的零件图。要求：布图匀称，图形正确，线型符合国家标准，标注尺寸、公差和表面粗糙度代号，书写“技术要求”及标题栏。

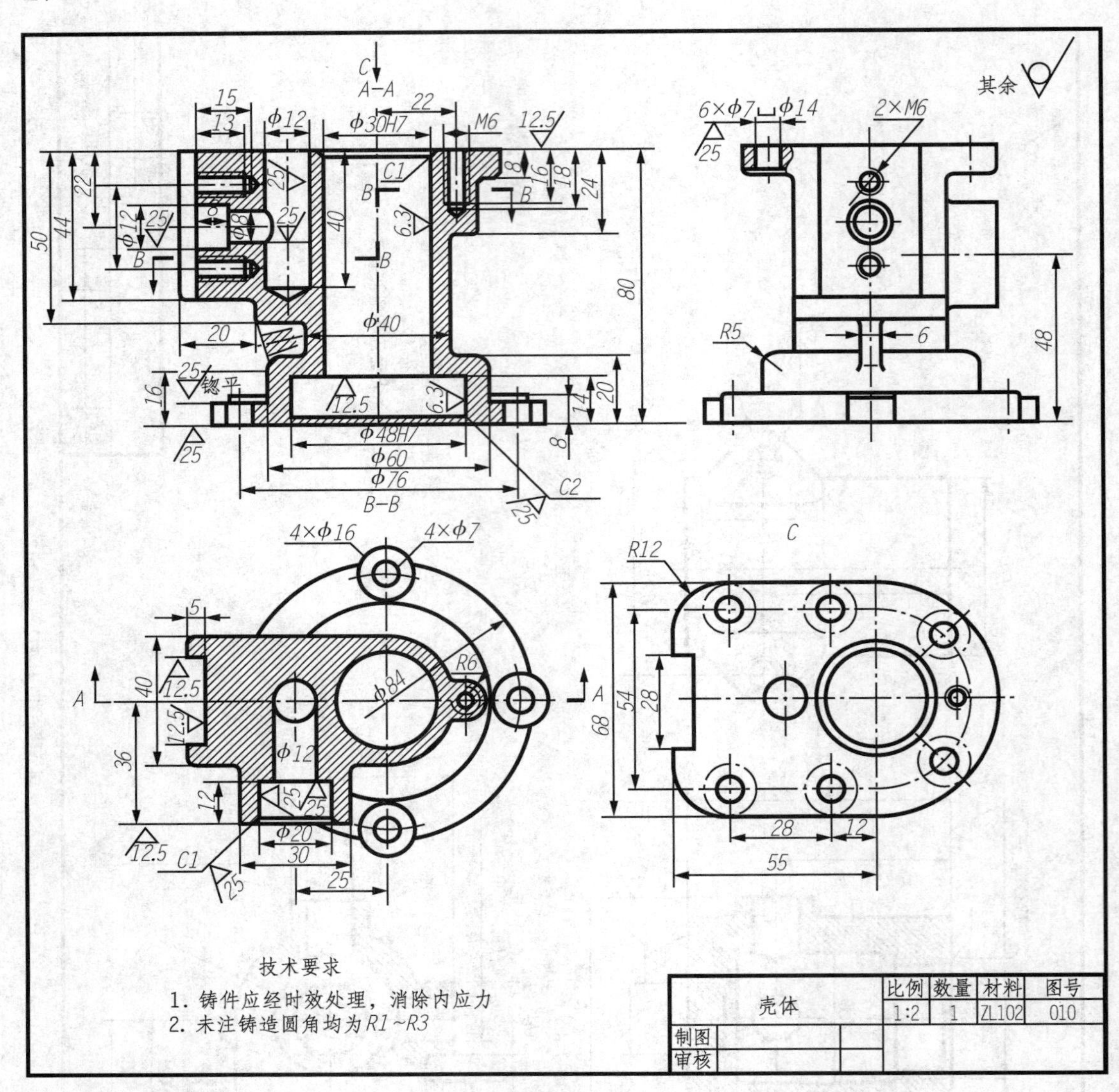

练习题图 14-5

任务十五　绘制机械装配图

学习目标:掌握装配图的有关知识;了解常见的装配结构;掌握绘制装配图的方法和步骤;掌握读装配图。

任务重点:绘制装配图和装配图的视图选择;读装配图和由装配图拆画零件图

任务难点:装配图的视图选择;读装配图和由装配图拆画零件图

一、装配图的内容

装配图在科研和生产中起着十分重要的作用。在设计产品时,通常是根据设计任务书,先画出符合设计要求的装配图,再根据装配图画出符合要求的零件图。

在制造产品时,要根据装配图制定装配工艺规程进行装配、调试和检验产品。在使用产品时,要从装配图上了解产品的结构、性能、工作原理及保养、维修的方法和要求。一张完整的装配图包括的主要内容有一组视图、必要的尺寸、明细栏、序号、技术要求和标题栏。

二、装配视图的绘制

绘制装配图通常采用两种方法:一种是直接利用绘图及图形编辑命令,按手工绘图的步骤,结合"对象捕捉"、"极轴追踪"等辅助绘图工具绘制装配图。这种方法不但作图过程繁杂,而且容易出错,只能绘制一些比较简单的装配图。另一种是"拼装法"。即先绘出各零件的零件图,然后将各零件以图块或复制粘贴的形式"拼装"在一起,构成装配图。后者出错率较低绘制时可以采用。另外装配图还有一些规定的画法,如两基本尺寸不相同的不接触表面和非配合表面,即使其间隙很小,也必须画两条线,两零件的接触面和配合面只画一条线等规定在绘制时都要注意。

三、特殊画法和简化画法

1. 特殊画法

1) 拆卸画法

在装配图的某一视图中,为表达一些重要零件的内、外部形状,可假想拆去一个或几个零件后绘制该视图。

2) 假想画法

在装配图中,为了表达与本部件有在装配关系但又不属于本部件的相邻零、部件时,可用双点画线画出相邻零、部件的部分轮廓。在装配图中,当需要表达运动零件的运动范围或极限位置时，也可用双点画线画出该零件在极限位置处的轮廓。

3）单独表达某个零件的画法

在装配图中，当某个零件的主要结构在其他视图中未能表示清楚，而该零件的形状对部件的工作原理和装配关系的理解起着十分重要的作用时，可单独画出该零件的某一视图。

2. 简化画法

1）在装配图中，若干相同的零、部件组，可详细地画出一组，其余只需用点画线表示其位置即可。

2）在装配图中，零件的工艺结构，如倒角、圆角、退刀槽、拔模斜度、滚花等均可不画。

下面以齿轮油泵的装配图为例讲解装配图的绘图方法。

【例题 15-1】根据齿轮油泵的装配示意图 15-1 及各个零件图 15-2 到图 15-11 绘制其装配图。

装配示意图是用来表示部件中各零件的相互位置和装配关系的示意性图样，是重新装配部件和画装配图的参考依据。部件中所有的非标准件均要画零件草图。

具体绘图步骤如下：

1）确定表达方案

（1）选择主视图

画装配图时，部件大多按工作位置放置。主视图方向应选择反映部件主要装配关系及工作原理的方位，主视图的表达方法多采用剖视的方法。

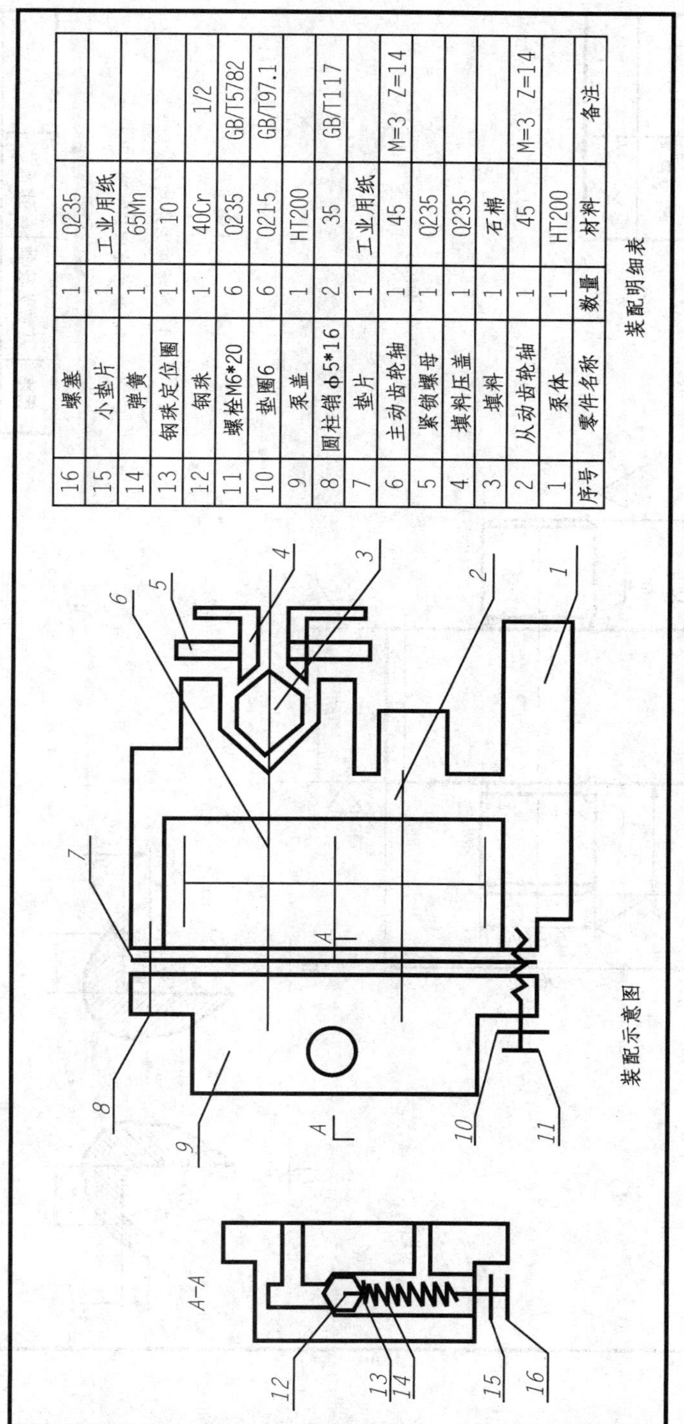

序号	零件名称	数量	材料	备注
16	螺塞	1	Q235	
15	小垫片	1	工业用纸	
14	弹簧	1	65Mn	
13	钢珠定位圈	1	10	
12	钢珠	1	40Cr	1/2
11	螺栓M6*20	6	Q235	GB/T5782
10	垫圈6	6	Q215	GB/T97.1
9	泵盖	1	HT200	
8	圆柱销 ф5*16	2	35	GB/T117
7	垫片	1	工业用纸	
6	主动齿轮轴	1	45	M=3 Z=14
5	紧锁螺母	1	Q235	
4	填料压盖	1	Q235	
3	填料	1	石棉	
2	从动齿轮轴	1	45	M=3 Z=14
1	泵体	1	HT200	

图15-1　齿轮油泵的装配示意图及明细表

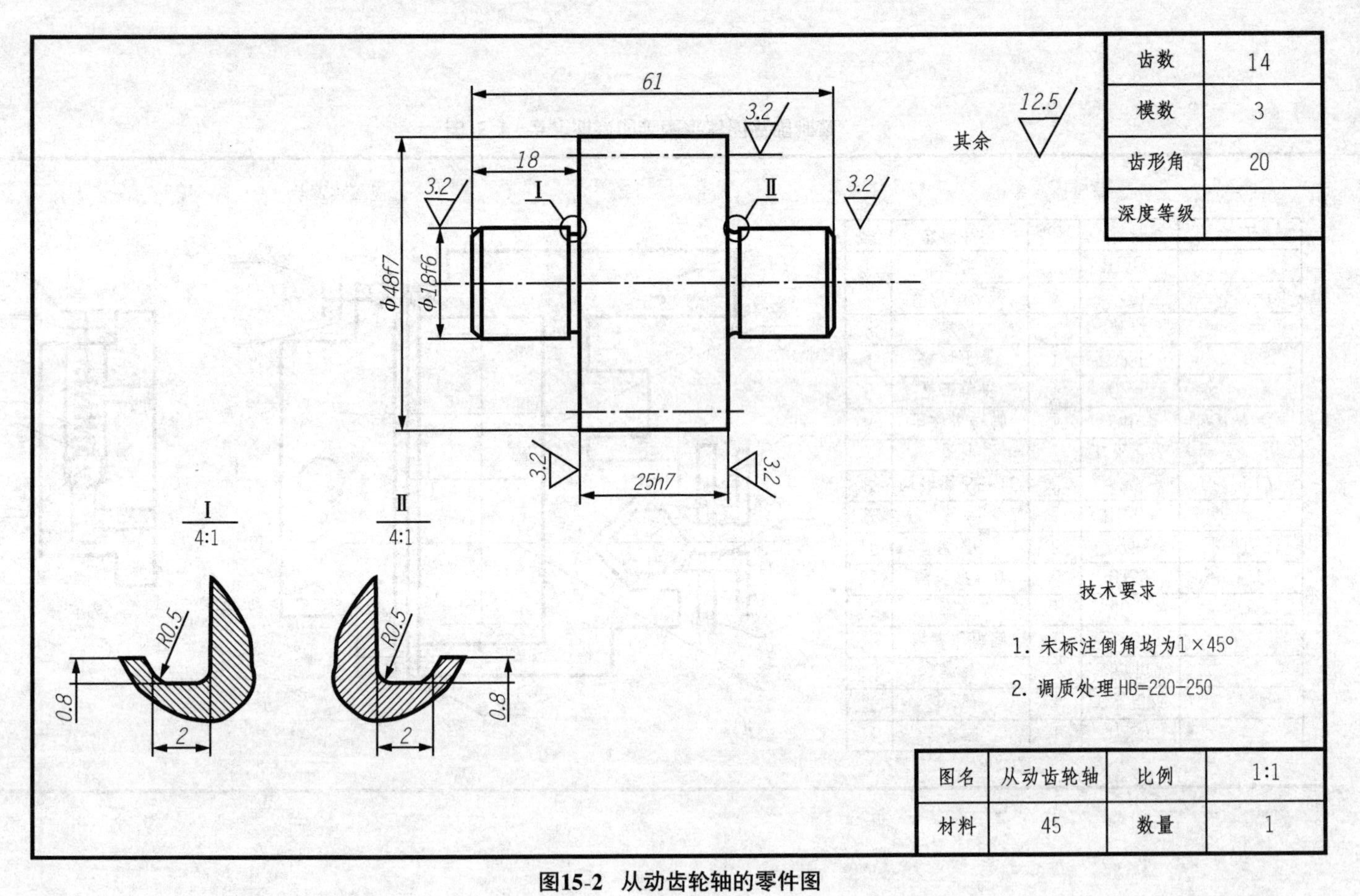

图15-2　从动齿轮轴的零件图

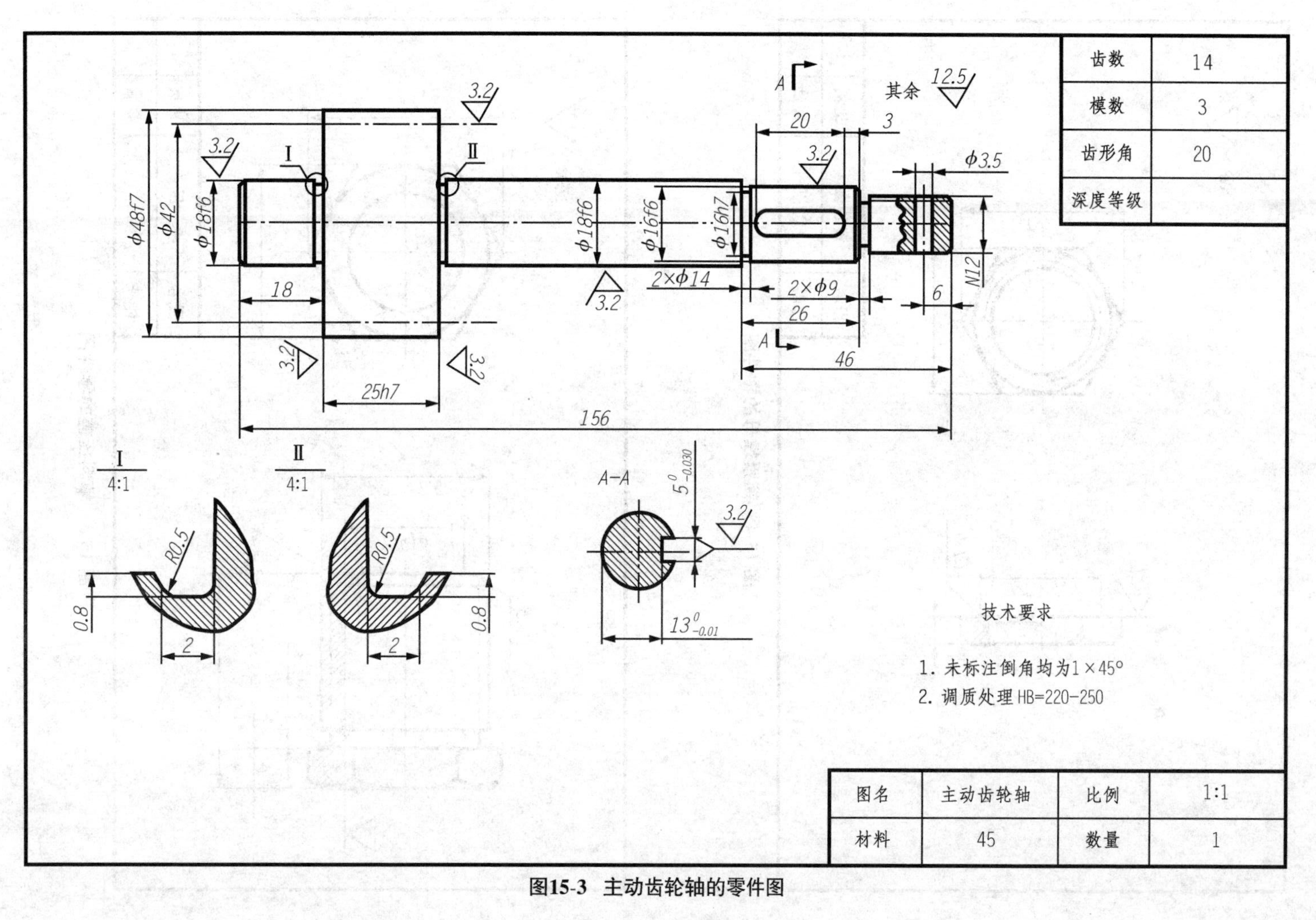

图15-3　主动齿轮轴的零件图

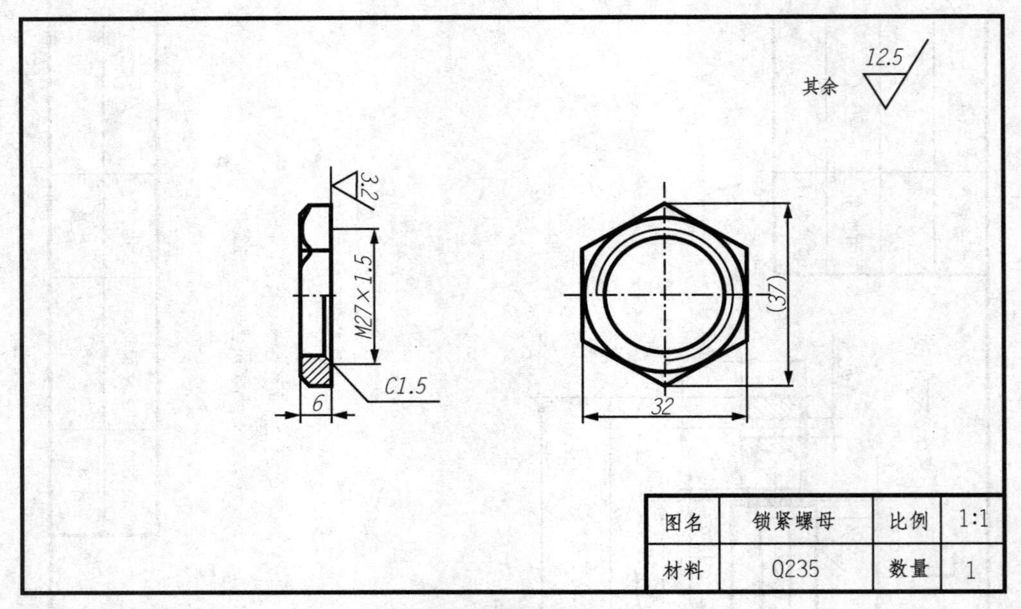

图 15-4　锁紧螺母的零件图

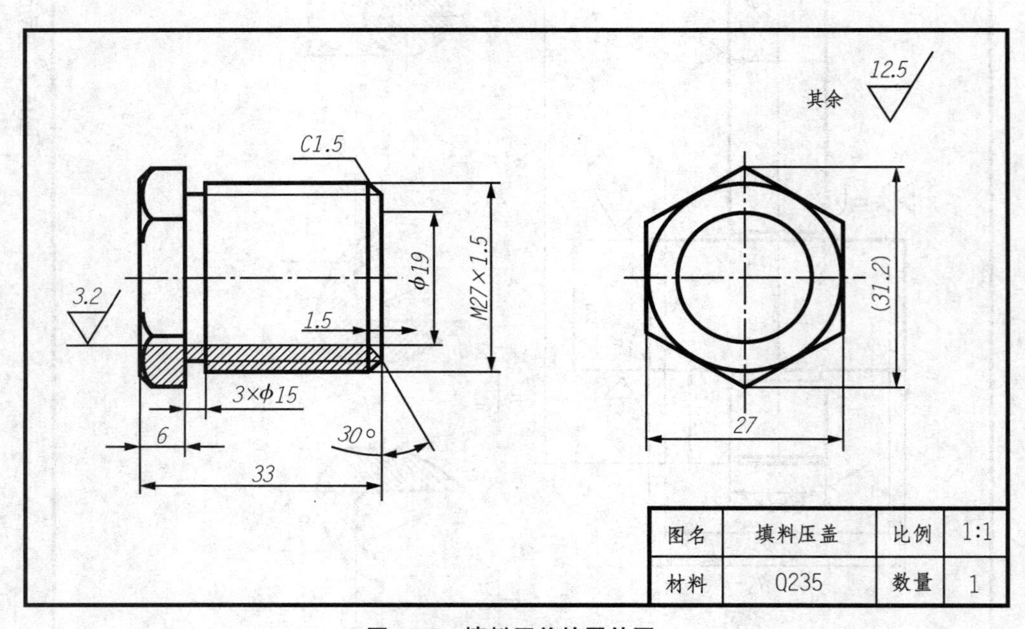

图 15-5　填料压盖的零件图

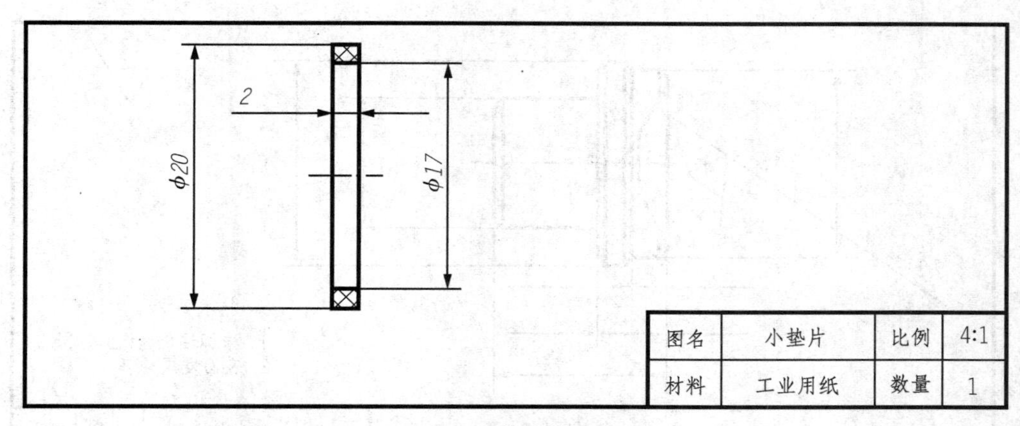

图 15-6　小垫片的零件图

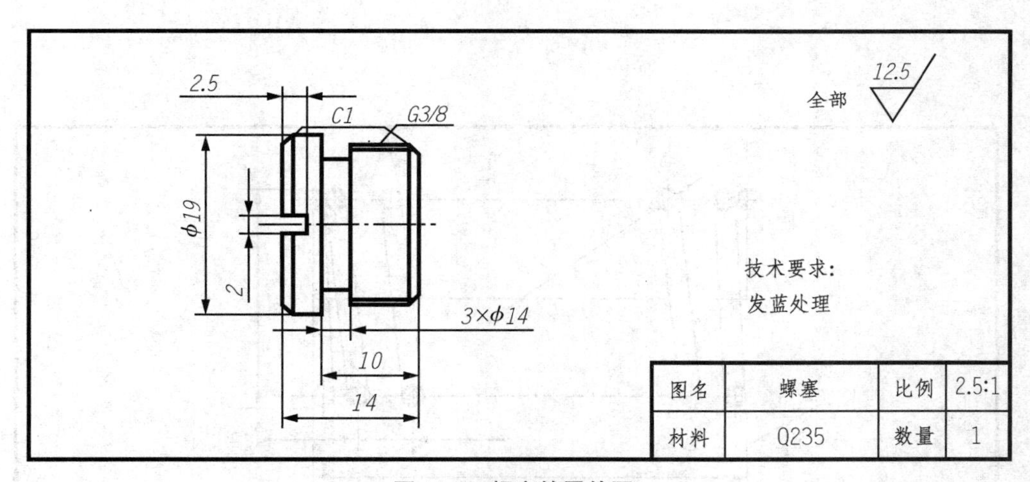

图 15-7　螺塞的零件图

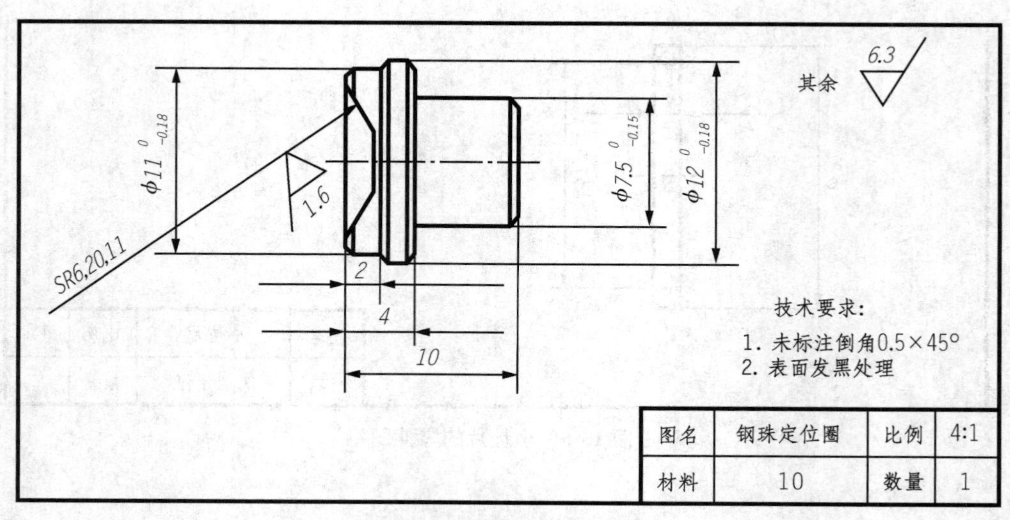

图 15-8　钢珠定位圈的零件图

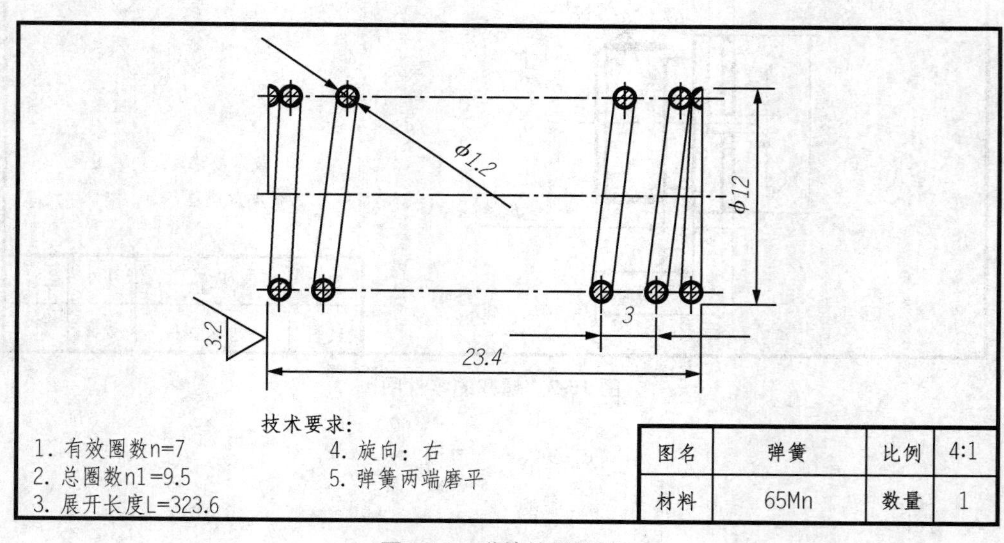

图 15-9　弹簧的零件图

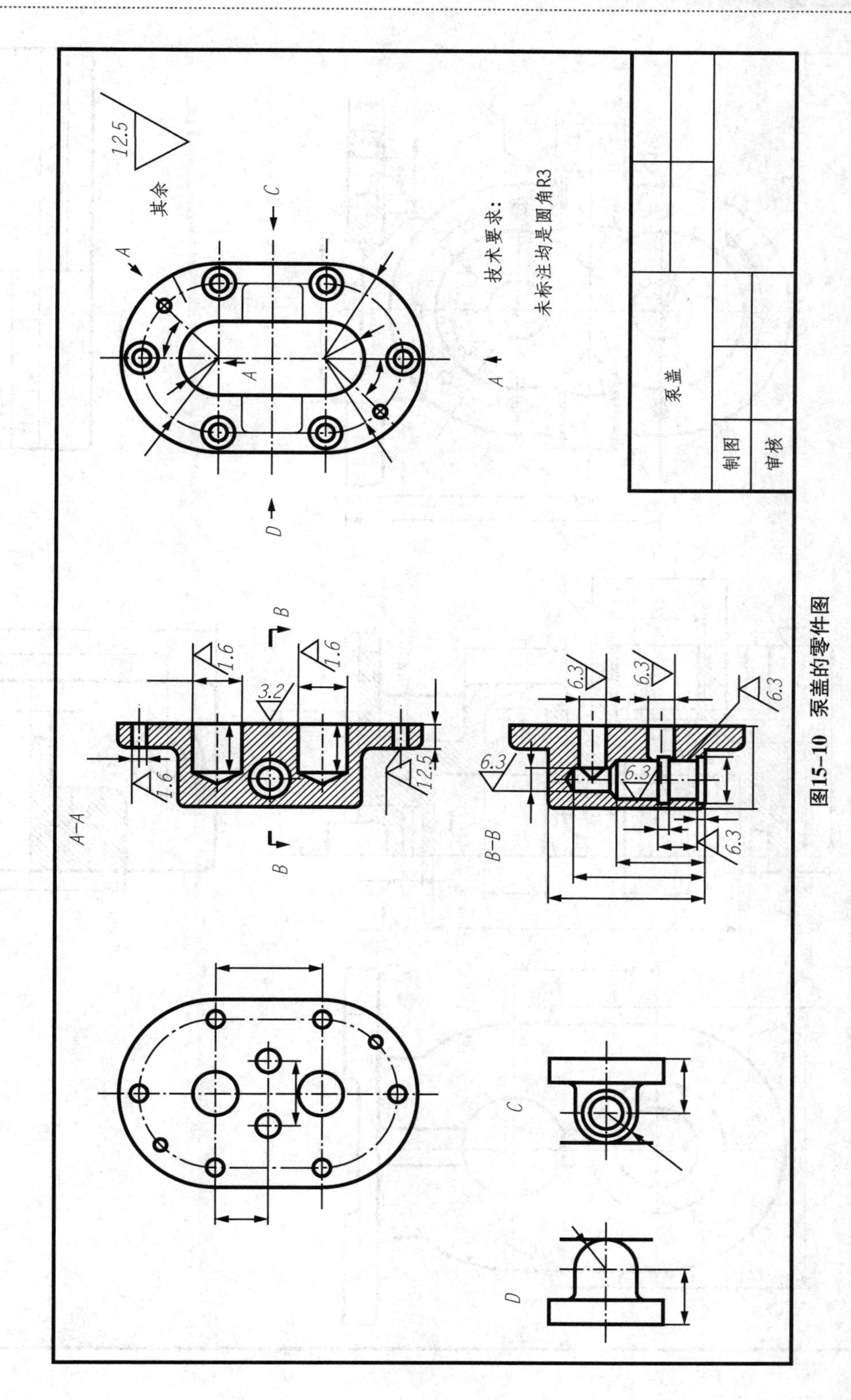

图15-10 泵盖的零件图

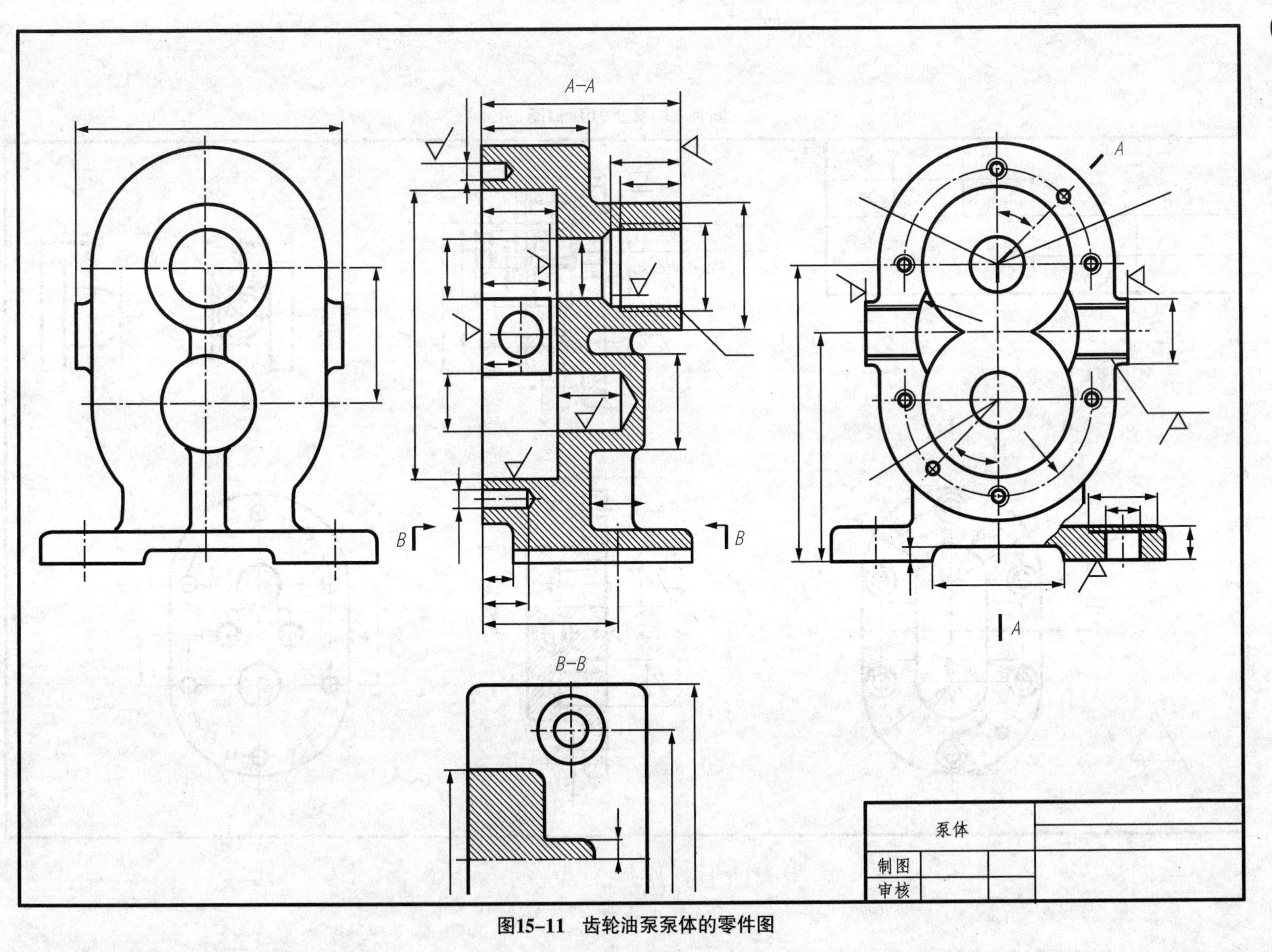

图15–11 齿轮油泵泵体的零件图

(2) 选择其他视图

其他视图的选择以进一步准确、完整、简便地表达各零件间的结构形状及装配关系为原则,因此多采用局部剖、拆去某些零件后的视图、断面图等表达方法。

2) 选定图纸和比例,打开前面绘制的图形模板,另存并命名为“齿轮油泵装配图.dwg”。

3) 根据装配示意图绘制装配图的明细表,进行图形的合理布局,定出中心线大致位置。

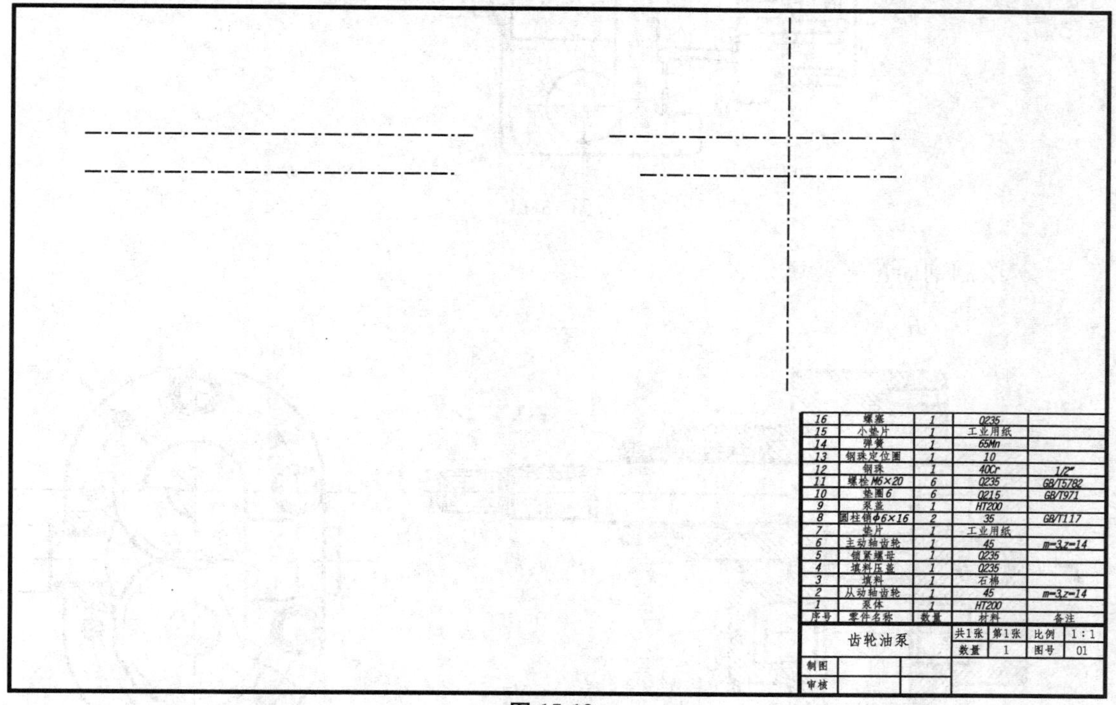

16	螺塞	1	Q235	
15	小垫片	1	工业用纸	
14	弹簧	1	65Mn	
13	钢珠定位圈	1	10	
12	钢珠	1	40Cr	1/2"
11	螺栓 M6×20	6	Q235	GB/T5782
10	垫圈 6	6	Q215	GB/T971
9	泵盖	1	HT200	
8	圆柱销 φ6×16	2	35	GB/T117
7	垫片	1	工业用纸	
6	主动轴齿轮	1	45	m=3,z=14
5	锁紧螺母	1	Q235	
4	填料压盖	1	Q235	
3	填料	1	石棉	
2	从动轴齿轮	1	45	m=3,z=14
1	泵体	1	HT200	
序号	零件名称	数量	材料	备注

齿轮油泵	共1张	第1张	比例	1:1
	数量	1	图号	01
制图				
审核				

图 15-12

4) 按装配关系依次绘制主要零件的投影、外围轮廓及部件中的连接、密封等装置的投影。

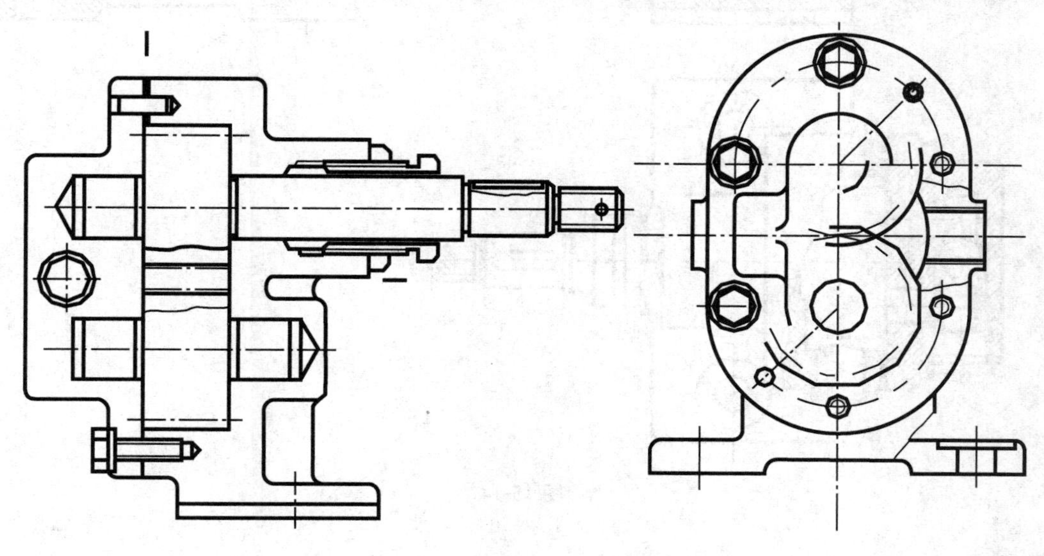

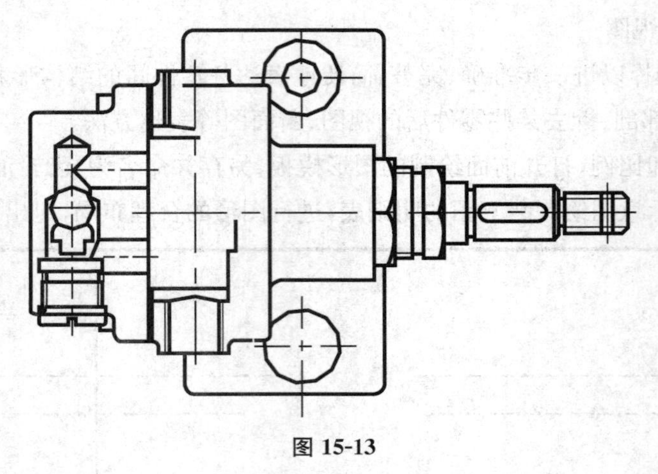

图 15-13

5）绘制剖面符号及填充。

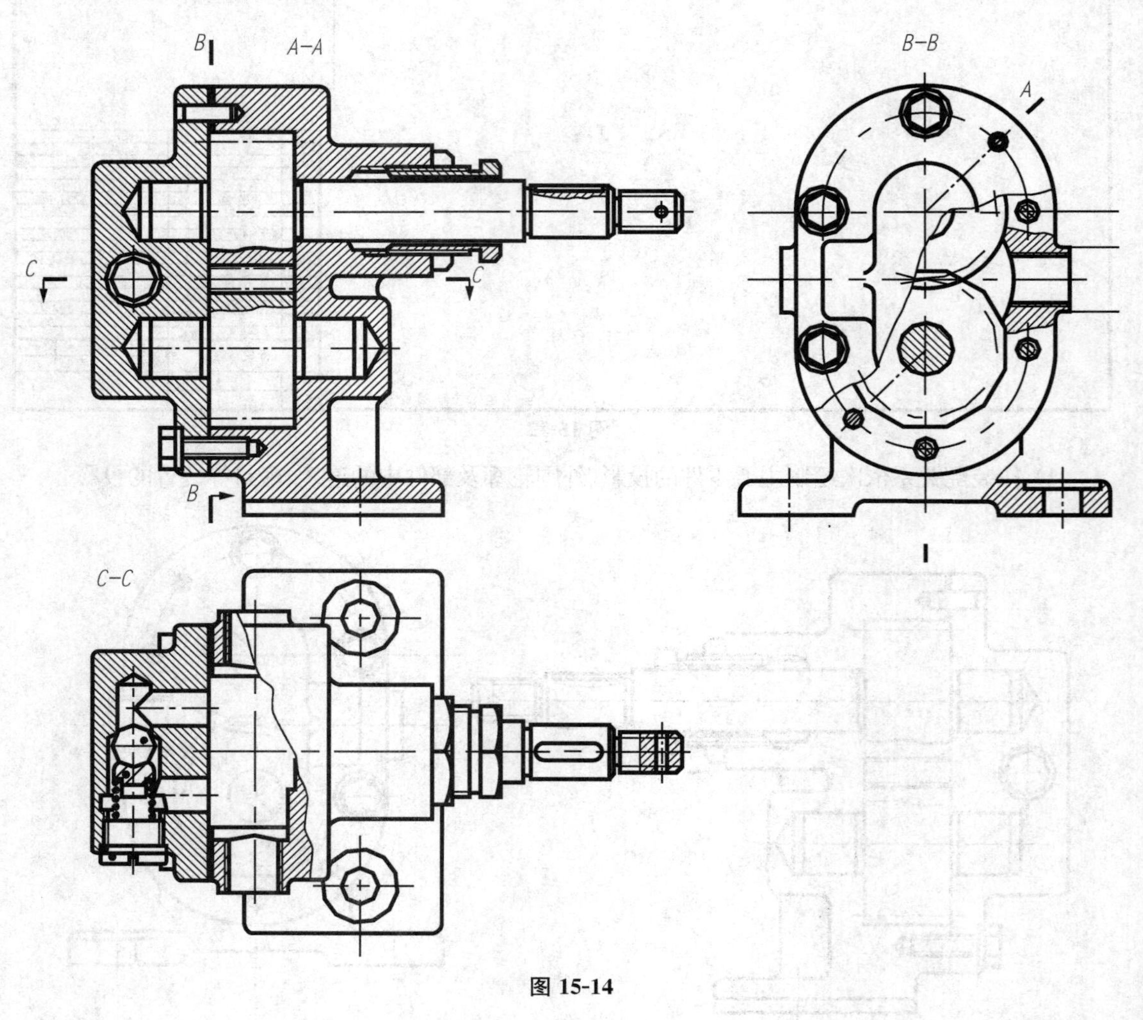

图 15-14

6）标注必要的尺寸、编序号、写技术要求，并检查图形，若没有问题即可保存图形。

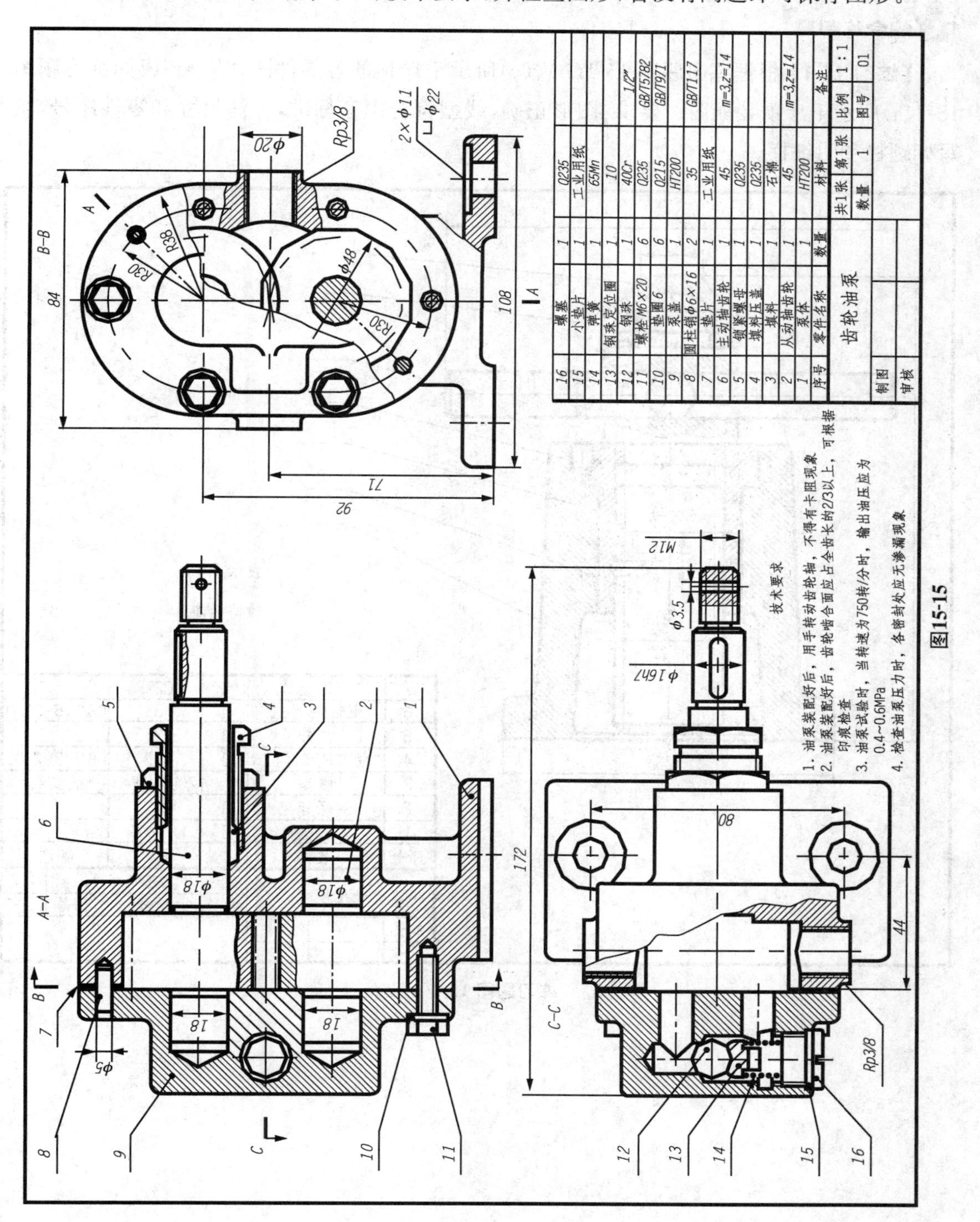

序号	零件名称	数量	材料	备注
16	螺塞	1	Q235	
15	小垫片	1	工业用纸	
14	弹簧	1	65Mn	
13	钢珠定位圈	1	10	
12	钢球	1	40Cr	1/2"
11	螺栓 M6×20	6	Q235	GB/T5782
10	垫圈 6	6	Q215	GB/T971
9	泵盖	1	HT200	
8	圆柱销 φ6×16	2	35	GB/T117
7	垫片	1	工业用纸	
6	主动轴齿轮	1	45	m=3,z=14
5	锁紧螺母	1	Q235	
4	填料压盖	1	Q235	
3	填料	1	石棉	
2	从动轴齿轮	1	45	m=3,z=14
1	泵体	1	HT200	

齿轮油泵		共1张	第1张	比例	1:1
		数量	1	图号	01
制图					
审核					

图15-15

综合练习题

【练习 15-1】根据练习题图 15-1(b)、(c)所示千斤顶的各零件图,“拼装”成如练习题图 15-1(a)所示千斤顶装配图。要求:图形正确,线型符合国家标准,标注尺寸和零件序号,填写标题栏和明细栏。

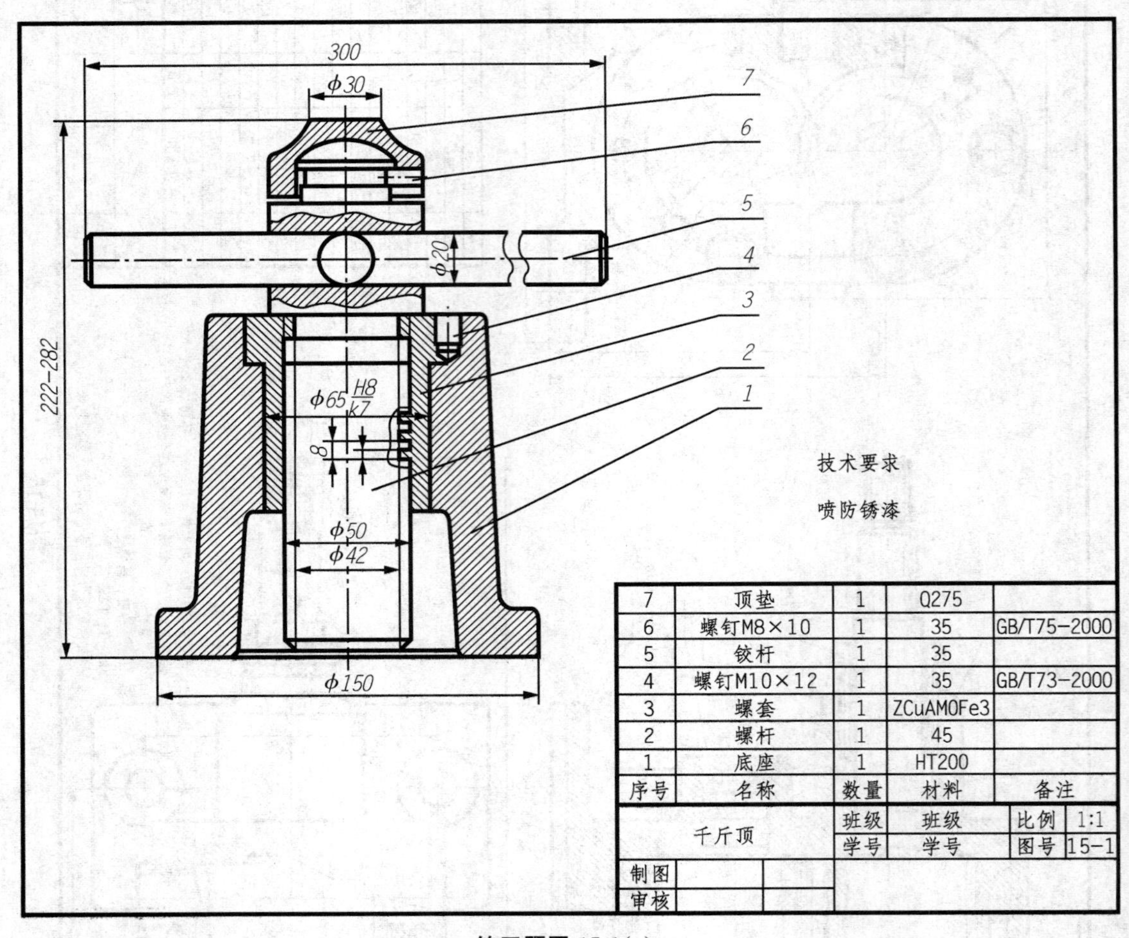

7	顶垫	1	Q275	
6	螺钉M8×10	1	35	GB/T75-2000
5	铰杆	1	35	
4	螺钉M10×12	1	35	GB/T73-2000
3	螺套	1	ZCuAM0Fe3	
2	螺杆	1	45	
1	底座	1	HT200	
序号	名称	数量	材料	备注

千斤顶	班级	班级	比例	1:1
	学号	学号	图号	15-1
制图				
审核				

练习题图 15-1(a)

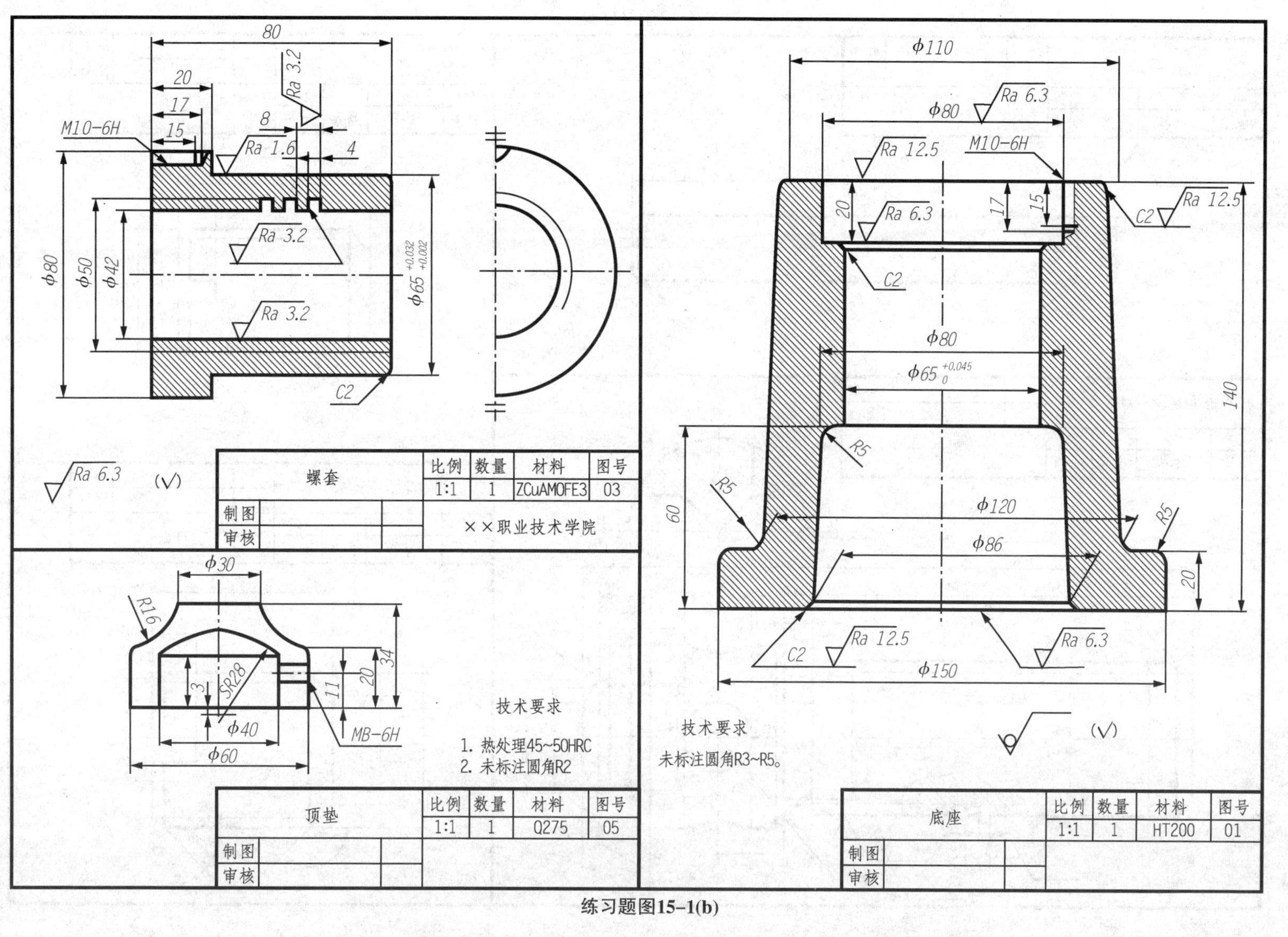
80
20
17
15
M10-6H
8
4
Ra 3.2
Ra 1.6
Ra 3.2
Ra 3.2
φ80
φ50
φ42
φ65 +0.032 +0.002
C2
Ra 6.3
(√)
螺套
比例
数量
材料
图号
1:1
1
ZCuAMOFE3
03
制图
审核
××职业技术学院
φ30
R16
SR28
3
11
20
34
φ40
φ60
MB-6H
技术要求
1. 热处理45~50HRC
2. 未标注圆角R2
顶垫
比例
数量
材料
图号
1:1
1
Q275
05
制图
审核
φ110
φ80
Ra 6.3
Ra 12.5
M10-6H
20
Ra 6.3
17
15
C2
Ra 12.5
C2
φ80
φ65 +0.045 0
140
R5
R5
60
φ120
R5
φ86
20
C2
Ra 12.5
Ra 6.3
φ150
技术要求
未标注圆角R3~R5。
(√)
底座
比例
数量
材料
图号
1:1
1
HT200
01
制图
审核

练习题图15-1(b)

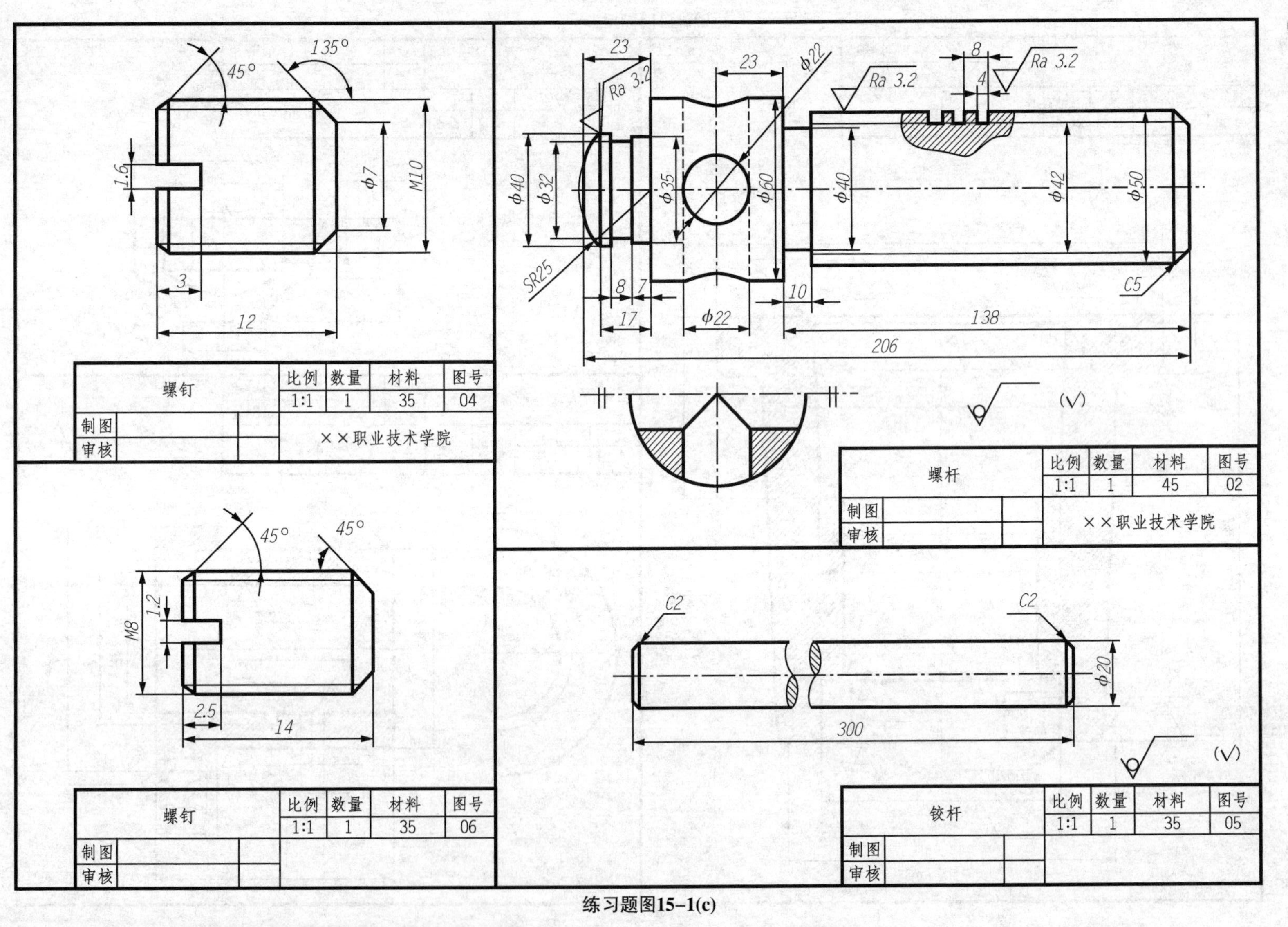
45°
135°
1.6
ϕ7
M10
3
12
螺钉
比例
数量
材料
图号
1:1
1
35
04
制图
审核
××职业技术学院
23
Ra 3.2
23
ϕ22
8
Ra 3.2
4
Ra 3.2
ϕ40
ϕ32
ϕ35
ϕ60
ϕ40
ϕ42
ϕ50
SR25
8
7
10
C5
17
ϕ22
138
206
(√)
螺杆
比例
数量
材料
图号
1:1
1
45
02
制图
审核
××职业技术学院
45°
45°
1.2
M8
2.5
14
螺钉
比例
数量
材料
图号
1:1
1
35
06
制图
审核
C2
C2
ϕ20
300
(√)
铰杆
比例
数量
材料
图号
1:1
1
35
05
制图
审核

练习题图15-1(c)

【练习 15-2】根据练习题图 15-2 所示装配体的装配示意图和零件图,用 A4 图幅按 1∶1 的比例绘制该装配体的装配图,并标注必要的尺寸和序号。然后按给定尺寸绘制标题栏和明细表,并填写相关内容。

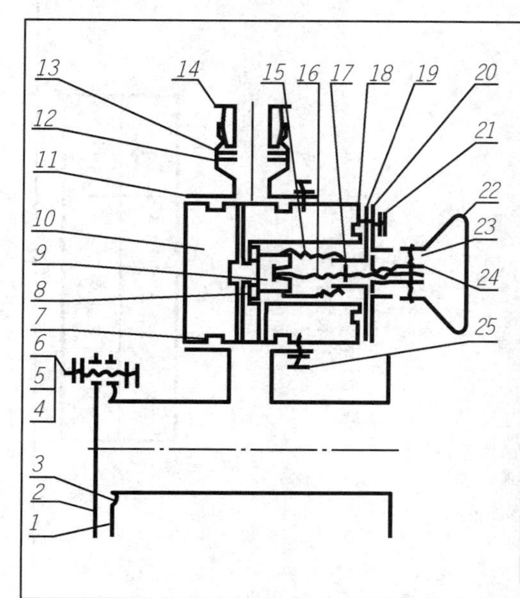

真空阀说明

这是真空系统常用的一种阀门，它用来关闭或开启真空系统。其工作原理是：零件1凸缘及零件12，13，14，均与真空系统管路相连接，用手转动手轮22，则丝杆16沿轴向移动，从而带动夺块9和密封圈8，将阀门关闭或开启。真空阀最重要的问题是防止漏气，零件3，8，19以及皱皮管15用来防漏，零件17是用来防止丝杆转动的。

标准件

序号	名称	件数	材料	备注
4	螺栓M6×28	4	Q235	GB/T 5782-2000
5	螺栓M6	4	Q235	GB/T 6170-2000
6	垫圈6	20	Q235	GB/T 97.1-1985
15	皱皮管	1	橡胶	外购件
21	螺栓M6×18	4	Q235	GB/T 5782-2000
23	螺栓M6×18	2	Q235	GB/T 71-1985
25	螺栓M6×16	8	Q235	GB/T 5782-2000

练习题图 15-2(a)

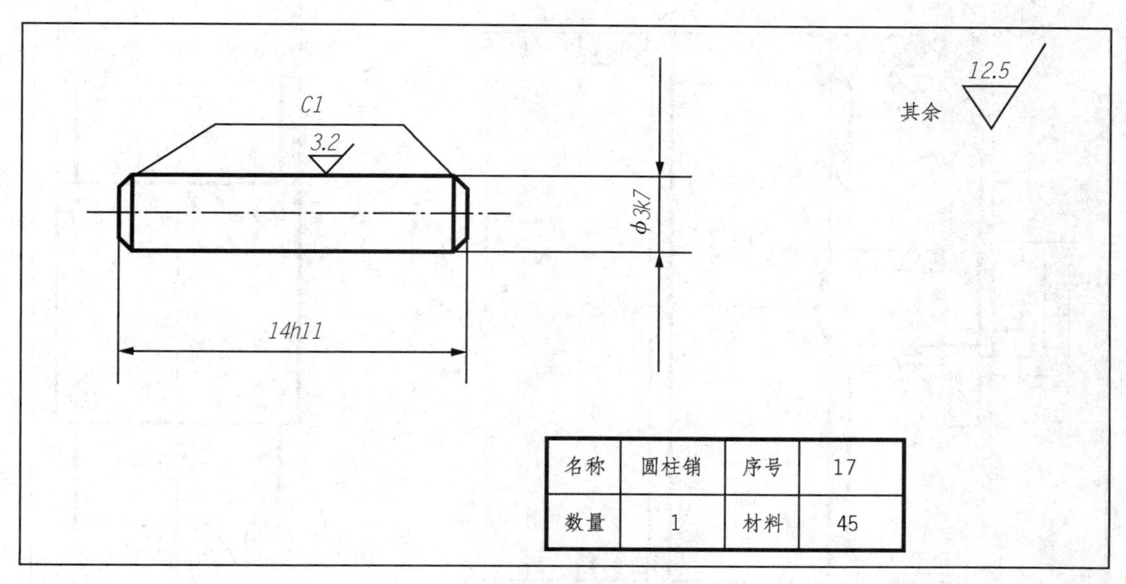

名称	圆柱销	序号	17
数量	1	材料	45

练习题图 15-2(b)

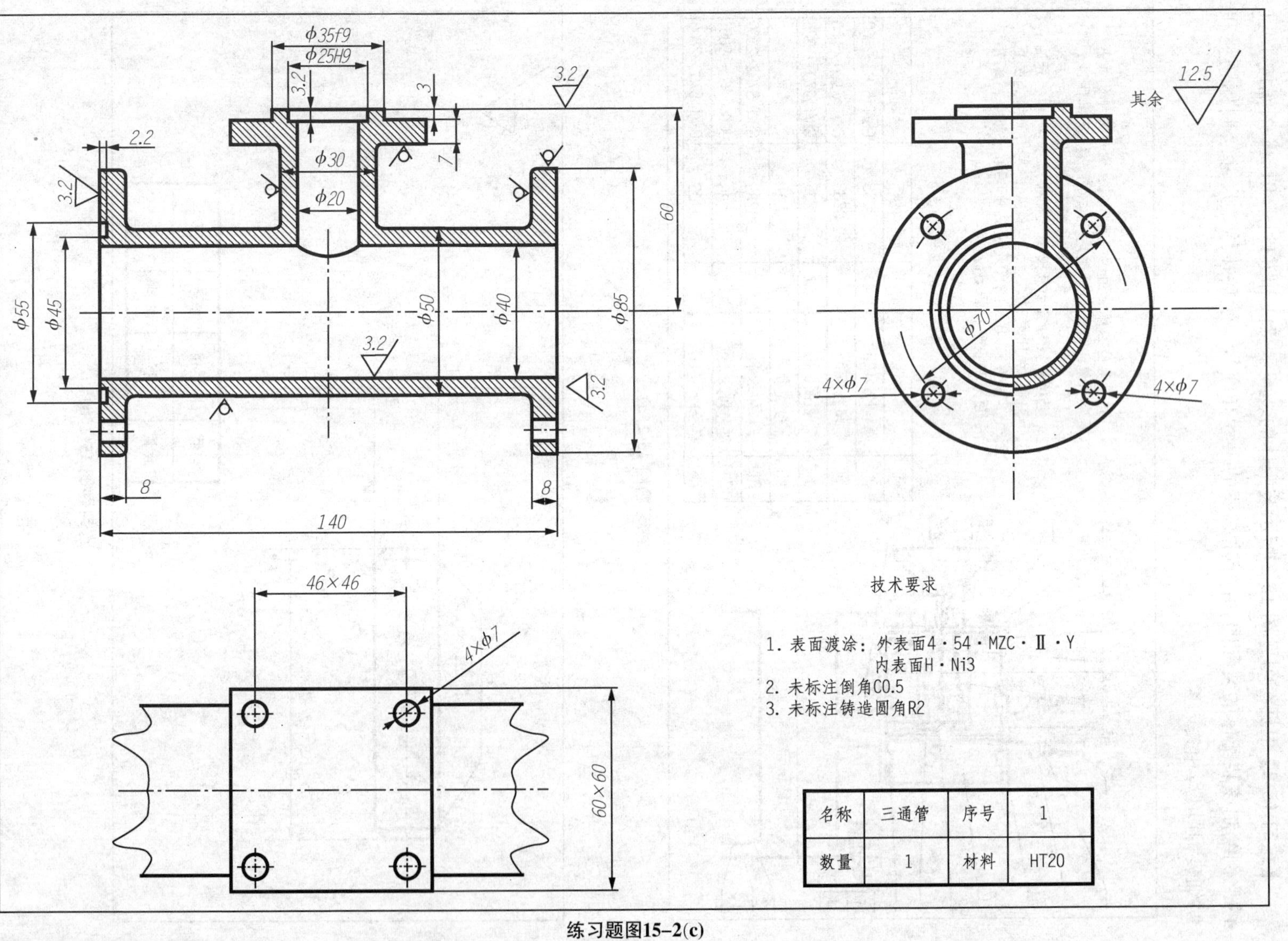
φ35f9
φ25H9
3.2
3
7
2.2
3.2
φ30
φ20
60
φ55
φ45
φ50
φ40
φ85
3.2
3.2
8
8
140
其余 12.5
φ70
4×φ7
4×φ7
46×46
4×φ7
60×60
技术要求
1. 表面渡涂：外表面4·54·MZC·Ⅱ·Y
内表面H·Ni3
2. 未标注倒角C0.5
3. 未标注铸造圆角R2
名称 三通管 序号 1
数量 1 材料 HT20

练习题图15-2(c)

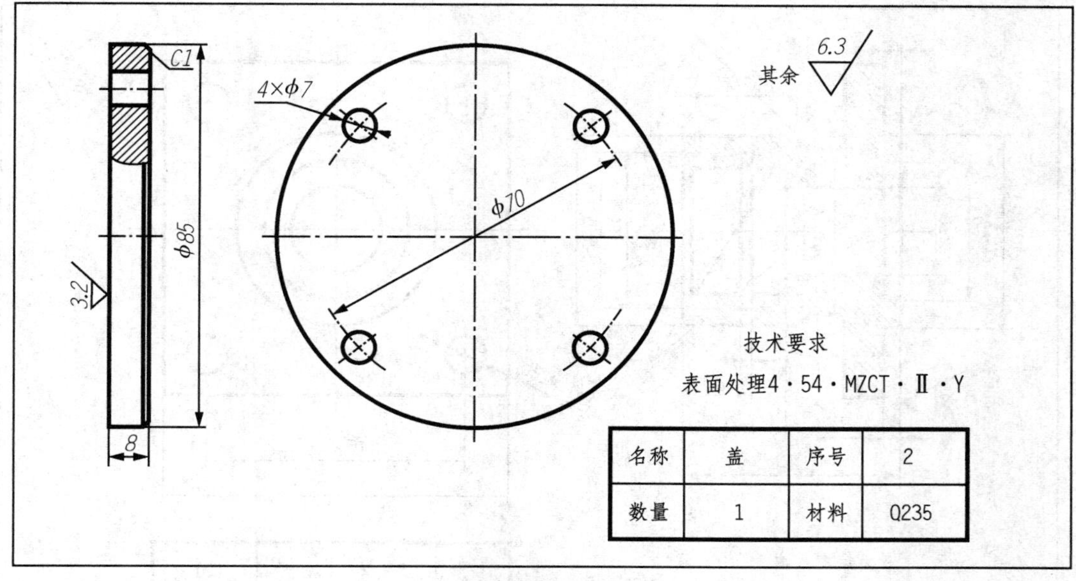

名称	盖	序号	2
数量	1	材料	Q235

练习题图 15-2(d)

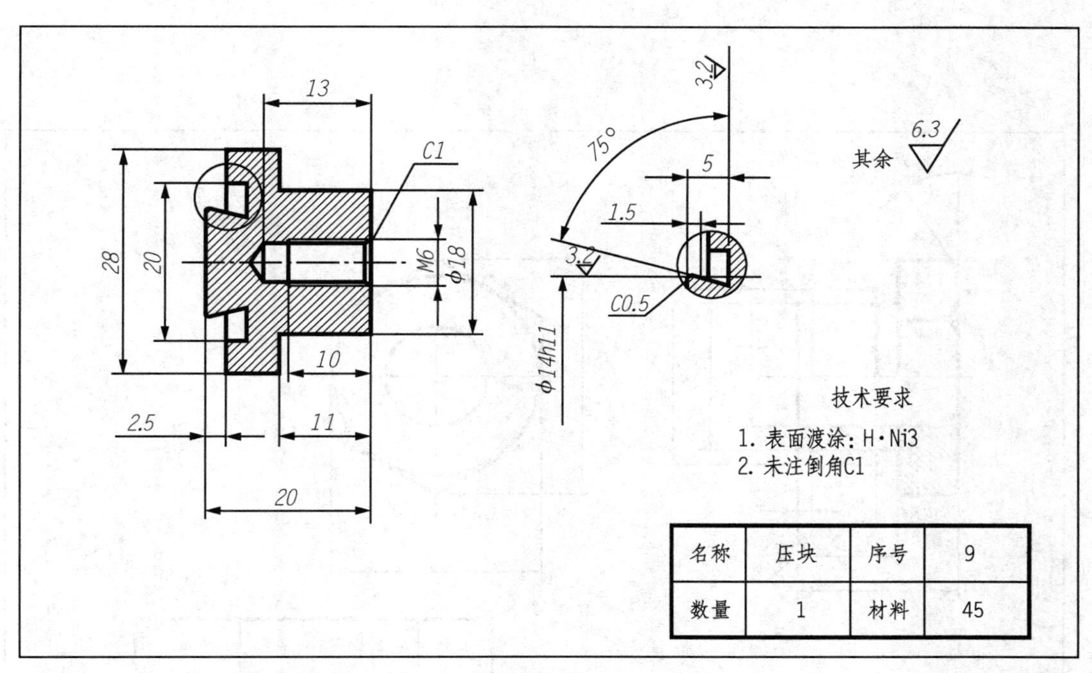

名称	压块	序号	9
数量	1	材料	45

练习题图 15-2(e)

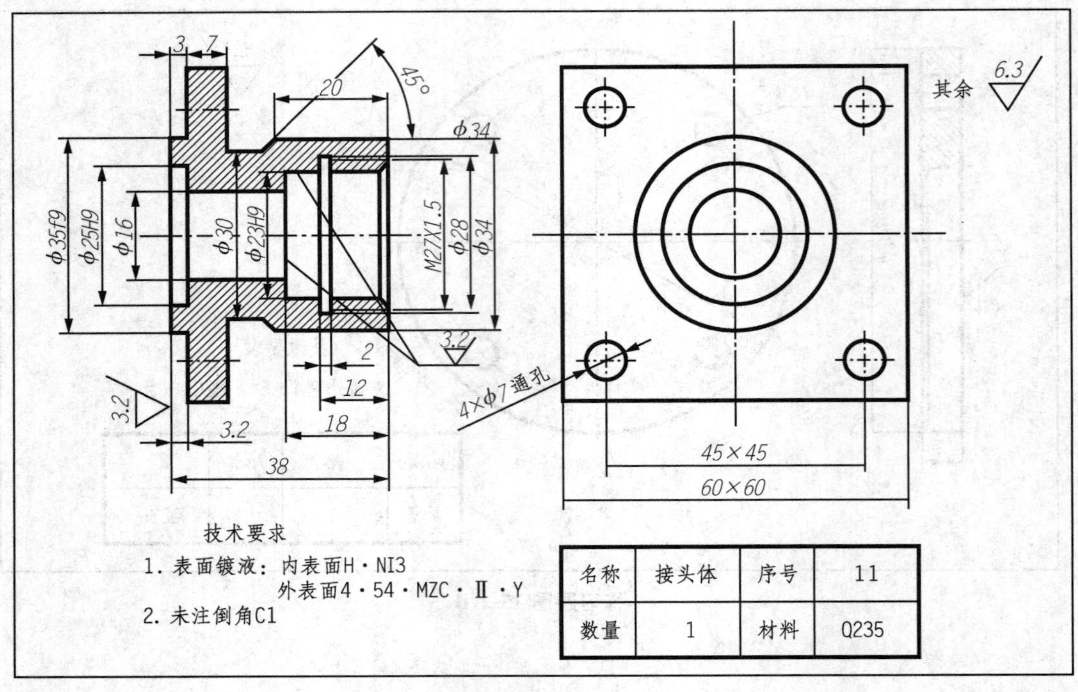

练习题图 15-2(f)

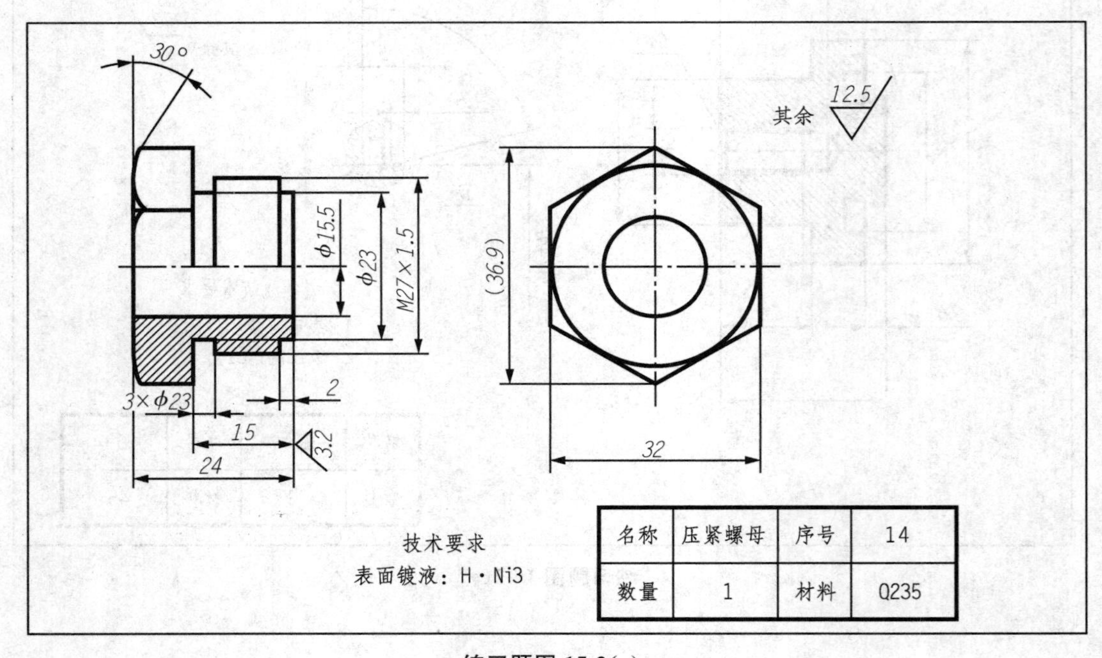

练习题图 15-2(g)

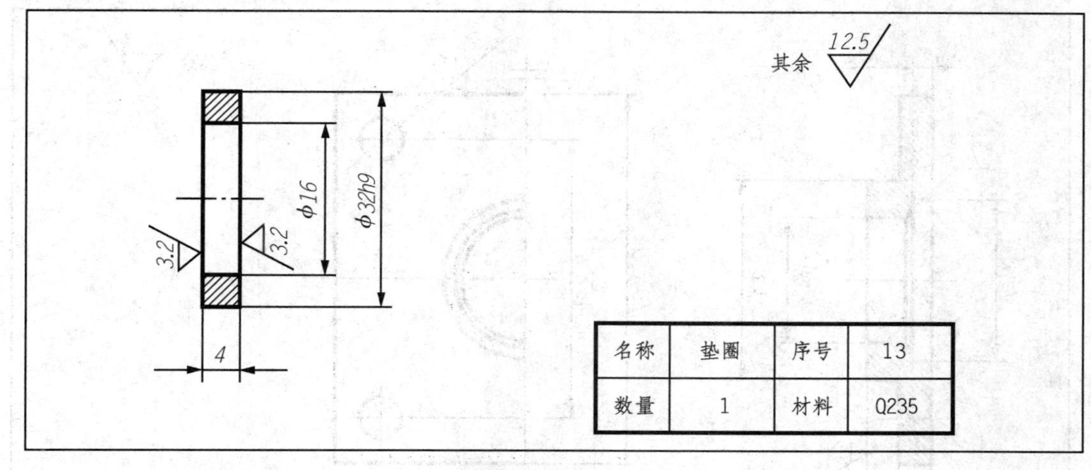

名称	垫圈	序号	13
数量	1	材料	Q235

练习题图 15-2(h)

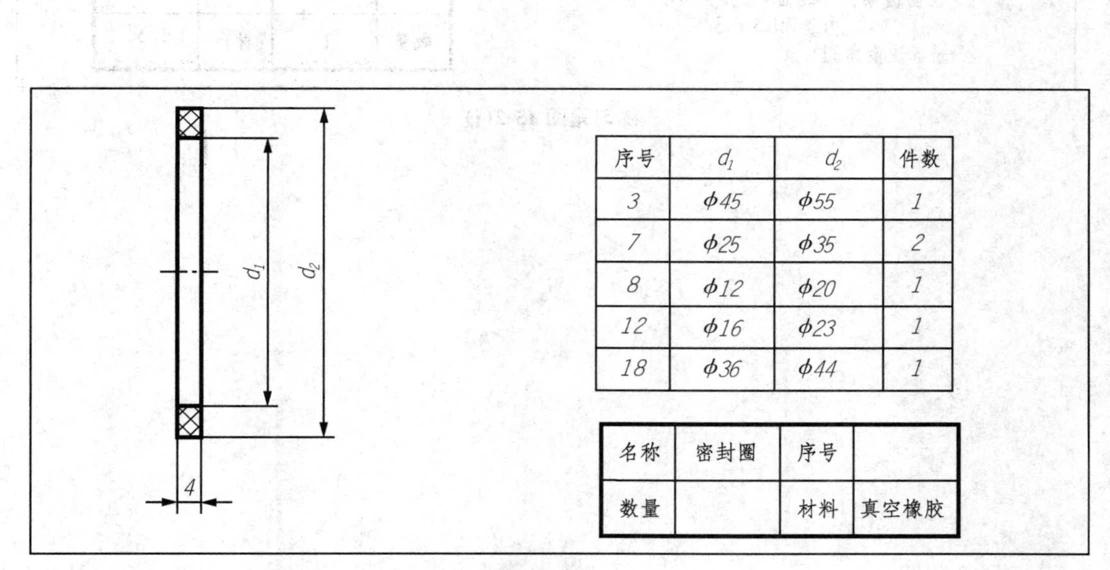

序号	d_1	d_2	件数
3	φ45	φ55	1
7	φ25	φ35	2
8	φ12	φ20	1
12	φ16	φ23	1
18	φ36	φ44	1

名称	密封圈	序号	
数量		材料	真空橡胶

练习题图 15-2(i)

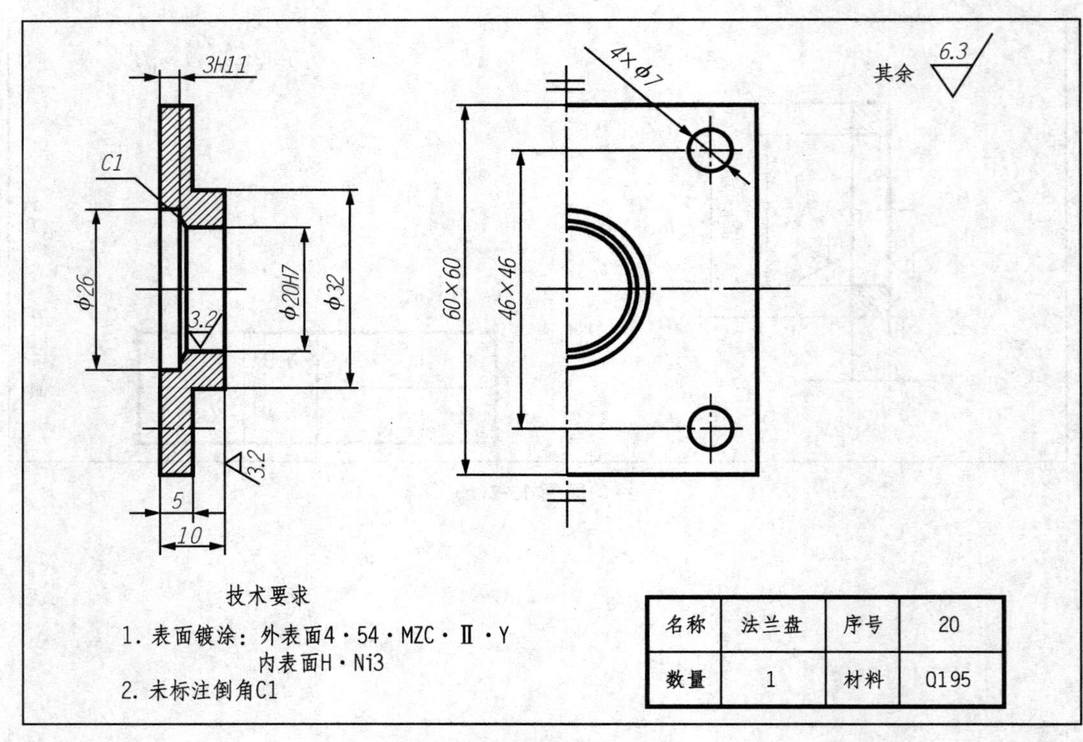
3H11
C1
ϕ26
ϕ20H7
ϕ32
3.2
3.2
5
10
4×ϕ7
60×60
46×46
其余 6.3
技术要求
1. 表面镀涂：外表面4・54・MZC・Ⅱ・Y
内表面H・Ni3
2. 未标注倒角C1
名称
法兰盘
序号
20
数量
1
材料
Q195

练习题图 15-2(j)

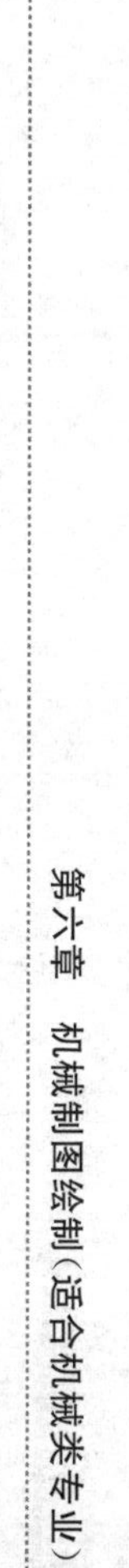

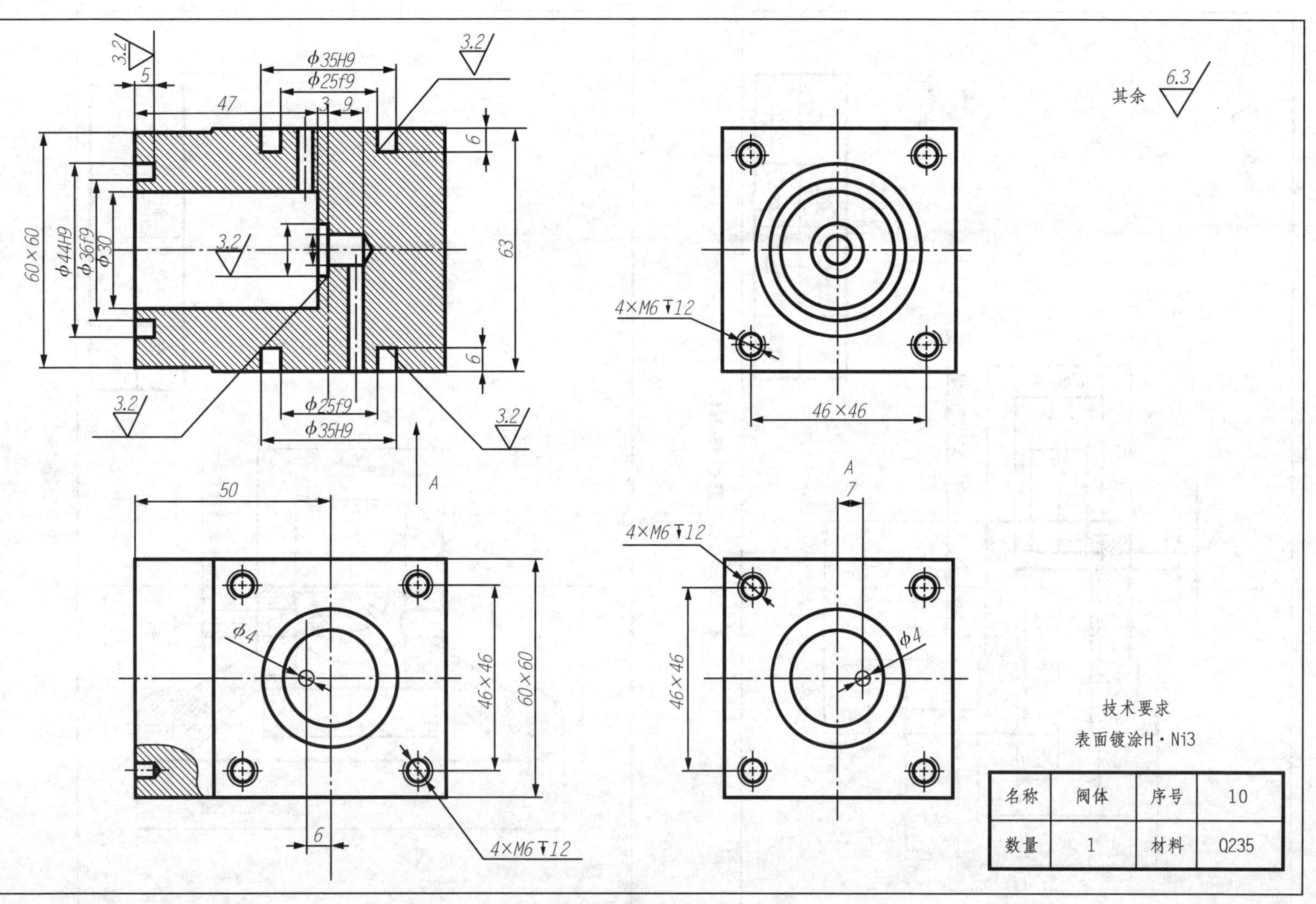

名称	阀体	序号	10
数量	1	材料	Q235

练习题图15-2(k)

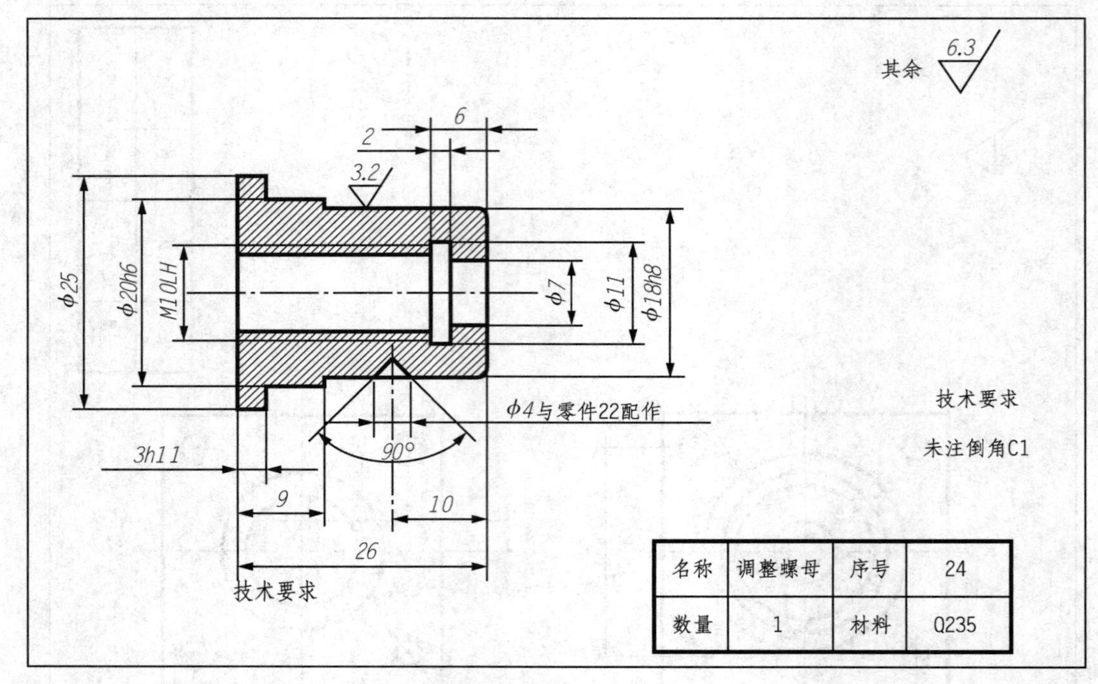

名称	调整螺母	序号	24
数量	1	材料	Q235

练习题图 15-2(l)

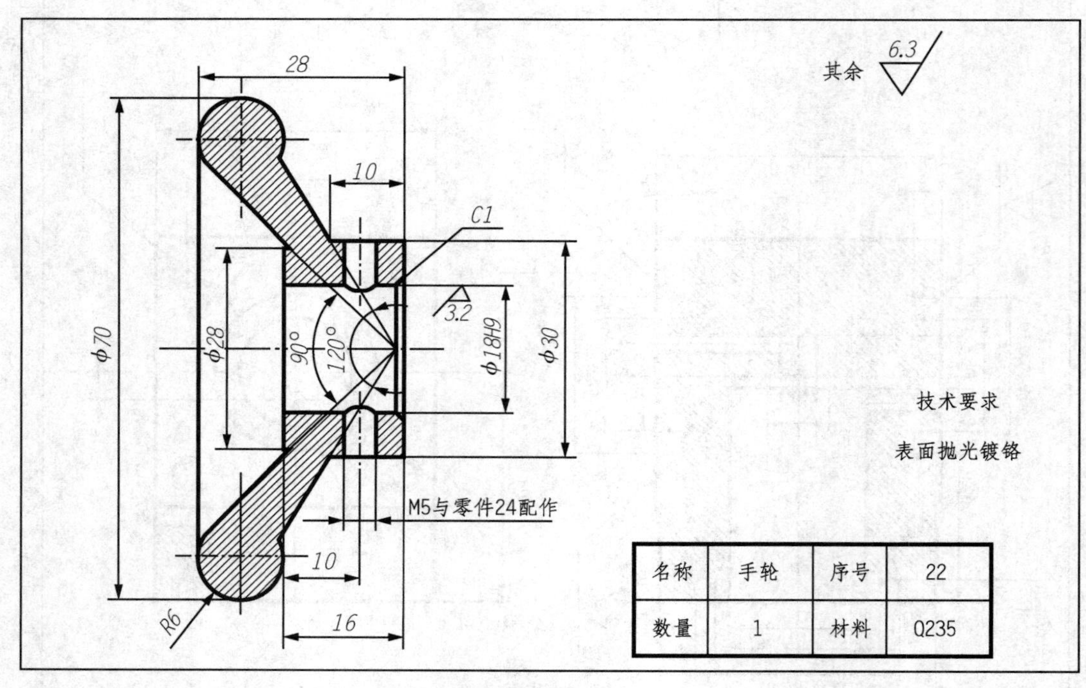

名称	手轮	序号	22
数量	1	材料	Q235

练习题图 15-2(m)

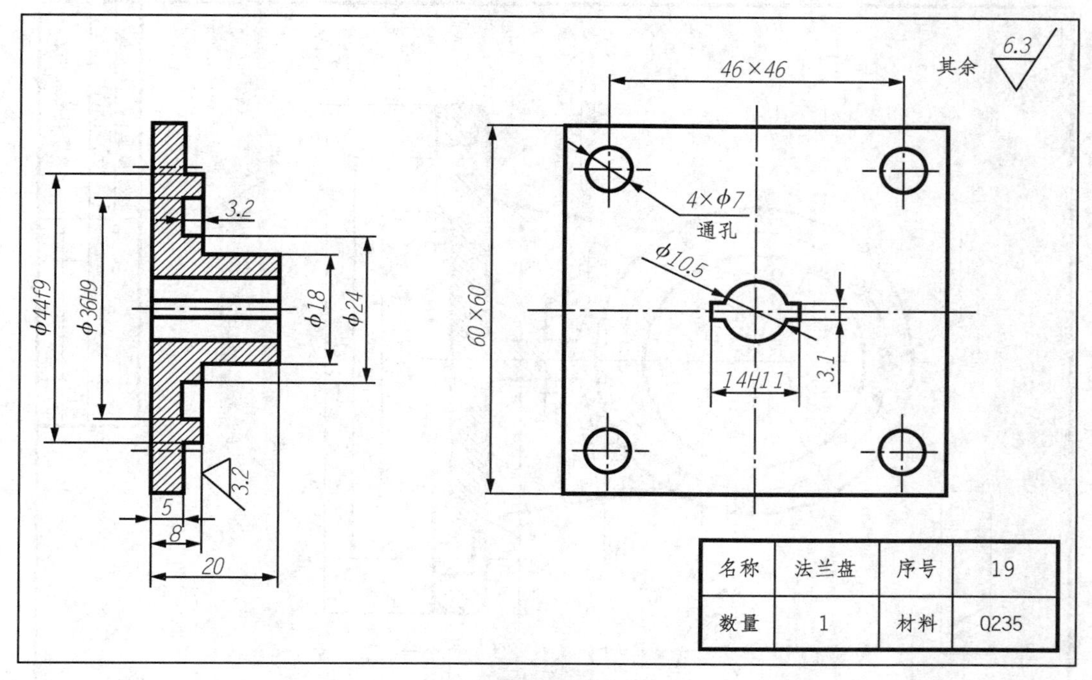

名称	法兰盘	序号	19
数量	1	材料	Q235

练习题图 15-2(n)

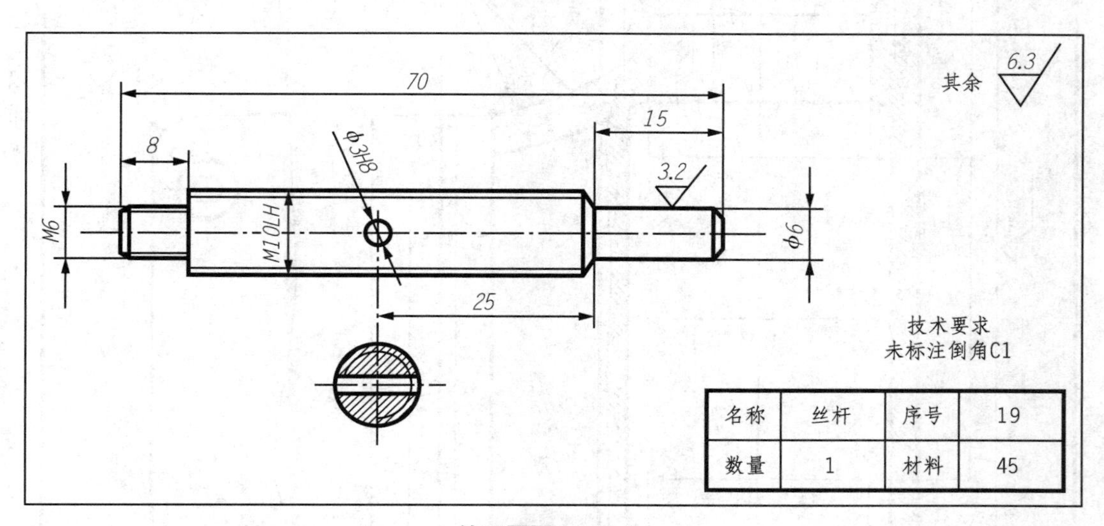

名称	丝杆	序号	19
数量	1	材料	45

练习题图 15-2(o)

【练习 15-3】根据练习题图 15-3 所示装配体的零件图，选用图纸和比例绘制该装配体的装配图，并标注必要的尺寸和序号。然后按给定尺寸绘制标题栏和明细表，并填写相关内容。

【练习 15-4】根据练习题图 15-4 所示装配体的装配示意图和零件图，用 A4 图幅按 1∶1 的比例绘制该装配体的装配图，并标注必要的尺寸和序号。然后按给定尺寸绘制标题栏和明细表，并填写相关内容。

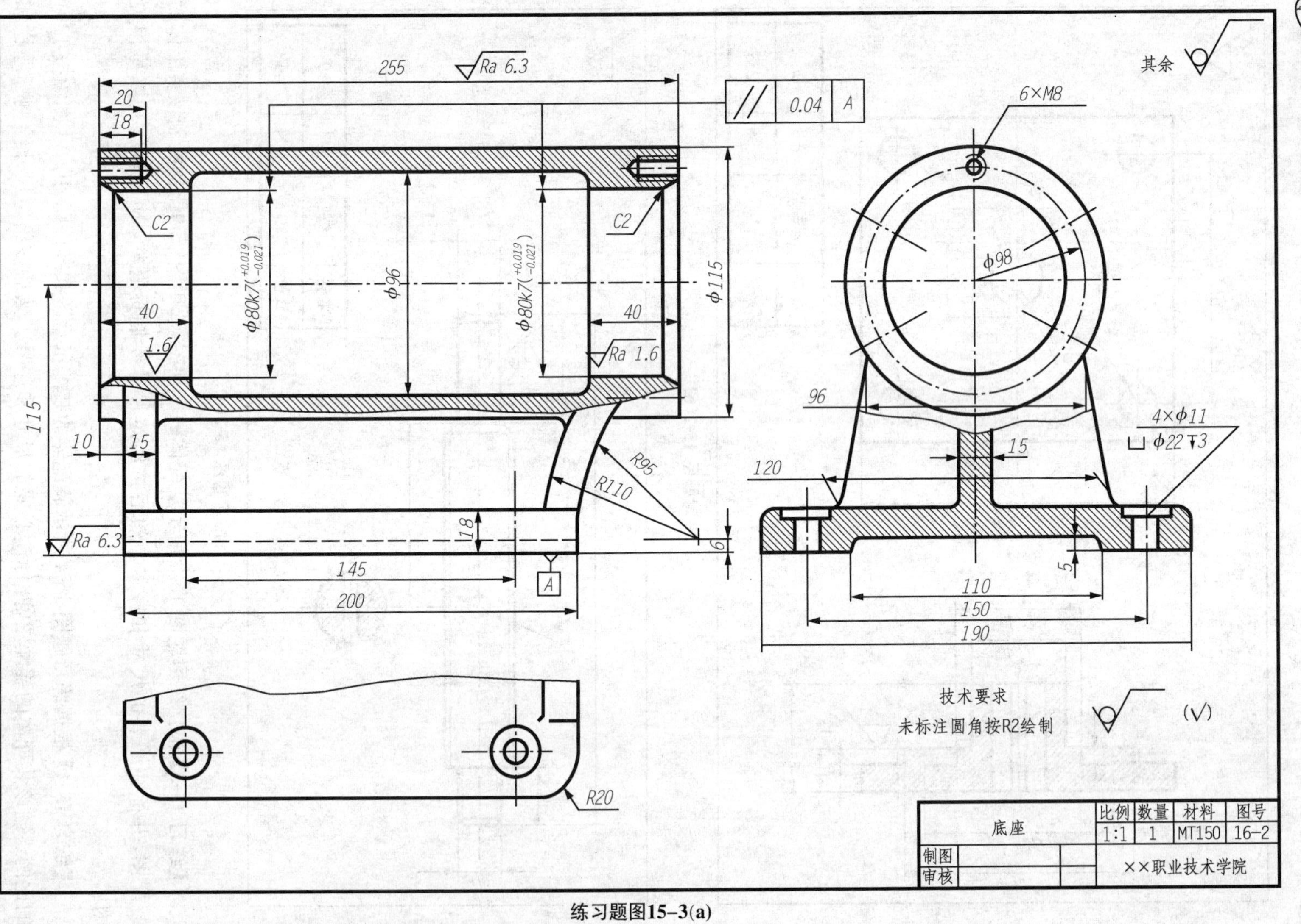
其余
6×M8
255
Ra 6.3
20
18
0.04
A
C2
C2
Φ80K7(+0.019 -0.021)
Φ96
Φ80K7(+0.019 -0.021)
Φ115
40
40
1.6
Ra 1.6
115
10
15
R95
R110
18
Ra 6.3
6
145
200
Φ98
96
4×Φ11
⌴Φ22↧3
15
120
5
110
150
190
技术要求
未标注圆角按R2绘制
(√)
R20
底座
比例
数量
材料
图号
1:1
1
MT150
16-2
制图
审核
××职业技术学院

练习题图15-3(a)

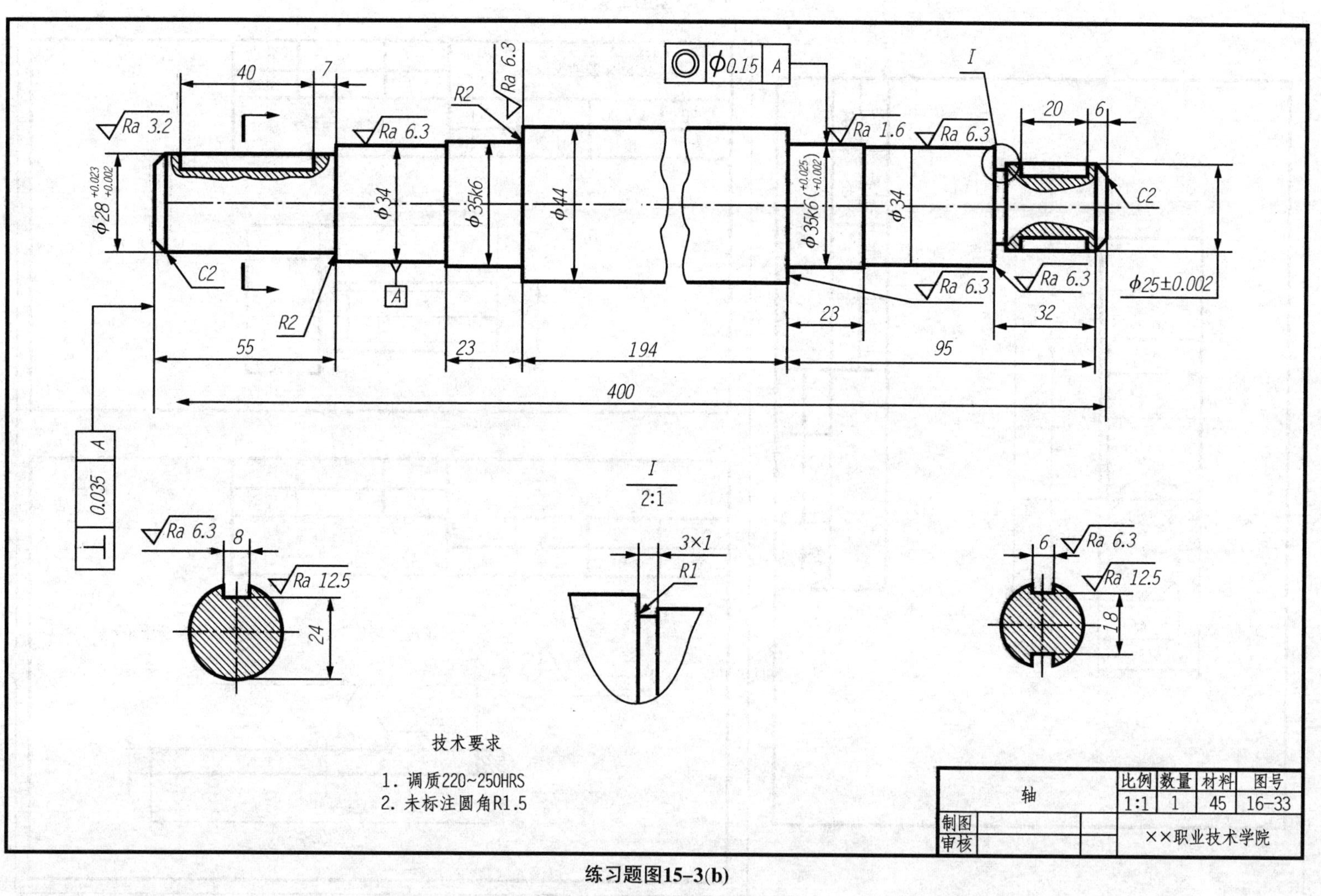
Ra 3.2
40
7
Ra 6.3
R2
Ra 6.3
Φ0.15 A
I
Ra 1.6
Ra 6.3
20
6
Φ28 +0.023 +0.002
Φ34
Φ35k6
Φ44
Φ35k6 (+0.025 +0.002)
Φ34
C2
C2
A
R2
Ra 6.3
Ra 6.3
Φ25±0.002
23
32
55
23
194
95
400
0.035 A
I
2:1
Ra 6.3
8
Ra 12.5
24
3×1
R1
6
Ra 6.3
Ra 12.5
18
技术要求
1. 调质220~250HRS
2. 未标注圆角R1.5
轴
比例 数量 材料 图号
1:1 1 45 16-33
制图
审核
××职业技术学院

练习题图15-3(b)

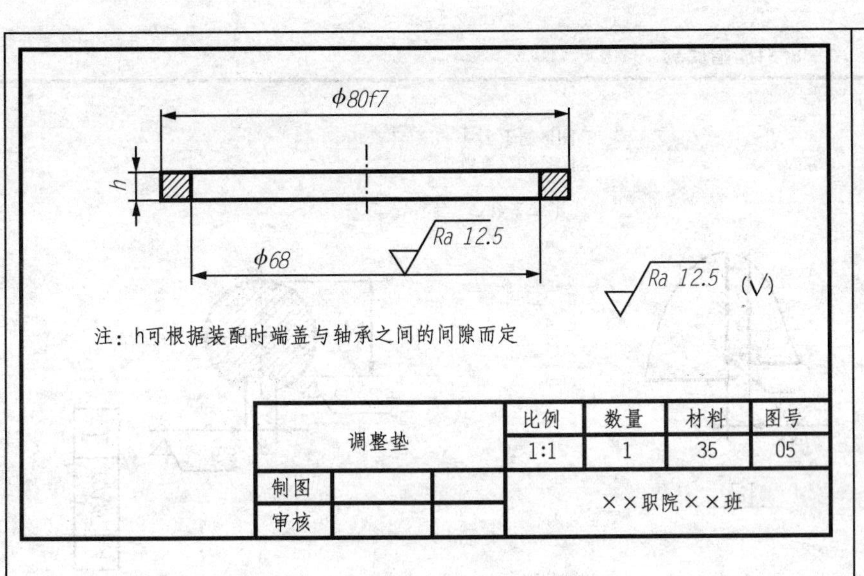
Φ80f7
h
Ra 12.5
Φ68
Ra 12.5 (√)
注：h可根据装配时端盖与轴承之间的间隙而定
调整垫
比例
数量
材料
图号
1:1
1
35
05
制图
审核
××职院××班

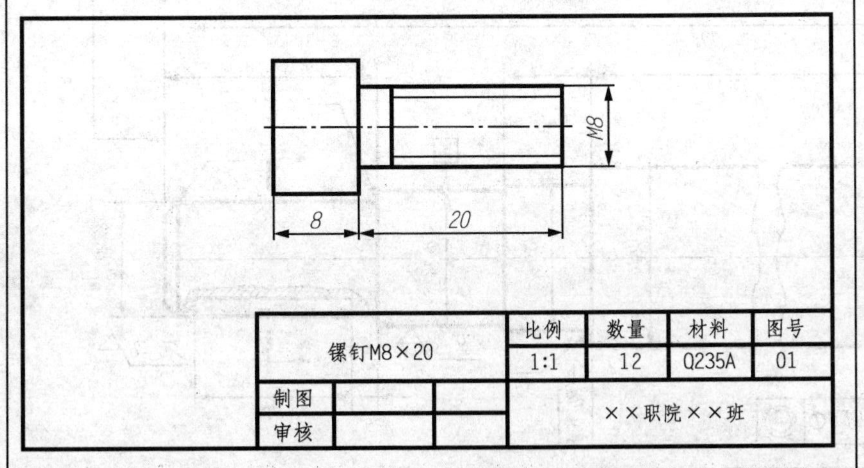
M8
8
20
镙钉M8×20
比例
数量
材料
图号
1:1
12
Q235A
01
制图
审核
××职院××班

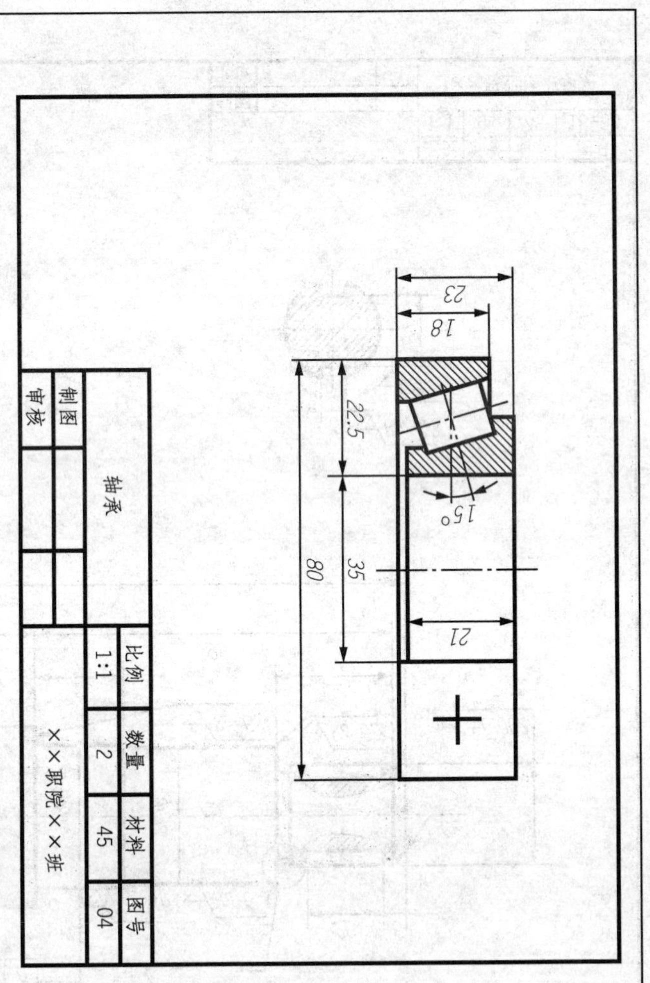
23
18
22.5
15°
80
35
21
轴承
比例
数量
材料
图号
1:1
2
45
04
制图
审核
××职院××班

练习题图15-3(c)

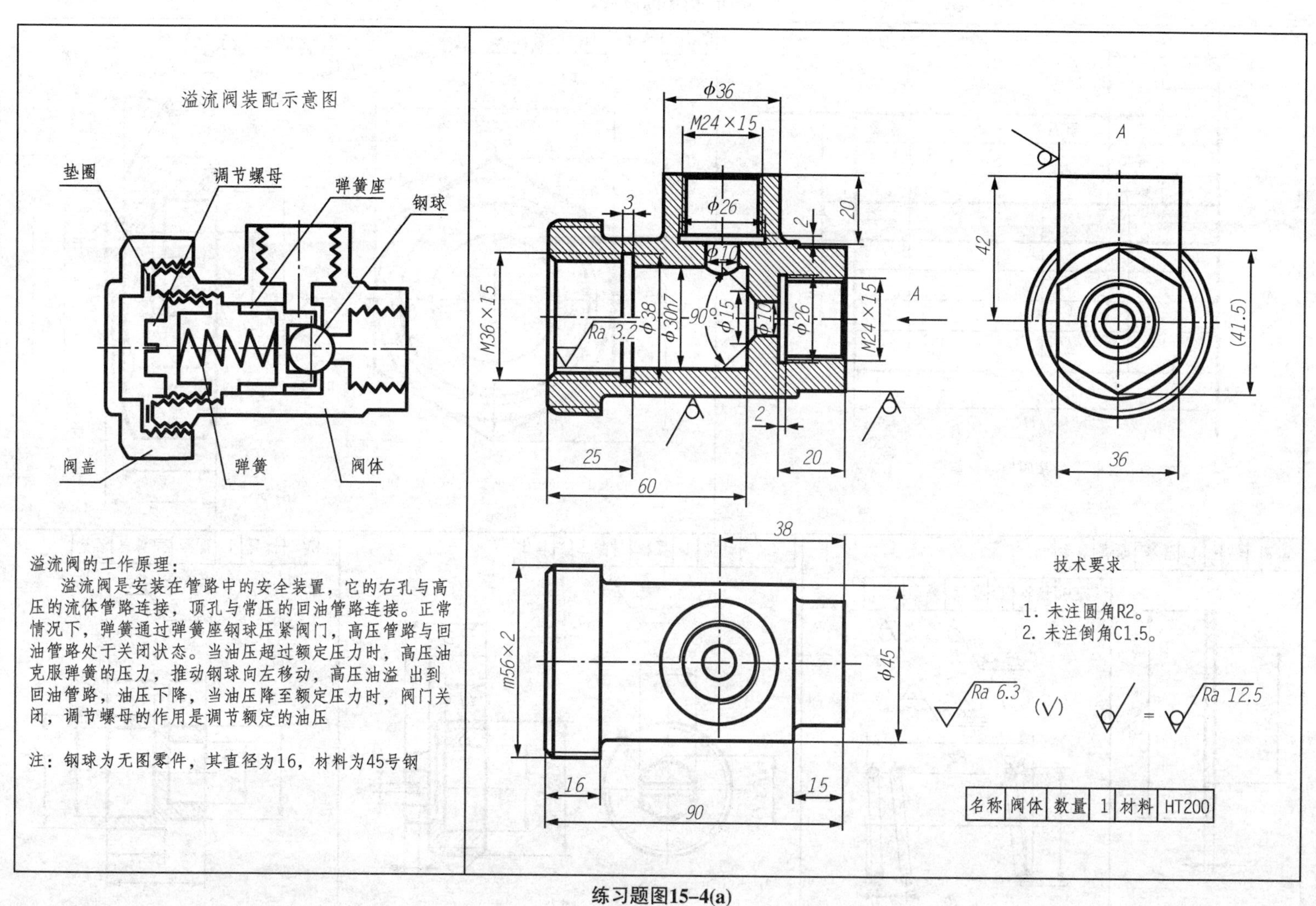
溢流阀装配示意图
垫圈
调节螺母
弹簧座
钢球
阀盖
弹簧
阀体
溢流阀的工作原理：
溢流阀是安装在管路中的安全装置，它的右孔与高压的流体管路连接，顶孔与常压的回油管路连接。正常情况下，弹簧通过弹簧座钢球压紧阀门，高压管路与回油管路处于关闭状态。当油压超过额定压力时，高压油克服弹簧的压力，推动钢球向左移动，高压油溢 出到回油管路，油压下降，当油压降至额定压力时，阀门关闭，调节螺母的作用是调节额定的油压
注：钢球为无图零件，其直径为16，材料为45号钢
φ36
M24×15
φ26
φ10
M36×15
φ38
φ30h7
φ15
90°
M24×15
Ra 3.2
A
42
(41.5)
36
25
60
20
38
m56×2
φ45
16
15
90
技术要求
1. 未注圆角R2。
2. 未注倒角C1.5。
Ra 6.3
(√)
Ra 12.5
名称
阀体
数量
1
材料
HT200

练习题图15-4(a)

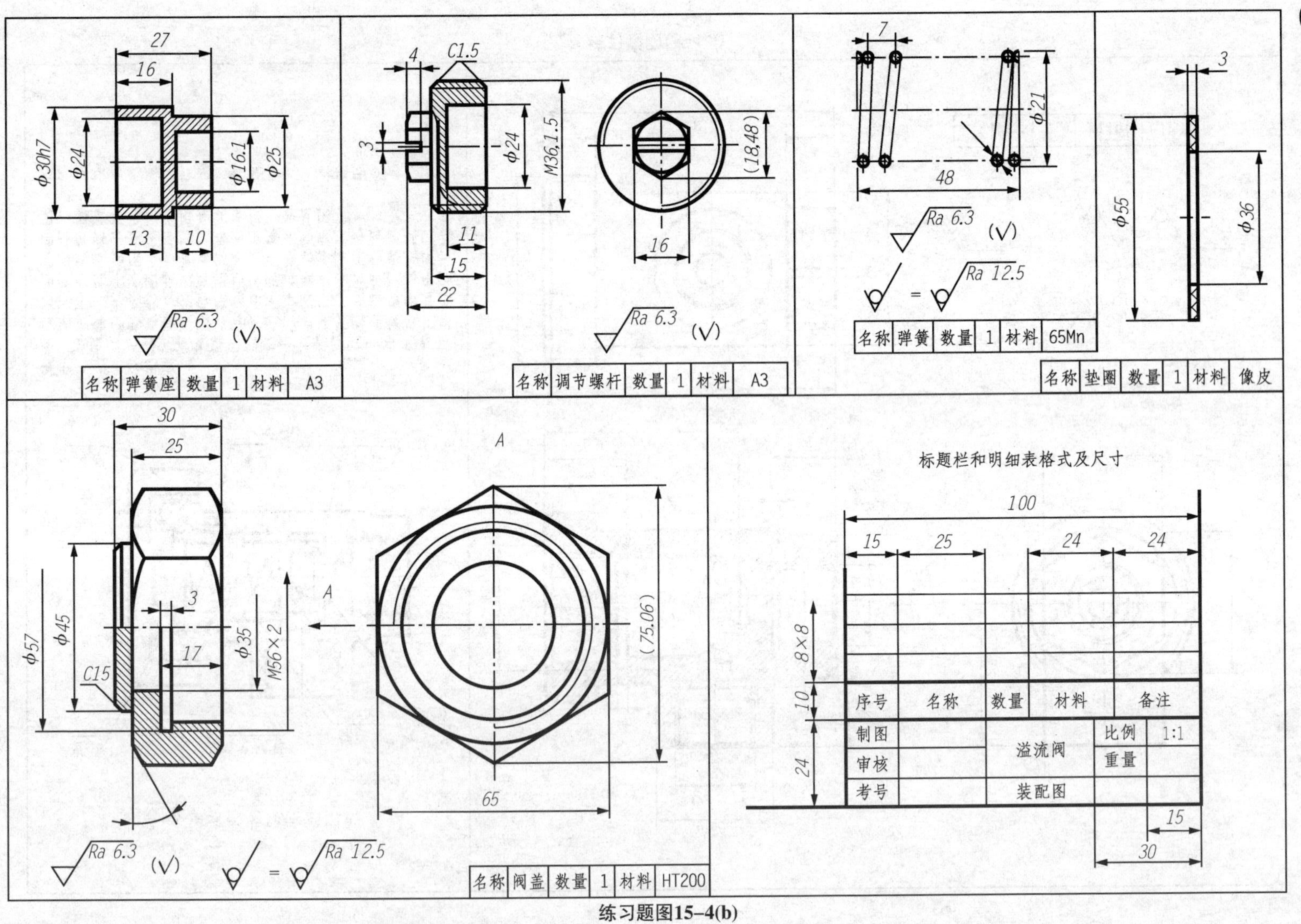

名称 弹簧座 数量 1 材料 A3
名称 调节螺杆 数量 1 材料 A3
名称 弹簧 数量 1 材料 65Mn
名称 垫圈 数量 1 材料 像皮
名称 阀盖 数量 1 材料 HT200
标题栏和明细表格式及尺寸
序号 名称 数量 材料 备注
制图 溢流阀 比例 1:1
审核 重量
考号 装配图

练习题图15-4(b)

第七章　建筑制图绘制(适合建筑类专业)

建筑CAD是传统建筑制图与现代绘图软件AutoCAD相结合的一门融合性专业技术基础知识。根据职业教育理论,本章构建了建筑平面图、建筑立面图、建筑剖面图、节点详图及建筑结构施工图的绘制为载体的真实职业活动情景,对AutoCAD的命令进行了取舍,根据建筑制图的需要选择命令,通过实例教学法,教会学生利用命令绘图及绘图的技巧。

任务十六　绘制建筑施工图

学习目标:详细讲解了建筑平面图、建筑立面图、墙身详图和楼梯详图的绘制过程和步骤。通过本任务的学习,熟悉AutoCAD相关命令在绘制建筑平面图的应用、掌握块的制作与插入、掌握图案填充的方法、熟悉将绘制好的图形以不同比例插入到同一张图纸中的方法。

任务重点:建筑平面图的绘制

任务难点:墙身详图和楼梯详图的绘制

一、绘制建筑平面图

建筑平面图的绘制包括图幅、图框、标题栏设置,填写标题栏,绘制定位轴线、轴线圈并标注轴线编号,绘制墙线、门窗、散水及其他细部和尺寸标注等内容。要熟悉和掌握AutoCAD相关命令在绘制建筑平面图时的应用,理解和学会AutoCAD相关命令使用时的步骤和方法,以及操作时输入的相关参数的实际意义。

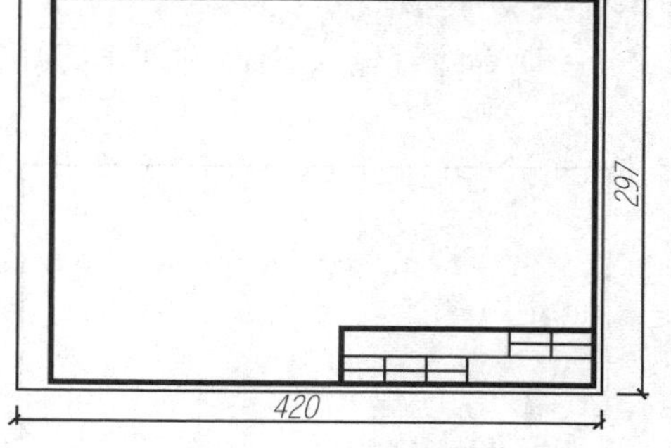

图16-1　A3标准图纸

(一) 图幅、图框、标题栏

以A3标准图纸的格式绘制为例,学习图幅、图框、标题栏的绘制过程,进一步熟悉CAD的基本命令及应用。A3标准图纸的格式如图16-1所示。

1. 设置绘图界限

AutoCAD的绘图范围计算机系统没有规定。但是如果我们把一个很小的图样放在一个很大的绘图范围内显然不太合适，也没有这个必要。所以设置绘图界限的过程，也就是买好图纸后裁图纸的过程：即根据图样大小，选择合适的绘图范围。一般来说，要选择比图样较大一些的范围。

绘图步骤如下：

(1) 命令：(输入 Limits 并回车)

(2) 指定左下角点或[开(ON)/关(OFF)]<0.0000,0.0000>：(直接回车)

(3) 指定右上角<420.0000,297.0000>：(输入 90000,60000 并回车)

(4) 命令：(输入 Zoom 并回车)

(5) [全部(A)/中心(C)/动态(D)/范围(E)/上一个(P)/比例(S)/窗口(W)/对象(O)]<实时>(输入 A 并回车)

这时虽然屏幕上没有发生什么变化，但绘制界限已经设置完毕，而且所设的绘图范围已全部呈现在屏幕上。

2. 绘图幅线

A3 标准格式图幅为 420 mm×297 mm，我们利用绘图命令以及相对坐标来绘制图幅线，采用 1∶100 的比例绘图。

绘图步骤如下：

(1) 命令：(输入 Line 并回车)

(2) 指定第一点：(在屏幕左下方单击，绘出 *A* 点)

(3) 指定下一点[放弃(U)]：(输入@0,29700 并回车，绘出 *B* 点)

(4) 指定下一点[放弃(U)]：(输入@42000,0 并回车，绘出 *C* 点)

(5) 指定下一点[闭合(C)/放弃(U)]：(输入@0,－29700 并回车，绘出 *D* 点)

(6) 指定下一点[闭合(C)/放弃(U)]：(输入“C”并回车，将 *D* 点和 *A* 点闭合)。结果如图 16-2 所示。

(7) 命令：(输入 Save 并回车，弹出“保存”对话框，如图 16-3 所示。)

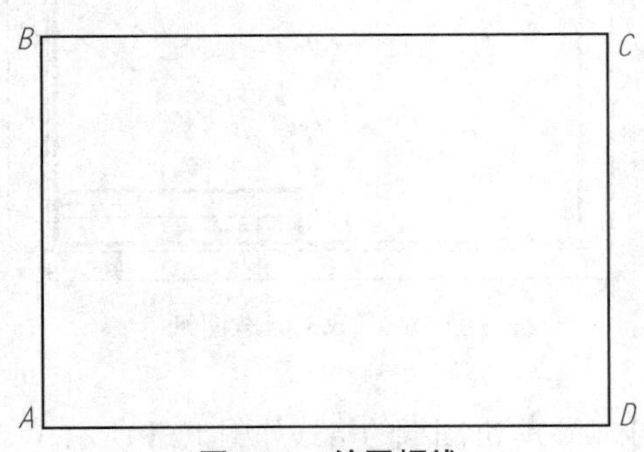

图 16-2　绘图幅线

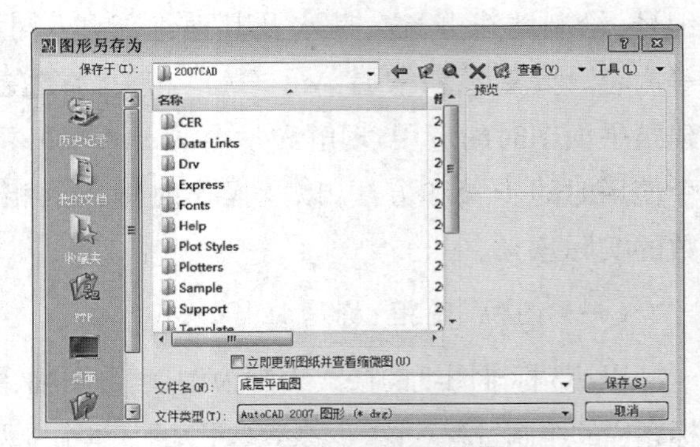

图 16-3　“保存”对话框

(8) 在对话框“文件名”的文本框里输入“底层平面图”。

(9) 单击 保存(S) 按钮,退出对话框,返回作图屏幕。

★**小提示**:1. 为了便于掌握,在学习 AutoCAD 阶段,我们将建筑施工图的尺寸暂时分为两类:工程尺寸和制图尺寸,工程尺寸是指图样上有明确标注的、施工时作为依据的尺寸。如开间吃寸、进深尺寸、墙体厚度、门窗大小等。而制图尺寸是指国家制图标准规定的图纸规格,一些常用符号及线形宽度尺寸等,如定位轴线编号大小、指北针符号尺寸、标高符号尺寸、文字的高度、箭头的大小以及粗细线的宽度要求等。

2. 采用 1∶100 的比例绘图时,将所有尺寸扩大 100 倍。如在绘图幅线时,输入的尺寸是 59400×42000。而在输入工程尺寸时,按实际尺寸输入。如开间的尺寸是 3600 mm,我们就直接输入 3600,这与手工绘图正好相反。

3. 绘图框线

因为图框线与图幅线之间有相对尺寸,所以在绘制图框线时,可以根据图幅线尺寸,执行复制命令、修剪命令及编辑多段线命令来完成。

1) 复制图幅线

绘图步骤如下:

(1) 命令:(输入 Copy 并回车,启动复制命令)

(2) 选择对象:(单击选择线段 *AB* 并回车)

(3) 指定基点或[位移(D)]＜位移＞:(在线段 *AB* 附近单击左键,确定基点位置)

(4) 指定第二点或＜使用第一点作为位移＞:(输入@2500,0 并回车)

这时,线段 *AB* 向左复制了 2500 个单位,得到如图 16-4 所示的图形。

(5) 命令:(直接回车,重复执行复制命令)

(6) 选择对象:(单击选择线段 *BC* 后回车)

(7) 指定基点或[位移(D)]＜位移＞:(在线段 *BC* 附近单击)

(8) 指定第二个点或＜使用第一个点作为位移＞(输入@0,－500 并回车)

这时,线段 *BC* 向下复制了 500 个单位。执行同样的步骤,可以将线段 *CD* 向左、线段 *AD* 向上分别复制 500 个单位,得到如图 16-5 所示图形。

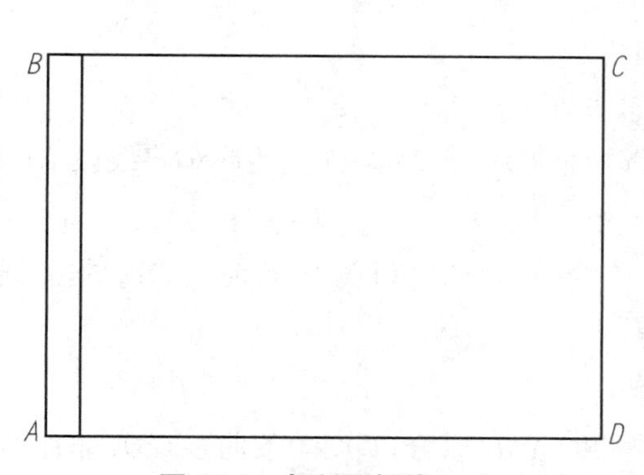

图 16-4　复制图幅线(一)

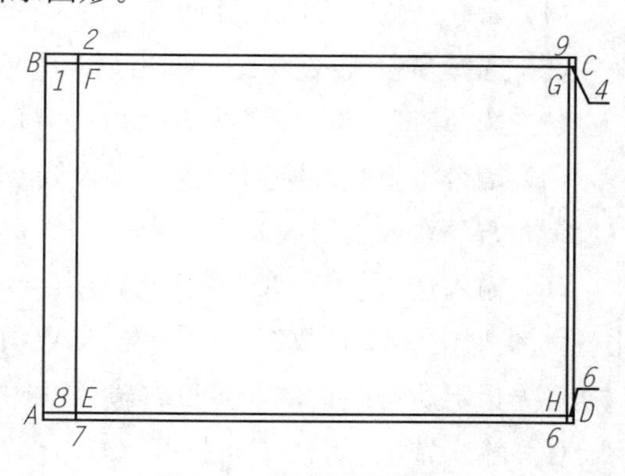

图 16-5　复制图幅线(二)

2）修剪图线

执行修剪命令，将多余线段剪掉。但在修剪之前，必须将图形局部放大，以便操作。

绘图步骤如下：

（1）命令：（输入 Zoom 并回车）

（2）[全部(A)/中心(C)/动态(D)/范围(E)/上一个(P)/比例(S)/窗口(W)/对象(O)] <实时>：（输入 W 并回车）

（3）指定第一个角点：（单击要放大的区域的左下角）

（4）指定对角点：（向上、向右拖动小方框，将要放大的区域选中后单击）

这样，图形的左上角部位就被放大显示在屏幕上了，如图 16-6 所示。

（5）命令：（输入 Trim 并回车）

（6）选择对象或<全部选择>：（选择线段 *FG*、*EF* 并回车）

（7）[栏选(F)/窗交(C)/投影(P)/边(E)/删除(R)/放弃(U)]：（分别点取线段 1、2 并回车）

这样两条小线段就被修剪掉了，得到如图 16-7 所示的图形。

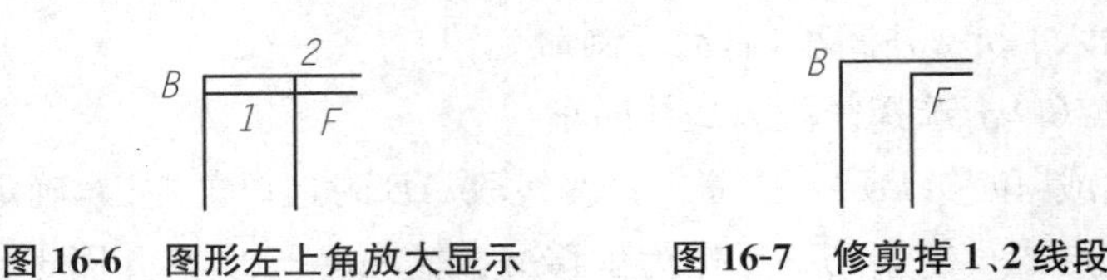

图 16-6　图形左上角放大显示　　　**图 16-7　修剪掉 1、2 线段**

（8）执行同样的操作步骤，将其余小线段 3、4、5、6、7、8 剪掉，得到如图 16-8 所示的图形。

3）加粗图框线

制图标准要求图框线为粗实线，宽度为 0.9～1.2 mm，下面执行多段线编辑命令来完成线条的加粗。

绘图步骤如下：

（1）命令：（输入 PEdit 并回车）

（2）选择多段线或[多线(M)]：（输入 M 并回车）

（3）选择对象：（选择多线 *EF*、*FG*、*GH*、*HE* 并回车）

（4）是否将直线和圆弧转换为多段线？[是(Y)否(N)]？<Y>：（直接回车将线段 *EF*、*FG*、*GH*、*HE* 变成多段线）

（5）输入选项[闭合(C)/打开(O)/合并(J)/宽度(W)/拟合(F)/样条曲线(S)/非曲线化(D)/线型生成(L)/放弃(U)]：（输入 W 并回车）

（6）指定所有线段的新宽度：（输入 90 并回车）

（7）输入选项[闭合(C)/打开(O)/合并(J)/宽度(W)/拟合(F)/样条曲线(S)/非曲线化(D)/线型生成(L)/放弃(U)]：（直接回车，返回到命令状态下）

这样就把线段 EF、FG、GH、HE 分别加粗，得到如图 16-9 所示的图形。

图 16-8　修剪后的图形

图 16-9　加粗图框线

4. 绘制标题栏

标题栏的绘制与图框的绘制一样，也是通过复制、修剪及编辑宽度来完成。具体步骤如下。

1) 复制图线

绘图步骤如下：

(1) 命令：(输入 Copy 并回车)

(2) 选择对象：(单击选择线段 EH 并回车)

(3) 指定基点或[位移(D)]＜位移＞：(在线段 EH 附近单击)

(4) 指定第二点或＜使用第一个点作为位移＞：(输入@0,4000 并回车)

这样线段 EH 向上复制了 4000 个单位。

(5) 重复执行复制命令，在"选择对象："提示下，用鼠标单击选择线段 GH 并回车。

(6) 指定基点或[位移(D)]＜位移＞：(在线段 GH 附近单击)

(7) 指定第二个点或＜使用第一个点作为位移＞：(输入@－18000,0 并回车)

这样将线段 GH 向左复制了 1800 个单位，得到如图 16-10 所示的图形。

2) 修剪图线

绘图步骤如下：

(1) 命令：(输入 Trim 并回车)

(2) 选择对象或＜全部选择＞：(选择线段 QJ 及 PK 并回车)

(3) [栏选(F)/窗交(C)/投影(P)/边(E)/删除(R)/放弃(U)]：(分别点取线段 OP 和 OQ 并回车)得到如图 16-11 所示的图形。

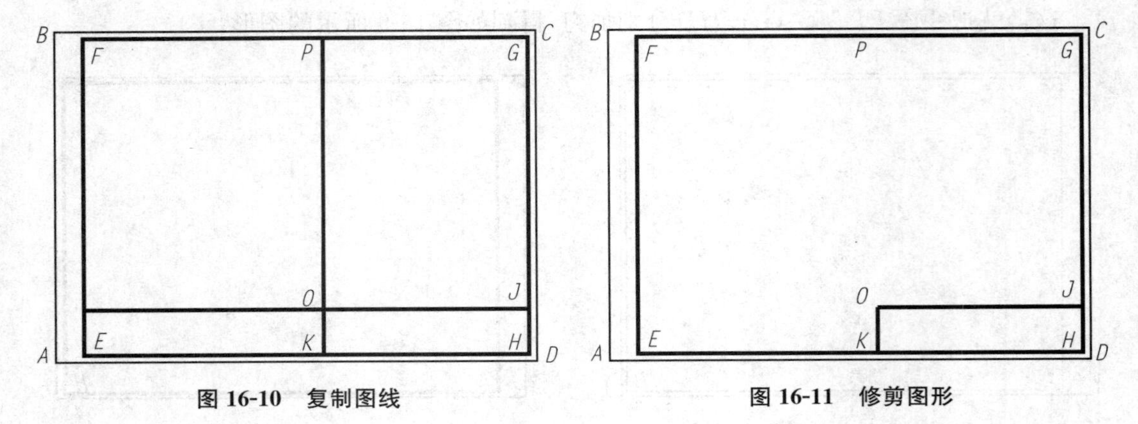

图 16-10 复制图线　　图 16-11 修剪图形

3）编辑线宽

制图标准规定，标题栏外框线为中实线，它的宽度应为 0.45mm，那么在绘图时宽度为 0.45mm×100=45mm。下面再用编辑多段线命令将它们的宽度改为 45mm。

绘图步骤如下：

(1) 命令：(输入 PEdit 并回车）

(2) 选择多短线或[多线(M)]：(输入 M 并回车）

(3) 选择对象：(选择线段 *OK*、*OJ* 并回车）

(4) 输入选项[闭合(C)/打开(O)/合并(J)/宽度(W)/拟合(F)/样条曲线(S)/非曲线化(D)/线型生成(L)/放弃(U)]：(输入 W 并回车）

(5) 指定所有线段的新宽度：(输入 45 并回车）

(6) 输入选项[闭合(C)/打开(O)/合并(J)/宽度(W)/拟合(F)/样条曲线(S)/非曲线化(D)/线型生成(L)/放弃(U)]：(直接回车，返回到"命令"提示下，完成操作）

用同样的方法可以完成标题栏其他线的操作。即首先将线段 *OJ*、*OK* 向下、向右复制要求距离，将复制所得的图线变窄(即编辑线宽)，再通过修剪，最后得到如图 16-11 所示的图形，完成这一部分内容。

5. 保存图形并退出 AutoCAD

每次绘图结束后都需要把绘好的图形保存下来，以便下次操作。

绘图步骤如下：

(1) 命令：(输入 Save，打开 图形另存为 对话框）

(2) 在"文件名"处键入"底层平面图"，用鼠标单击 保存(S) 按钮。

(3) 命令：(输入 Quit 并回车，返回到 Windows 界面）

(二) 填写标题栏

文字标注是施工图的重要组成部分。本知识点以填写标题栏为例，学习掌握 AutoCAD 的文字字体类型设置及标注的基本方法。

1．定义文字样式

标注文本之前，必须先给文本文字定义一种样式，文字样式包括所用文字的字体、字体大小以及宽度系数等参数。

绘图步骤如下：

(1) 命令：(输入 Open 并回车，打开 选择文件 对话框，如图 16-12 所示)

(2) 选择“底层平面图”，单击 打开(O) 按钮。

(3) 命令：(输入 Style 设置字体样式并回车，出现 文字样式 对话框)

(4) 在 文字样式 对话框中，单击文件名区的 新建(N)... 按钮，打开 新建文字样式 对话框，如图 16-13 所示。

图 16-12　“选择文件”对话框

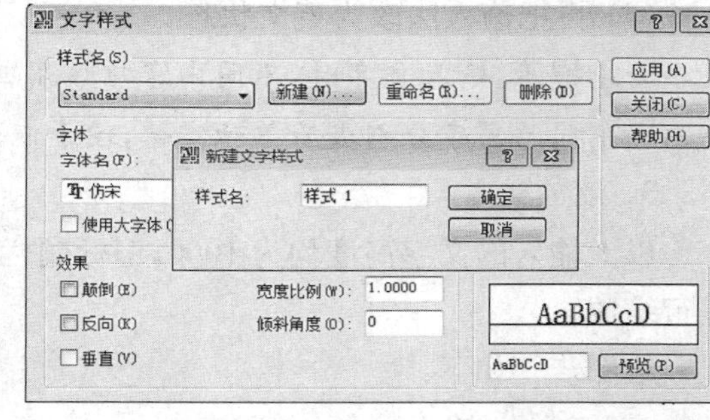

图 16-13　“新建文字样式”对话框

(5) 在 新建文字样式 对话框中输入字体样式名，此时可输入“样式 1”。若已有则直接单击 确定 按钮，关闭此对话框。

(6) 去掉“使用大字体”复选框，打开字体下拉列表框，选择“仿宋体”字体文件。

(7) 在“宽度因子”文本框中输入 0.7(宽高比)，如图 16-14 所示。

图 16-14　“样式 1”参数设置

(8) 单击 应用(A) 按钮，预览结果。

(9) 单击[置为当前(U)]按钮,将"样式 1"设置为当前样式,然后关闭对话框,结束命令。

2. 输入文字

文字样式定义完成后,就可以填写标题栏内的内容了。

绘图步骤如下:

(1) 命令:(输入 DText 并回车)

(2) 指定文字的起点或[对正(J)/样式(S)]:(在标题栏附近单击作为标注起点)

(3) 指定高度<2.5000>:(输入 1000 并回车,确定字体高度)

(4) 指定文字的旋转角度<0>:(直接回车)

(5) 打开中文输入法,输入"底层平面图"、"姓名"、"日期"、"比例"及"图号"等标题栏内其他文字,输入完成后,回车两次结束命令。

结果如图 16-15 所示。

(6) 再把输入法改为英文状态。

★**小提示**:输入文字时,不同内容应该用回车或移动鼠标并单击来改变文字起点位置,使内容不同的文字分别成为单独实体,便于以后的编辑。

3. 缩放文本

以上输入的文字高度均为 1000,但标题栏内的文字大小不一,需要将大小不合适的文本进行缩放。

绘图步骤如下:

(1) 命令:(输入 Scale 并回车)

(2) 选择对象:(选择"姓名"、"日期"、"比例"及"图号"等字样并回车)

(3) 指定基点:(在标题栏附近单击左键)

(4) 指定比例因子或[复制(C)/参考(R)]<1.0000>:(输入 0.5 并回车)

缩放后的文本如图 16-16 所示。

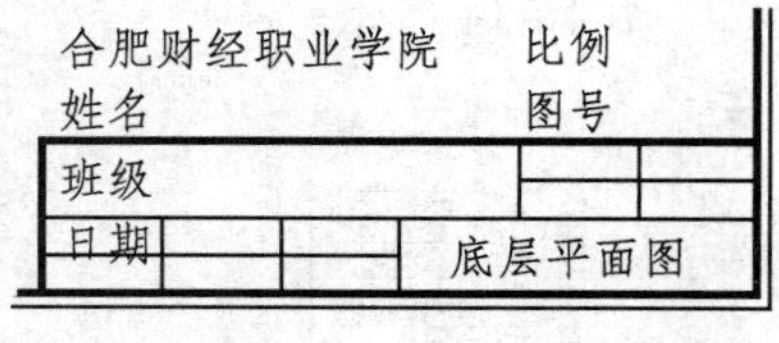

图 16-15　输入文字

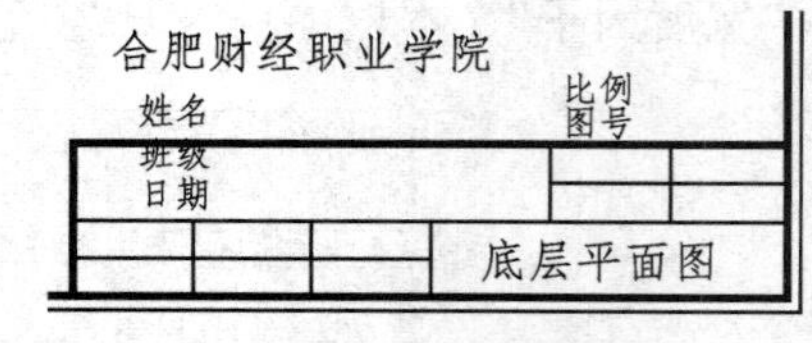

图 16-16　缩放后的文本

4. 移动文本位置

从图面上可以看到,字体大小合适了,但位置不对,下面执行移动命令(Move)将它们放到各自正确的位置。

绘图步骤如下:

(1) 命令:(输入 Move 并回车)

(2) 选择对象:(选择某一文本并回车)

(3) 指定基点或[位移(D)]<位移>:(单击鼠标左键)

(4) 指定第二个点或<使用第一个点作为位移>:(移动鼠标将文本移动到合适的位置后单击左键)

(5) 按回车键,重新启动 Move 命令,按以上步骤将其他文本分别移动到新位置。

操作结果如图 16-17 所示。

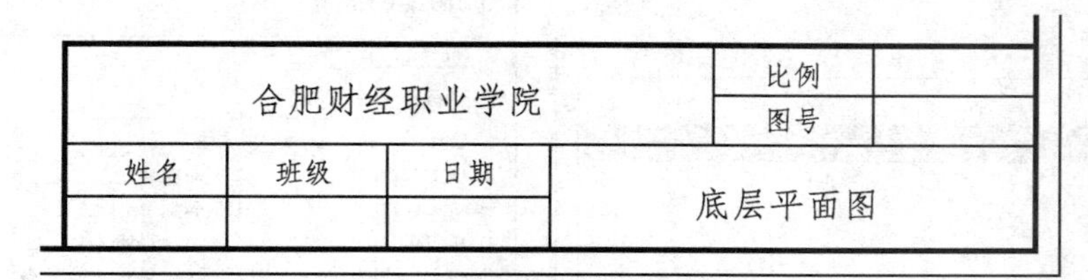

图 16-17　移动文本位置后的图形

(三) 绘制定位轴线、轴线圈并编号

本知识点以绘制定位轴线为例学习掌握图层、线型的设置及它们在施工图中的应用;以绘制轴线圈及标注轴线编号为例,学习掌握 AutoCAD 的命令在绘制施工图中的运用技巧。

1. 图层设置

此前的操作都在 0 层,它的设置是白颜色的实线,这是系统默认的一种选项。下面我们将设置新的图层,将它的线型设置为红色的点划线,并将其设置为当前层。

绘图步骤如下:

(1) 命令:(输入 Layer 并回车,弹出 图层特性管理器 对话框,如图 16-18 所示)

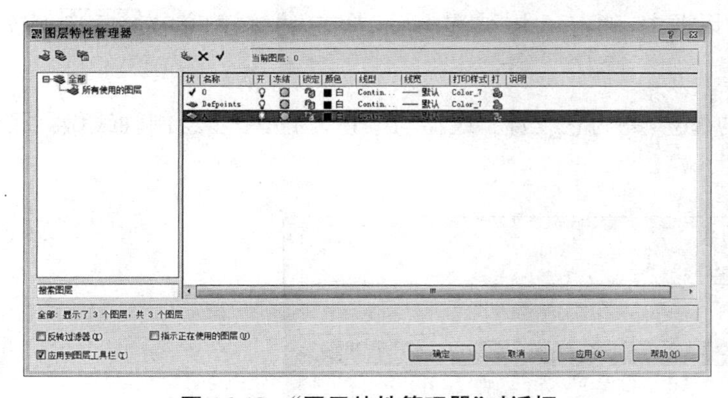

图 16-18　"图层特性管理器"对话框

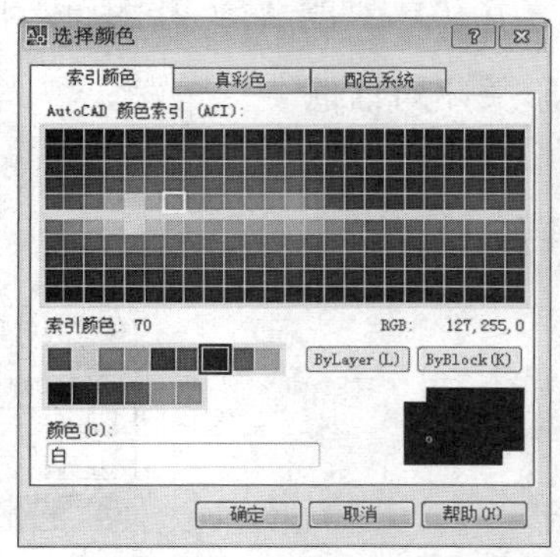

图 16-19　"选择颜色"对话框

(2) 单击对话框中左上方的 按钮。

(3) 将名称框中的图层 1 改为 A。

(4) 单击 A 层中"白"左边的颜色空白框,弹出 选择颜色 对话框,如图 16-19 所示。

(5) 在 选择颜色 对话框中,单击颜色区域中的红色框,单击 确定 按钮,关闭此对话框。

(6) 单击 A 层中的线型名 Continuous，弹出“选择线型”对话框，如图 16-20 所示。

(7) 单击 选择线型 对话框中的 加载(L)... 按钮，弹出 加载或重载线型 对话框，如图 16-21 所示。

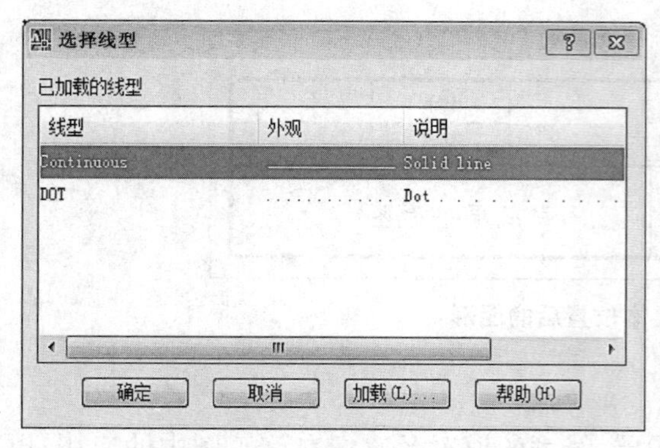

图 16-20 “选择线型”对话框

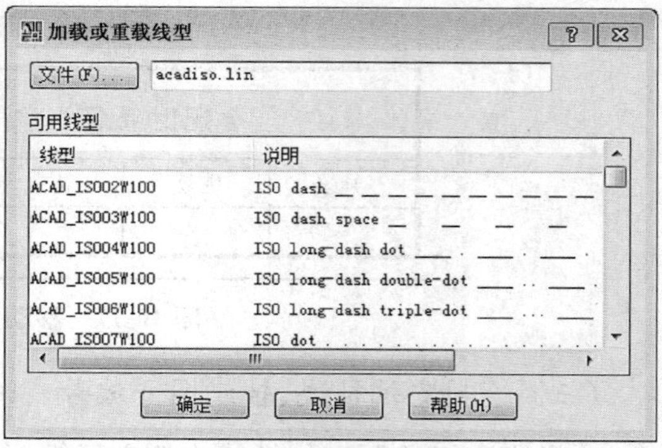

图 16-21 “加载或重载线型”对话框

(8) 在 加载或重载线型 对话框中向下拖动右边的滚动条，找出线型名为 Center 的点划线并单击，然后单击 确定 按钮，返回 选择线型 对话框，如图 16-22 所示。

(9) 在 选择线型 对话框中，选择 Center 线型，单击 确定 按钮，退回 图层特性管理器 对话框。

(10) 在 图层特性管理器 对话框中，确定 A 层被选中后，单击 ✓ 按钮，单击 确定 按钮，关闭对话框。

至此就完成了一个新图层的建立，并为它设置了线型与颜色，为下一步绘制轴线做好了准备。

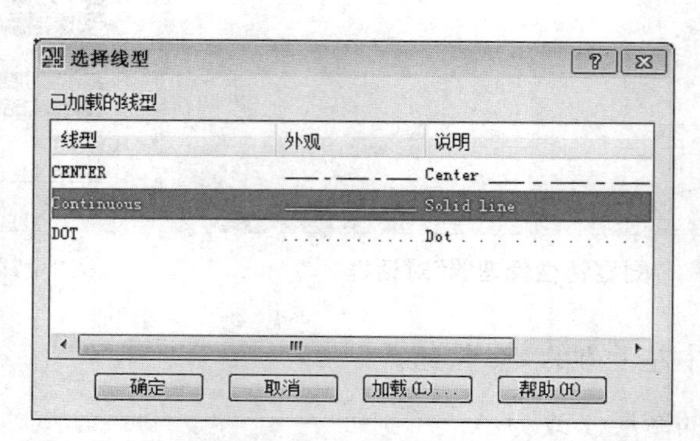

图 16-22 确定 Center 线型后的“选择线型”对话框

2. 绘制定位轴线

参看底层平面图。水平轴线有 4 条，它们之间的距离分别为 5100 mm、1800 mm 以及

5100 mm,垂直轴线有 7 条,轴间距均为 3600 mm。下面分别绘制水平轴线及垂直轴线。

1) 绘制水平定位轴线

绘图步骤如下:

(1) 命令:(输入 Line 并回车)

(2) 指定第一点:(在屏幕左下方单击)

(3) 指定下一点或[放弃(U)]:(在屏幕右下方单击并按＜F8＞,打开正交方式)

(4) 指定下一点或[放弃(U)]:(回车结束命令)

这样就绘制了一条红色的点划线,但它通常显示的不是点划线,而是实线。这是因为线型比例(Ltscale)不太合适,需要重新调整线型比例。

绘图步骤如下:

(1) 命令:(输入 Ltscale 调整线型比例并回车)

(2) 输入新的线型比例因子＜1.0000＞:(输入 100 并回车)

观察所绘图线,已是我们需要的点划线了。如果还不满足,可以重复执行 Ltscale 命令,输入新的比例因子,经过反复调整,达到所需要的线型形状。之后,通过执行复制命令绘出其他三条水平轴线。

绘图步骤如下:

(1) 命令:(输入 Copy 并回车)

(2) 选择对象:(选择已经绘好的轴线并回车)

(3) 指定基点或[位移(D)]＜位移＞:(单击鼠标左键)

(4) 指定第二个点或＜使用第一个点作为位移＞:(移动鼠标,保证直线垂直下落,输入 5100 并回车)

用同样的方法,将其他两条轴线复制出来,结果如图 16-23 所示。

2) 绘制垂直定位轴线

绘制垂直轴线也可以像绘制水平轴线一样,执行复制命令把它们一条一条绘制出来,但通过观察发现垂直轴线的间距都是相等的。这样就可以利用偏移复制命令,更快捷地绘出垂直轴线。

绘图步骤如下:

(1) 执行 Line 命令绘制一条垂直轴线 1。

(2) 命令:(输入 Offset 并回车)

(3) 指定偏移距离或[通过(T)/删除(E)/图层(L)]＜通过＞:(输入 3600 并回车)

(4) 选择要偏移的对象[退出(E)/放弃(U)]＜退出＞:(选择线 1)

(5) 指定要偏移的那一侧上的点,或在"[退出(E)/多个(M)/放弃(U)]＜退出＞:"提示下,在线 1 右边单击,绘出线 2。

(6) 选择要偏移的对象[退出(E)/放弃(U)]＜退出＞:(选择线 2)

(7) 指定要偏移的那一侧上的点，或在“[退出(E)/多个(M)/放弃(U)]＜退出＞：”提示下，在线 2 右边单击，绘出线 3。

(8) 选择要偏移的对象[退出(E)/放弃(U)]＜退出＞：(选择线 3)

(9) 指定要偏移的那一侧上的点，或在“[退出(E)/多个(M)/放弃(U)]＜退出＞：”提示下，在线 3 右边单击，绘出线 4。

同样的步骤，绘出全部轴线，结果如图 16-24 所示。

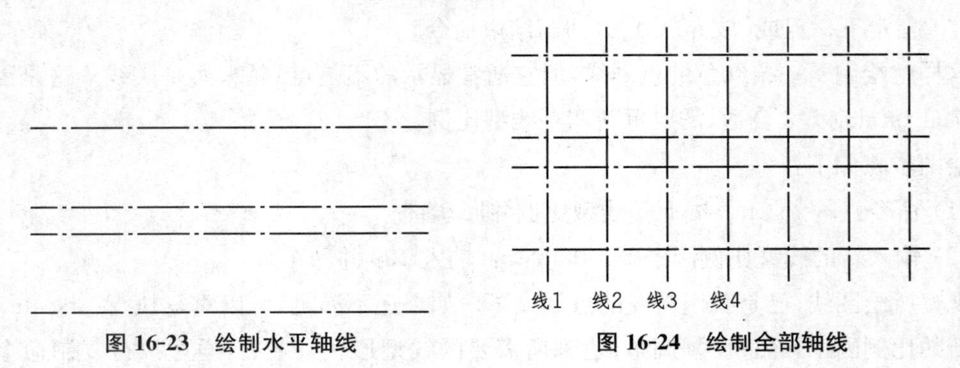

图 16-23　绘制水平轴线　　**图 16-24　绘制全部轴线**

3. 绘制一个轴线圈并标注轴线编号

绘制轴线圈可以执行绘圆命令，绘制一个半径为 500 mm 的圆，然后再执行单行文本输入命令在轴线圈里标注数字。

绘图步骤如下：

(1) 执行 Layer 命令，将 0 层设为当前层。

(2) 命令：(输入 Circle 并回车)

(3) 指定圆的圆心或[三点(3P)/两点(2P)/相切、相切、半径(T)]：(在轴线 1 下端点附近单击确定圆心位置)

(4) 指定圆的半径[直径(D)]：(输入 500 并回车)

(5) 命令：(输入 DText 并回车)

(6) 指定文字的起点或[对正(J)/样式(S)]：(在轴线圈内单击确定文本起始位置)

(7) 指定高度＜2.5000＞：(输入 700 并回车确定输入字体高度)

(8) 指定文字的旋转角度＜0＞：(直接回车确定字体不旋转；输入 1 并回车两次结束命令)

(9) 执行 Move 命令调整数字的位置，使其居于轴线圈中心，结果如图 16-25 所示。

4. 绘制全部轴线圈并标注轴线圈编号

其他的轴线圈不必一一绘出，可以通过端点及象限点的捕捉，将已经回车的轴线圈及轴线编号进行多重复制，最后执行文本编辑命令，把轴线编号修正过来，即可完成。

1) 复制轴线圈及轴线编号

绘图步骤如下：

(1) 命令:(输入 Osnap 并回车,弹出 草图设置 对话框,如图 16-26 所示)

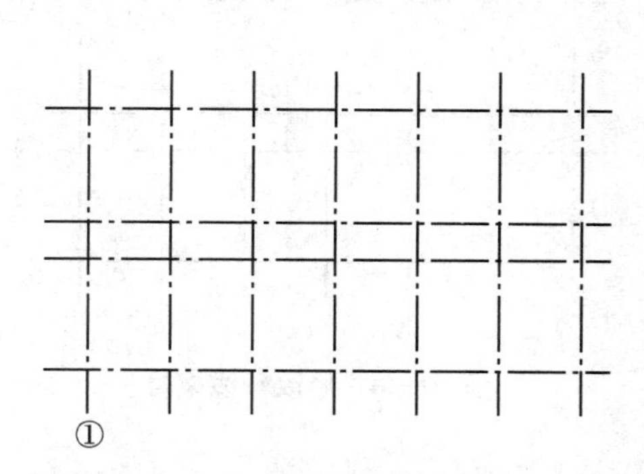

图 16-25　绘制一个轴线圈并填写轴线编号

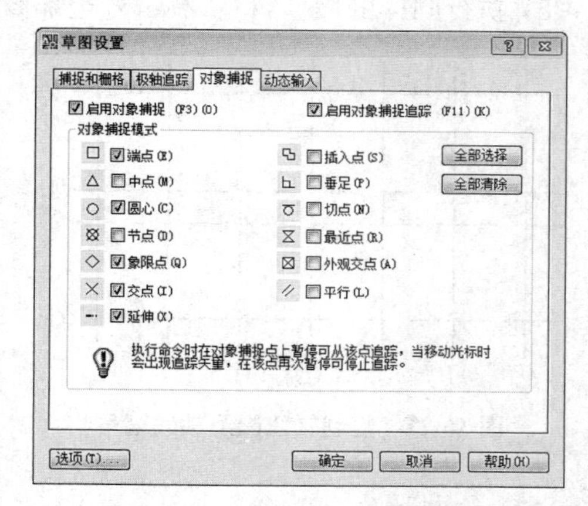

图 16-26　“草图设置”对话框

(2) 命令:(输入 Move 并回车)

(3) 选择对象:(选择轴线圈及轴线编号后回车)

(4) 指定基点或[位移(D)/模式(O)]＜位移＞:(移动鼠标到轴圈顶端,直至出现小黄框后,单击左键确定移动基点,需要打开捕捉开关捕捉对象)

(5) 指定第二个点或＜使用第一个点作为位移＞:(移动鼠标到轴线 1 下端,直至出现小黄框后,单击左键)

(6) 命令:(输入 Copy 并回车)

(7) 选择对象:(单击选择轴线圈及轴线编号后回车)

(8) 指定基点或[位移(D)/模式(O)]＜位移＞:(捕捉轴线圈顶端)

(9) 指定第二个点或＜使用第一个点作为位移＞:(移动鼠标到轴线 2 下端,直至出现小黄框后,单击左键)

(10) 指定第二个点或[退出(E)/放弃(U)]＜放弃＞:(移动鼠标到轴线 3 下端,直至出现小黄框后,单击左键)

执行同样的操作完成其他轴线圈及轴线编号后,结束命令,结果如图 16-27 所示。

2) 修改轴线编号

观察图 16-27 可看到,虽然轴线圈位置精确,但所有的编号都不对,下面执行文本编辑命令将它们一一修改过来。

绘图步骤如下:

(1) 命令:(输入 Ddedit 命令并回车)

(2) 选择注释对象[放弃(U)]:(单击选择第 2 个轴线圈内的数字编号“1”)

(3) 将对话框中的编号“1”改为“2”后,直接回车。

(4) 选择注释对象[放弃(U)]:(选择第 3 个轴线圈内的数字“1”,将对话框中的编号“1”

改为“3”后，直接回车）

(5) 执行同样的操作，将所有编号全部修改后回车结束命令，结果如图 16-28 所示。

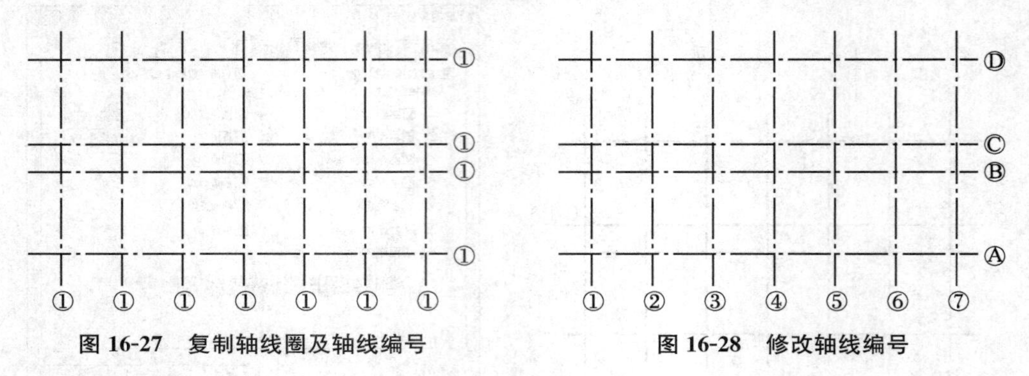

图 16-27　复制轴线圈及轴线编号　　　　**图 16-28　修改轴线编号**

(四) 绘制墙线

本知识点中我们通过绘制墙线，进一步熟悉 AutoCAD 的基本绘图和编辑命令。

1. 绘制一条墙线

参看底层平面图，内墙厚度为 240 mm，外墙厚度为 370 mm。墙线为粗实线。执行绘制多段线命令，先绘制一条与轴线 1 局部重叠的粗实线。

在绘制墙线以前，有必要在图层管理器中新建一个墙线所在的图层(B 层)，这样便于我们管理图形文件。可以把墙线所在的图层颜色设置为黄色，线型设置为 Continuous。具体的设置方法参照之前的内容，然后把 B 层设置为当前层。

绘图步骤如下：

(1) 命令：(输入 Pline 并回车)

(2) 指定起点：(移动鼠标到轴线 1 的上端，出现小黄框之后，单击左键)

(3) 指定下一个点或[圆弧(A)/半宽(H)/长度(L)/放弃(U)/宽度(W)]：(输入 W 并回车，设置线宽)

(4) 指定起点宽度＜0.0000＞：(输入 90 并回车，设置起始宽度)

(5) 指定端点宽度＜90.0000＞：(直接回车，设置末端宽度)

(6) 指定下一个点或[圆弧(A)/半宽(H)/长度(L)/放弃(U)/宽度(W)]：(垂直向下拖动鼠标，单击左键，注意切换 F8 键成正交状态)

(7) 指定下一个点或[圆弧(A)/半宽(H)/长度(L)/放弃(U)/宽度(W)]：(直接回车，结束命令)

结果如图 16-29 所示。

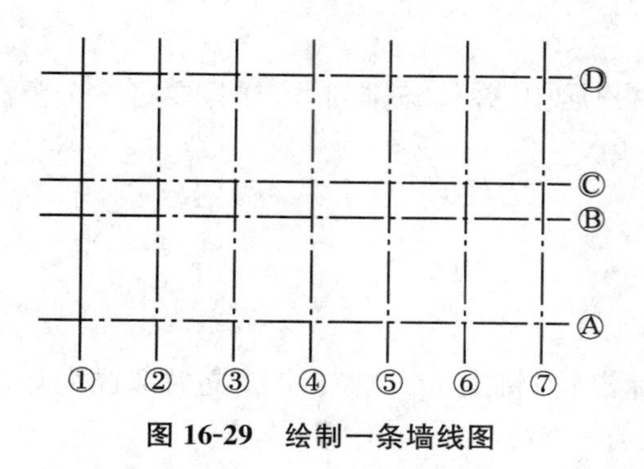

图 16-29 绘制一条墙线图

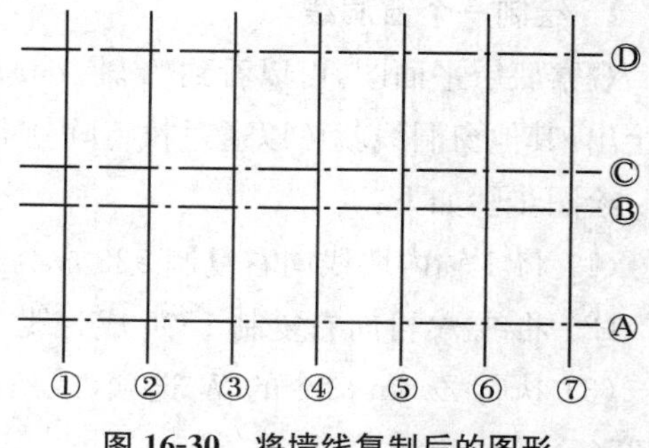

图 16-30 将墙线复制后的图形

2. 绘制其他墙线

绘图步骤如下：

(1) 执行 Offset 命令，将墙线 1 复制成如图 16-30 所示。

(2) 执行 Move 命令，将所有与轴线重合的墙线向右偏移 120(C 窗选择所有墙线)。

(3) 执行 Copy 命令，将所有墙线向右复制 240。

(4) 将 1、7 轴外墙分别向外偏移 130，形成 370 墙。

(5) 绘一条与 A 轴部分重叠的墙线(方法与绘墙线 1 相同)。

(6) 执行 Copy 命令，把墙线 A 复制到 B 轴、C 轴及 D 轴上。

(7) 将 A、B、C、D 轴的墙线一起向下偏移 120。

(8) 将偏移后的墙线再一起向上复制 240。

(9) 将 A 轴、D 轴的外墙线分别向外偏移 130，形成 370 墙。完成本目标。结果如图 16-31 所示。

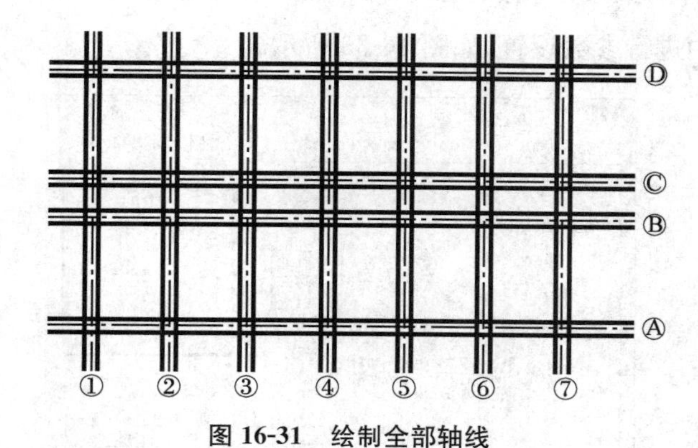

图 16-31 绘制全部轴线

(五) 绘制门窗

门窗及其他标注在建筑施工平面图中数量非常多。通过 AutoCAD 命令的组合应用，可非常方便快捷地完成门窗的绘制。

1．绘制一个窗洞线

观察底层平面图，可以看到A轴及D轴的窗户居中，并整齐排列，这样只要将一个窗洞线绘出，其他窗洞线就可以通过执行阵列命令绘出。

绘图步骤如下：

(1) 将1轴内墙线向右复制930成为线A。

(2) 将线A再向右复制1500成为线B。

(3) 执行Zoom命令的W选项(或滚动鼠标滑轮)将左上方的窗户部位局部放大如图16-32(a)所示。

(4) 将D轴线的两条墙线与线A、线B互相修剪，结果如图16-32(b)所示。

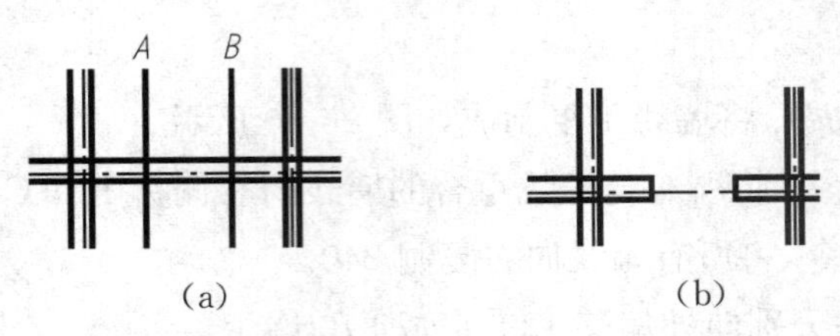

图16-32　绘制一个窗洞线

2．完成其他窗洞线

其他窗洞线可以执行阵列命令，通过将短线A、B阵列来完成。

绘图步骤如下：

(1) 命令：(输入Array并回车，打开 阵列 对话框)

(2) 单击选择对象按钮，选择短线A、B后回车，返回对话框。

(3) 在对话框中进行参数设置，如图16-33所示。

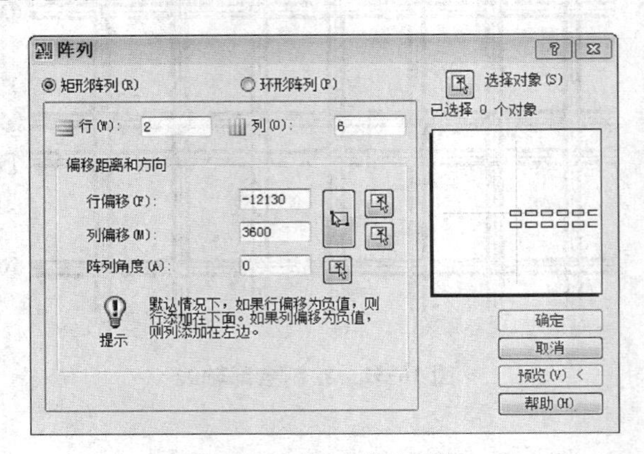

图16-33　“阵列”对话框

(4) 单击 确定 按钮，结果如图16-34所示。可以看到A轴、D轴外墙上的每一个开间都有了窗洞线。

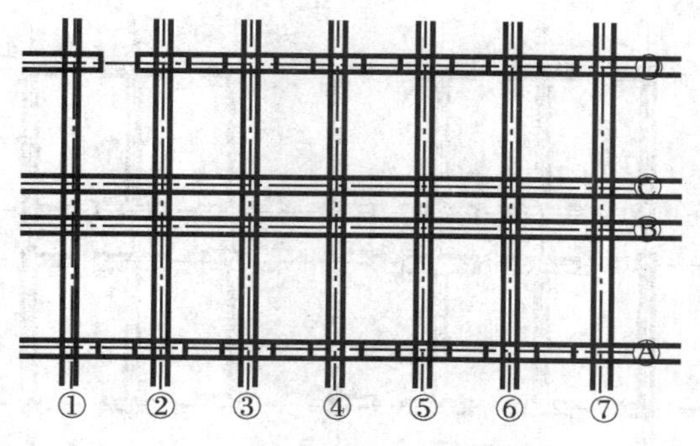

图 16-34　完成其他窗洞线

3. 绘制门洞线

因为几乎所有的门都居中，且排列整齐，所有开门洞的方法与开窗洞一样。

绘图步骤如下：

(1) 将 1 轴墙体的右墙线向右复制 1180。

(2) 再将新复制的线向右复制 1000。

(3) 执行 Zoom 命令的 W 选项(或滚动鼠标滑轮)将 1～2 轴的门洞附近局部放大。

(4) 将新复制的两条线与 B、C 轴线的墙线互相修剪。结果如图 16-35 所示。

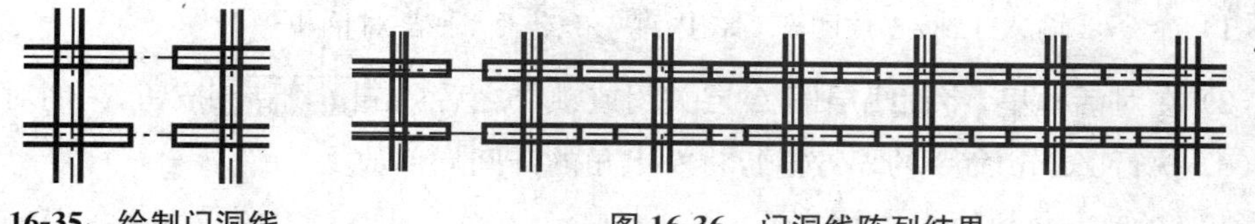

图 16-35　绘制门洞线　　图 16-36　门洞线阵列结果

(5) 将门洞短线 1、2、3、4 一起阵列，一行六列，列间距为 3600。结果如图 16-36 所示。

4. 修剪墙线

门洞线、窗洞线绘好了，但门窗洞并没有真正“打开”，而且墙体节点处都不对，必须对它们一一修剪。

绘图步骤如下：

(1) 命令：(输入 Layer 并回车，弹出 图层特性管理器 对话框)

(2) 在对话框里，将轴线层即 A 层关闭或锁定之后单击 确定 按钮，关闭对话框。

(3) 执行 Trim 命令的 C 选项，对图形多余部分进行修剪。结果如图 16-37 所示。

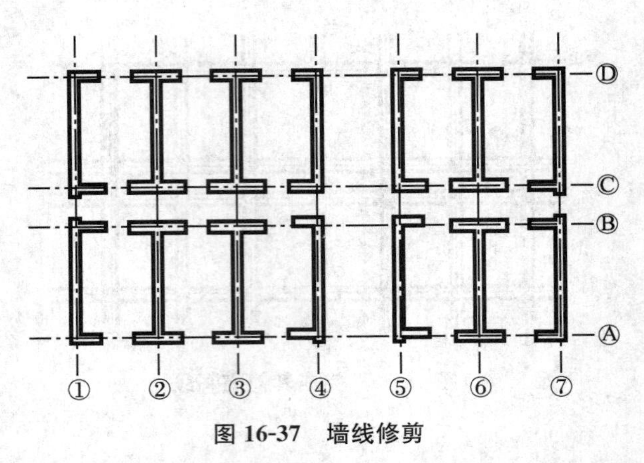

图 16-37　墙线修剪

因为修剪范围较大，所以将局部放大修剪之后，再平移视窗，再修剪，直至完成全部修剪任务。

5．绘制窗线并标注编号

每组窗线由四条细线组成，先将这四条线通过执行绘线命令绘出后，再执行阵列命令将它们阵列，完成所有窗线。

绘图步骤如下：

(1) 命令：(输入 Layer 并回车，弹出 图层特性管理器 对话框)

(2) 在对话框里，将轴线层即 A 层关闭或锁住之后单击 确定 按钮，关闭对话框。

(3) 执行 Zoom 命令的 W 选项，将左上角的开间局部放大。

(4) 命令：(输入 Line 并回车)

(5) 指定第一点：(捕捉 *A* 点)

(6) 指定下一点或[放弃(U)]：(捕捉 *B* 点，完成 *AB* 线段的绘制)

(7) 执行 Offset 命令将 *AB* 线复制 3 次，复制距离分别为 150、70 以及 150，形成一组窗线，结果如图 16-38 所示。

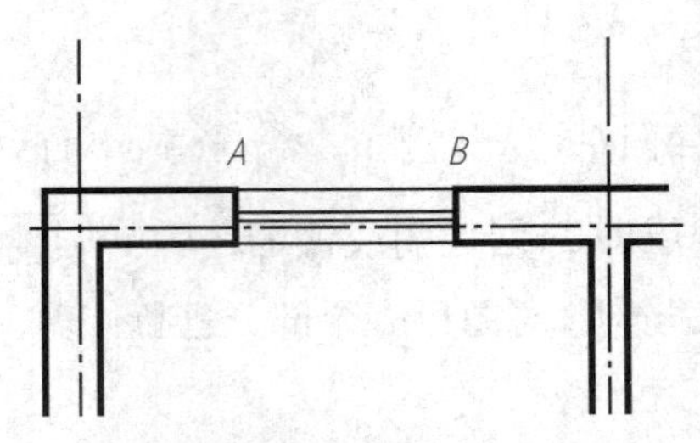

图 16-38　绘制左上角窗线

(8) 执行 Array 命令，将这一组线全选中进行阵列，2 行 6 列，行间距为－12130，列间距为 3600。然后再把其余的窗线分别完成，结果如图 16-39 所示。

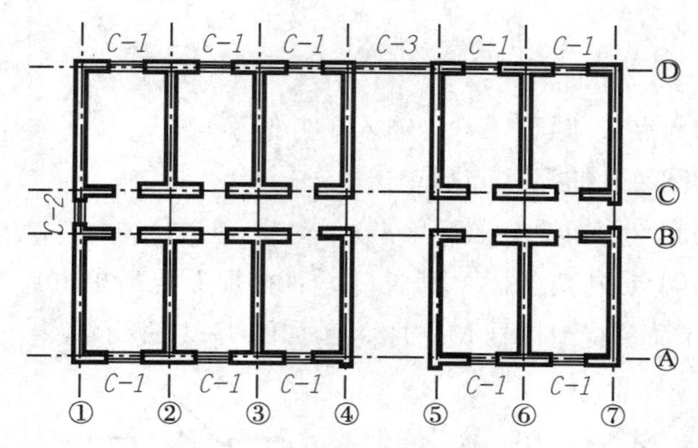

图 16-39 绘制完成所有窗线

6. 删除多余实体

观察图 16-39,发现有许多没用的线段,执行删除命令,将它们及时删掉。

绘图步骤如下:

(1) 命令:(输入 Erase 并回车)

(2) 选择对象:(单击选择或窗选要删除的线条,之后回车)

7. 绘制门窗、开启线并标注编号

从底层平面图上可以看到,门由三部分组成:门线、开启线及门的编号。门线是一条长为 1000 mm 的中实线,可以执行绘制多段线命令完成。开启线是一条弧线,可执行绘弧命令完成。门的编号 M—1 可执行文字标注命令来完成。

1) 绘门线

绘图步骤如下:

(1) 执行 Zoom 命令的 W 选项将 1～2 轴的走廊部分局部放大。

(2) 草图设置 对话框的中点选项已勾选。

(3) 命令:(输入 Pline 命令并回车)

(4) 指定起点:(单击捕捉 A 点)

(5) 切换＜F8＞将拖出的线改为自由角度状态。

(6) 指定下一个点或[圆弧(A)/半宽(H)/长度(L)/放弃(U)/宽度(W)]:(输入 W 并回车)

(7) 指定起点宽度＜90.0000＞:(输入 45 并回车)

(8) 指定端点宽度＜45.0000＞:(直接回车)

(9) 指定下一点或[圆弧(A)/闭合(C)/半宽(H)/长度(L)/放弃(U)/宽度(W)]:(输入@1000＜45 并回车两次,结束命令)

结果如图 16-40 所示。

2) 绘制门的开启线并标注编号

绘图步骤如下：

(1) 命令：(输入 Arc 并回车)

(2) 指定圆弧的起点或[圆心(C)]：(输入 C 并回车)

(3) 指定圆弧的圆心：(捕捉 *A* 点后单击)

(4) 指定圆弧的起点：(捕捉 *C* 点后单击)

(5) 指定圆弧的端点或[角度(A)/弧长(L)]：(捕捉 *B* 点后单击)

(6) 执行 DTExt 命令将门标号 M－1 标出，如图 16-41 所示。

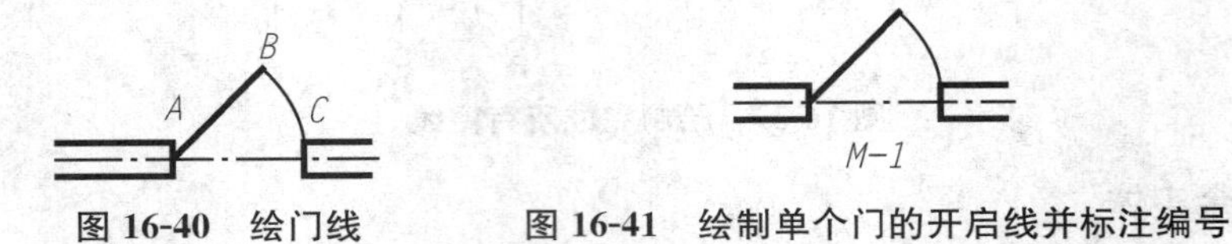

图 16-40　绘门线　　　　**图 16-41　绘制单个门的开启线并标注编号**

(7) 执行 Array 命令，选择门线开启线、编号 M－1，一起阵列为一行六列，列间距为 3600。

(8) 删掉楼梯间的多余线段，结果如图 16-42 所示。

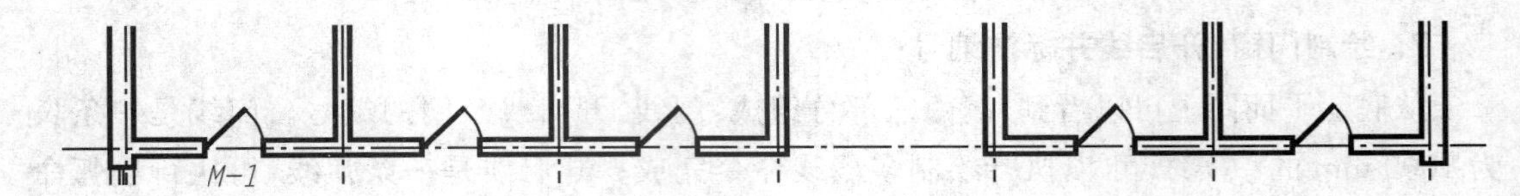

图 16-42　阵列生成门的开启线及编号

3) 镜像门线及开启线

从底层平面图上可以看到，B 轴墙上的门之所以不能和 C 轴的一起阵列出来，是因为它们的开启方向相反。这时可以通过 Mirror 命令来完成 B 轴墙上的门的绘制任务。

绘图步骤如下：

(1) 执行 Zoom 命令的 W 选项将 1～2 轴的走廊部分放大。

(2) 将 C 轴的门线及开启线向下复制 1800，如图 16-43(a)。

(3) 命令：(输入 Mirror 并回车)

(4) 选择对象：(选择 B 轴上的门线及开启线后回车)

(5) 指定镜像线的第一点：(移动鼠标，单击 *E* 点)

(6) 指定镜像线的第二点：(单击 *F* 点，以 *EF* 为镜像线)

(7) 要删除源对象吗？[是(Y)/否(N)]<N>：(输入 Y 并回车)

结果如图 16-43(b)所示，虽然现在已变成向里开的门，但方向还是不对，需要以 *EF* 的中垂线为镜像线，再次镜像。

(8) 命令：(直接回车，重复执行 Mirror 命令)

(9) 选择对象：(选择要镜像的门线及开启线并回车)

(10) 指定镜像线的第一点:(移动鼠标至 *EF* 的中点附近,小黄三角框出现后单击)

(11) 指定镜像线的第二点:(切换<F8>,垂直向下拖动鼠标并回车)

(12) 要删除源对象吗?[是(Y)/否(N)]<N>:(输入 Y 并回车,结果如图 16-43(c)所示)

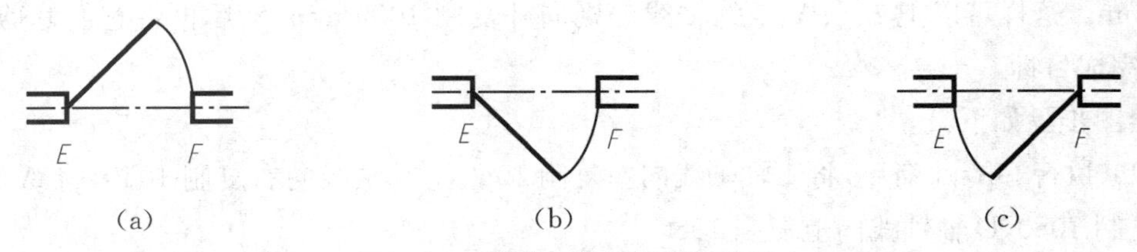

图 16-43　镜像门线及门的开启线

(13) 执行 Erase 命令删除 *EF* 线,再将新镜像过来的门线、开启线阵列,最后将 M—1 复制到合适位置,结果如图 16-44 所示。

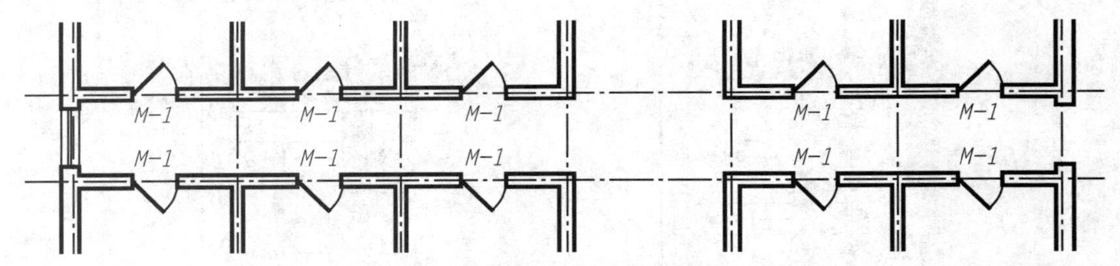

图 16-44　阵列新镜像过来的门线、门的开启线并复制编号

当把主要的门、窗线都完成后,就可以进行一些细部的修改,比如对门厅部位的门、楼梯间的窗户以及台阶的绘制等。最终如图 16-45 所示,完成本知识点。

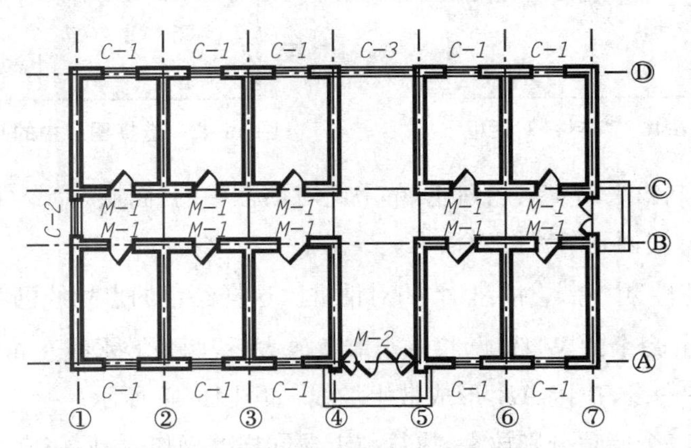

图 16-45　绘制完成所有门、窗后的底层平面图

(六) 绘制散水及其他细部

本知识点以前,底层平面图整体框架已经完成。本知识点将继续完善施工平面图,通过一些细部(散水、标高、指北针符号)的绘制,进一步学习 AutoCAD 常用命令的各种运用技巧。细心的读者可能会发现，同一个命令同一个选项，只要灵活运用，就能得到事半功倍的效果。

1. 绘制散水

从底层平面图上可以看到，散水为细实线，距外墙边 800 mm，那么距最近的轴线为 1050 mm。这样可以把 1、7、A、D 的轴线分别向外复制 1050 mm，然后再将它们修剪，改变图层，完成目标。

绘图步骤如下：

(1) 执行 Offset 命令，将 1 轴轴线向左复制 1050，7 轴轴线向右复制 1050，将 A 轴轴线向下复制 1050，D 轴轴线向上复制 1050。

(2) 命令：(输入 Properties 并回车，启动特性管理器命令，弹出对话框，如图 16-46 所示)

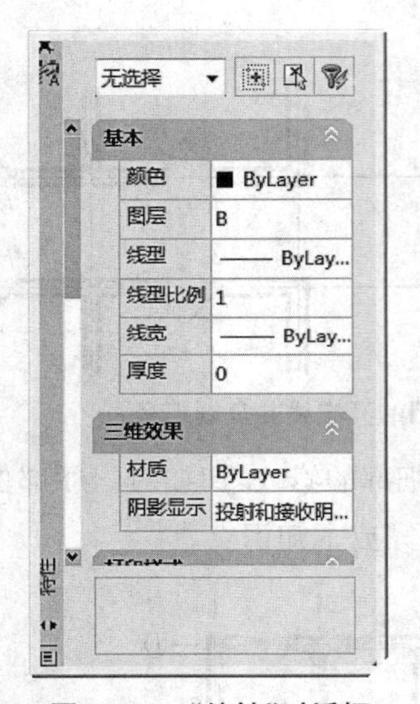

图 16-46 “特性”对话框

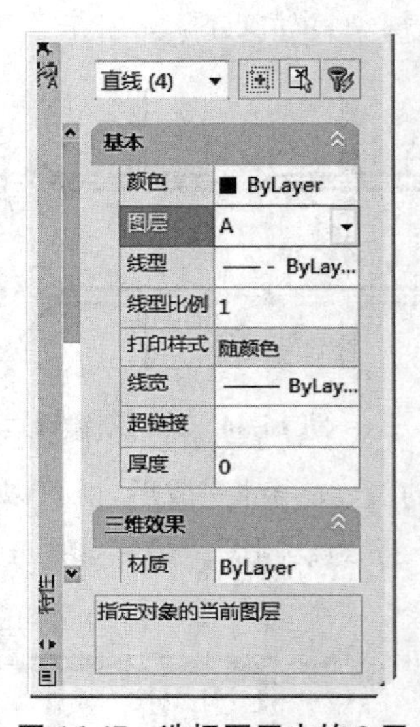

图 16-47 选择图层中的 0 层

(3) 选择刚复制出来的 4 条点划线，单击此对话框中的“图层”命令(图 16-47)，选择对话框中 0 层后回车，退回到“特性”对话框。

(4) 再单击“特性”中的 ✖ 按钮，关闭对话框。这样红色的点划线已变成白色的实线。

(5) 执行 Zoom 命令的 W 选项，将一个墙角放大后，两条散水线互相修剪。

(6) 执行 Line 命令，连接 AB，形成散水坡线，如图 16-48 所示。

(7) 再将其他三个墙角分别放大，执行与上述同样的操作，最后完成散水线的绘制。

2. 绘制标高符号

绘制标高符号的方法有很多种，下面只列出其中一种进行练习操作。

绘图步骤如下：

(1) 执行 Line 命令，绘制一条水平直线 AB。

(2) 执行 Copy 命令，利用相对坐标@300，－300 将线段 AB 向下复制，生成线段 CD。

(3) 执行 Line 命令连接 A、C。

(4) 执行 Mirror 命令绘制出 CE，如图 16-49(a)所示。

(5) 删掉线段 CD。最后结果如图 16-49(b)所示。

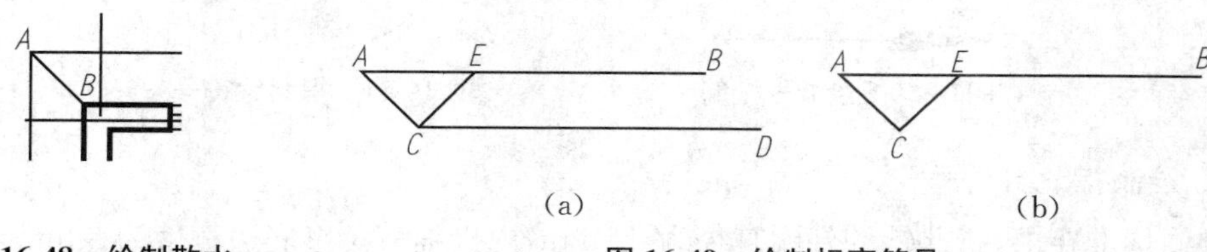

(a)　(b)

图 16-48　绘制散水　　**图 16-49　绘制标高符号**

3. 绘制一个箭头

我们知道执行 Pline(绘制多段线)命令绘线时，能随时改变线条的宽度，因此我们利用 Pline 命令来绘制箭头。

绘图步骤如下：

(1) 执行 Zoom 命令的 W 选项，将卫生间局部放大。

(2) 命令：(输入 Pline 并回车)

(3) 指定起点：(单击卫生间内某一点)

(4) 指定下一点或[圆弧(A)/半宽(H)/长度(L)/放弃(U)/宽度(W)]：(输入 W 并回车)

(5) 指定起点宽度＜90.0000＞：(输入 0 并回车，指定起始宽度)

(6) 指定端点宽度＜0.0000＞：(输入 100 并回车，指定终止点宽度)

(7) 指定下一点或[圆弧(A)/闭合(C)/半宽(H)/长度(L)/放弃(U)/宽度(W)]：(输入 L，设置长度)

(8) 指定直线的长度：(输入 400 并回车)

(9) 指定下一点或[圆弧(A)/闭合(C)/半宽(H)/长度(L)/放弃(U)/宽度(W)]：(输入 W 并回车来重新设置宽度)

(10) 指定起点宽度＜100.0000＞：(输入 0 并回车)

(11) 指定端点宽度＜0.0000＞：(直接回车)

(12) 指定下一点或[圆弧(A)/闭合(C)/半宽(H)/长度(L)/放弃(U)/宽度(W)]：切换＜F8＞后保证线处于垂直或水平状态，拖动鼠标直至细线具有一定长度后，单击结束命令)

结果如图 16-50 所示。

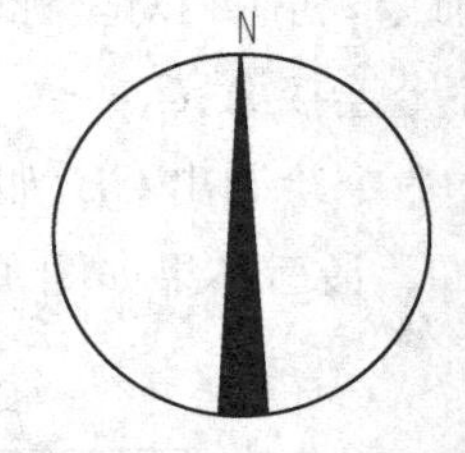

图16-50　绘制一个箭头　　　　图 16-51　指北针符号

4．绘制指北针符号

制图标准要求，指北针的外圈直径为 24 mm，内接细三角形底边宽度为 3 mm。这样，外圈可执行 Circle(绘圆)命令，内接三角形可继续用 Pline 命令来完成。

绘图步骤如下：

(1) 执行 Zoom 命令的 W 选项将整个图的右下角部分局部放大。

(2) 执行 Circle 命令，绘一个半径 $R=1200$ 的圆。

(3) 命令：(输入 Pline 并回车)

(4) 指定起点：(移动鼠标捕捉圆的顶端后单击)

(5) 指定下一点或[圆弧(A)/半宽(H)/长度(L)/放弃(U)/宽度(W)]：(输入 W 并回车)

(6) 指定起点宽度＜0.0000＞：(输入 0 并回车)

(7) 指定端点宽度＜0.0000＞：(输入 300 并回车)

(8) 指定下一点或[圆弧(A)/半宽(H)/长度(L)/放弃(U)/宽度(W)]：(垂直向下拖动鼠标捕捉圆的下端后单击，回车结束命令)

(9) 执行 DText 命令将字母“N”标出。

结果如图 16-51 所示。

5．绘制楼梯间

底层楼梯间的踏步是由一组等距离的平行线组成，平行线间距为 300 mm。这样可以执行 Offset(偏移复制)命令来完成这组平行线，之后再通过 Trim(修剪)命令完成目标。

1) 绘制踏步起始线及梯井

绘图步骤如下：

(1) 执行 Zoom 命令的 W 选项，将楼梯间局部放大。

(2) 执行 Line 命令，利用端点捕捉，连接 AB(作辅助线)。

(3) 执行 Offset 命令，将 AB 线垂直向上复制 500 成为 CD 直线(踏步起点)。

(4) 执行 Line 命令，利用中点捕捉，绘出 CD 的中垂线 OE。

(5) 执行 Move(移动)命令，将 OE 向左移动 80，再执行 Offset 命令将移动后的新线向右偏移 160，形成梯井宽 160，结果如图 16-52 所示。

(6) 执行 Trim(修剪)命令,将 *CD* 线段剪掉。

2) 绘制踏面线

现在只需执行 Offset 命令将 *OD* 线段平行向上复制,即可形成踏面,但 *OG*,*OD* 这两段线是连接在一起的,必须先执行 Break(打断)命令,将其断开,再进行平行复制。

绘图步骤如下:

(1) 命令:(输入 Break 并回车)

(2) 选择对象:(单击选择 *OD* 线段)

(3) 指定第二个打断点或[第一点(*F*)]:(输入 *F* 并回车)

(4) 指定第一个打断点:(捕捉 *G* 点后单击)

(5) 指定第二个打断点:(再次捕捉 *G* 点后单击,这样 *OG*,*GD* 已成为独立的两条线段了)

(6) 执行 Offset 命令,将 *GD* 线段向上复制 7 次,输入间距为 300。

(7) 执行 Line 命令绘制一条较长的 45°斜线,结果如图 16-53 所示。

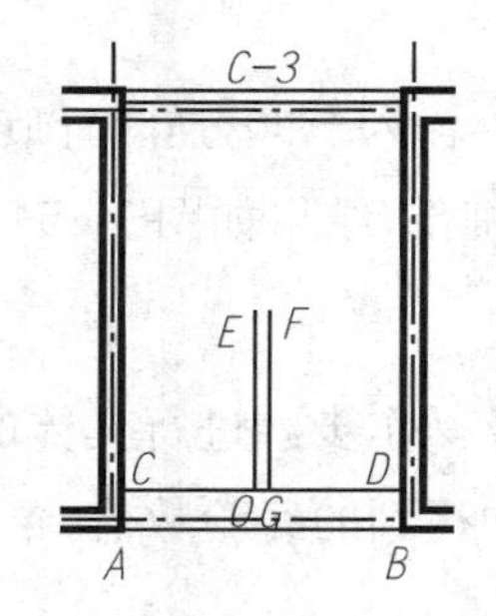

图 16-52　绘制踏步起始线及梯井

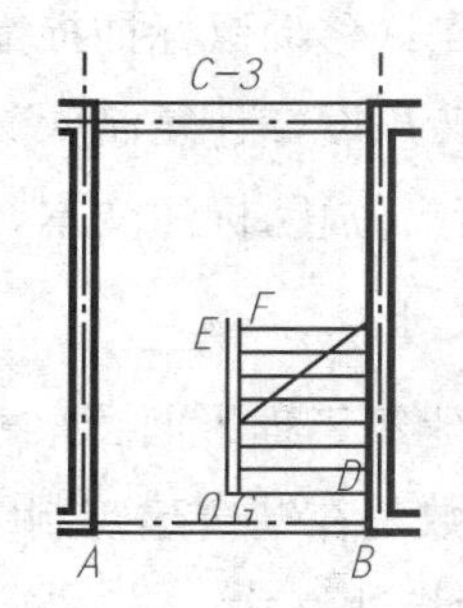

图 16-53　绘制踏面线

3) 修剪多余线段,完成其他细部

绘图步骤如下:

(1) 命令:(输入 Trim 并回车)

(2) 选择对象或<全部选择>:(单击选择 *GF* 线、45°斜线的左墙线以及 6 轴的墙线后回车)

(3) [栏选(F)/窗交(C)/投影(P)/边(E)/删除(R)/放弃(U)]:(单击分别选择长出的线段,将其剪掉)

(4) 执行 Line 命令在 45°斜线上绘折断符号,并将其用 Trim 命令修剪。

(5) 执行 Copy 命令将卫生间的箭头复制到楼梯间。

(6) 命令:(输入 Rotate 命令并回车)

(7) 选择对象:(选择箭头并回车)

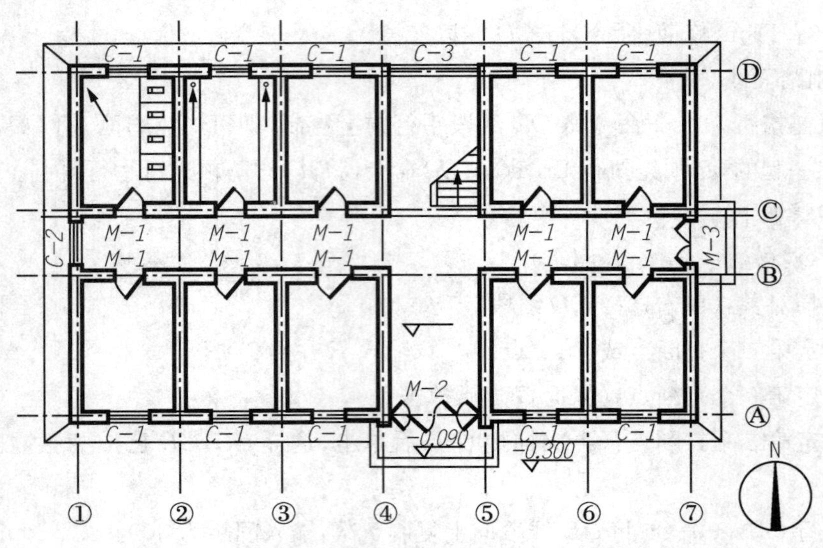

图 16-54　绘制完成楼梯间的底层平面图

(8) 指定基点:(移动鼠标捕捉箭头底端)

(9) 指定旋转角度,或[复制(C)/参照(R)]<90>:(输入－90,逆时针旋转 90°)

(10) 调整箭头位置,标注文本,绘制卫生间的所有细部,结果如图 16-54 所示。

(七) 标注尺寸

本知识点就建筑工程平面图尺寸标注参数的设置及操作步骤进行具体的介绍。本知识点的尺寸标注参数是在结合建筑制图标准及实际操作中得到的经验数值,希望大家牢记。

1. 设置尺寸标注样式

在标注尺寸之前,应该首先利用 标注样式管理器 对话框设置一个尺寸标注样式。这种样式必须满足《建筑制图标准》的要求。设置尺寸标注样式的命令为 DDIM。

绘图步骤如下:

(1) 命令:(输入 DDIM 并回车,弹出 标注样式管理器 对话框,如图 16-55 所示)

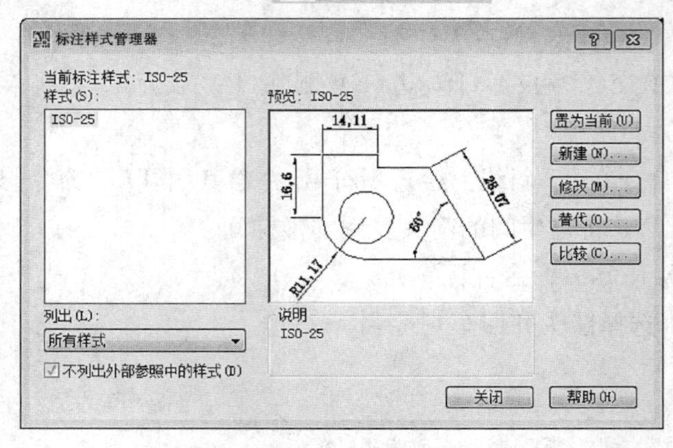

图 16-55　“标注样式管理器”对话框

(2) 单击 新建(N)... 按钮,将弹出如图 16-56 所示的 创建新标注样式 对话框。用该对话框可创建新的尺寸样式。将"新样式名"一栏中的内容改为"建筑制图",表明该尺寸样式是以"ISO－25"为样板,适用于所有类型的尺寸。

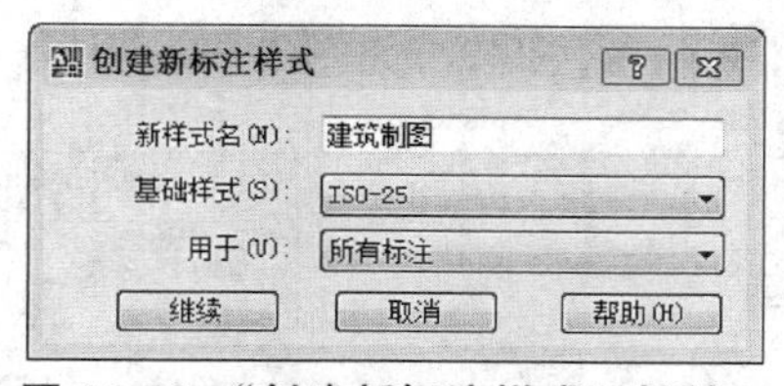

图 16-56 "创建新标注样式"对话框

(3) 单击 创建新标注样式 对话框中的 继续 按钮,进入 新建标注样式:建筑制图 对话框,并在当前 直线 选项卡,进行尺寸线、尺寸界线的设置,如图 16-57 所示。

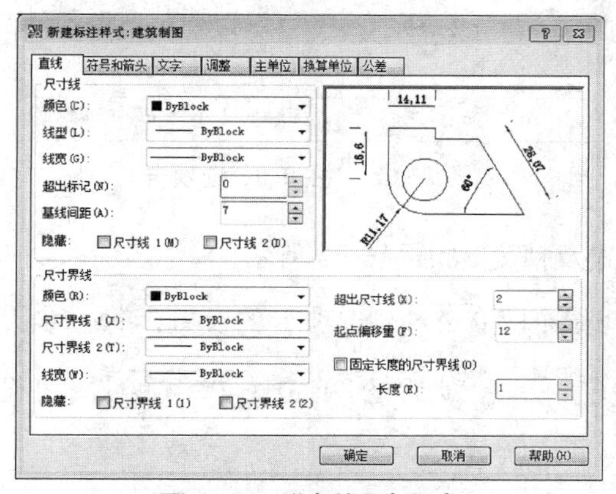

图 16-57 "直线"选项卡

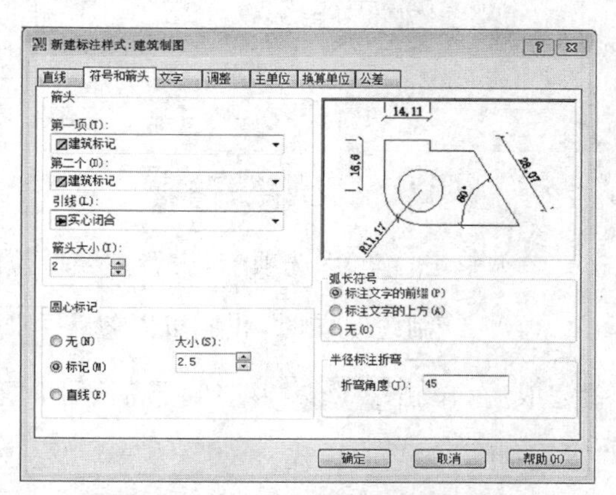

图 16-58 "符号和箭头"选项卡

(4) 单击 符号和箭头 选项卡,进行尺寸起止符号等的设置,如图 16-58 所示。

(5) 单击 文字 选项卡,设置尺寸数字的字体格式、位置及对齐方式等,如图 16-59 所示。

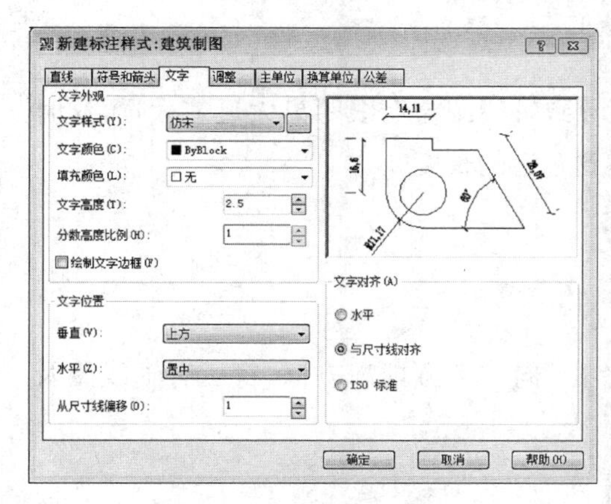

图 16-59 "文字"选项卡

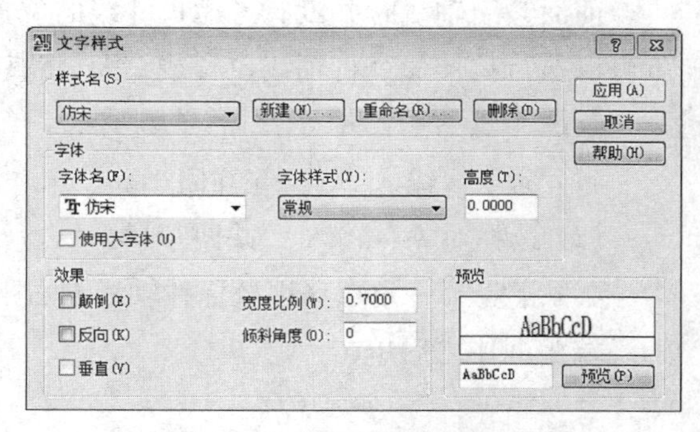

图 16-60 "文字样式"对话框

(6) 单击"文字样式"右边的 ... 按钮,弹出对话框如图 16-60 所示。

(7) 创建"仿宋"字体样式。将此对话框中的"高度"设为 0,"宽度因子"设为 0.7,之后单击 应用(A) 按钮,再单击 关闭(C) 按钮,关闭此对话框,返回对话框。

(8) 单击 调整 选项卡,进行参数设置,如图 16-61 所示。

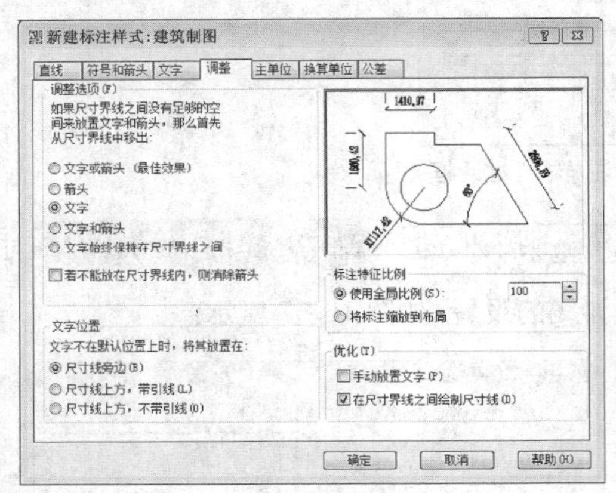

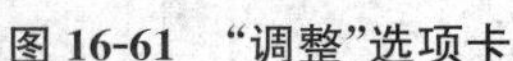

图 16-61 "调整"选项卡

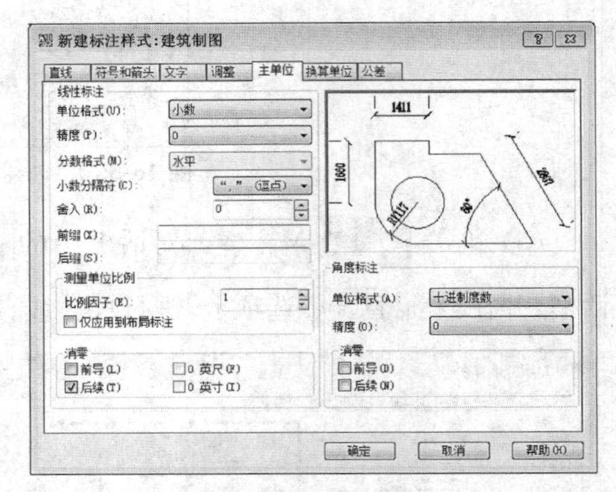

图 16-62 "主单位"选项卡

(9) 单击 主单位 选项卡,设置主要单位的格式及精度,如图 16-62 所示。

(10) 绘制建筑图时,我们可以忽略 换算单位 选项卡和 公差 选项卡的设置。每一步设置完成后,单击 确定 按钮,最后返回 标注样式管理器 对话框,单击 置为当前(U) 按钮设"建筑制图"为当前样式。

(11) 单击 关闭 ,关闭该对话框,完成尺寸标注样式的设置。

这样就完成了一个名为"建筑制图"的尺寸标注样式的设置,下面就可以用这个标注样式进行尺寸标注了。

2. 标注水平尺寸

1) 拉伸轴线

前面绘制轴线时并没有考虑尺寸线的位置,而导致轴线圈与墙线距离太近或太远,这时就可以执行拉伸命令将轴线拉长或缩短,将其调整到合适的长度。

绘图步骤如下:

(1) 命令:(输入 Stretch 并回车)

(2) 选择对象:(输入 C 并回车)

(3) 指定第一角点:(用鼠标在轴线圈右下方单击,向左上方拖出方框,将所有轴线圈及轴线端头框住之后单击)

结果如图 16-63 所示。

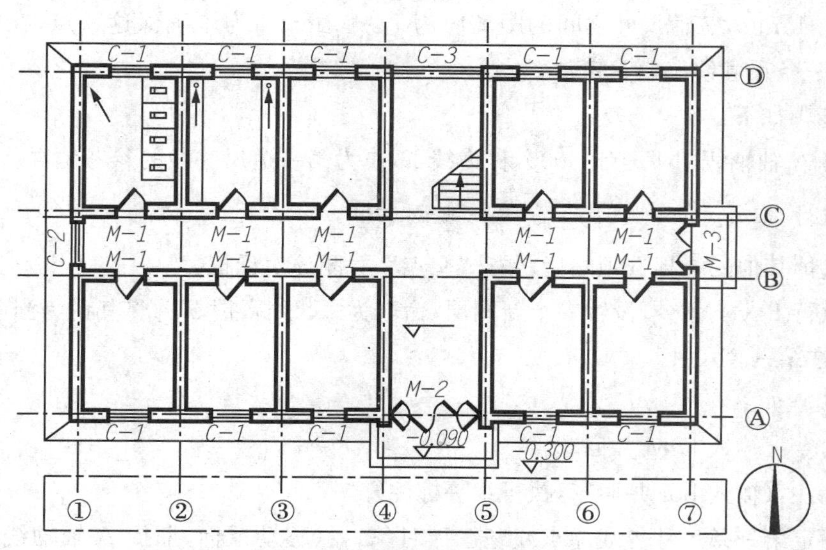

图 16-63　将所有轴线圈及轴线端头框住

(4) 选择对象:(直击回车)

(5) 指定基点或[位移(D)]<位移>:(用鼠标单击)

(6) 指定第二个点或<使用第一个点作为位移>:(垂直向下拖动鼠标,轴线随之调整到合适长度后单击)

结果如图 16-64 所示。

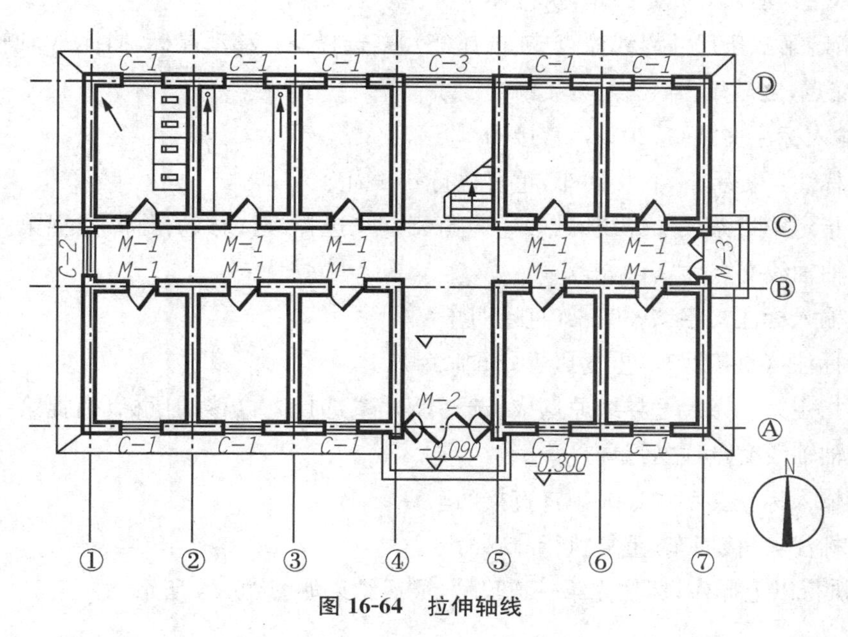

图 16-64　拉伸轴线

2) 标注前准备

水平尺寸线共有三道。建筑制图标准规定，最里面一道尺寸线距最外的台阶线之间的距离是10～15mm，三道尺寸之间的距离应为7～10 mm。为了确保这一点，在标注尺寸之前，应先给三条尺寸线确定参考位置。

绘图步骤如下：

(1) 将A轴轴线向下复制3000，称为线E，作为第一道尺寸线的参考位置。

(2) 执行Osnap命令，弹出 草图设置 对话框。

(3) 去掉其他的捕捉选项之后，勾选“交点”，关闭该对话框。

(4) 执行Layer命令，设置一个新图层，命名为“尺寸标注层”并将其设为当前层。

3) 标注第一道尺寸

绘图步骤如下：

(1) 命令：(输入DIM并回车)

(2) 标注：(输入hor并回车，执行水平标注)

(3) 指定第一条尺寸界线原点或＜选择对象＞：(移动鼠标，捕捉A轴轴线与1轴外墙线的交点后单击)

(4) 指定第二条尺寸界线原点：(移动鼠标，捕捉A轴轴线与1轴轴线的交点后单击)

(5) 指定尺寸线位置或[多行文字(M)/文字(T)/角度(A)]：(向下拖动鼠标捕捉1轴轴线与辅助线E的交点之后单击，确定尺寸线的位置)

(6) 输入标注文字＜250＞：(直接回车)

(7) 标注：(输入con并回车，执行连续标注)

(8) 指定第二条尺寸界线原点或[选择(S)]＜选择＞：(移动鼠标，捕捉A轴轴线与1轴墙体内侧交点，之后单击)

(9) 输入标注文字＜120＞：(直接回车)

(10) 标注：(提示下，直接回车，重复执行con命令)

(11) 指定第二条尺寸界线原点或[选择(S)]＜选择＞：(移动鼠标，捕捉第一窗洞左侧短线与A轴轴线交点，之后单击)

(12) 输入标注文字＜930＞：(直接回车)

(13) 标注：(直接回车，重复执行con命令)

(14) 指定第二条尺寸界线原点或[选择(S)]＜选择＞：(移动鼠标，捕捉第一窗洞右侧短线与A轴轴线交点，之后单击)

(15) 输入标注文字＜1500＞：(直接回车)

(16) 标注：直接回车，重复执行con命令。

重复执行以上操作，标注完第一道尺寸，最后结果如图16-65所示。

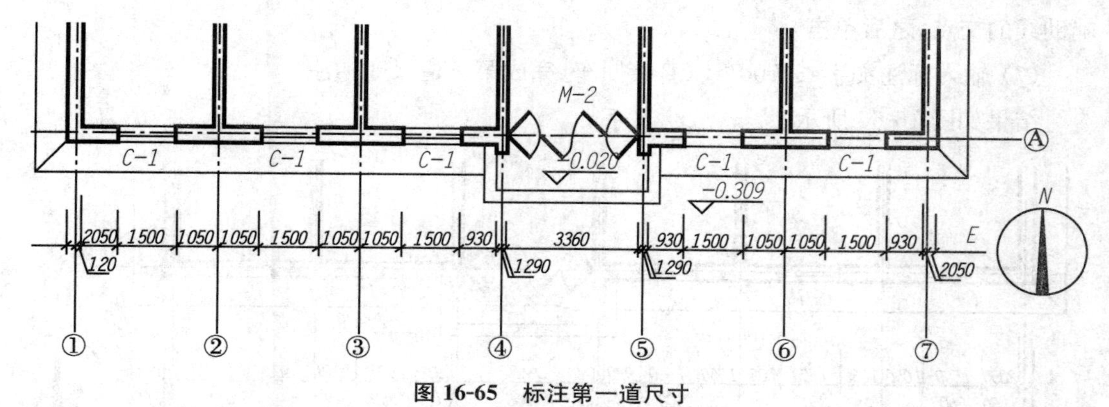

图 16-65　标注第一道尺寸

4) 标注第二、第三道尺寸

对于第二道尺寸的标注,因为在尺寸标注的设置里已经对基线标注的两尺寸线间的距离设置为 7mm,所以可以采用先进行基线标注,再进行连续标注的方法来完成。

绘图步骤如下:

(1) 命令:(输入 DIM 并回车)

(2) 标注:(输入 Base 并回车)

(3) 指定第二条尺寸界线原点或[选择(S)]<选择>:(直接回车)

(4) 选择基准标注:(选择 1 轴轴线处的尺寸界线,作为基线标注的第一道尺寸界线)

(5) 指定第二条尺寸界线原点或[选择(S)]<选择>:(移动鼠标,捕捉 2 轴轴线与 A 轴轴线的交点之后单击确定)

(6) 输入标注文字<3600>:(直接回车)

(7) 标注:(输入 con 并回车)

(8) 指定第二条尺寸界线原点或[选择(S)]<选择>:(移动鼠标捕捉 3 轴轴线与 A 轴轴线的交点之后单击确定)

(9) 输入标注文字<3600>:(直接回车)

(10) 标注:(直接回车,重复执行连续标注命令,完成第二道尺寸标注)

对于第三道尺寸的标注,可以参照第二道尺寸的标注方法来完成。

绘图步骤如下:

(1) 将辅助线 E 向下复制 1400 个单位成为 F 线。

(2) 命令:(输入 DIM 并回车)

(3) 标注:(输入 hor 并回车)

(4) 指定第一条尺寸界线原点或<选择对象>:(移动鼠标,捕捉左山墙的外墙线交点,之后单击)

(5) 指定第二条尺寸界线原点:(移动鼠标捕捉右山墙的外墙线交点,之后单击)

(6) 指定尺寸线位置或[多行文字(M)/文字(T)/角度(A)]:(移动鼠标捕捉 4 轴轴线与

辅助线的交点，之后单击）

（7）输入标注文字＜2700＞：（直接回车，完成第三道尺寸标注）

结果如图 16-66 所示。

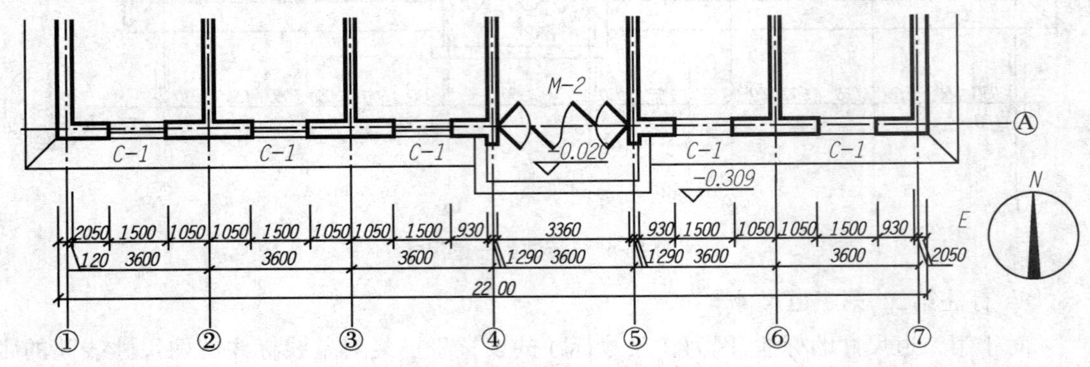

图 16-66　标注第二、第三道尺寸

5）尺寸修改

观察图 16-66，会发现以下问题：①尺寸界线的标注线拖得太长，这可启动“标注样式”系列对话框进行修改；②有些尺寸数字是重叠在一起的，需要将它们重新调整位置。但组成尺寸的 4 部分（尺寸线、尺寸界线、起始符及尺寸数字）是一个整体的块，如果移动尺寸数字时，那么整组尺寸都随之移动。所以必须执行 Explode（炸开）命令，先将要作改变的尺寸炸开，然后再作改动。

绘图步骤如下：

（1）执行 DDIM 命令打开 标注样式管理器 对话框，单击 修改(M)... 按钮修改“建筑制图”标注样式，在 直线 选项卡中将“尺寸界线”选区中的“起点偏移量”设置为 35，之后单击 确定 按钮，返回对话框后关闭尺寸标注样式管理器。

（2）执行 Zoom 命令的 W 选项，将 1～2 轴线间尺寸局部放大。

（3）命令：（输入 Explode 并回车）

（4）选择对象：（单击数字 120、250 及第一开间的轴距 3600，拖动屏幕下端的滚动条选择图形另一端的尺寸数字 120、250，之后回车）

（5）执行 Move 命令将 120、250 移动到合适的位置。

（6）执行 Erase 命令将尺寸引出线以及前面用过的 E 线、F 线删除掉。

（7）在图形另一端，做与上述同样的操作，完成水平尺寸的标注，结果如图 16-67 所示。

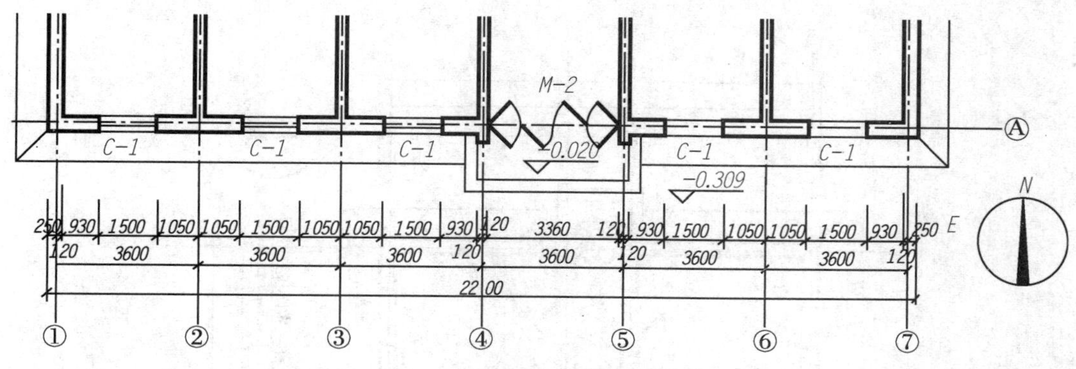

图 16-67　水平尺寸标注完成后的平面图

3．标注垂直尺寸

垂直尺寸的标注与水平尺寸的标注方法一样，只不过水平标注命令为 HOR，而垂直标注输入命令为 VER。

绘图步骤如下：

(1) 执行 Zoom 命令的 W 选项，将图形右边，即标注垂直尺寸部分局部放大。

(2) 将 8 轴轴线向外复制 3000，称为 E 线，再将 E 线向右复制两次，间距均为 700，分别称为 F 线、G 线。E、F、G 三条作为三条尺寸线的参考位置。

(3) 命令：(输入 DIM 并回车)

(4) 标注：(输入 VER 并回车)

(5) 指定第一条尺寸界线原点或<选择对象>：(移动鼠标，捕捉外墙角交点后单击)

(6) 指定第二条尺寸界线原点：(移动鼠标，捕捉外墙线与 A 轴的交点后单击)

(7) 指定尺寸线位置或[多行文字(M)/文字(T)/角度(A)]：(移动鼠标捕捉 A 轴轴线与 E 线的交点后单击)

(8) 输入标注文字<250>：(直接回车)

(9) 标注：(输入 con，进行连续标注，并回车)

(10) 指定第二条尺寸界线原点或[选择(S)]<选择>：(移动鼠标，捕捉墙角内交点后单击)

(11) 输入标注文字<120>：(直接回车)

(12) 重复执行连续标注命令，这样通过连续标注及交点捕捉完成第一道尺寸标注。第二、第三道尺寸的标注方法与水平尺寸标注方法基本相同，在此不再讲述。

垂直尺寸标注完成之后，也需要重新调整尺寸文本位置，删除多余的线条等，最后结果如图 16-68 所示。

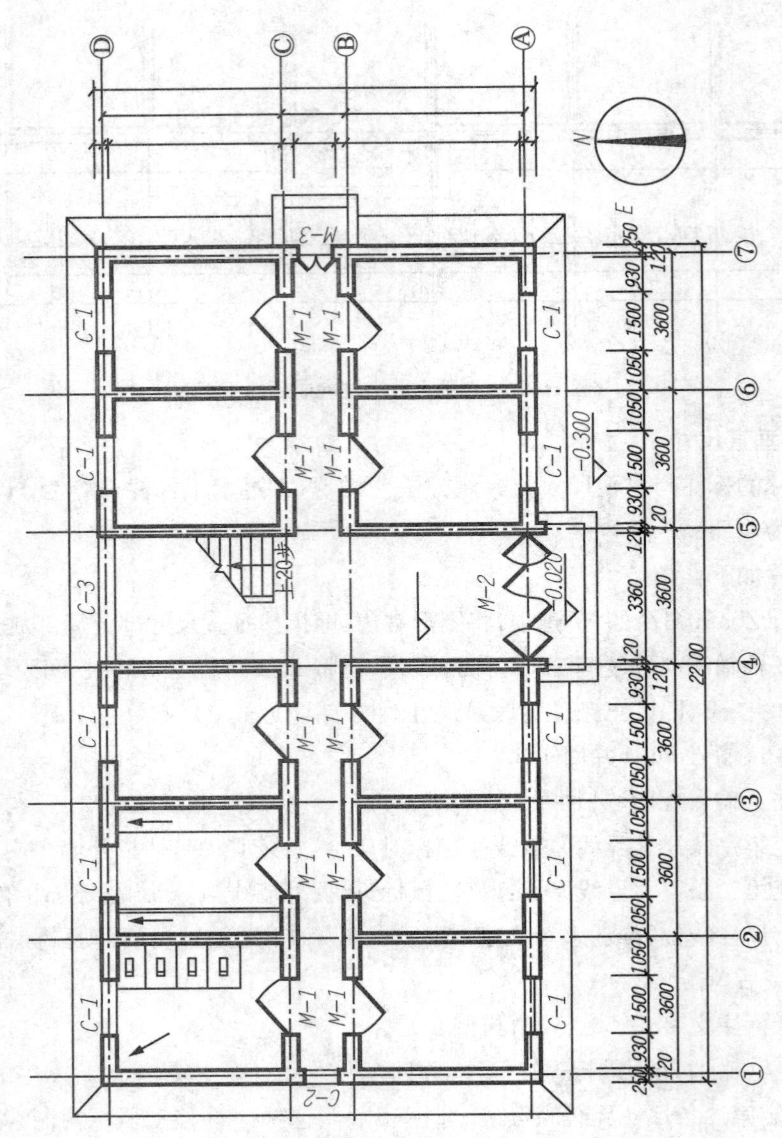

图 16-68 垂直尺寸标注完成后的平面图

二、绘制建筑立面图

本部分知识详细讲解了建筑立面图的绘制过程和步骤。通过这部分内容的学习，要理解和掌握块的制作与插入，熟悉和学会绘制建筑立面图的方法和步骤，以及对常用编辑命令的综合应用。

（一）绘图前的准备

绘图时，为方便看图，通常将平、立、剖面图按照“长对正，高平齐，宽相等”的原则，放在同一张图纸上。在学习阶段，我们将分别单独绘制。立面施工图也将采用 A3 标准格式图纸，但不需要重新绘制,只要将平面施工图的A3格式图纸制作成块,将其存盘,再插入立面图即可。

1. 将A3格式图纸制作成块

绘图步骤如下:

(1) 执行Open命令将“底层平面图”打开。

(2) 命令行中输入Block并回车,弹出 块定义 对话框,如图16-69所示。

(3) 在此对话框的“名称”空白栏内输入“A3”(给块起名)。

(4) 单击“拾取点”左边的按钮,返回绘图屏幕。

(5) 指定插入基点:(移动鼠标,单击捕捉图幅右下角点,又返回 块定义 对话框,完成选择插入基点)

(6) 在 块定义 对话框中,单击“选择对象”左边的按钮,返回绘图屏幕。

(7) 选择对象:(单击或用C窗口,将A3格式图纸的所有内容以及标高符号、箭头、轴线圈全部选上,之后回车,返回 块定义 对话框)

(8) 单击 确定 按钮,关闭此对话框,完成块的制作。

2. 将制成的图块A3存盘

我们已用Block(块制作)命令,将A3标准格式图制成图块,但此图只能在当前图形文件即“底层平面图”中使用,不能被其他图调用。为了使图块成为公共图块(可供其他图形文件插入和引用),可以用WBlock(块存盘)命令,将A3格式图纸单独以图形文件的形式存盘。

绘图步骤如下:

(1) 命令行中输入WBlock并回车,弹出“写块”对话框,如图16-70所示。

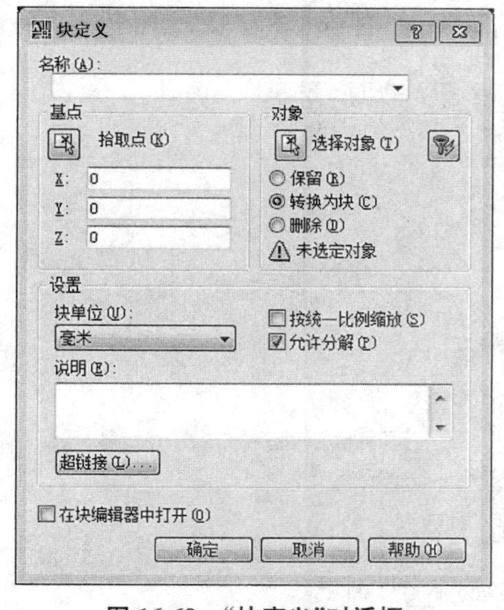

图16-69　“块定义”对话框

图16-70　“写块”对话框

(2) 在"源"区域里,点选"块"选项。

(3) 单击右上角的▼按钮,找出并选择 A3。

(4) 单击 确定 按钮,关闭此对话框。

3. 插入块

我们已经将 A3 格式图纸制成图块 A3,并将其存盘。下面将 A3 图块调入新建图形文件中,即开始绘制的建筑立面图中。

绘图步骤如下:

(1) 命令行中输入 New 并回车,弹出 选择样板 对话框,如图 16-71 所示,单击 打开(O) 按钮,新建图形文件。

(2) 命令行中输入 Insert 并回车,弹出 插入 对话框,如图 16-72 所示。

图 16-71 "选择样板"对话框

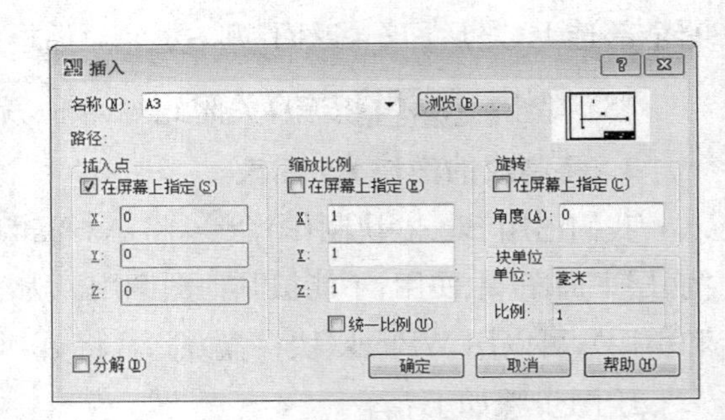

图 16-72 "插入"对话框

(3) 单击 浏览(B)... 按钮,弹出 选择图形文件 对话框,如图 16-73 所示。

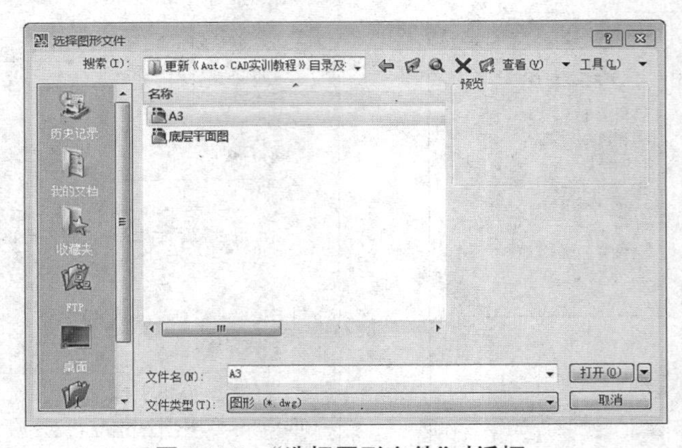

图 16-73 "选择图形文件"对话框

(4) 选择 A3 文件后,单击 打开(O) 按钮,返回 插入 对话框。

(5) 勾选 ☑分解(D) 选项后,单击 确定 按钮,关闭此对话框,返回绘图屏幕。

(6) 指定快的插入点:(在屏幕中单击,插入图形)

(7) 命令:(执行 Zoom 命令的 E 选型,这样 A3 标准格式图纸就出现在屏幕上了)

(8) 执行 Ddedit 命令改变图标的相关内容,如将"底层平面图"改为"立面图"、将图号"01"改为"02"等。

(9) 命令:(输入 Save 并回车,弹出"保存文件"对话框,输入文件名"立面图"后,单击保存按钮)

(二)绘制立面图

观察立面图,可以看到这个立面图较为规整,所以绘制起来相对较简单。

1. 绘制立面图的轮廓

立面图的轮廓线有 4 条:地坪线和左、右山墙线以及屋顶线。建筑制图标准规定,地坪线为特粗线,其他 3 条线为粗线,在此可以先不考虑线宽,图形完成后,再统一设定线宽。

绘制立面图轮廓线有很多方法,此处采用先绘制矩形,再延伸地坪线来完成。

绘图步骤如下:

(1) 命令:(输入 Rectangle 并回车)

(2) 指定第一个角点或[倒角(C)/标高(E)/圆角(F)/厚度(T)/宽度(W)]:(单击图框内左下方一点,确定矩形左下角点)

(3) 指定另一个角点或[面积(A)/尺寸(D)/旋转(R)]:(输入@22100,12700 并回车,确定矩形右角点)

(4) 执行 Explode 命令将矩形打散。

(5) 在矩形左、右下角分别用 Line 命令绘制两条短的辅助线,结果如图 16-74 所示。

(6) 命令:(输入 Extend)

(7) 选择对象或<全部选择>:(选择两条短辅助线后回车)

(8) [栏选(F)/窗交(C)/投影(P)/边(E)/放弃(U)]:(分别单击矩形下边的两端之后,回车,形成立面图的室外地坪线)

(9) 执行 Erase 命令删除两条辅助线;再执行 Offset、trim 等命令绘制完成±0.000 线。结果如图 16-75 所示。

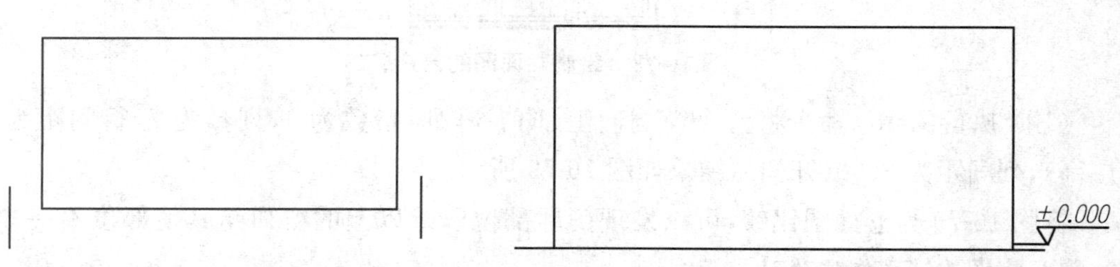

图 16-74　在矩形左、右下角绘制两条辅助线　　　图 16-75　绘制立面图轮廓线

2. 绘制立面图的窗户

从底层平面图、立面图中可以观察到，每个开间的窗户都居中，并且每层的层高都相等。这样，就可以先绘好左下角的一个窗户，然后执行阵列命令来完成全部窗的绘制。

绘图步骤如下：

(1) 命令：(输入 Line 并回车)

(2) 指定下一点：(捕捉 *A* 点)

(3) 指定下一点或[放弃(U)]：(输入@1300，1200 并回车，绘出 *AB* 线，如图 16-76 所示)

(4) 命令：(输入 Rectangle 并回车)

(5) 指定第一个角点或[倒角(C)/标高(E)/圆角(F)/厚度(T)/宽度(W)]：(单击 *B* 点)

(6) 指定另一个角点或[面积(A)/尺寸(D)/旋转(R)]：(输入@1500，1800 并回车)；删除 *AB* 线，如图 16-77 所示。

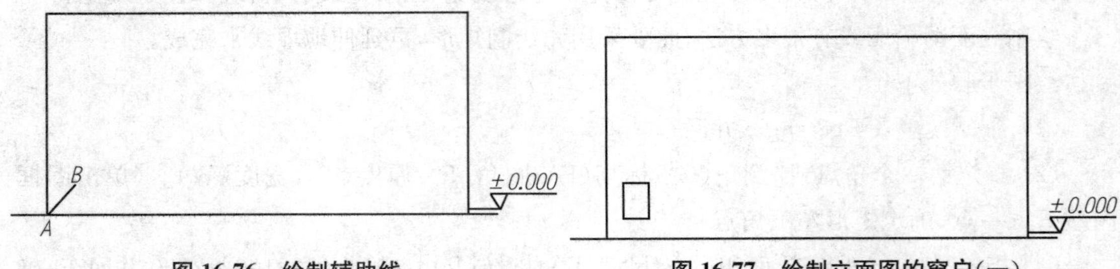

图 16-76　绘制辅助线　　**图 16-77　绘制立面图的窗户(一)**

(7) 执行 Zoom 命令的 W 选项将窗洞局部放大(或利用鼠标滑轮)。

(8) 执行 Line、Offset、Trim 命令完成此窗的细部。

(9) 执行 PEdit 命令将窗洞 4 条线加粗，结果如图 16-78 所示。

图16-78　绘制立面图的窗户(二)

(10) 执行 Array 命令将整个窗洞向上、向右阵列，行数为 4，列数为 7，行间距为 3000(层高)，列间距为 3600(开间)，结果如图 16-79 所示。

将图 16-79 与立面图比较，可以发现门厅部位以及以上的窗户与其他部位不一样。因此，需要将图 16-79 作些改动。

图 16-79　绘制立面图的窗户（三）

(11) 执行 Erase 命令将门厅部位的窗全部删掉。

(12) 参看底层平面图的尺寸，将左山墙线向里复制 10930、右山墙线向里复制 7330，再将新复制的两条线向里复制 240，形成立面图上中间的两根壁柱，如图 16-80 所示。

图 16-80　绘制立面图的窗户（四）

3. 绘制窗台、窗眉及挑檐等

绘图步骤如下：

(1) 执行 Offset 命令，将立面图的上轮廓线向下复制 400，形成檐口。

(2) 命令：（输入 Extend 并回车）

(3) 选择对象或＜全部选择＞：（选择线 A 及线 B 后回车，如图 16-81 所示）

(4) [栏选(F)/窗交(C)/投影(P)/边(E)/放弃(U)]：（选择左上角的窗户上窗洞线的左右两边，再选择下窗洞线的左右两边，然后回车。此时，两条窗洞线被延长了）

(5) 将两条延长的窗洞线分别向外复制 120，形成一个窗台和一个窗眉。

执行 Copy 命令将绘好的窗台、窗眉 4 条线向下复制 3 次，距离分别为 3000，6000 和 9000，结果如图 16-81 所示。

图 16-81　绘制窗台、窗眉

4. 绘制门厅及其上部小窗户等

1) 查询小窗户的宽度　通过 Divide(等分)、Dist(查距离)命令来查出小窗户的宽度。

绘图步骤如下：

(1) 执行 Break 命令将直线 *AB* 在 *A*、*B* 处分别打断，形成线段 *AB*。

(2) 在 草图设置 对话框中，勾选节点命令。

(3) 命令：(输入 Divide 命令并回车)

(4) 选择要定数等分的对象：(选择线段 *AB*)

(5) 输入线段数目或[块(B)]：(输入 5 并回车)

(6) 命令：(输入 Dist 并回车)

(7) 指定下一点：(捕捉 *A* 点)

(8) 指定第二点：(沿着线段 *AB* 移动捕捉第一个节点，如图 16-82 所示)

(9) 在命令窗口中，会有"Delta X＝672.000，Delta Y＝0.000，Delta Z＝0.000"出现，即所要查的水平距离为 672。

2) 完成小窗户的绘制

查出小窗户的宽度后，通过作辅助线，执行 Rectangle 命令来完成一个小窗户的绘制，执行 Array 命令来完成其他所有小窗户的绘制。

绘图步骤如下：

(1) 执行 Copy 命令，将图 16-82 中的线段 *AB* 向下复制 600，将线段 *AD* 向右复制 672。

(2) 执行 Rectangle 命令，通过交点、端点的捕捉，完成矩形 1、2 的绘制；及时删掉辅助线，如图 16-83 所示。

(3) 通过 Offset 命令，将矩形分别向里复制 40，完成一个小窗户的绘制，结果如图 16-84

所示。

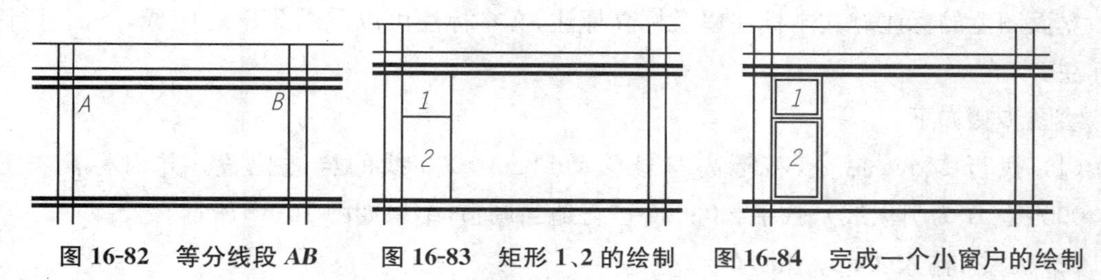

图 16-82　等分线段 *AB*　　图 16-83　矩形 1、2 的绘制　　图 16-84　完成一个小窗户的绘制

(4) 执行 Array 命令,将绘好的小窗户进行阵列,共 3 行 5 列,行间距为 3000,列间距为 672,结果如图 16-85 所示。

(5) 小窗户的绘制已经完成,可以执行同样的命令来完成门厅,结果如图 16-86 所示。

图 16-85　完成小窗户的绘制

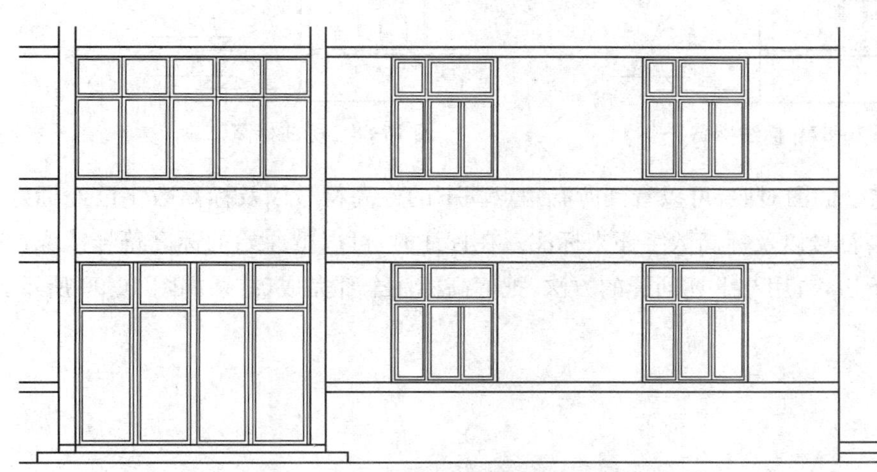

图 16-86　绘制其余细部

5. 标注

立面图上的标注有文本标注以及标高标注，文本标注可以采用DText完成，下面进行标高标注。

绘图步骤如下：

(1) 执行 Move 命令，将标高符号移动到±0.000 线的合适位置。并对标高符号、±0.000线(作为引出线)、数字±0.000进行适当调整，结果如图16-87所示。

(2) 命令：输入(Copy并回车)

(3) 选择对象：(选择标高符号、引出线及数字±0.000)

(4) 指定基点或[位移(D)]<位移>：(引动鼠标在标高符号的附近单击)

(5) 指定第二点或<使用第一个点作为位移>：(进行多重复制，复制距离分别为900、3900、6900、9900、12400，复制时正交处于开启状态，结果如图16-88所示)

(6) 执行 Ddedit 命令将不正确的标高数字改正，结果如图16-89所示。

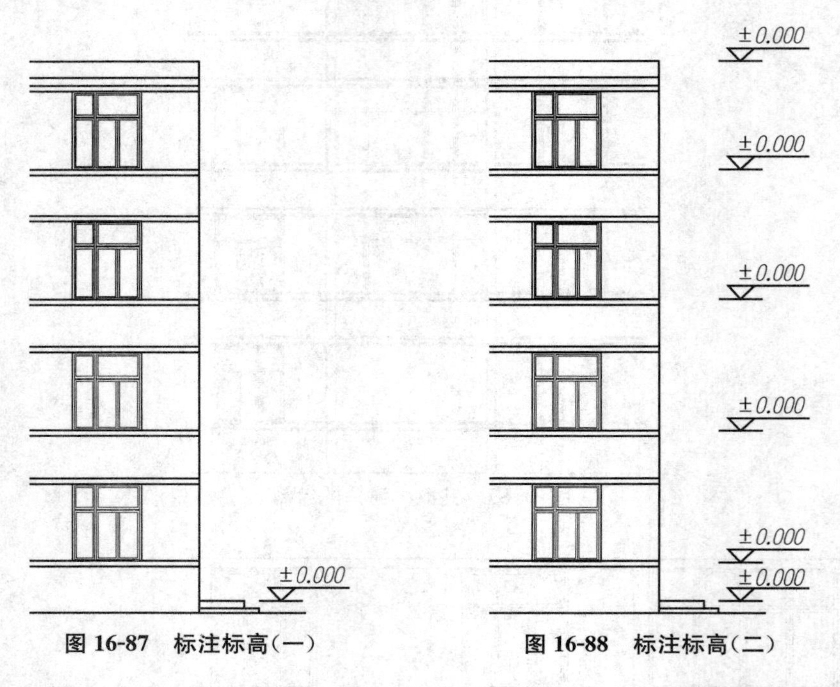

图 16-87　标注标高(一)　　**图 16-88　标注标高(二)**

将图16-89与立面图对照，可以看到所有角点朝下的标高符号以及标高数字已经标好，而角点朝上的标高符号以及标高数字还未标注。在标注时，可以把原始的标高符号镜像，并将标高数字移到下边，再用与上述同样的方法，把标高标注全部完成，结果如图16-90所示。

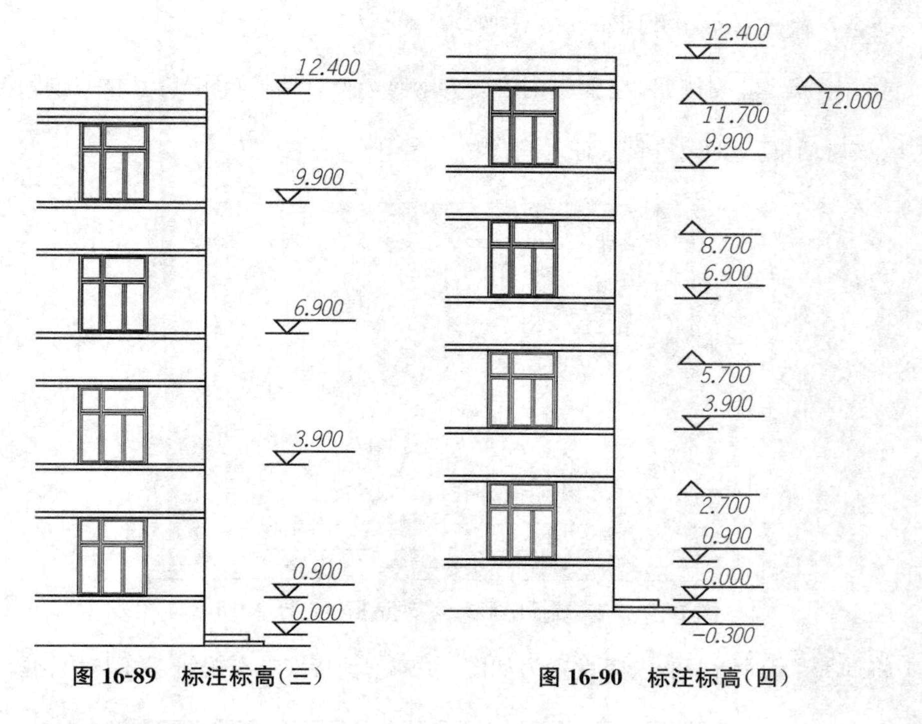

图 16-89　标注标高(三)　　　　图 16-90　标注标高(四)

6．完成其他细部

绘图步骤如下：

(1) 执行 PEdit 命令将地坪线的宽度设置为 180,将其他 3 条立面轮廓线的宽度设置为 90。

(2) 执行 DText 命令标注立面图的文字说明以及图名、比例等完成本部分内容,结果如立面图所示。

三、绘制外墙身详图

本知识点以“外墙身详图”为例详细讲解了墙身详图的绘制过程和步骤。要通过本次的学习理解和掌握图案填充的一般方法,熟悉和学会绘制墙身节点图的方法和步骤,以及对 AutoCAD 命令的综合应用。

(一) 绘图前的准备工作

1．调入 A3 格式图纸

前面已制作成块的 A3 文件,是横式的 A3 格式图纸。以往的图(平面、立体图),都是在 1∶100 的比例下绘制的,而外墙身详图准备采用 1∶20 的比例。因此,我们在调入 A3 块时需要做些改动。

绘图步骤如下：

(1) 执行 New 命令建立一张新图。

(2) 命令:(输入 Insert 并回车,弹出 插入 对话框)

(3) 单击 浏览(B)... 按钮,在弹出的 选择图形文件 对话框(图 16-91)中选择 A3,单击按钮,关闭该对话框,返回 插入 对话框。

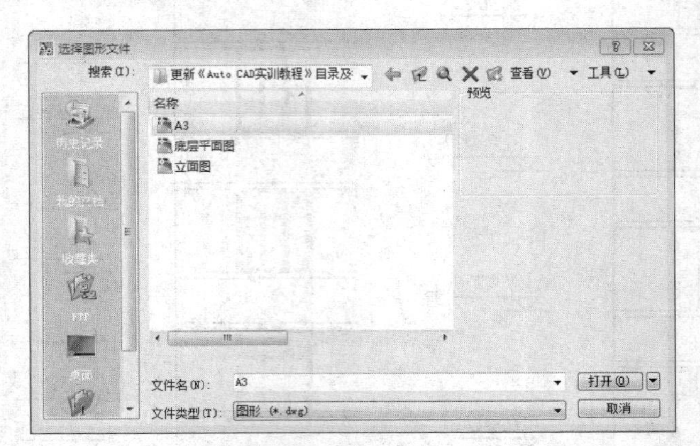

图 16-91 在“选择图形文件”对话框中选择 A3. dwg

(4) 将 插入 对话框的内容设置为如图 16-92 所示后,单击按钮,关闭对话框。

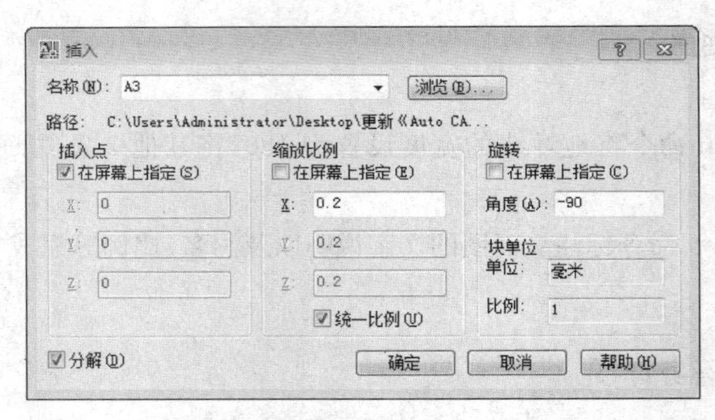

图 16-92 在“插入”对话框中进行设置

(5) 再在屏幕上某一点单击,这样立式的 A3 图纸就出现在屏幕上了。

(6) 执行 Zoom 命令的 E 选项,将 A3 图纸全屏显现,如图 16-93 所示。

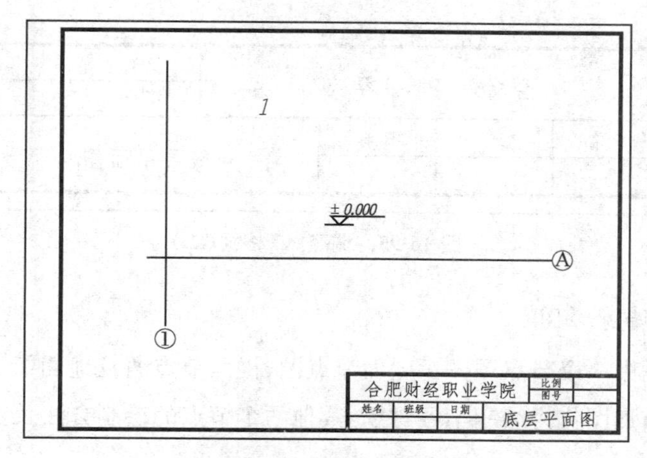

图 16-93　A3 格式全屏显示

2. 调整 A3 格式

观察调入的 A3 格式,发现有几处并不满足要求:(1) 标题栏位置不对;(2) 标题栏长度偏大。下面我们将它们一一调整合适。

绘图步骤如下:

(1) 执行 Rotate 命令,将标题栏旋转 90 度。

(2) 将线 1 向上复制 800,作为图标上线的参考位置,如图 16-94 所示。

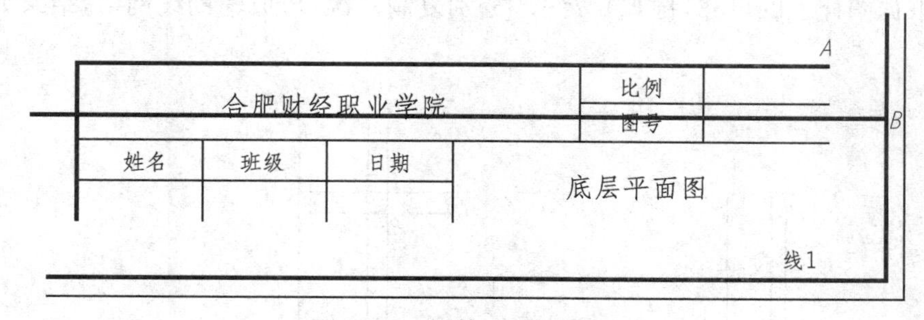

图 16-94　调整 A3 格式(一)

(3) 命令:(输入 Move 并回车)

(4) 选择对象:(输入 W 并回车)

(5) 指定第一个角点:(单击鼠标左键)

(6) 指定对角点:(W 窗选标题栏全部内容后回车)

(7) 指定基点或[位移(D)<位移>:(捕捉 *A* 点后单击)

(8) 指定第二个点或<使用第一个点作为位移>:(捕捉 *B* 点后单击)

(9) 执行 Erase 命令,将辅助线删除,结果如图 16-95 所示。

合肥财经职业学院			比例	
			图号	
姓名	班级	日期	底层平面图	

图 16-95　调整 A3 格式(二)

(二) 绘制外墙身详图

外墙身详图是由 3 个节点图——屋面节点图、楼面节点图及地面节点图组合在一起的,在此只挑选楼面节点图作为绘制学习对象,其他两个节点的绘制方法及步骤与此节点相同。

1. 绘制辅助线

绘图步骤如下:

(1) 执行 Layer 命令建立名为"辅助线层"的新图层,设置线型为红色实线,并将其设置为当前层。

(2) 根据图样上的窗台跳出宽度(120),墙体宽度(370),绘出 3 条垂直辅助线,再绘 1 条水平线作为楼面线,如图 16-96 所示。

(3) 执行 Break 命令将楼面线在 *A* 点处打断成 *CA* 及 *AB* 两部分。

(4) 根据图样上的尺寸,将 *CA* 及 *AB* 分别复制几次,形成辅助线网络,结果如图 16-97 所示。

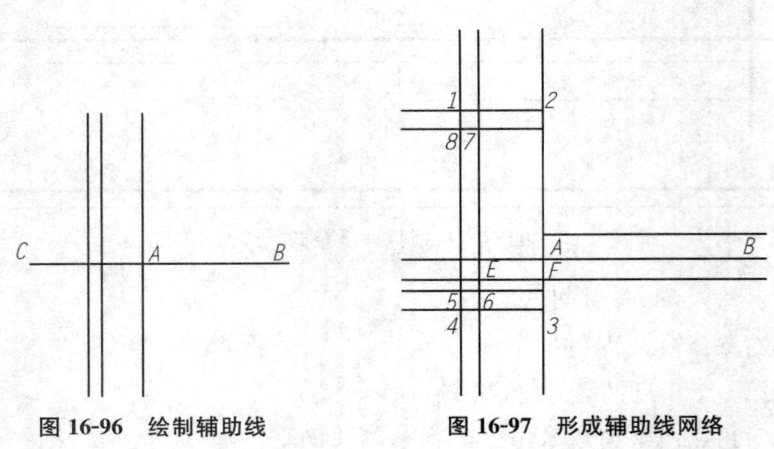

图 16-96　绘制辅助线　　图 16-97　形成辅助线网络

2. 绘制墙体轮廓线

绘图步骤如下:

(1) 执行 Layer 命令,将 0 层变为当前层。

(2) 执行 PLine 命令绘线,设置线宽为 18,依次连接 1、2、3、4、5、6、7、8、1 点将多段线封闭,形成墙体外轮廓线。

(3) 执行 PLine 命令绘线,连接 *EF* 线段,形成过梁上线,结果如图 16-98 所示。

(4) 执行 Layer 命令关闭辅助线层,并将捕捉关掉(切换＜F3 键＞

(5) 命令:(输入 Offset 并回车)

(6) 指定偏移距离或[通过(T)/删除(E)/图层(L)]＜通过＞:(输入 25 并回车)

(7) 选择要偏移的对象,或[退出(E)/放弃(U)]＜退出＞:(单击选择墙体外轮廓线)

(8) 指定通过电或[退出(E)/多个(M)/放弃(U)][退出]:(在墙线外围单击后回车,结果如图 16-99 所示)

(9) 命令:(输入 Explode 并回车)

(10) 选择对象:(单击轮廓线之后回车。这样粗线变成了细线,形成抹灰线,结果如图 16-100 所示)

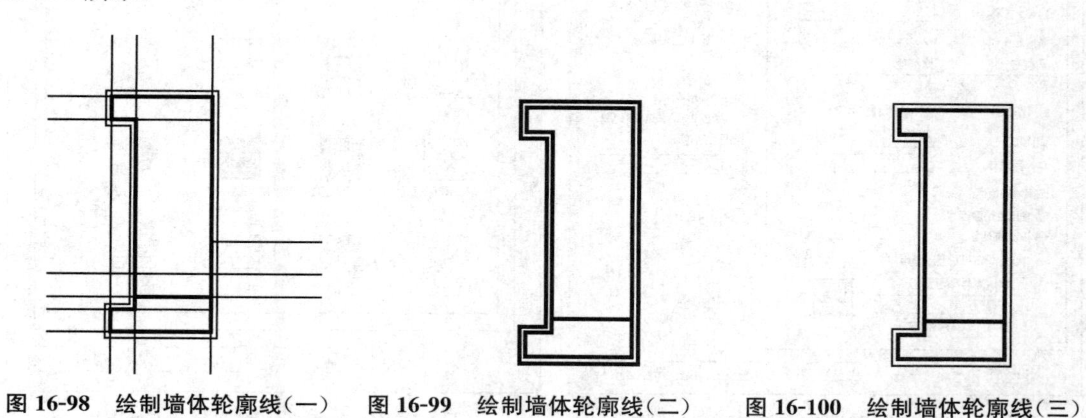

图 16-98　绘制墙体轮廓线(一)　图 16-99　绘制墙体轮廓线(二)　图 16-100　绘制墙体轮廓线(三)

3. 绘制预制空心板

在外墙身详图上,可以看到预制空心板的数目较多,但不必一一绘制。只要绘好一个,将其利用 Block 制作成块,再多次插入即可。外墙身详图中预制板的高度为 110 mm,宽度为 600 mm。

绘图步骤如下:

(1) 执行 PLine 命令,设置线宽为 10,绘出预制板的外围封闭轮廓,如图 16-101 所示。

(2) 命令:(输入 Donut 命令并回车)

(3) 指定圆环的内径＜0.5000＞:(输入 75 并回车,确定内径)

(4) 指定圆环的外径＜1.0000＞:(输入 85 并回车,确定外径)

(5) 指定圆环的中心点或＜退出＞:(在预制板的轮廓线内单击 3 点,绘出 3 个实心圆环,结果如图 16-102 所示)

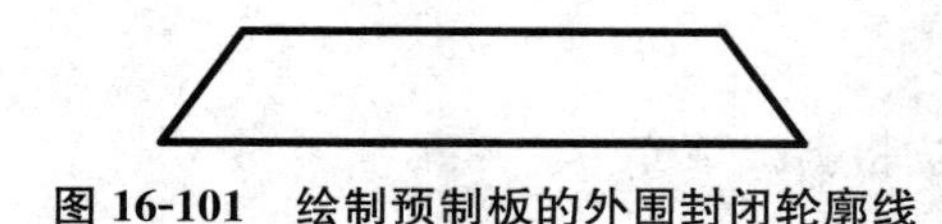

图 16-101　绘制预制板的外围封闭轮廓线

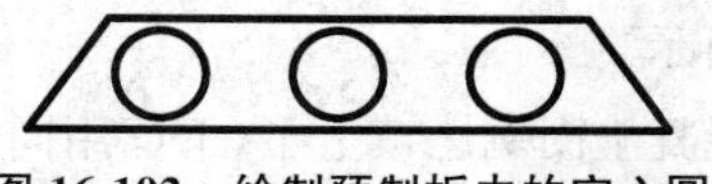

图 16-102　绘制预制板内的空心圆

下面，执行填充命令，将预制板内的材料图例绘上。预制板的材料为钢筋混凝土材料，但AutoCAD图例库里并没有这一图例，所以必须填充两次，先填充素混凝土图例，再填充斜线。

绘图步骤如下：

(1) 命令：(输入 BHatch 并回车，弹出 图案填充和渐变色 对话框，如图 16-103 所示)

(2) 单击对话框里“样例”右边的图案，弹出 填充图案选项板 对话框，如图 16-104 所示。

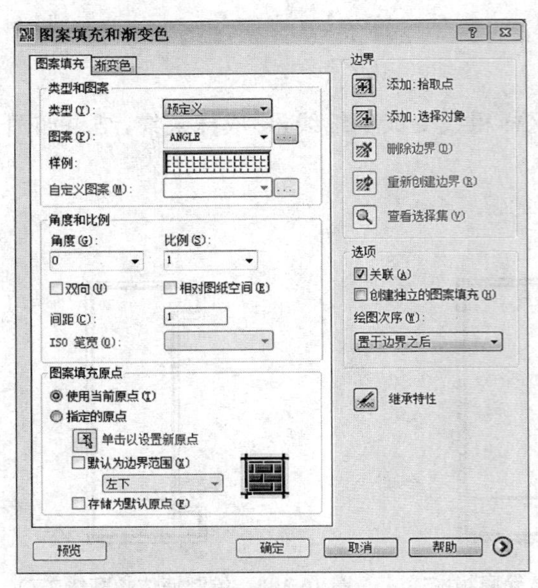

图 16-103 “图案填充和渐变色”对话框

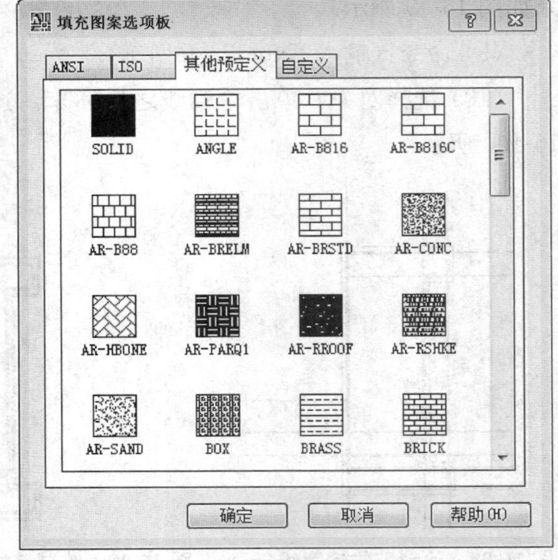

图 16-104 “填充图案选项板”对话框

(3) 在此对话框里，单击选择 AR－CONC 图案后，单击 确定 按钮，关闭此对话框返回到 图案填充和渐变色 对话框。

(4) 在 图案填充和渐变色 对话框里，单击“添加：拾取点”左边的按钮，返回绘图屏幕。

(5) 拾取内部点或[选择对象(S)/删除边界(B)]：(单击圆环与外轮廓之间的某一点，此时外轮廓与所有圆环都变虚，之后回车，返回 图案填充和渐变色 对话框)

(6) 在 图案填充和渐变色 对话框里，单击左下角的 预览 按钮，又返回到绘图屏幕，此时外轮廓与圆环之间已填充了素混凝土材料，回车返回到 图案填充和渐变色 对话框，如果对刚才预览过的填充满意的话，则在此对话框里单击确定按钮，完成填充。结果如图 16-105 所示。

素混凝土图例已填上了，下面用同样的方法将斜线填充上。

绘图步骤如下：

(1) 执行 BHatch 命令打开 图案填充和渐变色 对话框。

(2) 单击“样例”右边的图案,弹出 填充图案选项板 对话框。

(3) 在此对话框中单击上排按钮中的 ANSI,使其置于弹起状态。

(4) 单击选择 ANSI 选项卡后,选择 ANSI31 图案,单击 确定 按钮,关闭此对话框,返回 图案填充和渐变色 对话框。

(5) 在对话框中,单击“选择对象”左侧 按钮,返回绘图屏幕。

(6) 分别单击选择预制板外轮廓及内部三个圆环之后回车,返回 图案填充和渐变色 对话框。

(7) 在此对话框里,单击 预览 按钮,返回绘图屏幕,查看预览结果,结果如图16-106所示。此时,我们发现斜线比较密,需要调整填充比例一项。

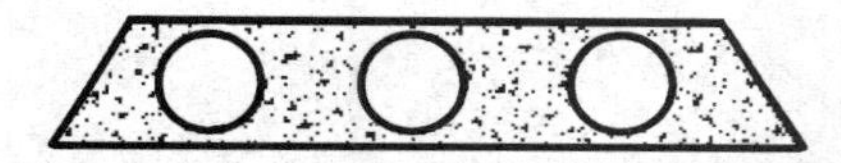

图 16-105　填充空心预制板中的素混凝土图例

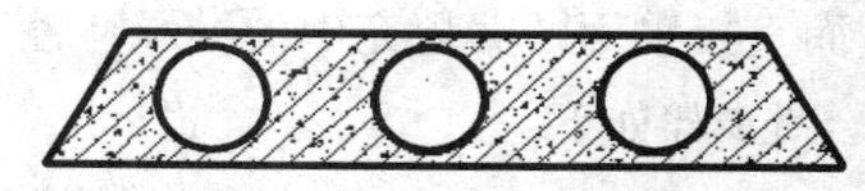

图 16-106　填充斜线的预览结果

(8) 直接回车,返回 图案填充和渐变色 对话框。在“比例”右边的空白框里输入 25 之后,再次单击 预览 按钮,查看预览结果。

(9) 如果对预览结果表示满意,则回车返回对话框,单击 确定 按钮,将图案真正填充上去,结果如图 16-107 所示。

(10) 执行 Block 将图 16-107 制成块,名为“YKB—60”(注:利用交点捕捉将左下角点作为插入点。)

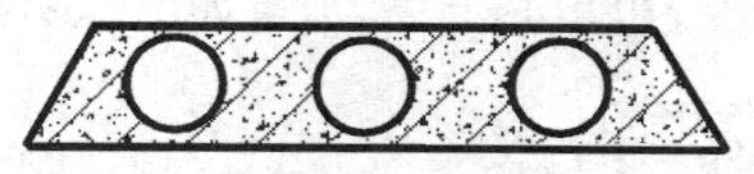

图 16-107　填充斜线的最后结果

4. 插入预制板

刚才已绘制了一块预制板,其他的板直接用 Insert 命令插入或 Copy 命令复制即可完成。

绘图步骤如下:

(1) 执行 Layer 命令,将“辅助线层”打开。

(2) 执行 Insert 命令,通过交点捕捉,将空心板插入 3 块,执行 Line 命令,在第三块板的合适位置绘一条直线,为折断线位置,结果如图 16-108 所示。

(3) 执行 Explode 命令,将第三块板炸开,素混凝土和斜线填充也炸开。

(4) 执行 Trim 命令,将第三块板多余线段剪切掉。

(5) 执行 Erase 命令,将多余实体删掉,结果如图 16-109 所示。

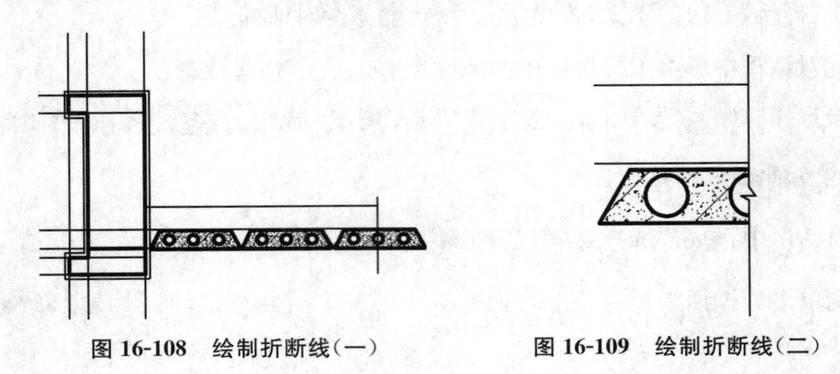

图 16-108 绘制折断线(一)　　图 16-109 绘制折断线(二)

5．填充过梁及墙体、抹灰材料图例

因为过梁与预制板的材料一样,均为钢筋混凝土,所以过梁填充时可不必来回调整填充参数,而直接采用图案填充中的继承特性。

绘图步骤如下:

(1) 执行 Layer 命令,将“辅助线层”再次关闭。

(2) 将过梁部分局部放大。

(3) 命令:(输入 BHatch 并回车,弹出对话框)

(4) 在此对话框中,单击右下角“继承特性”按钮,返回绘图屏幕。

(5) 选择图案填充对象:(选择预制板内的素混凝土填充图案)

(6) 拾取内部点或[选择对象(S)/删除边界(B)]:(单击过梁内的某一点后回车,返回对话框)

(7) 单击,查看预览结果。

(8) 执行同样的操作,将斜线也填充上去,结果如图 16-110 所示。

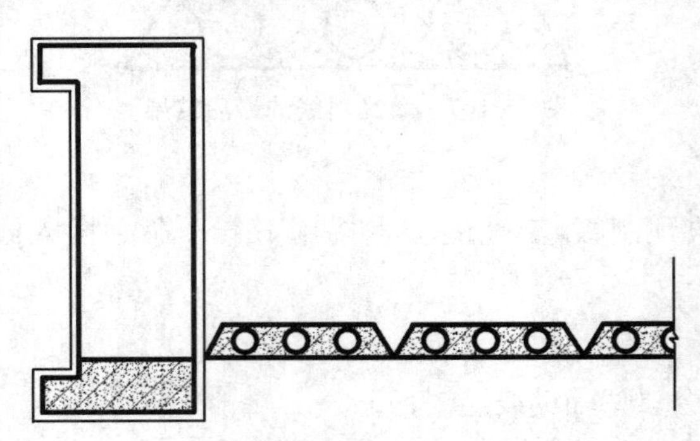

图 16-110 填充过梁图例

(9) 重复执行 BHatch 命令,填充墙体及抹灰层材料图案。

(10) 执行 Layer 命令,将“辅助层线”打开,完成节点细部操作,结果如图 16-111 所示。

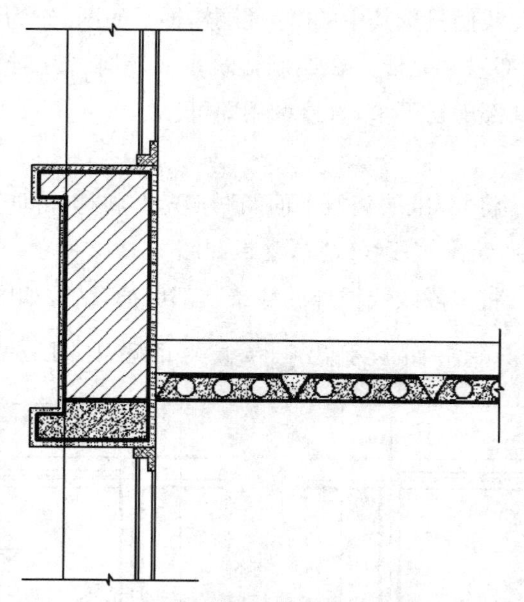

图 16-111　填充过梁及墙体、抹灰材料图例后的结果

6．完成其他节点的绘制

挑檐及地面部位的节点的绘制方法，基本与楼面一致，即先绘辅助线网络，再通过交点捕捉，直接用 PLine 命令绘出轮廓线之后，再填充材料图例，最后完成细部等操作。但因为 3 个节点是竖排在一起的。因此，绘制另外两个节点时，可以采用一些技巧。

7．标注

标注文字、标高以及尺寸这些内容的具体操作，在前面已讲过，这里不再赘述。但因为外墙身详图的比例为 1∶20，所以在此仅作几点说明：

1) 文字标注：因为绘图比例为 1∶20，如果希望打印出图后的文字为 5 号字体，即高度为 5mm，则字体高度应设置为 5×20 ＝100。

2) 标高标注：因为当初插入 A3 块时，将标高符号已随块调入，所以可不必考虑它的尺寸，直接调用。但如果要在当前图下重新绘制一个标高符号时，就需要考虑比例与制图尺寸的问题了。这时标高符号的高度不是 300，而是 3×20＝60。

3) 尺寸标注：尺寸标注时，它的一些参考值，例如箭头大小，尺寸数字高度等都得打开对话框重新设置。参考平面尺寸标注的设置，原则是将平面图(即 1∶100 下的图)的参数扩大 0.2 倍。

四、绘制楼梯详图

(一) 绘制楼梯平面图

楼梯平面图有 3 个(底层楼梯平面图、标准层楼梯平面图及顶层楼梯平面图)，三者之间有许多部分都相同。因此我们只选其中的"标准层楼梯平面图"作为重点学习对象。其余两个平面图通过复制，再局部修改完成。在绘制建筑平面图时，曾经绘制过楼梯间，现在可以把建筑平面图的楼梯间局部剪切下来，直接调用即可。

绘图步骤如下：

(1) 执行 Open 命令，将"标准层建筑平面图"打开，并将楼梯间部分局部放大。

(2) 执行 PLine 命令，绘出多段线线框，结果如图 16-112 所示。

(3) 执行 Trim 命令，将多段线线框外的线条全部剪掉，结果如图 16-113 所示。

(4) 执行：(输入 WBlock 并回车，弹出 写块 对话框，如图 16-114 所示)

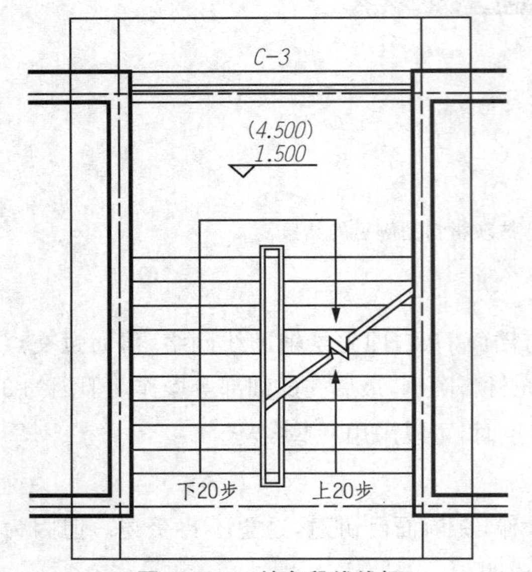

图 16-112　绘多段线线框

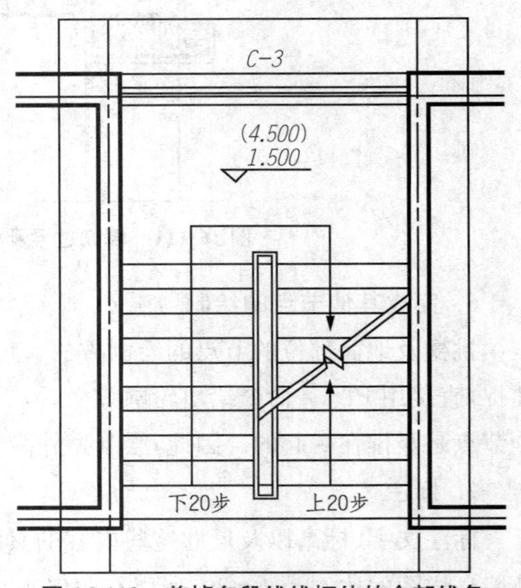

图 16-113　剪掉多段线线框外的全部线条

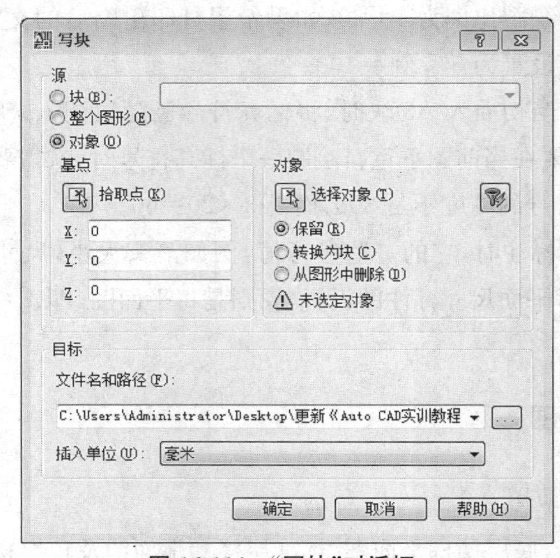

图 16-114　"写块"对话框

(5) 在此对话框里单击“选择对象”左侧按钮,返回绘图屏幕。

(6) 选择对象:(用C选将多段线框内全部实体选中,之后回车返回 写块 对话框)

(7) 在“文件名和路径”区域里输入文字“楼梯平面图”,单击 确定 退出该对话框。

(8) 执行 Open 命令,看到“选择文件”框里已有“楼梯平面图”,单击选择它,并将其打开。这样,楼梯平面图的雏形已出现在新图里。

楼梯间平面图的比例为 1∶50,所以在此处需要做些尺寸上的调整。

绘图步骤如下:

(1) 执行 PEdit 命令,将所有墙线的宽度改为 45。

(2) 执行 Scale 命令,将图上的“数字”“标高符号”“箭头”都缩小到原来的 0.5 倍。

(3) 执行 Erase 命令,删掉多段线线框,并在各墙体断开处绘上折断符号。

(4) 标注尺寸、图名、比例及轴线圈编号,结果如图 16-115 所示。

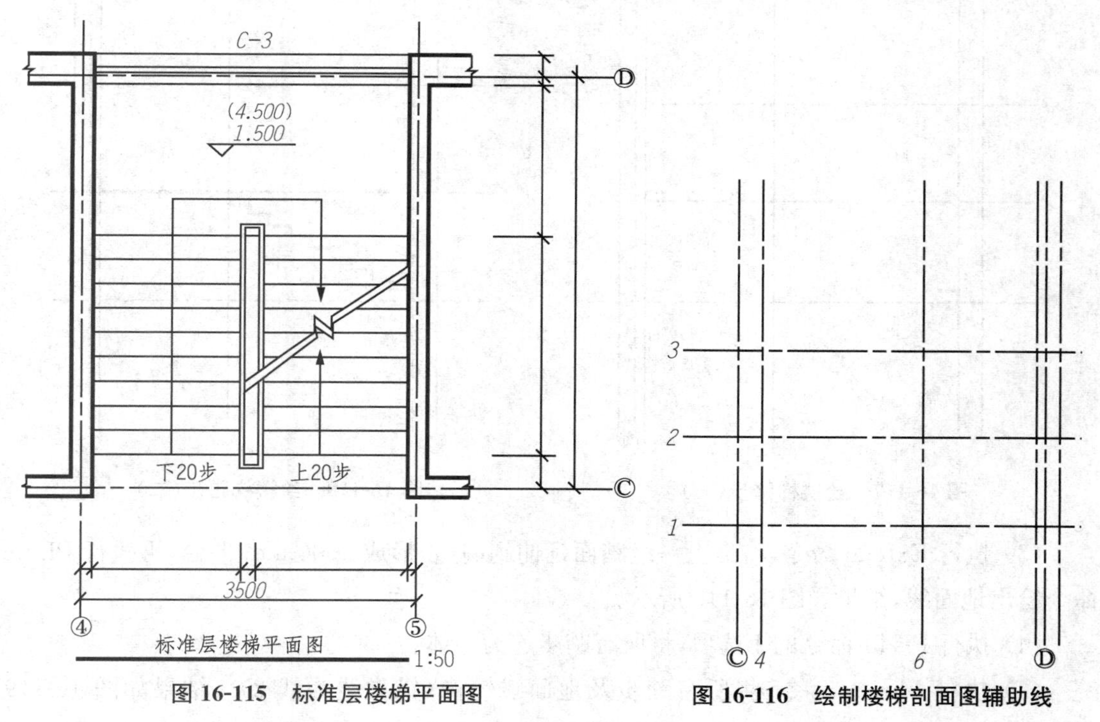

图 16-115　标准层楼梯平面图

图 16-116　绘制楼梯剖面图辅助线

绘制好一个楼梯平面图以后,将它分别向左、向右各复制一个,即可形成“底层楼梯平面图”“顶层楼梯平面图”的雏形,再将其局部修改即可。

(二) 绘制楼梯剖面图及节点详图

1. 绘制楼梯剖面图

楼梯剖面图的绘制仍然要借助辅助线条。

1) 绘辅助线

绘图步骤如下：

(1) 建立一个新图层，设置成红色点划线，并将其设置为当前层。

(2) 根据图上的标高尺寸，执行 Line 及 Offset 命令，绘出地面线 1、平台线 2 以及楼面线 3，再根据水平方向的尺寸，绘出 C/D 轴线，台阶起步线 4、平台宽度线 5 和 D 轴墙体轮廓线，结果如图 16-116 所示。

(3) 执行 Layer 命令，将 0 层转化为当前层。

2) 绘踏步

绘图步骤如下：

(1) 根据踏步高为 150，踏面宽为 300，执行 PLine 命令，通过相对坐标，绘制一个踏步(设置线宽 W 为 30)，结果如图 16-117 所示。

(2) 执行 Copy 命令，通过端点捕捉，将一组踏步一一复制上去。

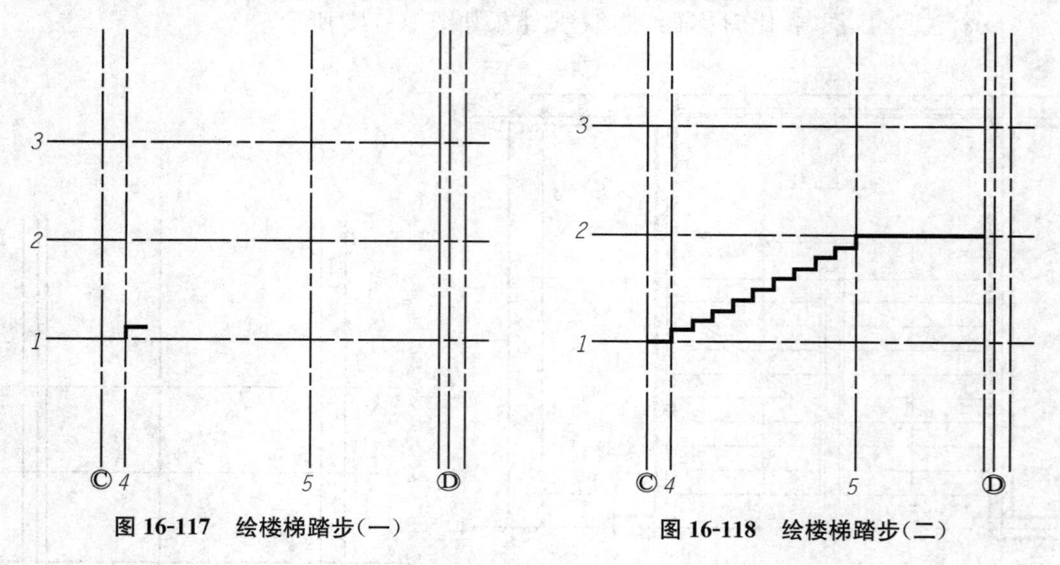

图 16-117　绘楼梯踏步(一)　　图 16-118　绘楼梯踏步(二)

(3) 执行 Extend 命令，将最上一级踏面延伸到墙边，形成 1600 mm 平台，再执行 PLine 命令绘出地面线，结果如图 16-118 所示。

(4) 执行 PEdit 命令的 J 选项，将所有踏步连为一体。

(5) 执行 Mirror 命令，将所有踏步及地面线镜像(镜像线为线 2)，结果如图 16-119 所示。

(6) 执行 PEdit 命令的 W 选项，将第二梯段的宽度改为 0，结果如图 16-120 所示。

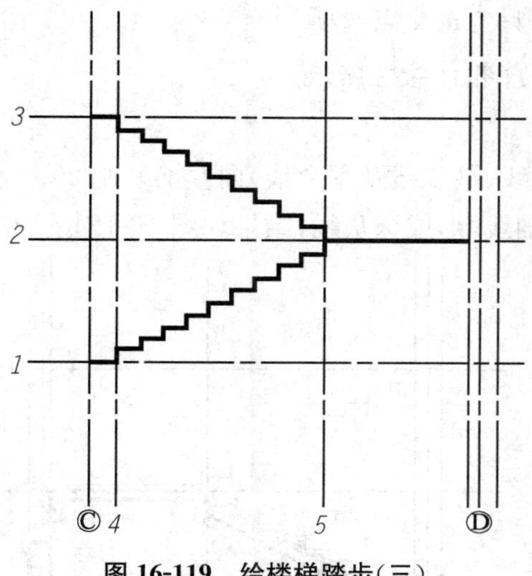

图 16-119　绘楼梯踏步(三)

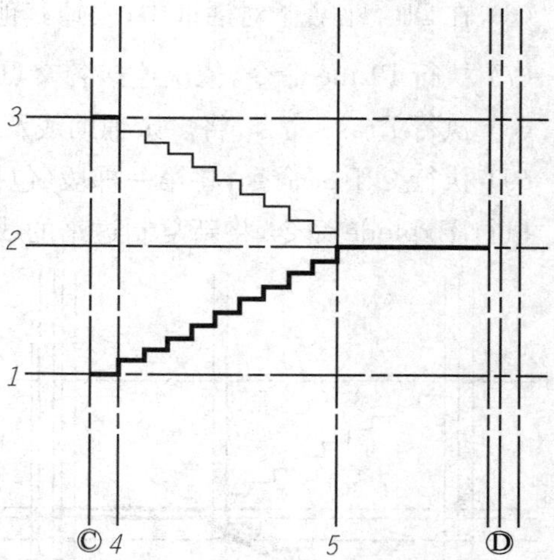

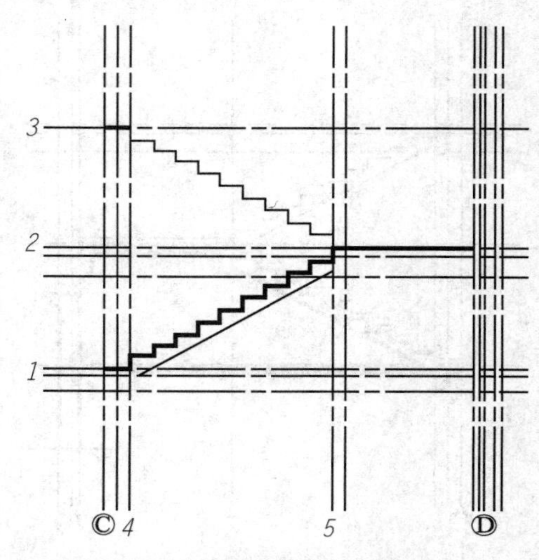

图 16-120　绘楼梯踏步(四)

3) 绘制楼梯其他轮廓线

绘图步骤如下：

(1) 执行 Line 命令,绘一条斜线,结果如图 16-121 所示。

(2) 执行 Move 命令,将斜线向右下移动 100。

(3) 执行 Copy 命令,将 1 线向下复制两次,距离分别为 100 及 350,形成地面厚度及地梁高度。

(4) 执行 Copy 命令,将 2 线向下复制两次,距离分别为 100 及 350,形成平台板厚度及平台梁高度。

(5) 执行 Offset 命令,将线 5 向右复制 200,将线 4、线 6 分别向左偏移 200,将线 7 向右偏移 120,形成地梁、平台梁的宽度以及窗台突出线,结果如图 16-122 所示。

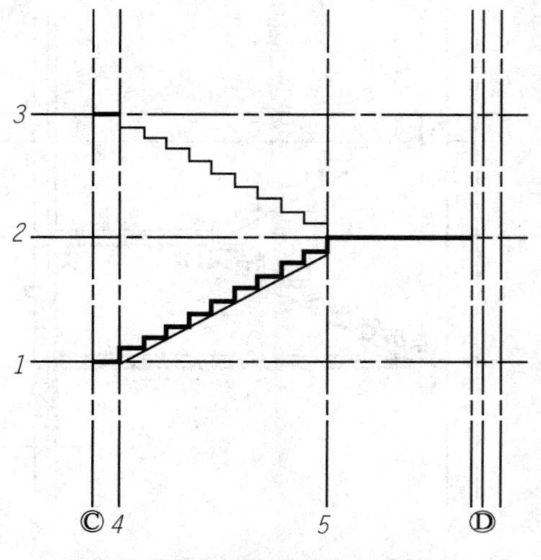

图 16-121　绘制楼梯其他轮廓线(一)

图 16-122　绘制楼梯其他轮廓线(二)

(6) 在 草图设置 对话框中,去掉其他选择,只勾选交点选项。

(7) 执行 PLine 命令,依次连接各交点,结果如图 16-123 所示。

(8) 执行 Erase 命令,将多余辅助线及时去掉。

(9) 执行 Offset 命令,将第一梯段(包括地面线、踏步线及平台线)向左上复制 20。执行 Explode 命令,将新复制过来的线炸成细线,形成抹灰线,结果如图 16-124 所示。

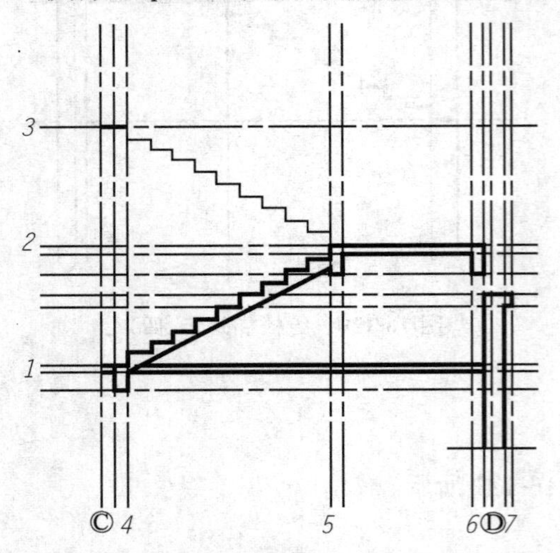

图 16-123 绘制楼梯其他轮廓线(三)

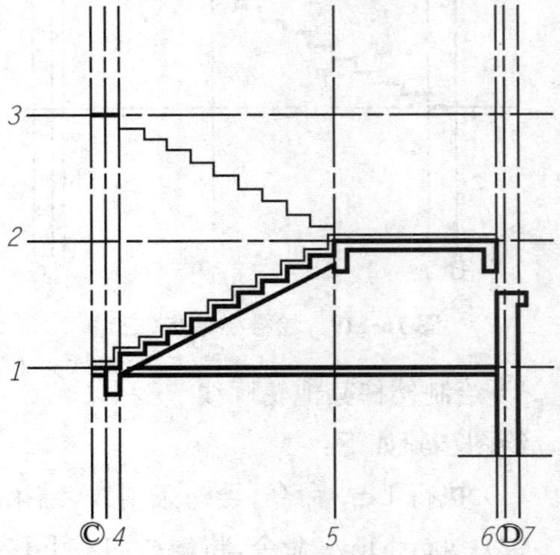

图 16-124 绘制楼梯其他轮廓线(四)

执行 Line 命令,绘制斜线,完成第二梯段的踏步板底线,执行 PLine 命令,绘出楼面及楼梯梁轮廓,结果如图 16-125 所示。

4) 填充材料图例、完成楼梯剖面图

绘图步骤如下:

(1) 执行 BHatch 命令,填充材料图例,完成一到二层楼梯,结果如图 16-126 所示。

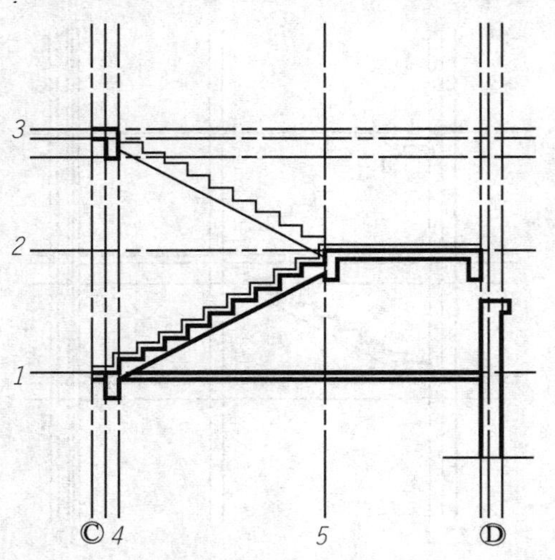

图 16-125 绘制楼梯其他轮廓线(五)

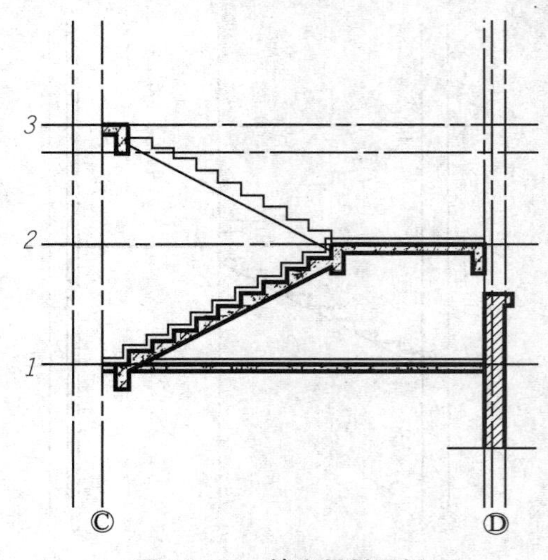

图 16-126 填充材料图例

(2) 执行 Offset 命令,将 C 轴向左复制一定距离,作为折断线位置。

(3) 执行 Extend 命令,将楼板及地面延伸过去。

(4) 执行 Copy 命令,将一、二梯段,平台楼面,向上复制 3000,并作局部的修改,结果如图 16-127 所示。

(5) 执行 Line 命令,绘出所有折断线。

(6) 最后标注尺寸、标高、文字等内容,结果如图 16-128 所示。

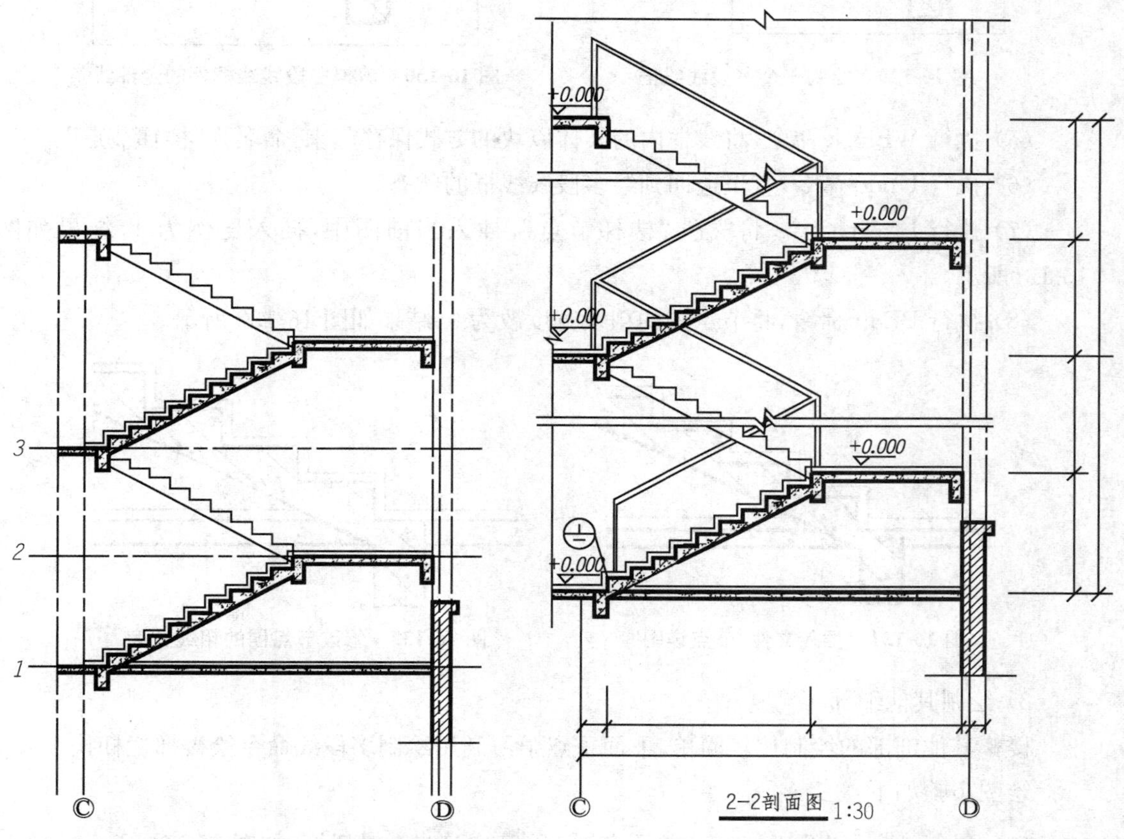

图 16-127　绘制梯段、平台、二层楼面并作局部的修改

图 16-128　完成楼梯剖面图

2. 绘制节点详图

楼梯节点详图是楼梯剖面图的局部放大图,不必专门绘制,只需将剖面图的局部剪切下来,按一定的比例放大,再进行一些必要的修改即可。

1) 剪切楼梯剖面局部图,并插入当前图中

绘图步骤如下:

(1) 将楼梯剖面图的第一梯段位置局部放大。

(2) 执行 PLine 命令,绘制一个多段线线框,结果如图 16-129 所示。

(3) 执行 Explode 命令,将线框内的材料图例炸开。

(4) 执行 Trim 命令,将多段线线框外的线条剪掉,结果如图 16-130 所示。

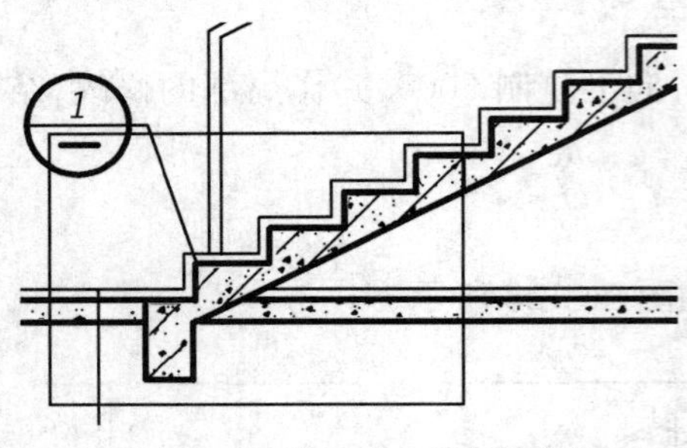

图 16-129 绘制一个多段线线框

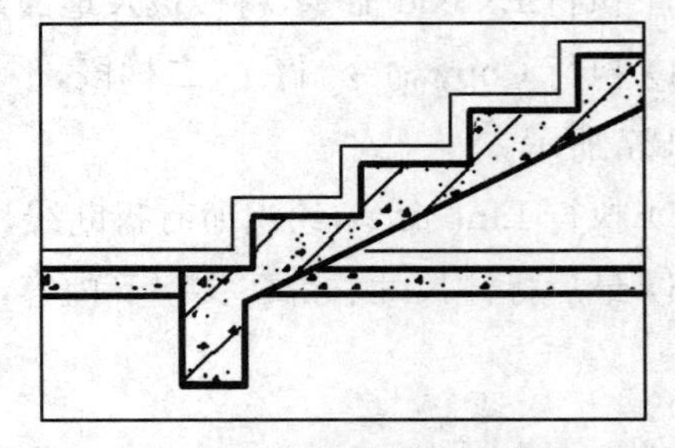

图 16-130 剪掉多段线线框外的全部线条

(5) 执行 WBlock 命令,将线框内的实体以块的方式保存起来,命名为“楼梯节点”。

(6) 执行 Undo 命令,直至退回到绘多段线线框的状态。

(7) 执行 Insert 命令,将文件“楼梯节点”,插入当前图中,插入比例为 1,结果如图 16-131所示。

(8) 执行 PEdit 命令,将节点图的粗线宽度改为 9,结果如图 16-132 所示。

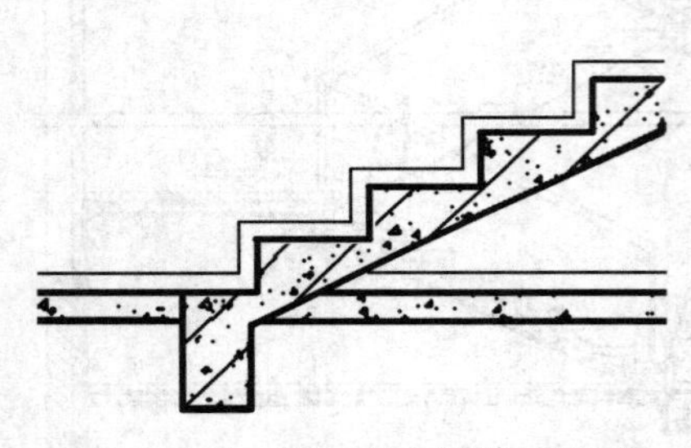

图 16-131 插入文件“节点详图”

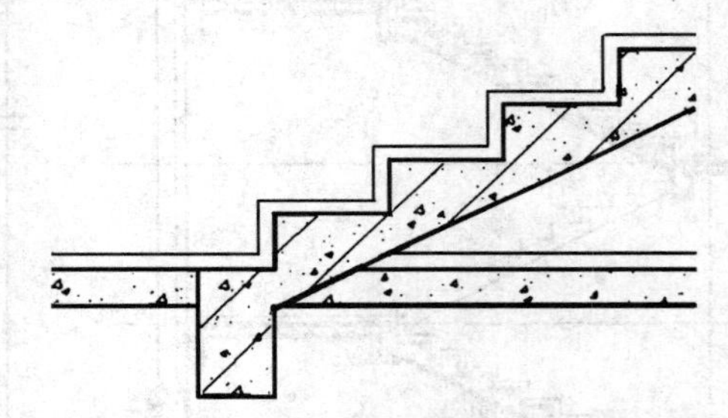

图 16-132 修改节点图的粗线宽度

2) 绘制其他细部

楼梯其他细部的绘制比较简单,下面重点学习利用绘制多段线命令绘楼梯栏杆扶手。

绘图步骤如下:

(1) 命令:(输入 Mlstyle 命令并回车,打开 多线样式 对话框,如图 16-133 所示)

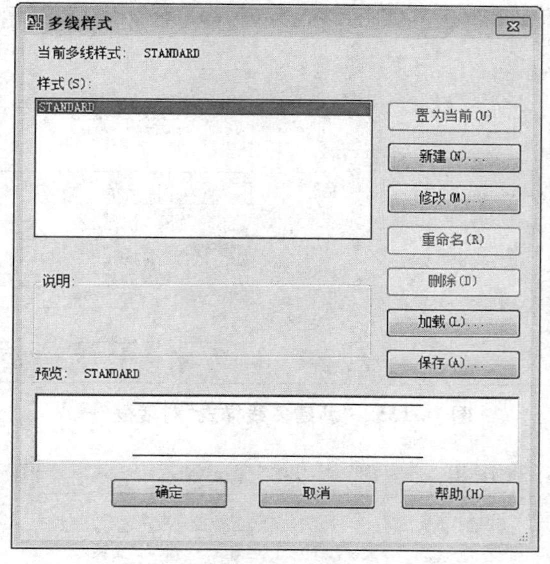

图 16-133　“多线样式”对话框

(2) 单击 新建(N)... 按钮，弹出如图 16-134 所示的对话框 创建新的多线样式，在“新样式名”栏中输入 1。

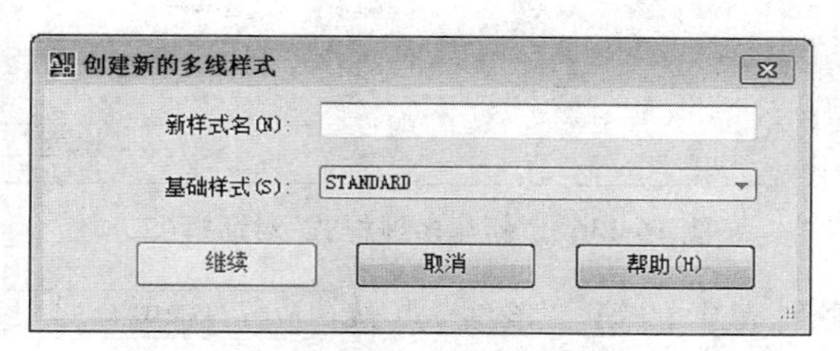

图 16-134　“创建新的多线样式”对话框

(3) 单击 创建新的多线样式 对话框中的 继续 按钮，进入 新建多线样式：1 对话框，如图 16-135 所示，并在当前“图元”选项卡中，进行偏移距离、颜色、线型的设置。

(4) 点取“图元”列表框中的第一条线，在“偏移“编辑框中输入 25，用相同的方法设置第二条线的偏移位距离为－25，再单击 添加(A) 按钮，这时“图元”列表框中出现了三条线，如图 16-136 所示。

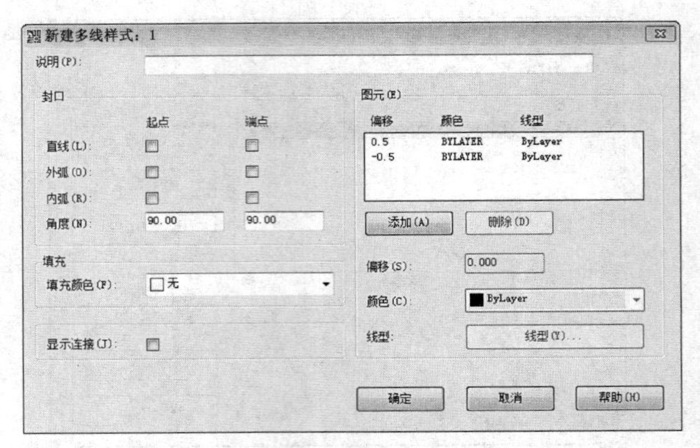

图 16-135 “新建多线样式”对话框(一)

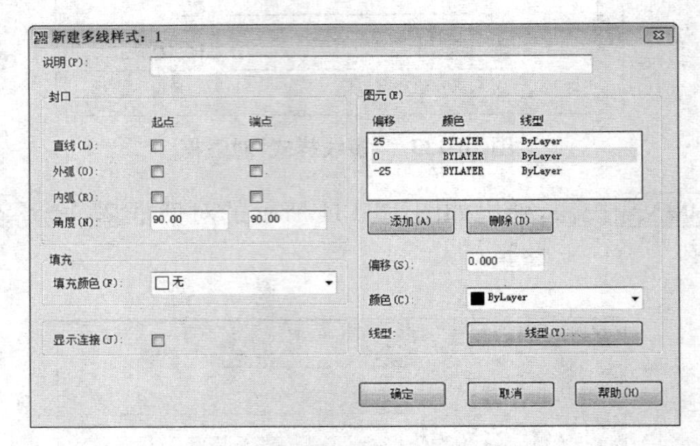

图 16-136 “新建多线样式”对话框(二)

(5) 点取“图元”列表中的第二条线，点选 线型(Y)... 后选择中心点划线 Center，单击 确定 按钮，返回 多线样式 对话框。

(6) 在 多线样式 对话框中单击 确定 按钮，完成多线的设置。

(7) 命令：(输入 Mline，执行绘制多线命令)

(8) 指定起点或[对正(J)/比例(S)/样式(ST)]：(输入 J 并回车，确定对正方式设置)

(9) 输入对正类型[上(T)/无(Z)/下(B)]<上>：(输入 Z 并回车，确定零线对齐)

(10) 指定起点或[对正(J)/比例(S)/样式(ST)]：(输入 S 并回车，设置多线比例)

(11) 输入多线比例<20.00>：(输入 1，回车两次)

由此完成多线绘制前的对正方式以及比例的设置。

在执行完上述步骤以后，我们就可以进行楼梯扶手的绘制。

绘图步骤如下：

(1) 命令：(输入 Mline 并回车)

(2) 指定起点或[对正(J)/比例(S)/样式(ST)]：(捕捉并单击踏面中点 *B*)

(3) 指定下一点:(输入@0,900 并回车,绘出多线 AB)

(4) 指定下一点或[放弃(U)]:(直接回车结束命令)

(5) 执行 Copy 命令,将线段 AB 多次复制形成栏杆。

(6) 再次执行 Mline 命令,通过端点捕捉,连接 A、C 两点。

(7) 执行 Line 命令,绘一折断线,结果如图 16-137 所示。

(8) 执行 Explode 命令,将多线炸开成单线。

(9) 执行 Trim、Extend 以及 Filled 命令完成栏杆的绘制。

结果如图 16-138 所示。

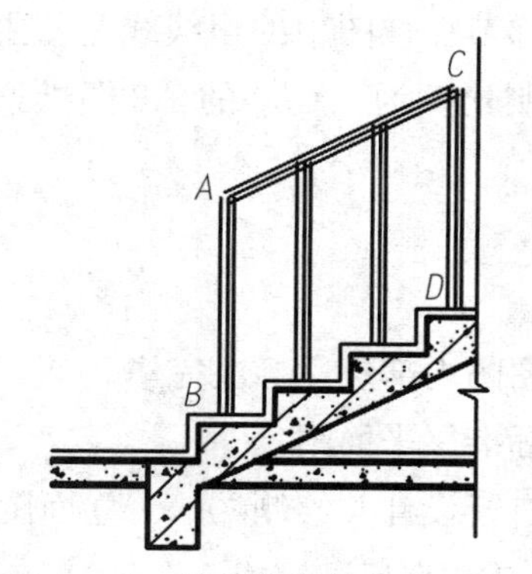

图16-137　绘制楼梯栏杆扶手(一)

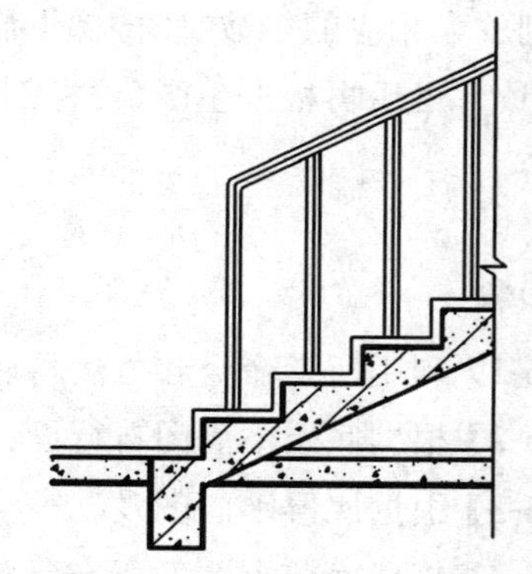

图 16-138　绘制楼梯栏杆扶手(二)

(10) 执行 Line 或 PLine 命令,绘出花栏杆。

(11) 最后标注尺寸、标高、文字等内容,结果如图 16-139 所示。

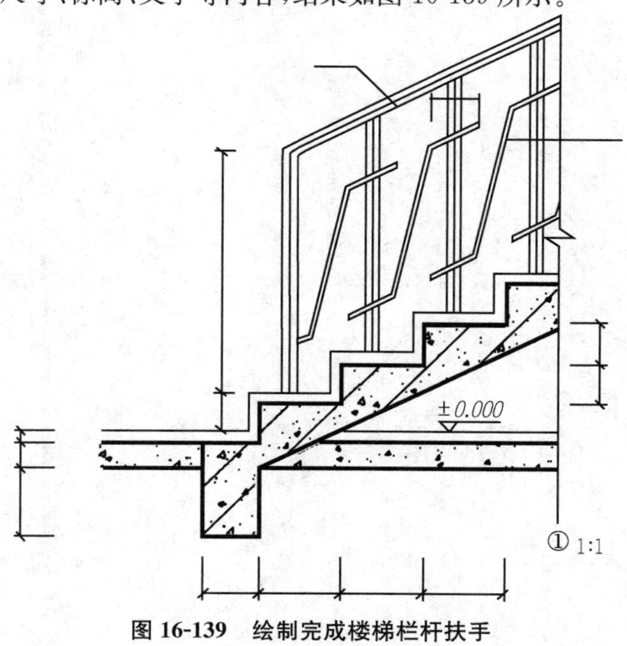

图 16-139　绘制完成楼梯栏杆扶手

(三) 将绘制好的图形插入到同一张图纸中

建筑制图标准规定,同一张图纸中,无论图样大小,它们的线宽应保持一致。如果将来的出图比例以楼梯剖面图的比例1∶30为基准,那么楼梯节点详图及楼梯平面图必须与主图(楼梯剖面图)保持一致,均为0.9×30=27 mm。

在前面,我们已经将楼梯平面图(比例1∶50)、楼梯剖面图(比例1∶30)及节点详图(比例1∶10)绘制完成,下面就将绘制好的3种不同比例的图形放置到同一张图纸中。

首先将绘制好的楼梯平面图及楼梯节点详图分别以图块的形式存盘,并且将它们插入到主图(楼梯剖面图)中去,注意不要将图块分解(炸开);然后再插入到主图(楼梯剖面图)中。图块分别放大相应的倍数,使楼梯平面图及楼梯节点详图中的粗线线宽与主图(楼梯剖面图)保持一致。最后再根据主图(楼梯剖面图)绘制比例为1∶30的A2图纸格式,从而完成本部分内容。

【练习16-1】利用所学命令和方法将底层平面图的内部尺寸标注完毕。

【练习16-2】根据底层平面图自行设计并绘出标准层平面图。

【练习16-3】根据底层平面图及①—⑦立面图自行设计并绘制⑦—①立面图。

【练习16-4】将楼面节点图的所有尺寸、标高以及文字标注完成。

【练习16-5】利用第四个知识点所学的绘图方法和技巧,把底层平面图的楼梯间部分剪切成底层楼梯平面图。

任务十七　绘制建筑结构施工图

学习目标:介绍了梁平法施工图的绘制,要求学生熟练的运用绘图工具栏与修改工具栏绘制一些简单的建筑结构施工图。

任务重点:柱与梁的定位

任务难点:集中标准与原位标注

一、绘制定位轴线

绘图步骤如下:

(1) 打开一张新图,利用 Limits 设置合适的绘图界限,并执行 Zoom 中的 A 选项。

(2) 执行 Layer 命令,打开"图层特性管理器"对话框,新建轴线层,线型为 Center,并置为当前。

(3) 执行 Line 命令,绘制一条水平线与四条垂直线,其中左边三条垂直线间距为 6000,右边两条垂直线间距为 2100。

(4) 执行 Ltscale 命令,调整线型比例因子至合适状态。如图 17-1 所示。

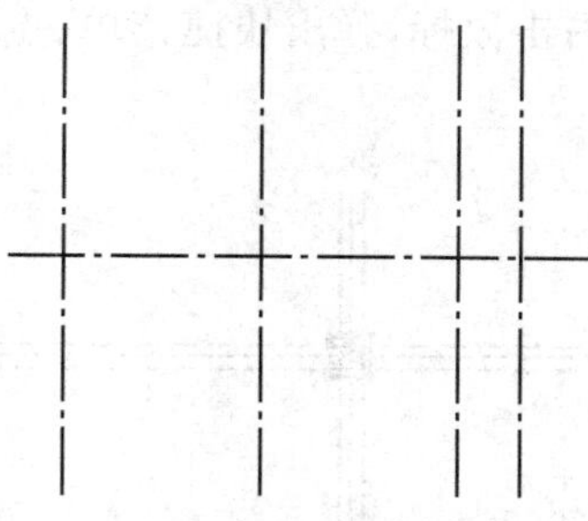

图 17-1　绘制定位轴线

二、绘制柱子

绘图步骤如下:

(1) 执行 Layer 命令,新建柱子层,并置为当前。

(2) 执行 Rectang 命令,绘制一个边长为 500 的正方形。

(3) 执行分解命令,把正方形的四个边分解开。

(4) 执行 Pedit 命令把正方形的四个边的线宽改为 45。

(5) 执行 Line 命令连接正方形的对角线，如图 17-2 所示。

图 17-2　连接正方形的对角线

(6) 打开“草图设置”对话框，选中“中点捕捉”。

(7) 使用 Copy 命令，捕捉正方形对角线的中点，复制到定位轴线的交点上，并删去对角线，结果如图 17-3 所示。

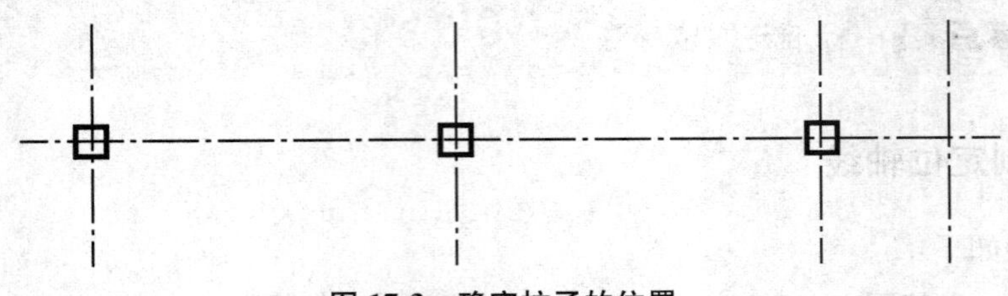

图 17-3　确定柱子的位置

三、绘制梁

绘图步骤如下：

(1) 执行 Layer 命令，新建梁图层，线型为虚线，并置为当前。

(2) 执行 Offset 命令，偏移距离为 150，对轴线进行偏移复制。

(3) 选择偏移复制来的线，右击鼠标，弹出快捷菜单，点击“属性”，更改线的图层为梁图层。结果如图 17-4 所示。

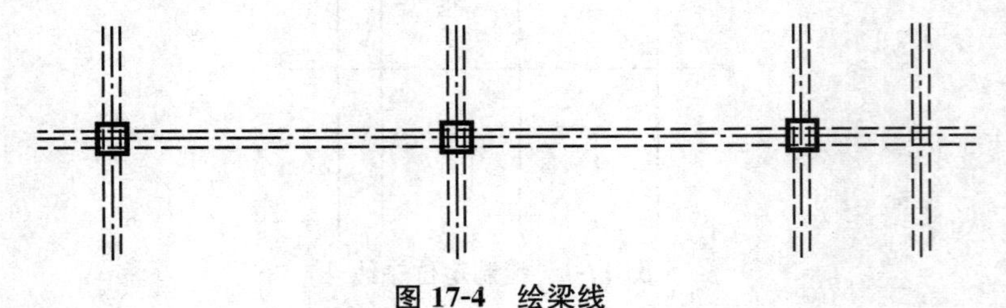

图 17-4　绘梁线

(4) 执行 Line 命令，绘出上下折断线。

(5) 执行 Trim 命令对图形进行修剪，执行 Erase 命令删掉多余的线段。

(6) 选择左右两边的线段，右击鼠标，弹出快捷菜单，点击“属性”，更改线段的图层为 0 图层。结果如图 17-5 所示。

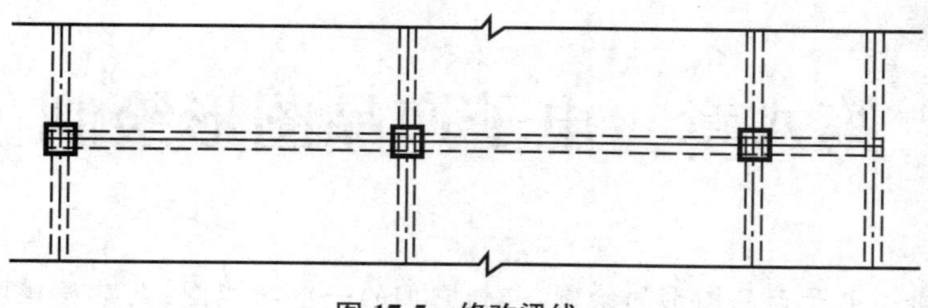

图 17-5　修改梁线

四、平面注写

平面注写包括集中标注与原位标注,集中标注表达梁的通用数值,原位标注表达梁的特殊数值。当集中标注中的某项数值不适用于梁的某部位时,则将该项数值原位标注,施工时,原位标注取值优先。

绘图步骤如下:

(1) 执行 Style 命令,新建文字样式,字体名为宋体,宽度比例 0.7。

(2) 执行 DT 命令,进行平面注写。结果如图 17-6 所示。

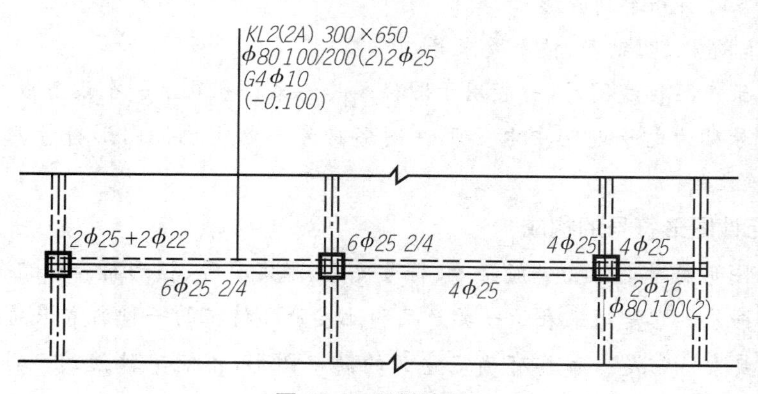

图 17-6　平面注写

综合练习题

【练习 17-1】利用直线命令绘出任务十六中标准层平面图的定位轴线。

【练习 17-2】利用绘图工具栏给任务十六中的标准层平面图布置柱网。

【练习 17-3】利用绘图工具栏中的相关命令绘出任务十六中标准层平面图的梁线。

【练习 17-4】利用修改工具栏中的相关命令调整任务十六中标准层平面图的梁线。

【练习 17-5】利用 DT 命令给任务十六中的标准层平面图进行平面注写。

第八章　电子产品图形绘制

本章主要讲述电子产品图形的绘制，包括它们的一些功能图、电路原理图、电路控制图、电路接线图等实际图形。还有一些典型的电动机电路，为了使用户能很快地掌握绘图技巧，轻松进行上机操作，本章重点通过一些具体的实例对上机进行实验指导，对以后从事AutoCAD绘图有很大帮助。对于正规的图纸和图形的绘制，我们在绘图时要按一定的绘图步骤来完成。一般来说，在AutoCAD中绘制图形时需遵循如下基本步骤：

(1) 构思布局，创建图形文件。

(2) 设置图形单位与界限。

(3) 创建图层，设置图层颜色、线型、线宽等。

(4) 调用或绘制图框和标题栏。

(5) 选择当前层并绘制图形。

(6) 填写标题栏、明细表、技术要求等。

在绘制电子产品接线图时，一般用于图样或其他文件来表示一个设备或概念的图形、标记或字符的符号称为电子电路中电气元件图形符号。电气元件图形符号只要示意图形绘制，不需要精确比例。

1. 电气元件图形符号的构成

电气图用图形符号通常由一般符号、符号要素、限定符号、框形符号和组合符号等组成。

(1) 一般符号　它是用来表示一类产品和此类产品特征的一种通常很简单的符号。

(2) 符号要素　它是一种具有确定意义的简单图形，不能单独使用。符号要素必须同其他图形组合后才能构成一个设备或概念的完整符号。

(3) 限定符号　它是用以提供附加信息的一种加在其他符号上的符号。通常它不能单独使用。有时一般符号也可用作限定符号，如电容器的一般符号加到扬声器符号上即构成电容式扬声器符号。

(4) 框形符号　它是用来表示元件、设备等的组合及其功能的一种简单图形符号。既不给出元件、设备的细节，也不考虑所有连接。通常使用在单线表示法中，也可用在全部输入和输出接线的图中。

(5) 组合符号　它是指通过以上已规定的符号进行适当组合所派生出来的、表示某些特定装置或概念的符号。

2. 电气元件图形符号的分类

新的《电气图用图形符号总则》国家标准代号为 GB/4728.1—1985，采用国际电工委员会(IES)标准，在国际上具有通用性，有利于对外技术交流。电气图用图形符号共分如下 13 部分。

(1) 总则　有本标准内容提要、名词术语、符号的绘制、编号使用及其他规定。

(2) 符号要素、限定符号和其他常用符号　内容包括轮廓和外壳、电流和电压的种类、可变性、力或运动的方向、流动方向、材料的类型、效应或相关性、辐射、信号波形、机械控制、操作件和操作方法、非电量控制、接地、接机壳和等到电位、理想电路元件等。

(3) 导体和连接件　内容包括电线、屏蔽或绞合导线、同轴电缆、端子导线连接、插头和插座、电缆终端头等。

(4) 基本无源元件　内容包括电阻器、电容器、电感器、铁氧体磁芯、压电晶体、驻极体等。

(5) 半导体管和电子管　如二极管、三极管、电子管等。

(6) 电能的发生与转换　内容包括绕组、发电机、变压器等。

(7) 开关、控制和保护器件　内容包括触点、开关、开关装置、控制装置、起动器、继电器、接触器和保护器件等。

(8) 测量仪表、灯和信号器件　内容包括指示仪表、记录仪表、热电偶、遥感装置、传感器、灯、电铃、蜂鸣器、喇叭等。

(9) 电信:交换和外围设备　内容包括交换系统、选择器、电话机、电报和数据处理设备、传真机等。

(10) 电信:传输　内容包括通信电路、天线、波导管器件、信号发生器、激光器、调制器、解调器、光纤传输。

(11) 建筑安装平面布置图　内容包括发电站、变电所、网络、音响和电视的分配系统、建筑用设备、露天设备。

(12) 二进制逻辑元件　内容包括计数器、存储器等。

(13) 模拟元件　内容包括放大器、函数器、电子开关等。

任务十八　基本元件绘制

学习目标:本任务以学习绘制电子产品的基本元件为目标,要求学生掌握不同元件的绘制方法,并会把这些元件做成块,在绘制实际电路中会调用元件绘图。熟悉电子元件的绘图技巧,提高绘图速度。

任务重点:电子产品元件的绘制

任务难点:把电子产品元件做成块并会调用这些块

我们知道电子产品元件图是组成电子产品原理图、接线图的关键,对于它们的绘制掌握住以后对以后电路的绘图会非常的方便,本任务主要介绍基本电子元件电阻、电容、电感、二极管、三极管等的绘制,以及电气元件开关、继电器、电动机、变压器等的绘制。

1. 电子元件——电阻、电容、电感的绘制

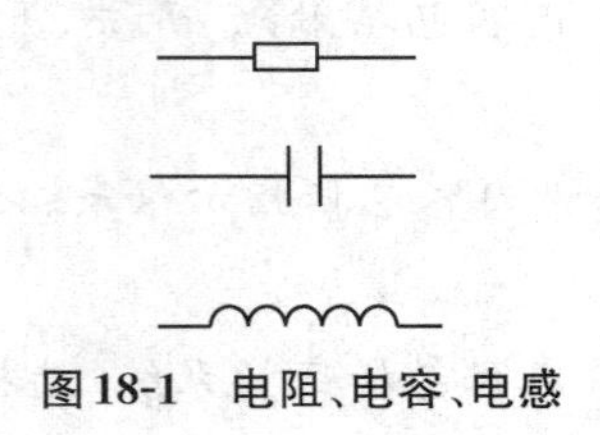

图18-1　电阻、电容、电感

1) 电子元件电阻绘制步骤

(1) 输入直线命令 L,命令行提示:

L LINE 指定第一点:绘图区域任意指定一点↙(鼠标右移)

指定下一点或[放弃(U)]:输入线段长度↙

指定下一点或[放弃(U)]:回车确认↙

(2) 输入矩形命令 REC,命令行提示:

Rec RECTANG

指定第一个角点或[倒角(C)/标高(E)/圆角(F)/厚度(T)/宽度(W)]:绘图区域任意指定一点↙

指定另一个角点或[面积(A)/尺寸(D)/旋转(R)]:输入另一角相对坐标值↙

(3) 输入移动命令 m,命令行提示:

m MOVE

选择对象:选择绘制好的矩形回车确认↙

指定基点或[位移(D)]:捕捉矩形左边竖直边的中点移动到绘制好的直线的右端点↙

(4) 输入镜像命令 mi,命令行提示:

mi MIRROR

选择对象:选择绘制好的直线回车确认↙

指定镜像的第一点:捕捉矩形上边的中点↙

指定镜像的第二点:捕捉矩形下边的中点↙

是否删除源对象?[是(Y)/否(N)]＜N＞:选择默认 N,直接回车确认↙

(5) 把电阻元件创建成外部块,输入外部块命令 W,选择电阻和拾取点后,选择保存文件的路径和文件名(电阻),点击“确定”就创建了电阻的外部块,以后绘制接线图、控制图时都可以调用电阻块了。

2) 电子元件电容绘制步骤

(1) 输入直线命令 L,命令行提示:

L LINE 指定第一点:绘图区域任意指定一点↙(鼠标右移)

指定下一点或[放弃(U)]:输入线段长度↙(鼠标上移)

指定下一点或[放弃(U)]:输入线段长度↙

指定下一点或[放弃(U)]:回车确认↙

(2) 输入镜像命令 mi,命令行提示:

mi MIRROR

选择对象:选择绘制好的竖直直线回车确认↙

指定镜像的第一点:捕捉水平直线的左端点↙

指定镜像的第二点:捕捉水平直线的右端点↙

是否删除源对象?[是(Y)/否(N)]＜N＞:选择默认 N,直接回车确认得到—|,选择此图重新进行镜像即可绘制好电容。

(3) 把电容元件创建成外部块,输入外部块命令 W,选择电阻和拾取点后,选择保存文件的路径和文件名(电容),点击“确定”就创建了电容的外部块。

3) 电子元件电感绘制步骤

(1) 输入直线命令 L,命令行提示:

L LINE 指定第一点:绘图区域任意指定一点↙(鼠标右移)

指定下一点或[放弃(U)]:输入线段长度↙

指定下一点或[放弃(U)]:回车确认↙

(2) 输入命令 C,命令行提示:

C CIRCLE 指定圆的圆心或[三点(3P)/两点(2P)/相切、相切、半径(T)]:输入 2P↙

指定圆直径的第一个端点:用鼠标单击绘制好直线的右端点向右移动鼠标↙

指定圆直径的第二个端点:合适大小单击左键确定圆↙

(3) 输入复制命令 CO,命令行提示:

CO　COPY 选择对象:选择绘制好的圆回车确认↙

指定基点或[位移(D)/模式(O)] <位移>:捕捉圆的左象限点↙

指定位移的第二个点:捕捉圆的右象限点↙(如此复制几个相同的圆)

(4) 输入修剪命令 tr,按两次回车键,执行修剪命令修去多余的部分。

(5) 输入镜像命令 mi,命令行提示:

mi MIRROR

选择对象:选择要镜像的水平直线回车确认↙

指定镜像的第一点:捕捉中间圆的上端点↙

指定镜像的第二点:捕捉中间圆的圆心↙

是否删除源对象?[是(Y)/否(N)] <N>:选择默认 N,直接回车确认↙

(6) 把电感元件创建成外部块,输入外部块命令 W,选择电感和拾取点后,选择保存文件的路径和文件名(电感),点击"确定"就创建了电感的外部块。

2. 电子元件——二极管、三极管的绘制

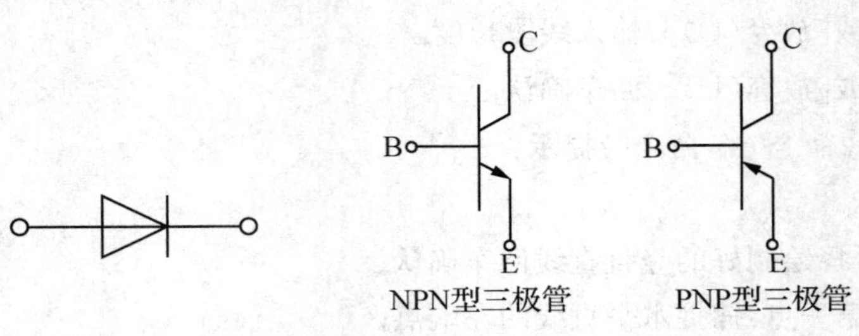

图 18-2　二极管、三极管

1) 电子元件二极管绘制步骤

(1) 输入多边形命令 POL,命令行提示:

Pol POLYGON 输入边的数目 <4>:3↙

指定正多边形的中心点或[边(E)]:绘图区域任意指定一点↙

输入选项[内接于圆(I)/外切于圆(C)] <I>:回车确认↙(绘制好正三角形▷)。

(2) 输入直线命令 L,命令行提示:

L LINE 指定第一点:捕捉正三角形中心点↙(鼠标右移)

指定下一点或[放弃(U)]:输入线段长度↙

指定下一点或[放弃(U)]:回车确认↙

(3) 输入命令 C,命令行提示:

C CIRCLE 指定圆的圆心或[三点(3P)/两点(2P)/相切、相切、半径(T)]:输入 2P↙

指定圆直径的第一个端点:用鼠标单击绘制好直线的右端点向右移动鼠标↙

指定圆直径的第二个端点:合适大小单击左键确定圆↙

(4) 输入镜像命令 mi,命令行提示:

mi MIRROR

选择对象：选择要镜像的直线和圆回车确认↙

指定镜像的第一点：捕捉直线左端点↙

指定镜像的第二点：捕捉直线右端点↙

是否删除源对象？[是(Y)/否(N)] ＜N＞：选择默认 N，直接回车确认↙

(5) 再执行 L 命令，捕捉正三角形右端点，鼠标上移绘制一小段竖线，再执行镜像命令，二极管绘制完毕。

(6) 把二极管元件创建成外部块，输入外部块命令 W，选择二极管和拾取点后，选择保存文件的路径和文件名(二极管)，点击“确定”就创建了二极管的外部块。

2) 电子元件三极管绘制步骤

先绘制 NPN 型三极管

(1) 输入多边形命令 POL，命令行提示：

Pol POLYGON 输入边的数目 ＜4＞：3↙

指定正多边形的中心点或[边(E)]：绘图区域任意指定一点↙

输入选项[内接于圆(I)/外切于圆(C)] ＜I＞：回车确认↙(绘制好正三角形◁)。

(2) 输入直线命令 L，命令行提示：

L LINE 指定第一点：捕捉正三角形中心点↙(鼠标上移)

指定下一点或[放弃(U)]：输入线段长度↙

指定下一点或[放弃(U)]：回车确认↙

(3) 输入镜像命令 mi，命令行提示：

mi MIRROR

选择对象：选择要镜像的直线回车确认↙

指定镜像的第一点：捕捉正三角形左端点↙

指定镜像的第二点：捕捉正三角形右边中点↙

是否删除源对象？[是(Y)/否(N)] ＜N＞：选择默认 N，直接回车确认↙

(4) 执行修剪命令 TR 除去正三角形左边多余的线，删除三角形右边的竖线得到。

(5) 执行直线 L 命令从竖线中点向左移动鼠标绘制移动长度线段，调用圆命令绘制端点 b。

(6) 选中 B 端点和直线利用 CO 复制命令将其复制移动到另外两个端点上，复制之后为。

(7) 输入旋转命令 RO，将 C 和 E 端子和线旋转到竖直位置为。

(8) 绘制箭头，输入多段线命令 PL，绘制如图 18-2 所示箭头 NPN 型三极管绘制完成。

(9) 把三极管创建成外部块，输入外部块命令 W，选择三极管和拾取点后，选择保存文件的路径和文件名三极管，点击“确定”就可以创建三极管的外部块。

PNP 型三极管绘制方法类似于 NPN 型，不再重复。

3. 电子元件——指示灯的绘制

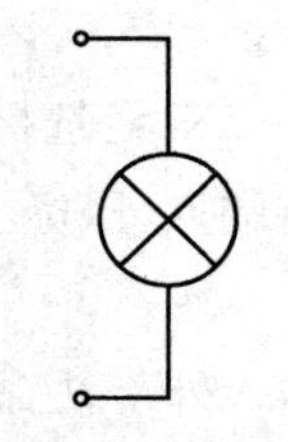

图 18-3　指示灯

(1) 输入命令 C，命令行提示：

C CIRCLE 指定圆的圆心或[三点(3P)/两点(2P)/相切、相切、半径(T)]：屏幕上指定一点↙

指定圆的半径或[直径(D)]：输入半径值↙

(2) 输入直线命令 L，命令行提示：

L LINE 指定第一点：捕捉圆的左象限点↙

指定下一点或[放弃(U)]：捕捉圆的右象限点↙

指定下一点或[放弃(U)]：回车确认↙

再按回车键重复执行直线命令，捕捉圆的上、下象限点绘制直线。

(3) 输入旋转命令 RO，命令行提示：

Ro ROTATE

UCS 当前的正角方向：ANGDIR＝逆时针 ANGBASE＝0

选择对象：选择绘制好的直线回车确认↙

指定基点：捕捉圆的圆心↙

指定旋转角度或[复制(C)/参照(R)]：45 回车确认↙

(4) 再执行执行 L 命令绘制指示灯两端导线，用圆命令 C 绘制端点完成图 18-3。

(5) 创建指示灯外部块，输入外部块命令 W，选择指示灯和拾取点后，选择保存文件的路径和文件名为“指示灯”，点击“确定”就可以创建指示灯的外部块。

4. 电气元件——开关、按钮的绘制

1) 电气元件开关绘制步骤

(1) 输入直线命令 L，命令行提示：

L LINE 指定第一点：屏幕上任意指定一点↙(鼠标下移)

指定下一点或[放弃(U)]：输入线段长度 10↙

指定下一点或[放弃(U)]：回车确认↙

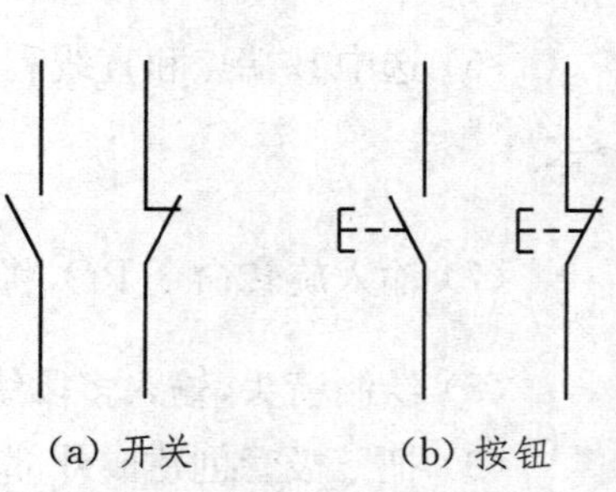

图 18-4　开关、按钮的绘制

再按回车键重复执行直线命令，命令行提示：

LINE 指定第一点：捕捉刚刚绘制过直线的下端点。不要点击鼠标，但要向下移动鼠标，输入距离 4↙

指定下一点或[放弃(U)]：输入线段长度 10↙

指定下一点或[放弃(U)]：回车确认↙

(2) 输入直线命令 L，命令行提示：

L LINE 指定第一点：捕捉绘制好的下直线的上端点↙(鼠标下移)

指定下一点或[放弃(U)]：输入@5<120↙

指定下一点或[放弃(U)]：回车确认↙(图 18-4(a)动合触点绘制完成)

(3) 输入复制命令 CO，命令行提示：

CO　COPY 选择对象：选择图 18-4(a)绘制好的动合触点回车确认↙

指定基点或[位移(D)/模式(O)] <位移>：捕捉动合触点最上面端点↙

指定位移的第二个点：输入移动距离 8↙

(4) 输入旋转命令 RO，命令行提示：

Ro ROTATE

UCS 当前的正角方向：ANGDIR＝逆时针 ANGBASE＝0

选择对象：选择复制以后的动合触点斜线回车确认↙

指定基点：捕捉斜线下端点↙

指定旋转角度或[复制(C)/参照(R)]：300 回车确认↙

(5) 输入直线命令 L，命令行提示：

L LINE 指定第一点：捕捉动断触点上直线的下端点↙(鼠标右移)

指定下一点或[放弃(U)]：输入长度 3↙

指定下一点或[放弃(U)]：回车确认↙(图 18-4(a)动断触点绘制完成)

(6) 创建开关外部块，输入外部块命令 W，选择开关和拾取点后，选择保存文件的路径和文件名为“开关”，点击“确定”就可以创建开关的外部块。

2) 电气元件按钮绘制步骤

(1) 输入 CO 命令将图 18-4(a)开关复制一份。

(2) 输入直线命令 L，命令行提示：

L LINE 指定第一点：捕捉动合触点斜线的中点↙(鼠标左移)

指定下一点或[放弃(U)]：输入长度 4↙(鼠标上移)

指定下一点或[放弃(U)]：输入长度 2.5↙(鼠标右移)

指定下一点或[放弃(U)]：输入长度 1.5↙

指定下一点或[放弃(U)]：回车确认↙

(3) 把刚刚绘制好的 2.5 和 1.5 线段选中执行镜像命令。

(4) 把动合按钮中间的线切换到虚线图层即可绘制完成图 18-4(b)动合按钮。

(5) 把动合按钮 E- 选中执行 CO 命令，复制到动断触点斜线中点绘制完成图 18-4(b)动断按钮。

(6) 创建按钮外部块，输入外部块命令 W，选择按钮和拾取点后，选择保存文件的路径和文件名为“按钮”，点击“确定”就可以创建按钮的外部块。

★**小提示**：显示线型可以用 LTSCALE 命令。

5. 电气元件——热继电器、交流接触器的绘制

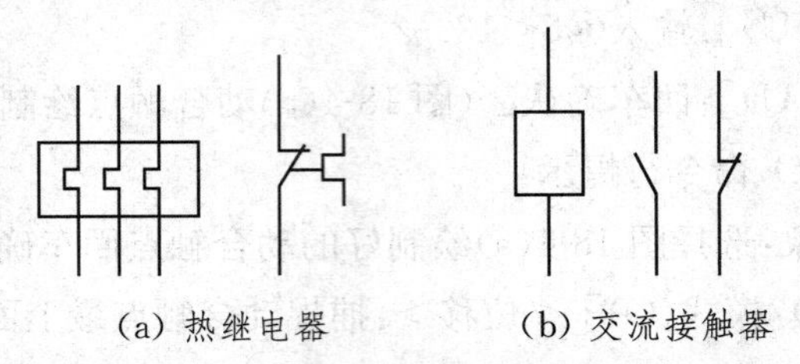

图 18-5　热继电器、交流接触器的绘制

1) 电气元件热继电器绘制步骤

(1) 执行 REC 命令绘制大矩形和里面的小矩形，命令行提示：

Rec RECTANG

指定第一个角点或[倒角(C)/标高(E)/圆角(F)/厚度(T)/宽度(W)]：绘图区域任意指定一点↙

指定另一个角点或[面积(A)/尺寸(D)/旋转(R)]：输入另一角相对坐标值@18,8↙

再次按空格键或回车键重新执行矩形命令，再绘制一个 4×3 矩形。

(2) 使用移动命令 M 将小矩形中心与大矩形中心重合，命令行提示：

M MOVE 选择对象：选择小矩形↙(回车确认)

指定基点或[位移(D)]：捕捉小矩形中心点移动到大矩形中心点↙

(3) 执行直线命令从小矩形上边中点绘制长为 10 竖线段，再对竖线段执行镜像命令到下边，删除多余的部分。

(4) 选中热继电器中间绘制好的部分，左右偏移相同距离，如图 18-5(a)热继电器主电路部分即可绘制完毕。

(5) 绘制图 18-5(a)热继电器控制电路部分，复制 18-4(a)开关动断触点，执行 L 命令绘制触头部分，捕捉动断触点斜线的中点作为起点，依次绘制触头上半部分，再利用镜像命令即可绘制完成图 18-5(a) 热继电器。

(6) 创建热继电器外部块，输入外部块命令 W，选择热继电器和拾取点后，选择保存文件的路径和文件名为“热继电器”，点击“确定”就可以创建热继电器的外部块。

2) 电气元件交流接触器绘制步骤

(1) 执行 CO 命令复制图 18-4(a)开关。

(2) 输入矩形命令 REC 绘制线圈。

(3) 输入直线命令 L,捕捉线圈上水平线中点绘制竖线段。

(4) 利用镜像命令 mi 把绘制好的竖线段镜像到下半边即可绘制图 18-5(b)交流接触器。

(5) 创建交流接触器部块,输入外部块命令 W,选择交流接触器和拾取点后,选择保存文件的路径和文件名为“交流接触器”,点击“确定”就可以创建交流接触器的外部块。

综合练习题

【练习 18-1】绘制练习题图 18-1 位置开关图形符号。

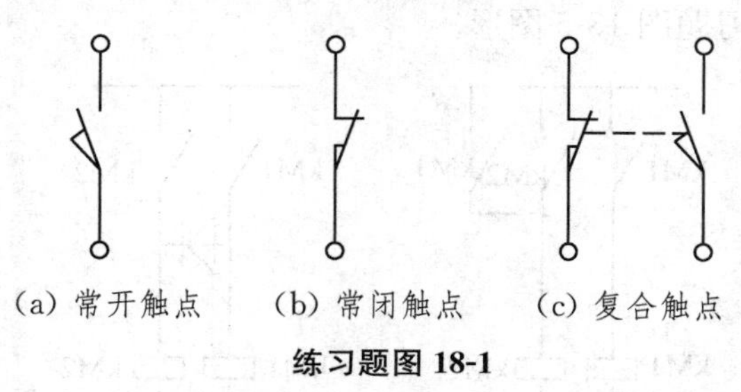

(a) 常开触点　(b) 常闭触点　(c) 复合触点

练习题图 18-1

【练习 18-2】绘制练习题图 18-2 图形符号。

	热执行操作		热继电器触点
	接近效应操作		接近开关

练习题图 18-2

【练习 18-3】绘制练习题图 18-3 时间继电器图形符号。

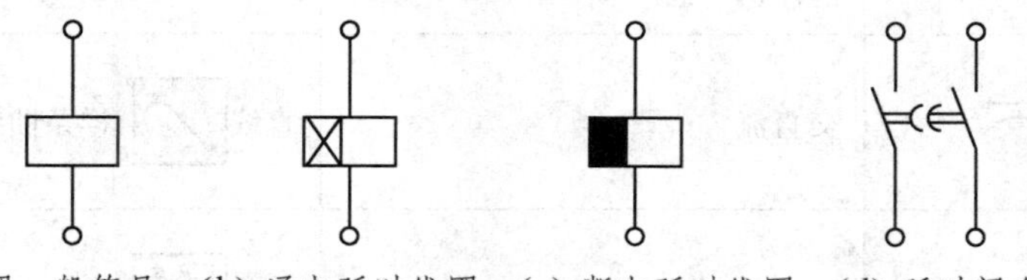

(a) 线圈一般符号　(b) 通电延时线圈　(c) 断电延时线圈　(d) 延时闭合触点

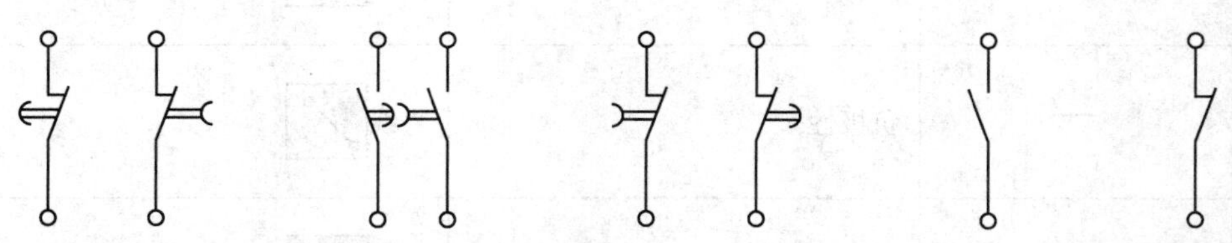

(e) 延时断开常闭触点　(f) 延时断开常开触点　(g) 延时闭合常闭触点　(h) 瞬动常开触点　(i) 瞬动常闭触点

练习题图 18-3

【练习 18-4】绘制练习题图 18-4 图形。

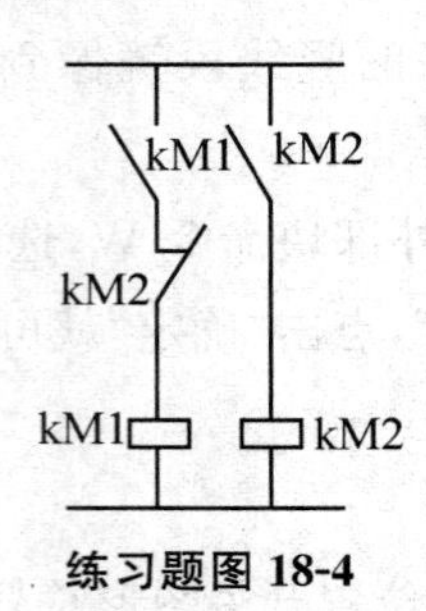

练习题图 18-4

【练习 18-5】绘制练习题图 18-5 图形。

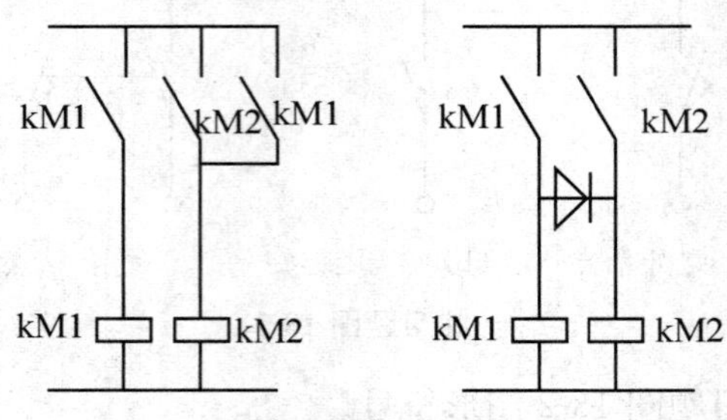

练习题图 18-5

附下表为电气图形常用图形符号及画法使用命令

序号	图形符号	说　　明	画法使用命令
1		直流电 电压可标注在符号右边，系统类型可标注在左边。	直线
2		交流电 频率或频率范围可标注在符号的左边	样条曲线
3		交直流	直线、样条曲线
4		正极性	直线
5		负极性	直线
6		运动方向或力	引线

续表

序号	图形符号	说　　明	画法使用命令
7	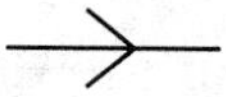	能量、信号传输方向	直线
8		接地符号	直线
9	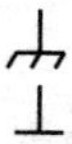	接机壳	直线
10		等电位	正三角形、直线
11		故障	引线、直线
12		导线的连接	直线、圆、图案填充
13	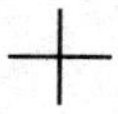	导线跨越而不连接	直线
14		电阻器的一般符号	矩形、直线
15		电容器的一般符号	直线、圆弧
16		电感器、线圈、绕组、扼流圈	直线、圆弧
17	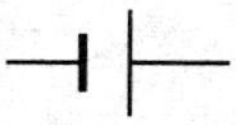	原电池或蓄电池	直线
18		动合(常开)触点	直线

续表

序号	图形符号	说　　明	画法使用命令
19		动断(常闭)触点	直线
20		延时闭合的动合(常开)触点 带时限的继电器和接触器触点	直线、圆弧
21		延时断开的动合(常开)触点	
22		延时闭合的动断(常闭)触点	
23		延时断开的动断(常闭)触点	
24		手动开关的一般符号	直线
25		按钮开关	
26		位置开关,动合触点 限制开关,动合触点	
27		位置开关,动断触点 限制开关,动断触点	
28		多极开关的一般符号,单线表示	
29		多极开关的一般符号,多线表示	直线
30		隔离开关的动合(常开)触点	

续表

序号	图形符号	说　　明	画法使用命令
31	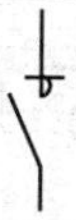	负荷开关的动合（常开）触点	直线、圆弧
32		断路器（自动开关）的动合（常开）触点	直线
33	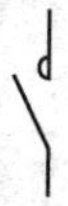	接触器动合（常开）触点	直线、圆弧
34	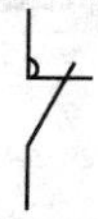	接触器动断（常闭）触点	
35	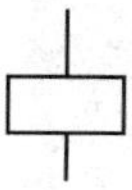	继电器、接触器等的线圈一般符号	矩形、直线
36	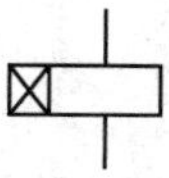	缓吸线圈（带时限的电磁电器线圈）	
37	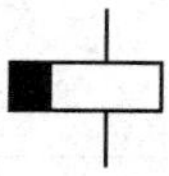	缓放线圈（带时限的电磁电器线圈）	直线、矩形、图案填充
38	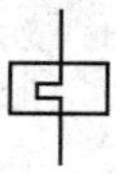	热继电器的驱动器件	直线、矩形
39	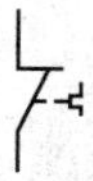	热继电器的触点	直线
40		熔断器的一般符号	直线、矩形
41		熔断器式开关	直线、矩形、旋转
42		熔断器式隔离开关	

续表

序号	图形符号	说　　明	画法使用命令
43		跌开式熔断器	直线、矩形、旋转、圆
44		避雷器	矩形、图案填充
45		避雷针	圆、图案填充
46		电机的一般符号 C-同步变流机 G-发电机 GS-同步发电机 M-电动机 MG-能作为发电机或电动机使用的电机 MS-同步电动机 SM-伺服电机 TG-测速发电机 TM-力矩电动机 IS-感应同步器	直线
47		交流电动机	圆、多行文字
48		双绕组变压器,电压互感器	直线、圆、复制、修剪
49		三绕组变压器	
50		电流互感器	
51		电抗器,扼流圈	直线、圆、修剪

续表

序号	图形符号	说　明	画法使用命令
52		自耦变压器	直线、圆、圆弧
53	V	电压表	圆、多行文字 A
54	A	电流表	
55	cosφ	功率因数表	
56	Wh	电度表	矩形、多行文字 A
57		钟	圆、直线、修剪
58		电铃	
59		电喇叭	矩形、直线
60		蜂鸣器	圆、直线、修剪
61		调光器	圆、直线
62	t	限时装置	矩形、多行文字 A
63		导线、导线组、电线、电缆、电路、传输通路等线路母线一般符号	直线

续表

序号	图形符号	说　明	画法使用命令
64		中性线	圆、直线、图案填充
65		保护线	直线
66		灯的一般符号	直线、圆
67	○A–B C	电杆的一般符号	圆、多行文字
68	11 12 13 14 15	端子板	矩形、多行文字
69		屏、台、箱、柜的一般符号	矩形
70		动力或动力—照明配电箱	矩形、图案填充
71		单项插座	圆、直线、修剪
72		密闭(防水)	
73		防爆	圆、直线、修剪、图案填充
74		电信插座的一般符号 可用文字和符号加以区别: TP—电话 TX—电传 TV—电视 *——扬声器 M—传声器 FM—调频	直线、修剪

续表

序号	图形符号	说　明	画法使用命令
75		开关的一般符号	圆、直线
76		钥匙开关	矩形、圆、直线
77		定时开关	
78		阀的一般符号	直线
79		电磁制动器	矩形、直线
80		按钮的一般符号	圆
81		按钮盒	矩形、圆
82		电话机的一般符号	矩形、圆、修剪
83		传声器的一般符号	圆、直线
84		扬声器的一般符号	矩形、直线
85		天线的一般符号	直线
86		放大器的一般符号 中断器的一般符号，三角形指传输方向	正三角形、直线

续表

序号	图形符号	说　明	画法使用命令
87		分线盒一般符号	圆、修剪、直线  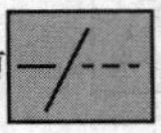 
88		室内分线盒	
89		室外分线盒	
90		变电所	圆 
91		杆式变电所	
92		室外箱式变电所	直线、矩形、图案填充  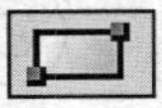 
93		自耦变压器式启动器	矩形、圆、直线 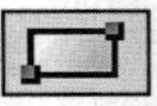  
94		真空二极管	圆、直线  
95		真空三极管	
96	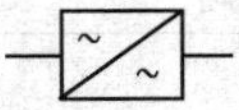	整流器框形符号	矩形、直线 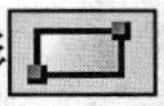 

任务十九　电路功能图绘制

学习目标：本任务以学习绘制电路功能图、框图和波形图为目标，要求学生掌握不同电路功能图、框图和波形图的绘制方法，能在实际绘图中应用自如。熟悉 CAD 绘制电路图的基本方法和掌握绘图技巧。

任务重点：电路功能图、框图和波形图绘制

任务难点：实际电路波形图绘制

【例题 19-1】绘制图 19-1 HX108-2 型收音机功能框图。

对于图形绘制，我们要根据图形的大小方向进行合理的布局，选择图纸的大小。这里我们确定选择 A4 图纸，具体绘制步骤：

1）建立新文件

从桌面直接打开 CAD 运行图标进入绘图主界面或者从“开始”——“所有程序”——“Autodesk”打开 AutoCAD，从文件菜单选择“保存”，首先保存要绘制的图形到合适的地方，在后面的绘图中实时注意保存画图。

2）设置图形界限

根据图形的大小和 1∶1 作图原则，设置图形界限为 297×210 横放比较合适。即标准 A4 图纸。

(1) 设置图形界限

命令行输入：_limits ↙

重新设置模型空间界限：

指定左下角点或[开(ON)/关(OFF)]<0.0000,0.0000>：回车确认↙

指定右上角点<420.0000,297.0000>：297,210 ↙

(2) 显示图形界限　设置了图形界限后，一定要通过显示缩放命令将整个图形范围显示成当前的屏幕大小。最简单的方法就是单击缩放工具栏中的“全部缩放”按钮即可。

3）设置图层

用于此图中的线型不多，我们只需要建立粗实线、细实线和文字 3 个图层，执行快捷命令 LA 打开图层特性管理器，线的颜色没有严格规定，只要绘图者能看清楚，颜色鲜明就可以。

4）图形绘制

(1) 绘图 A4 图纸，有边界、图框和标题栏。用绘制矩形快捷键 REC、直线快捷键 L、偏移快捷键 O、修剪快捷键 TR、多行文字快捷键 T 等命令先绘制出边界、图框和标题栏，如图 19-2 所示。

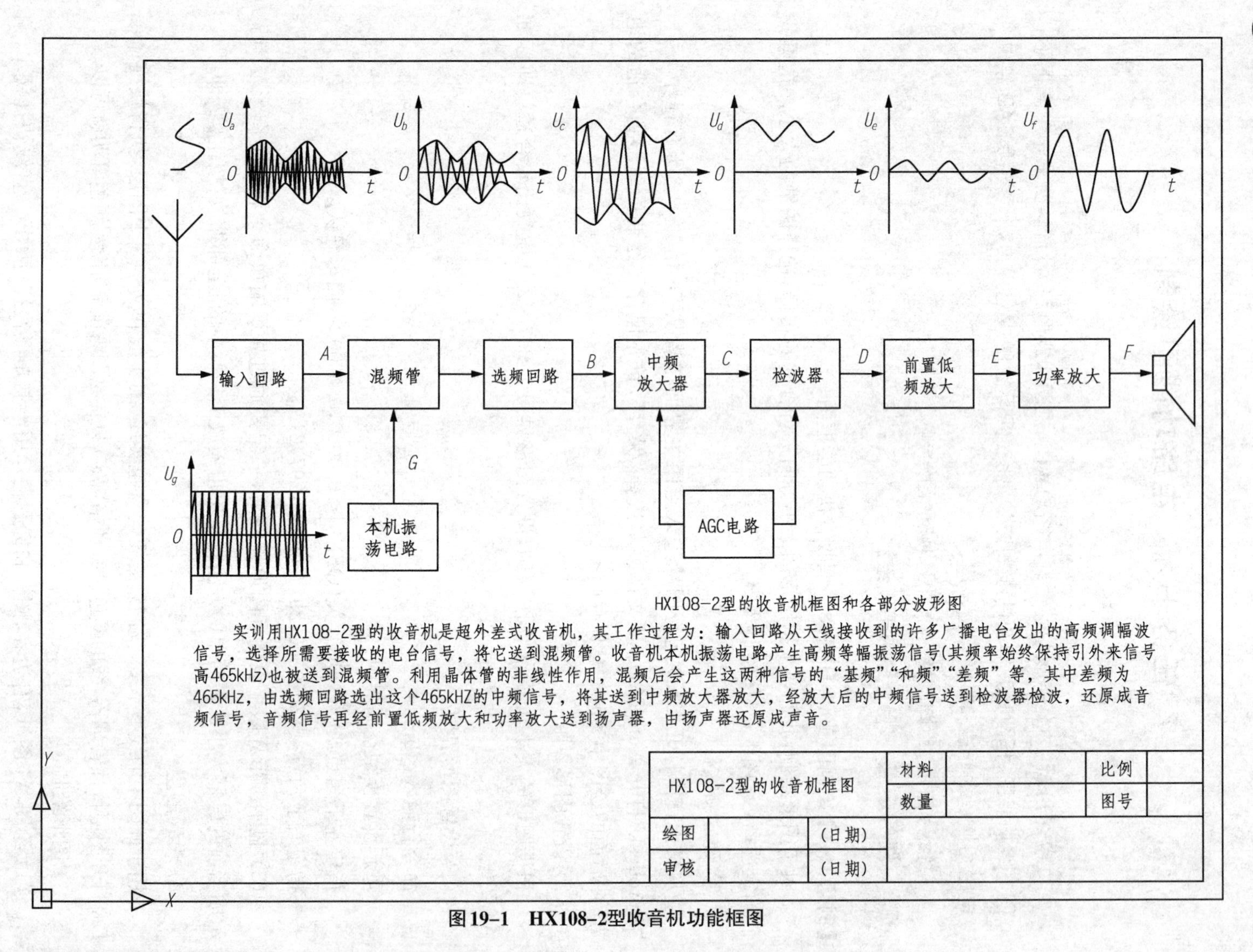

图19-1　HX108-2型收音机功能框图

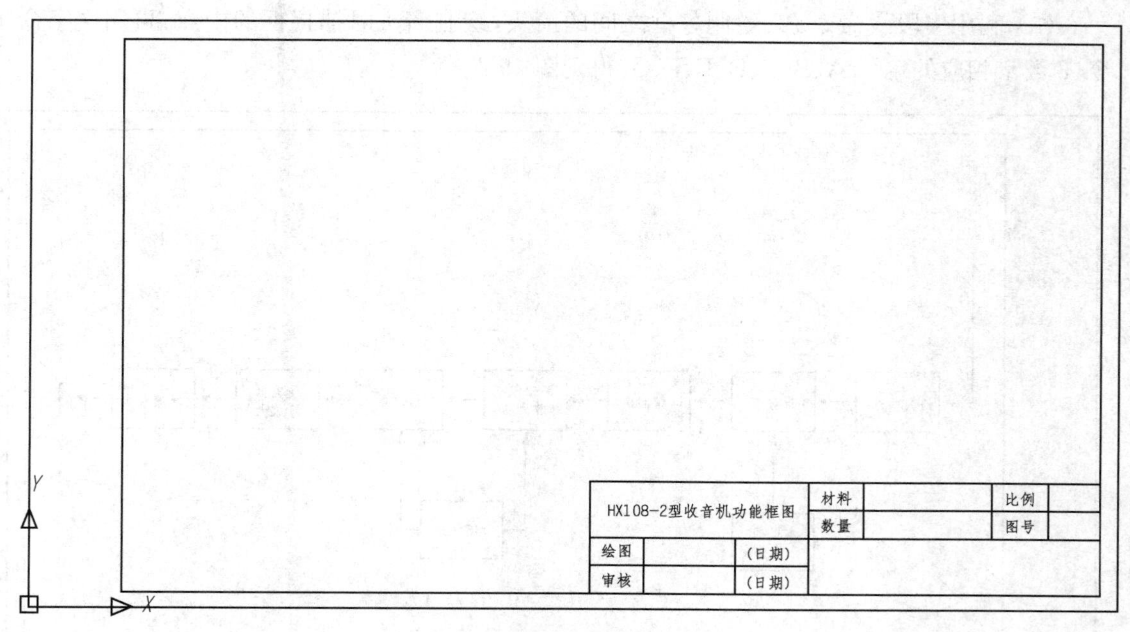

图 19-2　绘制标题栏

（2）利用矩形 REC 命令绘制一个长方框，再用 CO 命令复制 8 个相同的框，依次排列在图纸内，用直线 L 命令绘制蜂鸣器，将它们排好以后用文字命令 T 在框内输入相应文字，如图 19-3 所示。

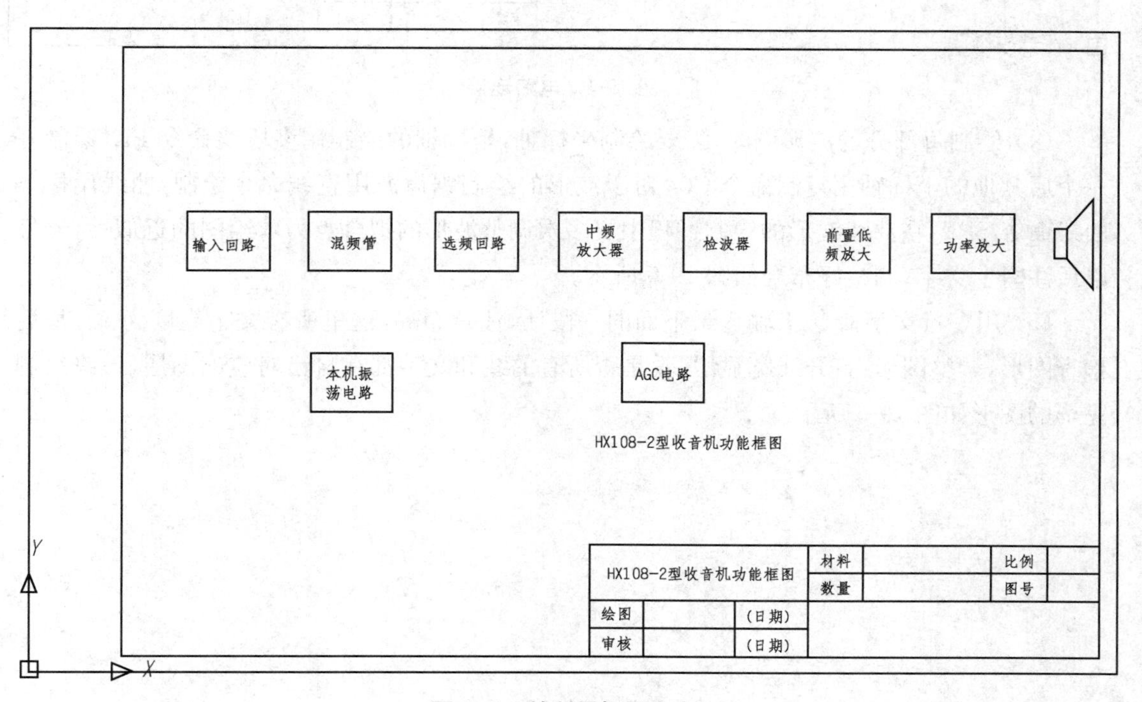

图 19-3　绘制图框及文字

(3) 利用多段线命令 PL 绘制各框之间的箭头，绘制箭头时捕捉框的中点，再用文字命令 T 数字相应的字母 A、B、C、D、E、F、G，得到图 19-4。

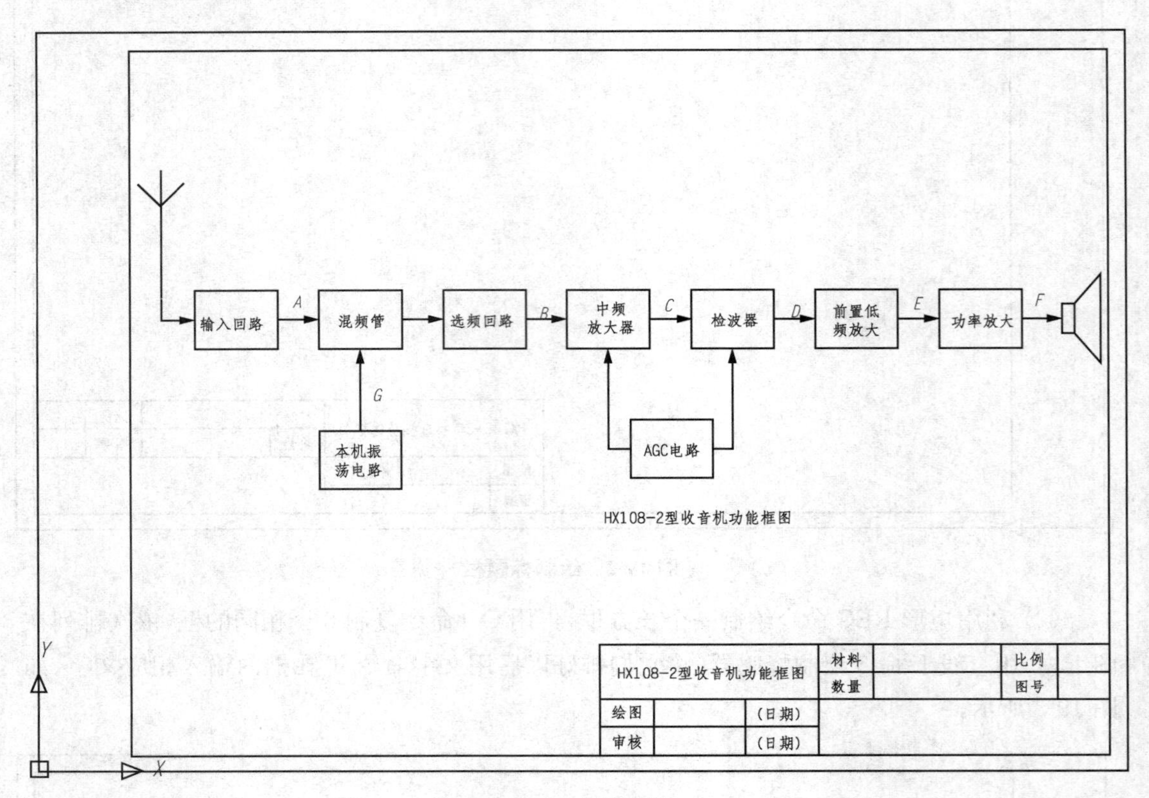

图 19-4　电路连接

(4) 绘制每部分的波形图时，需要绘制坐标轴，坐标轴的绘制用多段线命令 PL，绘制好一个后其他的坐标轴用复制命令 CO，对于波形的绘制锯齿波用直线命令绘制，曲线用样条曲线命令 SPL，在曲线波形的绘制过程中要多次调整波形的拟合点力求绘图的近似性，绘好以后注写上文字，调整好布局如图 19-5 所示。

(5) 用多行文字命令 T 输入最下面的一段话，注意布局，这里所有文字高度为 5。最后检查图形，调整图形，打开线宽显示，看是否所有的线和文字都在自己对应的图层，最终绘制完毕的图形如图 19-6 所示。

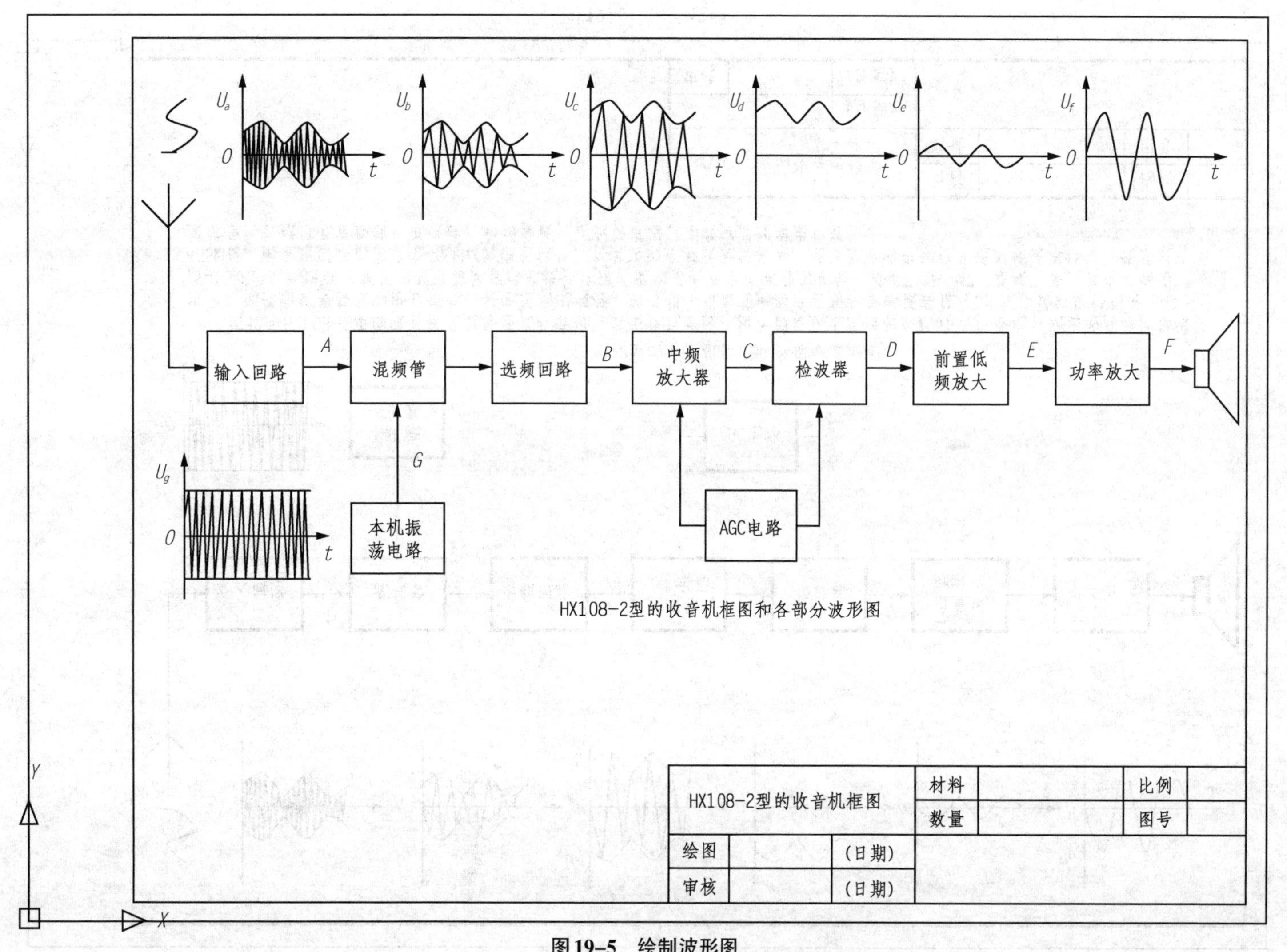
U_a
U_b
U_c
U_d
U_e
U_f
U_g
0
t
输入回路
A
混频管
选频回路
B
中频放大器
C
检波器
D
前置低频放大
E
功率放大
F
G
本机振荡电路
AGC电路
HX108-2型的收音机框图和各部分波形图
HX108-2型的收音机框图
材料
数量
比例
图号
绘图
审核
（日期）
（日期）
Y
X

图19-5　绘制波形图

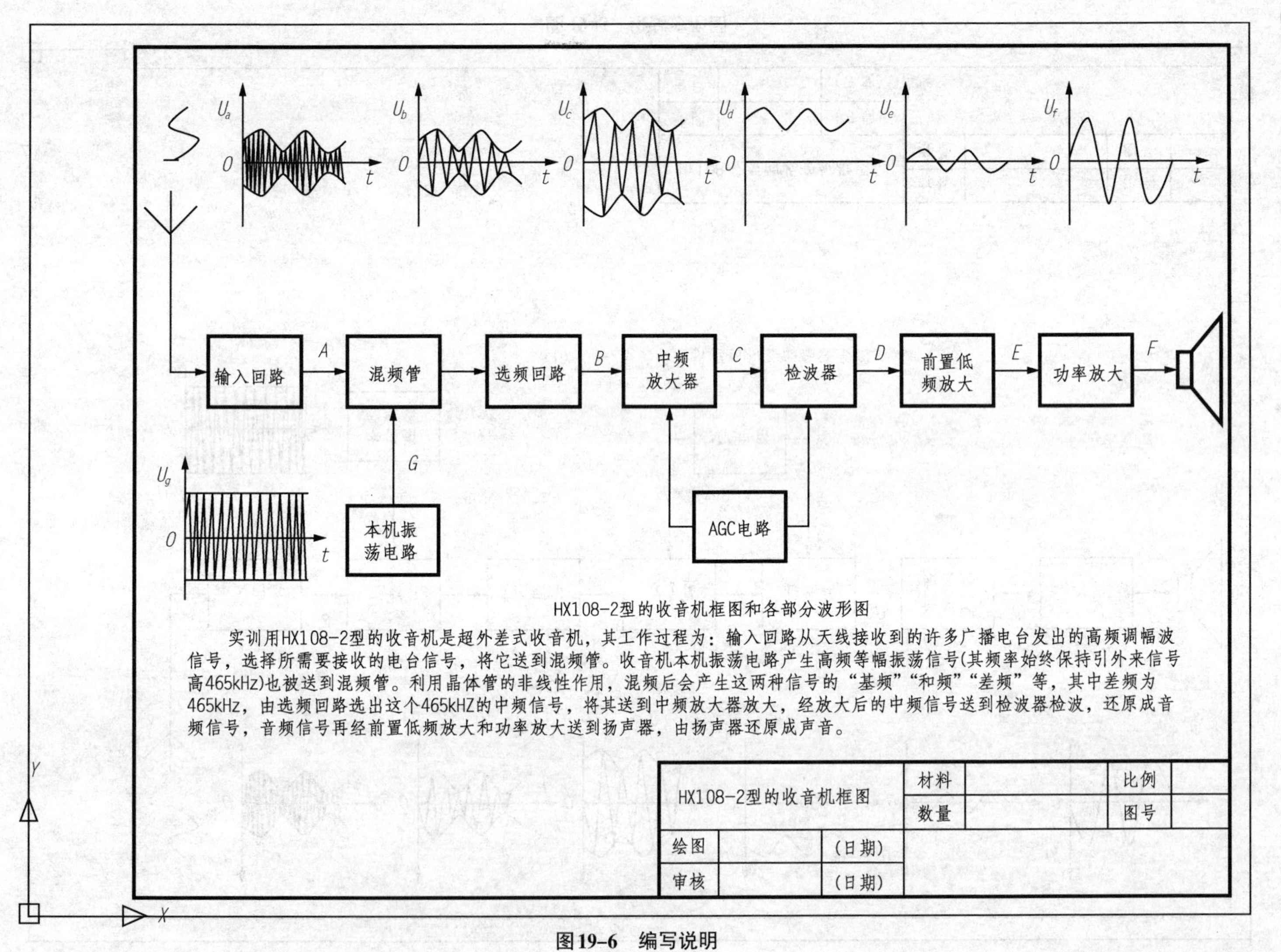
Ua
Ub
Uc
Ud
Ue
Uf
0
t
输入回路
A
混频管
选频回路
B
中频
放大器
C
检波器
D
前置低
频放大
E
功率放大
F
Ug
G
本机振
荡电路
AGC电路
HX108-2型的收音机框图和各部分波形图
实训用HX108-2型的收音机是超外差式收音机，其工作过程为：输入回路从天线接收到的许多广播电台发出的高频调幅波信号，选择所需要接收的电台信号，将它送到混频管。收音机本机振荡电路产生高频等幅振荡信号(其频率始终保持引外来信号高465kHz)也被送到混频管。利用晶体管的非线性作用，混频后会产生这两种信号的“基频”“和频”“差频”等，其中差频为465kHz，由选频回路选出这个465kHZ的中频信号，将其送到中频放大器放大，经放大后的中频信号送到检波器检波，还原成音频信号，音频信号再经前置低频放大和功率放大送到扬声器，由扬声器还原成声音。
HX108-2型的收音机框图
材料
数量
比例
图号
绘图
审核
(日期)
(日期)
Y
X

图19-6 编写说明

综合练习题

【练习 19-1】绘制练习题图 19-1 信号发生器的基本组成框图。

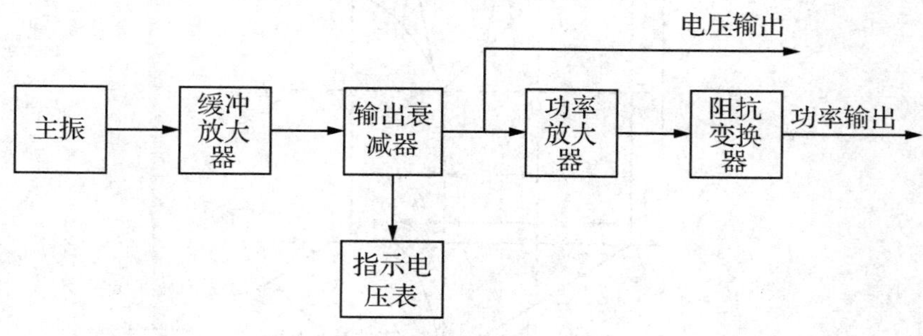

练习题图 19-1

【练习 19-2】绘制练习题图 19-2 信号发生器的基本组成框图。

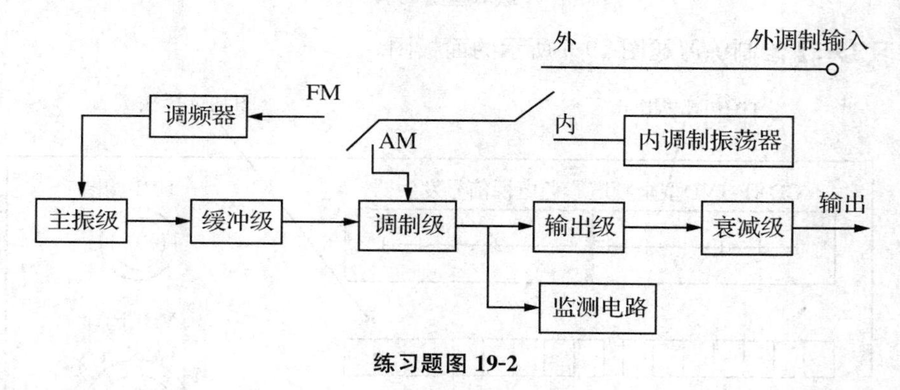

练习题图 19-2

【练习 19-3】绘制练习题图 19-3 所示的原理组成框图。

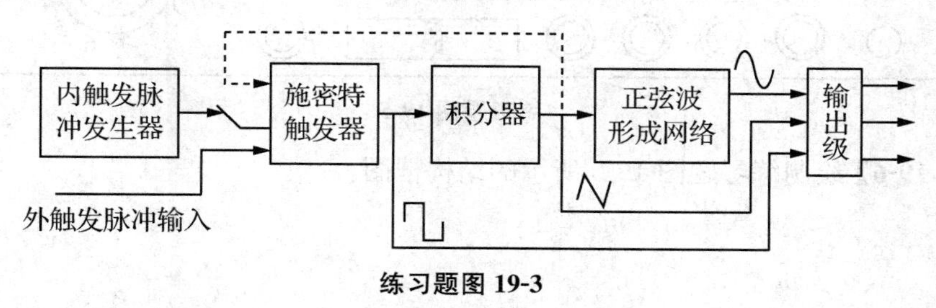

练习题图 19-3

【练习 19-4】绘制练习题图 19-4 所示的波形图。

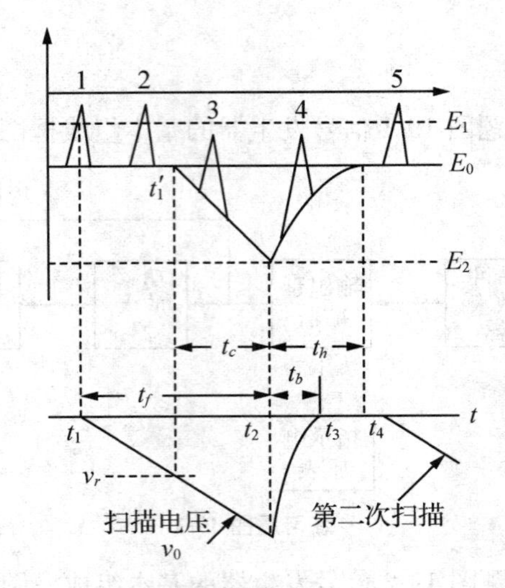

练习题图 19-4

【练习 19-5】绘制练习题图 19-5 所示的面板图。

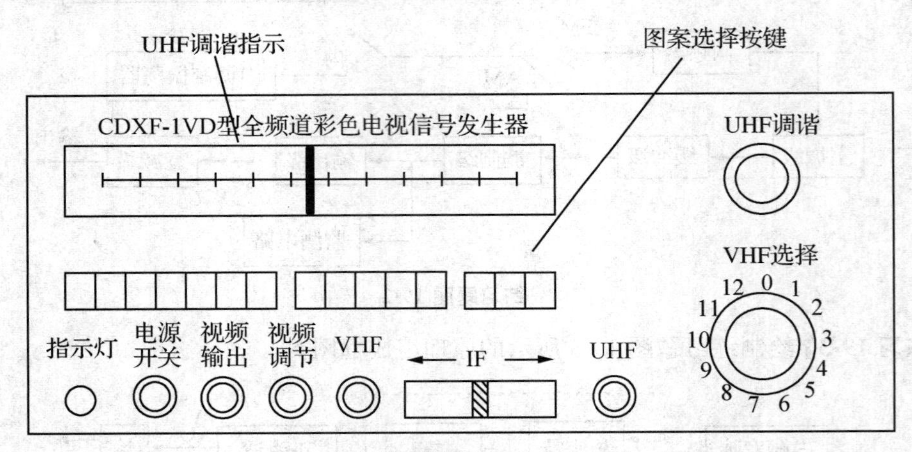

练习题图 19-5

【练习 19-6】绘制练习题图 19-6 所示的结构框图。

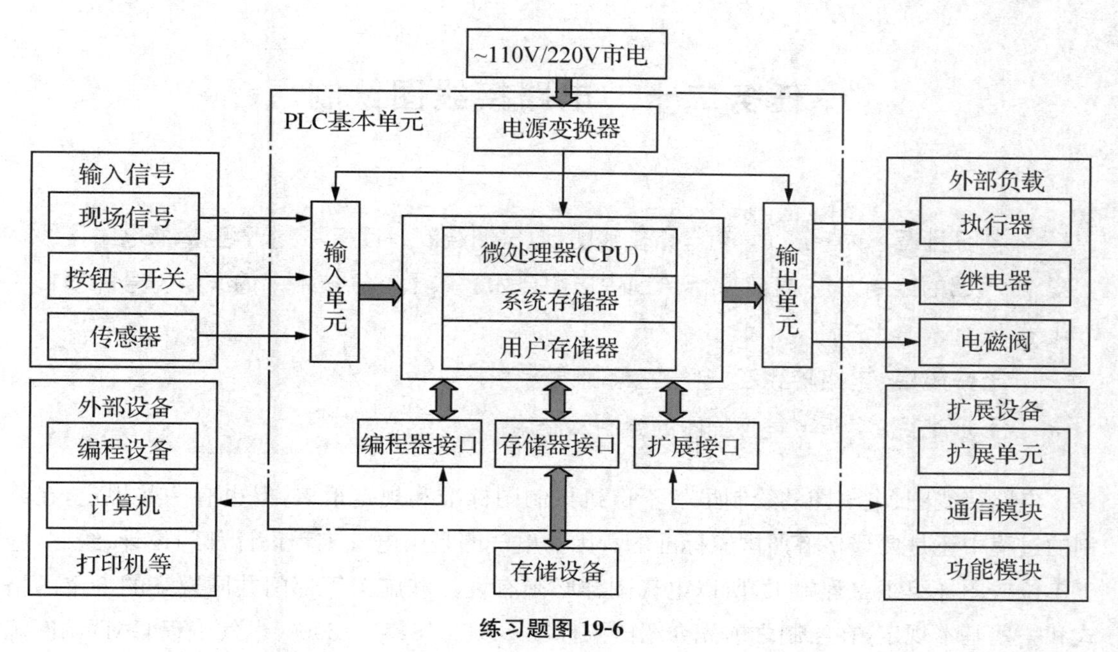
~110V/220V市电
PLC基本单元
电源变换器
输入信号
现场信号
按钮、开关
传感器
输入单元
微处理器(CPU)
系统存储器
用户存储器
输出单元
外部负载
执行器
继电器
电磁阀
外部设备
编程设备
计算机
打印机等
编程器接口
存储器接口
扩展接口
扩展设备
扩展单元
通信模块
功能模块
存储设备

练习题图 19-6

任务二十　电路接线图绘制

学习目标：本任务以学习电路接线图、电气图绘制为目标，要求学生掌握电路接线图、电气图的绘制方法，能在实际绘图中应用自如。熟悉电气技术中的文字符号和项目代号。

任务重点：电路接线图、电气图绘制方法

任务难点：实际电气工程图的绘制及应用

电路接线图、电气图的绘制虽然不像机械制图标准和规定很多，但也有一些规定，在绘制的过程中还是要严格遵照国家标准的。因为电气图是由电气工程设计部门设计、绘制，施工单位按图样组织工程施工，所以电气图样必须有设计和施工等部门共同遵守的一定的格式和一些基本规定，在绘制之前先介绍国家标准 GB/T 18135—2000《电气工程 CAD 制图规则》中常用的有关规定。

1）图纸规定

电气图的图纸幅面和要求和机械制图里面的图纸要求基本上是一样的，本书第六章有所涉及，在这里不再详细介绍了。电气图绘制时国家标准规定，图样的尺寸也以毫米为单位，和机械制图时一样不需标注单位符号(或名称)。如采用其他单位，则必须注明相应的单位符号。

2）图幅的分区

图幅的分区是为了确定图中内容的位置及其他用途，往往需要将一些幅面较大的内容复杂的电气图进行分区，如图 20-1 所示。

图幅的分区方法是：将图纸相互垂直的两边各自加以等分，竖边方向用大写拉丁字母编号，横边方向用阿拉伯数字编号，编号的顺序应从标题栏相对的左上角开始，分区数应为偶数；每一分区的长度一般应不小于 25 mm，不大于 75 mm，对分区中符号应以粗实线给出，其线宽不宜小于 0.5 mm。

图纸分区后，相当于在图样上建立了一个坐标。电气图上的元件和连接线的位置可由此“坐标”而唯一地确定下来。

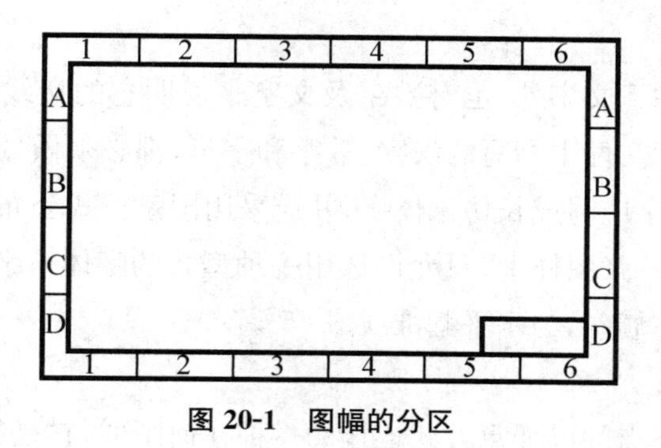

图 20-1　图幅的分区

3）标题栏

标题栏是用来确定图样的名称、图号、张次、更改和有关人员签署等内容的栏目，位于图样的下方或右下方。图中的说明、符号均应以标题栏的文字方向为准。

目前我国尚没有统一规定标题栏的格式，各设计部门标题栏格式不一定相同。通常采用的标题栏格式应有以下内容：设计单位名称、工程名称、项目名称、图名、图别、图号等。电气工程图中常用图 20-2 所示标题栏格式，可供读者借鉴。

<table>
<tr><td colspan="4" rowspan="2">设计单位名称</td><td>工程名称</td><td>设计号</td><td></td></tr>
<tr><td></td><td>图号</td><td></td></tr>
<tr><td>总工程师</td><td></td><td>主要设计人</td><td></td><td colspan="3" rowspan="3">项目名称</td></tr>
<tr><td>设计总工程师</td><td></td><td>技核</td><td></td></tr>
<tr><td>专业工程师</td><td>制图</td><td></td><td></td></tr>
<tr><td>组长</td><td></td><td>描图</td><td></td><td colspan="3" rowspan="2">图号</td></tr>
<tr><td>日期</td><td>比例</td><td></td><td></td></tr>
</table>

图 20-2　标题栏格式

学生在作业时，采用如图 20-3 所示的标题栏格式。

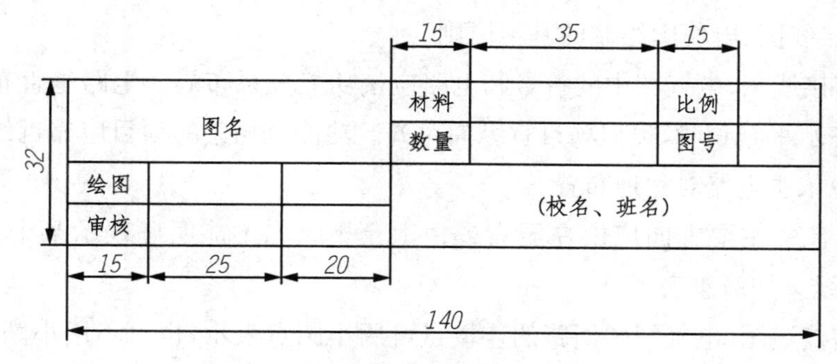

图 20-3　标题栏格式

4）比例

比例是指图中图形与其实物相应要素的线性尺寸之比。绘制图样时，比例的选择尽力 1∶1，不能做到时比例的选取和机械制图中比例的选择一样，参照本书第六章。

5）字体

电气图中的字体除下文字外，也有数字及文字来说明它的接线的注意和技术要求等其他内容。在图样和技术文件中书写的汉字、数字和字母，都必须做到字体工整、笔画清楚、间隔均匀、排列整齐。汉字应写成长仿宋体字，并应采用国家正式公布的简化字。字母和数字分A型和B型。在同一张图样上，只允许选用一种型式的字体。字母和数字可写成斜体和直体。斜体字字头向右倾斜，与水平基准线成75°。

6）图线及其画法

图线是指起点和终点间以任意方式连接的一种几何图形，它是组成图形的基本要素，形状可以是直线或曲线、连续线或不连续线。国家标准中规定了在工程图样中使用的六种图线，其型式、名称、宽度以及应用示例见表20-1所示。

表20-1 常用图线的型式、宽度和主要用途

图线名称	图线型式	图线宽度	主要用途
粗实线	————————	b	电气线路、一次线路
细实线	————————	约b/3	二次线路、一般线路
虚线	— — — — — —	约b/3	屏蔽线、机械连线
细点划线	—·—·—·—·—	约b/3	控制线、信号线、围框线
粗点划线	—·—·—·—·—	b	有特殊要求线
双点划线	—··—··—··—	约b/3	原轮廓线

图线分为粗、细两种。以粗线宽度作为基础，粗线的宽度b应按图的大小和复杂程度，在0.5—2mm之间选择，细线的宽度应为粗线宽度的1/3。图线宽度的推荐系列为：0.18，0.25，0.35，0.5，0.7，1，1.4，2 mm，若各种图线重合，应按粗实线、点划线、虚线的先后顺序选用线型。

7）电路接线图、电气图绘制的基本原则

(1) 电路接线图、电气图中的符号和电路应按功能关系布局。电路垂直布置时，类似项目宜横向对齐水平布置时，类似项目宜纵向对齐。功能上相关的项目应靠近绘制，同等重要的并联通路应依主电路对称地布置。

(2) 信号流的主要方向应由左至右或由上至下。如不能明确表示某个信号流动方向时，可在连接线上加箭头表示。

(3) 电路接线图、电气图中回路的连接点可用小圆点表示，也可不用小圆点表示。但在同一张图样中宜采用一种表示形式。

(4) 图中由多个元器件组成的功能单元或功能组件，必要时可用点划线框出。

(5) 图中不属于该图共用高层代号范围内的设备，可用点划线或双点划线框出，并加以说明。

(6) 图中设备的未使用部分,可绘出或注明。

【**例题 20-1**】绘制如图 20-4 所示电路图。

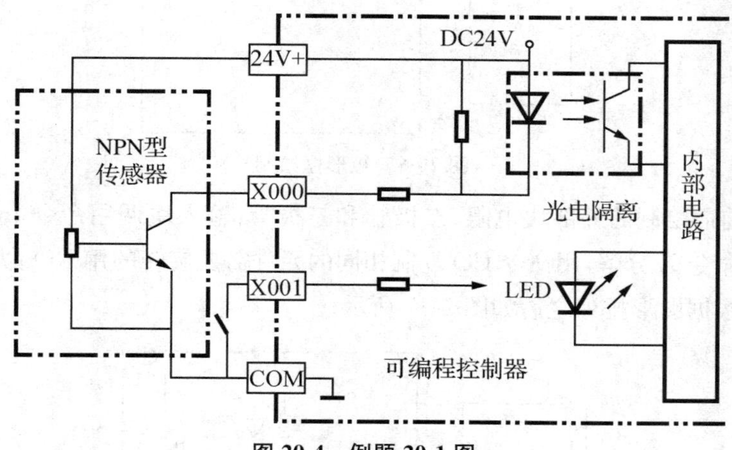

图 20-4　例题 20-1 图

1) 建立新文件　从桌面直接打开 CAD 运行图标进入绘图主界面或者从“开始” →“所有程序” → “Autodesk”打开 AutoCAD,从文件菜单选择保存首先保存要绘制的图形到合适的地方,在后面的绘图中实时注意保存画图。

2) 单击缩放工具栏中的“全部缩放”按钮 将整个图形范围显示成当前的屏幕大小。

3) 设置图层根据图形我们需要建立粗实线、细实线、双点划线和文字 4 个图层,执行快捷命令 LA 打开图层特性管理器,线的颜色没有严格规定,只要绘图者能看清楚,这里我们建好的图层如图 20-5 所示。

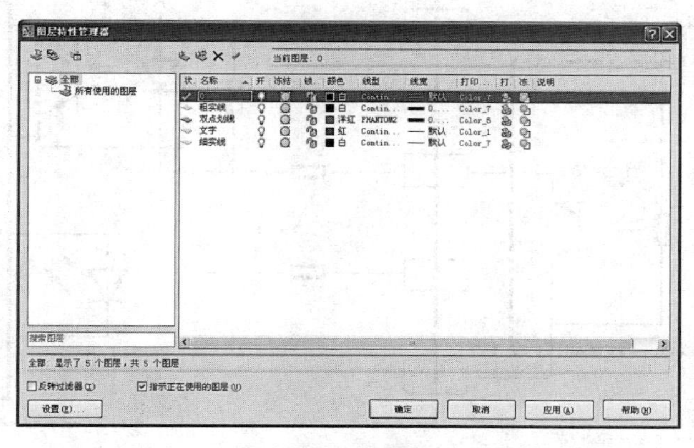

图 20-5　设置图层

4) 图形绘制

(1) 利用矩形绘制命令 REC 绘制两个长方框,使它们的水平中心在一条直线上,绘好以后切换到中心线层,如图 20-6 所示。

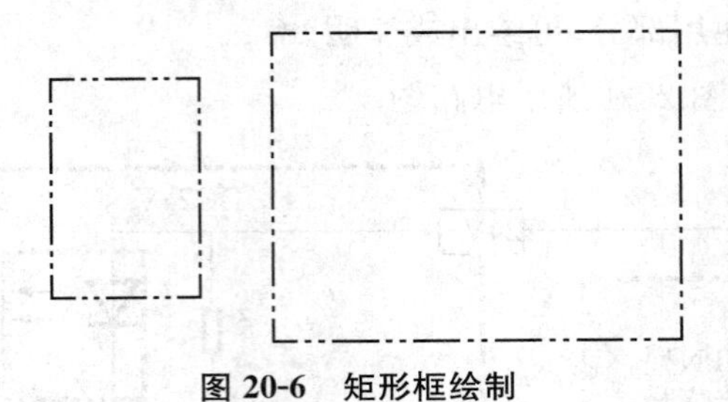

图 20-6　矩形框绘制

(2) 调用前面绘制的外部块电阻、二极管和三极管，输入块调用命令 Insert 调用它们，之后再用分解命令 X 分解，用命令 CO 复制相同的元件需要旋转的用 RO 命令旋转到位，最后将这些元件根据图形排列之后如图 20-7 所示。

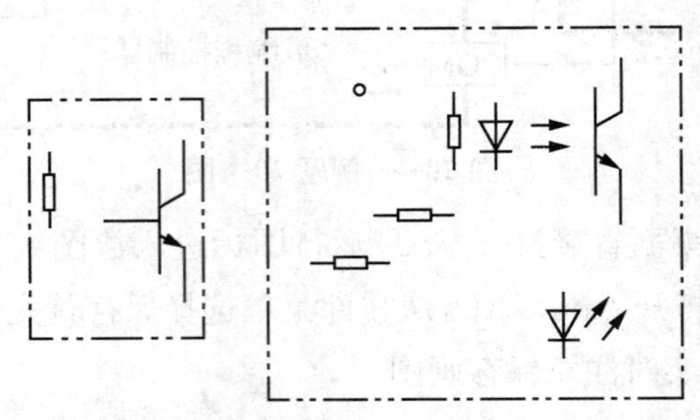

图 20-7　绘制电阻、二极管、三极管

(3) 绘制连接线和小的矩形框。利用直线命令 L 绘制连接线，矩形命令 REC 绘制小矩形框，多段线命令 PL 绘制箭头，将这些元器件合理布局以后如图 20-8 所示。

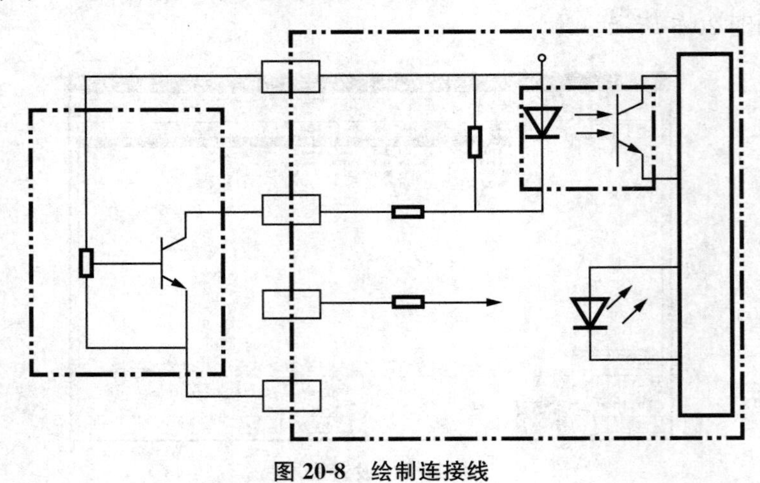

图 20-8　绘制连接线

(4) 用修剪命令 TR 除去框中多余的线输入对应的文字，调用直线命令 L 绘制开关和接地，检查图形，调整图形，打开线宽显示，看是否所有的线和文字都在自己对应的图层，没有问题时关闭线宽显示，保存图形，最终绘制完毕的图形如图 20-9 所示。

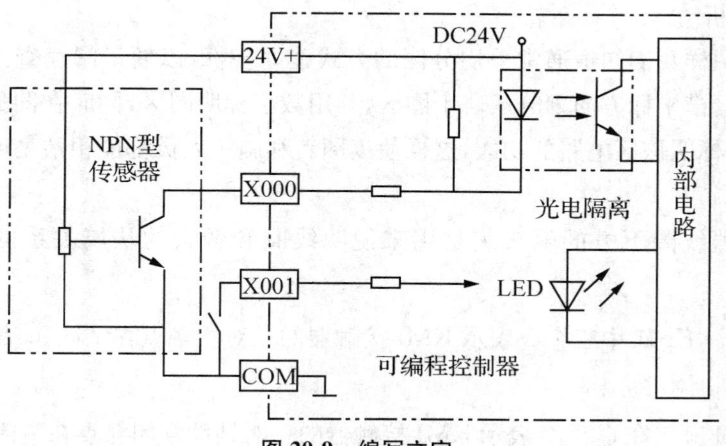

图 20-9　编写文字

【例题 20-2】绘制电动机正反转电气原理图。

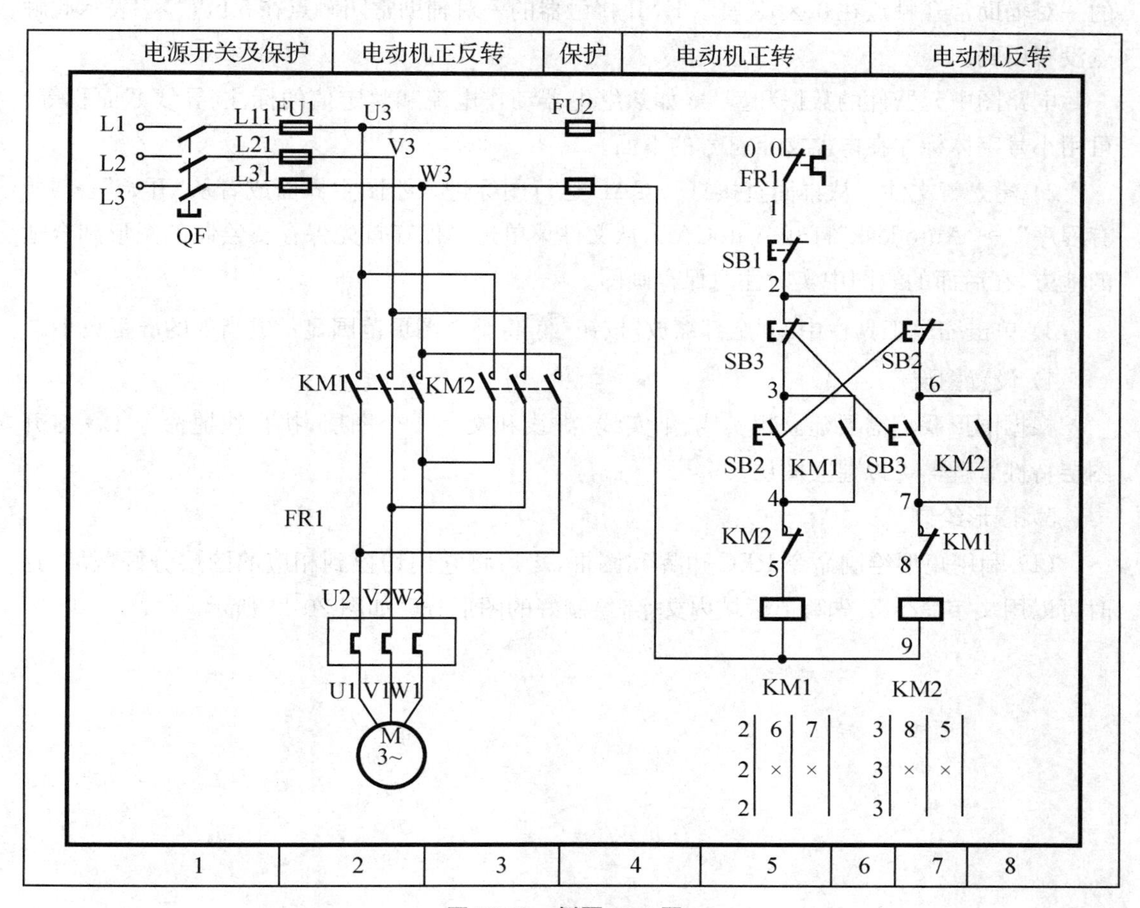

图 20-10　例题 20-2 图

1）绘图分析

对于工程图样我们知道通常采用分区的方式建立坐标，以便于阅读查找。电路图常采用在图的下方沿横坐标方向划分成若干图区，并用数字标明图区，同时在图的上方沿横坐标方向划区，分别标明该区电路的功能，这样使读图者和施工人员都能很清楚明白地看懂图纸并进行施工。

图中接触器线圈下方的触头表是用来说明线圈和触头的从属关系的，其含义如下：

KM1			KM2		
2	6	7	3	8	5
2	×	×	3	×	×
2			3		

，KM1 中三个 2 表示 KMI 接触器的三对主触点在 2 区，6 表示 KMI 接触器的一对辅助常开触点在 6 区，7 表示 KMI 接触器的一对辅助常闭触点在 7 区，×表示此触点没有用到；同理，KM2 中三个 3 表示 KM2 接触器的三对主触点在 3 区，8 表示 KMI 接触器的一对辅助常开触点在 8 区，5 表示 KMI 接触器的一对辅助常闭触点在 5 区，“×”表示此触点没有用到。

电路图中元器件的数据和型号（如热继电器动作电流和整定值的标注、导线截面积等）可用小号字体标注在电器文字符号的下面。

2）建立新文件　从桌面直接打开 CAD 运行图标进入绘图主界面或者从“开始”→“所有程序”→“Autodesk”打开 AutoCAD，从文件菜单选择保存首先保存要绘制的图形到合适的地方，在后面的绘图中实时注意保存画图。

3）单击缩放工具栏中的“全部缩放”按钮，将整个图形范围显示成当前的屏幕大小。

4）设置图层

根据图形我们需要建立粗实线、细实线、虚线和文字 4 个图层，执行快捷命令 LA 打开图层特性管理器可以建立图层。

5）图形绘制

（1）利用矩形绘制命令 REC 边界和图框，之后将它们切换到相应的图层分好区域，这时可以用文字命令 T 先写上区域内文字，绘制好的图形分区如图 20-11 所示。

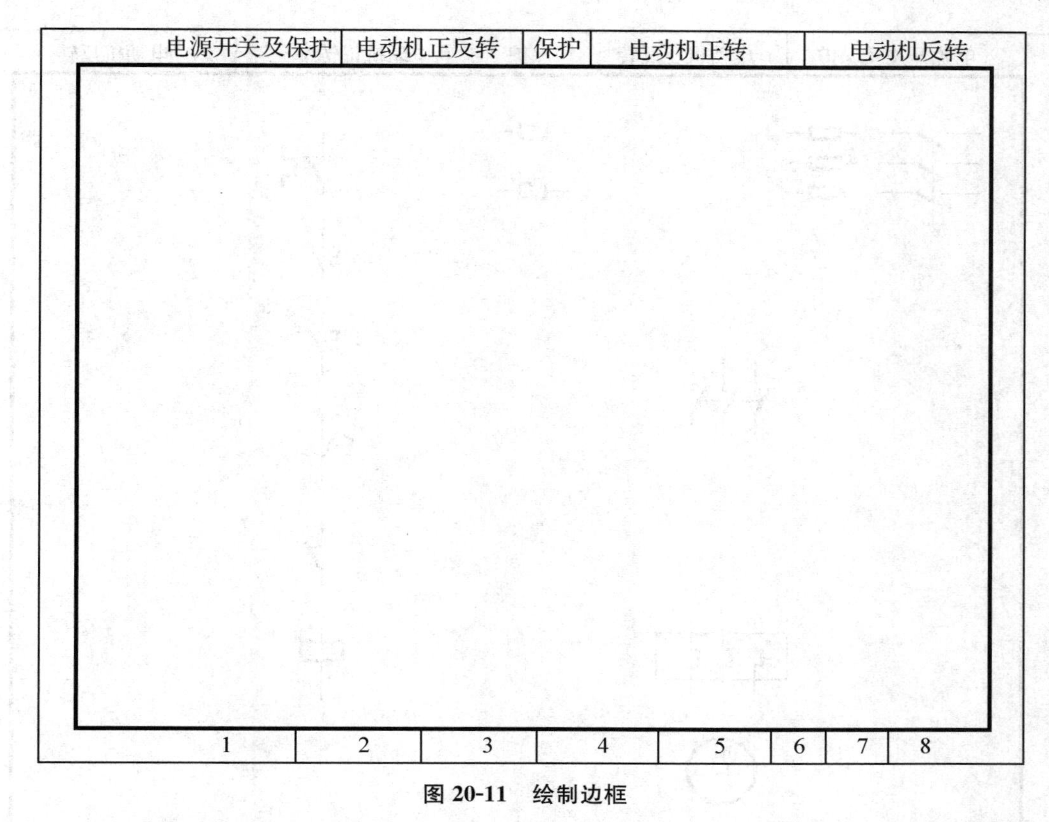

图 20-11　绘制边框

（2）调用前面绘制的外部块熔断器、动合按钮、动断按钮、交流接触器以及电动机等，输入块调用命令 insert 调用它们，用命令 co 复制相同的元件需要旋转的用 RO 命令旋转到位，最后将这些元件根据图形分区排列大致位置之后如图 20-12 所示。

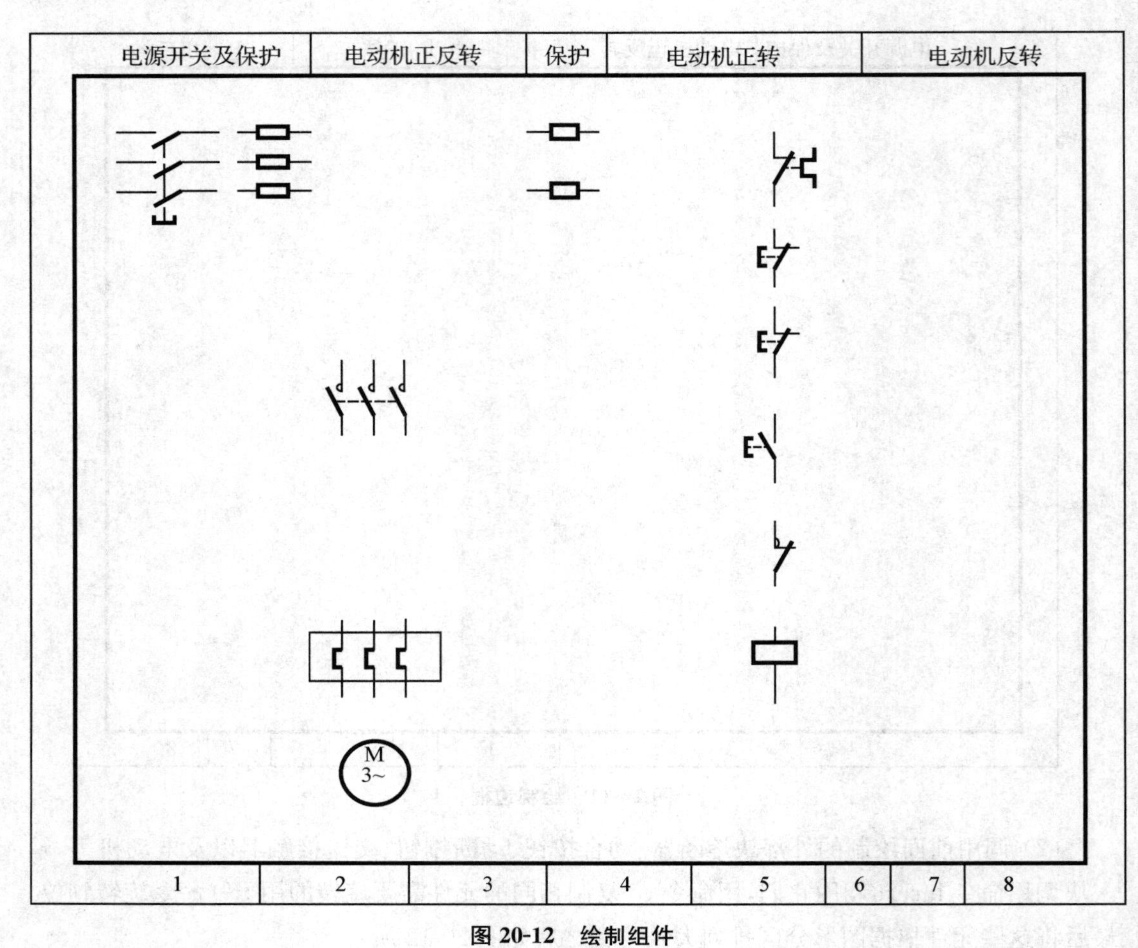

图 20-12　绘制组件

(3) 利用直线命令绘制连接线，输入绘制圆命令 C 绘制三相线的端子，绘制好的图形如图 20-13 所示。

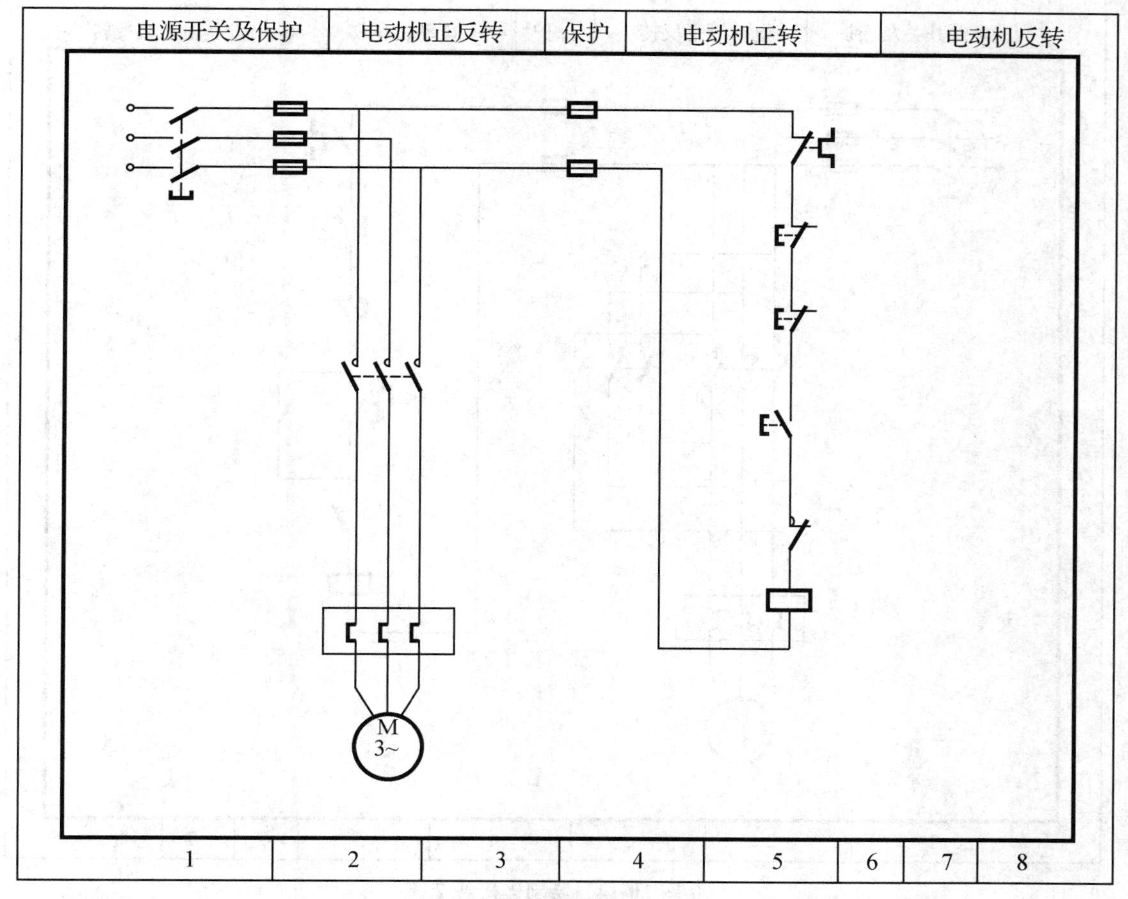

图 20-13　绘制连接线 1

（4）利用复制命令 CO 将电动机正转主触点复制一份放在正转主触点右侧，复制完毕再次按回车键复制动合按钮，之后将动合按钮中此部分 E-- 删除，执行直线 L 命令绘制正转主触点和反转主触点之间的连接线，启动按钮和接触器辅助常开触点间的连接线，绘制好的图如图 20-14 所示。

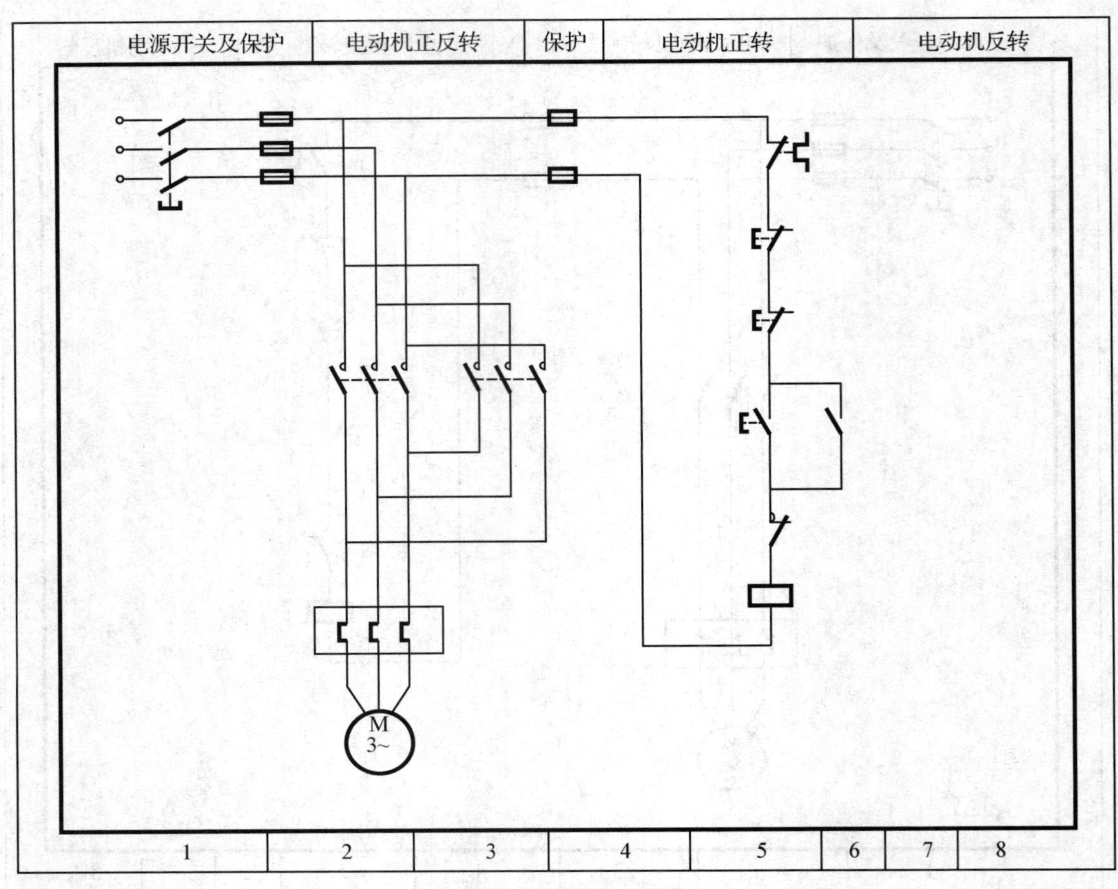

图 20-14　绘制连接线 2

(5) 将图 20-15 中电动机正转控制回路选中，如图 20-15(a)中虚线框内所示，利用 CO 命令复制到右侧即为电动机反转控制回路，再用直线命令 L 绘制连接线和复合按钮之间的虚线，图 20-15(b)所示。

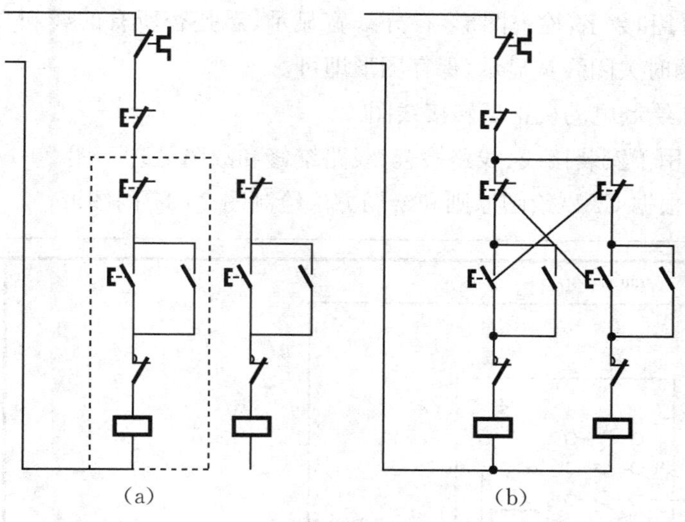

图 20-15　绘制连接线 3

(6) 绘制导线连接点，输入绘圆命令 C 绘制节点圆，输入填充命令 H 打开图案填充对话框，在图案选项中选择 SOLID 之后选择黑色，边界中选择添加拾取点(用鼠标点击圆的内部)或者添加选择对象(直接选择圆)就可以完成导线连接点的绘制，调用 CO 命令选中绘制好的连接点在导线交点的地方直接点击鼠标左键就可以了，添加导线连接点以后的图形如图 20-16 所示。

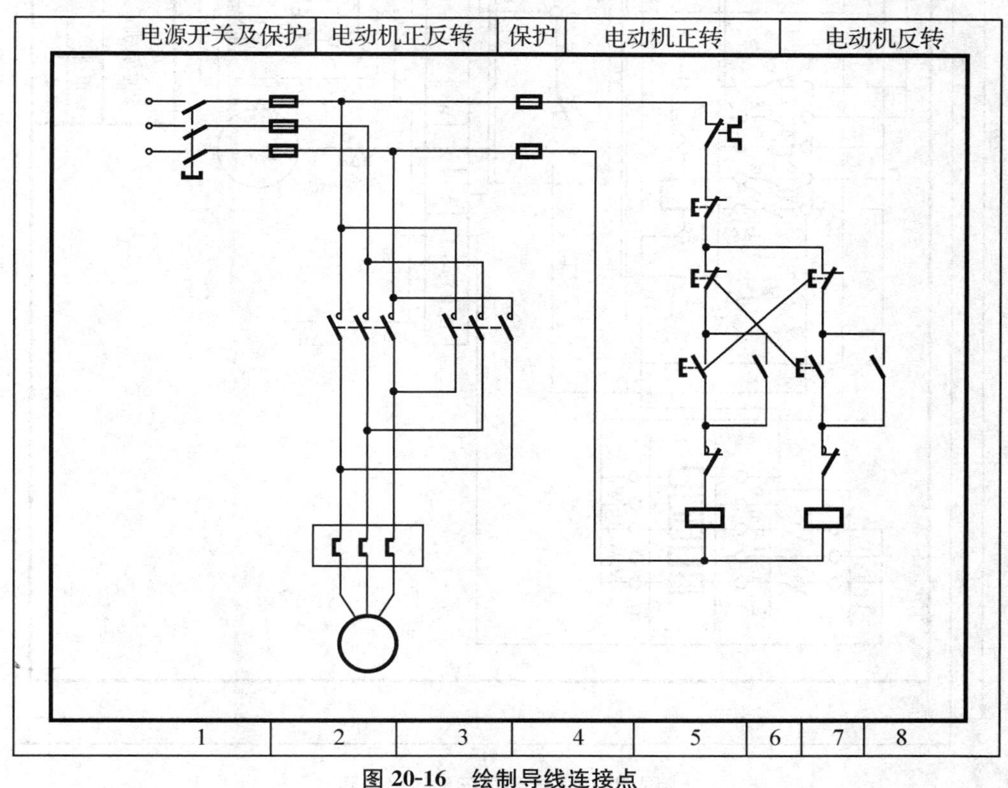

图 20-16　绘制导线连接点

(7) 添加字母和数字,检查图形,打开线宽显示,看是否所有的线和文字都在自己对应的图层,没有问题时关闭线宽显示,保存图形即可。

【例题 20-3】绘制电动机正反转接线图。

接线图主要用于安装接线、线路检查、线路维修和故障处理。图 20-17 所示为电动机正反转的接线图。根据 CAD 绘图原则和绘图方法绘制图 20-17 的图形。

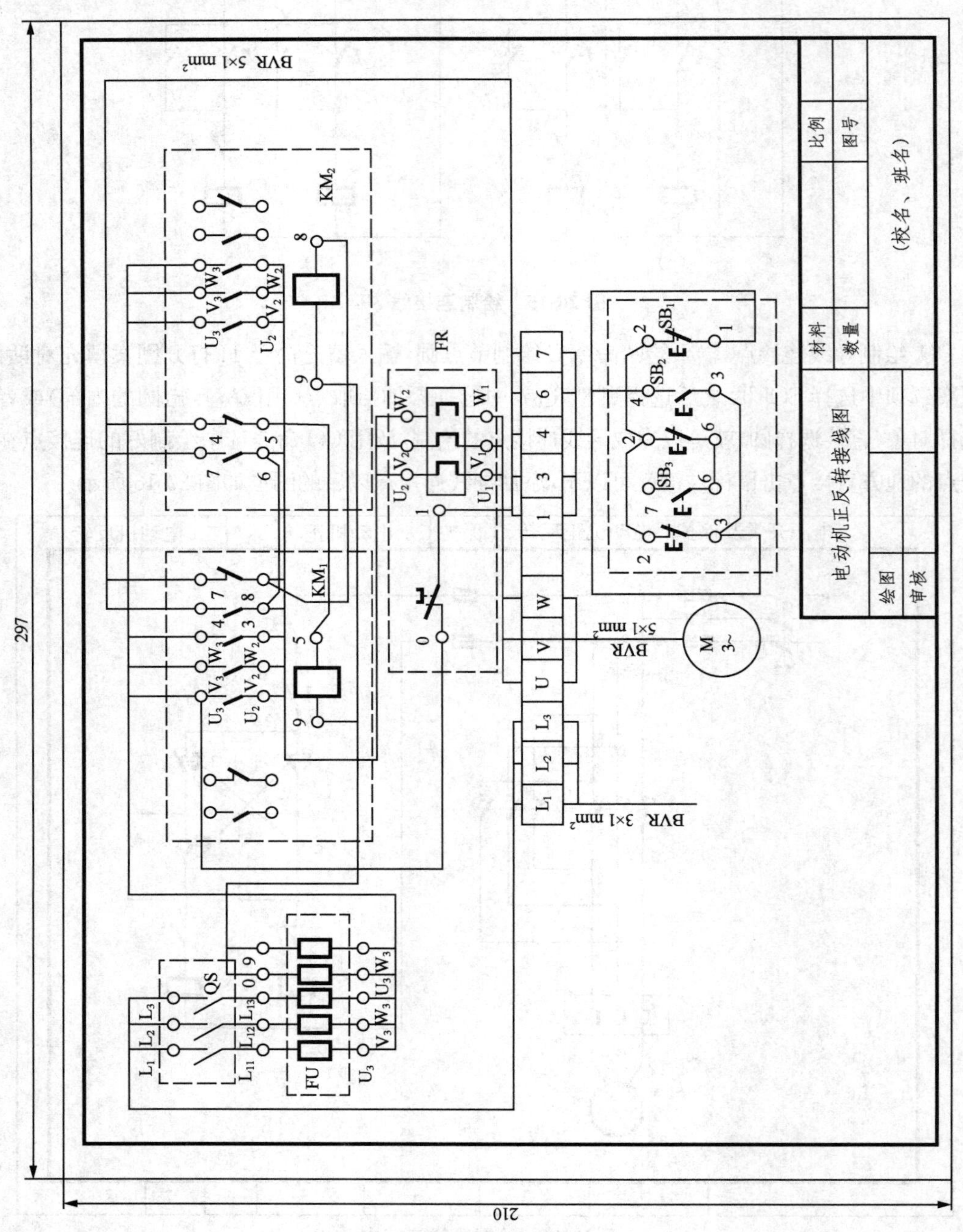

图 20-17　电动机正反转接线图

(1) 创建新的图形文件

从桌面直接打开 CAD 运行图标进入绘图主界面或者从“开始”→“所有程序”→“Autodesk”打开 AutoCAD,从文件菜单选择保存首先保存要绘制的图形到合适的地方,在后面的绘图中实时注意保存画图。

(2) 设置图形界限

根据图形的大小和 1∶1 作图原则,设置图形界限为 297×210 横放比较合适,标准 4 号图纸。

①设置图形界限

命令:_limits

重新设置模型空间界限:

指定左下角点或[开(ON)/关(OFF)]＜0.0000,0.0000＞:

指定右上角点＜297.0000,210.0000＞:

②显示图形界限　设置了图形界限后,一定要通过显示缩放命令将整个图形范围显示成当前的屏幕大小。最简捷的方法就是单击缩放工具栏中的“全部缩放”按钮 即可。

(3) 设置图层　根据图形的情况我们要建立粗实线、细实线、文字、标注和虚线 5 个图层,建立相应的线型和颜色,建立好的图层如图 20-18 所示。

图 20-18　设置图层

(4) 图形绘制

① 绘制边框和标题栏,根据图 20-17 所示,将整个图形分成以下几个区域。用绘制矩形命令 REC、直线命令 L、偏移命令 O、修剪命令 TR、多行文字命令 T 等先绘制出边框和标题栏,如图 20-19 所示。

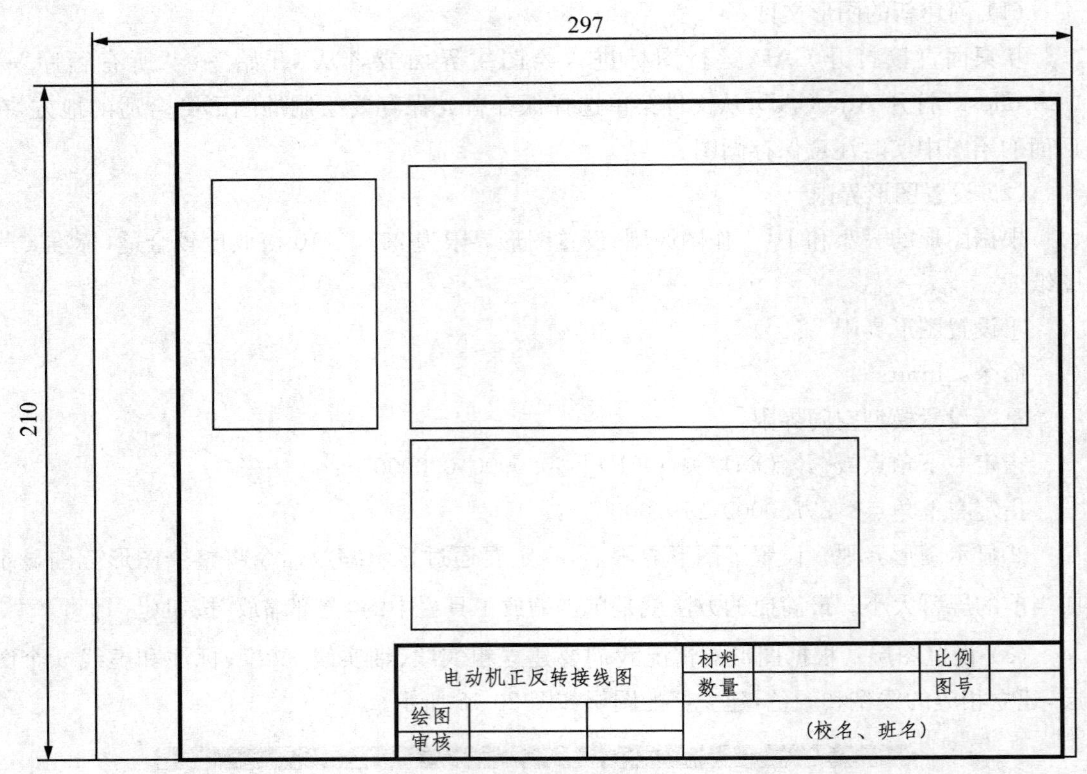

图 20-19　绘制图框和标题栏

② 绘制接线图。绘制过程中,多用复制命令 CO、对象捕捉、对象追踪、移动命令 M 等常用命令,上区左侧绘制步骤如图 20-20 所示,先用矩形命令 REC、直线命令 L、圆命令 C 等绘制左侧一个,再通过复制命令 CO 绘制右侧,最后用文字命令注写上相应的端子标号。

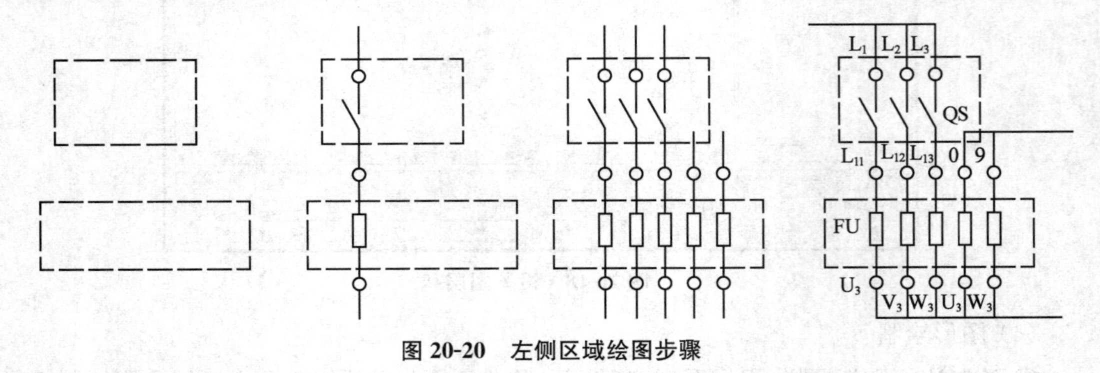

图 20-20　左侧区域绘图步骤

③中上区图形绘制。用绘制矩形命令 REC 绘制如图 20-21 所示的三个矩形框。

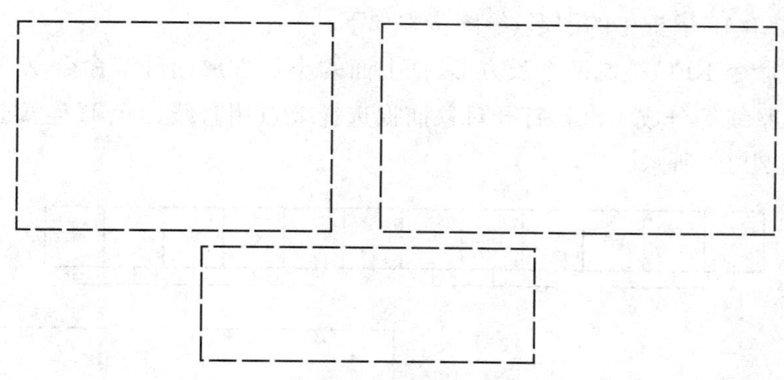

图 20-21　绘制矩形框

再用绘制圆命令 C、直线命令 L、复制命令 CO 绘制图 20-22 所示图形。

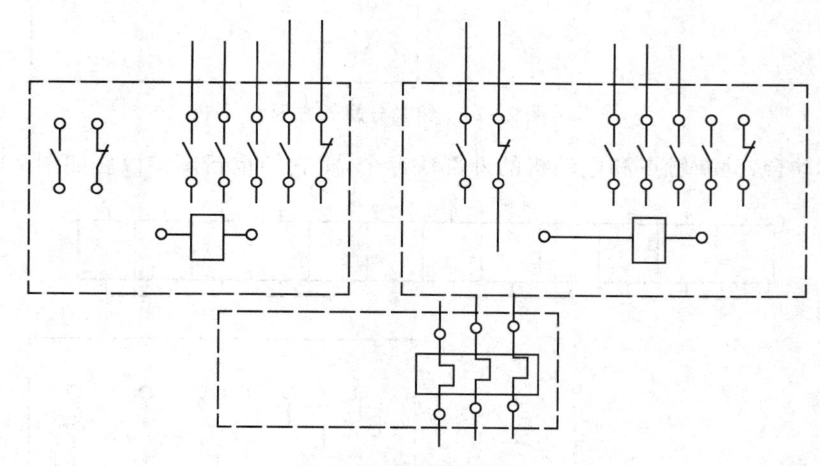

图 20-22　绘制元器件

最后用直线命令 L 绘制图 20-22 中三个虚线框之间的连接线和热继电器 FR 的触点，用文字命令 T 书写文字，如图 20-23 所示。

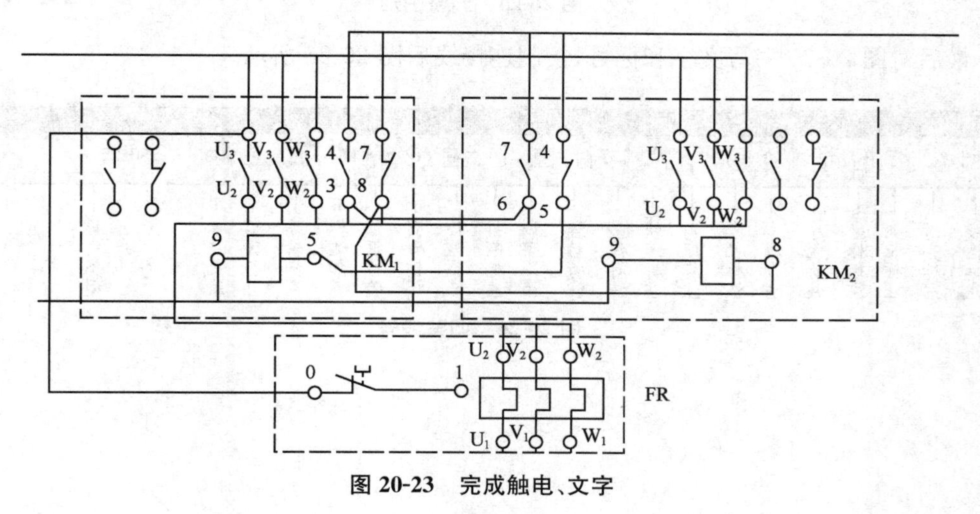

图 20-23　完成触电、文字

④绘制图 20-19 下框中的图形，绘图步骤如下：

先用矩形命令 REC 绘制两个长方形，把上面的小长方形用分解命令 X 分解后，用点的定数等分将水平线等分成 12 份，打开对象捕捉选择节点用直线命令 L 连接画竖线，最终绘好的图形如图 20-24 所示。

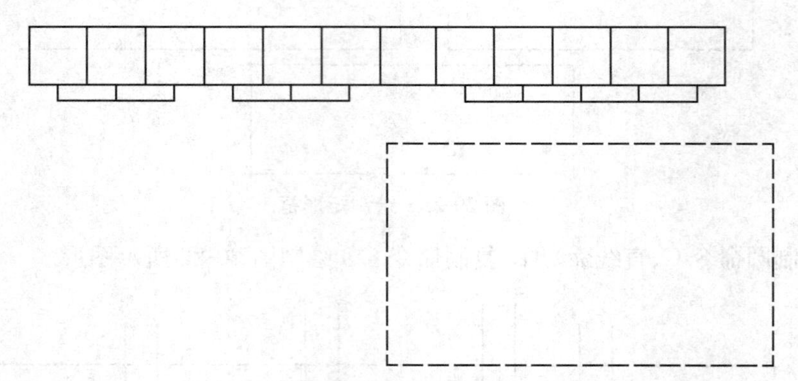

图 20-24　绘制分解长方形

再调用动合、动断触点和电动机的外部块命令，将它们重新调整以后如图 20-25 所示。

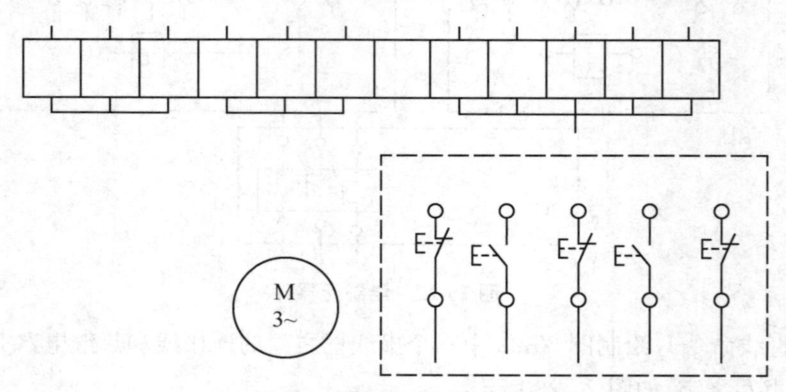

图 20-25　调整图形

最后对图 20-25 书写文字和标号，绘制连接线后图 20-26 所示。

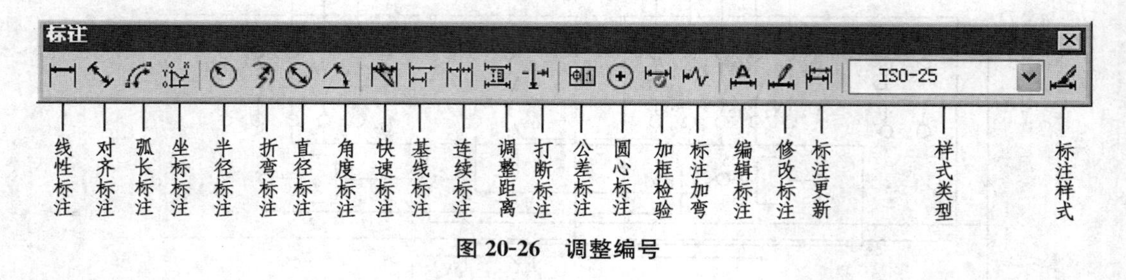

图 20-26　调整编号

⑤利用移动命令 M 将图 20-20、图 20-23 和图 20-26 排列在各自的大致位置，之后用直线命令 L、对象捕捉、夹点编辑等命令，绘制各元件之间的连线，如图 20-27 所示。

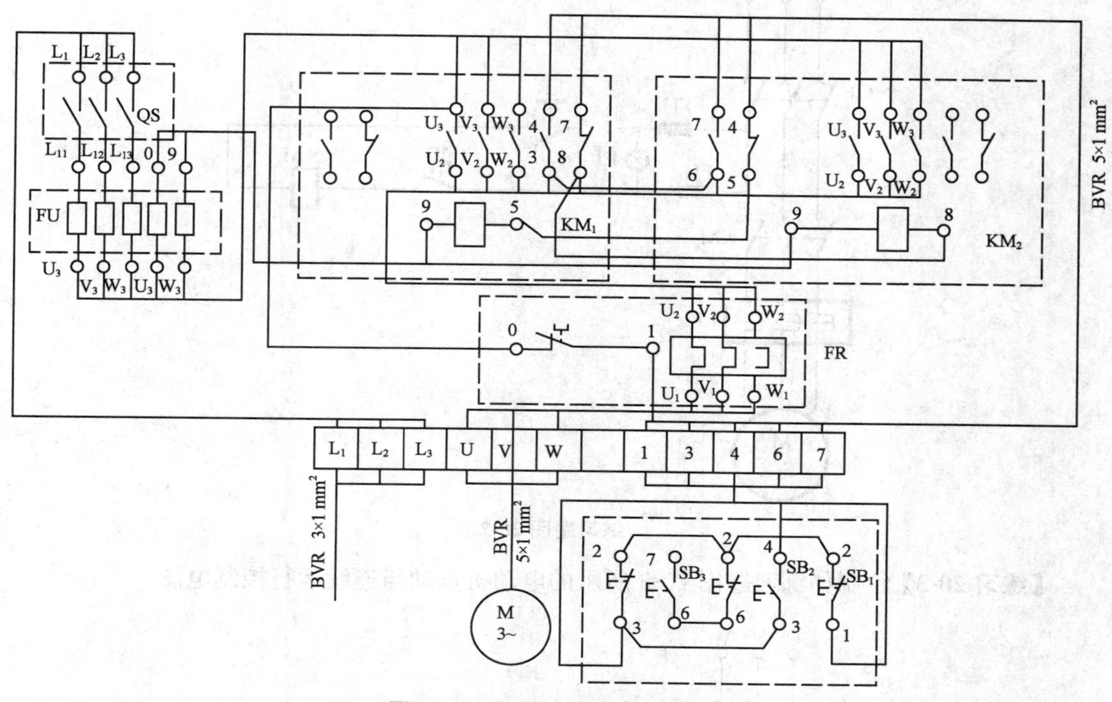

图 20-27　图形之间连接线绘制

⑥在用多行文字命令注写图中文字时字体为宋体字，文字大小可根据实际情况进行调整，最后检查注写文字的编号是否有误、接线的正确性，打开线宽显示看图形是否都在各自对应的图层内，没有任何问题后保存文件完成整个图形绘制。

综合练习题

【练习 20-1】绘制如练习题图 20-1 所示电气电路部件图。

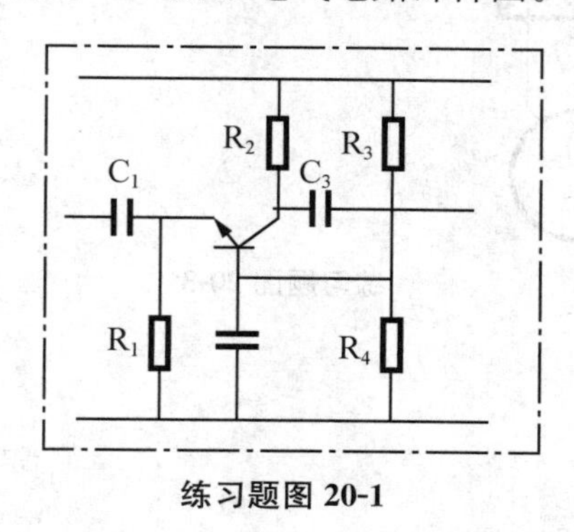

练习题图 20-1

【练习 20-2】绘制如练习题图 20-2 所示的电动机点动控制电图。

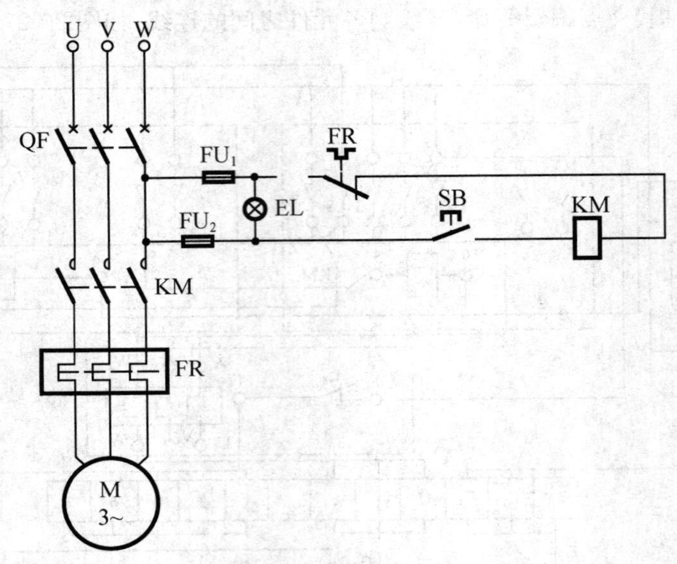

练习题图 20-2

【练习 20-3】绘制如练习题图 20-3 所示的电动机点动与连续运行控制电图。

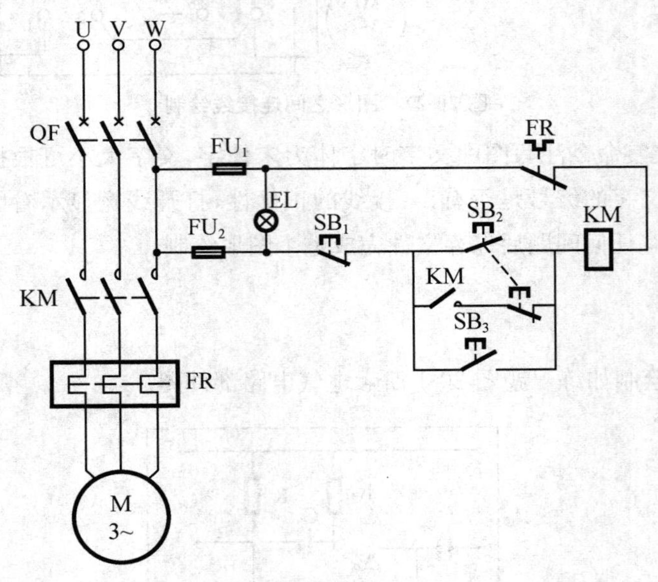

练习题图 20-3

【练习 20-4】绘制如练习题图 20-4 所示的电动机接线图。

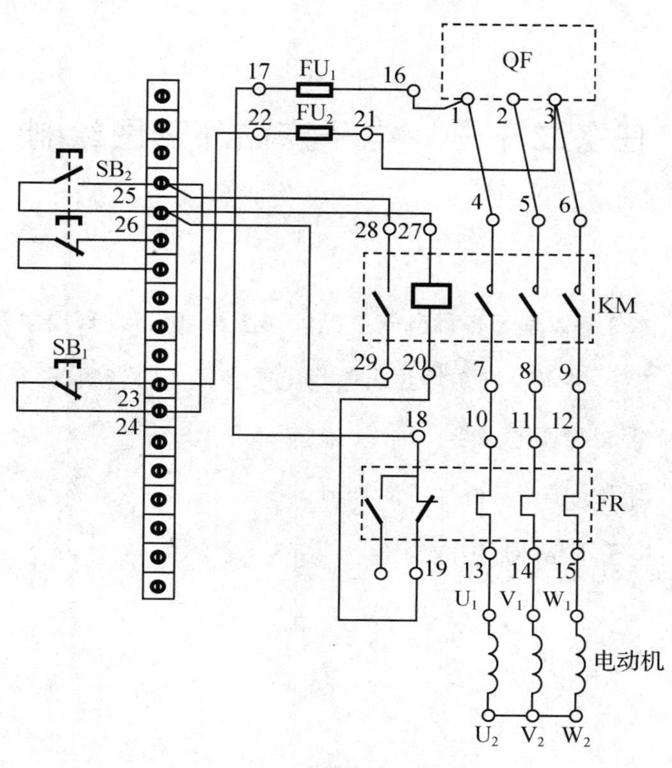

练习题图 20-4

【练习 20-5】绘制如练习题图 20-5 所示的 PLC 硬件接线图。

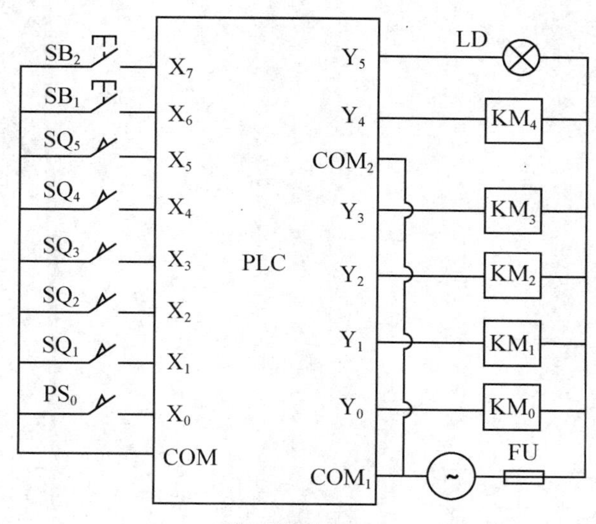

练习题图 20-5

任务二十一　电子产品外形图绘制

学习目标：本任务以学习各种电子产品外形图绘制为目标，要求学生掌握不同产品外形图的绘制方法，并能够熟练地绘出常用电子产品如收音机、手机、扩音机等外形图，会简单电子产品外形图的测绘。

任务重点：常用电子产品外形图的绘制

任务难点：电子产品外形图的测绘

【例题 21-1】抄绘下图 HX108-2 型收音机底壳图，如图 21-1 所示。

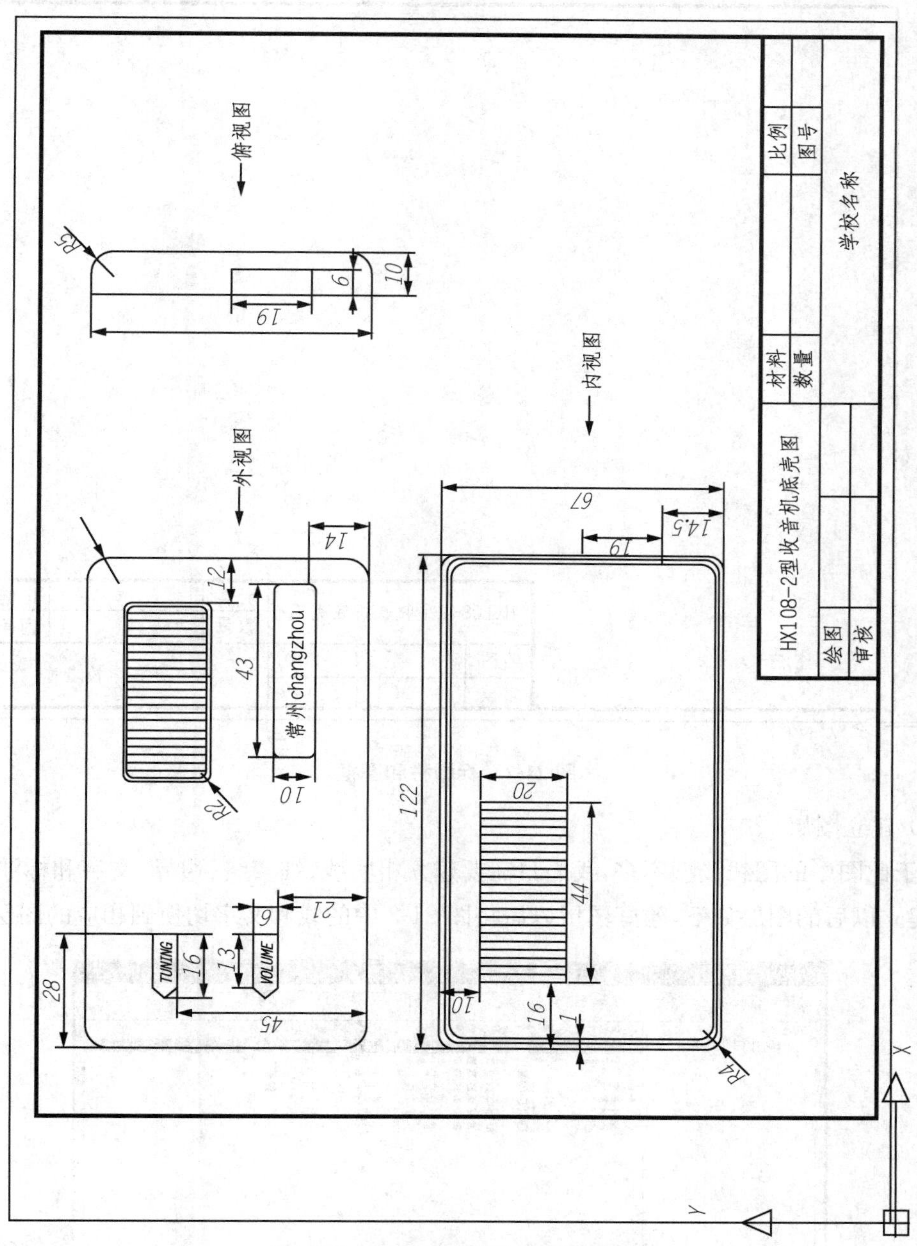

图 21-1　HX108-2 型收音机底壳图

绘图步骤如下：

(1) 确定图纸大小，绘制图框和标题栏，根据 HX108-2 型收音机的尺寸大小我们可以确定图纸采用 A4 号纸。打开 CAD 软件，先保存到适当的位置，调用直线命令 L，偏移命令 O 和文字命令 T 绘制好的图框和标题栏如图 21-2 所示，其中标题栏中的文字根据图纸大小进行调整。

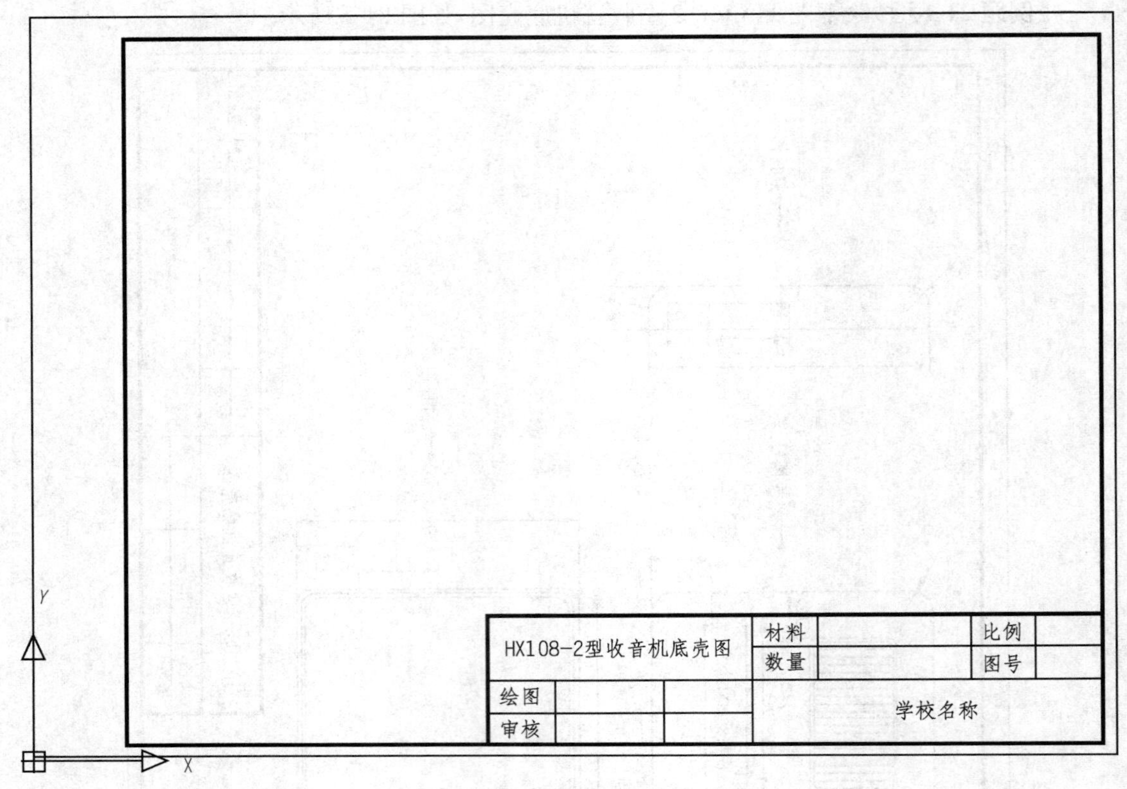

图 21-2　标题栏和图框

（2）建立图层

由于此图中的图线线型不多，我们只需要建立粗实线、细实线、边界、文字和标注等几个图层，建立以后的图层如下，建好图层以后将图 21-3 中的线和文字切换到相应的图层。

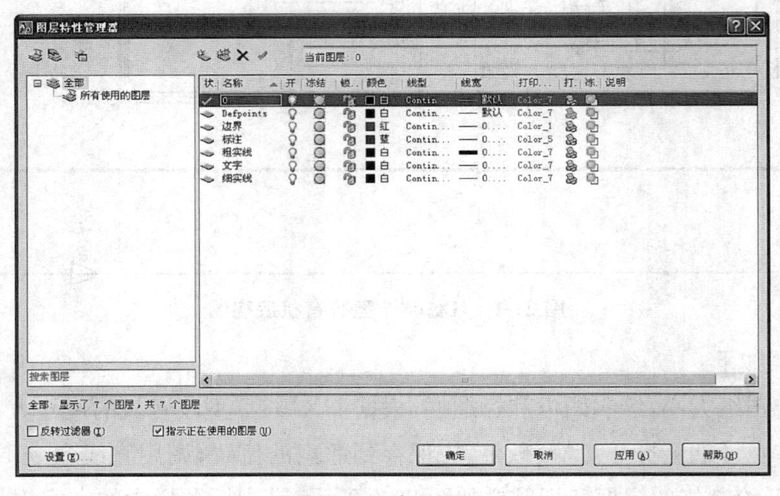

图 21-3　建立图层

(3) 绘制图形

①绘制外视图中的两个圆角矩形。输入矩形 REC 命令，绘制长 122、宽 67 圆角半径为 7 的圆角的矩形，命令行提示如下：

Rec RECTANG

指定第一个角点或[倒角(C)/标高(E)/圆角(F)/厚度(T)/宽度(W)]：输入 F↙

指定矩形的圆角半径<0>：输入 7↙

指定第一个角点或[倒角(C)/标高(E)/圆角(F)/厚度(T)/宽度(W)]：

根据图形的布局在图框左上角的大致位置点击一点↙

指定另一个角点或[面积(A)/尺寸(D)/旋转(R)]：输入 D↙

指定矩形长度：122↙

指定矩形宽度：67↙(回车点击左键确认)

再用矩形命令 REC 绘制长 43、宽 10、圆角半径为 2 的圆角的矩形，距离上一个圆角矩形右下角点的相对坐标为(@7，14)，绘制好的图形如图 21-4 所示。

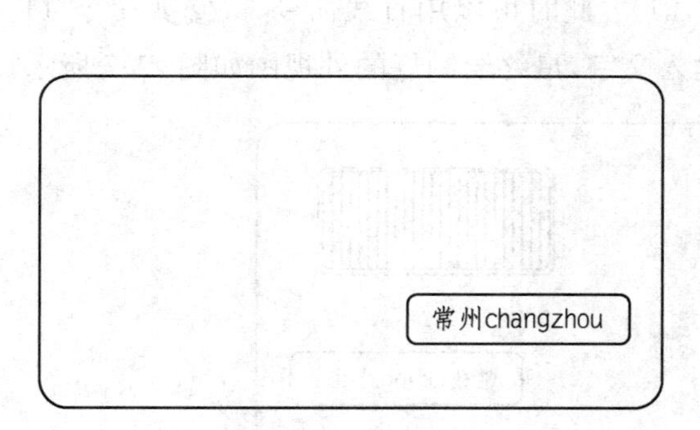

图 21-4　绘制矩形

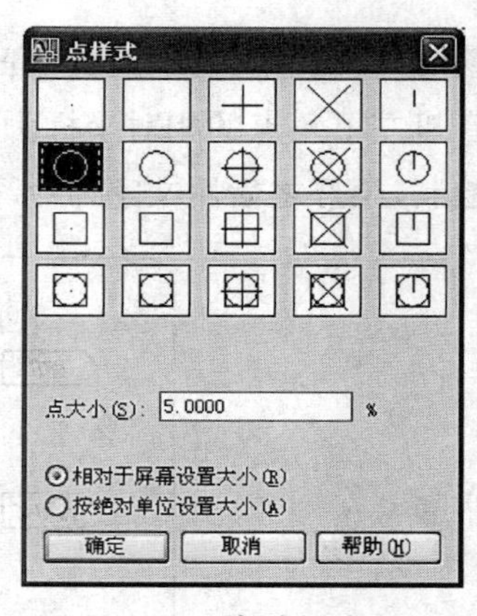

图 21-5　点的样式

②绘制外视图中的电池底盖。由外视图和内视图可以发现电池底盖距离最外轮廓线圆角矩形右上角顶点的相对坐标为(12，10)，利用矩形命令 REC 绘制长 44、宽 20、圆角半径为 2 的圆角的矩形，再调用偏移命令 O，输入偏移距离为 1 将刚刚绘制好的矩形向内偏移。将内侧矩形用分解命令 X 分解，再从菜单“绘图”→“点”→“定数等分”，输入等分数为 22，打开“格式”菜单→“点样式”设置如图 21-5 所示的点样式。

打开对象捕捉工具栏选择节点，利用直线命令 L 依次上下连接，最后选择点执行命令 E 全部删除，绘图步骤如图 21-6 所示。

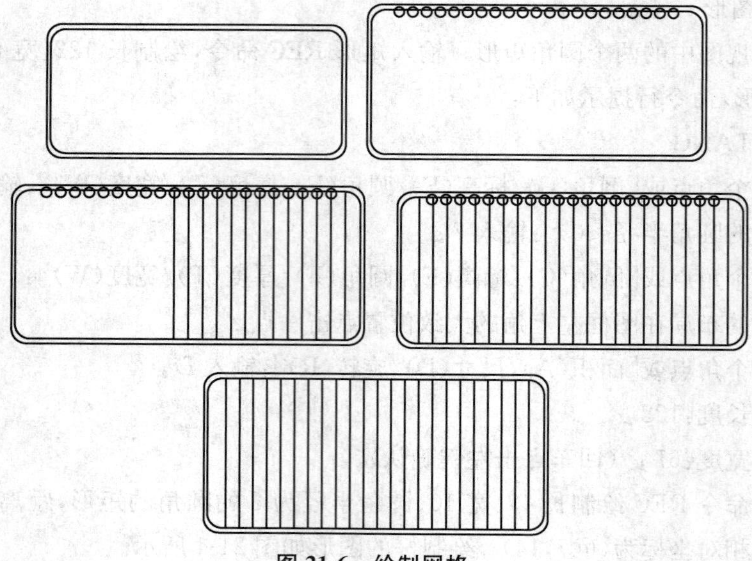

图 21-6　绘制网格

③绘制外视图中调频和调声音的两个旋钮。根据标注的尺寸知道 VOLUME 右下角点距离收音机左下角点的相对坐标为(28,21)，此时可以用直线命令 L、修剪命令 TR 和对象捕捉等绘制，绘好之后用文字命令 T 输入文字，最终绘制好的外视图如图 21-7 所示。

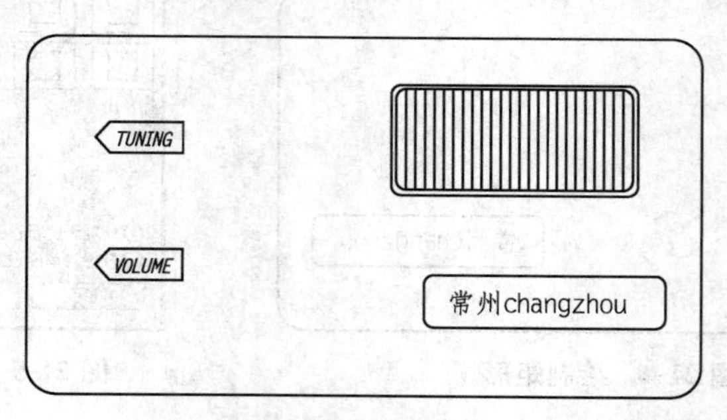

图 21-7　绘制按钮

④绘制内视图和侧视图轮廓。根据“长对正、高平齐和宽相等”的原则，由给出的尺寸和直线命令 L 矩形命令 REC 绘制内视图和侧视图轮廓图，并将内视图轮廓利用偏移命令 O 依次向内偏移距离为 1 和 1.5 得到图 21-8。

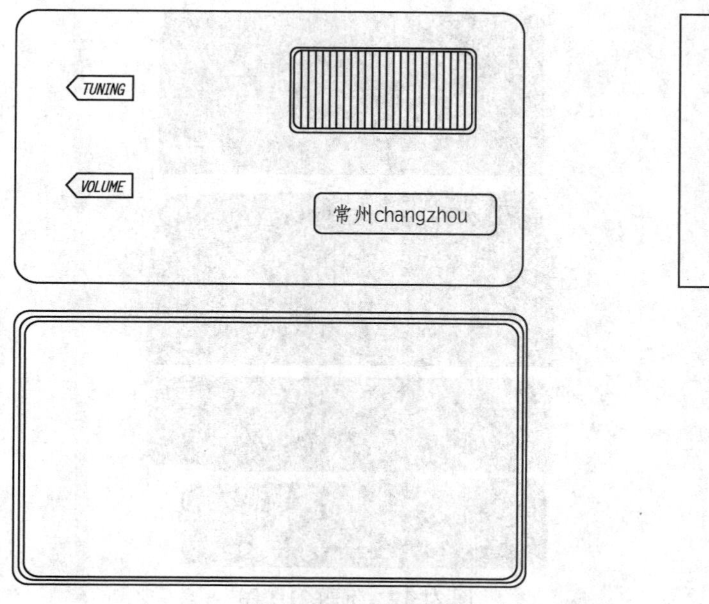

图 21-8　绘制三视图

⑤绘制内视图中剩下的图形。执行直线命令 L，在指定第一点时按住 Shift 键右键选择捕捉自，指定 From 基点：捕捉内视图最外侧圆角矩形的左上角定点，＜偏移＞输入相对坐标(@16，－10)即可定好直线的第一个点，然后输入长 44，再指定下一点时输入 22 来绘制长 44 宽 22 的矩形，之后再用点的等分绘制剩下的，用直线命令完成没有绘的图形，最终绘好的图形如图 21-9 所示。

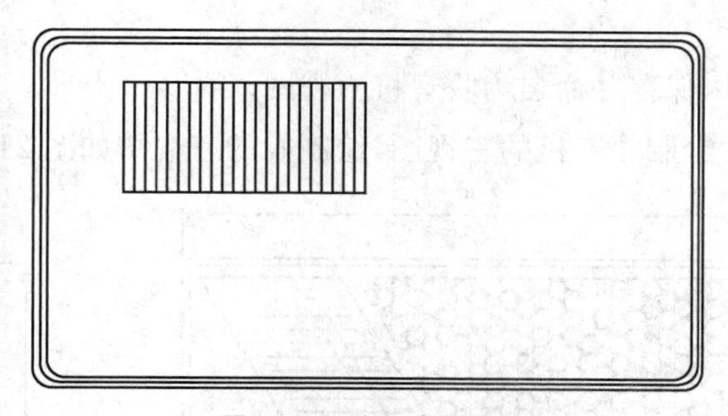

图 21-9　绘制内视图

⑥绘制侧视图中剩下的部分图形。执行圆角命令 F 对侧视图中的矩形右上角和右下角进行圆角，输入圆角半径为 5，再输入直线命令 L 绘制长 19、宽 6 的矩形即可。最后进行尺寸标注，检查图形没有什么问题则绘制完毕。

【例题 21-1】根据学生自己组装的收音机，测量尺寸并绘制其外形图，图 21-10 为一组收音机的实物图，我们测量好尺寸进行绘制。

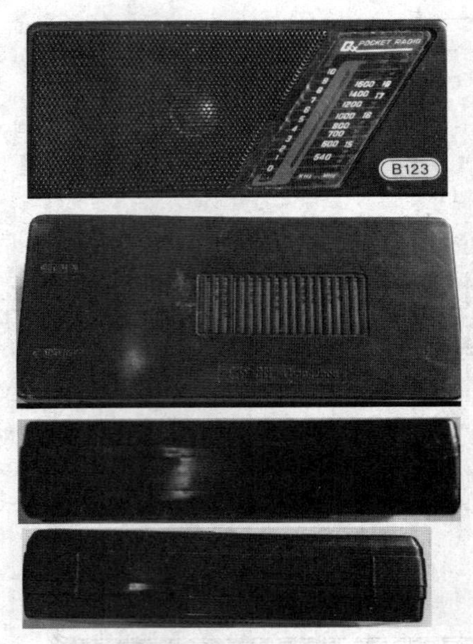

图 21-10　例题 21-1 图

绘图分析:根据实物来绘制收音机的外形图,这里我们采用边测边绘制的方法,为了从每个面都能反映收音机的外部设计,我们这里来绘制收音机的六视图,即主视图、俯视图、左视图、右视图、仰视图和后视图。

绘图步骤:

(1) 根据实物的大小和视图的摆放位置确定图纸大小,这里我们选择 A2 图纸,大致给这些视图进行布局。

(2) 建立新的文件,保存并命名为收音机六视图。

(3) 根据测量尺寸绘制收音机的三视图,绘制好的三视图如图 21-11 所示。

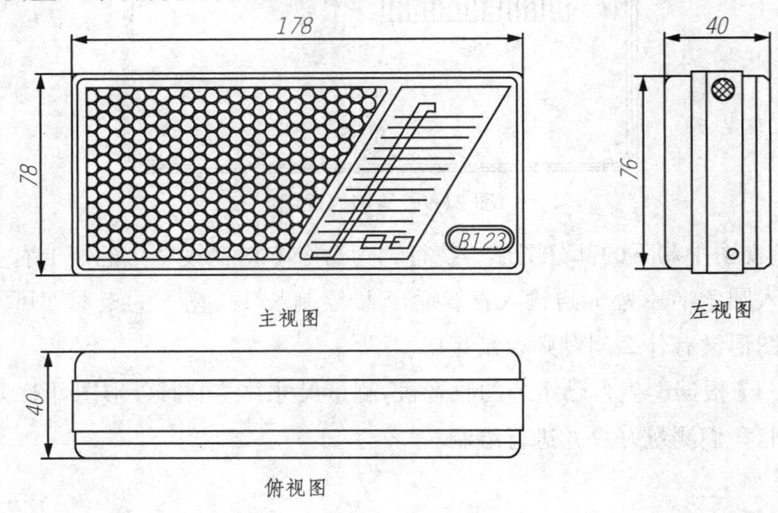

图 21-11　收音机三视图

(4) 根据主视图画后视图，测量好尺寸绘制的后视图如图 21-12 所示。

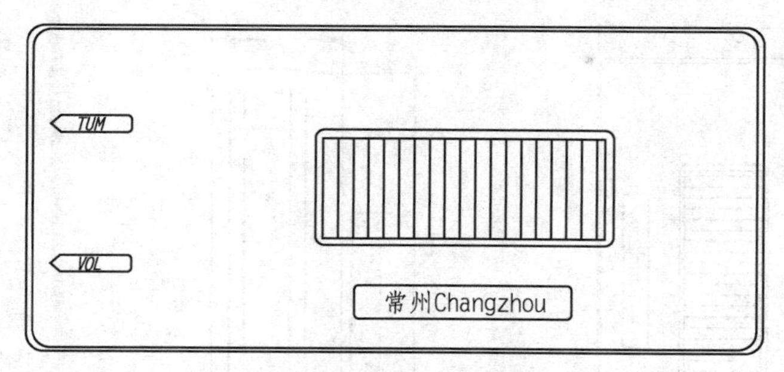

图 21-12　收音机后视图

(5) 根据俯视图画仰视图，测量好尺寸绘制的仰视图如图 21-13 所示。

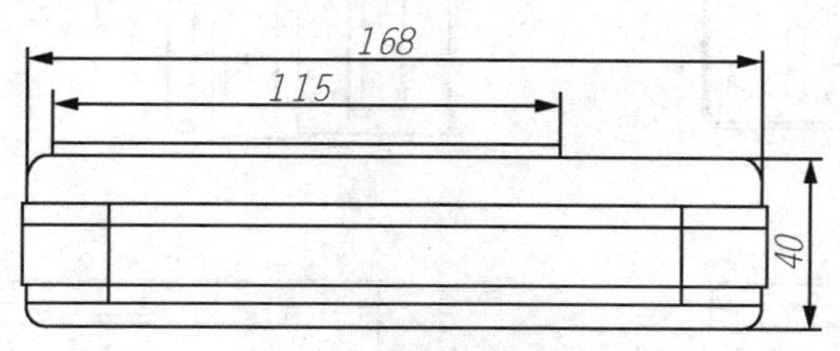

图 21-13　收音机仰视图

(6) 根据左视图画右视图，测量好尺寸绘制好的右视图如图 21-14 所示。

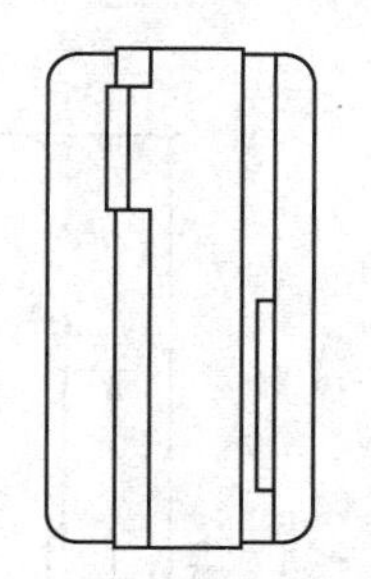

图 21-14　收音机右视图

(7) 根据绘制好的收音机视图将它们的位置进行调整，标注好尺寸，最终绘制好的六视图如图 21-15 所示。

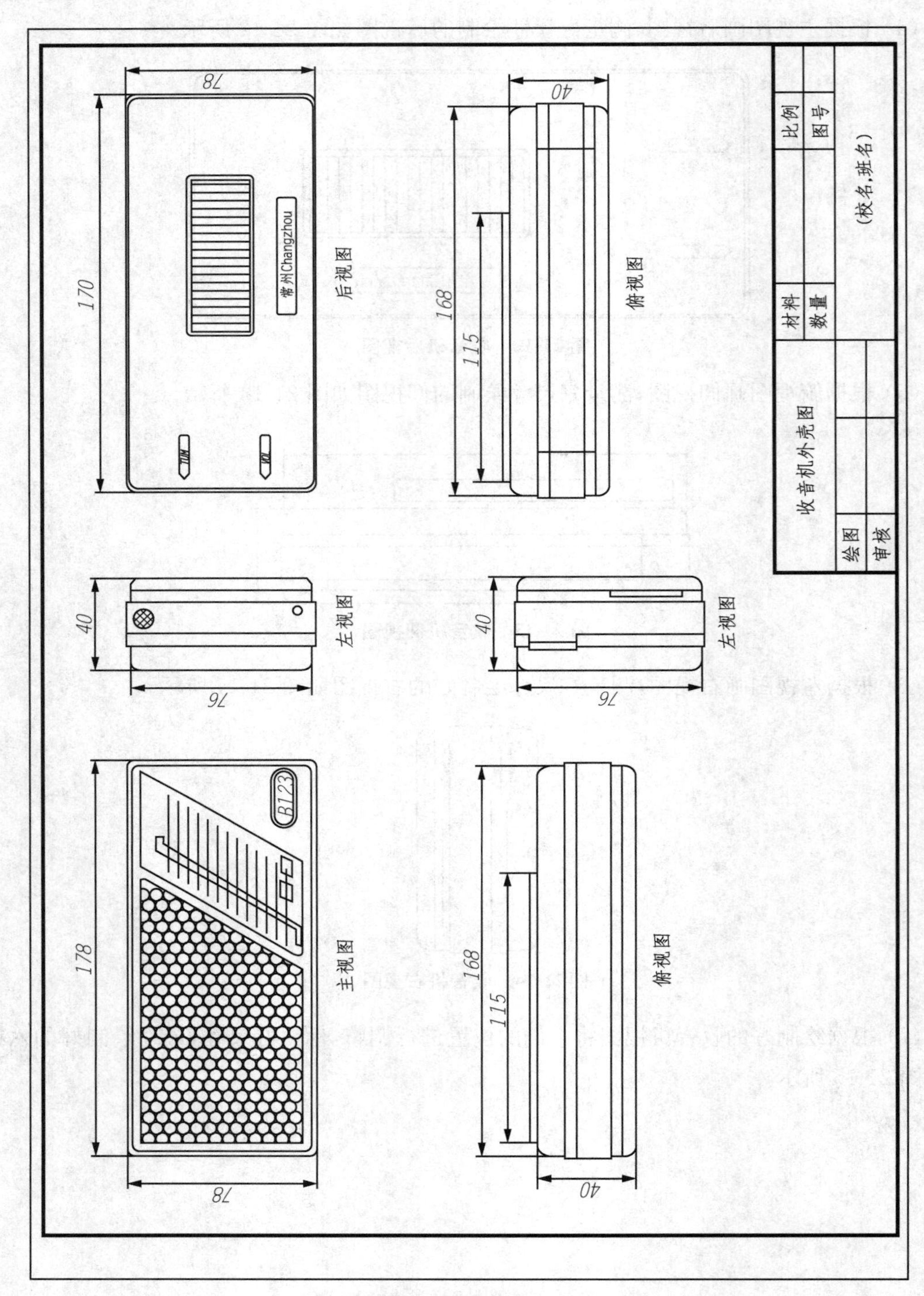

图 21-15 收音机六视图

综合练习题

【练习 21-1】绘制如练习题图 21-1 所示图形，根据图纸大小尺寸自定。

【练习 21-2】绘制如练习题图 21-2 所示图形，根据图纸大小尺寸自定。

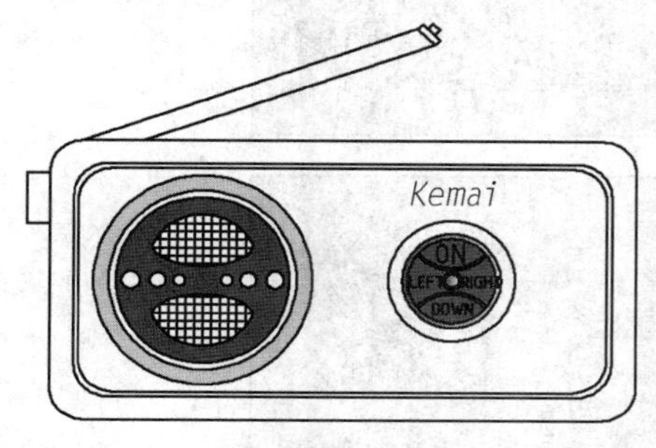

练习题图 21-1

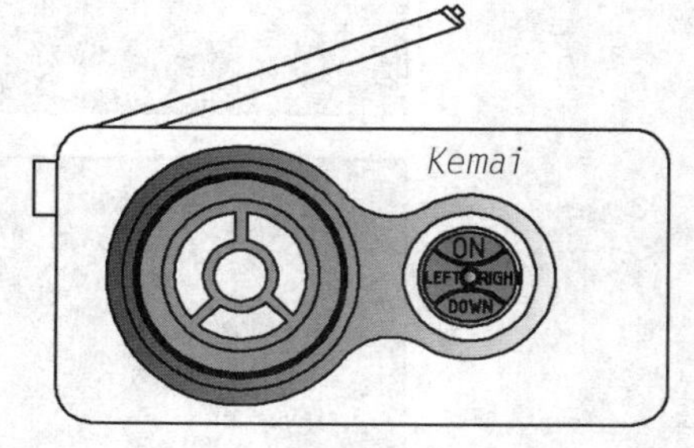

练习题图 21-2

【练习 21-3】练习题图 21-3 为贴片式微型收音机，根据实物画出其主视图，尺寸自定。

练习题图 21-3

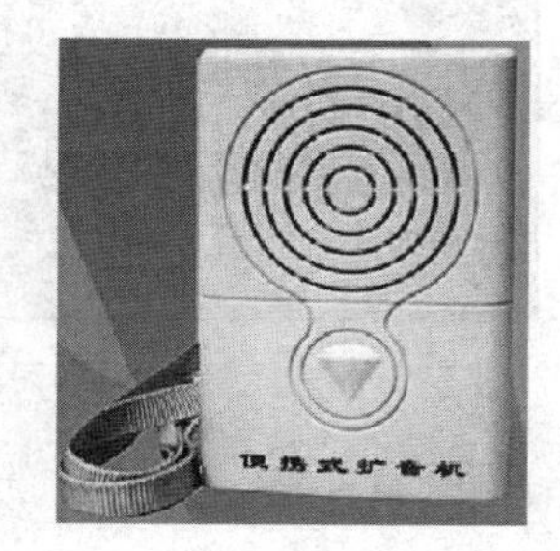

练习题图 21-4

【练习 21-4】练习题图 21-4 为便携式扩音机，根据实物画出其主视图，尺寸自定。

【练习 21-5】根据练习题图 21-5 收音机的实物六视图绘制出其平面六视图，尺寸自定。

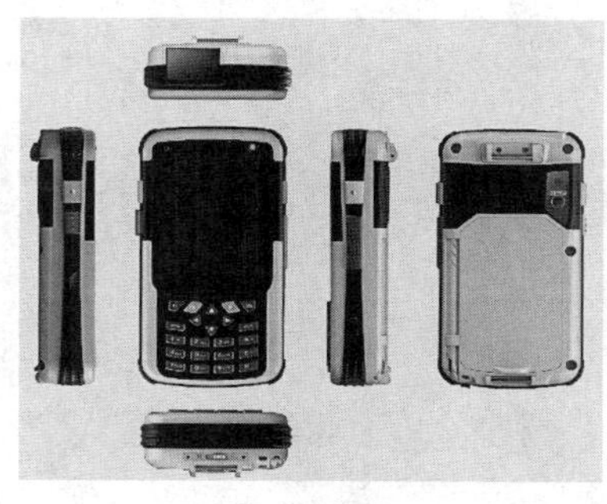

练习题图 21-5

【练习 21-6】根据练习题图 21-6 相机的实物六视图绘制出其平面六视图，尺寸自定。

练习题图 21-6

第九章　三维实体造型

AutoCAD 除具有强大的二维绘图功能外，还具备基本的三维造型能力。若物体并无复杂的外表曲面及多变的空间结构关系，则使用 AutoCAD 可以很方便地建立物体的三维模型。有了立体图形用户可以很方便地观察图形的形状和结构，为空间想象力不好的人员提供很好的平台。

目前，三维图形的绘制广泛应用在工程设计和绘图过程中。使用 AutoCAD 可以通过 3 种方式来创建三维图形，即线架模型方式、曲面模型方式和实体模型方式。线架模型方式为一种轮廓模型，它由三维的直线和曲线组成，没有面和体的特征。曲面模型用面描述三维对象，它不仅定义了三维对象的边界，而且还定义了表面，即具有面的特征。实体模型不仅具有线和面的特征，而且还具有体的特征，各实体对象间可以进行各种布尔运算操作，从而创建复杂的三维实体图形。

与二维图形相比，三维绘图更加形象、直观，是 AutoCAD 技术发展趋势之一。AutoCAD 2008 中文版为用户提供了较强的三维绘图、编辑、标注及渲染功能。同时，利用三维图形，还可以得到各种平面视图。本章将通过一些综合绘图实例，详细介绍使用 AutoCAD 绘制三维图形的方法和技巧。

任务二十二　基本三维实体的绘制

学习目标：本任务以学习各种三维图形的绘制为目标，要求学生掌握不同实体的绘制方法，会观察三维图形。根据简单的平面图形能绘制出它的实体，熟悉 UCS 变换坐标系的几种方法和灵活运用该方法以便于辅助三维绘图的需求。

任务重点：基本三维实体长方体、球、圆柱及圆锥的绘制等；三维图形的观察方法；由二维对象生成三维实体；三点坐标法。

任务难点：UCS 变换坐标系的几种方法。

在 AutoCAD 中，要创建和观察三维图形，就一定要使用三维坐标系和三维坐标。因此，了解并掌握三维坐标系，树立正确的空间观念，是学习三维图形绘制的基础。

在绘制三维模型时，经常需要在形体的不同表面上创建图形。默认情况下，和二维绘图一样，三维中也分世界坐标系和用户坐标系。

1．三维坐标系

AutoCAD 的坐标系统是三维直角坐标系，分为世界坐标系（WCS）和用户坐标系（UCS）。图 22-1 表示的是世界坐标系下的两种坐标。图中“X”或“Y”的箭头方向表示当前坐标轴 X 轴或 Y 轴的正方向，Z 轴正方向用右手定则判定。

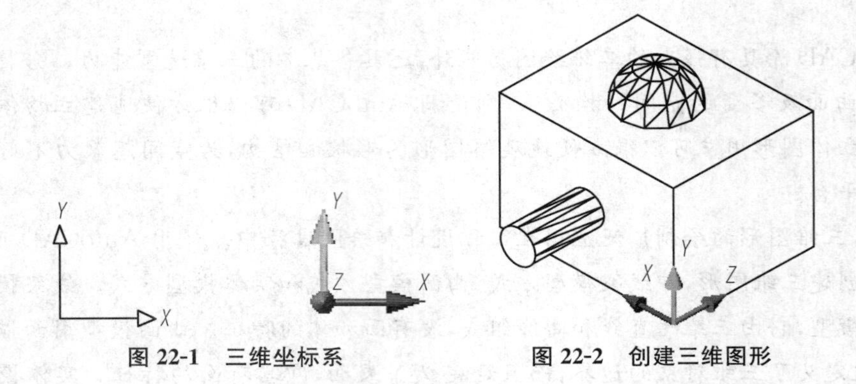

图 22-1　三维坐标系　　**图 22-2　创建三维图形**

在最原始的时候，AutoCAD 的坐标系是世界坐标系。世界坐标系是唯一的，固定不变的，对于二维绘图，在大多数情况下，世界坐标系就能满足作图需要，但若是创建三维模型，就不太方便了，因为用户常常要在不同平面或是沿某个方向绘制结构。如绘制图 22-2 所示的图形，在一个世界坐标系下是不能完成的。此时需要以绘图的平面为 XY 坐标平面，创建新的坐标系，然后再调用绘图命令绘制图形。

1）世界坐标系

CAD 的每个文件中都有一个唯一的、固定不变的、不能删除的基本三维坐标系，这个坐标系就是所谓的世界坐标系（World Coordinate System，WCS）。WCS 为图形中所有的对象提供了一个统一的度量。

在使用非世界坐标系时，可以直接使用世界坐标系的坐标，不用改变当前坐标系，只需要在坐标前加“ * ”就可以表示该坐标为世界坐标。

2）用户坐标系

在一个绘图文件中，除了 WCS 之外，用户还可以根据绘图需要建立许多个用户坐标系（User Coordinate System，UCS），用户可以在 CAD 的三维空间中任意位置和方向指定坐标系的新原点、XY 平面及高度方向 Z 轴，以便能方便地绘图。

2．设置 UCS

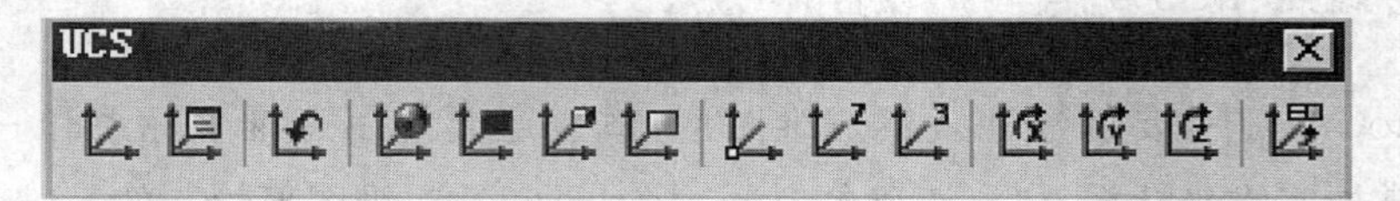

1）新建 UCS ：用户点击 可以新建 UCS，执行以后命令栏提示如下：

（1）命令：UCS

当前 UCS 名称：* 没有名称 *

输入选项

[新建(N)/移动(M)/正交(G)/上一个(P)/恢复(R)/保存(S)/删除(D)/应用(A)/？/世界(W)] <世界>：N ↙

(2) 指定新 UCS 的原点或[Z 轴(ZA)/三点(3)/对象(OB)/面(F)/视图(V)/X/Y/Z] <0,0,0>：捕捉新的原点坐标即可新建一个新的 UCS。

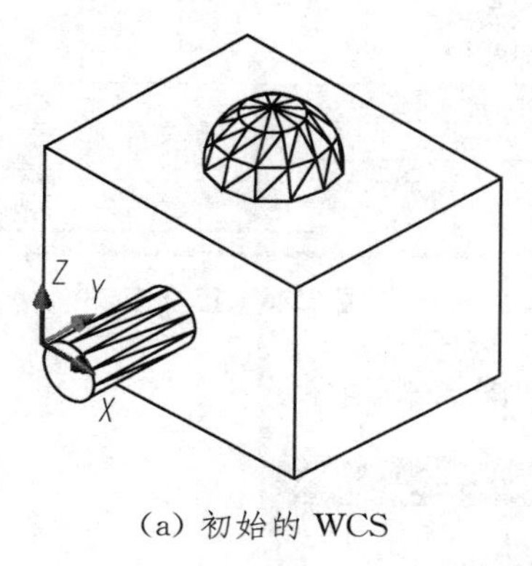

(a) 初始的 WCS

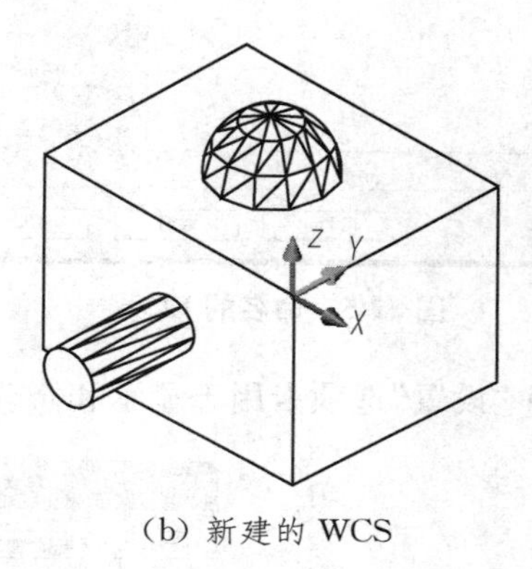

(b) 新建的 WCS

图 22-3　新建 UCS

★小提示：新建 UCS 还可以通过"工具"菜单选择"新建 UCS"。命令行输入 UCS 命令。

2) 显示 UCS 对话框：执行此按钮之后 AutoCAD 弹出"UCS"对话框，如图 22-4 所示。

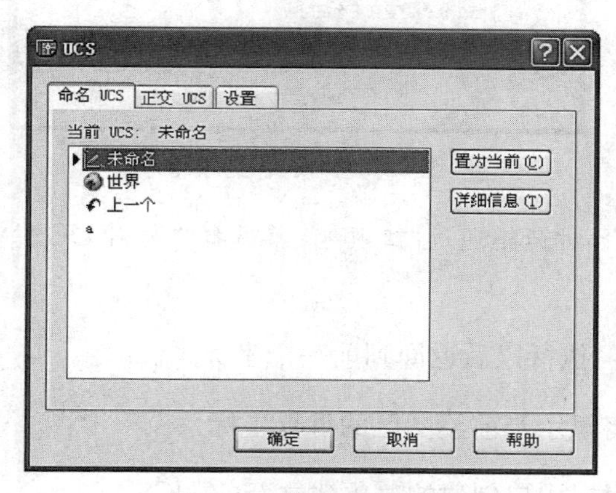

图 22-4　"UCS"对话框

此对话框包括命名 UCS、正交 UCS 和设置三个选项卡。

(1)"命名 UCS"选项卡主要用于显示已定义的用户坐标系的列表并设置当前的 UCS，若当前的 UCS 没有命名并保存则当前 UCS 的名称为"未命名"。

图 22-5 命名了名字为 a 和 o 的两个 UCS，可以选择任意一个置为当前，点击世界 UCS 置为当前确定就显示最原始的 WCS。

(2)“正交 UCS”选项卡用于将当前 UCS 改变为 6 个正交 UCS 中的一个。

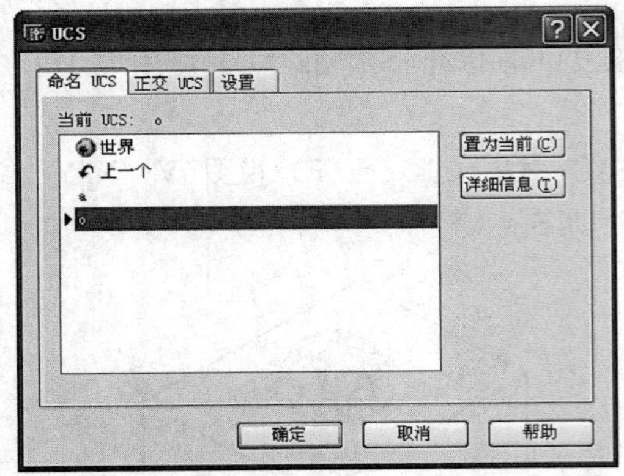

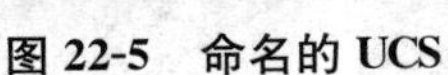
图 22-5 命名的 UCS

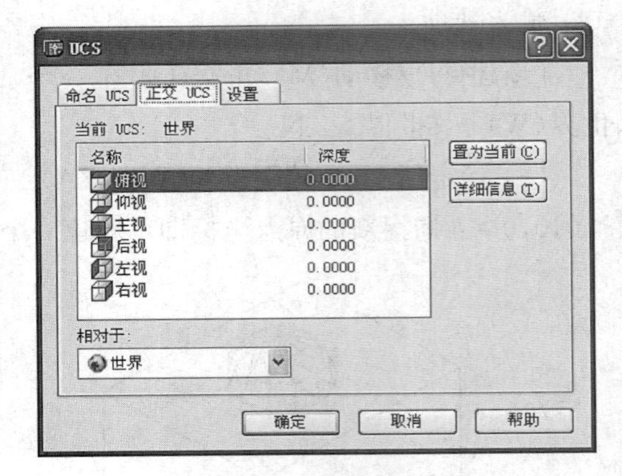

图 22-6 正交 UCS

(3)“设置”选项卡用于显示和修改 UCS 图标，如图 22-7 所示。

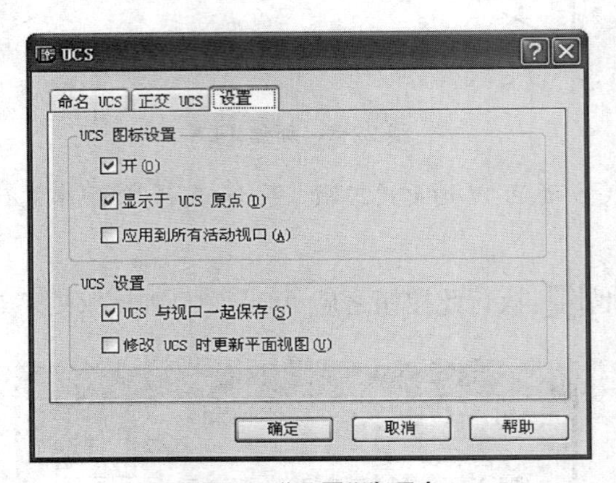

图 22-7 “设置”选项卡

★**小提示**：打开 UCS 对话框通过“工具”菜单选择“命名 UCS”。命令行输入 UCSMAN 命令。

3）上一个 UCS ：执行以后返回到前一个坐标系。

4）世界 UCS ：将显示当前绘图区的世界坐标系。

5）对象 UCS ：根据用户创建的对象建立新的 UCS。

6）面 UCS ：根据三维实体上的面创建新的 UCS。执行命令后命令行提示选择实体对象的面：选择一个面后提示接受回车确认，不接受显示输入选项[下一个(N)/X 轴反向(X)/Y 轴反向(Y)]<接受>：输入 N 将选择另外的面；输入 X 表示将 UCS 绕 X 轴旋转 180°；输入 Y 表示将 UCS 绕 Y 轴旋转 180°；<接受>表示接受新的 UCS 设置。

7）视图 UCS ：新 UCS 的 *XY* 平面与当前视图面平行，原点为原 UCS 的原点。

8）原点 UCS ：原点 UCS 执行后会提示输入新的原点＜0,0,0＞，点击新的原点即可设置新的 UCS 坐标原点，新坐标系的方向和原坐标系的方向相同。

9）*Z* 轴矢量 UCS ：*Z* 轴矢量 UCS 执行以后会提示输入新的原点＜0,0,0＞，点击新的原点后在正 *Z* 轴范围上指定点，用户可以根据需要设置正 *Z* 轴的方向。

10）三点 UCS ：执行三点 UCS 命令后提示输入新的原点＜0,0,0＞，点击新的原点后在需要设置 *X* 轴正方向的地方找一点，之后设置 *Y* 轴正方向的点即可设置新 UCS 的坐标原点和 *XY* 平面。

11）*X* 轴、*Y* 轴、*Z* 轴旋转 UCS ：分别表示绕 *X* 轴、*Y* 轴、*Z* 轴旋转指定角度得到的新 UCS。

12）应用 UCS ：执行应用 UCS 后提示拾取要应用当前 UCS 的视口或[所有(A)]＜当前＞，回车确认表示拾取要应用当前 UCS 的视口；输入 A 表示拾取了所有 UCS 视口。

3．观察三维图形

在绘制三维图形过程中，常常要从不同方向观察图形，AutoCAD 默认视图是 *XY* 平面，方向为 *Z* 轴的正方向，看不到物体的高度。AutoCAD 提供了多种创建 3D 视图的方法沿不同的方向观察模型，比较常用的是用视图观察模型和三维动态旋转方法。

1）视图观察图形

(1) 可以通过菜单“视图”——“三维视图”的不同方位来观察图形，如图 22-8 所示为菜单打开视图。

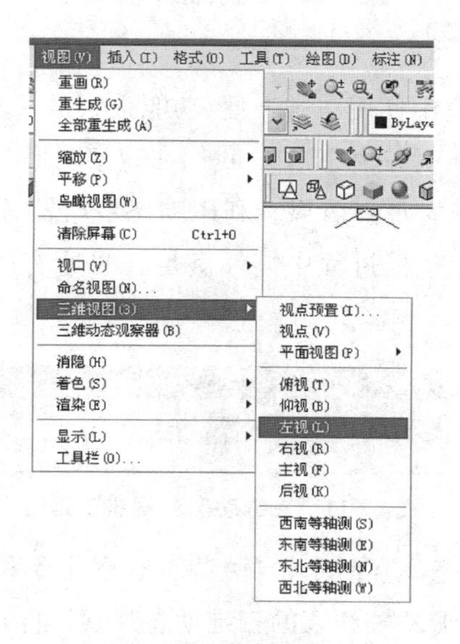

图 22-8　菜单视图

(2) 快捷工具栏视图观察对象。

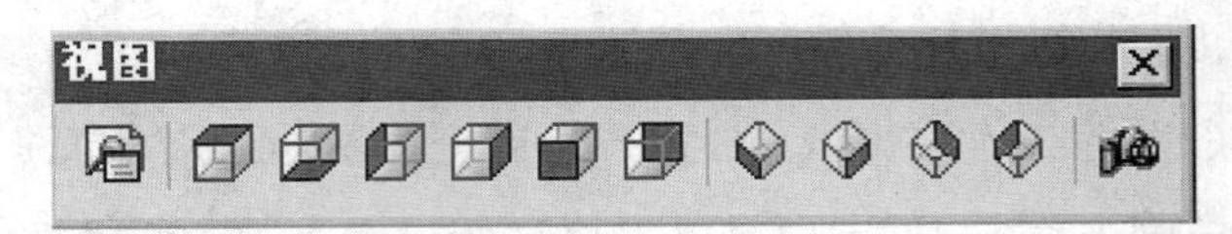

图 22-9　视图工具栏

视图工具栏中从左往右依次是命名视图、俯视图、仰视图、左视图、右视图、主视图、后视图、西南等轴测视图、东南等轴测视图、东北等轴测视图、西北等轴测视图和相机。

在绘制三维实体时，我们可以先绘制六视图中的任意一个视图，通过三维绘图命令绘好以后可以不同轴测视图来观察图形。如图 22-10 所示。

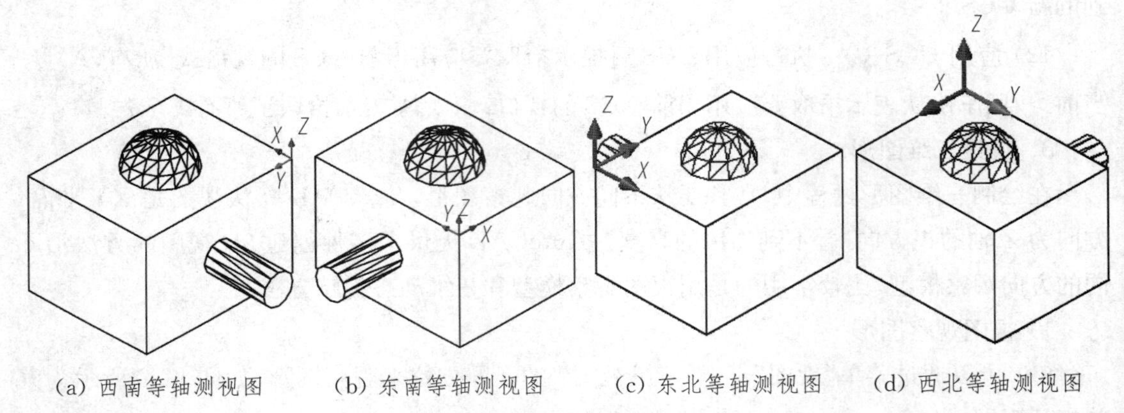

(a) 西南等轴测视图　(b) 东南等轴测视图　(c) 东北等轴测视图　(d) 西北等轴测视图

图 22-10　不同视图观察图形

2) 三维动态观察器

动态观察器是 AutoCAD 中使用非常方便、功能强大的一种三维动态观察工具，通过此命令可以在当前视图中创建一个三维视图。我们在观察图形时可以使用鼠标来实时地控制和改变这个视图，以得到不同的观察效果。利用动态观察器，既可以观察整个图形，也可以查看模型中任意对象，在实体建模过程中能够满足几乎所有的观察要求。图 22-11 为三维动态观察器工具栏。

图 22-11　三维动态观察器工具栏

动态观察有受约束的动态观察命令、自由动态观察命令和连续动态观察命令。受约束的动态观察是指沿 XY 平面或 Z 轴约束的三维动态观察；自由动态观察是指不参照平面，在任意方向上进行动态观察；连续动态观察是指连续自动地进行动态观察。在连续动态观察移动的方向上单击并拖动，再释放鼠标按钮，轨道沿此方向继续移动。

单击“三维动态观察器”工具栏上的“三维动态观察”按钮，激活三维动态观察器视图时，屏幕上出现弧线圈，当光标移至弧线圈内、外和四个控制点上时，会出现不同的光标形式：

光标位于观察球内时，按住左键拖动光标可沿任意方向旋转视图，从球面不同位置上观察对象。

光标位于观察球外时，光标变成环形箭头，按住左键拖动鼠标可使对象绕通过观察球中心且垂直于屏幕的轴转动。

光标位于观察球上或下两个小圆时，光标变成垂直椭圆，按住左键拖动鼠标可使视图绕通过观察球中心的水平轴旋转。

光标位于观察球左右小圆时，光标变成水平椭圆，按住左键拖动鼠标可使视图绕通过观察球中心的垂直轴旋转。动态观察器的功能很强大，在此状态下点击鼠标右键，CAD弹出快捷菜单，如图 22-12 所示。我们也可以利用这个快捷菜单进行各种操作和设置。

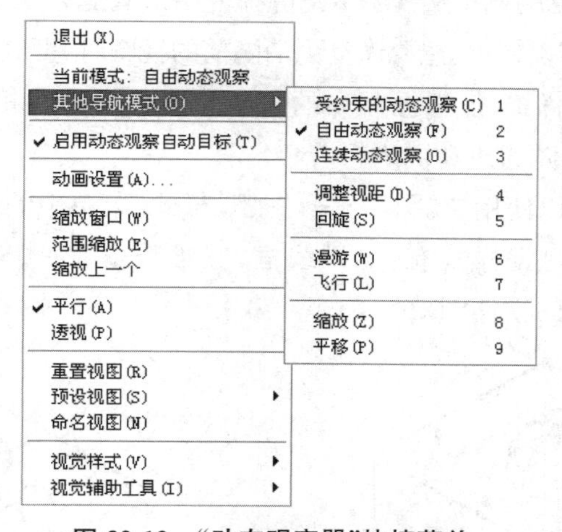

图 22-12　“动态观察器”快捷菜单

★小提示：打开动态观察器菜单栏方法：选择“视图”菜单“动态观察”子菜单——“自由动态观察”。

在 AutoCAD 中，使用“视图”|“缩放”、“视图”|“平移”子菜单中的命令可以缩放或平移三维图形，以观察图形的整体或局部。其方法与观察平面图形的方法相同。此外，在观测三维图形时，还可以通过旋转及消隐等方法来观察三维图形。

三维图形的消隐：用于隐藏面域或三维实体被挡住的轮廓线。

打开方法：

(1) 点击“视图”菜单——“消隐”。

(2) 单击“渲染”工具栏中的消隐按钮。

(3) 在命令行输入“HIDE”命令，回车或空格键确认。

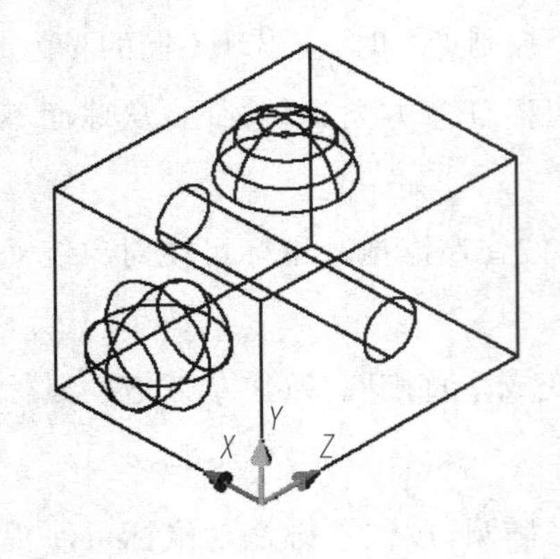

消隐前图形

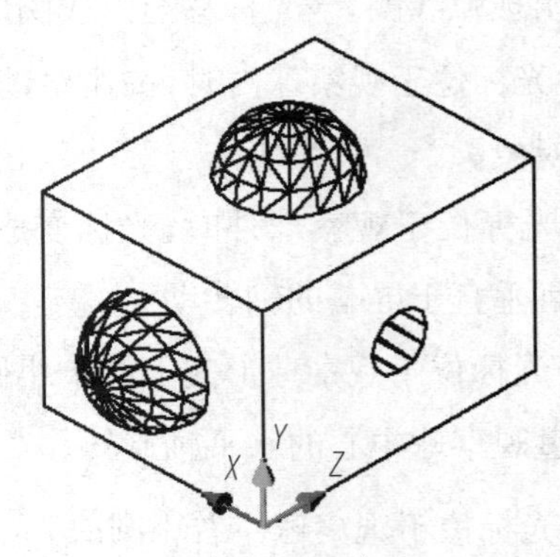

消隐后图形

图 22-13　三维图形的消隐

CAD会自动把看不见的线条从视图上消隐掉使图形看起来更加的逼真，图形消隐后不能进行“实时缩放”和“平移”操作，当想要恢复到消隐前的视图时，可以用“重生成”命令实现。

3）三维图形的视觉样式：能根据观察的角度确定各个面的相对亮度，产生更逼真的立体效果，还可以给三维实体的边和面进行着色。

在 AutoCAD 中，可以使用“视图” —— “视觉样式”菜单中的子命令或“视觉样式”工具栏来观察对象。常用的视觉样式有：二维线框、三维线框、三维隐藏、真实、概念等。如图22-14所示为不同样式下的立体图效果。

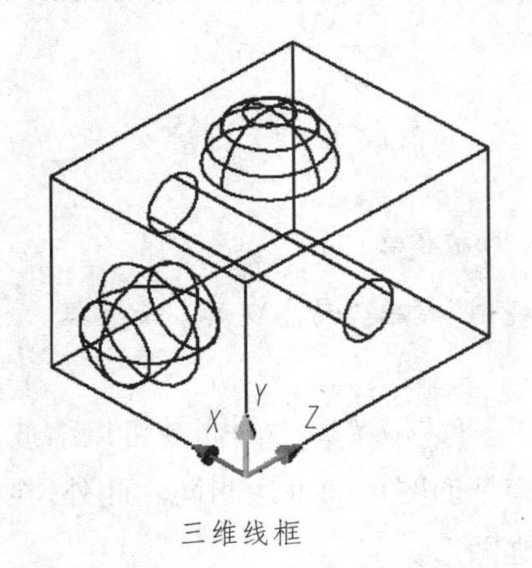

三维线框

二维线框

图 22-14　不同样式下的立体图效果

4. 基本三维实体的创建

在 AutoCAD 中，使用“绘图”→“建模”子菜单中的命令，或使用“建模”工具栏，可以绘制多实体、长方体、楔体、圆锥体、球体、圆柱体、圆环体及棱锥面等基本实体模型。

1）绘制长方体

创建长方体的方法有：

(1) 使用“绘图”菜单→“建模”子菜单→“长方体”。

(2) 单击“建模”工具栏中的长方体按钮。

(3) 命令栏输入“BOX”命令。

【例题 22-1】绘制如图 22-15 所示实体。

绘图步骤如下：

调用长方体命令，命令行提示如下：

(1) 指定长方体的角点或［中心点(CE)］<0,0,0>：↙(在屏幕上任意点单击选择一个对角点，不单击默认坐标为 0,0,0)

(2) 指定角点或［立方体(C)/长度(L)］：@50,40↙(50、40 分别为绘制长方体的长和宽，输入 C 则绘制实体为立方体，输入 L 则表示绘制长方体的长度)

指定高度：30↙

绘制出长 50，宽 40，高 30 的长方体。

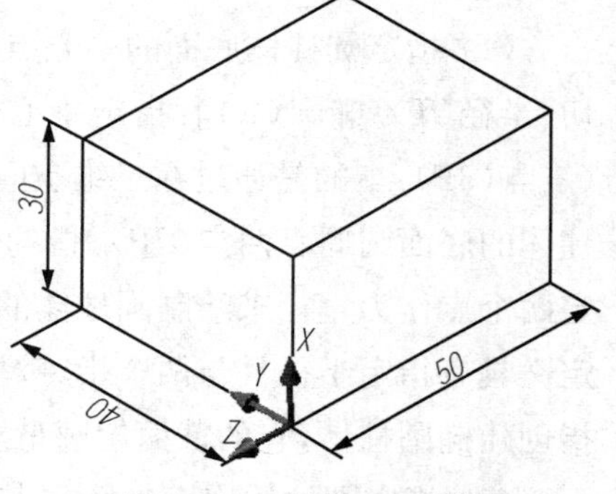

图 22-15　例题 22-1 图

2) 绘制球体

创建球体的方法有：

使用“绘图”菜单——“建模”子菜单——“球体”。

单击“建模”工具栏中的球体按钮。

命令栏输入“SPHERE”命令

【例题 22-2】绘制如图 22-16 所示实体。

图 22-16　例题 22-2 图

绘图步骤如下：

调用球体命令，命令行提示如下：

(1) 指定中心点或［三点(3P)/两点(2P)/相切、相切、半径(T)］：指定中心点在屏幕上任意指定一点即可(三点(3P)：指的是通过在三维空间的任意位置指定三个点来绘制球体的圆周。两点(2P)：指的是通过在三维空间的任意位置指定两个点作为直径来绘制球体的圆周。第一点的 Z 值定义圆周所在平面。相切、相切、半径(T)：定义具有指定半径且与两个指定对象相切的球体)

(2) 指定球体半径或［直径(D)］：输入任意的半径值↙(即可绘制出如图所示球体)

当前绘制的球体线框密度：ISOLINES＝4，通过 ISOLINES 命令可以改变轮廓素线网格线数。

3) 绘制圆柱体

创建圆柱体的方法有：

(1) 使用“绘图”菜单→“建模”子菜单→“圆柱体”。

(2) 单击“建模”工具栏中的圆柱体按钮。

(3) 命令栏输入“CYLINDER”命令。

【例题 22-3】 绘制如图 22-17 所示圆柱体。

绘图步骤如下：

调用圆柱体命令，命令行提示如下：

(1) 指定圆柱体底面的中心点或[三点(3P)/两点(2P)/相切、相切、半径(T)/椭圆(E)]：指定中心点在屏幕上任意指定一点即可↙(三点(3P)：指的是通过在三维空间的任意位置指定三个点来绘制圆柱体的底面圆周。两点(2P)：指的是通过在三维空间的任意位置指定两个点作为直径来绘制圆柱体的底面直径。相切、相切、半径(T)：定义具有指定半径且与两个指定对象相切的圆柱体底面。椭圆(E)：指创建椭圆柱体，它的截面轮廓是椭圆。)

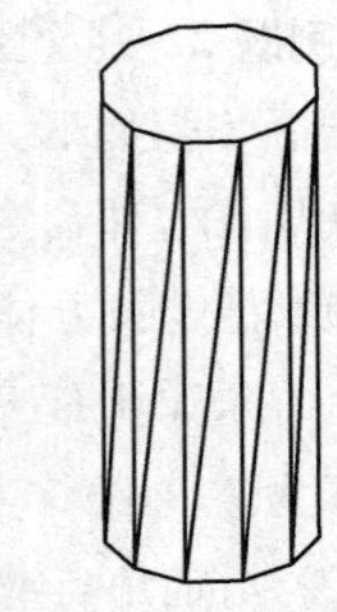

图 22-17　例题 22-3 图

(2) 指定圆柱体底面半径或 [直径(D)]：输入底面的半径值↙(直径 D 代表输入底面的直径)

(3) 指定圆柱体高度或 [另一个圆心(C)]：输入圆柱体的高度↙(输入 C 代表圆柱体的另一圆心，需要用户指定圆柱体另一端面上的中心位置。另一中心确定后，CAD 即可创建出圆柱体，且两中心点的连线方向为圆柱体的轴线方向)。

4) 绘制圆锥体

创建圆锥体的方法有：

(1) 使用“绘图”菜单→“建模”子菜单→“圆锥体”。

(2) 单击“建模”工具栏中的圆锥体按钮。

(3) 命令栏输入“CONE”命令。

【例题 22-4】 绘制如图 22-18 所示圆锥体。

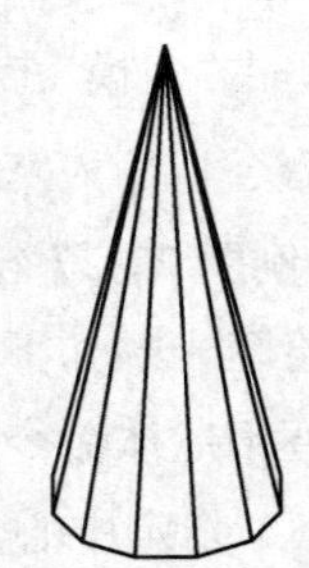

图 22-18　例题 22-4 图

绘图步骤如下：

调用圆锥体命令，命令行提示如下：

(1) 指定圆锥体底面的中心点或[三点(3P)/两点(2P)/相切、相切、半径(T)/椭圆(E)]：指定中心点在屏幕上任意指定一点即可↙(三点(3P)：指的是通过在三维空间的任意位置指定三个点来绘制圆锥体的底面圆周。两点(2P)：指的是通过在三维空间的任意位置指定两个点作为直径来绘制圆锥体的底面直径。相切、相切、半径(T)：定义具有指定半径且与两个指定对象相切的圆锥体底面。椭圆(E)：指创建椭圆锥体，它的截面轮廓是椭圆。)

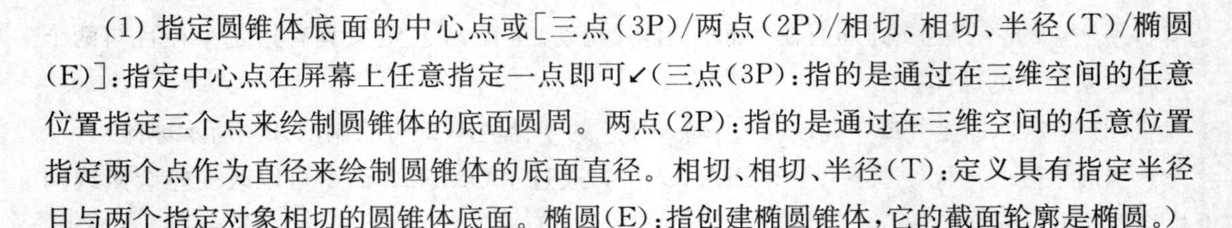

(2) 指定圆锥体底面半径或 [直径(D)]：输入底面的半径值↙(直径 D 代表输入底面的直径)

(3) 指定圆锥体高度或 [另一个圆心(C)]：输入圆锥体的高度↙(输入 C 代表圆锥体的另一圆心，需要用户指定圆锥体另一端面上的中心位置。另一中心确定后，CAD 即可创建出圆锥体，且两中心点的连线方向为圆锥体的轴线方向)。

5）绘制楔体

创建楔体的方法有：

（1）使用“绘图”菜单→“建模”子菜单→“楔体”。

（2）单击“建模”工具栏中的楔体按钮。

（3）命令栏输入“WEDGE”命令。

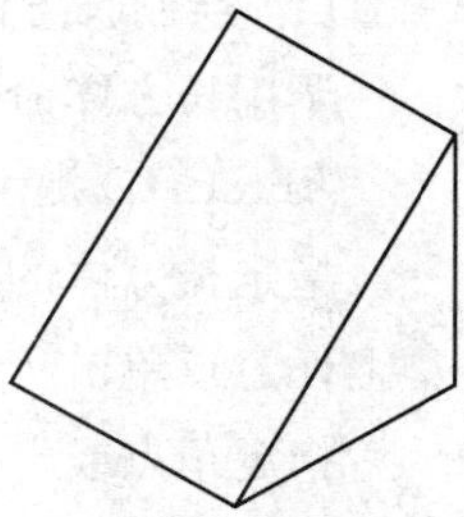

【例题 22-5】绘制如图 22-19 所示楔体。

绘图步骤如下：

调用楔体命令，命令行提示如下：

（1）指定楔体的第一个角点或[中心点(CE)]<0,0,0>：在屏幕上任意指定一点作为楔体的一个角点↙（直接回车确认第一点为世界坐标系的原点）。

图 22-19　例题 22-5 图

（2）指定角点或[立方体(C)/长度(L)]：点击屏幕上一点作为另一角点↙（输入 C 表示楔体的长方形面为正方形，输入 L 表示楔体的长度）。

（3）指定高度：输入高度值↙（即可绘制出楔体）。

6）绘制圆环

创建圆环的方法有：

（1）使用“绘图”菜单→“建模”子菜单→“圆环”。

（2）单击“建模”工具栏中的圆环按钮。

（3）命令栏输入“TORUS”命令。

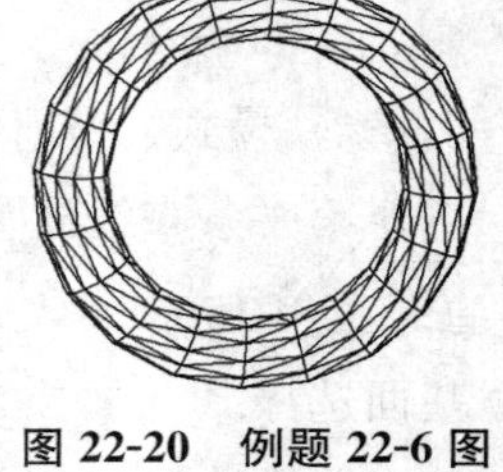

图 22-20　例题 22-6 图

【例题 22-6】绘制如图 22-20 所示圆环。

绘图步骤如下：

调用圆环命令，命令行提示如下：

（1）指定中心点或[三点(3P)/两点(2P)/相切、相切、半径(T)]：<0,0,0>指定中心点在屏幕上任意指定一点即可↙（三点(3P)：指的是通过在三维空间的任意位置指定三个点来绘制圆环的圆周。两点(2P)：指的是通过在三维空间的任意位置指定两个点作为直径来绘制圆环中心圆的圆周。相切、相切、半径(T)：定义具有指定半径且与两个指定对象相切的圆环）。

（2）指定圆环体半径或[直径(D)]：输入圆环体半径值↙（D 为圆环体的直径）。

（3）指定圆管半径或[直径(D)]：输入圆管半径值↙（D 为圆管的直径）。

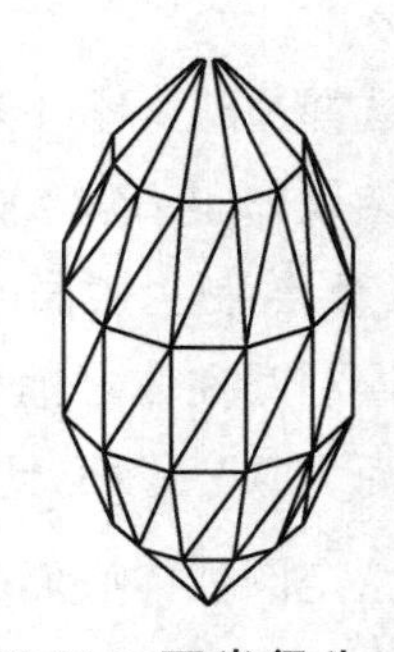

图 22-21　环半径为－20，管半径为 30 时的橄榄球

★小提示：在绘制圆环时，如果圆环体半径大于圆管半径，则绘制的是正常的环。如果圆环体的半径为负值，并且圆管半径大于环半径的绝对值，则绘制的是橄榄形，图 22-21 所示。

【例题 22-7】根据前面基本形体综合训练绘制如图22-22所示图形，圆柱体高度为 20，球半径为 5。

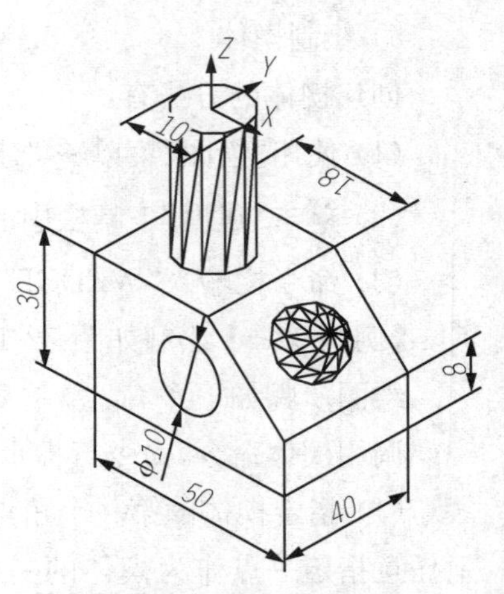

图 22-22　例题 22-7 图

绘图步骤如下：

(1) 绘制长方体

调用长方体命令：

AutoCAD 提示：

指定长方体的角点或 [中心点(CE)] <0,0,0>：在屏幕上任意点单击

指定角点或 [立方体(C)/长度(L)]：@50,40 ↙(指定长方体长和宽)

指定高度：30 ↙(长方体绘制完成)

(2) 倒角

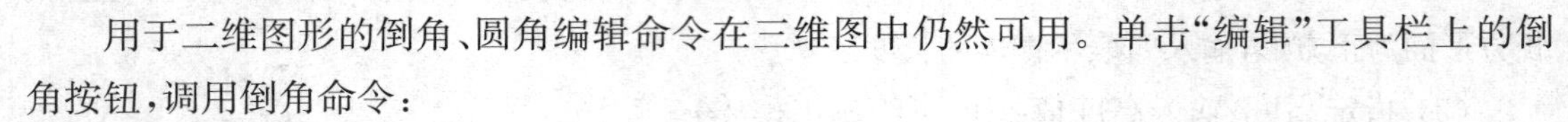

用于二维图形的倒角、圆角编辑命令在三维图中仍然可用。单击“编辑”工具栏上的倒角按钮，调用倒角命令：

命令：_chamfer

(“修剪”模式) 当前倒角距离 1 = 0.0000，距离 2 = 0.0000

选择第一条直线或 [多段线(P)/距离(D)/角度(A)/修剪(T)/方式(M)/多个(U)]：在 *AB* 直线上单击

基面选择...

输入曲面选择选项 [下一个(N)/当前(OK)] <当前>：回车确认选择默认值↙

指定基面的倒角距离：12 ↙

指定其他曲面的倒角距离 <12.0000>：回车确认选择默认值↙

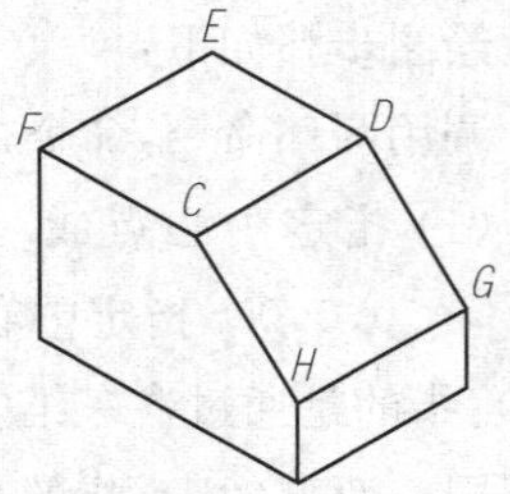

选择边或 [环(L)]：在 *AB* 直线上单击

结果如图 22-23 所示。

图 22-23　绘制长方体及倒角

(3) 绘制上表面的圆柱体

绘制圆柱体之前先将坐标用三点法进行变换，使长方体上表面为 *XY* 平面，此时调用圆柱体命令，AutoCAD 提示：

指定圆柱体底面的中心点或[三点(3P)/两点(2P)/相切、相切、半径(T)/椭圆(E)]：捕捉上表面中心点↙

指定圆柱体底面半径或 [直径(D)]：输入底面的半径值 5 ↙

指定圆柱体高度或 [另一个圆心(C)]：输入圆柱体的高度 20 ↙(圆柱体绘制完成)。

(4) 绘制球体

将坐标用三点坐标法变换到绘制球的平面，调用绘制球体命令，AutoCAD 提示：

指定中心点或[三点(3P)/两点(2P)/相切、相切、半径(T)]:捕捉平面中心点↙

指定球体半径或 [直径(D)]:输入球体的半径值 5 ↙(绘制完成球体)。

(5) 绘制长方体平面上的平面圆

将坐标用三点坐标法变换到绘制平面圆的平面上，打开“对象追踪”、“对象捕捉”，调用圆命令，捕捉表面的中心点，以 5 为半径绘制表面的圆。

5. 通过二维图形创建实体

用户绘制三维实体时可以利用上面说的基本实体生成方法来实现，还可以通过将二维对象拉伸或者旋转的方法来实现。

1) 通过拉伸来实现二维对象生成三维实体，图 22-24 所示。

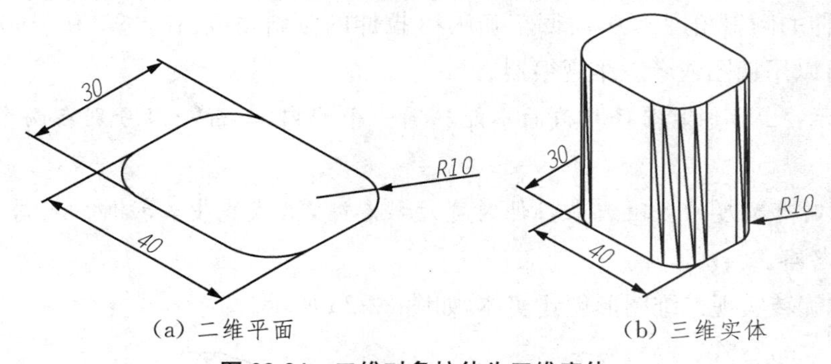

图 22-24　二维对象拉伸为三维实体

对于要将二维图形生成三维实体，需要先对二维图形进行面域命令，在前面学习的二维绘图时我们用过面域命令，知道面域其实就是一个面域厚度的平面，它的形状和包围它的封闭边界一样。很多对象都可以组成边界，比如直线、多段线、矩形、椭圆以及样条曲线等。

二维对象拉伸为三维实体的实现步骤:

(1) 调用矩形命令，绘制圆角矩形，长 40，宽 30，圆角半径为 10。

(2) 创建面域

调用面域命令:

AutoCAD 提示:

选择对象:圆角长方形找到 4 个

选择对象:回车确认 ↙

已提取 1 个环。已创建 1 个面域。

(3) 拉伸面域

利用拉伸命令可以拉伸的对象有:圆、椭圆、正多边形、用矩形命令绘制的矩形、封闭的样条曲线、封闭的多段线、面域等。

调用拉伸命令:

建模工具栏:

下拉菜单:绘图→实体→拉伸

AutoCAD 提示:

命令:_extrude

当前线框密度:ISOLINES=4

选择对象:选择要拉伸的面域 找到 4 个

选择对象:回车确认 ↙

指定拉伸高度或[路径(P)]:50 ↙(当指定拉伸高度为正时,沿 Z 轴正方向拉伸;当给定高度值为负时,沿 Z 轴反方向拉伸。路径(P):对拉伸对象沿路径拉伸。可以为路径的对象有:直线、圆、椭圆、圆弧、椭圆弧、多段线、样条曲线等。)

指定拉伸的倾斜角度 <0>:回车确认↙(拉伸的倾斜角度:在-90°和+90°之间),完成图形,观察可以用视图或者三维观察器。

★小提示:1. 拉伸时路径与截面不能在同一平面内,二者一般分别在两个相互垂直的平面内。

2. 拉伸时有宽度的多段线在拉伸时宽度被忽略,沿线宽中心拉伸。有厚度的对象,拉伸时厚度被忽略。

2) 通过旋转实现二维图形创建实体,如图 22-25 所示。

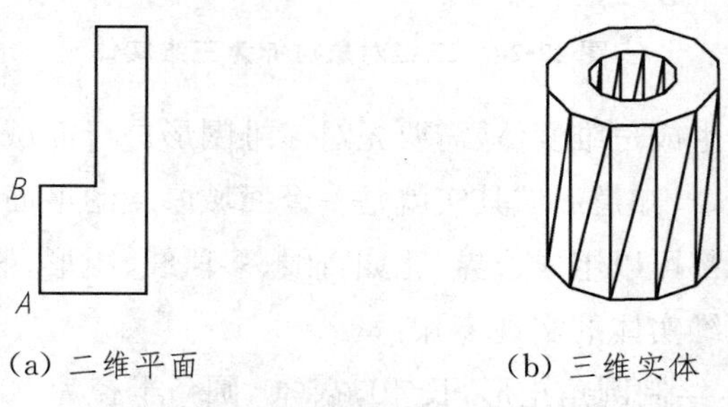

(a) 二维平面　　(b) 三维实体

图 22-25　二维对象旋转为三维实体

对于二维对象通过旋转实现三维实体时,二维图形仍然需要首先面域。

绘图步骤:

为了观察和绘图方便,我们可以将视图方向调整到主视图或者俯视图的一个方向,这里我们调整到主视图。

(1) 调用直线命令图 22-25(a)所示平面图形,也可以调用“多段线”命令绘制图形。

(2) 调用面域命令。

(3) 旋转生成实体

调用旋转命令:

建模工具栏:

下拉菜单:绘图→实体→旋转

命令窗口:REVOLVE

AutoCAD 提示:

命令: _revolve

当前线框密度: ISOLINES=4

选择对象:选择旋转的对象 找到 1 个

选择对象:回车确认↙

指定旋转轴的起点或定义轴依照[对象(O)/X 轴(X)/Y 轴(Y)]:选择端点 A ↙(按定义轴旋转:捕捉两个端点指定旋转轴,旋转轴方向从先捕捉点指向后捕捉点。对象(O):选择一条已有的直线作为旋转轴。*X* 轴(*X*)或 *Y* 轴(*Y*):选择绕 *X* 或 *Y* 轴旋转)。

指定轴端点:选择端点:D

指定旋转角度 ＜360＞:回车确认为 360 ↙(旋转角度为 0°～ 360°之间)。

★**小提示**:1. 旋转轴方向:捕捉两个端点指定旋转轴时,旋转轴方向从先捕捉点指向后捕捉点。选择已知直线为旋转轴时,旋转轴的方向从直线距离坐标原点较近的一端指向较远的一端。

2. 旋转方向:旋转角度正向符合右手螺旋法则,即用右手握住旋转轴线,大拇指指向旋转轴正向,四指指向为旋转角度方向。

6. 布尔运算

布尔运算是指通过并集、交集、差集等运算将两个或两个以上已有的简单实体组合成新的复杂实体。在 AutoCAD 中,三维实体可进行并集、差集、交集三种布尔运算创建复杂、特殊的实体,对提高绘图效率具有很大作用。

1) 并集运算:将两个及两个以上的实体合成一个新的实体的运算,如图 22-26 所示。

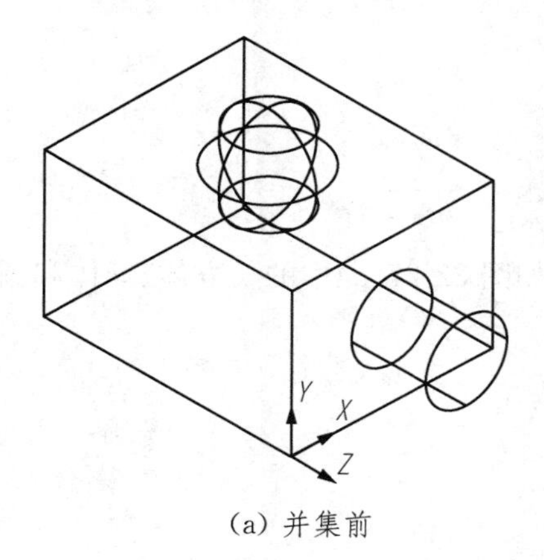

(a) 并集前

(b) 并集后

图 22-26　并集运算

打开并集运算的方法:

(1) 实体编辑工具栏:。

(2) 下拉菜单：修改→实体编辑→并集。

(3) 命令窗口：UNION。

操作步骤：

(1) 调用绘制长方体命令绘制如图 22-26(a)中的长方体。

(2) 调用绘制球体命令绘制如图 22-26(a)中的球体。

(3) 调用绘制圆柱体命令绘制如图 22-26(a)中的圆柱体。

(4) 调用并集运算执行后选择对象即得图 22-26(b)。

2) 差集运算：将一个或一组实体的体积从另一个或一组实体中减去，剩余的体积形成新的组合体，如图 22-27 所示。

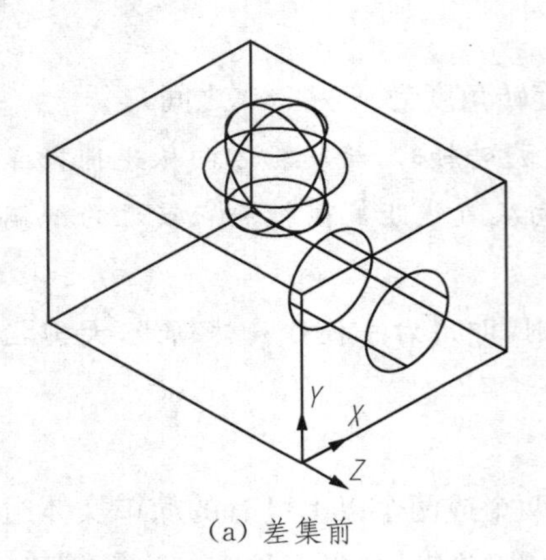

(a) 差集前

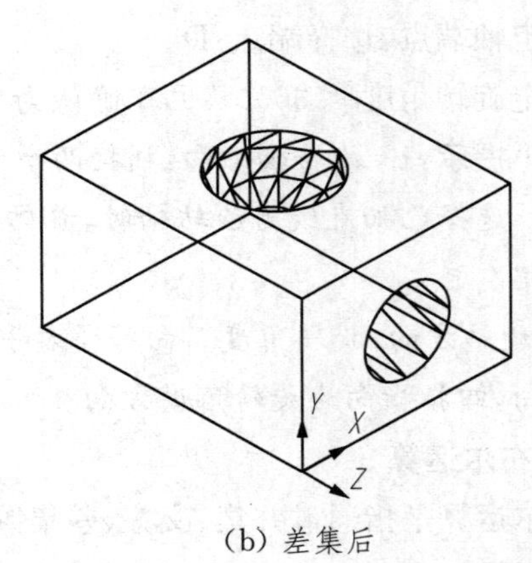

(b) 差集后

图 22-27 差集运算

打开差集运算的方法：

(1) 实体编辑工具栏：[图标]。

(2) 下拉菜单：修改→实体编辑→差集。

(3) 命令窗口：SUBTRACT。

操作步骤：

(1) 调用绘制长方体、球体、圆柱体命令绘制如图 22-27(a)中的长方体、球体和圆柱体。

(2) 调用差集运算，命令行提示如下：

命令：subtract 选择要从中减去的实体或面域

选择对象：选择长方体↙

选择要减去的实体或面域：

选择对象：选择球体↙

再按回车键确认，subtract 选择要从中减去的实体或面域

选择对象：选择长方体↙

选择要减去的实体或面域：

选择对象：选择圆柱体↙

★**小提示**：差集运算时，要先选择被减去的实体，按回车键确认，再选择要减去的实体，按回车键结束。

3）交集运算：将一组实体的公共部分创建为新的组合体，图 22-28 交集运算所示。

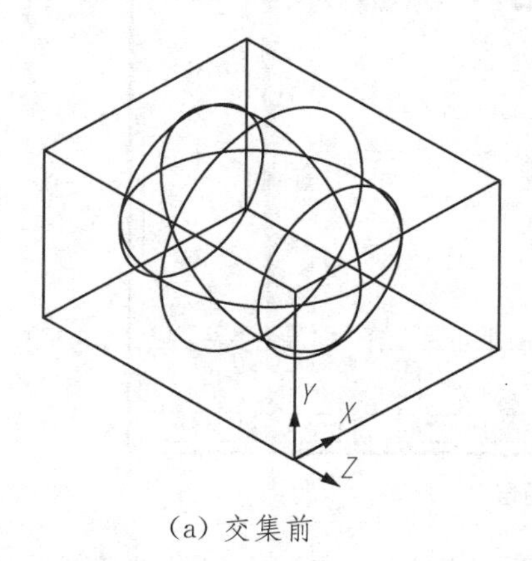

(a) 交集前

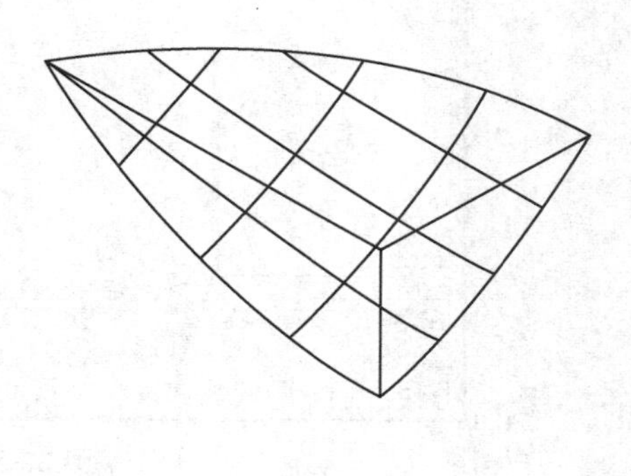

(b) 交集后

图 22-28　交集运算

打开交集运算的方法：

(1) 实体编辑工具栏：。

(2) 下拉菜单：修改→实体编辑→交集。

(3) 命令窗口：INTERSECT。

操作步骤：

(1) 调用绘制长方体、球体命令绘制如图 22-28(a)中的长方体、球体。

(2) 调用交集运算，命令行提示选择对象：选择长方体和球↙(按回车键确认)。

【例题 22-8】根据上面所学的三维实体的绘图命令绘制如图 22-29 所示的骰子图形。

图 22-29　骰子图形

绘图步骤分解：

1）打开 AutoCAD，将绘图界面切换到三维建模，保存文件到合适路径。

2）绘制正方体

(1) 建立图层:建立两个图层,图层颜色和线型如图 22-30 所示。

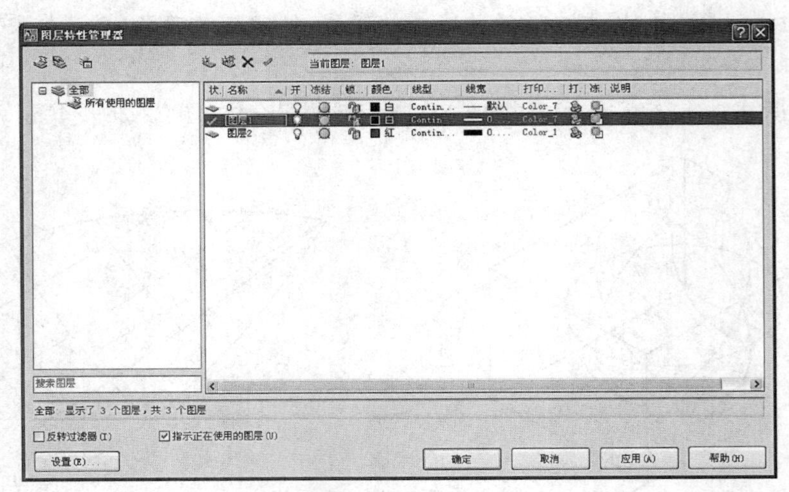

图 22-30　建立图层

(2) 绘制正方体:单击“视图”工具栏上“西南等轴测”按钮,将视点设置为西南方向,将图层切换到图层 1。

在“实体”工具栏上单击“长方体”按钮,调用长方体命令:

命令: _box

指定长方体的角点或［中心点(CE)］<0,0,0>:在屏幕上任意地方单击一点

指定角点或［立方体(C)/长度(L)］:C ↙ (绘制立方体)

指定长度:50 ↙

结果如图 22-31 所示。

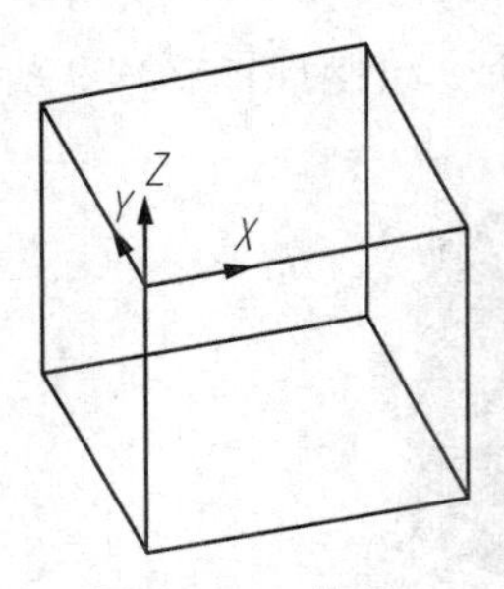

图 22-31　拉伸

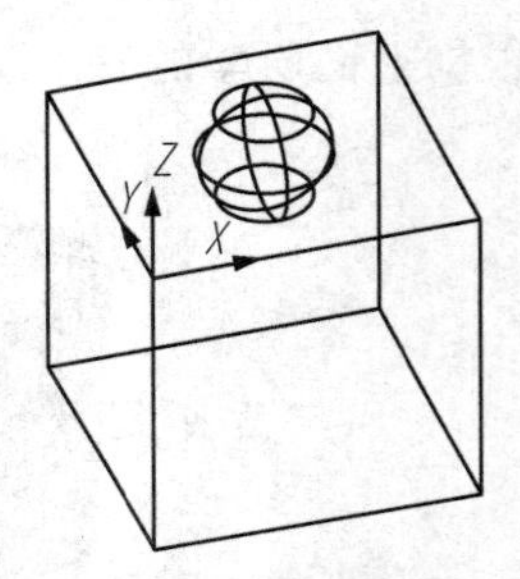

图 22-32　绘制球体

3) 绘制上表面的球体

(1) 移动坐标系到上表面

(2) 绘制球

从实体工具栏调用球命令:

指定中心点或[三点(3P)/两点(2P)/相切、相切、半径(T)]: 利用双向追踪捕捉上表面

的中心↙

指定球体半径或［直径(D)］:14 ↙

结果如图 22-32 所示。

4）绘制上表面的凹坑

利用布尔运算中的差集运算:通过减操作从一个实体中去掉另一些实体得到一个实体。调用实体编辑工具栏差集运算，AutoCAD 提示：

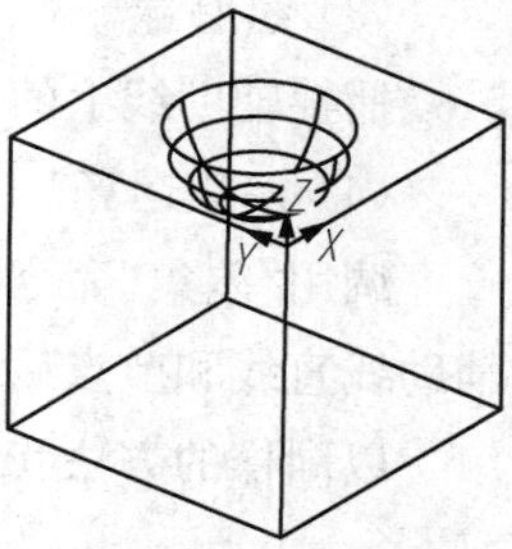

图 22-33　绘制凹坑

命令:_subtract 选择要从中减去的实体或面域

选择对象:在立方体上单击找到 1 个（回车确认）

选择对象:选择要减去的实体或面域

选择对象:在球体上单击 找到 1 个(回车确认,结束差运算)

结果如图 22-33 所示。

5）左侧面上挖两个点的球凹坑

(1) 三点 UCS

调用 UCS 工具栏三点 UCS 命令：

指定新 UCS 的原点或[面(F)/命名(NA)/对象(OB)/上一个(P)/视图(V)/世界(W)/X/Y/Z 轴(ZA)] <世界>:3 ↙

指定新的原点 <0,0,0>:捕捉左侧面左下角点↙

在正 X 轴范围上指定点<1.0000,0.0000,0.0000>:向右移动鼠标捕捉右下角点↙

在 UCS XY 平面的正 Y 轴范围上指定点<0.0000,1.0000,0.0000>:向上移动鼠标捕捉左上角点↙

(2) 确定球心点

选择图层 2,调用直线命令,绘制两边中点连接线。

在“对象捕捉”对话框中选择“端点”和“节点”捕捉,并打开“对象捕捉”。

运行“绘图”菜单下的“点”“定数等分”命令,将辅助直线 3 等分,点击“格式”菜单下的“点的样式”修改点的样式,结果如图 22-34 所示。

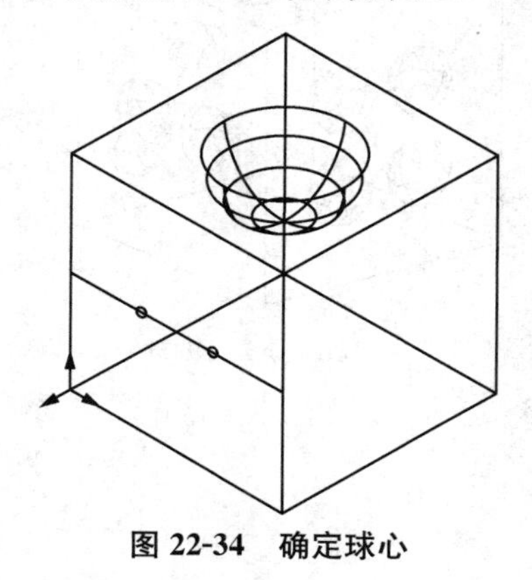

图 22-34　确定球心

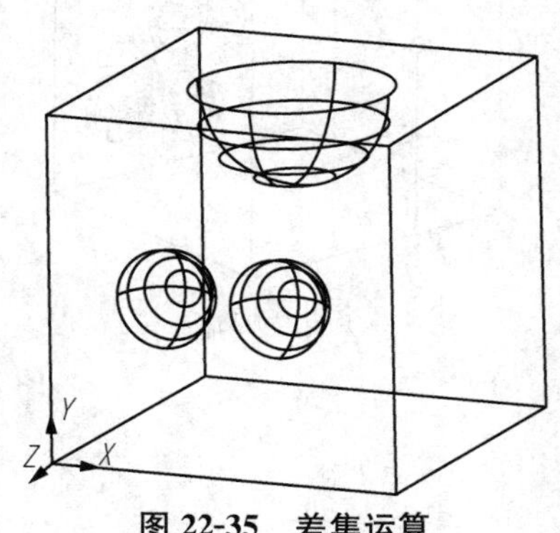

图 22-35　差集运算

(3) 绘制球

捕捉辅助线上的节点为球心，以 7 为半径绘制两个球。

(4) 差集运算

调用“差集”命令，以立方体为被减去的实体，两个球为减去的实体，进行差集运算，删除辅助线直线和节点后结果如图 22-35 所示。

以同样的方法我们可以绘制前表面上的三个点，如图 22-36 所示。

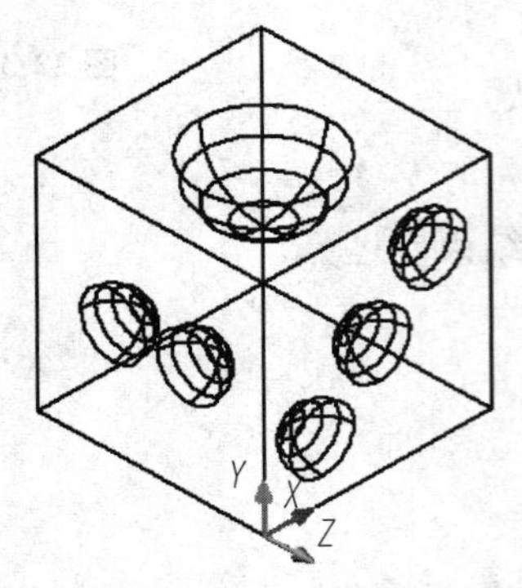

图 22-36　绘制其余球心

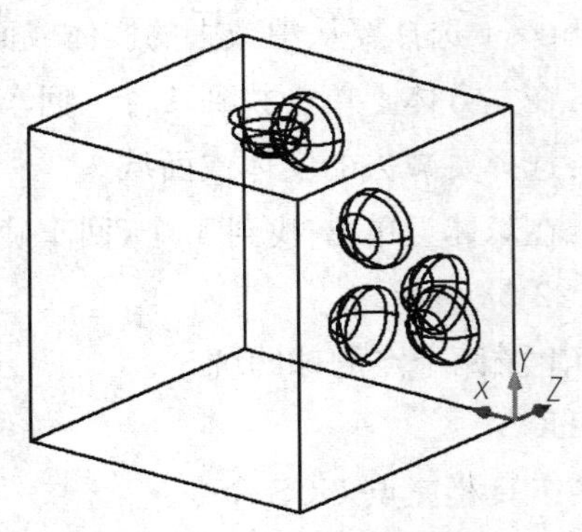

图 22-37　旋转实体

6) 绘制后表面上的四个点

(1) 单击“三维导航”工具栏上的“受约束的动态观察”按钮，激活三维动态观察器视图，出现光标时拖动鼠标，使立方体的后表面转到上面可见位置。按 ESC 键或右键鼠标选择退出，或者单击鼠标右键显示快捷菜单退出，如图 22-37 所示。

(2) 将后表面作为 *XY* 平面，利用三点坐标法建立用户坐标系，绘制作图辅助线，定出四个球心点图 22-38(a)，再绘制 4 个半径为 6 的球，然后进行布尔运算，结果如图 22-38(b) 所示。

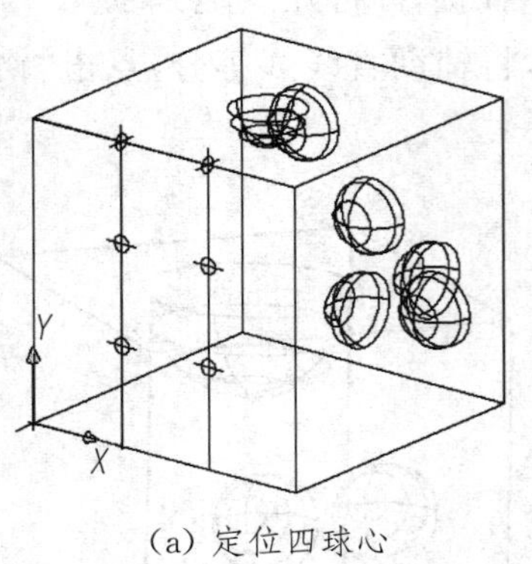

(a) 定位四球心

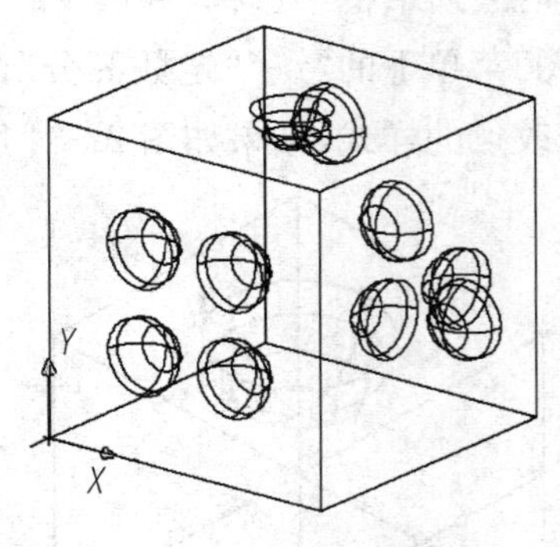

(b) 绘制 R6 球

图 22-38

7）用同样的方法，调整好视点，绘制另外两面上的五点和六点，结果如图 22-39 所示。

8）对各边进行倒圆角

（1）倒下表面圆角

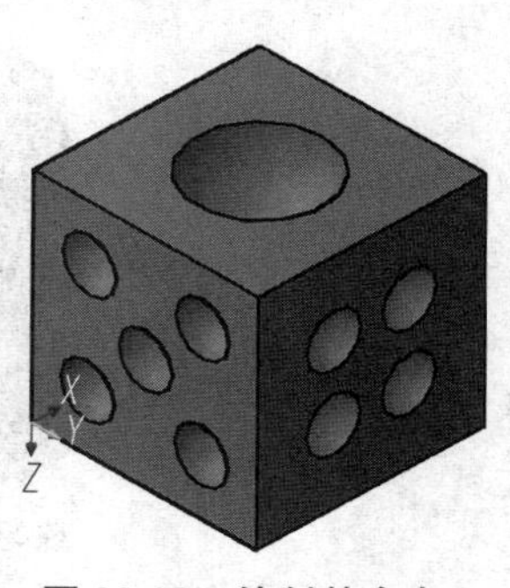

图 22-39　绘制其余点

输入圆角命令 F 按钮，调用圆角命令：

命令：_fillet

当前设置：模式 ＝ 修剪，半径 ＝0.0000

选择第一个对象或［多段线(P)/半径(R)/修剪(T)/多个(U)］：选择上表面一条边↙

输入圆角半径 <6.0000>：6↙

选择边或［链(C)/半径(R)］：输入 C↙

选择边链或［边(E)/半径(R)］：选择下表面另三条边和四条竖边↙

已选定 8 个边用于圆角。

结果如图 22-40 所示。

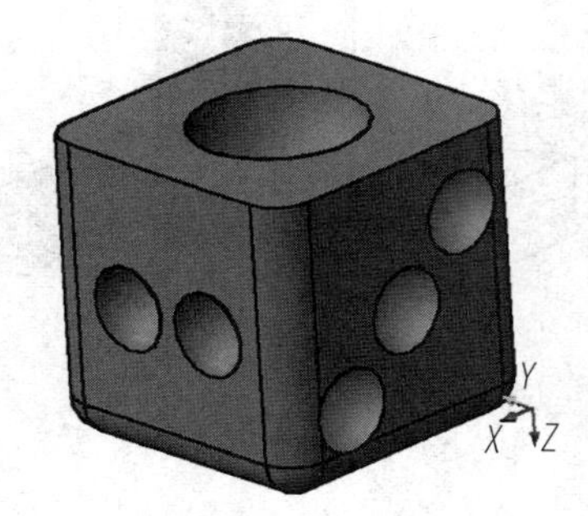

图 22-40　倒圆角

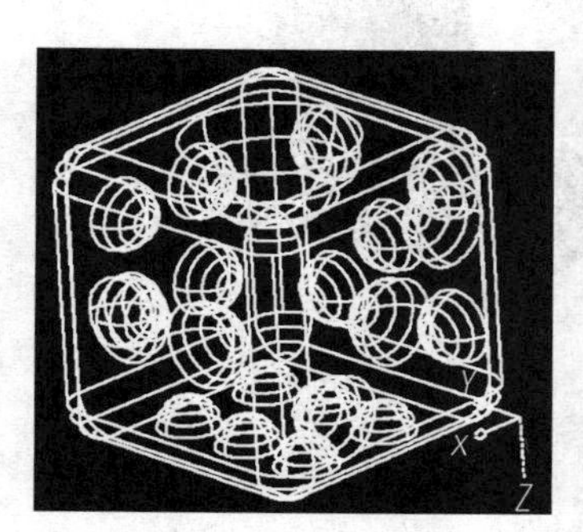

图 22-41　上表面圆角

（2）倒上表面圆角

执行圆角命令，选择上面的四个边，倒上表面的圆角，结果如图 22-41 所示。

（3）删除辅助线层上的所有辅助线和辅助点，完成图形绘制。

综合练习题

【练习 22-1】根据本任务的学习，自选尺寸绘制练习题图 22-1。

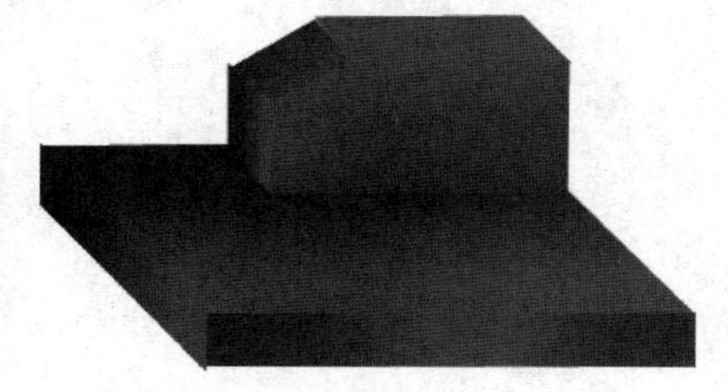
练习题图 22-1

【练习 22-2】根据本任务的学习，自选尺寸绘制练习题图 22-2。

练习题图 22-2

练习题图 22-3

【练习 22-3】根据本任务的学习，自选尺寸绘制练习题图 22-3。

【练习 22-4】根据本任务的学习，自选尺寸绘制练习题图 22-4。

【练习 22-5】根据本任务的学习，自选尺寸绘制练习题图 22-5。

练习题图 22-4

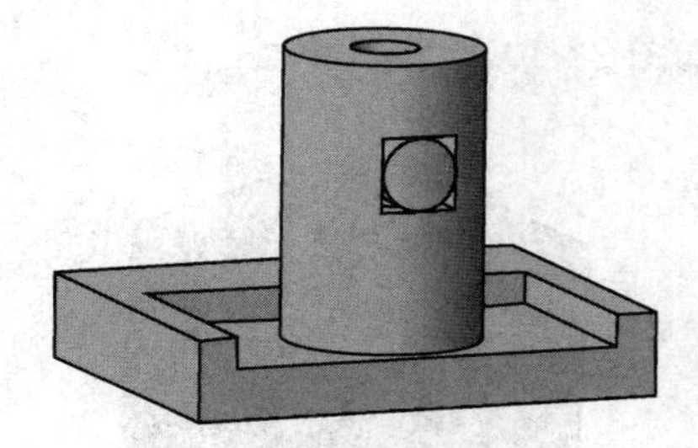

练习题图 22-5

任务二十三　三维实体的编辑操作

学习目标：本任务以学习三维实体的编辑操作为目标，要求学生掌握对三维实体不同的编辑方法，并能够熟练地完成对实体的剖切、切割、拉伸、抽壳等操作。会对三维实体的面进行着色、复制等操作。

任务重点：实体的剖切、切割、拉伸、抽壳、压印等

任务难点：对三维实体的面进行着色、复制等操作

一、三维实体编辑的面

1. 拉伸面

【例题 23-1】利用拉伸面命令将图 23-1(a)拉伸为图 23-1(b)。

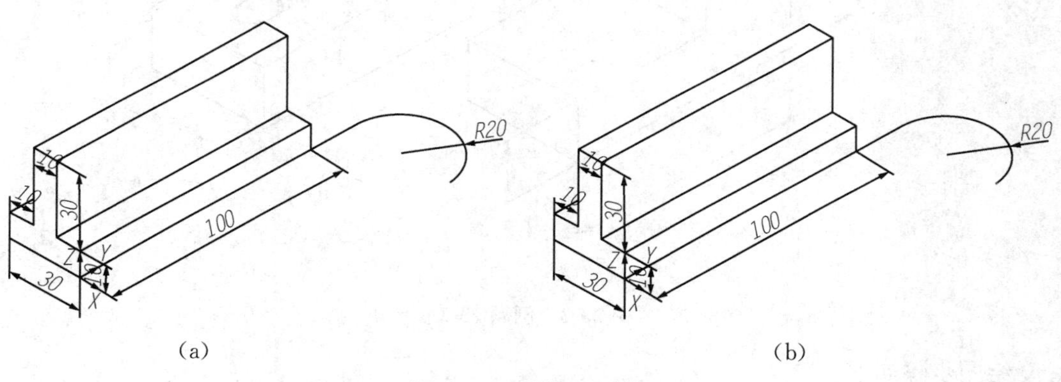

图 23-1　例题 23-1 图

绘图步骤如下：

1) 创建图 23-1(a)实体

新建一张图纸，调整到主视图方向，调用直线命令 L，按图示尺寸绘制“工”字形断面，之后选择“工”字型断面进行面域，再选择“实体工具栏”上的“拉伸”命令，视图方向调至西南等轴测方向，创建如图 23-1(a)所示实体。

2) 拉伸面

(1) 绘制拉伸路径

将坐标系的 XY 平面调整到底面上，坐标轴方向与“工”字钢棱线平行，调用多断线命令 PL，绘制拉伸路径线。

(2) 拉伸面

调用拉伸面命令:实体编辑工具栏拉伸面命令,命令行提示

选择面或[放弃(U)/删除(R)]:选择工字型实体右端面↙

指定拉伸高度或[路径(P)]:输入P↙

选择拉伸路径:在路径线上单击

已开始实体校验。

已完成实体校验。

结果如图23-1(2)所示。

2. 移动面、旋转面、倾斜面

【例题23-2】利用移动面、旋转面、倾斜面命令将图23-2(a)编辑成为图23-2(b)。

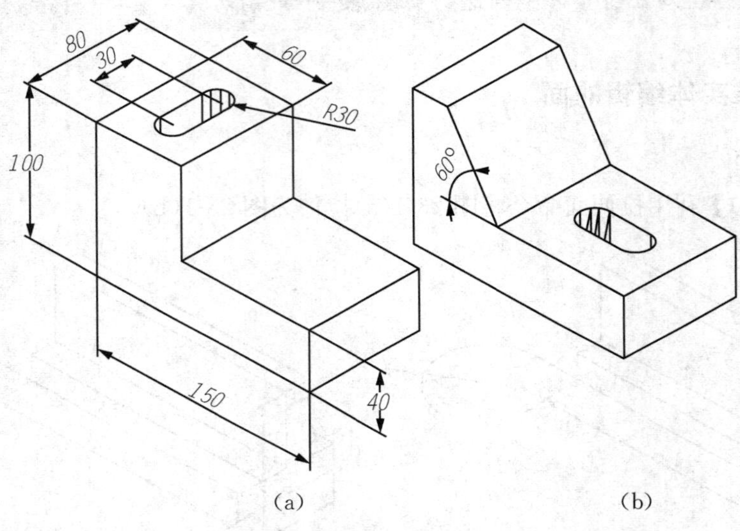

图23-2 例题23-2图

绘图步骤如下:

1) 绘制原图形

(1) 创建"L"型实体块

建立一张新图,调整到主视图方向,用直线命令按尺寸绘制"L"形的端面面域之后,然后调用"拉伸"命令创建实体,并在其上表面捕捉棱边中点绘制辅助线AB。如图23-3(1a)所示。

(2) 创建圆柱形立体

在俯视图方向按尺寸绘制圆柱形端面,生成面域后,拉伸成实体,并在其上表面绘制辅助线CD,如图23-3(b)所示。

(3) 布尔运算

选择腰圆形立体,以CD的中点为基点移动到AB的中点处。然后用"L"形实体减去腰圆形实体。原图形绘制完成,结果如图23-3(a)所示。

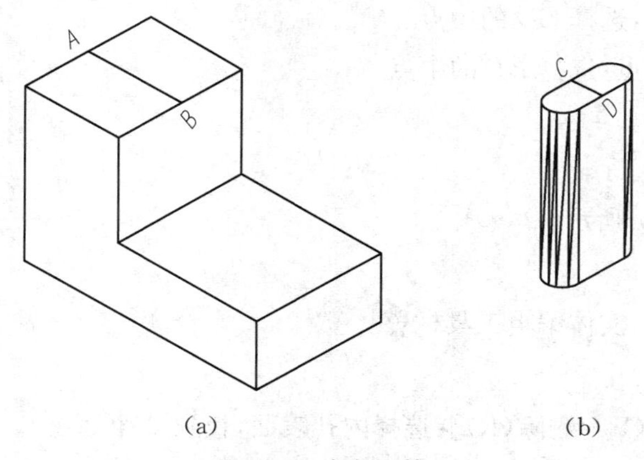

(a)　(b)

图 23-3　布尔运算

2）移动面

调用移动面命令：实体编辑工具栏：

AutoCAD 提示：

[拉伸(E)/移动(M)/旋转(R)/偏移(O)/倾斜(T)/删除(D)/复制(C)/着色(L)/放弃(U)/退出(X)] <退出>：_move

选择面或 [放弃(U)/删除(R)]：在孔边缘线上单击找到一个面↙

选择面或 [放弃(U)/删除(R)/全部(ALL)]：在孔边缘线上单击找到 2 个面↙

选择面或 [放弃(U)/删除(R)/全部(ALL)]：在孔边缘线上单击找到 2 个面↙

选择面或 [放弃(U)/删除(R)/全部(ALL)]：在孔边缘线上单击找到 2 个面↙

选择面或 [放弃(U)/删除(R)/全部(ALL)]：R↙

删除面或 [放弃(U)/添加(A)/全部(ALL)]：选择多选择的表面找到一个面，已删除 1 个↙

删除面或 [放弃(U)/添加(A)/全部(ALL)]：↙(当只剩下要移动的内孔面时，结束选择，如图 23-4(a)所示)

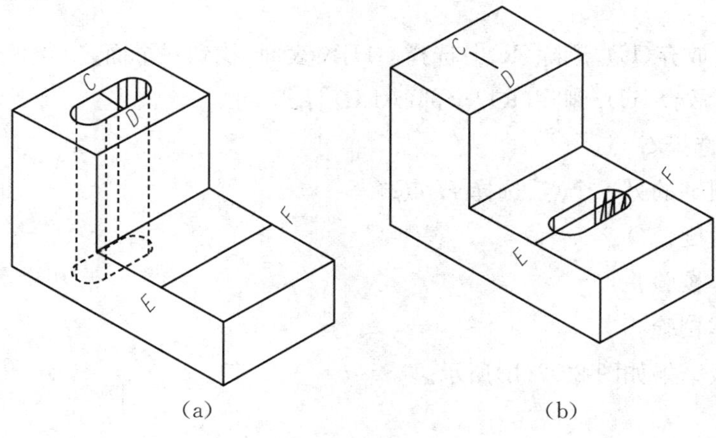

(a)　(b)

图 23-4　移动面

指定基点或位移：选择 *CD* 的中点

指定位移的第二点：选择 *EF* 的中点

已开始实体校验。

已完成实体校验。

结果如图 23-4(b)所示。

3）旋转面

调用旋转面命令：实体编辑工具栏

命令行提示：Rotate

选择面或［放弃(U)/删除(R)］：选择内孔表面，找到 2 个面↙

删除面或［放弃(U)/添加(A)/全部(ALL)］：同上个步骤一样选择全部内孔表面，当只剩下要移动的内孔面时，结束选择↙

指定轴点或［经过对象的轴(A)/视图(V)/X 轴(X)/Y 轴(Y)/Z 轴(Z)］<两点>：输入 Z

指定旋转原点 <0,0,0>：选择 *EF* 的中点

指定旋转角度或［参照(R)］：90

已开始实体校验。

已完成实体校验。

结果如图 23-5 所示。

4）倾斜面

调用倾斜面命令：实体编辑工具栏

命令行提示：

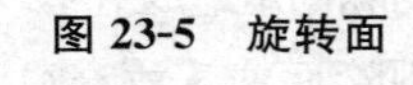

图 23-5　旋转面

［拉伸(E)/移动(M)/旋转(R)/偏移(O)/倾斜(T)/删除(D)/复制(C)/着色(L)/放弃(U)/退出(X)］<退出>：

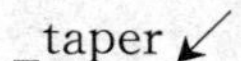

_taper↙

选择面或［放弃(U)/删除(R)］：选择 GHJK 表面，找到一个面↙

选择面或［放弃(U)/删除(R)/全部(ALL)］：↙

指定基点：选择 *G* 点↙

指定沿倾斜轴的另一个点：选择 *H* 点↙

指定倾斜角度：30↙

已开始实体校验。

已完成实体校验。

删除辅助线结果如图 23-2(b)所示。

3. 复制面、着色面

【例题 23-3】 利用复制面、着色面命令将图 23-6(a)修改为图 23-6(b)。

(a)　　　　(b)

图 23-6　例题 23-3 图

绘图步骤如下：

1）创建图 23-6(a)所示的实体。

2）旋转面

调用“旋转面”命令，选择实体的“工”字形端面，以侧边为轴，以 30°角旋转端面，得到倾斜面。

3）着色面

调用着色面命令：实体编辑工具栏着色面

命令行提示：

[拉伸(E)/移动(M)/旋转(R)/偏移(O)/倾斜(T)/删除(D)/复制(C)/着色(L)/放弃(U)/退出(X)]＜退出＞：_color

选择面或[放弃(U)/删除(R)]：选择倾斜的端面，找到一个面↙

选择面或[放弃(U)/删除(R)/全部(ALL)]：↙

弹出“选择颜色”对话框，选择合适的颜色，单击确定↙

再按 Esc 键，结束命令结果如图 23-6(b)所示。

4. 复制面

调用复制面命令：实体编辑工具栏

[拉伸(E)/移动(M)/旋转(R)/偏移(O)/倾斜(T)/删除(D)/复制(C)/着色(L)/放弃(U)/退出(X)]＜退出＞：_copy

选择面或[放弃(U)/删除(R)]：选择倾斜端面，找到 1 个面↙

选择面或[放弃(U)/删除(R)/全部(ALL)]：↙

指定基点或位移：选择左下角点↙

指定位移的第二点：选择目标点↙(回车确认)□

二、三维实体编辑——剖切、切割、抽壳

1. 剖切、切割

【例题 23-4】利用剖切和切割命令绘制图 23-7。

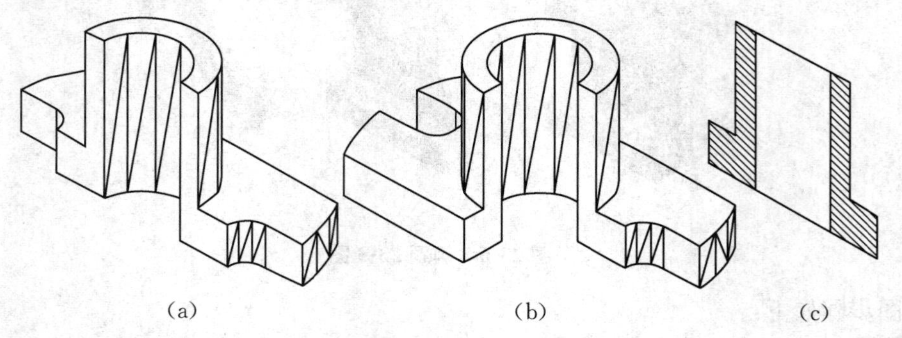

图 23-7　例题 23-4 图

绘图步骤如下：

1）绘制底板实体

（1）调用直线命令、圆命令等绘制如图 23-8 所示外形轮廓。

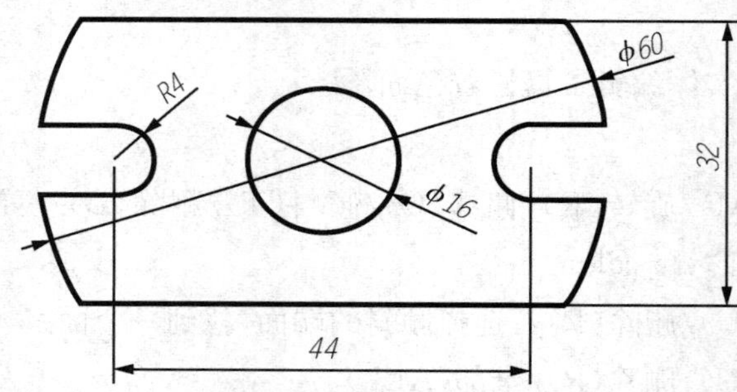

图 23-8　绘制外形轮廓

（2）创建面域

调用面域命令，选择所有图形，生成两个面域。

再调用“差集”命令，用外面的大面域减去中间圆孔面域，完成面域创建。

（3）拉伸面域

单击实体工具栏上的“拉伸”按钮，调用拉伸命令输入拉伸高度 10，结果如图 23-9 所示。

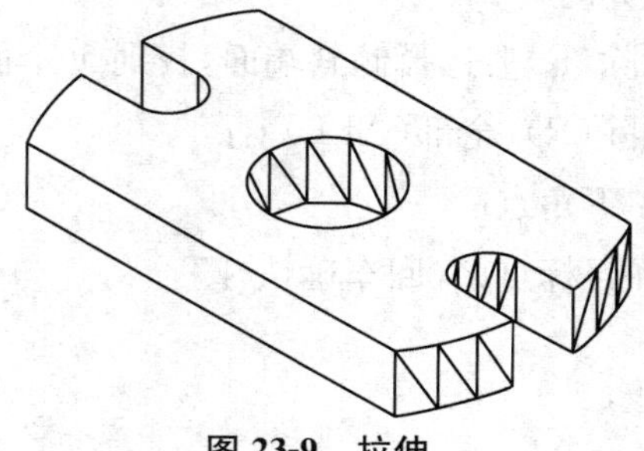

图 23-9　拉伸

2）创建圆筒

（1）调用圆命令，绘制如图 23-10 所示的图形。

（2）创建环形面域。

（3）拉伸实体

调用“实体工具栏”上的“拉伸”命令，选择环形面域，以高度为 32，倾斜角度为 0°拉伸面域，生成圆筒。如图 23-11 所示。

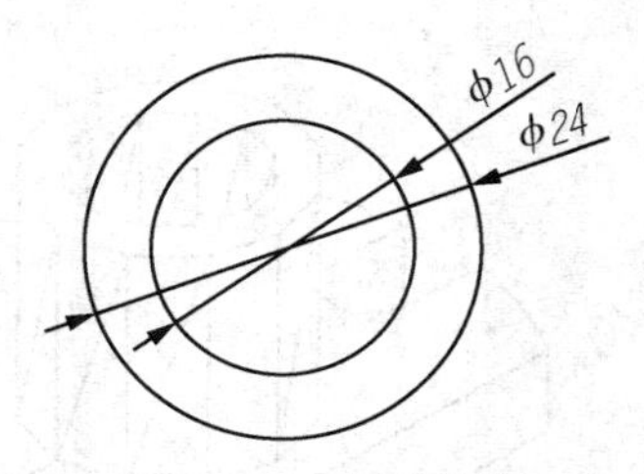

图 23-10　创建圆筒

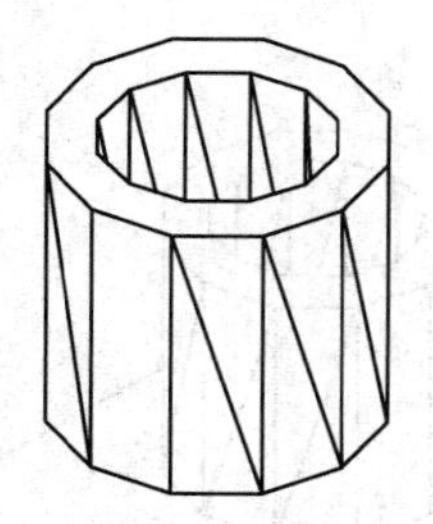
图 23-11　拉伸圆筒

3）合成实体

（1）组装模型

调用移动命令：

命令：_move

选择对象：选择圆筒找到 1 个↙

指定基点或位移：选择圆筒下表面圆心↙

指定位移的第二点或 <用第一点作位移>：选择底板上表面圆孔圆心↙

（2）并集运算

选择“实体编辑”工具栏上的“并集”按钮，调用并集命令，选择两个实体，合成一个。如图 23-12 所示。

将创建的实体复制一份备用。

4）创建全剖实体模型

调用剖切命令：实体工具栏剖切命令

AutoCAD 提示：

命令：_slice

选择对象：选择实体模型，找到 1 个

选择对象：↙

指定切面上的第一个点，依照［对象(O)/Z 轴(Z)/视图(V)/XY 平面(XY)/YZ 平面(YZ)/ZX 平面(ZX)/三点(3)］<三点>：选择左侧 U 形槽上圆心 A↙

指定平面上的第二个点：选择圆筒上表面圆心 B↙

指定平面上的第三个点：选择右侧 U 形槽上圆心 C↙

在要保留的一侧指定点或［保留两侧(B)］：在图形的右上方单击↙(后侧保留)

结果如图 23-7(1)所示。

5) 创建半剖实体模型

(1) 选择前面复制的完整轴座实体，重复剖切过程，当系统提示："在要保留的一侧指定点或［保留两侧(B)］："时，选择"B"选项，则剖切的实体两侧全保留。结果如图 23-13 所示，虽然看似一个实体，但已经分成前后两部分，并且在两部分中间过 ABC 已经产生一个分界面。

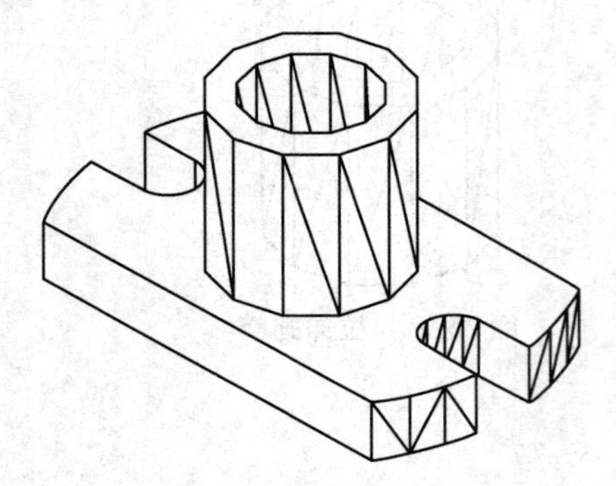

图 23-12　并集运算

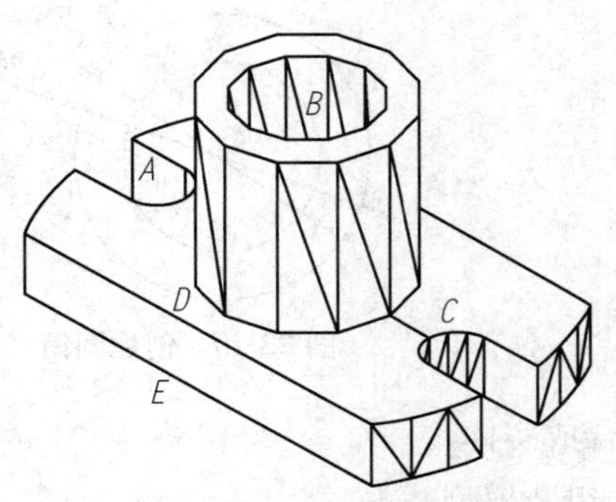

图 23-13　创建半剖实体

(2) 将前部分左右剖切

再调用"剖切"命令：

命令：_slice

选择对象：选择前部分实体，找到 1 个

选择对象：

指定切面上的第一个点，依照［对象(O)/Z 轴(Z)/视图(V)/XY 平面(XY)/YZ 平面(YZ)/ZX 平面(ZX)/三点(3)］<三点>：选择圆筒上表面圆心 B↙

指定平面上的第二个点：选择底座边中心点 D↙

指定平面上的第三个点：选择底座边中心点 E↙

在要保留的一侧指定点或［保留两侧(B)］：在图形左上方单击↙

结果如图 23-14 所示。

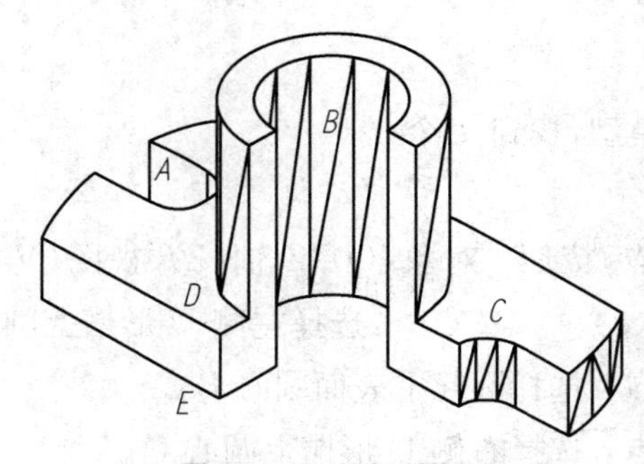

图 23-14　剖切结果

(3) 合成

调用“并集”运算命令，选择两部分实体，将剖切后得到的两部分合成一体，结果如图23-7(b)所示。

6) 创建断面图

选择备用的完整实体操作。

(1) 切割

调用切割命令：实体工具栏

AutoCAD 提示：

命令：_section

选择对象：选择实体，找到 1 个

选择对象：

指定截面上的第一个点，依照［对象(O)/Z 轴(Z)/视图(V)/XY 平面(XY)/YZ 平面(YZ)/ZX 平面(ZX)/三点(3)］<三点>：选择左侧 U 形槽上圆心 A↙

指定平面上的第二个点：选择圆筒上表面圆心 B↙

指定平面上的第三个点：选择右侧 U 形槽上圆心 C↙

结果如图 23-15(a)所示（在线框模式下）。

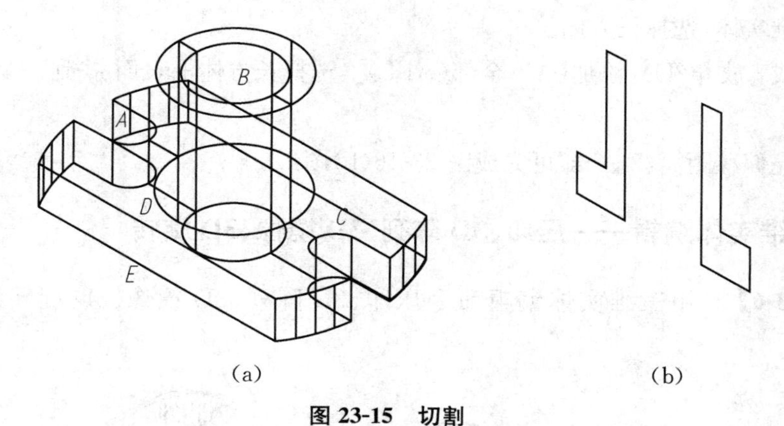

图 23-15　切割

(2) 移出切割面

调用移动命令，选择图 23-15(a)中的切割面，移动到图形外，如图 23-15(b)所示。

(3) 连接图线

调用直线命令，连接上下缺口。

(4) 填充图形

调用填充命令，选择两侧闭合区域填充，结果如图 23-7(c)所示。

2．抽壳

【例题 23-5】利用抽壳命令将图 23-16(a)变成图 23-16(b)。

(a)　　　　　　　　　　　　　(b)

图 23-16　例题 23-5 图

绘图步骤如下：

调用绘制长方体命令绘制如图 23-16(a)所示立方体。

调用抽壳命令，从实体编辑工具栏点击抽壳或者下拉菜单“修改”→“实体编辑”→“抽壳”。命令行提示如下：

[压印(I)/分割实体(P)/抽壳(S)/清除(L)/检查(C)/放弃(U)/退出(X)] <退出>：_shell

选择三维实体：选择长方体↙

删除面或[放弃(U)/添加(A)/全部(ALL)]：选择长方体上表面 找到一个面，已删除 1 个↙

输入抽壳偏移距离：2 ↙ 即可完成图 23-16(b)图形。

三、三维实体编辑——压印、3D 阵列、3D 镜像、3D 旋转

【例题 23-6】利用三维实体编辑命令压印、3D 阵列、3D 镜像、3D 旋转绘制图 23-17 图形。

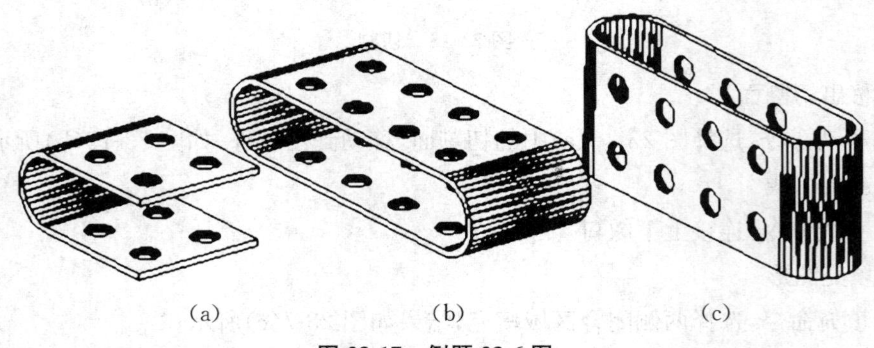

(a)　　　　　　(b)　　　　　　(c)

图 23-17　例题 23-6 图

1）创建“U”形板

(1) 将视图调整到主视图方向，绘制如图 23-18 所示的断面形状。

(2) 按长度 200 拉伸成实体。

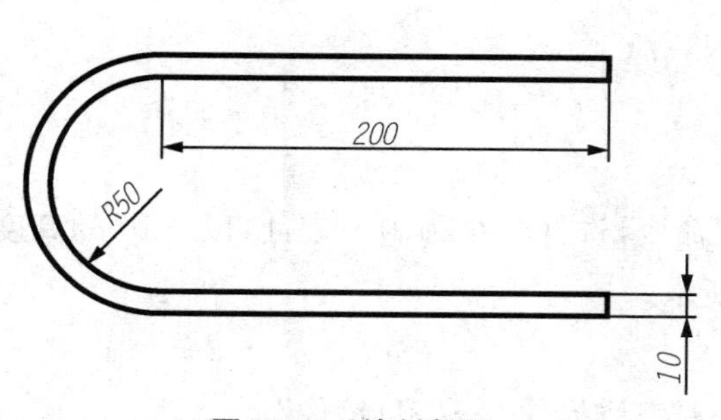

图 23-18　绘制断面

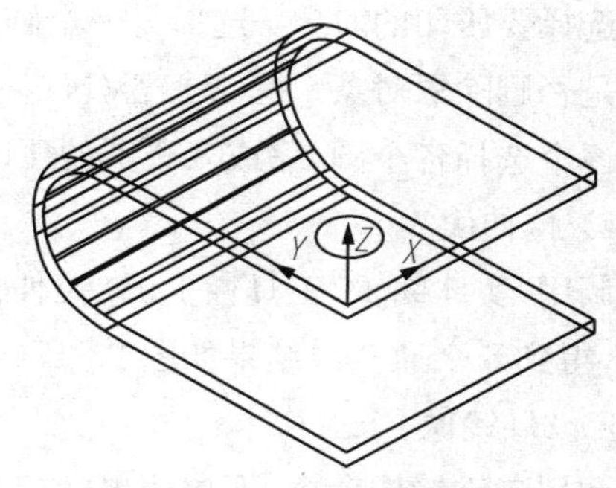

图 23-19　绘制表面圆

2) 3D 阵列对象

(1) 绘制表面圆

调整 UCS 至上表面，方向如图 23-19 所示。调用圆命令，以(50,50)为圆心，20 为半径绘制圆。

(2) 阵列对象

调用三维阵列命令：下拉菜单"修改"→"三维操作"→"三维阵列"

AutoCAD 提示：

命令：_3darray

选择对象：选择圆 找到 1 个↙

选择对象：

输入阵列类型 [矩形(R)/环形(P)] <矩形>：输入 R↙

输入行数 (---) <1>：2↙

输入列数 (|||) <1>：2↙

输入层数 (...) <1>：2↙

指定行间距 (---)：100↙

指定列间距 (|||)：100↙

指定层间距 (...)：－110↙

结果如图 23-20 所示。

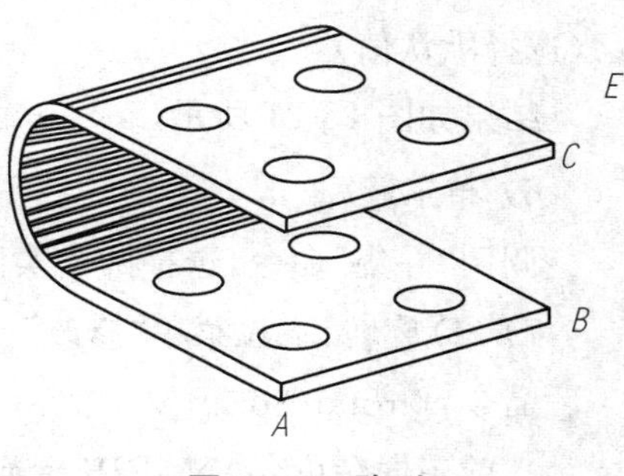

图 23-20　阵列

3) 压印

调用压印命令：实体编辑工具栏压印 或者下拉菜单"修改"→"实体编辑"→"压印"。

AutoCAD 提示：

选择三维实体：选择实体

选择要压印的对象:选择一个圆↙

是否删除源对象［是(Y)/否(N)］＜N＞:Y↙

选择要压印的对象：选择另一个圆↙

是否删除源对象［是(Y)/否(N)］＜N＞:Y↙

逐个选择各个圆,完成8个圆的压印。

4) 拉伸面

调用“实体编辑”工具栏上的“拉伸面”命令,选择各个圆内的表面,以－10的高度拉伸表面,得到8个通孔。结果如图23-17(a)所示。

5) 3D镜像

调用三维镜像命令:下拉菜单“修改”→“三维操作”→“3D镜像”。

AutoCAD提示：

命令：_mirror3d

选择对象：选择实体,找到1个

选择对象:↙

指定镜像平面（三点）的第一个点或[对象(O)/最近的（L)/Z轴（Z)/视图（V)/XY平面(XY)/YZ平面(YZ)/ZX平面(ZX)/三点(3)］＜三点＞:选择端面点A↙

在镜像平面上指定第二点:选择端面点B↙

在镜像平面上指定第三点:选择端面点C↙

是否删除源对象?［是(Y)/否(N)］＜否＞:↙(选择默认值)

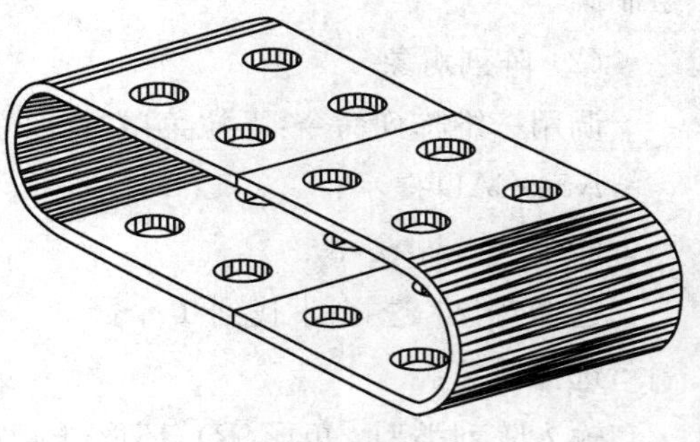

图23-21　3D镜像

结果如图23-21所示。

6) 布尔运算

调用“并集”命令,选择两个实体,完成图形,如图23-17(b)所示。

7) 3D旋转:下拉菜单“修改”→“三维操作”→“3D旋转”。

命令：_rotate3d

当前正向角度：ANGDIR＝逆时针 ANGBASE＝0

选择对象：找到1个

选择对象：

指定轴上的第一个点或定义轴依据[对象(O)/最近的(L)/视图(V)/X轴(X)/Y轴(Y)/Z轴(Z)/两点(2)］:选择U形板左侧中点E↙

指定轴上的第二点：选择U形板右侧中点F↙

指定旋转角度或［参照(R)]：90↙

结果如图 23-17(3)所示。

★**小提示**：使用压印命令时可以删除原始压印对象，也可保留下来以供将来编辑使用。压印对象必须与选定实体上的面相交，这样才能压印成功。

四、编辑实体——分割、清除、检查实体

1. 分割实体

可以将布尔运算所创建的组合实体分割成单个零件。

调用分割命令的方法有：下拉菜单“修改”→“实体编辑”→“分割”或者实体编辑工具栏 ,命令行提示

命令：_solidedit

实体编辑自动检查：SOLIDCHECK=1

输入实体编辑选项［面(F)/边(E)/体(B)/放弃(U)/退出(X)］<退出>：_body

输入体编辑选项［压印(I)/分割实体(P)/抽壳(S)/清除(L)/检查(C)/放弃(U)/退出(X)］<退出>：_separate

选择三维实体：在要分割的实体上点击即可↙

2. 清除

AutoCAD 将检查实体对象的体、面或边，并且合并共享相同曲面的相邻面。三维实体对象上所有多余的、压印的以及未使用的边都将被删除。调用清除命令：

下拉菜单“修改”→“实体编辑”→“清除”或者实体编辑工具栏 ,命令行提示

命令：_solidedit

实体编辑自动检查：SOLIDCHECK=1

输入实体编辑选项［面(F)/边(E)/体(B)/放弃(U)/退出(X)］<退出>：_body

输入体编辑选项

［压印(I)/分割实体(P)/抽壳(S)/清除(L)/检查(C)/放弃(U)/退出(X)］<退出>：_clean

选择三维实体：在实体上单击

3. 检察三维实体

验证三维实体对象是否为有效的 ShapeManager 实体。

【练习 23-1】绘制练习题图 23-1 所示支架零件的三维实体模型。

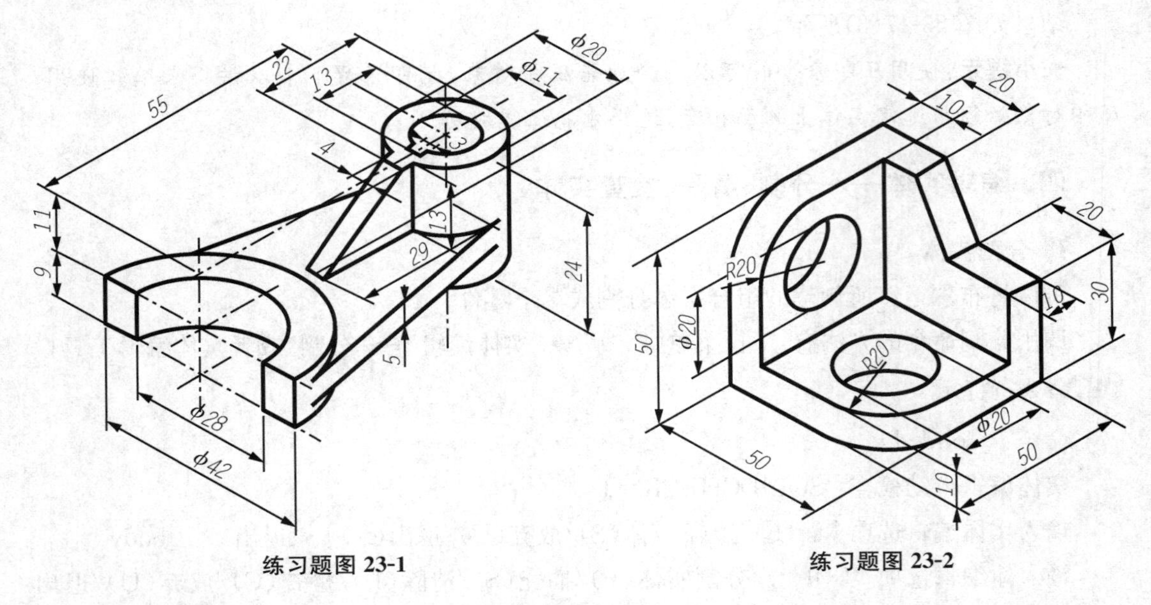

练习题图 23-1　　　　练习题图 23-2

【练习 23-2】绘制练习题图 23-2 所示的三维实体模型。

【练习 23-3】绘制练习题图 23-3 所示的三维实体模型。

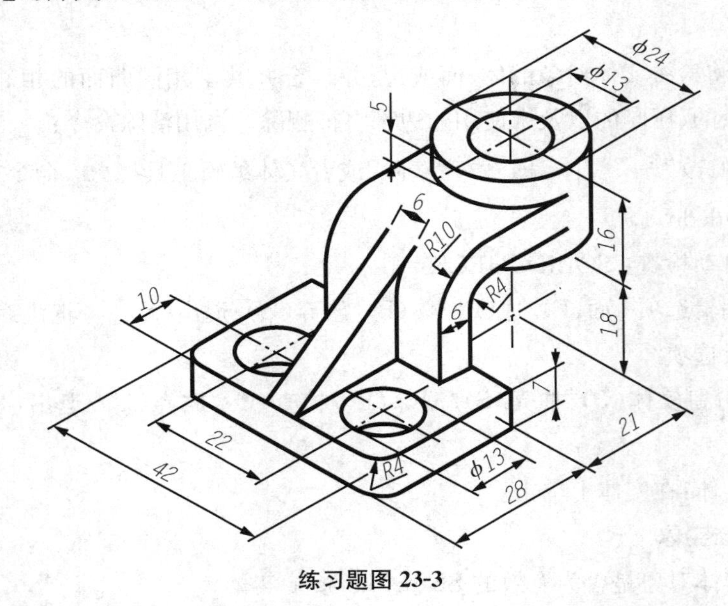

练习题图 23-3

【练习 23-4】绘制练习题图 23-4 所示的二维平面图创建其三维实体模型。

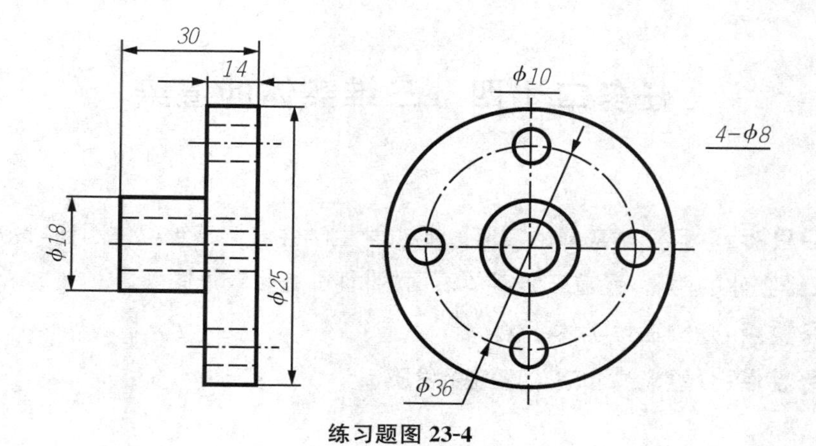

练习题图 23-4

【练习 23-5】绘制练习题图 23-5 所示的二维平面图创建其三维实体模型。

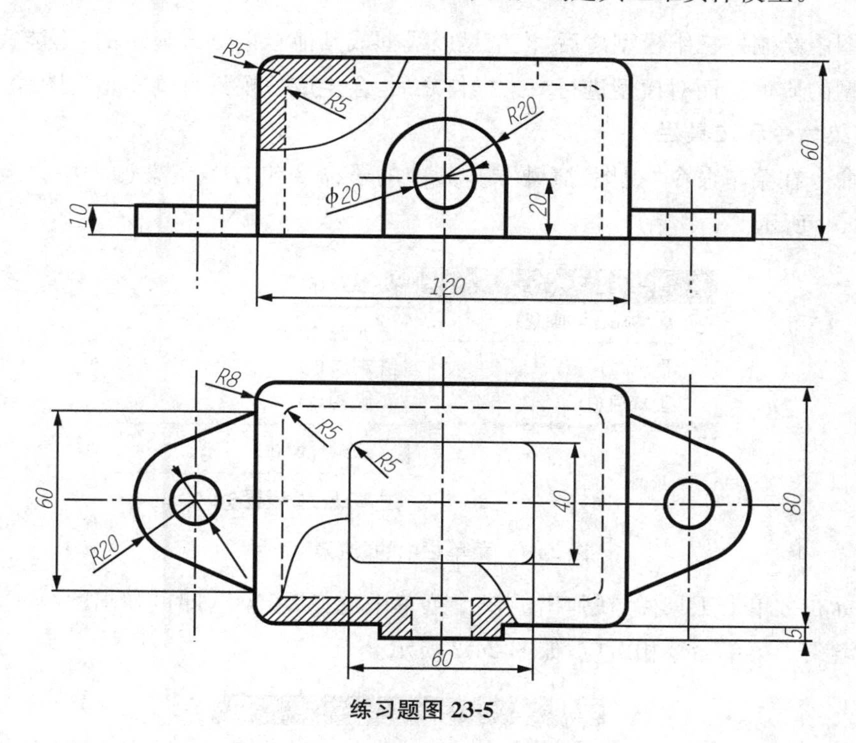

练习题图 23-5

任务二十四　三维实体的渲染

学习目标：学习三维实体的渲染。要求学生学会渲染三维实体图像，设置光源、并渲染出三维实体的阴影，设置三维实体表面的材质、编辑纹理图案。

任务重点：渲染三维实体图像

任务难点：设置光源和渲染建筑物材质

一、渲染三维实体图像

在视图中绘制好三维模型之后，模型是以线框或其他着色形式显示的，不能完全真实地反映出模型的质地。而对模型进行渲染操作之后，会生成一幅具有真实感的图片。

1. 渲染命令和工具栏

渲染命令在菜单命令“视图/渲染”中，其中的子命令包含了渲染过程中会应用到的命令，如图 24-1 所示。

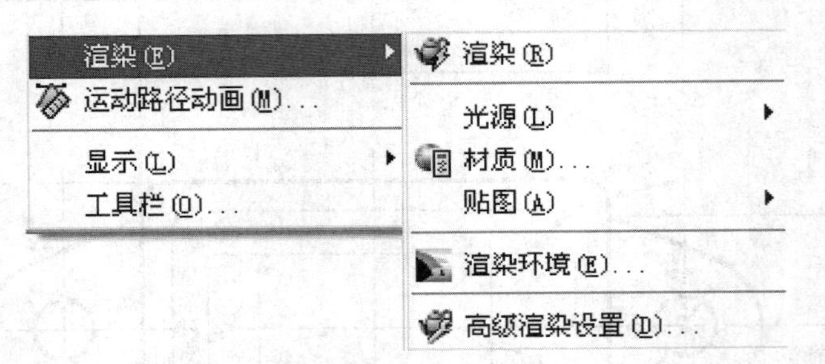

图 24-1　菜单栏中的“渲染”命令

用鼠标右键单击工具栏，在弹出的快捷菜单中选择“渲染”，即可弹出渲染工具栏，其中的按钮与渲染子菜单命令相对应，如图 24-2 所示。

图 24-2　“渲染”工具栏

2. 渲染并保存三维实体图像

(1) 选择菜单命令“工具/选项/面板”，打开三维控制面板，将鼠标指针移至渲染控制台左侧，当显示出向下箭头时，点击这个箭头，如图 24-3 所示。

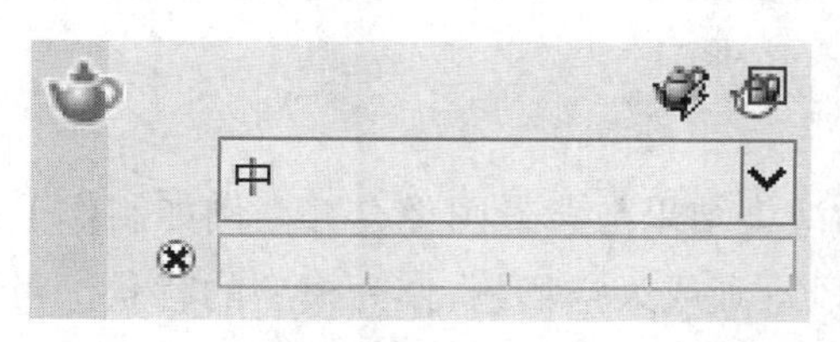

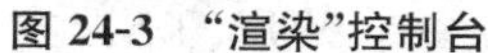

图 24-3　“渲染”控制台

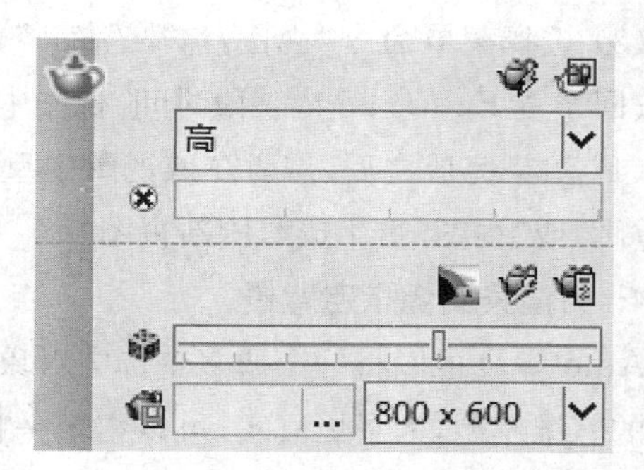

图 24-4　调节渲染中的项目

(2) 此时展开隐藏的其他调节项目。单击下拉按钮，在下拉列表中选择渲染预设质量为“高”，选择渲染尺寸为“800×600”，如图 24-4 所示。

(3) 在渲染控制台上点击渲染按钮，或选择菜单命令“视图/渲染/渲染”，打开“渲染”对话框，渲染视图如图 24-5 所示。

(4) 在渲染对话框中选择菜单命令“文件/保存”，在打开的对话框中指定文件名和要存储渲染图像的位置，设置渲染图像保存名称之后点击“保存”按钮。

3. 渲染选择对象和区域

默认状态下，当前场景中的所有对象都将被渲染。渲染的屏幕区域越小，渲染的速度就越快。如果场景中的对象复杂并且数量很多，此时渲染将是一项十分耗时的操作。为了节省时间，不用渲染整个视口，可先渲染选定对象或区域。

(1) 选择菜单命令“视图/渲染/渲染”，渲染当前视口，视口中的所有模型都被渲染。

(2) 选择菜单命令“视图/渲染/高级渲染设置”，打开高级渲染设置面板，在基本栏中，点击过程右侧的输入框，显示出下拉按钮，点击该按钮，在下拉列表中选择“选定的”，目标选择“视口”，如图 24-6 所示。

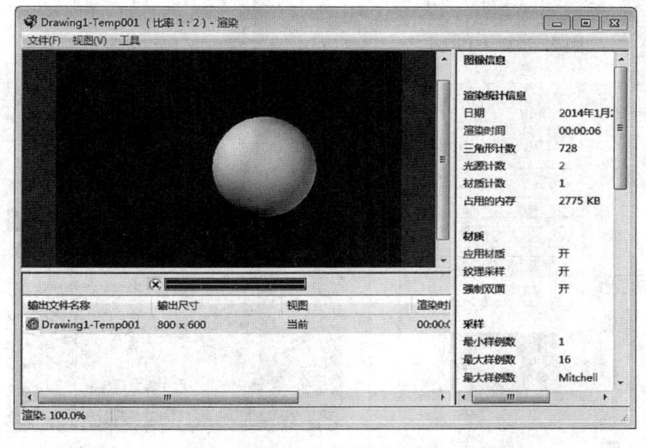

图 24-5　“渲染”对话框

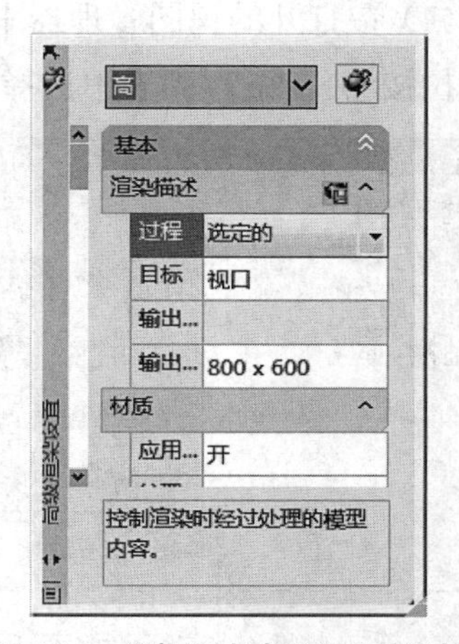

图 24-6　“高级渲染设置”对话框

(3) 选择菜单命令“视图/渲染/渲染”，命令行提示“选择对象”，框选中需要渲染的图像，按回车键 Enter。等待一段时间，视图中只渲染出选中的模型图像。

(4) 渲染完成之后，需要在该视图中重新以一种视觉样式显示模型，选择菜单命令“视图/重画”或“视图/重生成”，刷新视图。

4. 为渲染图像指定背景

AutoCAD 可以将一个或多个选中对象的渲染结果与背景图像合并。例如制作了一个建筑的三维模型，为了更真实，可以指定一幅风景画或天空场景，作为模型的背景。当然背景可以是单一颜色，或者渐变色，也可以是图像，图像的格式是 BMP、TGA 或 TIFF。

(1) 选择菜单命令“视图/渲染/渲染”，打开渲染对话框，渲染当前视图。

(2) 选择菜单命令“工具/选项/面板”，在界面的右侧显示出控制面板，将鼠标指针移到三维导航控制台左侧条上，当显示下拉箭头时，点击鼠标，这时将展开三维导航控制台，显示出隐藏的调节参数，如图 24-7 所示。

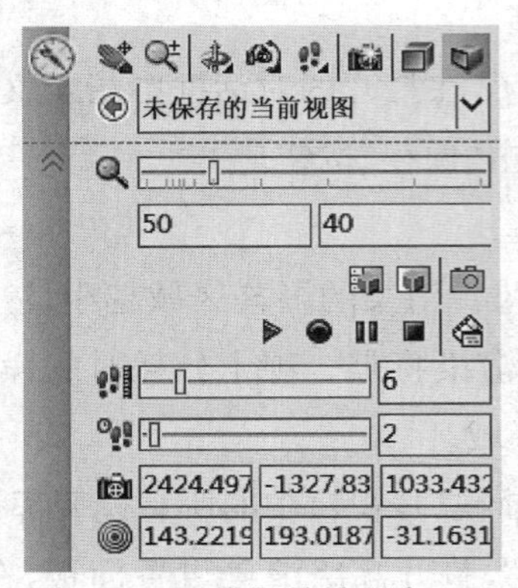

图 24-7　三维导航控制台(一)

图 24-8　三维导航控制台(二)

(3) 点击视图名称右侧的下拉按钮，在下拉列表中选择“管理视图”，如图 24-8 所示。

(4) 在打开的视图管理器中“新建”“模型视图”如“室外”，在右侧点击“背景替代”右侧的下拉按钮，在下拉列表中选择“纯色”，如图 24-9 所示。

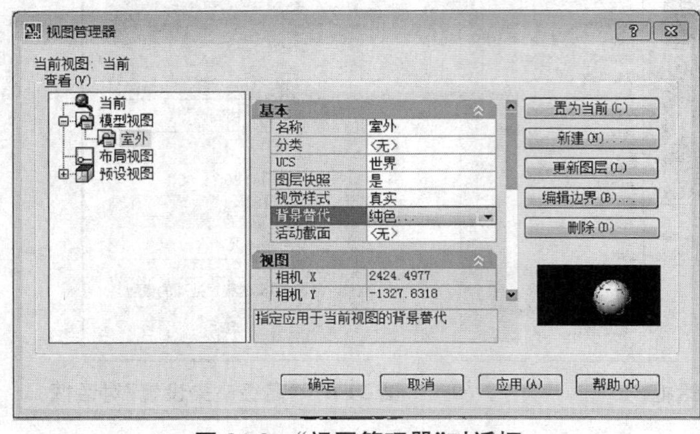

图 24-9　“视图管理器”对话框

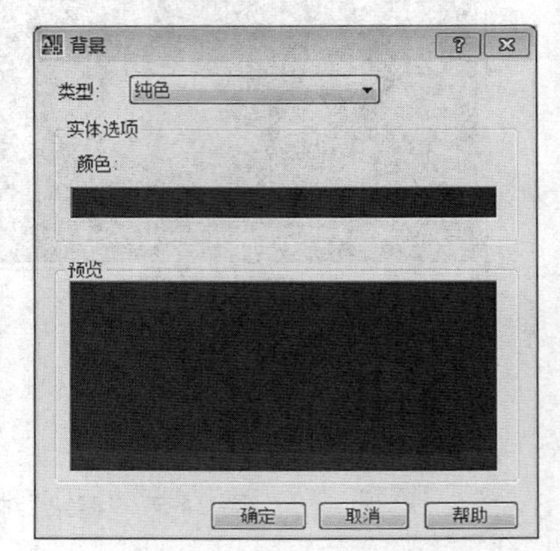

图 24-10　“背景”对话框

(5) 打开背景选择对话框，点击颜色条，打开选择颜色对话框，选择蓝色，点击“确定”按钮，如图 24-10 所示。

(6) 在视图管理器对话框中，点击“应用”按钮，将蓝色应用在室外视图中，再点击“置为当前”按钮，使当前的视图显示为“室外”命名视图，点击“确定”按钮。此时，视图中的背景颜色为蓝色。

(7) 选择菜单命令“视图/渲染/渲染”打开渲染对话框，渲染当前图像背景为蓝色。

二、设置光源

在场景中可以设置合适的光源，使三维模型各表面产生不同的明暗效果，并投射阴影。光源包括环境光、平行光、点光源和聚光灯，并可以为每个光源设置颜色、位置和方向。

1. 设置点光源

点光源可以从其所在位置向外所有方向发射光线。点光源的强度随着距离的增加会根据其衰减率衰减。点光源可以用来模拟灯泡发出的光。

(1) 选择菜单命令“视图/渲染/渲染”，渲染当前视图效果。虽然场景中没有创建光源，但是依然可以看清模型，这是因为系统内部在没有创建光源时，启用了默认光源，一般在创建点光源之后就取消默认光源的照射。

(2) 选择菜单命令“视图/渲染/光源/新建点光源”，或在渲染工具栏中点击新建点光源按钮。

(3) 打开“视口光源模式”对话框，点击“是”按钮，关闭默认光源，如图 24-11 所示。

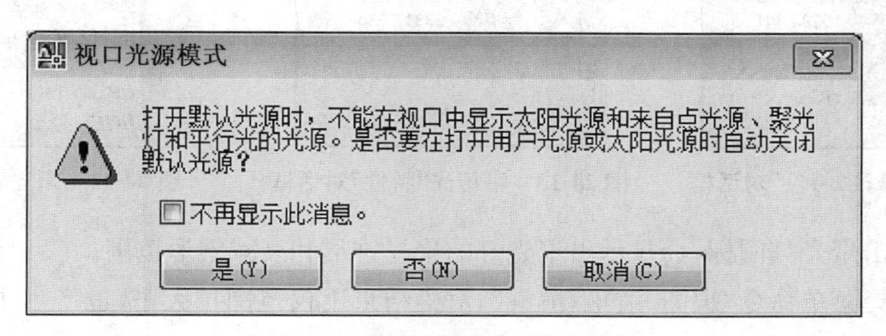

图 24-11　”视口光源模式“对话框

(4) 命令行提示“指定光源位置＜0,0,0＞”，确定光源位置。

(5) 命令行提示“输入要更改的选项［名称(N)/强度(I)/状态(S)/阴影(W)/衰减(A)/颜色(C)/退出(X)］＜退出＞”，按回车键，使用默认的选项，创建一个点光源。

(6) 选择菜单命令“视图/渲染/渲染”，渲染当前视图效果。

2. 设置聚光灯

聚光灯发射有方向的圆锥形光线，可以指定光的方向和圆锥的大小。聚光灯有聚光角和照射角，它们一起控制着光沿着圆锥的边衰减。

(1) 选择菜单命令“视图/渲染/光源/新建聚光灯”,或在渲染工具栏中点击新建聚光灯按钮。

(2) 命令行提示“指定源位置 <0,0,0>”,确定光源发射点位置。

(3) 命令行提示“指定目标位置 <0,0,-10>”确定聚光灯目标点位置。

(4) 命令行提示“输入要更改的选项[名称(N)/强度(I)/状态(S)/聚光角(H)/照射角(F)/阴影(W)/衰减(A)/颜色(C)/退出(X)] <退出>”,按回车键 Enter,使用默认的设置。

(5) 选择菜单命令“修改/移动”,点击聚光灯图标,移动聚光灯的位置。

(6) 选择菜单命令“视图/渲染/渲染”,渲染图像中聚光灯的照射范围。照射区域以外,由于没有光源,全部渲染为黑色。

(7) 选择菜单命令“渲染/光源/光源列表”,打开模型中的光源面板,双击聚光灯名称,打开这个聚光灯的特性选项板,将聚光角和衰减角由默认值改大,如图 24-12 所示。

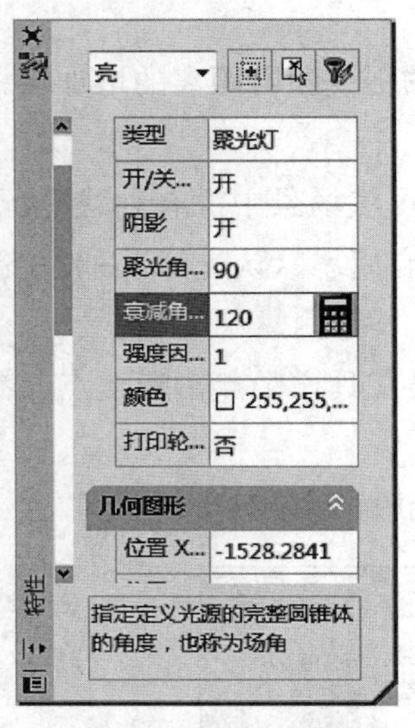

图 24-12 修改“特性”对话框

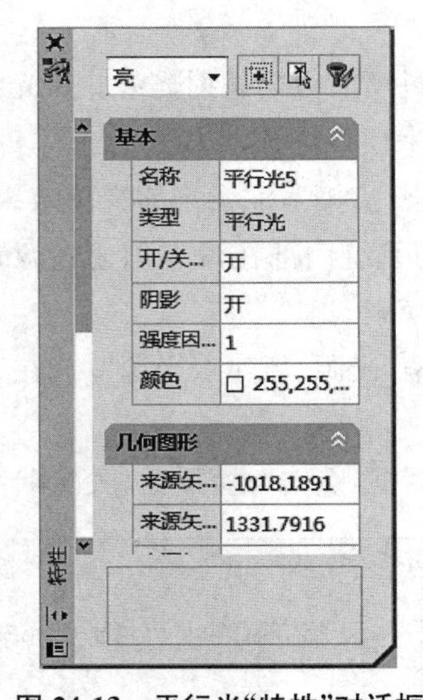

图 24-13 平行光“特性”对话框

图 24-14 阳光特性选项板

(8) 点击聚光灯图标,会显示出聚光灯的聚光锥形和衰减锥形范围。

(9) 选择菜单命令“视图/渲染/渲染”,渲染结果不仅范围扩大了,也产生了柔和的照射边界。

3. 设置平行光

平行光源只向一个方向发射出平行光射线,光线在指定的光源点的两侧无限延伸。

(1) 选择菜单命令“视图/渲染/光源/新建平行光”,或在渲染工具栏中单击新建平行光按钮。

(2) 命令行提示“指定光源方向 FROM <0,0,0> 或[矢量(V)]”和“指定光源方向 TO <1,1,1>”确定光源方向。

(3) 命令行提示“输入要更改的选项[名称(N)/强度(I)/状态(S)/阴影(W)/颜色(C)/

退出(X)]＜退出＞”，按回车键 Enter，使用默认的设置。

（4）选择菜单命令“视图/渲染/渲染”，对当前图进行渲染。

（5）选择菜单命令“渲染/光源/光源列表”，打开模型中的光源面板，双击平行光名称，打开这个光源的特性面板，修改光源的某些属性。如图 24-13 所示。

4．阳光与天光

通过阳光工具，可以观察建筑物影响其周围区域的效果。阳光没有照射范围，还可以指定地理位置。

（1）选择菜单命令“视图/渲染/光源/阳光特性”，或在渲染工具栏中点击阳光特性按钮。

（2）打开阳光特性选项板，状态设为“开”，阳光的强度和时间如图 24-14 所示。

（3）选择菜单命令“视图/渲染/渲染”，渲染当前图像。

（4）选择菜单命令“视图/渲染/高级渲染设置”，打开面板，当前全局照明参数启用按钮是灰色的，栏中的参数也是灰色的，说明当前的全局照明处于禁用状态。

（5）点击全局照明右侧的启用按钮，这时全局照明栏中的项目右侧数值输入框全部白色显示，说明全局照明已经启用，如图 24-15 所示。

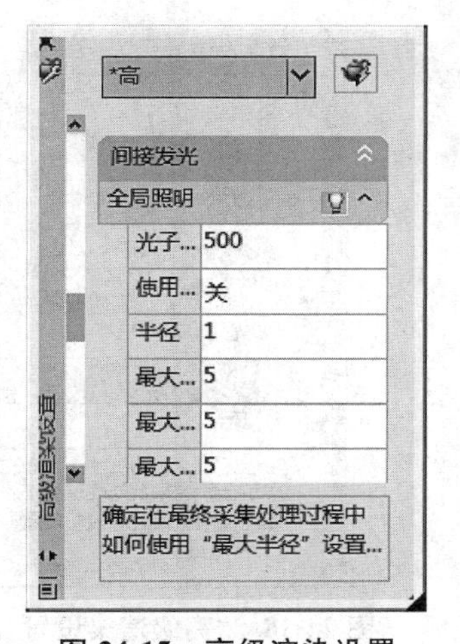

图 24-15　高级渲染设置

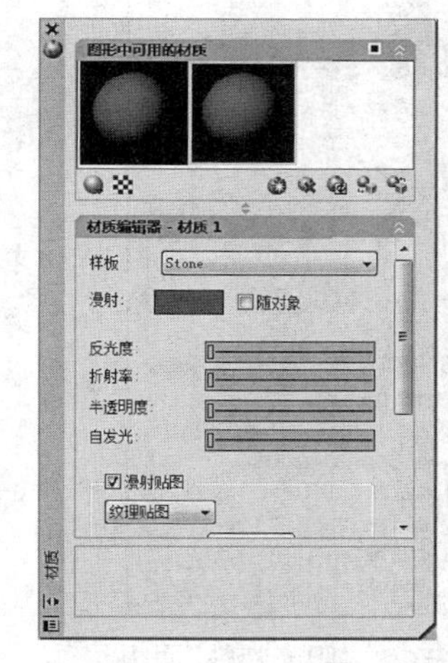

图 24-16　材质面板设置

（6）选择菜单命令“视图/渲染/渲染”，渲染当前视图。

三、渲染建筑物材质

材质用于体现表面颜色、光泽、透射率、反射率和自发光效果，以模仿自然界各种物体的质地，使渲染后图片中的物体更具真实感。

（1）选择菜单命令“视图/渲染/材质”，打开材质面板，点击“创建新材质”按钮，在打开的对话框中输入材质名称，点击“确定”按钮。

(2) 此时在材质面板中增加一个新的材质球，并且此材质球视窗周围显示黄色框，表明该材质处于操作过程中。选择相应材质的样板，如图 24-16 所示。

(3) 点击“漫射”右侧的颜色块，在打开的对话框中设置颜色为白色，选择“真彩色”选项卡，颜色模式选择 RGB，更改红绿蓝值，点击“确定”按钮。

(4) 框选场景中显示的物体模型，在材质面板中点击“将材质应用到对象”按钮，该物体即可应用相应的材质。

(5) 选择菜单命令“视图/视觉样式/真实”，物体表面显示出图像，用户可以观察贴图的效果是否满意。

(6) 选择菜单命令“视图/渲染/光源/地理位置”，打开“地理位置设置”对话框，选择地点之后点击“确定”按钮。

(7) 选择菜单命令“视图/渲染/光源/阳光特性”，打开“阳光特性”面板，状态设为“开”，时间为上午 11 点，其他项目使用默认值，如图 24-17 所示。

(8) 选择菜单命令“视图/渲染/高级渲染设置”，打开面板，选择最高的渲染级别“演示”，最终采集模式选择“开”，如图 24-18 所示。

(9) 选择菜单命令“视图/渲染/渲染”，观察渲染结果。

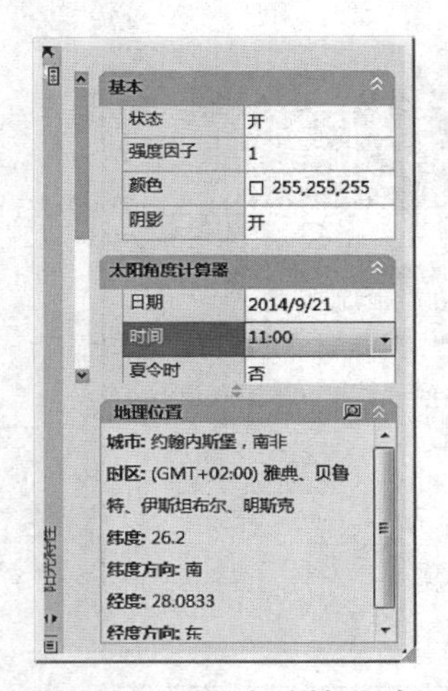

图 24-17　“阳光特性”面板

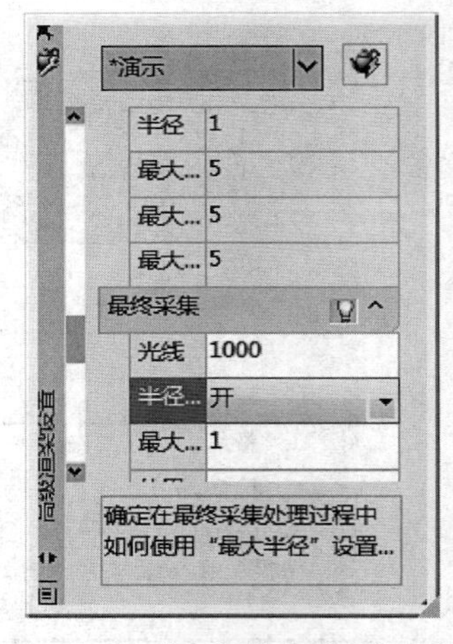

图 24-18　“高级渲染设置”面板

综合练习题

【练习 24-1】 练习渲染对话框中图像的保存操作。

【练习 24-2】 练习为任务二十五中的六角凉亭指定背景。

【练习 24-3】 练习利用阳光特性面板为任务二十五中的六角凉亭设置光源。

【练习 24-4】 练习任务二十五中某四层宿舍楼墙壁材质的渲染。

【练习 24-5】 练习任务二十五中某四层宿舍楼门窗材质的渲染。

任务二十五　建筑模型绘制

学习目标：通过凉亭的绘制和某四层宿舍楼的建模过程为例，详细讲解了绘制六角凉亭与四层宿舍楼的操作步骤。通过本任务的学习，要初步学会和掌握三维建模和编辑命令的操作过程，以及应用 AutoCAD 制作简单建筑室外模型的一般步骤和方法。

任务重点：某四层宿舍楼建模

任务难点：用户坐标系 UCS 的设置和视点的设置

一、凉亭的绘制

为了快速而准确地建立三维模型，这里首先以凉亭的绘制为例，巩固学习三维模型的构造及具体操作，为建立较为复杂的建筑模型作准备。

1. 绘制亭顶

这里将以一个亭顶线框为例，学习 UCS 的具体操作以及调用不同的视点来观察三维视图。

绘图步骤如下：

(1) 打开一张新图，执行 Polygon(正多边形)命令，绘制一个正六边形，边长为 4200。

(2) 执行 Offset(偏移复制)命令，再向里复制一小六边形，复制距离为 2700，结果如图 25-1所示。

(3) 命令行下输入 Vpoint 并回车两次，利用罗盘观察，选择观察点如图 25-2 所示。

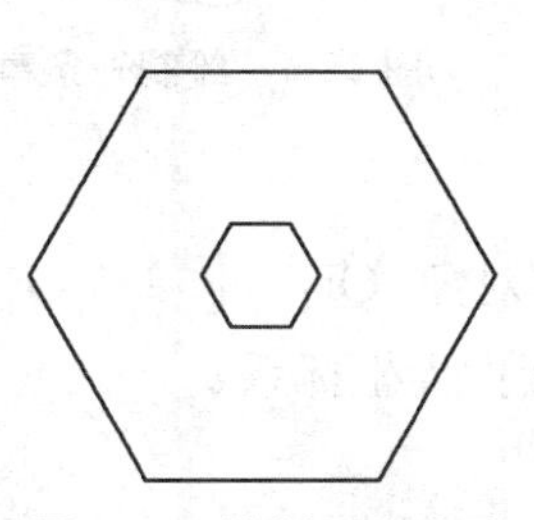

图 25-1　绘制正六边形

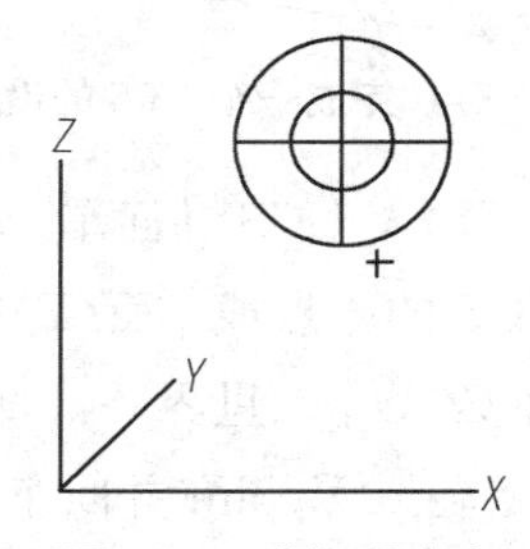

图 25-2　选择观察点

这时两个正六边形线框已经变为如图 25-3 所示。

(4) 执行 Move(移动)命令，输入相对坐标@0，0，1200 将小正六边形沿 Z 轴向上移动 1200。

(5) 执行 Line(绘线)命令连接大、小正六边形的一条对角线，结果如图 25-4 所示。

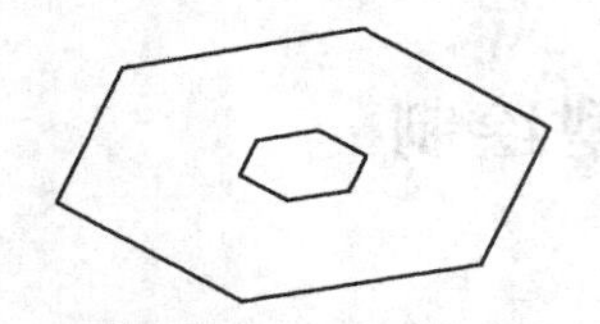

图 25-3　利用罗盘观察正六边形线框图

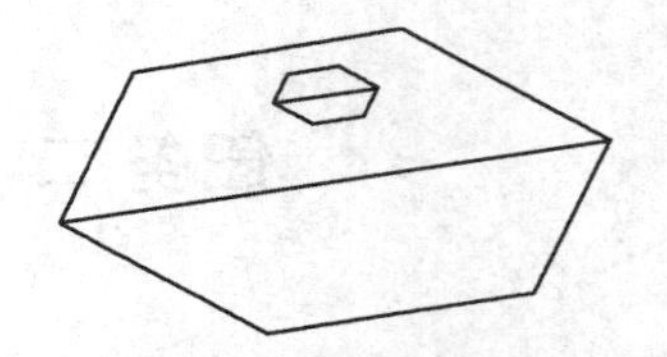

图 25-4　连接大、小六边形的对角线

(6) 命令行下输入 UCS 并回车,启动 UCS 命令。

(7) 指定 UCS 的原点或［面(F)/命名(NA)/对象(OB)/上一个(P)/视图(V)/世界(W)/X/Y/Z/Z 轴(ZA)］＜世界＞:(单击大正六边形对角线的中点,确定新的 UCS 的原点)

(8) 指定 *X* 轴上的点或 ＜接受＞:(单击大正六边形的角点 *A* 点,确定 *X* 轴方向)

(9) 指定 *XY* 平面上的点或 ＜接受＞:(单击小正六边形对角线的中点,确定 *Y* 轴方向)

这样利用“三点”完成了一个 UCS 的设置,如图 25-5 所示。

(10) 命令行下输入 Arc 并回车。

(11) 指定圆弧的起点或［圆心(C)］:(捕捉小正六边形角点 *B* 并单击)

(12) 指定圆弧的第二个点或［圆心(C)/端点(E)］:(输入 E 并回车)

(13) 指定圆弧的端点:(捕捉大正六边形的 *A* 点并回车)

(14) 指定圆弧的圆心或［角度(A)/方向(D)/半径(R)］:(输入 A 并回车)

(15) 指定包含角:(输入 60 并回车,确定圆弧角度)

结果如图 25-6 所示。

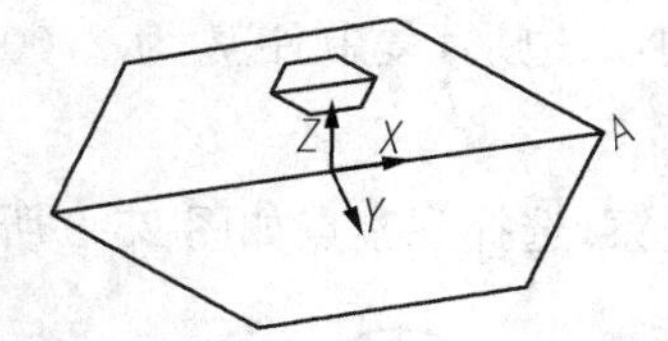

图 25-5　利用“三点”完成一个 UCS 的设置

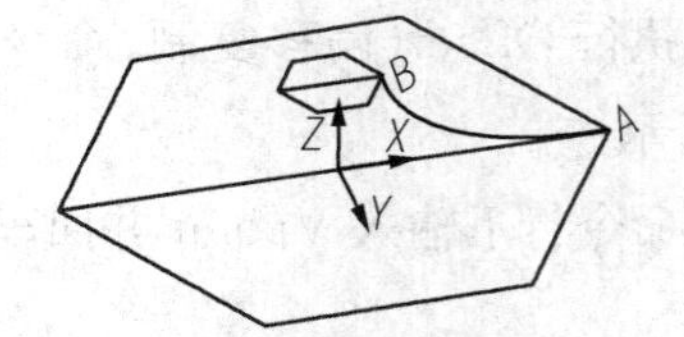

图 25-6　绘制一条亭顶弧线

(16) 命令行下输入 UCS 并回车。

(17) 指定 UCS 的原点或［面(F)/命名(NA)/对象(OB)/上一个(P)/视图(V)/世界(W)/X/Y/Z/Z 轴(ZA)］＜世界＞:(直接回车,返回世界坐标系)

(18) 命令行下输入 Vpoint 并回车。

(19) 指定视点或［旋转(R)］＜显示坐标球和三轴架＞:(输入 0,0,1 并回车,这样通过特殊点坐标返回平面视图)

删除辅助线,结果如图 25-7 所示。

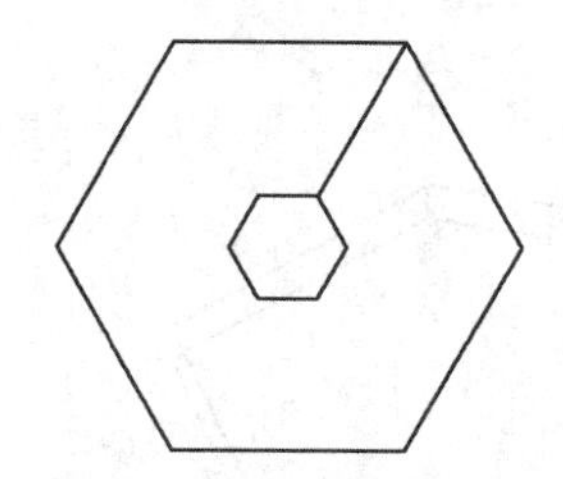
图 25-7　亭顶平面视图

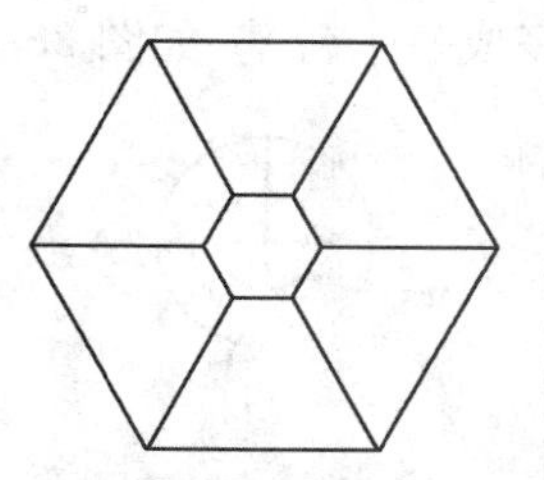
图 25-8　在平面视图中完成另 5 条亭顶弧线

(20) 执行 Array(阵列)命令,完成另外五条弧线,结果如图 25-8 所示。

(21) 命令行下输入 Vpoint 并回车。

(22) 指定视点或[旋转(R)]<显示坐标球和三轴架>:(输入 10,－26,10 并回车,通过输入坐标调整视点位置)

结果如图 25-9 所示。

(23) 执行 Edgesurf(定边界曲面)命令,将亭顶线框变为六个曲面。结果如图 25-10 所示。

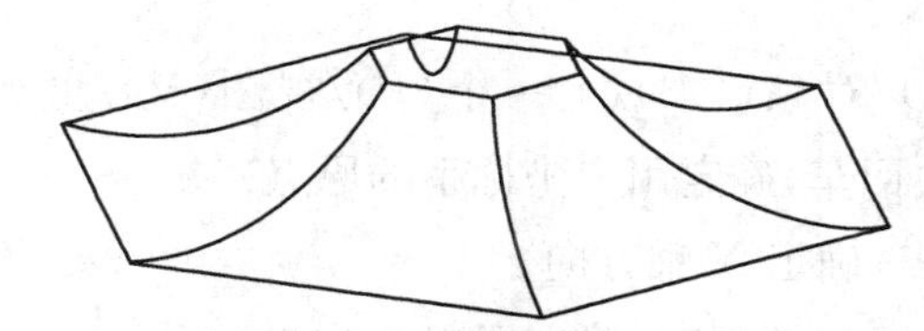
图 25-9　亭顶线框绘制完成

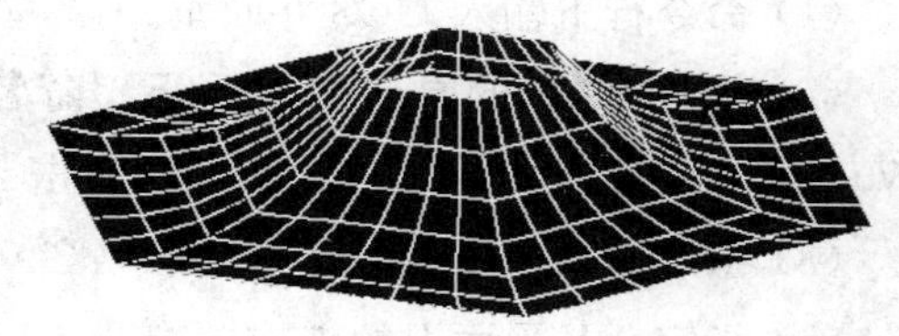
图 25-10　亭顶曲面完成

这样亭顶就绘制完成,此时我们可以执行 WBlock(块存盘)命令,以“亭顶”为图块名称将亭顶保存起来,以备后用。在执行 WBlock(块存盘)命令时需要注意,为了便于以后操作,必须将插入的基点选在大正方形的对角线中点。

2. 绘制凉亭台基

1) 绘制台基

绘图步骤如下:

(1) 打开一张新图,设置合适的绘图范围。

(2) 在命令行下输入 Polygon(正多边形)命令,绘制一个边长为 3900 的正六边形。

(3) 执行 Zoom 命令的 E 选项,将正六边形充满全屏。

(4) 执行 Extrude(拉伸)命令将正六边形拉伸为高度是 450 的凉亭台基。

2) 改变观察点

绘图步骤如下:

(1) 命令行下输入 Vpoint 并回车。

(2) 指定视点或[旋转(R)]<显示坐标球和三轴架>:(直接回车,屏幕上出现罗盘及三角架,确定视点如图 25-11 所示)

这样就绘制完成一个台基，如图 25-12 所示。

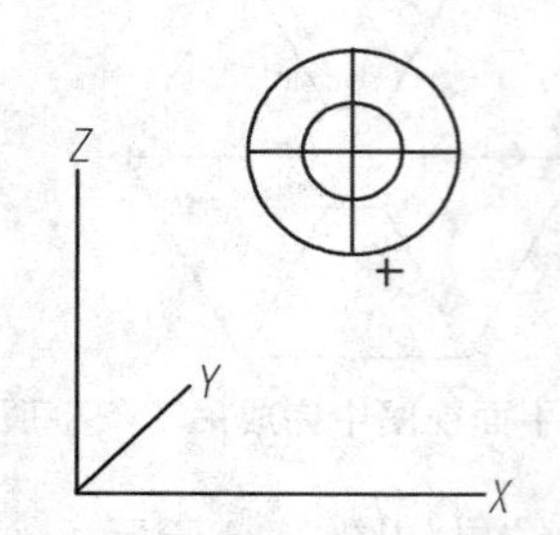

图 25-11　确定凉亭台基视点

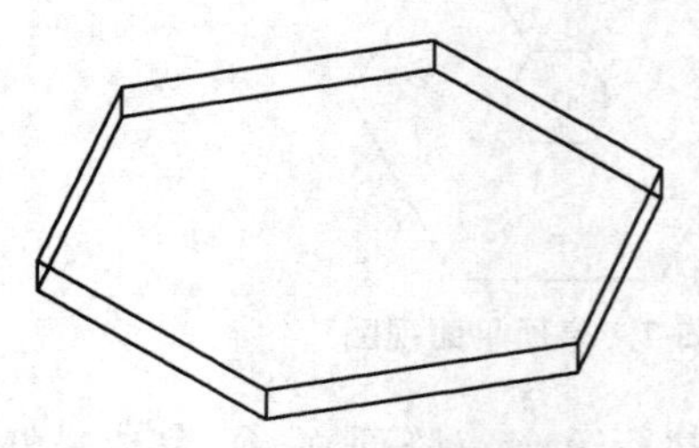

图 25-12　绘制凉亭台基

3．绘制台阶

绘制台阶可以通过将二维图形拉伸形成。下面分几个步骤来完成台阶以及挡墙的绘制。

1) 建立 UCS 坐标系

绘图步骤如下：

(1) 命令行下输入 UCS 并回车。

(2) 指定 UCS 的原点或[面(F)/命名(NA)/对象(OB)/上一个(P)/视图(V)/世界(W)/X/Y/Z/Z 轴(ZA)]＜世界＞:(单击 *A* 点并回车，确定用户坐标系的原点)

(3) 指定 *X* 轴上的点或＜接受＞:(单击 *B* 点，确定 *X* 轴方向)

(4) 指定 *XY* 平面上的点或＜接受＞:(单击 *C* 点并回车，确定 *Y* 轴方向)

结果如图 25-13 所示。

2) 旋转 UCS 坐标系

绘图步骤如下：

(1) 命令行下直接回车(重新启动 UCS 命令)

(2) 指定 UCS 的原点或[面(F)/命名(NA)/对象(OB)/上一个(P)/视图(V)/世界(W)/X/Y/Z/Z 轴(ZA)]＜世界＞:(输入 Y 并回车，指定 UCS 坐标系绕 *Y* 轴旋转)

(3) 指定绕 *Y* 轴的旋转角度＜90＞:(−90)

结果如图 25-14 所示。

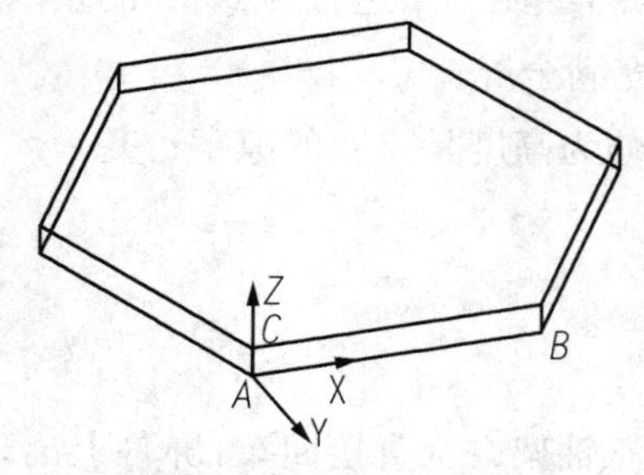

图 25-13　建立 UCS 坐标系

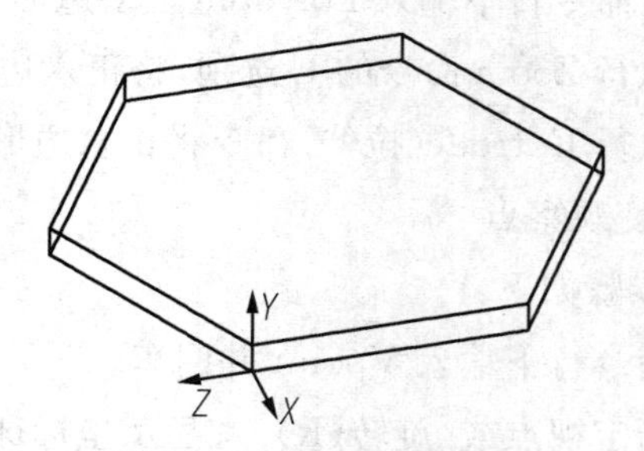

图 25-14　旋转 UCS 坐标系

3）绘制二维图形

绘图步骤如下：

执行 PLine 命令，在屏幕任意位置，绘制一个封闭的台阶线框，每一踏步高为 150，宽为 300，结果如图 25-15 所示。

4）拉伸二维图形

绘图步骤如下：

(1) 命令行下输入 Extrude 并回车（启动拉伸命令）。

(2) 选择要拉伸的对象：（单击选择台阶截面二维线框后回车）

(3) 指定拉伸的高度或[方向(D)/路径(P)/倾斜角(T)]：（输入台阶长度 1500 并回车）结果如图 25-16 所示。

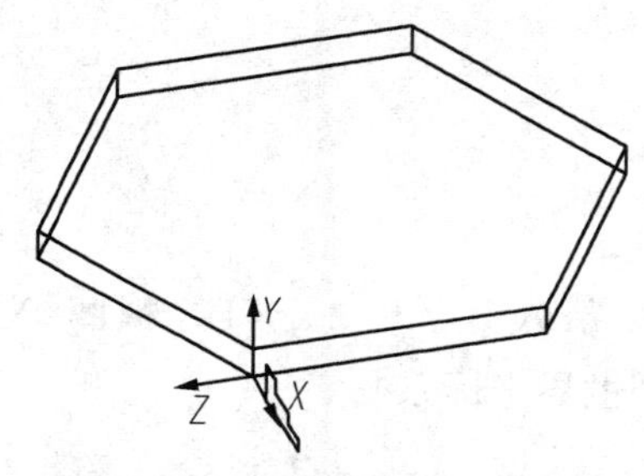

图 25-15　绘制封闭的台基线框

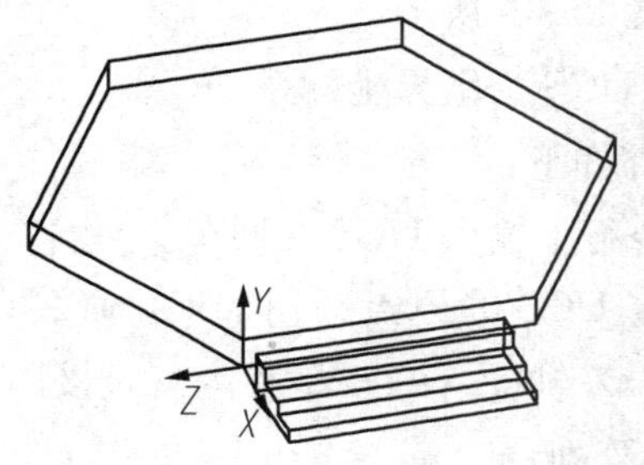

图 25-16　二维台阶拉伸成三维台阶

5）绘制挡墙

绘图步骤如下：

(1) 执行 PLine 命令，连接图 25-17 中所示点 1、2、3、4 和 5，绘制一个封闭的二维线框。

(2) 执行 Extrude（拉伸）命令，将二维线框拉伸成长度为 300 的挡墙，结果如图 25-17 所示。

6）复制挡墙

绘图步骤如下：

执行 Copy 命令，通过端点捕捉将挡墙复制到台阶的另外一侧，结果如图 25-18 所示。

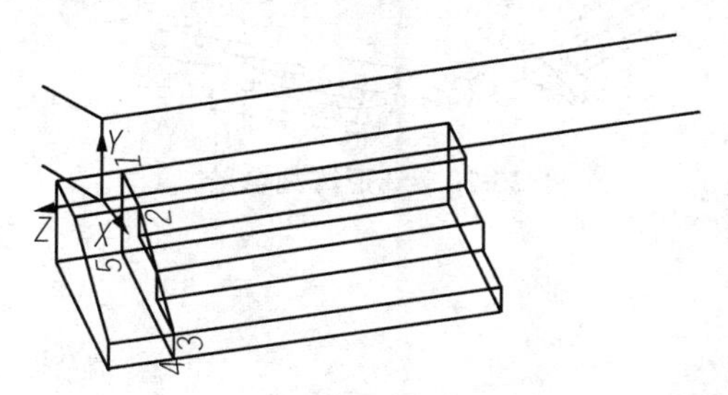

图 25-17　绘制挡墙

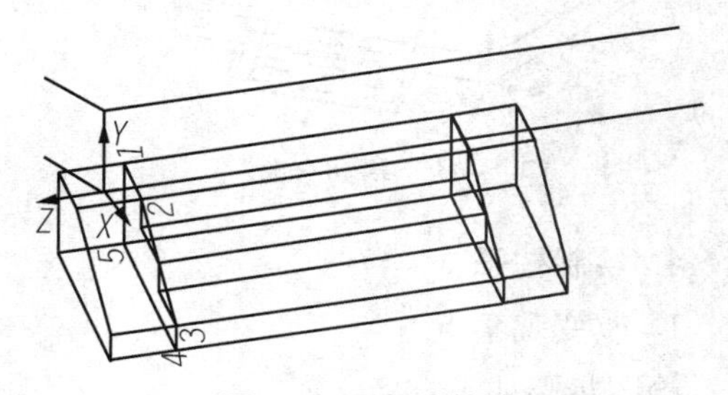

图 25-18　复制挡墙

7）布尔运算

绘图步骤如下：

(1) 命令行下输入 Union 并回车(启动布尔运算的并运算)。

(2) 选择对象：(分别选择两个挡墙以及台阶，这样三个物体就合并为一体)

8）移动台阶

绘图步骤如下：

(1) 命令行下输入 Move 并回车。

(2) 选择对象：(单击选择台阶后回车)

(3) 指定基点或[位移(D)]<位移>：(捕捉台阶后侧中点后单击)

(4) 指定第二个点或<使用第一个点作为位移>：(捕捉台基侧面中点后单击)

结果如图 25-19 所示。

9）转换 UCS 为世界坐标系

绘图步骤如下：

(1) 命令行下输入 UCS 并回车。

(2) 指定 UCS 的原点或[面(F)/命名(NA)/对象(OB)/上一个(P)/视图(V)/世界(W)/X/Y/Z/Z 轴(ZA)] <世界>：(直接回车，回到世界坐标系)

10)环形阵列台阶

绘图步骤如下：

(1) 执行 Line 命令，连接台基上表面的对角线作为辅助线。

(2) 执行 Array 命令，以对角线的中点为中心，将绘制好的台阶进行矩形阵列，完成其余 5 个台阶，删掉多余线，结果如图 25-20 所示。

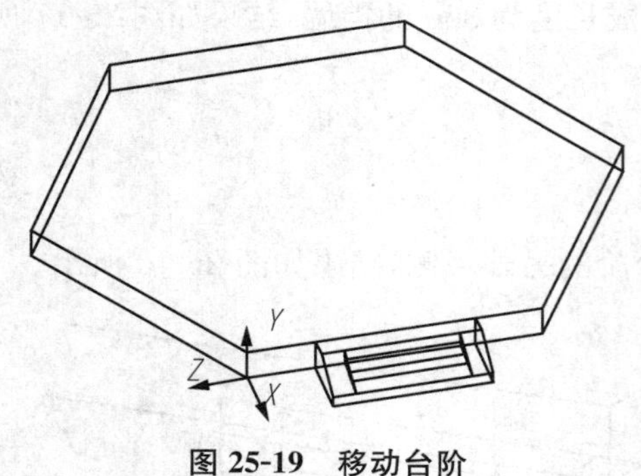

图 25-19　移动台阶

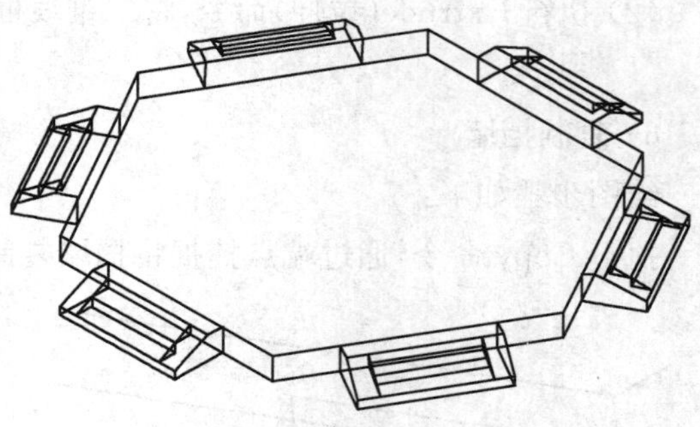

图 25-20　环形阵列台阶

4. 绘制柱子

1）改变观察点

绘图步骤如下：

(1) 命令行输入 Vpoint 并回车。

(2) 指定视点或[旋转(R)]<显示坐标球和三轴架>：(输入 0,0,1 并回车)

这样视图转换成为我们熟悉的平面视图，结果如图 25-21 所示。

2）绘制辅助线

绘图步骤如下：

（1）执行 PLine 命令，通过端点捕捉围绕台基顶面角点绘一线框。

（2）执行 Offset 命令，将多线线框向里复制 300，作为绘制柱子时的参考位置。

（3）执行 Erase 命令，将第一个多段线线框删掉，结果如图 25-22 所示。

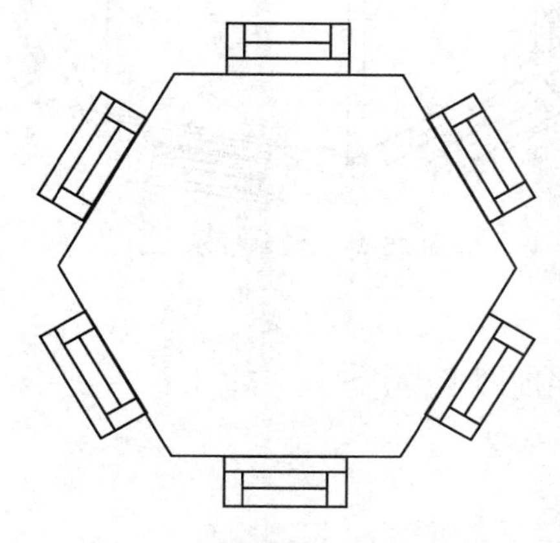

图 25-21　凉亭台基的平面视图

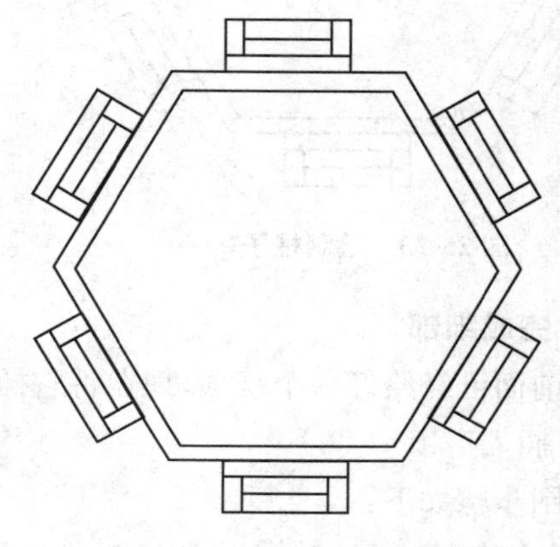

图 25-22　绘制辅助线

3）绘制柱子

绘图步骤如下：

（1）命令行下输入 Cylinder 并回车，启动圆柱命令。

（2）指定底面的中心点或［三点（3P）/两点（2P）/相切、相切、半径（T）/椭圆（E）］：（捕捉多段线线框的角点后单击，以选择圆柱底面中心点）

（3）指定底面半径或［直径（D）］：（输入 150 并回车，确定圆柱底面半径）

（4）指定高度或［两点（2P）/轴端点（A）］：（输入 3900 并回车，确定圆柱高度）

结果如图 25-23 所示。

（5）执行 Copy 命令，将圆柱复制到其他角点上。

（6）执行 Union（布尔运算）命令，将六根圆柱与台基合在一起。

（7）执行 Vpoint（视点）命令，利用罗盘观察立体图。

结果如图 25-24 所示。

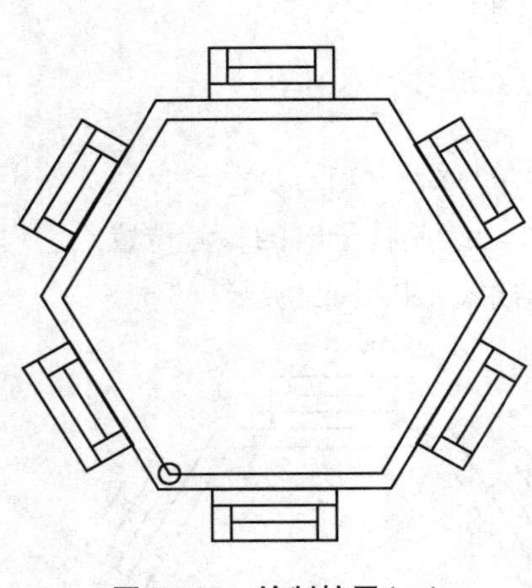

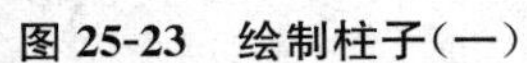

图 25-23　绘制柱子(一)

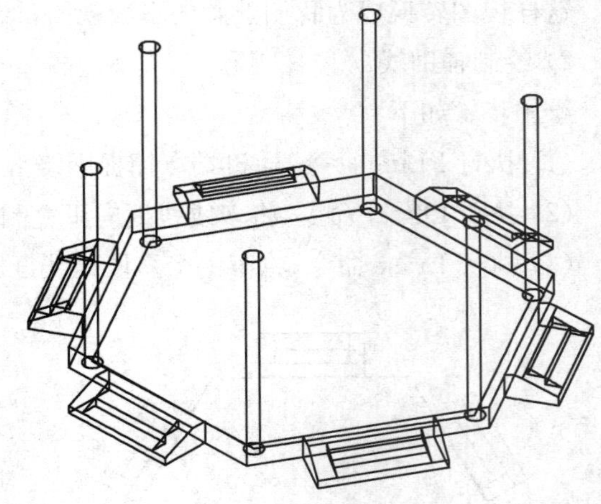

图 25-24　绘制柱子(二)

5．完成细部

在前面已经绘好一个亭顶，现在将它插入到当前图形中。

1）插入亭顶

绘图步骤如下：

(1) 执行 Line 命令，连接柱子顶端对角圆柱顶面圆心中点，作辅助线。

(2) 以辅助线的中点为插入点，将前面所绘制的亭顶插入到当前图形，结果如图 25-25 所示。

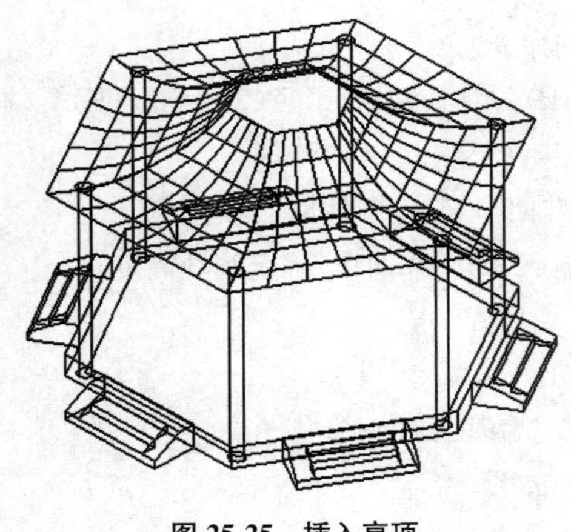

图 25-25　插入亭顶

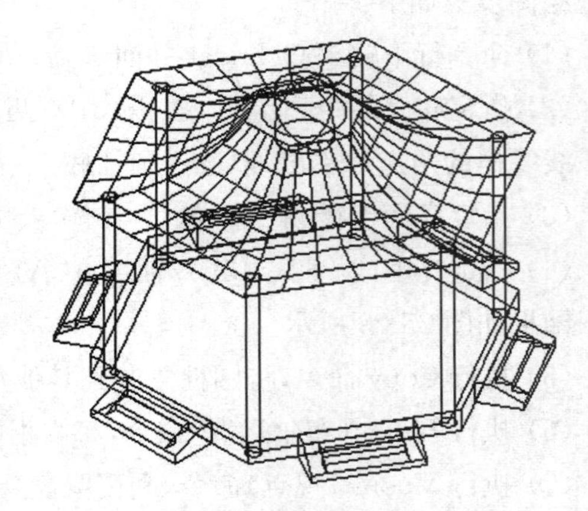

图 25-26　在凉亭顶上部绘制一个圆球

2）亭顶上部绘制一圆球

绘图步骤如下：

(1) 命令行下输入 Sphere 并回车，启动圆球命令。

(2) 指定中心点或[三点(3P)/两点(2P)/相切、相切、半径(T)]＜0,0,0＞：(捕捉亭顶部中点后单击)

(3) 指定半径或 [直径(D)] <0,0,0>:(输入 750 并回车)

消隐后的结果如图 25-26 所示。

(4) 执行 Vscurrent 命令“概念”选项,对凉亭进行着色处理,结果如图 25-27 所示。

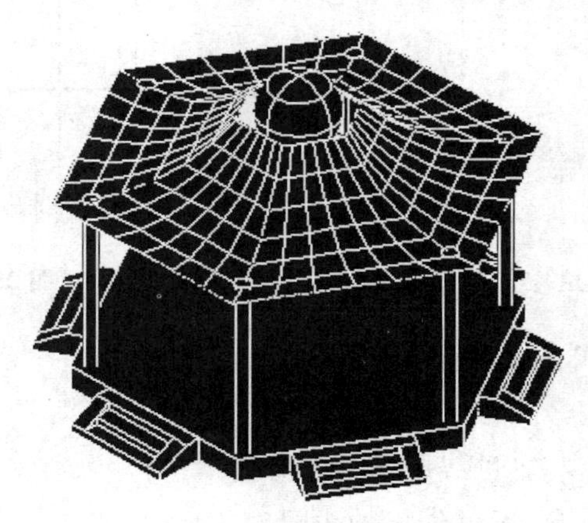

图 25-27　着色处理后的凉亭

二、某四层宿舍楼建模

本内容以前面宿舍楼为例,通过调用系统内设 UCS 及三维观察点,进一步学习 AutoCAD 基本建模方法在建筑模型中的应用。我们的目标是绘出宿舍楼的模型,并在此基础上将模型的平屋面修改为坡屋面。

1. 建模前的准备

1) 创建工作空间

绘图步骤如下:

(1) 进入 AutoCAD,建立新文件并取名保存。

(2) 命令行下输入 Limits 并回车。

(3) 指定左下角点或[开(ON)/关(OFF)]<0.0000,0.0000>:(直接回车)

(4) 指定右上角<420.0000,297.0000>:(输入 30000,15000 并回车)

(5) 执行 Zoom 命令的 A 选项。

2) 创建各个工作图层

执行 Layer 命令,分别创建墙体层、窗格层、门窗套层、屋面层、屋檐层、台阶层、辅助线层等并设置相应的颜色,如图 25-28 所示。

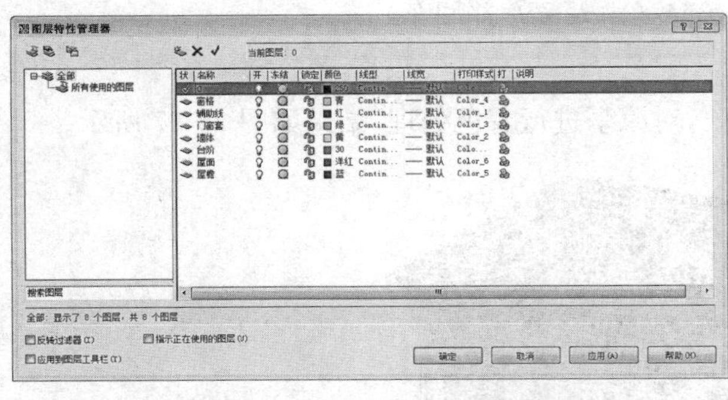

图 25-28　创建各个工作图层

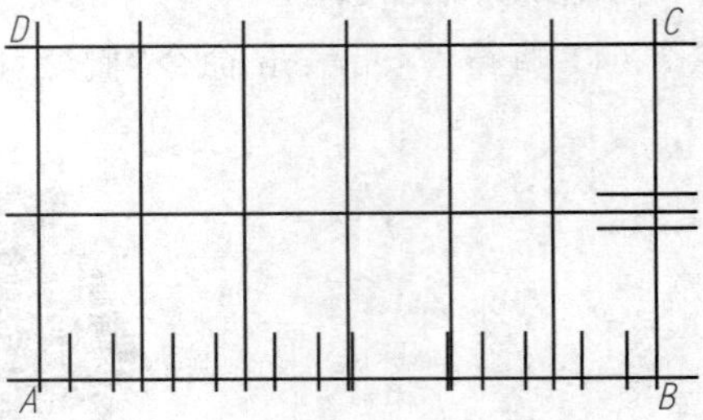

图 25-29　建模的辅助线

3）绘制建模的辅助线

绘图步骤如下：

(1) 执行 Layer 命令，将辅助线层设为当前层。

(2) 执行 Line、Offset 等命令，绘出轴线网。

(3) 执行 Offset、Trim 等命令，增加控制门窗平面位置的辅助线，结果如图 25-29 所示。

4）调用三维建模时常用的工具条

在三维建模时，可以通过右键单击工具栏，在弹出的快捷菜单上选择需要的建模常用的工具条，如图 25-30 所示视图（视图）以及 UCS Ⅱ（用户坐标Ⅱ）工具条。

图 25-30　调用三维建模时常用的工具条

2. 墙体建模

这里将采用 Box 建立墙体模型。

绘图步骤如下：

(1) 执行 Offset 命令，将图上的 4 条线 AB、BC、AD 及 DC，分别向里复制 240，作为墙体的参考位置线，结果如图 25-31 所示。

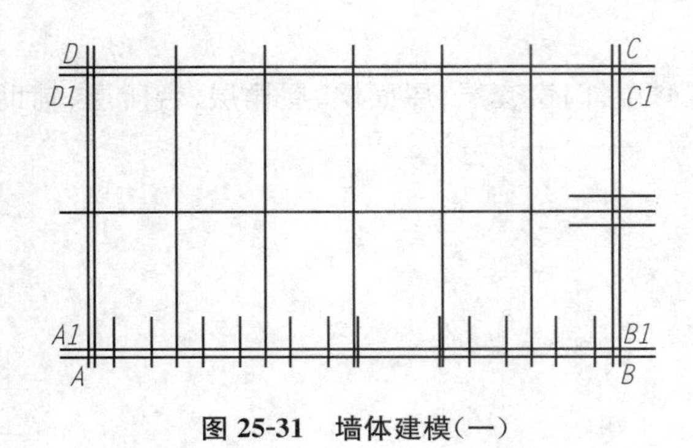

图 25-31　墙体建模(一)

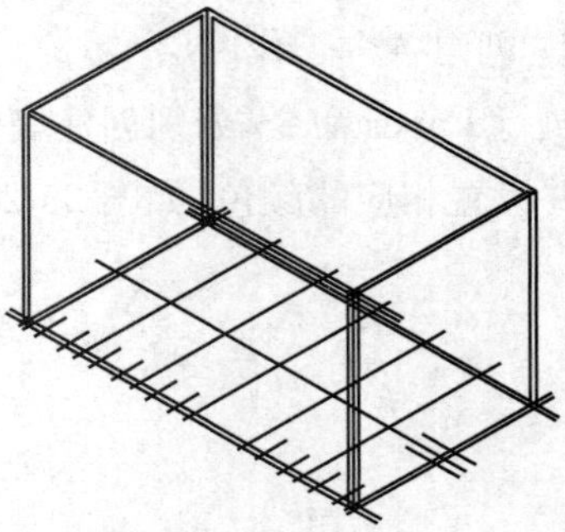

图 25-32　墙体建模(二)

（2）执行 Layer 命令，将墙体层设为当前层。

（3）命令行下输入 Box 并回车。

（4）指定第一个角点或[中心(C)]＜0，0，0＞：（捕捉 *A* 点后单击）

（5）指定其他角点或[立方体(C)/长度(L)]：（捕捉 *D*1 点后单击）

（6）指定高度或[两点(2P)]：（输入 12400 墙体总高度并回车，形成左山墙）

（7）重复执行上述步骤，通过步骤 *A* 点、*B*1 点，绘制另一个 Box，作为正面山墙。

（8）执行 Copy 命令，将绘制的两个 Box 向右、向后复制一段相等的距离，形成右山墙以及背面墙体。

（9）单击视图工具栏上的视图按钮，观察建立的墙体模型，如图 25-32 所示。

3．门窗开洞

采用布尔运算的 Subtract（减运算）来为门窗开洞。

绘图步骤如下：

（1）单击工具栏上的俯视图按钮，返回平面视图。

（2）执行 Box 命令，捕捉 *E*、*F* 两端点，输入高度 1800（窗高），结果如图 25-33 所示。

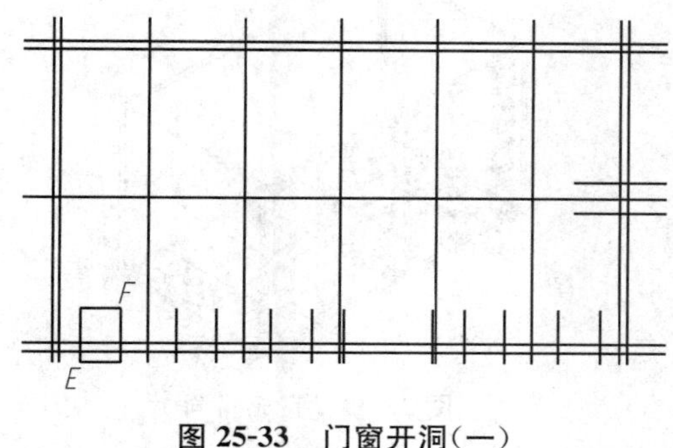

图 25-33　门窗开洞（一）

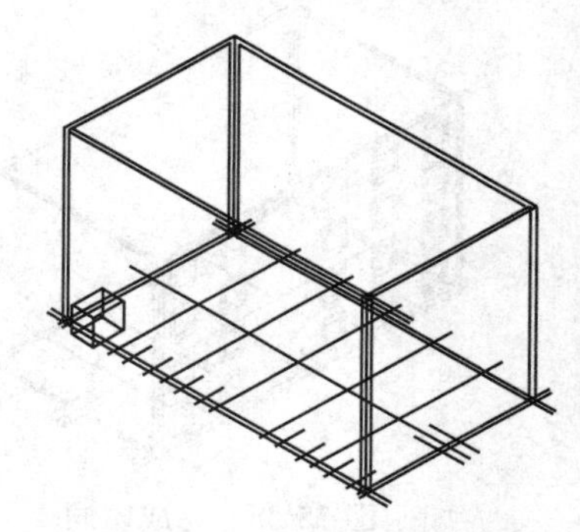

图 25-34　门窗开洞（二）

（3）单击视图按钮，观察立体模型，结果如图 25-34 所示。

图 25-35　选择“主视”选项

（4）单击工具栏条 UCSⅡ设置框右侧的下拉箭头，选择“主视”，如图 25-35 所示。

（5）执行 Move 命令，将 Box 沿 *Y* 轴向上垂直移动 900，结果如图 25-36 所示。

（6）执行 Array 命令，将 Box 向上、向右阵列 4 行 6 列，结果如图 25-37 所示。

（7）执行 Erase 命令，将门厅部位的 Box 删除。

命令行下输入 Subtract（减运算）并回车。

（8）选择对象：（单击选择正面墙体作为被减体后回车）

(9) 选择对象:(依次选择阵列后的 Box 作为减体之后回车,结束命令)

结果如图 25-38 所示。

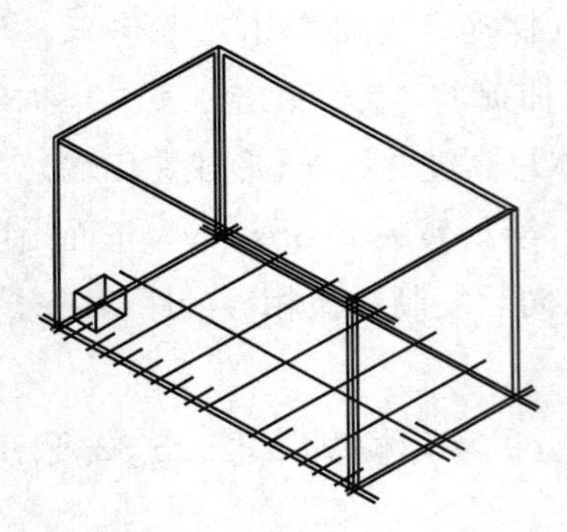

图 25-36　门窗开洞(三)

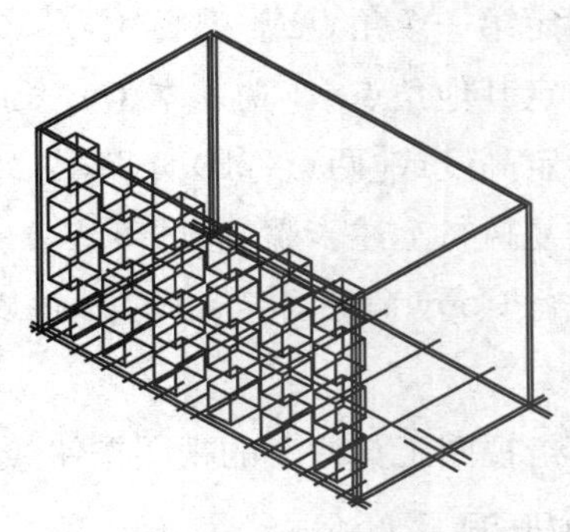

图 25-37　门窗开洞(四)

(11) 用同样的方法,首先绘制门厅部位 Box,然后进行布尔运算的 Subtract(减运算),完成门洞(高 2700)及门厅上各楼层窗洞(高 1800);用同样的方法完成右山墙门洞,结果如图 25-39 所示。

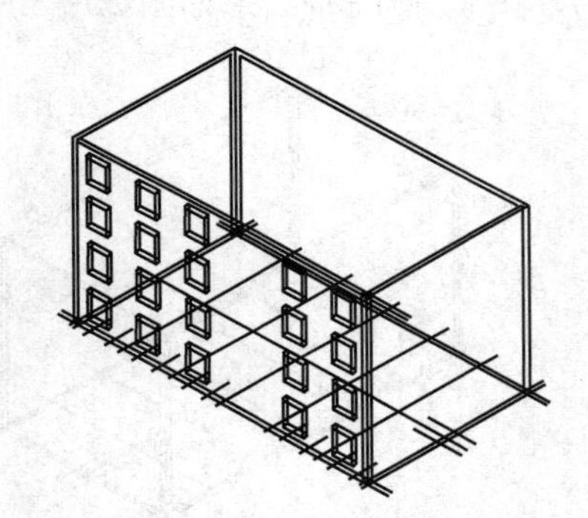

图 25-38　完成窗洞

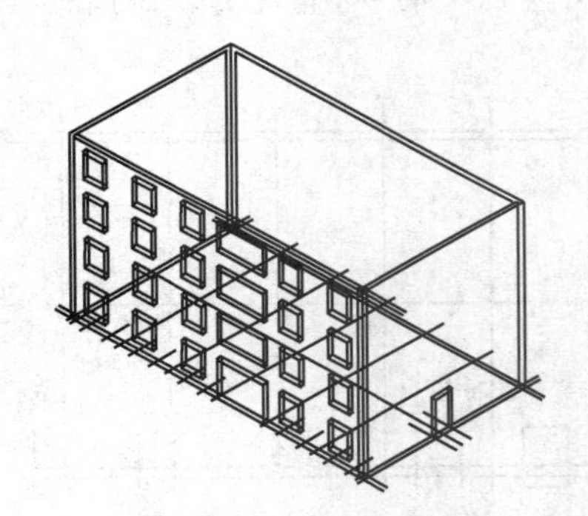

图 25-39　完成门洞

4. 绘制窗套

现在采用多段线建模的方式完成门套以及窗套。

绘图步骤如下:

(1) 执行 Layer 命令,将门窗套层设为当前层。

(2) 单击视图工具条中的主视图按钮,将视图转换为主视图。

(3) 执行 PLine 命令,沿着窗洞口绘制一条线宽为 120 的封闭多段线,结果如图 25-40 所示。

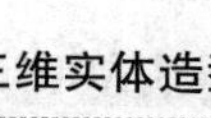

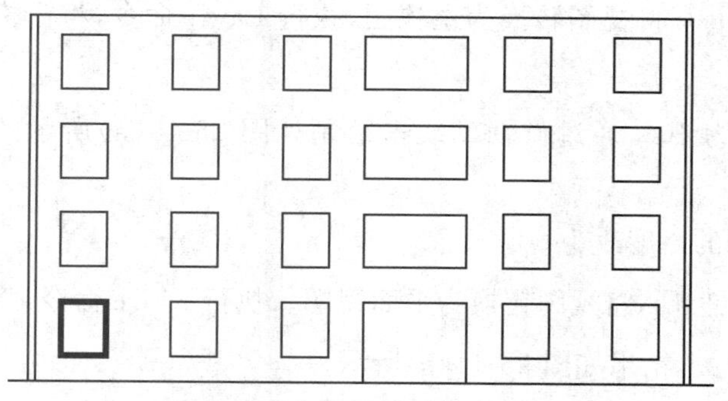

图 25-40　绘制窗套线(一)

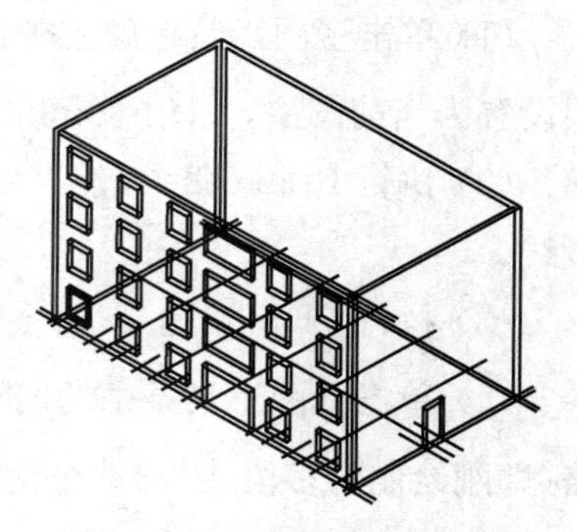

图 25-41　绘制窗套线(二)

(4) 命令行下,输入 Change(改变)命令并回车。

(5) 选择对象:(单击选择封闭的多段线并回车)

(6) 指定修改点或[特性(P)]:(输入 P 并回车)

(7) 输入要更改的特性 [颜色(C)/标高(E)/图层(LA)/线型(LT)/线型比例(S)/线宽(LW)/厚度(T)/材质(M)]:(输入 T 并回车)

(8) 指定新厚度 <0.0000>:(输入窗套深度 200 并回车两次结束命令)

(9) 单击视图工具栏上的俯视按钮,观察窗套的平面位置,若平面位置不合适,在此视图中执行 Move 命令来调整窗套位置。

(10) 单击工具栏的东南等轴测按钮,观察立体模型,结果如图 25-41 所示。

(11) 执行 Array 命令将窗套向上、向右阵列 4 行 6 列,行间距为 3000(层高),列间距为 3600(开间)。

(12) 执行 Erase 命令将门厅位置的窗套删除,结果如图 25-42 所示。

执行同样的方法完成门厅上各楼层窗套,结果如图 25-43 所示。

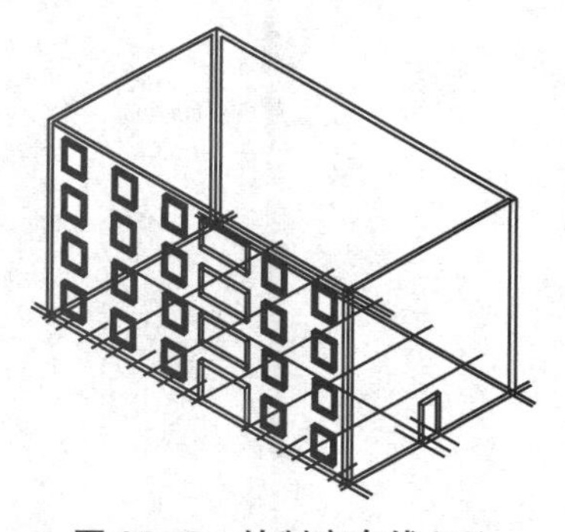

图 25-42　绘制窗套线(三)

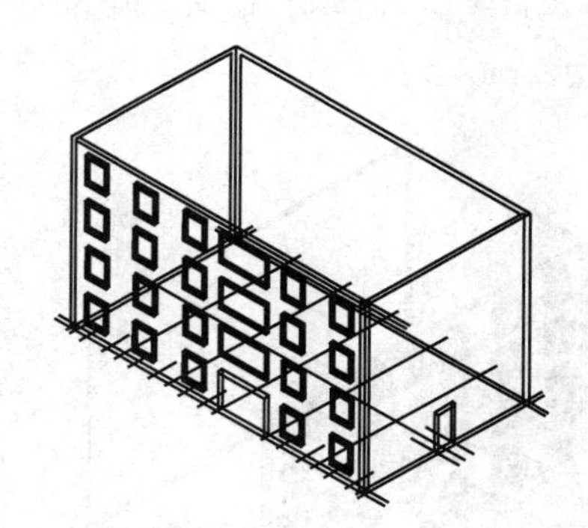

图 25-43　绘制窗套线(四)

5. 绘制窗格及玻璃

窗格及玻璃也将利用多段线来绘制。

绘图步骤如下:

(1) 单击视图工具栏的主视按钮，将视图转换为主视图，执行 Layer 命令，将窗格图层设置为当前图层，关闭门窗套图层。

(2) 执行 PLine 命令，设置线宽为 100，通过作辅助线来绘制如图 25-44(a)所示的多段线。

(3) 执行 Change 命令，将多段线的厚度改为 60。

(4) 单击视图工具条中的俯视按钮，将视图转换为平面视图。执行 Move 命令，将窗格(即刚绘制的多段线)移动至窗洞中央，结果如图 25-44(b)所示。

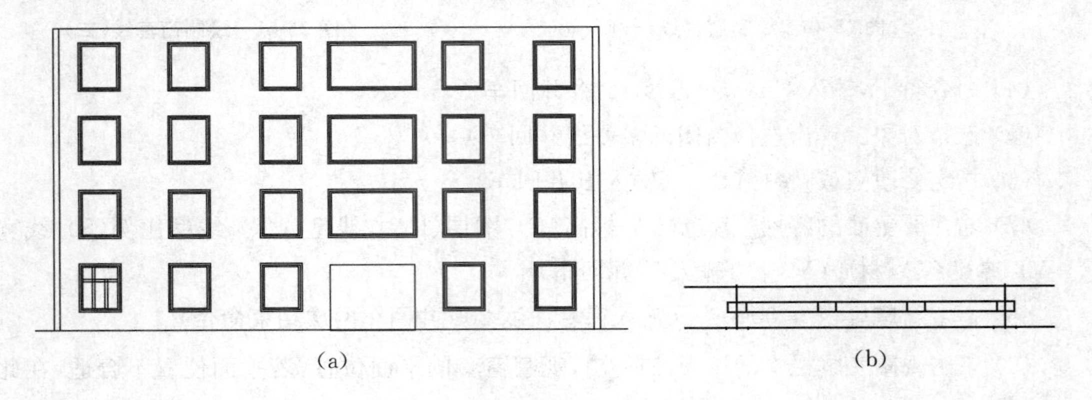

图 25-44　绘制窗格线(一)

(5) 用同样的方法绘制门厅上部窗户的窗格。

(6) 单击视图工具条中的主视按钮，将视图转换为主视图，执行 Array 命令完成其他窗格，结果如图 25-45 所示。

(7) 单击视图工具条的俯视按钮，将视图转换为平面视图。

(8) 执行 PLine 命令，在窗洞中间绘制一条线宽为 10(玻璃厚度)的多段线，结果如图 25-46 所示。

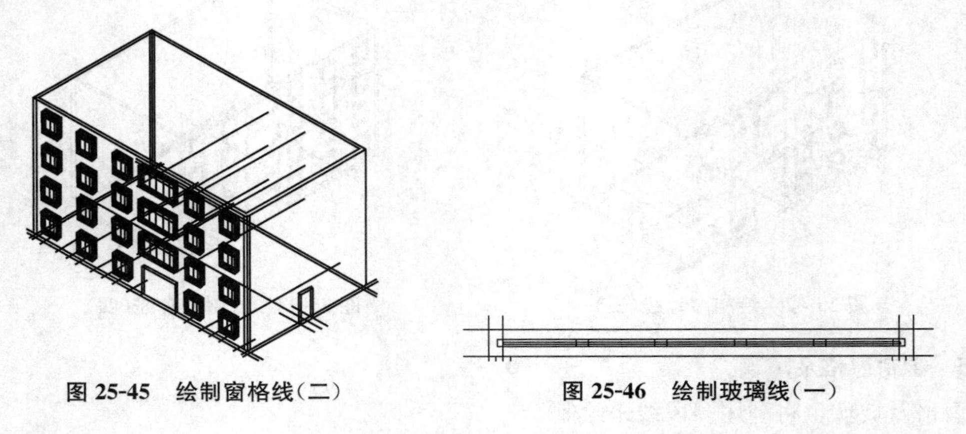

图 25-45　绘制窗格线(二)　　图 25-46　绘制玻璃线(一)

(9) 执行 Change 命令，将多段线的厚度改为 1800(玻璃高度)。

（10）单击工具栏的东南等轴测按钮，观察立体模型，执行 Array 命令，将玻璃向上向右阵列，完成其他玻璃模型。

（11）然后执行 Erase 命令将门厅位置的多余部分删除掉，用同样的方法绘制门厅上部窗户的玻璃线模型，结果如图 25-47 所示。

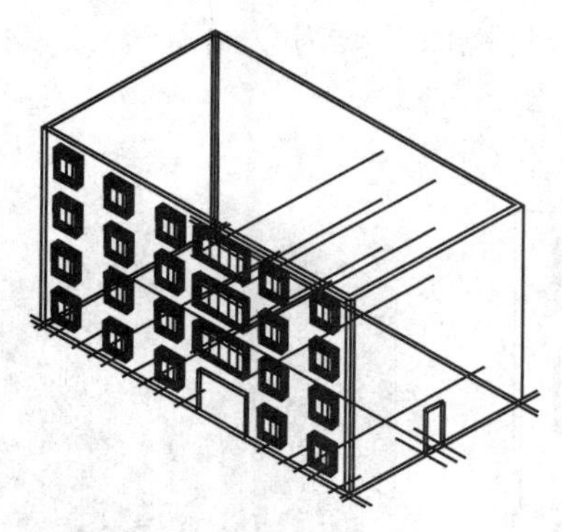

图 25-47　绘制玻璃线（二）

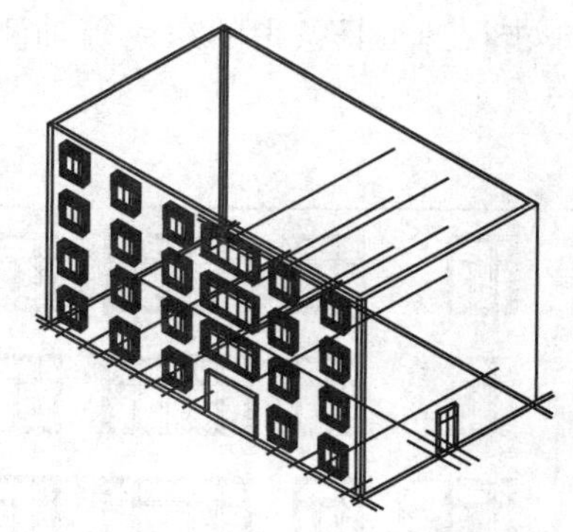

图 25-48　绘制完成门套

6．绘制门套

门套的绘制也将利用多段线来绘制。绘制门套的方法同绘制窗套、窗格、窗玻璃的方法一样，结果如图 25-48 所示。

打开门窗套图层后执行视觉样式（Vscurrent）命令概念选项，观察结果如图 25-49 所示。

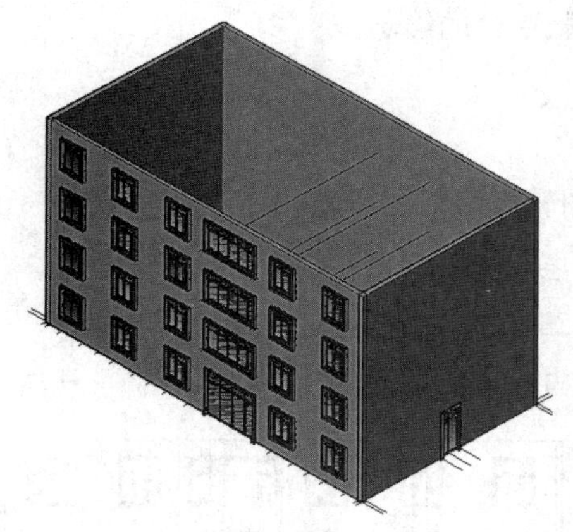

图 25-49　绘制完成门套后效果

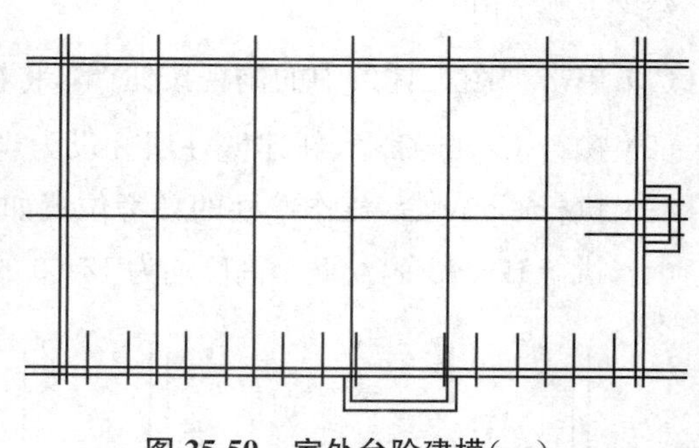

图 25-50　室外台阶建模（一）

7．绘制室外台阶

利用 Box 命令可以完成室外台阶建模。

绘图步骤如下：

（1）单击视图工具条中的俯视按钮，将视图转换为俯视平面图。

（2）执行 Layer 命令，将台阶层设为当前图层，并将窗格图层及门窗套图层关闭。

（3）执行 Offset 命令，绘几条台阶的参考位置线，结果如图 25-50 所示。

(4) 执行绘制 Box 命令,绘两个高度均为 150 的立方体。

(5) 单击视图工具条中的主视按钮,将视图转换为主视图。

(6) 执行 Move 命令,将较小的 Box 沿 Y 轴向上移动 150,然后打开其他图层,结果如图 25-51 所示。

(7) 单击视图工具条中的东南等轴测按钮,将视图转换为立体模型,观察效果如图 25-52 所示。

图 25-51　室外台阶建模(二)　　图 25-52　室外台阶建模(三)

8. 绘制壁柱及窗眉、窗台

通过作辅助线,利用 Box 即可完成壁柱及窗眉、窗台的绘制。

1) 绘制壁柱

绘图步骤如下:

(1) 单击视图工具条中的俯视按钮,将视图转换为俯视图。

(2) 执行 Layer 命令,新建壁柱层并设为当前层,将辅助线层打开,关闭其他图层。

(3) 执行 Copy 命令,作壁柱的参考位置如图 25-53 所示。

(4) 执行 Box 命令,绘两个高度均为 12400 的立方体,打开其他图层,结果如图 25-54 所示。

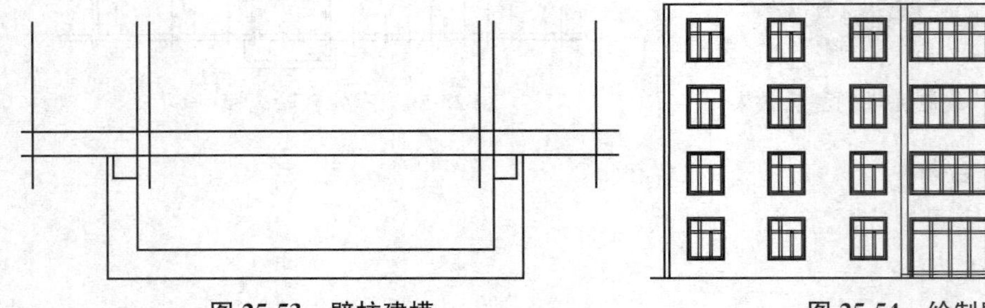

图 25-53　壁柱建模　　图 25-54　绘制壁柱

2) 绘制窗台、窗眉

和前面绘制壁柱的方法类似,作出窗台位置的辅助线,执行 Box 绘制立方体命令,绘制

出窗台，执行 Copy 命令，绘制出窗眉，结果如图 25-55 所示。

单击视图工具条中的东南等轴测按钮，将视图转换为立体模型，执行 Vscurrent[概念(C)]选项，显示结果如图 25-56 所示。

图 25-55　绘制窗台和窗眉(一)

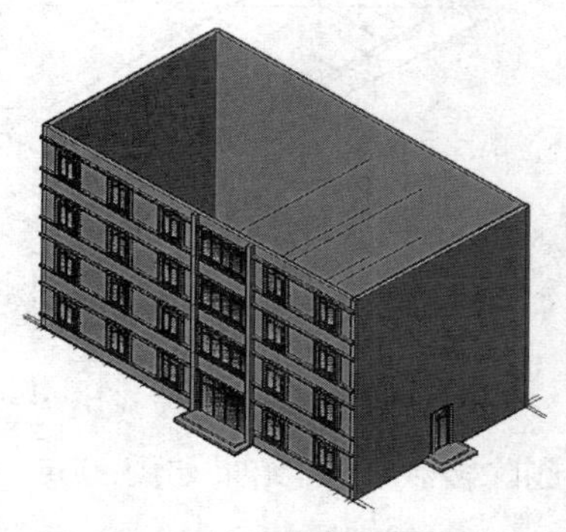

图 25-56　绘制窗台和窗眉(二)

9. 四坡屋面建模

以上为宿舍楼建立了墙体、门窗及台阶模型，下面将为这栋建筑搭一个四坡屋顶。

1) 创建屋面模型的辅助线

绘图步骤如下：

(1) 执行工具条中的 UCS 命令，选择世界坐标系选项。

(2) 关闭除 0 层、辅助线层和屋檐层之外的所有层，并设辅助线层为当前层。

(3) 考虑屋檐挑出为 1.2m，在外墙轴线外侧 1200 处建一根封闭的屋檐辅助线，结果如图 25-57 所示。

(4) 沿 4 个端点以 45^{0} 方向建斜脊的水平投影线，结果如图 25-58 所示。

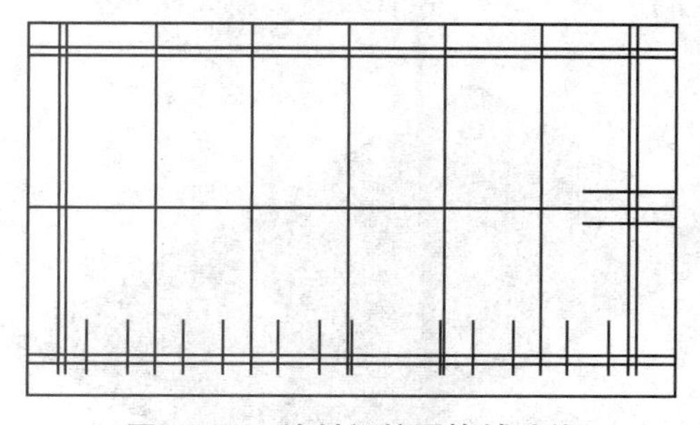

图 25-57　绘封闭的屋檐辅助线

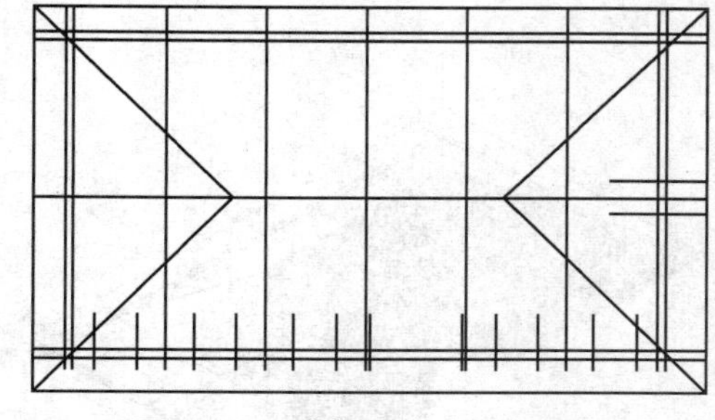

图 25-58　绘斜脊的水平投影线

(5) 单击视图工具条中的东南等轴测按钮，将 UCS 设为“主视”方式。

(6) 执行 Line 命令，从图 25-59 中的 A 点出发，绘一条竖直的辅助线。

(7) 执行 Line 命令，在屋檐辅助线的短边一侧，从中点以 30^{0} 方向绘制，与垂直方向的辅助线相交(此交点即为屋面正脊与斜脊的相交点)，结果如图 25-59 所示。

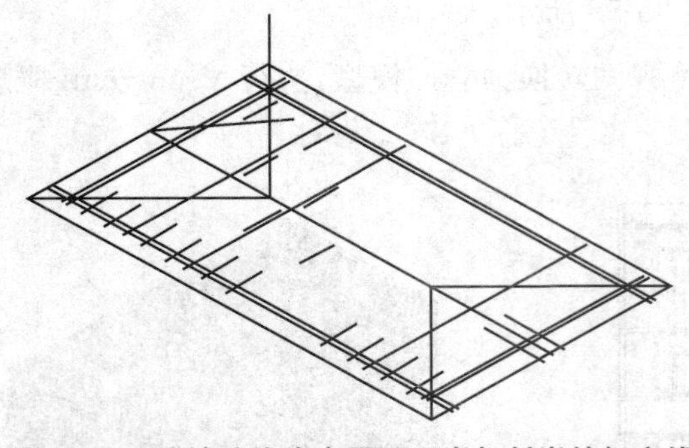

图 25-59　绘辅助线找出屋面正脊与斜脊的相交线　　图 25-60　绘 4 根斜脊线与 1 根正脊线

(8) 用同样的方法找出另一个交点，然后执行 Line 命令，绘出 4 根斜脊与 1 根正脊，并删除多余线段，结果如图 25-60 所示。

2) 构建屋面

下面执行 3Dface 来构造四坡屋面。

绘图步骤如下：

(1) 将图层转换到屋面层，执行 3Dface 命令，顺时针选择前侧屋面的 4 个顶点。

(2) 执行 Shade 命令，观察 3Dface 效果，结果如图 25-61 所示。

(3) 多次执行 3Dface 命令，将其他的线宽也变成 3Dface 面。

3) 构建屋檐

下面采用 Box 命令构造屋檐。

绘图步骤如下：

(1) 执行 Layer 命令，将屋檐层设为当前层。

(2) 执行 Box 命令，通过交点捕捉，绘制屋檐，高度为－200，结果如图 25-62 所示。

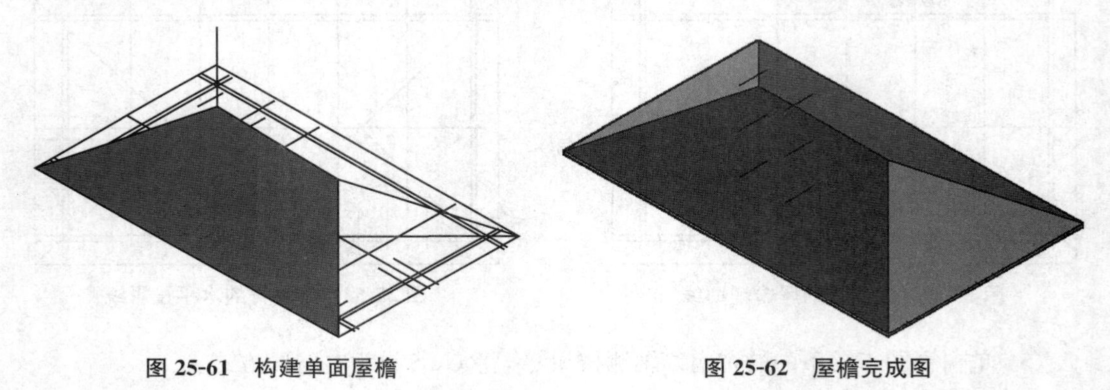

图 25-61　构建单面屋檐　　图 25-62　屋檐完成图

(3) 执行 Group(成组)命令，将屋面及屋檐编成组。

(4) 执行 Layer 命令，打开所有图层，单击视图工具条中的主视按钮，观察主视图，结果如图 25-63 所示。

(5) 执行 Move 命令,通过端点捕捉,将屋面及屋檐移至墙体正上方,结果如图 25-64 所示。

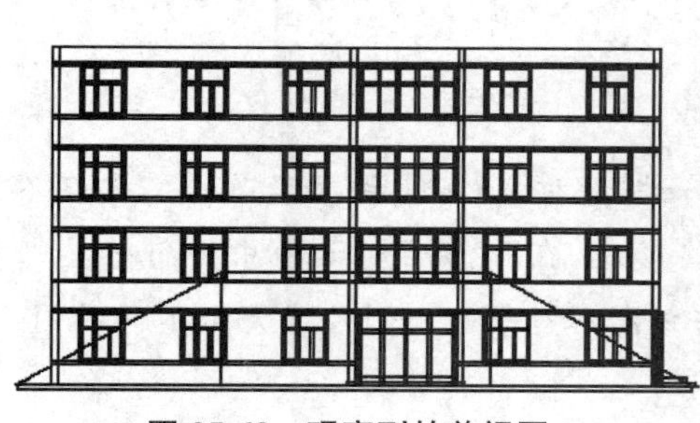

图 25-63　观察到的前视图

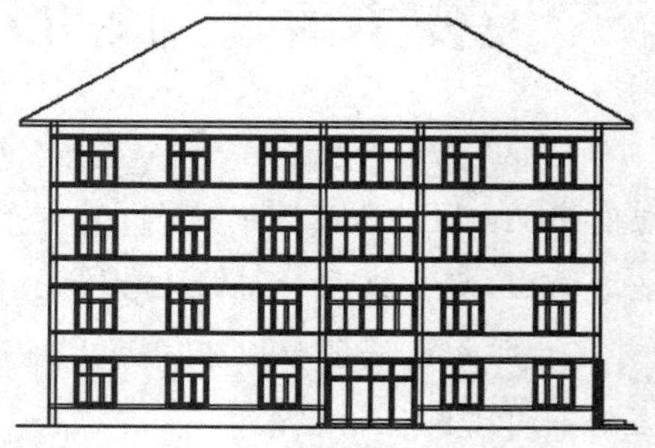

图 25-64　将屋面及屋檐移至墙体正上方

(6) 单击视图工具条中的东南等轴测按钮,将视图转换为立体模型。执行 Vscurrent 命令的概念选项,观察显示效果,结果如图 25-65 所示。

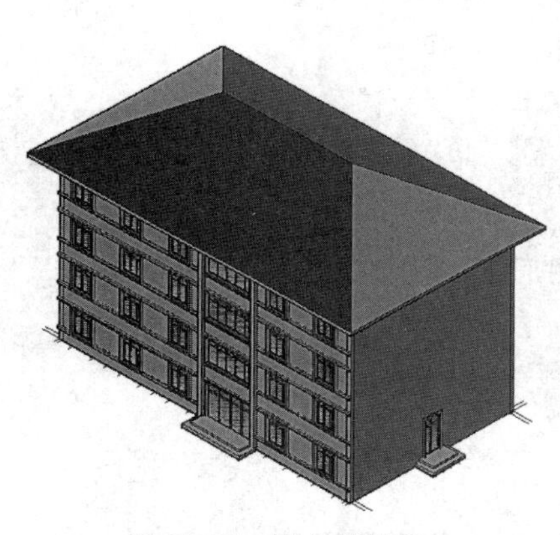

图 25-65　宿舍楼效果

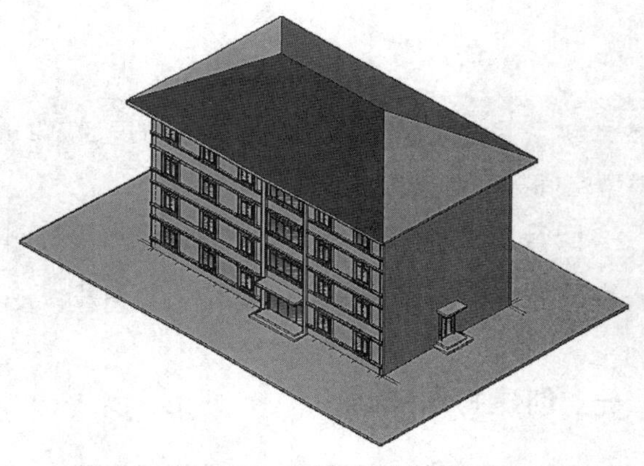

图 25-66　增添辅助设施

10. 增添辅助设施,完成细部

在主要模型完成后,可以在这栋宿舍楼的周围增加一些辅助设施,如地面等,并完成一些细部构造,如雨篷等。最后执行 Vscurrent 命令的概念选项,观察显示效果,结果如图25-66 所示。

【练习 25-1】练习用户坐标系 UCS 的设置。

【练习 25-2】绘制完成第一个知识点中的六角凉亭模型。

【练习 25-3】利用所学知识自行设计一个八角凉亭,并绘出八角凉亭模型。

【练习 25-4】绘制完成第二个知识点中的四层宿舍楼模型。

【练习 25-5】利用所学知识自行设计一个房屋并画出其三维模型。

第十章　图形输入、输出与打印

在使用AutoCAD绘图的过程中，对于同一图形对象，如果做了修改并需要在不同规格的图纸中输出，那么只需对标注相关参数做些修改，在"打印"对话框中进行一些必要的设置，即可用打印机或绘图仪以不同的比例值将该图形对象输出到尺寸大小不同的图纸上，而不必绘制不同比例值的图形。

本章主要介绍在模型与图纸空间中如何进行打印设置、十输出图形的方法。

任务二十六　图形输入、输出与打印

学习目标：本任务以创建打印布局、打印机管理、页面设置为目标，要求学生会从模型空间打印图形，从布局打印图形。

任务重点：模型空间打印图形，从布局打印图形

任务难点：创建打印布局、打印机管理

一、创建打印布局

布局是一种图纸空间环境，它模拟图纸页面，提供直观的打印设置。在布局中可以创建并放置视口对象，还可以添加标题栏或其他几何图形。可以在图形中创建多个布局以显示不同视图，每个布局可以包含不同的打印比例和图纸尺寸。布局显示的图形与图纸页面上打印出来的图形完全一样。

1. 模型空间与图纸空间

1）模型空间是一个三维空间，主要用于平面图形绘制和几何模型的构建。而在对图形进行打印输出时，则通常可以在图纸空间中完成(模型空间也能完成)。图纸空间就像一张图纸，打印之前可以在上面排放图形。图纸空间用于创建最终的打印布局，一般不用于绘图或设计工作。

2）图纸空间是以布局的形式来使用的。一个图形文件可包含多个布局，每个布局代表一张单独的打印输出图纸。在绘图区域底部选择布局选项卡，就能查看相应的布局。

2. 创建布局

1）新建布局

鼠标在“布局”选项卡上右击，在弹出的快捷菜单中选择[新建布局]，系统会自动添加“布局 3”的布局。

2）利用样板

利用样板创建新的布局。操作如下：

（1）在菜单浏览器或下拉菜单中选[插入(I)][布局(L)]中选择[来自样板的布局(T)…]，系统弹出“从文件选择样板”对话框，在该对话框中选择适当的图形文件样板，单击“打开”。

（2）系统弹出“插入布局”对话框，单击“确定”按钮，插入该布局。

3）利用向导创建

（1）在菜单浏览器或下拉菜单中选[插入(I)][布局(L)]中选择[创建布局向导(W)]，在系统弹出对话框中输入新布局名称，单击“下一步”。

（2）选择打印机，单击“下一步”，在弹出对话框选择图纸尺寸、图形单位，单击“下一步”。指定打印方向，并单击“下一步”

（3）选择标题栏，单击“下一步”。

（4）定义打印的视口与视口比例，单击“下一步”，并指定视口配置的角点，完成创建布局。

4）利用工具菜单进行向导创建

在菜单浏览器或下拉菜单中选[工具(T)][向导(Z)]中选择[创建布局(C)…]，接下来的步骤方法同上。

二、打印机管理

在 AutoCAD 进行打印之前，必须首先要完成打印设备的配置。AutoCAD 允许使用的打印设备有两种：一是 Windows 的系统打印机；二是 Autodesk 打印及管理器中所推荐的绘图仪。

1. 添加打印机

此项工作可以使用系统自带的添加打印机向导来完成，步骤简述如下：

在下拉菜单中选择[工具(T)][向导(Z)][添加绘图仪(P)…]，在弹出的对话框中，单击“下一步”，系统弹出“添加绘图仪－开始”对话框，选择“系统打印机”，单击“下一步”，并选择一种系统打印机，余下的步骤按照提示完成。

2. 编辑打印机配置

在菜单浏览器或下拉菜单[文件(F)]中选择[绘图仪管理器(M)…]，弹出“Plotters”对话框，如图 26-1 所示，从中双击上一步创建的“绘图仪配置文件”。系统将打开“绘图仪配置编辑器”对话框，如图 26-2 所示。

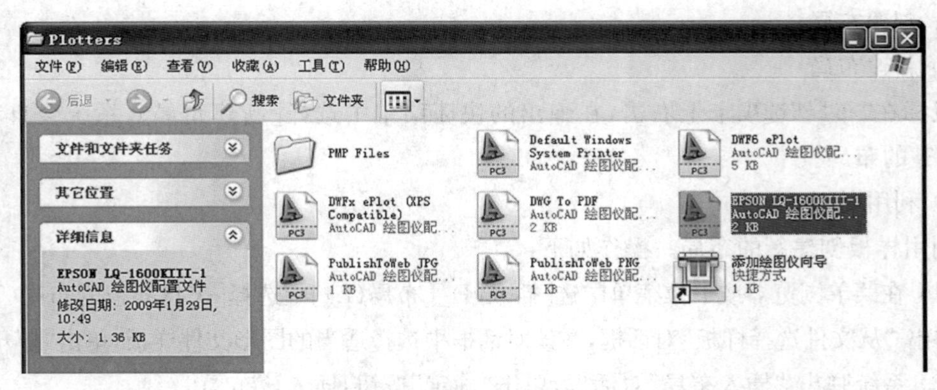

图 26-1　打开 Plotters 对话框

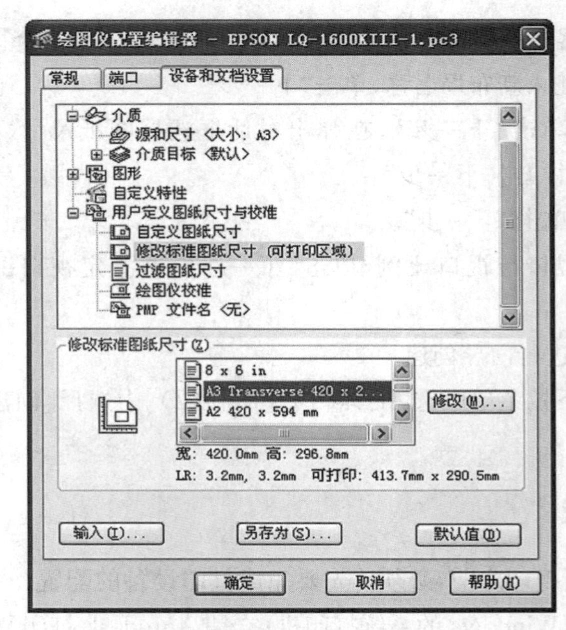

图 26-2　绘图仪配置编辑器

“绘图仪配置编辑器”对话框包含 3 个选项卡。分别说明如下：

1）常规：包含关于打印机配置（PC3）文件的基本信息。可在“说明”区域添加或修改信息。选项卡的其余内容是只读的。绘图仪配置文件名：显示在“添加绘图仪”向导中指定的文件名。说明：显示有关打印机的信息。驱动程序信息：位置、端口、版本。

2）端口：更改配置的打印机与用户计算机或网络系统之间的通信设置。可以指定通过端口打印、打印到文件或使用后台打印。

3）设备和文档设置：包含打印选项。在“设备和文档设置”选项卡中，可以修改打印配置（PC3）文件的多项设置，该选项卡中包含下列 4 个区域：

（1）介质：指定纸张来源、尺寸、类型和目标。

（2）图形：指定打印矢量图形、光栅图形和 TrueType 字体的设置。

(3) 自定义特性：设置纸张规格、方向等。

(4) 用户定义图纸尺寸与校准：将打印模型参数(PMP)文件附着到 PC3 文件中，校准绘图仪，添加、删除或修正自定义的以及标准的图纸尺寸。

三、页面设置

在 AutoCAD 进行打印之前，图形需要指定许多定义图形输出的设置和选项，这些设置可以保存并命名一个页面设置，可以使用页面设置管理器将这个命名页面设置应用到多个布局，也可以从其他图形中输入命名页面设置并将其应用到当前图形的布局中。

1．页面设置管理器

1）新建：单击“新建”按钮，可以新建并命名一个页面设置，新建页面设置对话框。

2）页面设置

在新建页面设置对话框中输入一个新页面设置名称并确定后，弹出如图“页面设置”对话框。

图 26-3　“页面设置”对话框

2．编辑页面设置

页面设置”对话框包含 9 个选项区，分别说明如下：

1）“页面设置”区：显示名称(不能修改)。

2）“打印机/绘图仪”区：在名称列表中选取一个 PC3 文件。“特性”按钮用于进入“绘图仪配置编辑器”，可以进行相应的设置及修改。

3）“图纸尺寸”区：显示出 PC3 文件中所指定的图幅规格，也可以自行调换。

4）“打印区域”区：指定要打印的区域，可选择不同定义。

5）“打印偏移”：指定相对于可打印区域左下角的偏移量。如选择“居中打印”，则自动计算偏移值，以便居中打印。

6）“打印比例”：选择或定义打印单位(毫米)与图形单位之间的比例关系。

7)“打印选项”:选择各项可具有如下作用(通常选取按样式打印):

(1)“打印对象线宽”:打印线宽。

(2)“按样式打印”:按照对象使用的和打印样式表中定义的打印样式进行打印。

(3)“最后打印图纸空间”:先打印模型空间的几何图形,然后再打印图纸空间的几何图形。

(4)“隐藏图纸空间对象”:打印在布局环境(图纸空间)中删除了对象隐藏线的布局。

(5)“着色视口选项”:指定着色和渲染视口的打印方式,并确定它们的分辨率大小和DPI值(常选默认)。

8)“图形方向”:选择用图纸的哪条边作为图形页面的顶部。

“纵向”:表示用图纸的短边作为图形页面的顶部。

“横向”:则表示图纸的长边作为图形页面的顶部。

“反向打印”:是用于进行相反方向打印输出的开关。

9)“打印样式表”:可以将打印样式指定给对象或图层。打印样式控制对象的打印特性,包括颜色、抖动、灰度、笔号、虚拟笔、淡显、线型、线宽、线条端点样式、线条连接样式、填充样式。

四、从模型空间打印图形

本节以“铣刀头底座”零件图为例,学习打印设置、输出图形的过程,以1∶2输出。

1. 设置标注样式并标注

1)标注样式设置

打开“铣刀头底座.dwg”,按机械制图标准创建一个新样式。

2)标注

用上面建立的标注样式或“替代样式”进行标注。

2. 绘图仪管理器设置

1)插入图框

在模型空间插入一个符合国标的A3图框及标题栏,放大2倍,将图形与图框的相对位置确定好。

2)绘图仪管理器设置

下拉菜单[文件(F)]中选择[绘图仪管理器(M)…],弹出“Plotters”对话框;双击“添加绘图仪向导”;单击“下一步”并选取单选项“系统打印机”;单击“下一步”并选取一种系统打印机;单击“下一步”后给出绘图仪的名称;单击“下一步”并单击“编辑绘图仪配置”按钮,选取“修改标注图纸可打印区域”;单击“修改”并将上、下、左、右栏内均修改为0;确定PMP文件名。

3. 页面设置管理器

下拉菜单[文件(F)]中选择[页面设置管理器(G)…],对本例进行如下设置,以期达到

在 A3 图纸中以 1∶2 输出图形的目的。

单击“新建”按扭，输入“GB－A3”后确定；在“打印机/绘图仪”区名称下拉列表中选择，“EPSON LQ1600KⅢ. PC3”；“图纸尺寸”区下拉列表中选取“A3”；“打印区域”区下拉列表中选取“窗口”，系统自动进入到绘图界面中，用捕捉功能捉住 A3 图框的对角点即可；“图形方向”区选取单选项“横向”；“打印比例”选取 1∶2；单击“确定”并选取“GB－A3”，单击“置为当前”按钮，将这个设置置为当前。接下来单击“确定”按钮退出“页面设置管理器”

4. 打印输出

用户可以在模型空间中或任一布局调用打印命令来打印图形，下面为常用的该命令的调用方式：

1）标准工具栏：

2）下拉菜单：[文件(F)][打印(P)…]

3）命令窗口：PLOT

4）快捷键：Ctrl＋P

5）标准工具栏：

6）下拉菜单：[文件(F)][打印(P)…]

7）命令窗口：PLOT

8）快捷键：Ctrl＋P

9）在模型空间调用该命令后，系统将弹出“打印－模型”对话框，如图 26-4 所示，如果在打印设置一步中工作完全正确，则此时的对话框中不用作任何设置，如果电脑已经与打印机正确连接，单击“确定”按钮便可打印出以 1∶2 输出的三号图纸。

图 26-4　打印-模型

五、从布局打印图形

如前所述，在 AutoCAD 中从模型空间和图纸空间都可以输出图形。在图纸空间环境下可以创建任意数量的布局，布局用于布置输出的图形，每一个布局的输出类型可各不相同。在布局中可以包含标题栏、一个或多个视口以及注释。在创建了布局后，通过配置浮动视口可以观察模型空间的图形。另外，还可为视口中的每一个视图指定不同的比例，并可控制视口中图层的可见性。只要选择绘图区底部的“布局”选项卡，就可以切换到相应的布局中。

1．增加布局

在布局选项卡上右击，选取“新建布局”，如图所示，然后在新建的布局选项卡上右击，选择“重命名”，将布局的名称修改为“GB－A3 标题栏”。

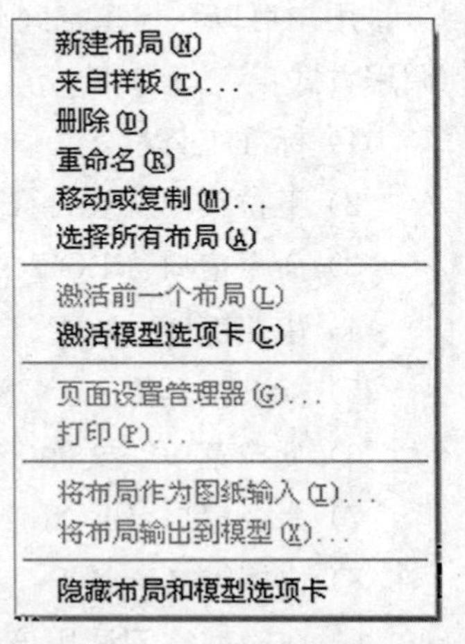

图 26-5　重命名新建布局

2．绘图仪管理器设置

下拉菜单[文件(F)]中选择[绘图仪管理器(M)…]，弹出“Plotters”对话框，双击“添加绘图仪向导”，单击“下一步”并单选“系统打印机”，单击“下一步”并选取一种系统打印机 EPSON LQ1600KⅢ，单击“下一步”后给出绘图仪的名称：EPSON LQ1600KⅢ－1。单击“下一步”并按下“编辑绘图仪配置”按钮，选取“修改标注图纸可打印区域”，在其面板下面的列表中选取 A3(420X297)，修改边界为 0。进一步确定一个 PMP 文件名后，完成设置并退出对话框。

3．页面设置管理器

进入上面刚生成的布局，在下拉菜单[文件(F)]中选择[页面设置管理器(G)…]，选取名为“GB－A3 标题栏”的布局单击“修改”，设置按左图所示，其中与上一节不同的是“打印范围”下拉列表中选取“布局”，比例尺一项为 1∶1，确定退出，并依右图所示单击“关闭”退出。

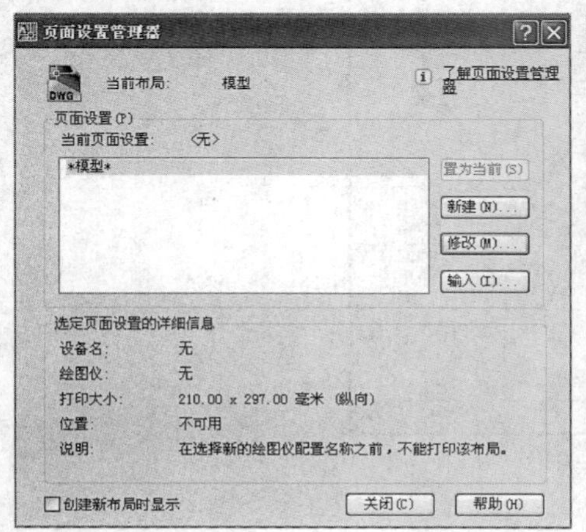

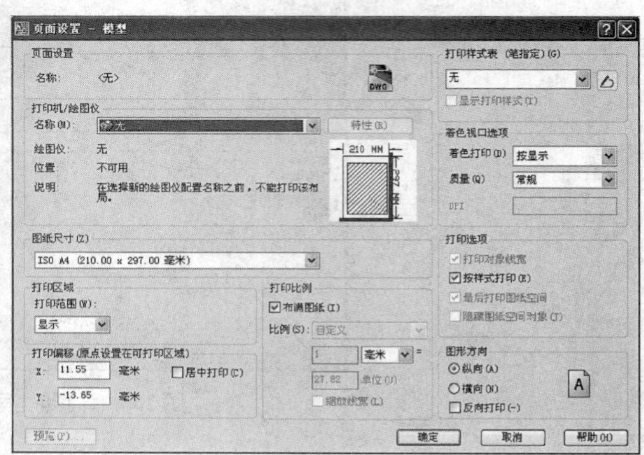

图 26-6　页面设置管理

在图纸空间中采用夹点方式将视口拉大到图纸以外，双击视口，进入图纸空间的浮动视口，在状态栏的视口比例列表中选取 1∶2。用视图平移工具调整图形位置。在 CAD 桌面双击退出图纸空间的浮动视口，回到纸空间。在纸空间插入事先以块的形式制做好的 A3 号图框。

4. 打印输出

打印预览如图 26-7 所示。

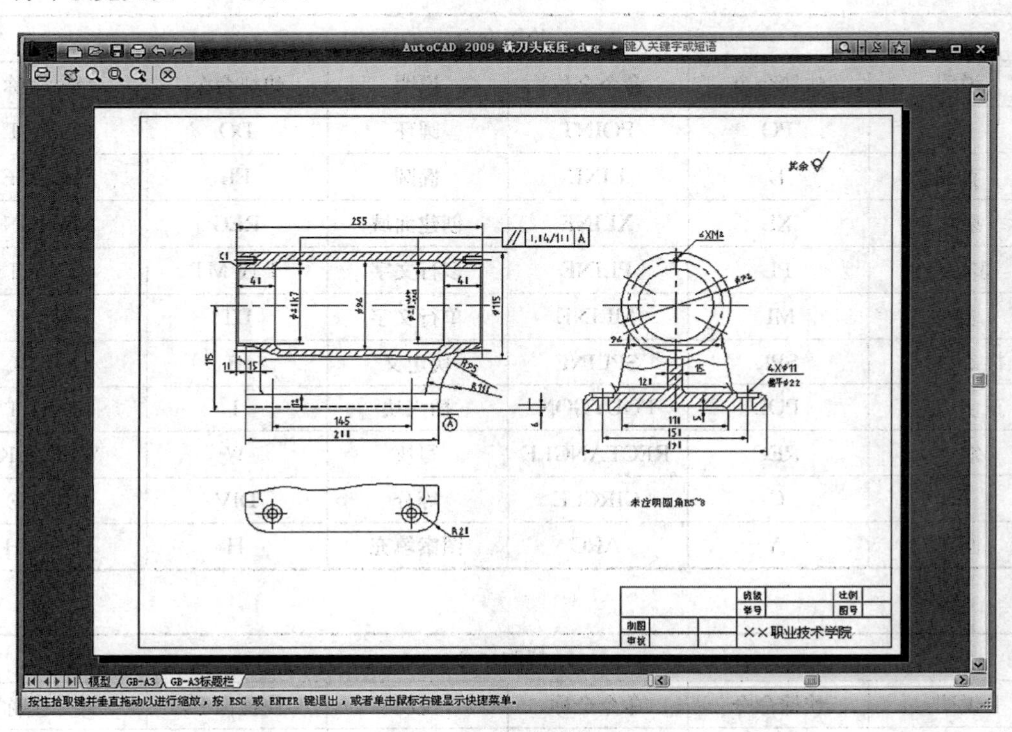

图 26-7　打印输出

附 录

AutoCAD 常用快捷指令

绘图命令					
说明	快捷命令	命令全称	说明	快捷命令	命令全称
点	PO	POINT	圆环	DO	DONUT
直线	L	LINE	椭圆	EL	ELLIPSE
射线	XL	XLINE	创建面域	REG	REGION
多段线	PL	PLINE	多行文字	T 或 MT	MTEXT
多线	ML	MLINE	单行文字	DT	DTEXT
样条曲线	SPL	SPLINE	块定义	B	BLOCK
正多边形	POL	POLYGON	插入块	I	INSERT
矩形	REC	RECTANGLE	写块	W	WBLOCK
圆	C	CIRCLE	等分	DIV	DIVIDE
圆弧	A	ARC	图案填充	H	HATCH

修改命令					
说明	快捷命令	命令全称	说明	快捷命令	命令全称
复制	CO 或 CP	COPY	延伸	EX	EXTEND
镜像	MI	MIRROR	拉伸	S	STRETCH
阵列	AR	ARRAY	拉长	LEN	LENGTHEN
偏移	O	OFFSET	比例缩放	SC	SCALE
旋转	RO	ROTATE	打断	BR	BREAK
移动	M	MOCE	倒角	CHA	CHAMFER
删除	E	ERASE	圆角	F	FILLET
分解	X	EXPLODE	转换为多段线	PE	PEDIT
修剪	TR	TRIM	编辑文字	ED	DDEDIT

尺寸标注					
说明	快捷命令	命令全称	说明	快捷命令	命令全称
线性标注	DLI	DIMLINEAR	快速标注	LE	QLEADER
半径标注	DRA	DIMRADIUS	基线标注	DBA	DIMBASELINE
直径标注	DDI	DIMDIAMETER	连续标注	DCO	DIMCONTINUE
角度标注	DAN	DIMANGULAR	标注样式管理器	D	DIMSTYLE
圆心标记	DCE	DIMCENTER	编辑标注	DED	DIMEDIT
点标注	DOR	DIMORDINAT	替代标注系统变量	DOV	DIMOVERRIDE
形位公差	TOL	TOLERANCE	标注尺寸	DIM	DIMEDIT

常用组合键					
说明	快捷命令	命令全称	说明	快捷命令	命令全称
修改特性	CTRL+1	PROPERTIES	复制	CTRL+C	COPYCLIP
设计中心	CTRL+2	ADCENTER	粘贴	CTRL+V	PASTECLIP
工具选项板	CTRL+3	TOOLPALETT	栅格捕捉	CTRL+V	SNAP
打开文件	CTRL+O	OPEN	对象捕捉	CTRL+B	OSNAP
新建文件	CTRL+N	NEW	栅格	CTRL+F	GRID
打印文件	CTRL+P	PRINT	正交	CTRL+G	ORTHO
保存文件	CTRL+S	SAVE	对象追踪	CTRL+L	
剪切	CTRL+X	CUTCLIP	极轴	CTRL+U	

常用功能键					
说明	快捷命令	命令全称	说明	快捷命令	命令全称
帮助	F1	HELP	栅格	F7	GRIP
文本窗口的切换	F2		正交	F8	ORTHO
			对象捕捉	F3	OSNAP

对象特征					
说明	快捷命令	命令全称	说明	快捷命令	命令全称
设计中心选项	ADC	ADCENTER	输出数据	EXP	EXPORT
对齐	AL	ALIGN	输入文件	IMP	IMPORT
加载或卸载应用程序	AP	APPLOAD	选项设置	OP 或 PR	OPTIONS
计算对象面积	AA	AREA	打印文件	PRINT	PLOT
属性定义	ATT	ATTDEF	从图形中删除未使用的对象并清除显示	PU	PURGE
修改属性信息	ATE	ATTEDIT			
提取属性信息	DDATTEXT	ATTEXT	刷新显示当前视口	R	REDRAW
特性面板	CH 或 MO	PROPERTIES	重生成	RE	REGEN
特性匹配	MA	MATCHPROP	捕捉栅格	SN	SNAP
文字样式	ST	MATCHPROP	草图设置	DS 或 SE	DSETTINGS
设置颜色	COL	STYLE	设置对象捕捉模式	OS	OSNAP
图层特性	LA	LAYER	打印预览	PRE	PREVIEW
线型管理器	LT	LINETYPE	工具栏	TO	TOOBAR
线型比例	LTS	LTSCALE	视图管理器	V	VIEW
线宽	LW	LWEIGHT	测两点距离和角度	DI	DIST
图形单位	UN	UNITS	显示对象信息	LI 或 LS	LIST
图形界限	LIMITS	LIMITS	退出	QUIT	QUIT

参 考 文 献

1. 冯伟. AutoCAD 2004 应用技巧. 北京:清华大学出版社,2005

2. 杨雨松,刘娜. AtuoCAD 2006 中文版实用教程. 北京:化学工业出版社,2006

3. 范竞芳,郑盛梓. AutoCAD 2005 工程绘图及 SolidEdge、UG 造型设计习题集. 北京:机械工业出版社,2005

4. 周建国. AtuoCAD 2006 基础与典型应用一册通(中文版). 北京:人民邮电出版社,2006

5. 王技德,胡宗政. AtuoCAD 机械制图教程(2010 中文版). 大连:大连理工大学出版社,2011

6. 王韦伟. AtuoCAD 2007 实用教程. 西安:西安电子科技大学出版社,2008

7. 邓美荣,巩宁平,陕晋军. 建筑 CAD 2008 中文版. 北京:机械工业出版社,2009

8. 姜勇. AutoCAD 机械制图习题精解. 北京:人民邮电出版社,2005

9. 马英杰. 电气工程 CAD. 北京:电子工业出版社,2012

10. 方晨. AutoCAD 2008 中文版建筑制图实例教程. 上海:上海科学普及出版社,2008

11. 李秀娟. AtuoCAD 绘图 2008 简明教程. 北京:北京艺术与科学电子出版社,2009

12. 2008 快乐电脑一点通编委会. 中文版 AtuoCAD 2008 辅助绘图与设计. 北京:清华大学出版社,2008

13. 林宗良. AutoCAD 2012 机械制图基础教程. 上海:上海交通大学出版社,2013

14. 陈冠玲,曹菁. 电气 CAD. 北京:高等教育出版社,2005

15. 解璞,左昉,周冰,等. AtuoCAD 2007 中文版电气设计教程. 北京:化学工业出版社,2007